블랙홀 전쟁

THE BLACK HOLE WAR
MY BATTLE WITH STEPHEN HAWKING TO MAKE THE WORLD SAFE FOR QUANTUM MECHANICS

사이언스 클래식 19

블랙홀 전쟁

양자 역학과 물리학의
미래를 둘러싼
위대한 과학 논쟁

레너드 서스킨드

이종필 옮김

THE BLACK HOLE WAR

도판 저작권

방정식에 활력을 불어넣어

우주를 기술할 수 있게 하는 것은 과연 무엇일까?

—스티븐 호킹

프롤로그

자통하는 부분도 많았지만, 자통되는 부분은 거의 없었다.

— 로버트 앤슨 하인라인(Robert Anson Heinlein, 1907~1988년),

『낯선 땅 이방인(*Stranger in a Strange Land*)』

동아프리카의 사바나 어디선가 나이든 사자가 점찍어 둔 저녁거리를 노려보고 있다. 사자는 나이 들고 느릿느릿한 먹잇감을 더 좋아하지만 젊고 건장한 영양밖에는 선택의 여지가 없다. 주위를 경계하는 영양의 눈은 머리의 옆쪽에 붙어 있어서, 주변의 위협적인 육식 동물들을 살피기에 안성맞춤이다. 반면 육식 동물의 눈은 정면을 똑바로 보고 있다. 먹이를 포착하고 거리를 가늠하기에 완벽한 조건인 셈이다.

시야각이 넓은 영양도 이번에는 사자를 보지 못했는지 사자의 사정권 안을 거닐고 있다. 사자는 질겁한 먹잇감을 향해 강력한 다리로 질주한다. 시작도 끝도 없는 야생의 경주가 시작된 것이다.

나이가 부담스럽기는 해도 사자는 단거리 경주에 탁월하다. 처음에는 영양과의 간격이 줄어들지만, 사자의 튼튼한 백색근(白色筋)은 점차 산소를 잃어버린다. 머지않아 영양의 타고난 지구력이 승리하게 되고, 어느 순간부터는 사자와 영양의 상대 속도의 부호가 뒤집어진다. 좁혀지던 간격이 다시 벌어지기 시작하는 것이다. 이렇게 재수가 옴 붙으면 밀림의 제왕이라는 사자의 명성은 땅에 곤두박질친다. 사자는 먹잇감을 포기하고 덤불 속으로 어슬렁어슬렁 돌아간다.

5만 년 전, 어느 지친 사냥꾼이 동굴을 발견했다. 큰 바위가 입구를 막고 있다. 그 무거운 장애물을 치울 수만 있다면 동굴은 안전하게 쉴 수 있는 장소였다. 사냥꾼은 자신의 유인원 조상과는 달리 직립이었다. 그렇게 똑바로 선 자세로 사냥꾼은 힘차게 바위를 밀었다. 그러나 꿈쩍도 하지 않았다. 각도를 좀 더 좋게 하기 위해 사냥꾼은 자기 발을 바위에서 훨씬 더 먼 곳으로 뺐다. 사냥꾼의 몸이 거의 수평에 가까워지자 바위에 가해진 힘이 바위를 움직이고자 하는 방향으로 훨씬 더 큰 성분을 가지게 되었다. 바위가 움직였다.

거리? 속도? 부호의 변화? 각도? 힘? 성분? 사자는 차치하고서라도 전혀 교육받지 못한 사냥꾼의 뇌로 믿기지 않을 만큼 복잡한 계산을 해치우다니! 대학교 물리학 교과서에서 처음으로 보게 되는 과학 개념들이란 대개 이런 식이다. 사자는 도대체 어디서 자기 먹잇감의 속도뿐만 아니라, 더 중요하게는 그 상대 속도를 재는 법을 배웠을까? 사냥꾼은 힘의 개념을 배우기 위해 물리학 강의를 들었을까? 또 그 힘의 성분들을 계산하는 데에 필요한 사인 함수와 코사인 함수 같은 삼각 함수는?

모든 복잡한 생물은 진화를 통해 자기 신경계에 내장된 붙박이 물리학, 또는 본능적인 물리학 개념들을 가지고 있다.[1] 물리학이라는 소프트웨어가 이렇게 미리 입력되어 있지 않으면 생존 자체가 불가능할 것이다. 돌연변이와 자연 선택 덕분에 우리 모두는 물리학자로 살아왔다. 심지어 동물들도 말이다. 인간의 뇌는 크기가 커서 이런 본능을 의식의 수준에서 인지할 수 있는 개념으로 발전시켰다.

신경망의 재배선

사실 우리는 모두 고전적인[2] 물리학자이다. 힘과 속도, 가속도를 오장육부가 다 느낀다. 로버트 하인라인은 자신의 공상 과학 소설 『낯선 땅 이방인(*Stranger in a Strange Land*)』(1961년)에서 이런 식으로 어떤 현상을 뼛속 깊이 직관적으로, 거의 본능적으로 알아차리는 것을 표현하기 위한 신조어를 만들었다. "자통(自通, grok)"이라는 말이 그것이다.[3] 나는 힘과 속도, 가속도에 자통하다. 3차원 공간에도 자통하다. 시간과 숫자 5(⁙)에도 자통하다. 돌멩이와 창의 궤적은 자통할 수 있다. 하지만 10차원 시공간

---

1. 얼마나 내장되어 있고 얼마만큼이 생의 초기에 학습되는지는 사실 아무도 모른다. 그러나 이런 구분은 여기서 그다지 중요하지 않다. 신경계가 성숙해지자 경험(개인적이든 진화에 의한 것이든)을 통해 우리가 물리 세계가 어떻게 움직이는지를 본능적으로 많이 알게 되었다는 점이 핵심이다. 이런 본능적인 지식은 미리 내장되었든 아주 어릴 때 배웠든 잊어먹기가 무척 어렵다.

2. '고전적인(classical)'이라는 말은 양자 역학을 고려할 필요가 없는 물리학을 말한다.

3. Grok은 완전히, 그리고 직관적으로 이해한다는 뜻이다.

이나 10^{1000} 같은 숫자에 관한 한, 내가 태어날 때부터 가지고 있는 자통은 먹통이다. 전자의 세계나 불확정성 원리는 더하다.

20세기가 시작될 무렵, 당시까지의 인간이 가지고 있던 직관이 여지없이 무너져 내렸다. 완전히 생뚱맞은 현상들이 불쑥불쑥 나타나 물리학계 전체가 쩔쩔맸다. 지구가 가상의 물질인 에테르 속에서 궤도 운동하는 징후를 전혀 감지할 수 없음을 앨버트 에이브러햄 마이컬슨(Albert Abraham Michelson, 1852~1931년)과 에드워드 윌리엄스 몰리(Edward Williams Morley, 1838~1923년)가 발견했을 때 내 할아버지는 열 살이었다.[4] 할아버지가 20대가 될 때까지 전자의 존재는 아예 알려지지도 않았다. 할아버지가 서른이 되던 해에 알베르트 아인슈타인(Albert Einstein, 1879~1955년)이 특수 상대성 이론을 발표했고, 베르너 카를 하이젠베르크(Werner Karl Heisenberg, 1901~1976년)가 불확정성 원리를 발견했을 때 할아버지는 이미 중년이었다. 진화의 압력이 우리가 세상을 보고 이해하는 방식을 이토록 급진적으로 바꾼 것은 아니다. 우리, 또는 적어도 우리 중 몇몇의 뇌에서 무슨 일인가가 일어나, 기존의 방식과는 전혀 다른 방식으로 세계를 볼 수 있도록 신경망이 환상적으로 재배선된 결과, 이렇게 막연한 현상들에 대해 질문을 던지게 되었을 뿐만 아니라, 그 현상들을 다루고 설명할 수 있도록 수학적으로 추상화할 수 있게 되었다. 그 결과 직관에 반하는 심오하고도 새로운 개념이 도출되었다.

---

4. 마이컬슨과 몰리의 이 유명한 실험은 빛의 속도가 지구의 운동과는 전혀 관계없다는 점을 처음으로 밝혔다. 이 때문에 모순이 생겼으나 아인슈타인이 결국 특수 상대성 이론으로 이 모순을 해결했다. (빛은 파동이므로 다른 모든 파동과 마찬가지로 파동을 매개하는 매개 물질이 있을 것이라고 생각했다. 이처럼 빛이라는 파동을 매개하는 물질을 에테르라고 불렀다. 에테르가 없다는 것을 처음으로 확인한 마이컬슨-몰리 실험은 1887년에 행해졌다. 영국의 조지프 존 톰슨(Joseph John Thomson, 1856~1940년)이 전자를 발견한 것은 1897년이었고 아인슈타인이 특수 상대성 이론을 발표한 해는 1905년이다. — 옮긴이)

신경망 재배선의 필요성을 처음으로 제기한 것은 속력이었다. (일반적으로 속도(velocity)는 크기와 방향이 있는 물리량이고 속력(speed)은 크기만 있는 물리량이다. 속력은 속도의 크기이다. 빛의 속력은 특히 광속(光速)이라고 한다. — 옮긴이) 그것도 무척 빨라서 순식간에 사라지는 광속과 어깨를 겨룰 만한 그런 속력이다. 20세기 이전에는 시속 160킬로미터 이상으로 움직일 수 있는 동물은 하나도 없었다. 오늘날에도 빛의 속력은 엄청나게 빠른 것이기 때문에 비과학 분야에서 빛이 운동한다는 표현을 찾아보기는 힘들다. 스위치를 켜면 그저 순간적으로 나타날 뿐이다. 인류의 조상들은 광속처럼 엄청나게 빠른 속력에 맞춰진 신경 회로를 내장할 필요가 없었다.

속력에 맞춘 신경망 재배선은 급작스럽게 이뤄졌다. 아인슈타인은 돌연변이가 아니었다. 그는 자신의 낡은 뉴턴적 배선을 바꾸기 위해 10년간 암중모색했다. 그러나 당시의 물리학자들에게는 아인슈타인이, 자기들 속에서 자연 발생적으로 출현한 신인류처럼 보였음에 틀림없다. 세상을 3차원 공간이 아닌 4차원의 **시공간**(space-time)으로 볼 수 있는 새로운 종류의 인간 말이다.

아인슈타인은 또 다른 10년간 자신이 특수 상대성 이론이라고 부른 이론과 뉴턴의 중력 이론을 통합하기 위해 분투했다. 여기서 나온 것이 일반 상대성 이론이다. 물리학자들은 이번에는 그리 놀라지 않았다. 그러나 일반 상대성 이론은 기하(幾何)에 대한 기존의 모든 전통적인 생각들을 송두리째 바꿨다. 시공간은 유연하거나, 굽어 있거나, 뒤틀린 무엇이 되었다. 마치 뭔가에 눌린 고무판처럼 시공간은 물질의 존재에 반응한다. 아인슈타인 이전에 시공간은 수동적이어서 그 기하학적 성질이 고정되어 있었다. 일반 상대성 이론에서는 시공간이 경기에 참가하는 능동적인 선수로 둔갑했다. 행성이나 별처럼 무거운 물체들이 시공간을 변형시킬 수 있었다. 하지만 그것을 시각적으로 보여 줄 수는 없었다. (추가적으로 많은 수학 없이는 어렵다.)

아인슈타인이 무대에 등장하기 5년 전인 1900년, 훨씬 더 이상야릇한 또 하나의 패러다임 이동이 막 시동을 걸었다. 이 이동은 빛이 광자(photon), 또는 이따금 광양자(light quantum)로 불리는 입자[5]들로 구성되어 있다는 사실을 발견하면서 시작되었다. 빛에 대한 광자 이론은 다가올 혁명에 비하면 작은 낌새일 뿐이었다. 그 정신적인 밑바닥은 지금까지 봐 왔던 어떤 것보다 훨씬 더 추상적이었다. 양자 역학은 자연의 새로운 법칙 이상이었다. 고전적인 논리학 규칙들이나 제정신을 가진 멀쩡한 사람들이 추론할 때 동원하는 평범한 규칙들까지 변화시켰기 때문이다. 양자 역학은 괴상망측해 보였다. 그러나 그렇든 말든 물리학자들은 양자 논리라는 새로운 논리에 맞춰 자신들의 신경망을 재배선했다. 4장에서 나는 당신이 양자 역학에 대해 알아야 할 모든 것을 설명할 것이다. 양자 역학의 매혹에 빠져들 준비를 단단히 하시길. 예외는 없다.

상대성 이론과 양자 역학은 처음부터 함께하기를 꺼리는 경향이 있었다. 강제 결혼시키려고 그 둘을 억지로 갖다 붙여 놓자마자 격렬한 거부 반응이 일어났다. 즉 물리학적으로 가능한 모든 질문에 난폭한 무한대를 품은 수학 결과들이 거침없이 터져 나온 것이다. 양자 역학과 특수 상대성 이론이 화목해지기까지 무려 반세기나 걸렸지만, 아무튼 수학적 모순은 제거되었다. 1950년대 초반이 되어서야 리처드 필립스 파인만(Richard Phillips Feynman, 1918~1988년), 줄리언 시모어 슈윙거(Julian Seymour Schwinger, 1918~1994년), 도모나가 신이치로(朝永振一郎, 1906~1979년), 프리먼 존 다이슨(Freeman John Dyson, 1923년~)이 **특수** 상대성 이론과 양자 역학을 융합하

5. **광자**라는 단어는 1926년 화학자 길버트 뉴턴 루이스(Gilbert Newton Lewis, 1875~1946년)가 처음 사용했다.

는 주춧돌을 놓았다.[6] 양자장 이론(Quantum Field Theory)이 태어난 것이다. 하지만 일반 상대성 이론(특수 상대성 이론과 뉴턴의 중력 이론을 융합한 아인슈타인의 이론)과 양자 역학은 숱한 노력에도 불구하고 불공대천(不共戴天)의 원수로 남아 있었다. 파인만과 스티븐 와인버그(Steven Weinberg, 1933년~), 브라이스 셀리그먼 드위트(Bryce Seligman Dewitt, 1923~2004년), 존 아치볼드 휠러(John Archibald Wheeler, 1911~2008년) 등 모두가 아인슈타인의 중력 방정식을 '양자화'하려고 했지만 그 모든 결과는 수학적 쓰레기에 불과했다. 어쩌면 그건 놀라운 일이 아닐지도 모른다. 양자 역학은 아주 가벼운 물체의 세상을 지배한다. 반면에 중력은 아주 무거운 물질의 덩어리를 다룰 때에만 중요해지는 것처럼 보였다. 양자 역학이 중요해질 만큼 충분히 가벼우면서 동시에 중력이 중요해질 만큼 충분히 무거운 것은 없다고 생각하는 것이 편해 보였다. 그 결과 20세기 후반 내내 많은 물리학자들은, 별난 사람이거나 철학자라면 모를까, 그런 통합 이론을 찾아 나서는 것은 별로 가치가 없는 일이라고 여겼다.

그러나 또 다른 사람들은 이것을 근시안적 태도라고 여겼다. 그들은 자연을 설명하는 2개의 이론이 양립할 수 없다는, 심지어 모순된다는 생각을 이성적으로 받아들일 수 없었다. 그들은 물질을 구성하는 가장 작은 요소들의 성질을 결정하는 데에 중력이 분명히 어떤 역할을 수행하리라고 믿었다. 문제는 물리학자들이 충분히 깊이 탐색하지 않았다는 것이었다. 사실 그들이 옳았다. 길이가 너무 짧아 직접 관측할 수 없는 밑바닥 세상까지 내려가 보면 자연의 가장 작은 물체들은 강력한 중력을 서로 주고받는다.

---

6. 1965년에 파인만과 슈윙거, 도모나가는 노벨상을 받았다. 하지만 양자장 이론에 대한 현대의 사고 방식은 이들만큼이나 다이슨에게 많이 빚지고 있다.

오늘날에는 중력과 양자 역학이 기본 입자들의 법칙을 결정하는 데에 똑같이 중요한 역할을 한다고 널리 믿고 있다. 자연을 구성하는 기본 요소들의 크기는 상상할 수 없을 정도로 작기 때문에, 이것을 이해하기 위해 극단적인 신경망 재배선이 필요하다고 해서 그리 놀랄 일은 아니다. 새로운 신경 회로의 결과물은, 그것이 무엇이든 간에 **양자 중력(quantum gravity)**으로 불릴 것이다. 그 세부 사항은 모르더라도 새로운 패러다임에는 시간과 공간에 대한 아주 낯선 개념들이 포함되어 있을 것이라고 단언할 수 있다. 공간의 점과 시간의 순간이라는 객관적 실재는 점차 사멸해, 동시성[7]이나 결정론[8]의 전철을 밟아 시대에 뒤떨어진 퇴물이 될 것이다. 양자 중력은 지금껏 우리가 생각해 온 것보다 훨씬 더 주관적인 실재를 기술한다. 18장에서 살펴보겠지만, 여러 면에서 봤을 때 홀로그램으로 투사된 유령 같은 3차원 환영이 곧 실재이다.

이론 물리학자들은 낯선 땅에 발판을 마련하기 위해 사투를 벌이고 있다. 예전과 마찬가지로 사고 실험을 하다 보면 기본 원리들 사이에 가벼운 모순과 충돌이 생기게 마련이다. 이 책은 단 하나의 사고 실험을 둘러싼 지적인 전투에 관한 책이다. 1976년 스티븐 호킹(Stephen Hawking, 1942년~)은 블랙홀에 책이나 컴퓨터나 기본 입자 같은 정보를 한 조각 던져 넣으면 어떻게 될까 하고 상상했다. 호킹은 블랙홀이 궁극적인 덫과 같아서 바깥 세계에서 보기에는 그 안으로 던져진 정보가 완전히 없어져 다시 꺼낼 수 없을 것이라고 생각했다. 그러나 이렇듯 명백하게 무결

7. 1905년 상대성 이론의 혁명이 장사 지낸 첫 번째 것들 중 하나가 두 사건이 객관적으로 동시적일 수 있다는 생각이었다.

8. 결정론은 과거가 미래를 완전히 결정한다는 원리이다. 양자 역학에 따르면 물리학의 법칙들은 통계적이라서 확정적으로 예측할 수 있는 것은 아무것도 없다.

해 보이는 견해는 말처럼 그리 무결하다고 하기는 어려웠다. 현대 물리학이라는 거대한 건축물의 토대를 뒤흔드는 위협적인 생각이기 때문이다. 무엇인가 끔찍하게 잘못되고 있었다. 자연의 가장 기본적인 법칙인 정보의 보존이 심각한 위협에 처했기 때문이다. 사태를 예의주시하던 사람들이 보기에는 호킹이 틀렸거나 아니면 300년 된 물리학의 핵심 법칙이 더 이상 옳지 않거나 둘 중의 하나였다.

처음에는 여기에 주의를 기울이는 사람이 거의 없었다. 처음 20년 동안에는 그 논쟁은 주로 수면 아래에서 벌어졌다. 네덜란드의 위대한 물리학자 헤라르뒤스 토프트(Gerardus 'tHooft, 1946년~)와 나는 두 편으로 양분된 식자층의 한쪽 편에 같이 섰다. 스티븐 호킹과 소수의 상대성 이론 전문가들로 구성된 군대는 반대편이었다. 대부분의 이론 물리학자들, 특히 초끈 이론가들은 1990년대 초반이 되어서야 호킹이 제기한 위협에 눈뜨기 시작했다. 그러나 대체로 잘못 이해했다. 어쨌든 한동안은 그랬다.

블랙홀 전쟁은 진정으로 과학적인 논쟁이었다. 지적 설계나 지구 온난화 여부를 둘러싼 사이비 논쟁과는 전혀 달랐다. 정치가들이 우매한 대중을 기망하기 위해 날조하는 그런 엉터리 논리들은 의견들 사이에 실재하는 과학적 차이를 전혀 반영하지 않는다. 이것과 반대로 블랙홀을 둘러싼 대립은 아주 실제적이었다. 출중한 이론 물리학자들조차 물리학의 어떤 원리들을 신뢰하고 어떤 원리들을 포기할지 의견 일치를 보지 못했다. 시공간에 대한 호킹의 보수적인 관점을 좇아 그를 따를 것인가, 아니면 양자 역학에 대한 토프트와 나의 보수적인 관점을 좇아 우리를 따를 것인가? 모든 관점이 역설과 모순에 이르는 것처럼 보였다. 자연 법칙들이 춤추는 무대인 시공간이 우리가 생각했던 것과 다를 수도 있고, 아니면 엔트로피와 정보에 관한 유서 깊은 원리들이 틀렸을지도 모른다. 수백만 년에 걸쳐 인식이 진화해 왔고 수백 년에 걸쳐 물리학을 경험해 왔지만, 다시 한번 우리는 바보가 되었다. 그래서 정신의 새로운 재배선이 필요하다는 것을 절감했다.

『블랙홀 전쟁(*The Black Hole War*)』은 자연 법칙을 발견하는 인간 정신의 탁월한 능력을 기리는 책이다. 이 책은 양자 역학과 상대성 이론보다도 우리의 감각에서 훨씬 더 멀리 떨어진 세계를 설명한다. 양자 중력은 양성자의 10억×10억×100분의 1만큼 작은 대상을 다룬다. 우리가 그렇게 작은 세계를 직접 경험한 적은 결코 없다. 또한 아마 앞으로도 없을 것이다. 그러나 인간은 현명하게도 그 존재를 추론할 수 있다. 놀랍게도 그 세계로 들어가는 입구는 엄청난 질량과 거대한 크기의 물체, 즉 블랙홀이다.

『블랙홀 전쟁』은 또한 발견의 연대기이다. 홀로그래피 원리(holographic Principle)는 물리학의 모든 분야에서 가장 비직관적이고 추상적인 개념 가운데 하나로서, 블랙홀에 빠진 정보의 운명을 둘러싼 20년 이상의 지적 전쟁에서 나온 것들의 집대성이다. 그렇다고 그 전쟁이 서로 증오하는 적들 사이의 전쟁은 아니었다. 사실 주요 참가자들은 모두 친구들이다. 서로 깊이 존경하지만 근원적으로는 의견을 달리하는 사람들 사이에 벌어진, 과학 개념을 둘러싼 맹렬한 지적 투쟁이었을 뿐이다.

물리학자에 대해 널리 퍼져 있는 인식 중에 버려야 할 것이 하나 있다. 사람들이 물리학자, 특히 이론 물리학자에 대해 가지고 있는 이미지는 대개, 그들이 우주, 또는 비인격적이고 따분한 것들에만 관심을 가지는 촌스럽고 속 좁은 사람들이라는 것이다. 이것은 결코 진실이 아니다. 내가 아는 위대한 물리학자들, 그리고 위대한 물리학자들 중 상당수는 매우 카리스마 넘치는 사람들로서 굉장한 열정과 매혹적인 정신을 가지고 있다. 그리고 개성과 사고 방식이 다양하기 때문에 내게 무한한 즐거움을 안겨 준다. 일반 독자들을 위해 물리학에 관한 글을 쓸 때 인간적인 요소를 담지 않으면 뭔가 흥미진진한 내용을 덜어 낸다는 생각이 든다. 나는 이 책을 쓰면서 우리 이야기의 과학적인 측면들뿐만 아니라 몇몇 정서적인 측면들도 포착하려고 노력했다.

큰 수와 작은 수에 관한 노트

이 책을 읽으면서 당신은 아주 큰 숫자와 아주 작은 숫자를 매우 많이 보게 될 것이다. 인간의 뇌는 100보다 훨씬 크거나 100분의 1보다 훨씬 작은 숫자들을 떠올리는 데 적합하지 않다. 하지만 훈련할 수는 있다. 예를 들어 나는 숫자를 다루는 데에 아주 익숙해져 있기 때문에 100만 정도는 마음속에 쉽게 그릴 수 있지만, 1조와 1000조의 차이를 그리는 것은 내 능력 밖이다. 이 책에 나오는 숫자들은 1조나 1000조를 훌쩍 넘어선다. 그 숫자들을 어떻게 따라갈 것인가? 그 답은 신경망 재배선에 관한 전대미문의 가장 위대한 업적 가운데 하나와 관련이 있다. 바로 지수라는 과학적 표기법이다.

꽤나 큰 숫자부터 시작해 보자. 지구에 사는 인구는 약 60억이다. 10억은 10을 아홉 번 곱한 수이다. 따라서 1 뒤에 0을 9개 붙여 표현할 수 있다.

$$10\text{억}=10\times10\times10\times10\times10\times10\times10\times10\times10=1{,}000{,}000{,}000$$

10을 아홉 번 곱한 수를 약식으로 표기하면 10^9, 즉 **10의 9제곱**이다. 따라서 지구의 인구는 대략 이렇게 된다.

$$60\text{억}=6\times10^9$$

이 경우 첨자 9는 지수라고 부른다.

여기 훨씬 더 큰 수가 있다. 지구에 있는 양성자와 중성자의 총 수.

$$\text{지구에 있는 양성자와 중성자의 개수}\fallingdotseq5\times10^{51}$$

이건 확실히 지구에 사는 사람의 수보다 훨씬 더 큰 수이다. 얼마나 더 클까? 10의 51제곱은 10을 51개 가지고 있다. 하지만 10억은 겨우 9개이다. 따라서 10^{51}은 10^9보다 42개의 10을 더 가지고 있다. 따라서 지구에 있는 핵자의 수는 사람의 수보다 10^{42}배 더 크다. (앞의 식들에 곱해져 있는 5와 6을 무시했음에 유의할 것. 5와 6은 별반 다르지 않다. 그래서 단지 대략적으로 '크기의 차수를 추정'하려는 경우에는 무시할 수 있다.)

정말로 큰 숫자 2개를 생각해 보자. 우리가 가장 강력한 망원경으로 관측할 수 있는 우주의 영역에 있는 전자의 총 수는 약 10^{80}개이다. 광자[9]의 총 수는 약 10^{90}개이다. 자, 10^{90}은 10^{80}보다 그다지 크지 않은 것처럼 들릴지도 모른다. 하지만 이것은 눈속임이다. 10^{90}은 10^{80}보다 10^{10}배나 더 크다. 10,000,000,000은 아주 큰 숫자이다. 사실 10^{80}과 10^{81}은 거의 똑같아 보인다. 그러나 10^{81}이 10^{80}보다 10배나 더 크다. 이처럼 지수를 살짝 바꾸기만 해도 그 숫자가 표현하는 것이 엄청나게 변할 수 있다.

이제 아주 작은 숫자를 생각해 보자. 원자의 크기는 약 100억분의 1미터이다. (1미터는 약 1야드이다.) 소수 표기법으로는 다음과 같다.

---

9. 광자(photon)와 양성자(proton)를 혼동하지 말 것. 광자는 빛의 알갱이이다. 양성자는 중성자와 함께 원자핵을 이룬다.

원자의 크기=0.0000000001미터

1이 소수점 아래 열 번째 자리에서 나타나는 것에 유의하라. 100억분의 1을 과학적으로 표기하면 음의 지수, 즉 -10의 거듭제곱이다.

$$0.0000000001=10^{-10}$$

음의 지수가 붙은 숫자는 작고 양의 지수가 붙은 숫자는 크다.

작은 숫자를 하나 더 예로 들어 보자. 전자 같은 기본 입자들은 일상적인 물체와 비교했을 때 매우 가볍다. 1킬로그램은 물 1리터의 질량이다. 전자의 질량은 이보다 어마어마하게 작다. 사실 전자의 질량은 9×10^{-31} 킬로그램이다.

마지막으로 과학 표기법에서는 곱하기와 나누기가 아주 쉽다. 단지 지수를 더하거나 빼기만 하면 된다. 여기 몇 가지 예가 있다.

$$10^{51}=10^{42}\times10^{9}$$
$$10^{81}\div10^{80}=10$$
$$10^{-31}\times10^{9}=10^{-22}$$

사람들이 약식 표기로 굉장히 큰 숫자를 표현할 때 지수만 사용하는 것은 아니다. 몇몇 큰 숫자들은 별도의 이름이 있다. 예를 들어 1구골(googol)은 10^{100}(1 뒤에 0이 100개 있다.)이고 1구골플렉스(googolplex)는 $10^{1구골}$(1 뒤에 0이 1구골 개 있다.)로서 무지막지하게 큰 숫자이다.

이제 이런 기본적인 것들은 잠시 제쳐 두고, 조금 덜 추상적인 세상으로 돌아가 보자. 무대는 로널드 윌슨 레이건(Ronald Wilson Reagan,

1911~2004년) 대통령의 첫 임기 3년차가 되던 해의 샌프란시스코. 냉전의 광기가 여전한 가운데 새로운 전쟁이 막 시작되려 하고 있었다.

차 례

3부 반격

4부 전쟁의 끝

1부

몰려드는 전운

내가 쓰고자 하는 이 역사는 나를 기억할 것이다.

— 윈스턴 처칠*

* 이 책의 1부와 4부 제목은 처칠의 『제2차 세계 대전』의 1권과 5권에서 따온 것이다.

1장
첫 총성

1983년 샌프란시스코

샌프란시스코의 잭 로젠버그(Jack Rosenberg, 1935년~)의 저택에서 새로운 전쟁의 전초전이 발발할 때까지 전쟁의 암운은 80년 넘게 흩어지지 않고 뭉쳐 있었다. 베르너 에르하르트(Werner Erhard)로도 알려진 잭은 영적인 지도자였고 뛰어난 외판원이었으며, 약간은 사기꾼이었다. 1970년대 초 이전에 그는 단지 평범한 백과 사전 판매원 잭 로젠버그일 뿐이었다. 그러던 어느 날, 금문교를 건너던 그는 일종의 계시를 받았다. 잭은 세상을 구원하려고 했을지도 모르지만, 거기에 빠져들면서 돈도 많이 벌었다. 잭에게 필요했던 것은 좀 더 고풍스러운 이름과 새로운 상술이었다. 그의 새로운 이름은 베르너(베르너 하이젠베르크에서 따왔다.) 에르하르트(독일 정치가 루트비히 에르하르트에서 따왔다.)였고 새로운 상술은 '에르하르트 세미나 트레이닝(Erhard Seminars Training)', 즉 EST였다. 잭은 세상을 구하는 데에는 성공하지 못했지만, 적어도 많은 돈을 버는 데에는 성공했다. 수줍어하고 불안해하는 수많은 사람들이 그의 장광설에 시달리려고 수백 달러씩을 지불했다. 전설적인 일화에 따르면 베르너나 그의 많은 제자 중 한 명이 운영하는 동기 부여 세미나가 16시간 동안 계속되는 동안 그 많은 사람들이 화장실에도 갈 수 없었다고 한다. 세미나는 정신 치료 요법보다 훨씬 더 값싸고 빨랐으며, 어떤 면에서는 효율적이기도 했다. 들어갈 때는 수줍어하고 확신이 없던 참가자들이 나올 때는 꼭 베르너처럼 자신감을 가지고 확신에 차 다정다감해졌다. 때로는 그 사람들이 병적으로 악수하는 로봇처럼 보인다는 말 따위에는 신경 쓸 필요가 없다. 그들은 더 나아졌다고 느꼈다. 그 '트레이닝'은 심지어 버트 레이놀즈가 출연한 「우정의 마이애미(Semi-Tough)」라는 아주 웃긴 영화의 소재로 쓰이기도 했다.

EST의 열광적인 팬들은 베르너를 에워싸고 다녔다. **노예**라는 말은 확실히 지나치게 강렬한 단어인 것 같다. 그냥 자원자들이라고 해 두자. EST 훈련을 받은 요리사는 베르너에게 음식을 만들어 줬고 운전 기사는 그를 시내 곳곳에 태워다 줬으며, 온갖 종류의 가사 도우미가 그의 저택에서 일했다. 그런데 역설적이게도 그런 베르너 자신은 다른 대상에 대한 한 명의 열광적인 팬이었다. 그는 물리학의 광팬이었다.

나는 베르너를 좋아했다. 베르너는 똑똑하고 흥미롭고 또 재미있었다. 게다가 그는 물리학에 매료되어 있었다. 베르너는 물리학의 일부가 되고 싶었다. 그래서 그는 거금을 들여 엘리트 이론 물리학자들을 자기 저택으로 모셔왔다. 때로는 시드니 리처드 콜먼(Sidney Richard Coleman,

1937~2007년), 데이비드 리츠 핑켈스타인(David Ritz Finkelstein, 1929년~), 리처드 파인만, 나 같은 베르너의 특별한 물리학자 친구들이 그의 집에 모여 유명한 요리사들이 마련한 호사스러운 만찬을 즐겼다. 하지만 좀 더 적절하게 표현하자면, 베르너는 작은 규모의 엘리트 학회를 열고 싶어 했다. 시설을 잘 갖춘 세미나실이 마련되었고 자발적인 도우미들이 입이 심심할 때마다 음식을 장만해 줬다. 특히 그 작은 학회가 샌프란시스코에서 열렸기 때문에 한층 더 즐거웠다. 어떤 물리학자들은 베르너를 의심했다. 그들은 베르너가 물리학계의 인맥을 이용해 불순한 방법으로 자신을 알리려는 것이 아닌가 의심했지만, 베르너는 결코 그러지 않았다. 장담하건대 베르너는 그저 최신의 아이디어를 가진 인물들로부터 직접 그 이야기를 듣는 것을 좋아했다.

EST 학회는 다해서 서너 번 정도 열렸던 것 같은데, 그중 하나가 나의 뇌리에(그리고 나의 물리학 연구 여정에) 깊이 새겨져 지워지지 않는다. 그 해는 1983년이었다. 머리 겔만(Murray Gell-Mann, 1929년~), 셸던 리 글래쇼(Sheldon Lee Glashow, 1932년~), 프랭크 윌첵(Frank Wilczek, 1951년~), 사바스 디모풀로스(Savas Dimopoulos, 1952년~), 핑켈스타인 등이 손님으로 참석해 있었다. 하지만 지금 이야기에서 가장 중요한 참가자는 블랙홀 전쟁에 가담했던 세 명의 주요 전투원이다. 헤라르뒤스 토프트, 스티븐 호킹, 그리고 나.

헤라르뒤스 토프트는 1983년 이전에 겨우 몇 번 만났지만 내게 아주 깊은 인상을 남겼다. 토프트가 명석하다는 것은 누구나 알았지만, 나는 그가 그것보다 훨씬 더 대단한 사람임을 직감했다. 토프트는 내가 아는 그 어떤 사람도 능가하는(파인만 정도를 제외하고는) 강철 같은 심지와 지적인 강인함을 가진 것 같았다. 파인만과 토프트는 재기 넘치는 사람들이었다. 파인만은 말하자면 미국형이었다. 경솔하고 무례하며 마초스러우면서도 늘 한발 앞섰다. 한번은 칼텍(Caltech, 캘리포니아 공과 대학)의 젊은 물리학자들과 같이 있는데, 파인만이 대학원 학생들한테 당한 이야기를 해 줬다. 패서디나에는 '명사들' 샌드위치를 파는 가게가 하나 있었다. 누구나 험프리 보거트, 마릴린 먼로 등의 이름이 붙은 샌드위치를 먹을 수 있었다. 어느 날(파인만의 생일이었던 것 같다.) 학생들은 점심을 먹자며 파인만을 데리고 그 가게로 가서는 차례로 파인만 샌드위치를 주문했다. 학생들이 지배인과 사전에 모의한 것이다. 카운터 점원도 눈 하나 깜빡하지 않았다.

이야기가 끝나자 내가 말했다. "세상에나, 파인만, 파인만 샌드위치하고 서스킨드 샌드위치하고 무슨 차이가 있었을까요?"

"뭐, 거의 똑같겠지."라고 하면서 파인만이 대답했다. "다만 서스킨드 샌드위치에는 햄(햄(ham)에는 '아마추어, 엉터리' 같은 의미도 있다. — 옮긴이)이 더 많겠지."

"그래요," 내가 응수했다. "하지만 볼로냐 소시지(볼로냐 소시지(balony)에는 '잠꼬대 같은 소리' 같은 의미도 있다. — 옮긴이)는 훨씬 덜 들었겠죠." 아마도 그것이 내가 그런 게임에서 파인만을 이겨 본 유일한 경우였을 것이다.

토프트는 네덜란드 출신이었다. 네덜란드 사람들은 유럽에서 키가 제일 크다. 하지만 토프트는 키가 작고 야무진 체격으로 콧수염을 길러 중산층처럼 보였다. 파인만과 마찬가지로 토프트는 승부사 기질이 강했다. 확언하건대 나는 그를 결코 이겨 본 적이 없다. 그런 한편으로 파인만과는 달리 토프트는 오래된 유럽이 빚어 낸 인물로, 아인슈타인과 보어의 권위를 승계한 유럽 최후의 위대한 물리학자이다. 토프트는 나보다 여섯 살 어렸지만 1983년에 나는 토프트를 경외하는 마음을 가지게 되었다. 당연히 그럴 만했다. 1999년 토프트는 입자 물리학의 표준 모형에 기여한 공로로 노벨상을 받았다.

그러나 베르너의 학회에서 가장 기억에 남는 인물은 헤라르뒤스가 아니다. 그것은 바로 스티븐 호킹이다. 나는 거기서 호킹을 처음 만났다. 호킹이 폭탄을 투하해 블랙홀 전쟁을 일으킨 곳도 바로 거기였다.

호킹 역시 재기가 넘쳤다. 그는 신체적으로 왜소한 사람이다. 몸무게가 45킬로그램이나 나갈까 의심스럽기도 하다. 하지만 호킹의 작은 몸 속에는 비범한 지성과 함께 그 왜소한 체구를 훨씬 능가하는 자아가 자리 잡고 있다. 당시에 호킹은 그럭저럭 평범한 전동 휠체어에 앉아 있었다. 그때까지만 해도 호킹은 자기 목소리로 말할 수 있었다. 다만 호킹과 함께 많은 시간을 보내지 않으면 그의 말을 알아듣기가 꽤나 어려웠지만 말이다. 그는 여행할 때면 간호사와 젊은 동료를 포함해서 측근들과 함께 움직였다. 그 젊은 동료는 호킹의 말을 아주 주의 깊게 듣고 호킹이 한 말을 반복해 줬다.

1983년 호킹의 통역사는 마틴 로섹(Martin Rocek)이었다. 마틴은 지금은 잘 알려진 물리학자로서 초중력(Supergravity)이라는 중요한 분야를 개척한 사람 중 한 명이다. 그러나 EST 학회가 있을 당시 마틴은 아주 젊었고 그다지 잘 알려지지 않았다. 그럼에도 나는 먼젓번 학회에서 만났을 때 마틴이 아주 유능한 이론 물리학자라는 것을 알았다. 언젠가 대화를 하던 중에 호킹은 (마틴을 통해) 내 생각에 뭔가 잘못된 것이 있다고 말했다. 나는 마틴에게 돌아서서 그것과 관련된 물리학을 명확히 알려 달라고 말했다. 마틴은 마치 전조등에 잡힌 사슴처럼 나를 바라봤다. 나중에 마틴은 내게 무슨 일이 있었는지 말해 줬다. 호킹이 하는 말을 통역하려면 고도의 집중력이 필요하기 때문에 마틴은 통역은 하지만 대화 내용을 따라가지는 못했던 것 같다. 마틴은 우리가 무슨 이야기를 하는지 거의 알지 못했다.

호킹의 모습에는 유별난 데가 있다. 그의 휠체어나 빤히 보이는 신체적 약점을 거론하려는 것이 아니다. 얼굴 근육은 움직이지 못하지만, 호킹의 희미한 미소는 독특하다. 천사 같기도 하면서 동시에 악마 같기도 한 것이 은밀하게 느끼는 즐거움을 투영하고 있다. EST 학회가 열리는 동안 나는 호킹과 이야기하는 것이 무척 어려움을 깨달았다. 호킹은 대답하는 데에 시간이 오래 걸렸고 그나마 그 대답도 대개 무척 간단했다. 이렇게 짧은, 때로는 한 단어로 된 대답과 미소, 육체를 초월한 것 같은 그의 지성은 나를 무기력하게 만들었다. 마치 델포이 신탁을 듣는 것 같았다. 누가 호킹에게 질문하면 첫 반응은 천금 같은 침묵이다. 그리고 최종적인 답변은 종종 이해가 불가능하다. 그러나 알듯 말듯한 그 미소는 "**당신**은 제 말을 이해하지 못할지도 모르겠네요. 하지만 **저**는 이해해요. 그리고 제가 옳아요."라고 말하는 것 같았다.

세상은 자그마한 신체의 호킹을 위대한 사람, 비범한 용기와 불굴의 정신을 가진 영웅으로 바라본다. 하지만 호킹을 아는 사람들은 그의 다른 면들을 본다. 개구쟁이 호킹, 그리고 대담한 인간 호킹. EST 학회가 있던 어느 날 저녁, 우리 몇몇은 워낙 가팔라 브레이크 파열로 유명한 샌프란시스코의 한 언덕으로 산책을 나갔다. 호킹도 전동 휠체어를 타고 함께했다. 가장 가파른 지점에 다다르자 묘한 미소를 짓던 호킹은 잠시도 망설이지 않고 최대한의 속도로 언덕길을 굴러 내려갔다. 뒤에 남은 사람들은 경악했다. 우리는 최악의 상황을 염려하며 호킹을 뒤쫓았다. 언덕 아래에 도착했을 때 호킹은 휠체어에 앉아 미소 짓고 있었다. 호킹은 도전해 볼 만한 더 가파른 언덕이 없는지 궁금해했다. 스티븐 호킹, 그는 물리학계의 이블 크니블(Evel Knievel, 위험한 모터사이클 장애물 점프로 유명한 인물. — 옮긴이)이었다.

호킹은 물리학자로서도 물불을 가리지 않는다. 그러나 호킹이 지금까지 해 온 일 중 가장 대담했던 것은 아마도 그가 베르너의 저택에서 투하한 폭탄일 것이다.

호킹이 EST 학회에서 어떻게 강의를 했는지 나는 기억나지 않는다. 요즘 물리학 세미나를 할 때면 호킹은 휠체어에 조용히 앉아 있고 사전에 녹음된 별도의 컴퓨터 목소리가 강의를 한다. 그렇게 컴퓨터화된 목소리는 호킹의 상징이 되었다. 컴퓨터 목소리는 단조롭지만 개성과 유머로 가득하다. 하지만 그때는 아마도 그가 말하고 마틴이 통역했던 것 같다. 그날 강의를 어떻게 했든, 호킹이 투하한 폭탄은 최대급의 폭발력으로 토프트와 내 머리 위에서 폭발했다.

호킹은 "블랙홀이 증발할 때 정보가 사라진다."라고 주장했다. 설상가상으로 호킹은 그 주장을 증명한 것처럼 보였다. 만약 그것이 사실이라면, 우리가 다루는 주제의 기초들이 모두 허물어질 것임을 토프트와 나는 알았다. 베르너의 저택에 있던 다른 사람들은 이 소식을 어떻게 받아들였을까? 마치 「로드 러너 만화」(1950년대에 미국에서 선풍적인 인기를 끌었던 만화. — 옮긴이)에 나오는 코요테가 절벽 끝을 지나쳐 달려가 버렸을 때처럼, 자기 발밑의 땅이 갑자기 사라졌지만 사람들은 그것을 미처 알지 못했다.

우주론 학자들은 종종 실수를 하지만 결코 의심하지 않는다는 말이 있다. 그 말이 사실이라면 호킹은 단지 절반만 우주론 학자이다. 왜냐하면 결코 의심하지도 않지만 여지껏 거의 틀린 적도 없기 때문이다. 그러나 이번에는 그가 틀렸다. 하지만 호킹의 '실수'는 물리학의 역사에서 가장 생산적인 실수 가운데 하나였고, 궁극적으로는 공간과 시간, 물질의 본성에 대한 패러다임을 근본적으로 전환시킬 수 있었다.

호킹의 강의는 그날의 마지막 강의였다. 이후 약 한 시간 동안 토프트는 베르너의 칠판에 그려진 도형을 뚫어져라 쳐다보며 서 있었다. 다른 사람들은 자리를 뜬 뒤였다. 나는 잔뜩 찌푸린 토프트의 얼굴과 미소를

띤 호킹의 얼굴을 아직도 생생하게 기억한다. 아무 말도 오가지 않았다. 마치 감전된 듯했다.

칠판에는 펜로즈 도형이 그려져 있었다. 펜로즈 도형은 블랙홀을 표현하는 도형이다. 지평선(블랙홀의 경계)은 점선으로, 그리고 블랙홀 한가운데의 특이점은 흉측한 톱니선으로 그려져 있다. 지평선을 가로질러 안쪽으로 향하는 선들은 지평선을 지나 특이점으로 떨어지는 정보의 조각(bit)들을 나타낸다. 밖으로 되돌아 나오는 선들은 없다. 호킹에 따르면 그런 정보 조각들은 사라져서 되돌릴 수 없다. 엎친 데 덮친 격으로 호킹은 블랙홀이 결국 증발해 없어진다는 것을 증명했다. 무엇이 블랙홀로 떨어졌는지에 대한 흔적조차 남기지 않고서 말이다.

호킹의 이론은 여기에서 훨씬 더 나아갔다. 그는 진공(텅 빈 공간)이 '가상 블랙홀(virtual black hole)'로 가득 차 있다고 가정했다. 가상 블랙홀은 번쩍 하고 나타났다가 아주 빠르게 사라지기 때문에 우리가 알아차릴 수 없다. 호킹은 주변에 '실제' 블랙홀이 없더라도 이런 가상 블랙홀의 효과 때문에 정보가 지워진다고 주장했다.

정보(information)가 무엇을 의미하는지 그리고 정보를 잃는다는 것이 무엇을 의미하는지는 7장에서 정확하게 알게 될 것이다. 지금은 그냥 내 말을 받아들이기 바란다. 이것은 완전히 재앙이다. 토프트와 나는 그것을 알고 있었다. 그러나 다른 사람들은 그날 이 말을 들었을 때, "흠, 블랙홀에서 정보가 사라진단 말이지."라는 반응뿐이었다. 호킹은 의기양양했다. 호킹을 상대할 때 가장 힘들었던 점은 그의 득의만만함을 보고 내가 느끼는 초조함이었다. 정보 손실은 옳을 리가 없는 것이었지만 호킹은 그것을 알지 못했다.

학회가 끝나고 우리는 집으로 돌아갔다. 호킹은 케임브리지 대학교로, 토프트는 위트레흐트 대학교로 각각 돌아갔다. 나는 101번 도로를 타고 남쪽으로 40분을 달려 팰러앨토와 스탠퍼드 대학교로 돌아왔다. 나는 운전에 집중할 수가 없었다. 그때는 1월의 추운 날이었다. 나는 차를 멈추거나 속도를 줄일 때마다 서리 낀 앞유리에 베르너의 칠판에서 본 그림을 그려 봤다.

스탠퍼드로 돌아와서 나는 친구인 톰 뱅크스(Tom Banks, 1949년~)에게 호킹의 주장을 이야기했다. 톰과 나는 그 문제를 집중적으로 고민했다. 뭔가 더 얻을 것이 있을까 하는 마음에 나는 예전에 호킹의 학생이었던 사람을 캘리포니아 남부에서 와 달라고 초청하기도 했다. 우리는 호킹의 주장을 무척 미심쩍게 생각했지만, 한동안 우리는 왜 그런 생각이 드는지 분명히 알지 못했다. 블랙홀 안에서 정보 조각이 없어진다는 게 도대체 뭐가 나쁘단 말인가? 그러다가 우리는 어렴풋이 깨닫게 되었다. 정보를 잃는다는 것은 엔트로피가 생성된다는 것이다. 그리고 엔트로피가 생긴다는 것은 열이 생긴다는 것을 뜻한다. 호킹이 그토록 가볍게 가정했던 가상 블랙홀은 진공에 열을 만들어 낼 것이다. 또 다른 동료인 마이클 페스킨(Michael Peskin, 1951년)과 함께 우리는 호킹의 이론에 기초해서 한 가지 추정을 했다. 만약 호킹이 옳다면 진공이 아주 짧은 시간 안에 10억×10억×10억×1000도까지 달아오르게 될 것을 우리는 알아냈다. 나는 호킹이 틀렸다는 것을 알았지만, 호킹의 추론에서 빈틈을 찾을 수가 없었다. 아마도 그것 때문에 내가 무척 안달이 났던 모양이다.

이후에 진행된 블랙홀 전쟁은 물리학자들 사이의 논쟁 이상이었다. 개념과 아이디어 사이의 전쟁이기도 했고 또는 어쩌면 기본 원리들 사이의 전쟁이기도 했다. 양자 역학의 원리와 일반 상대성 이론의 원리는 언제나 서로 다투는 것처럼 보였다. 그래서 이 둘이 공존할 수 있을지가 분명하지 않았다. 호킹은 아인슈타인의 등가 원리를 신뢰하는 일반 상대성 이론 전문가였다. 토프트와 나는 양자 물리학자로서 양자 역학의 법칙들은 물리학의 기초를 파괴하지 않고서는 결코 위배될 수 없다고 확신했다. 다음 세 장에서 나는 블랙홀과 일반 상대성 이론, 양자 역학의 기초를 설명하면서 블랙홀 전쟁을 위한 무대를 마련할 작정이다.

2장

어둑별

천상과 지구에는 자네의 철학이 꿈꾸는 것보다 더 많은 것들이 있다네, 호라티오.

— 윌리엄 셰익스피어, 「햄릿」

인류가 블랙홀 같은 어떤 것이 있으리라고 어렴풋하게나마 생각하기 시작한 것은 18세기 후반의 일로서, 프랑스의 위대한 수학자 피에르 시몽 마르키스 드 라플라스(Pierre Simon Marquis de Laplace, 1749~1827년)와 영국의 성직자였던 존 미셸(John Michell, 1724~1793년)이 똑같이 이 놀랄 만한 생각을 하게 되었다. 당시의 모든 물리학자들은 천문학에 지대한 관심을 가지고 있었다. 당시 천체에 관해 알고 있던 모든 것은 그 천체가 내는 빛(달이나 행성의 경우 이 천체들이 반사하는 빛)에서 얻은 것이었다. 미셸과 라플라스의 시대에도 죽은 지 반세기가 지난 아이작 뉴턴(Isaac Newton, 1642~1727년)이 물리학계에 여전히 독보적인 영향력을 미치고 있었다. 뉴턴은 빛이 작은 알갱이(그는 이 알갱이를 '미립자'라고 불렀다.)로 이뤄져 있다고 생각했다. 만약 그렇다면 빛은 왜 중력의 영향을 받지 않는가? 라플라스와 미셸은 아주 무겁고 밀도가 높은 별이 있어서 빛이 그 별의 중력이 만드는 인력을 벗어나지 못할 수도 있지 않을까 하고 생각했다. 만약 그런 별들이 존재한다면 완전히 어두워서 안 보이는 어둑별(dark star)이 되지 않을까?

돌멩이, 총알, 또는 기본 입자 같은 투사체[1]가 지구 같은 질량이 끌어당기는 중력을 과연 벗어날 수 있을까? 어떤 면에서는 그렇고 또 다른 면에서는 그렇지 않다. 어떤 질량의 중력장은 끝이 없다. 중력장은 거리가 늘어남에 따라 점점 약해지지만 영원히 계속된다. 따라서 투사체는 지구 중력을 결코 완전히 벗어날 수 없다. 하지만 만약 투사체를 충분히 빠른 속도로 위로 던지면 투사체는 영원히 바깥으로 나가려는 운동을 계속할 것이다. 이 경우 점차 약해지는 중력은 너무나 빨리 약해지기 때문에 투사체를 지구 표면으로 도로 끌어당기지 못한다. 이런 의미에서 투사체는 지구 중력을 벗어날 수 있다.

사람은 아무리 힘센 사람이어도 돌멩이를 외계로는 던질 수 없다. 프로 야구의 투수라면 수직으로 70미터 정도는 던질 수 있을 것이다. 이것은 엠파이어 스테이트 빌딩의 약 4분의 1 높이이다. 공기의 저항을 무

---

1. 『미국 헤리티지 영어 사전(*American Heritage Dictionary of the English Language*)』(4판)에서는 투사체(projectile)를 "총알처럼 발사되거나 던져지거나 또는 다른 식으로 추진되며 자체 추진력은 없는 물체"로 정의한다. 투사체가 하나의 빛 알갱이일 수도 있을까? 미셸과 라플라스에 따르면 그 대답은 그렇다이다.

시한다면 권총은 총알을 5킬로미터 정도의 높이까지 쏘아올릴 수 있다. 그런데 영원히 외계로 날아가는 궤도에 물체를 간신히 올려놓을 수 있는 그런 어떤 속도, 즉 **탈출 속도**가 존재한다. 투사체의 출발 속도가 탈출 속도보다 작다면 그 투사체는 지구로 다시 떨어질 것이다. 반면에 투사체의 출발 속도가 탈출 속도보다 더 크면 무한히 멀리까지 탈출할 수 있을 것이다. 지구 표면에서의 탈출 속도는 무려 시속 4만 킬로미터에 이른다.[2]

당분간은 행성이든 소행성이든 진짜 별이든 무거운 천체를 모두 그냥 **별**이라고 부르자. 지구는 그저 작은 별일 뿐이고 달은 훨씬 더 작은 별이고 하는 식으로 말이다. 뉴턴의 법칙에 따르면 별의 중력 효과는 그 질량에 비례하기 때문에, 탈출 속도 또한 그 별의 질량에 따라 달라진다는 것은 너무나 자연스럽다. 그러나 질량은 우리 이야기의 절반밖에 안 된다. 나머지 절반은 별의 반지름과 관계가 있다. 이제 당신이 지구 표면 위에 서 있는데, 어떤 힘이 작용해서 지구를 더 작은 크기로 압축한다고 상상해 보자. 그리고 이 과정에서 지구는 질량을 전혀 잃어버리지 않는다고 하자. 만약 당신이 지구 표면 위에 서 있다면 그렇게 지구를 압축한 결과 당신은 지구를 이루는 모든 개별 원자에 더 가까워질 것이다. 지구가 더 많이 압축될수록 중력 효과는 점점 더 강력해질 것이다. 당신의 몸무게(이것도 중력의 함수이다.)는 증가할 것이고, 따라서 지구가 당기는 힘을 벗어나기도 점점 더 힘들어질 것이다. 여기서 물리학의 한 가지 기본 법칙을 알 수 있다. (질량을 잃어버리지 않고) 별이 오그라들면 탈출 속도가 늘어난다.

이제 완전히 정반대의 경우를 생각해 보자. 어떤 이유에서인지 지구가

---

2. 탈출 속도는 이상적인 속도로서 공기의 저항 같은 효과들을 무시한 것이다. 이런 효과들이 있을 경우 물체는 훨씬 더 큰 속도를 가져야만 지구로부터 탈출할 수 있다.

팽창해서 지구의 모든 개별 원자들이 서로 점점 더 멀어지고 있다. 지구 표면에서의 중력은 더 약해질 것이고 따라서 탈출하기는 더 쉬워질 것이다. 미셸과 라플라스가 품었던 의문은 별의 질량이 아주 크고 크기가 아주 작아서 탈출 속도가 광속을 능가하는 일이 가능할까 하는 점이었다.

미셸과 라플라스가 처음으로 이런 선구적인 생각을 했던 시기는 광속(문자 c로 나타낸다.)이 알려진 지 100년도 더 지난 때였다. 덴마크의 천문학자 올레 크리스텐센 뢰머(Ole Christensen Rømer, 1644~1710년)는 1676년 광속 c의 값을 결정했다. 그는 빛이 초속 30만 킬로미터[3](30만 킬로미터는 지구 둘레의 7배이다.)라는 엄청난 속력으로 날아간다는 것을 발견했다.

$$c = \text{초속 30만 킬로미터}$$

광속이 어마어마하게 크기 때문에 빛을 가둬 두기 위해서는 질량이 극도로 크거나 극도로 집중되어 있어야만 한다. 그런 일이 일어날 수 없는 이유가 딱히 있는 것도 아니다. 미셸이 왕립 학회에 발표한 논문은 존 휠러가 나중에 "블랙홀"이라고 부른 물체에 대한 첫 번째 문헌이다.

여러 힘들 중에서 중력이 극도로 약하다는 사실을 알게 되면 당신은 아마 놀랄 것이다. 역도 선수나 높이뛰기 선수는 다르게 느낄지도 모르겠다. 그러나 간단한 실험으로 중력이 얼마나 약한가를 쉽게 알 수 있다. 가벼운 것부터 시작해 보자. 작은 스티로폼 공이면 적당하다. 이런저런 방법으로 스티로폼 공을 정전기로 대전시킨다. (스웨터에 대고 문지르면 된다.) 이제 스티로폼 공을 실로 천장에 매단다. 흔들리는 것이 멈추면 실은 수직으로 매달려 있게 된다. 그다음에 비슷하게 대전된 두 번째 물체를 매

3. 야드파운드법 단위로는 초속 18만 6000마일이다.

달려 있는 공 가까이 가져간다. 그러면 정전기력이 매달려 있는 공을 밀쳐서 실이 어떤 각도를 이루면서 매달려 있게 된다.

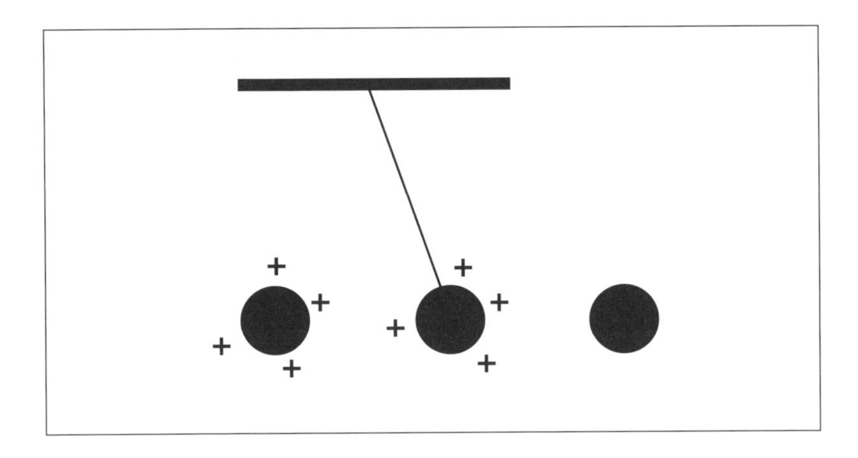

매달려 있는 공이 철로 만든 것이라면 자석으로 똑같은 상황을 만들 수 있다.

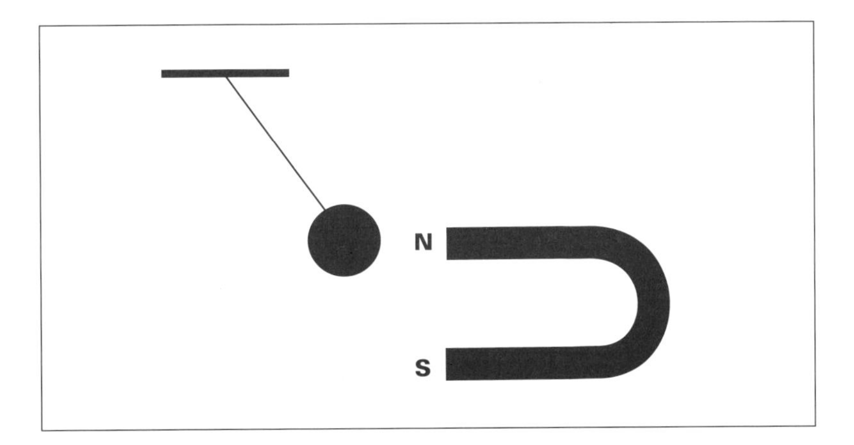

이제 전하나 자석을 없애고 아주 무거운 질량을 가까이 가져가서 조그만 공이 움직이는지 보자. 무거운 질량의 중력이 만드는 인력은 매달려 있는 공을 잡아당길 것이다. 하지만 그 효과는 너무나 작기 때문에

감지하기 어렵다. 중력은 전기력이나 자기력과 비교했을 때 극히 약하다. 그러나 만약 중력이 그렇게 약하다면, 왜 우리는 달까지 뛰어오를 수 없을까? 그 답은 6×10^{24}킬로그램에 달하는 지구의 질량이 워낙 커서 약한 중력을 쉽게 벌충하기 때문이다. 하지만 지구의 질량이 그렇게 큰데도 지구 표면에서의 탈출 속도는 광속의 1만분의 1이 못 된다. 미셸과 라플라스가 상상했던 어둑별의 탈출 속도는 c보다 크다. 그렇다면 어둑별은 어마어마하게 무겁고 어마어마하게 압축되어 있어야만 할 것이다.

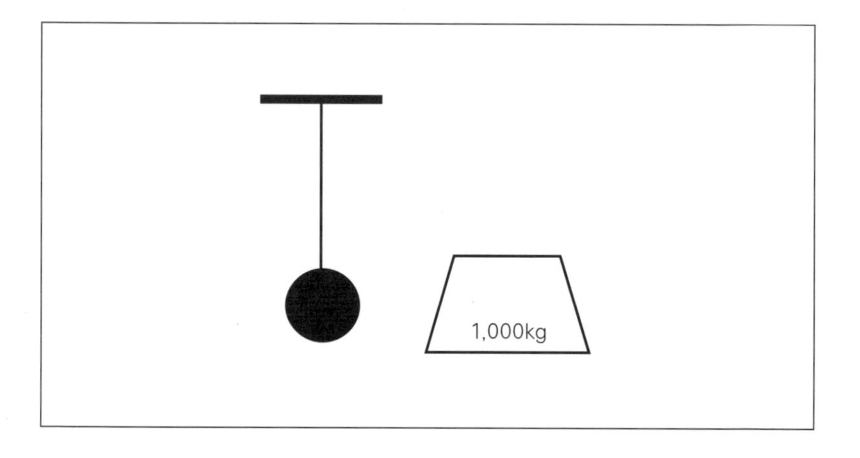

관련된 물리량들의 크기에 대해 감을 잡기 위해 몇몇 천체들의 탈출 속도를 살펴보자. 지구 표면에서 탈출하려면 속도가 초속 11킬로미터는 되어야 한다. 이것은 앞에서 말했던 시속 4만 킬로미터에 해당한다. 지구상의 기준으로 보면 이 속도는 매우 빠른 것이지만 광속에 비하면 천천히 기어가는 수준이다.

지구보다는 소행성에서 탈출하기가 훨씬 더 쉬울 것이다. 반지름이 1,600미터 정도인 소행성은 탈출 속도가 초속 2미터 정도라서 가볍게 뛰어 오르기만 하면 된다. 반대로 태양은 반지름과 질량이 지구보다 훨씬 더 크다.[4] 이 두 가지 요소는 서로 반대로 작용한다. 태양의 큰 질량은 표면에서의 탈출을 어렵게 만들지만, 큰 반지름은 탈출을 쉽게 만든다. 그러나 질량이 결국 우세하기 때문에 태양 표면에서의 탈출 속도는 지구 표면에서의 탈출 속도보다 약 50배 더 크다. 이 또한 광속보다 훨씬 더 느리다.

그러나 태양은 똑같은 크기로 영원히 머물러 있을 운명은 아니다. 별이 연료를 다 소모하면 결국에는 그 내부 열 때문에 생긴 바깥쪽으로 미는 압력이 약해진다. 그러면 중력이 거대한 바이스처럼 원래보다 작은 크기로 별을 우그러뜨리기 시작한다. 지금으로부터 약 50억 년 뒤면 태양은 연료를 다 써 버리고 **백색 왜성**(white dwarf)라는 이름의 천체로 붕괴하게 된다. 백색 왜성의 반지름은 지구의 반지름과 거의 똑같다. 그 표면에서 탈출하려면 초속 6,400킬로미터의 속도가 필요하다. 빠르기는 하지만, 여전히 광속의 2퍼센트밖에 안 된다.

만약 태양이 지금보다 약 1.5배 정도만 더 무거웠다면 그 여분의 질량 때문에 태양은 더욱 심하게 우그러져서 백색 왜성의 단계를 거치지 않고 다음 단계로 붕괴할 것이다. 별의 전자들은 양성자 속으로 짓눌려 들어가 믿기지 않을 정도로 밀도가 높은 중성자 공을 형성한다. 이것이 **중성자별**(neutron star)이다. 중성자별은 밀도가 너무나 높아 그 천체의 물질 한 숟갈이 4500억 킬로그램 이상이다. 그러나 중성자별은 아직은 어둑별은 아니다. 중성자별 표면에서의 탈출 속도는 광속에 가깝지만(c의 약 80퍼센트), 그것에 미치지는 못한다.

붕괴하는 별이 태양 질량의 5배 정도로 훨씬 더 무겁다면 고밀도의

---

4. 태양의 질량은 약 2×10^{30}킬로그램이다. 이것은 지구 질량의 약 50만 배이다. 태양의 반지름은 약 70만 킬로미터로 지구 반지름의 약 100배이다.

중성자 공조차 모든 것을 중심부 쪽으로 붕괴시키는 중력을 더 이상 이기지 못한다. 중성자별은 결국 내파(內破, implosion. '폭축'이라고도 한다. — 옮긴이)해 **특이점(singularity)**으로 무너져 내린다. 특이점은 거의 무한대의 밀도와 파괴력을 가진 점이다. 그 조그만 중심핵에서의 탈출 속도는 광속을 훌쩍 뛰어넘는다. 어두별, 또는 블랙홀은 이렇게 태어난다.

아인슈타인은 블랙홀이라는 아이디어를 무척 싫어해서 블랙홀이 결코 만들어지지 않을 것이라고 주장하며 그 가능성을 일축했다. 하지만 아인슈타인이 블랙홀을 좋아했든 싫어했든 블랙홀은 실재한다. 오늘날 천문학자들은 일상적으로 블랙홀을 연구한다. 여기에는 별 하나가 붕괴해서 생긴 블랙홀뿐만 아니라 은하의 중심에서 수백만 아니 심지어 수십억 개의 별들이 함께 모여 만들어진 대형 블랙홀도 있다.

태양은 스스로 블랙홀로 압축될 만큼 충분히 무겁지 않다. 그러나 만약 우리가 태양을 우주 바이스에다 넣고 짓눌러 반지름이 겨우 3킬로미터가 되게 압축할 수 있다면 태양도 블랙홀이 될 수 있다. 바이스의 압력이 풀리면 반지름이 8킬로미터로 되튕겨 나오지 않을까 생각할지도 모르겠다. 하지만 그때는 이미 늦었다. 태양을 이루는 물질들은 이미 일종의 자유 낙하 상태에 들어갔기 때문이다. 태양의 표면은 중심에서 1킬로미터, 1미터, 1센티미터 지점을 순식간에 지나쳐 버린다. 특이점을 형성할 때까지 이것을 멈출 수 있는 것은 아무것도 없으며, 그 무시무시한 내파는 되돌릴 수 없다.

블랙홀 근처, 특이점에서 충분히 멀리 떨어진 어느 지점에 우리가 있다고 생각해 보자. 그 지점에서 출발한 빛은 블랙홀을 빠져나올 수 있을까? 답은 블랙홀의 질량과 빛이 출발한 지점의 정확한 위치에 따라 달라진다. 이때 **지평선**(horizon)이라고 불리는 가상의 구면으로 우주를 둘로 나눌 수 있다. 지평선 안쪽에서 출발한 빛은 필연적으로 블랙홀 안으로 다시 끌려 들어가지만, 지평선 바깥쪽에서 출발한 빛은 블랙홀의 중력을 벗어날 수 있다. 태양이 블랙홀이 된다면 그 지평선의 반지름은 약 3킬로미터가 될 것이다.

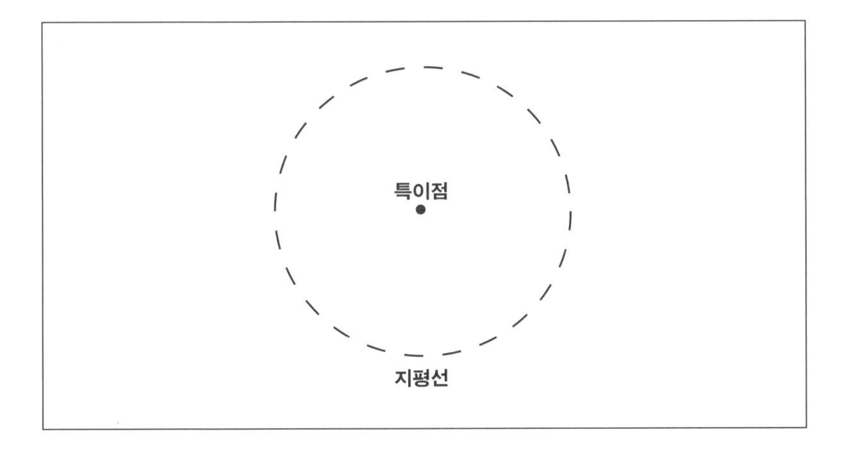

블랙홀 지평선의 반지름을 **슈바르츠실트 반지름**(Schwarzschild radius)이라고 한다. 이것은 천문학자 카를 슈바르츠실트(Karl Schwarzschild, 1873~1916년)의 이름을 딴 것으로, 그는 블랙홀을 처음으로 수학적으로 연구했다. 슈바르츠실트 반지름은 블랙홀의 질량에 의존한다. 즉 그 질량에 비례한다. 예를 들어 태양의 질량이 1,000배로 늘어나면 3~5킬로미터 떨어진 곳에서 출발한 광선은 결코 탈출할 수 없다. 왜냐하면 지평선의 반지름이 1,000배로 늘어나 3,000킬로미터가 될 것이기 때문이다.

질량과 슈바르츠실트 반지름 사이의 비례 관계는 과학자들이 블랙홀에 대해서 알게 된 첫 번째 사실이었다. 지구의 질량은 대략 태양의 100만분의 1이다. 따라서 지구의 슈바르츠실트 반지름은 태양의 슈바르츠실트 반지름보다 100만 배 더 작다. 지구를 블랙홀로 만들려면 대충 앵두 크기로 짓이겨야 한다. 반대로 우리 은하의 한가운데에는 슈바르츠실트 반지름이 약 2억 킬로미터에 달하는 초대형 블랙홀이 웅크리고 있다. 이것은 대략 지구가 태양을 공전하는 궤도의 크기이다. 게다가 우주의 또 다른 골짜기에는 그것보다 훨씬 더 큰 괴물들도 있다.

블랙홀의 특이점만큼 험악한 곳도 없다. 그 어떤 것도 특이점의 무한히 강력한 힘을 이겨 내지 못한다. 아인슈타인은 특이점이라는 아이디어를 무척이나 섬뜩하게 여겨 반기를 들었다. 그러나 그것으로부터 벗어날 길이 없었다. 질량이 충분히 차곡차곡 쌓이면 그 중심으로 끌어당기는 압도적인 힘을 그 어떤 것도 견뎌낼 수 없다.

밀물과 썰물, 그리고 3,000킬로미터 사나이

매일 두 번씩 지구가 크게 숨 쉬듯 바다가 오르락내리락 하는 이유는 무엇일까? 물론 그것은 달 때문이다. 그런데 어떻게 그럴 수 있을까, 또 왜 하루에 두 번일까? 곧 설명하겠지만, 우선 3,000킬로미터 사나이의 낙하에 대해 이야기해 보자.

머리끝에서 발끝까지 3,000킬로미터에 이르는 거인, 이름하여 3,000킬로미터 사나이가 외계에서 지구로 발부터 떨어진다고 생각해 보자. 멀리 떨어진 외계에서는 중력이 약하다. 너무나 약해서 이 사나이는 아무 것도 느끼지 못한다. 그러나 지구에 점점 가까워질수록 그는 이상한 기분이 들기 시작한다. 떨어지는 느낌이 아니라 잡아당겨지는 느낌 말이다.

문제는 이 거인이 지구를 향해 전체적으로 가속한다는 것이 아니다. 거인이 불편함을 느끼는 이유는 중력이 공간 전반에 걸쳐 고르지 않기 때문이다. 지구에서 멀리 떨어져 있으면 중력은 거의 완전히 없는 것과 같다. 하지만 가까이 갈수록 중력의 인력은 강해진다. 3,000킬로미터 사나이는 이 때문에 자유 낙하하는 동안에도 불편함을 느낀다. 이 가여운 사나이는 키가 너무나 커서 발을 당기는 힘이 머리를 당기는 힘보다 훨씬 더 세다. 이 모든 효과를 고려하면 거인은 머리와 발이 정반대 방향으로 잡아당겨지는 불쾌감을 느끼게 된다.

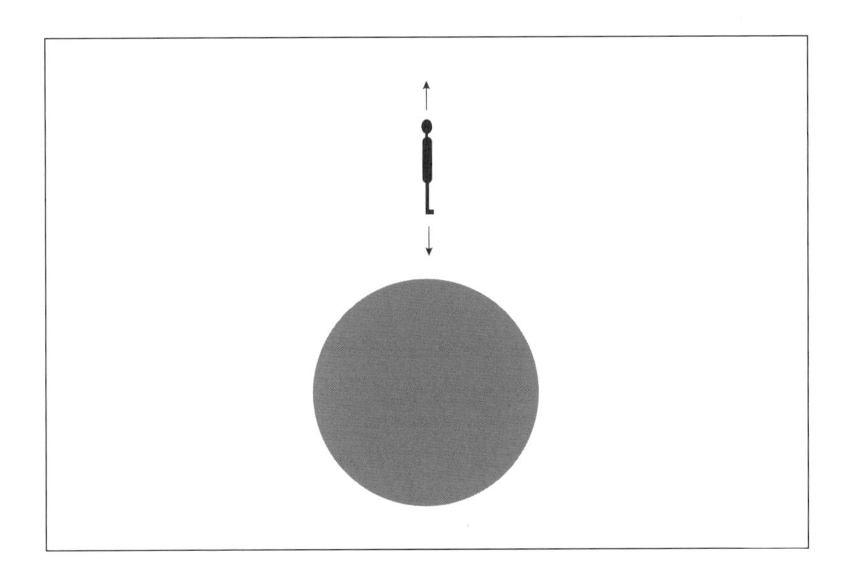

거인이 다리와 머리를 똑같은 높이에 둔 수평 자세로 떨어진다면 몸이 양쪽으로 잡아당겨지는 것 같은 상황을 피할 수 있을지도 모른다. 그러나 거인이 그런 시도를 하게 되면 새로운 불편함이 생긴다. 몸이 양쪽으로 잡아당겨지는 것 같은 느낌은 마치 압축되는 것과 같은 느낌으로 바뀐다. 거인은 자기 머리가 발 쪽으로 눌리는 것처럼 느낀다.

왜 그런지를 이해하기 위해 지구가 평평하다고 잠깐 가정해 보자. 평평한 지구는 다음 그림처럼 생겼다. 화살표가 있는 수직선들은 중력의 방향을 나타낸다. 당연하게도 수직으로 아래쪽 방향이다.

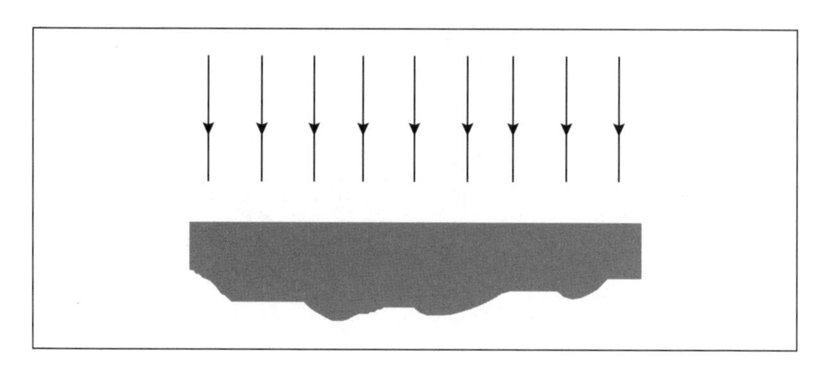

하지만 그것보다 더 중요한 것은 이런 평평한 곳에서는 중력이 끌어당기는 세기가 완전히 고르다는 것이다. 이런 환경에서라면 3,000킬로미터 사나이는 수직으로 떨어지든 수평으로 떨어지든 전혀 문제가 없다. 어쨌든 땅에만 부딪히지 않는다면 말이다.

그러나 지구는 평평하지 않다. 중력의 세기와 방향이 모두 변한다. 중력은 한 방향이 아니라 다음 그림처럼 지구의 중심으로 똑바로 당긴다.

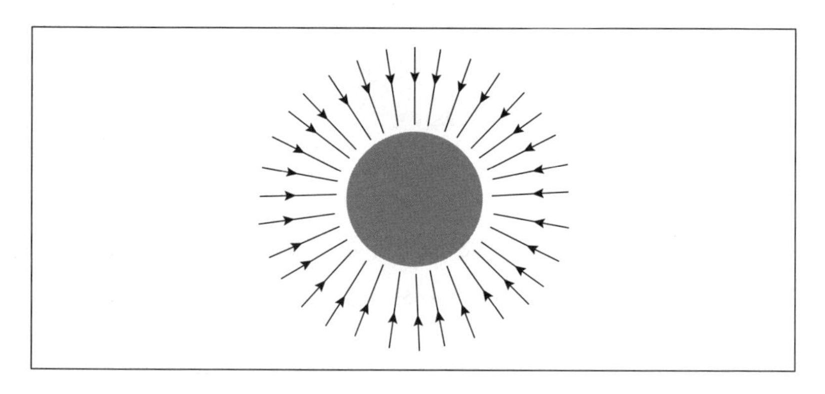

따라서 거인이 수평으로 떨어져도 새로운 문제가 생긴다. 거인의 머리와 발에 작용하는 힘은 똑같지 않다. 중력은 거인을 지구 중심으로 끌어당기므로, 거인은 중력이 자신의 발과 머리를 눌러 압축시키고 있다는 이상한 느낌을 받게 된다.

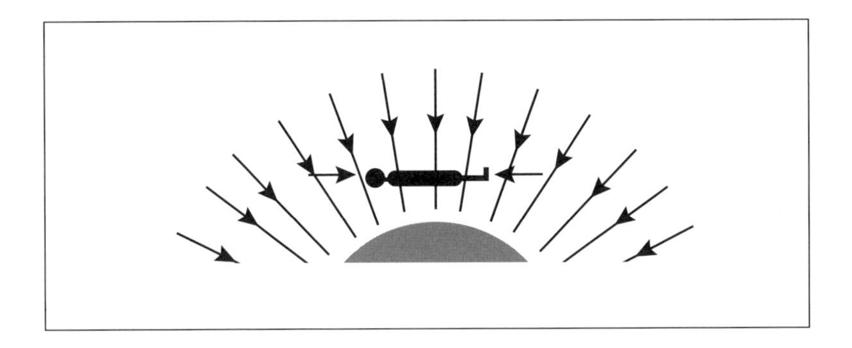

바다의 밀물과 썰물 문제로 돌아가 보자. 바닷물이 하루 두 번 오르내리는 이유는 3,000킬로미터 사나이가 불쾌감을 느끼는 이유와 정확하게 같다. 즉 고르지 못한 중력 때문이다. 그러나 이 경우 문제가 되는 것은 지구의 중력이 아닌 달의 중력이다. 달이 바다를 당기는 힘은 지구가 달을 바라보는 면에서 가장 세고 반대편에서 가장 약하다. 당신은 달 때문에 달과 가까운 면에서 바다가 한 번 부풀어 오를 것이라고 생각할지도 모르겠다. 그러나 그 생각은 틀렸다. 거인이 머리 쪽에서도 잡아당기는 힘을 느끼듯이 달과 가까운 쪽과 먼 쪽 양쪽 모두에서 물이 부풀어 오른다. 가까운 쪽에서는 달이 바닷물을 지구로부터 끌어당기지만 먼 쪽에서는 달이 지구를 바닷물로부터 끌어당긴다고 생각하는 것도 이 현상을 이해하는 한 가지 방법이다. 그 결과 지구가 달을 향한 쪽과 그 반대쪽, 두 곳에서 바닷물이 부풀어 오른다. 지구가 부풀어 오른 바닷물 속에서 한 바퀴 자전하면 지구의 각 지점은 하루에 두 번 만조를 맞게 된다.

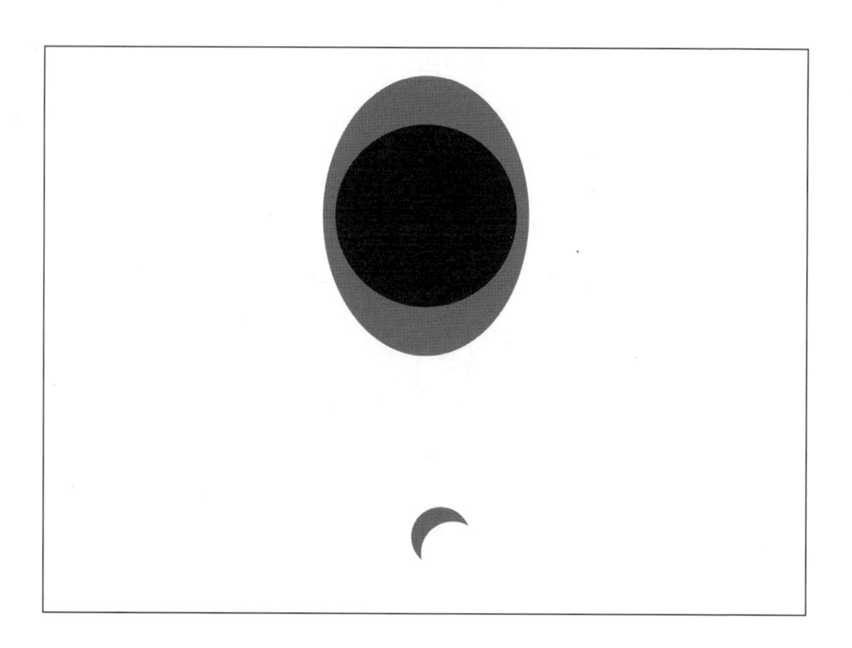

중력의 세기와 방향의 변화 때문에 생겨 이렇게 물체를 뒤트는 힘을 **기조력**(起潮力, tidal force)이라고 한다. 그 원인이 달이나 지구, 태양, 또는 어떤 다른 천체이든 상관없다. 그러나 보통 사람이 다이빙 대에서 뛰어오를 때 기조력을 느낄 수 있을까? 아니, 느낄 수 없다. 그것은 우리가 너무 작아서 지구 중력장이 우리 몸의 길이에서는 거의 변하지 않기 때문이다.

지옥으로 떨어지다

나는 깊고도 황량한 길로 들어섰다.

— 단테, 『신곡』

하지만 태양 질량의 블랙홀로 떨어질 때 느끼게 되는 기조력은 그다지 자비롭지 않다. 블랙홀의 조그만 부피 속에 빽빽하게 들어찬 그 모든 질량 때문에 지평선 근처의 중력이 무척 강할 뿐만 아니라 매우 고르지 않다. 슈바르츠실트 반지름에 이르기 훨씬 전, 예를 들어 당신이 블랙홀에서 10만 킬로미터 이상 떨어져 있을 때에도 기조력 때문에 꽤나 불쾌해질 것이다. 급격하게 변하는 블랙홀의 중력장 속에서는 당신도 3,000킬로미터 사나이와 마찬가지로 충분히 크다. 지평선에 도착할 때쯤이면 당신은 치약을 쥐어 짠 튜브처럼 우그러져 있을 것이다.

블랙홀 지평선의 기조력에서 자기 몸을 지키는 방법에는 두 가지가 있다. 당신을 더 작게 만들거나 블랙홀을 더 크게 만들면 된다. 세균은 태양 질량의 블랙홀 지평선에서 기조력을 느끼지 못할 것이다. 또한 태양 질량의 100만 배인 블랙홀의 지평선에서는 당신도 기조력을 느끼지 못할 것이다. 이것은 직관에 반하는 것처럼 보일지도 모르겠다. 왜냐하면 더 무거운 블랙홀의 중력장이 더 셀 것이기 때문이다. 그러나 이 생각에는 한 가지 중요한 사실이 빠졌다. 더 큰 블랙홀의 지평선은 너무나 크기 때문에 거의 평평해 보일 것이다. 그런 블랙홀의 지평선 근처에서는 중력장이 아주 강하지만 고르다.

뉴턴의 중력에 대해서 조금만 알면, 어둑별 지평선에서의 기조력을 이해할 수 있다. 어둑별이 더 크고 더 무거울수록 지평선에서의 기조력은 더 약해진다는 것을 쉽게 알 수 있다. 이 때문에 아주 큰 블랙홀의 지평선을 가로지르는 일은 무미건조할 정도로 평화롭다. 하지만 궁극적으로는 가장 큰 블랙홀에서조차 기조력을 피할 수 없다. 크기가 크면 그 불가피한 결말을 잠시 미룰 수 있을 뿐이다. 결국에는 불가피하게 특이점으로 떨어지게 되며, 그것은 단테가 상상했거나, 토르케마다(토마스 데 토르케마다(Thomás de Torquemada, 1420~1498년). 15세기 스페인의 도미니크회 수도사. 스페인 종교 재판소의 초대 소장으로 스페인의 유대인 추방과 이단 심문을 주도했다. — 옮긴이)가 스페인 종교 재판소에서 불쌍한 희생자들에게 가했던 그 어떤 고

문만큼이나 무시무시할 것이다. (그 고문대가 뇌리를 스친다.) 가장 작은 세균조차 수직축을 따라 양쪽으로 잡아당겨지고 동시에 수평 방향으로 찌부러진다. 작은 분자들은 세균보다 더 오래, 그리고 원자들은 훨씬 더 오래 살아남을 것이다. 그러나 조만간 양성자조차 특이점에 굴복한다. 그 어떤 죄인도 지옥의 고문을 벗어날 수 없다고 주장한 단테가 옳았는지는 알 수 없지만, 블랙홀 특이점에서 그 끔찍한 기조력을 벗어날 수 있는 것은 아무것도 없다고 나는 확신한다.

특이점의 성질이 낯설고 사납지만 그것이 블랙홀의 가장 심오한 미스터리는 아니다. 재수 없게 특이점으로 끌려 들어간 물체에 무슨 일이 벌어질지 우리는 알고 있다. 그것은 그다지 유쾌한 일은 아니다. 그러나 유쾌하든 그렇지 않든 특이점은 거의 지평선만큼이나 그렇게 역설적이지는 않다. 지평선을 지날 때 물질은 어떤 일을 겪게 될까? 현대 물리학에서 이 질문보다 더 큰 혼란을 불러일으킨 질문은 없었다. 당신이 무슨 대답을 하든 아마도 틀릴 것이다.

미셸과 라플라스는 아인슈타인이 태어나기 오래전에 살았던 사람들이라 아인슈타인이 1905년에 성취한 두 가지 발견을 생각조차 할 수 없었다. 그 첫 번째는 특수 상대성 이론으로서 그 이론은 그 어떤 것도, 심지어 빛조차도 결코 광속을 능가할 수 없다는 원리에 기초해 있다. 미셸과 라플라스는 빛이 어둑별을 벗어날 수 없다는 것을 이해했지만, 다른 어떤 것도 그럴 수 없다는 것은 깨닫지 못했다.

아인슈타인이 1905년에 거둔 두 번째 발견은 빛이 정말로 입자로 이뤄져 있다는 것이다. 미셸과 라플라스가 어둑별을 생각해 낸 직후에 빛에 대한 뉴턴의 입자론은 배격되기에 이른다. 빛이 음파나 바다 표면의 파도와 비슷하게 파동으로 이뤄져 있다는 점을 뒷받침하는 증거들이 늘어났다. 1865년에 이르러 제임스 클러크 맥스웰(James Clerk Maxwell,

1831~1879년)은 빛이 요동치는 전기장과 자기장으로 이뤄져 있으며 광속으로 공간을 이동한다는 사실을 알아냈다. 빛의 입자론은 호랑이 담배 피우던 시절의 이야기가 되었다. 중력이 전자기 파동 또한 끌어당길지도 모른다고 생각한 사람은 아무도 없었던 것 같다. 그래서 어둑별은 잊혀졌다.

이런 신세였던 어둑별은 1917년 천문학자 카를 슈바르츠실트가 아인슈타인이 새로 내놓은 일방 상대성 이론의 방정식을 풀어 내면서 재조명을 받게 된다.[5]

등가 원리

아인슈타인이 한 연구의 대부분이 그렇듯이 일반 상대성 이론은 어렵고 까다롭다. 그러나 일반 상대성 이론은 지극히 단순한 관찰에서 유래했다. 사실 그런 관찰은 너무나 기본적이라서 누구라도 할 수 있었지만, 아무도 하지는 않았다.

아인슈타인의 스타일은 가장 단순한 사고 실험에서 아주 광범위한 영향력을 발휘하는 결론을 이끌어 내는 것이다. (개인적으로 나는 언제나 다른 무엇보다 이런 사고 방식을 존경해 왔다.) 일반 상대성 이론의 경우 그 사고 실험은 엘리베이터 안에 있는 관측자에 대한 실험이다. 최근의 교과서에서 종종 엘리베이터를 로켓 우주선으로 업데이트하기도 하지만, 아인슈타인의 시절에는 엘리베이터가 흥미로운 신기술이었다. 아인슈타인은

---

5. 블랙홀에는 여러 종류가 있다. 특히 원래의 별이 회전하고 있었다면(모든 별들은 어느 정도는 회전한다.) 거기서 만들어진 블랙홀은 하나의 축에 대해 회전할 수도 있다. 그리고 블랙홀은 전기적으로 대전될 수도 있다. 블랙홀에 전자를 떨어뜨리면 블랙홀이 대전된다. 회전하지 않고 대전되지 않은 종류의 블랙홀들을 따로 '슈바르츠실트 블랙홀'이라고 부른다.

먼저 중력을 발생시키는 그 어떤 물체로부터도 멀리 떨어진 외계 공간에서 자유롭게 떠다니는 엘리베이터를 생각했다. 그런 엘리베이터 안에 있는 사람은 모두 완전한 무중력 상태를 겪게 되며 투사체는 균일한 속도로 완전히 직선인 궤적을 따라 운동한다. 광선도 완전히 똑같이 행동할 것이다. 물론 광속으로 움직이겠지만 말이다.

아인슈타인은 다음으로 엘리베이터가 위쪽으로 가속하면 무슨 일이 일어날지 생각했다. 멀리 있는 어떤 고정 장치에 묶인 줄이나 밑바닥에 고정된 로켓을 이용하면 엘리베이터를 가속할 수 있을 것이다. 엘리베이터 안의 승객들은 바닥으로 밀려날 것이며 투사체의 궤적은 포물선 궤도를 그리며 아래쪽으로 꺾일 것이다. 모든 것이 마치 중력의 영향을 받을 때와 똑같이 행동할 것이다. 갈릴레오 이래 모든 사람들이 이 사실을 알고 있었지만, 아인슈타인에 이르러서야 이 단순한 사실이 강력하고 새로운 물리 원리로 탈바꿈했다. 등가 원리는 중력의 효과와 가속의 효과 사이에 전적으로 아무런 차이가 없다고 주장한다. 엘리베이터 안에서 어떤 실험을 하더라도 그 엘리베이터가 중력장 안에 멈춰 있는지 또는 외계 공간에서 가속되고 있는지 구분할 수 없다.

이것은 그 자체로 놀랍지는 않았지만 그 결과는 간단하지 않았다. 아인슈타인이 등가 원리를 정식화했을 당시에는 중력이 전기의 흐름이나 자석의 움직임, 또는 빛의 진행과 같은 다른 현상들에 어떻게 영향을 미치는지 거의 알려지지 않았다. 아인슈타인의 방법은 먼저 가속이 어떻게 이런 현상들에 영향을 미치는지를 알아내는 것으로 시작한다. 이 방법은 새롭거나 알려지지 않은 물리학을 전혀 끌어들이지 않았다. 단지 알고 있는 현상들이 가속하는 엘리베이터 안에서 어떻게 보일 것인지만 생각하면 된다. 그러면 등가 원리에 따른 중력의 효과를 알 수 있다.

첫 번째 예는 중력장 안에서의 빛의 움직임에 관한 것이었다. 왼쪽에서 오른쪽으로 엘리베이터를 가로질러 수평으로 움직이는 빛줄기를 생각해 보자. 만약 엘리베이터가 중력을 만드는 그 어떤 질량으로부터도 멀리 떨어져 자유롭게 움직이고 있다면 빛은 완벽하게 곧은 수평선으로 움직일 것이다.

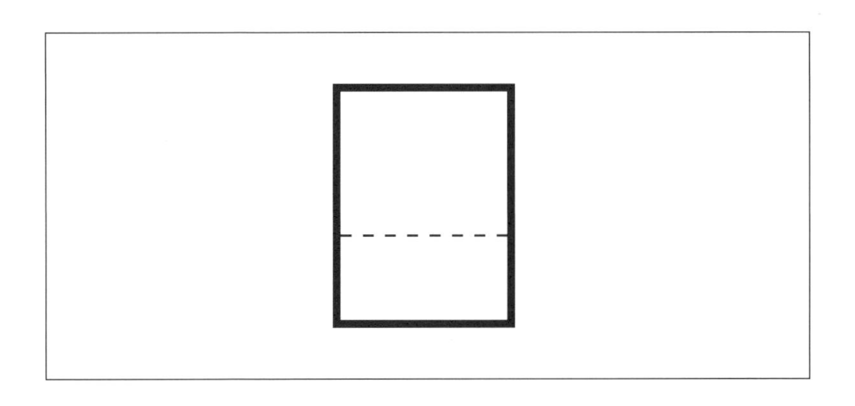

그러나 이제 엘리베이터를 위쪽으로 가속시켜 보자. 엘리베이터의 왼쪽 면에서 출발한 빛은 수평으로 운동하지만, 엘리베이터가 가속하기 때문에 빛이 맞은편에 이를 때까지 빛은 아래쪽 운동 성분을 가진 것처럼 보인다. 어떤 관점에서는 엘리베이터가 위로 가속했지만, 승객들에게는 빛이 아래쪽으로 가속한 것처럼 보인다.

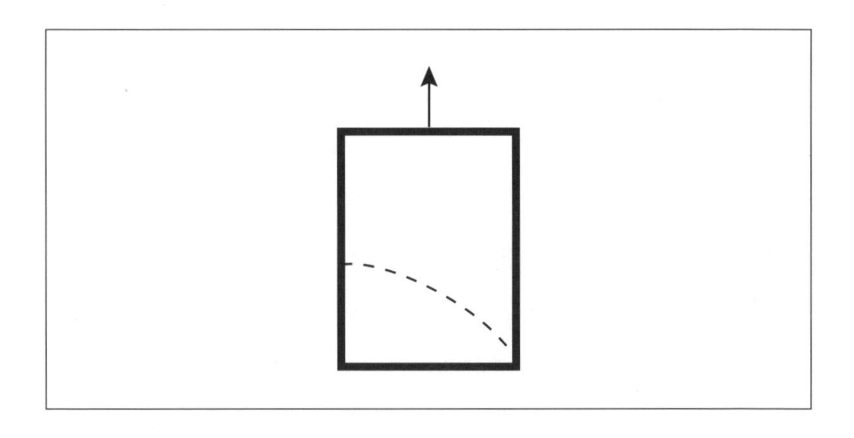

사실상 광선의 경로는 아주 빨리 움직이는 입자의 궤적과 똑같이 휜다. 이 효과는 빛이 파동으로 이뤄졌든 입자로 이뤄졌든 아무런 상관이 없다. 단지 위쪽으로 가속된 효과일 뿐이다. 그러나 아인슈타인은 만약 가속이 광선의 경로를 휘게 한다면 중력 또한 그래야만 한다고 추론했다. 사실 중력이 빛을 끌어당겨 떨어지게 한다고 말할 수도 있다. 그것은 정확하게 미셸과 라플라스가 추측했던 것이다.

동전의 양면처럼 또 다른 면도 있다. 만약 가속도가 중력 효과를 흉내 낼 수 있다면 가속도가 중력을 상쇄할 수도 있다. 똑같은 엘리베이터가 더 이상 외계 공간에서 무한히 멀리 떨어져 있지 않고 고층 건물 꼭대기에 있다고 생각해 보자. 엘리베이터가 정지해 있다면 승객들은 중력이 끌어당기는 효과를 느낀다. 여기에는 엘리베이터를 가로지르는 빛이 구부러지는 현상도 포함된다. 그런데 갑자기 엘리베이터 줄이 뚝 끊어져 엘리베이터가 땅을 향해 가속하기 시작한다. 자유 낙하하는 그 짧은 순간 동안 엘리베이터 안의 중력은 완전히 상쇄되어 없어진 것처럼 보인다.[6] 엘리베이터 안의 승객들은 위아래에 대한 감각도 없이 떠다닌다. 입자

6. 엘리베이터가 충분히 작아서 기조력은 무시할 만하다고 가정한다.

와 광선은 완벽한 직선으로 운동한다. 이것이 등가 원리의 다른 면이다.

배수구, 벙어리 구멍, 그리고 블랙홀

수학 공식 없이 현대 물리학을 설명하려고 하면 비유가 얼마나 유용한지 알게 된다. 예를 들어 원자를 태양계의 축소판이라고 생각하면 아주 편리하며, 어둑별을 설명할 때 보통의 뉴턴 역학을 사용하면 일반 상대성 이론의 고등 수학에 뛰어들 준비가 안 된 사람들에게 도움이 된다. 하지만 비유는 그 자체로 한계가 있어서 블랙홀을 어둑별로 비유한 것은 너무 멀리 밀고 나갈 경우 문제가 생긴다. 다행히 더 좋은 다른 비유가 있다. 나는 그것을 블랙홀 양자 역학의 개척자 중 하나인 빌 조지 운루(Bill George Unruh, 1945년~)로부터 배웠다. 내가 그 비유를 특히 좋아하는 이유는 아마도 내 첫 번째 직업이 배관공이었기 때문일 것이다.

얕고 무한히 넓은 호수를 하나 상상해 보자. 깊이는 몇 센티미터에 불과하지만 수평 방향으로는 끝없이 펼쳐져 있다. 이 호수에는 빛이라고는 전혀 모른 채 평생 호수 속에서만 사는 눈먼 올챙이들이 있다. 하지만 올챙이들은 소리를 이용해 물체의 위치를 파악하고 의사 소통을 하는 데에 능통하다. 한 가지 철의 규칙이 있다. 물속에서는 그 어떤 것도 음속보다 빨리 움직이지 못한다. 대부분의 경우에는 올챙이들이 소리보다 훨씬 느리게 움직이기 때문에 이 속도 제한은 별로 중요하지 않다.

이 호수에는 한 가지 위험이 도사리고 있다. 많은 올챙이들이 그 위험을 알아차렸을 때는 이미 너무 늦어서 목숨을 구할 수 없었고, 그래서 살아 돌아와 그 이야기를 해 준 올챙이는 아직 한 마리도 없었다. 그것은 호수 한가운데에 있는 배수구이다. 그 배수구를 따라 아래쪽에 있는 동굴로 폭포수처럼 물이 빠져나가는데, 그 밑에 끔찍하게 날카로운 바

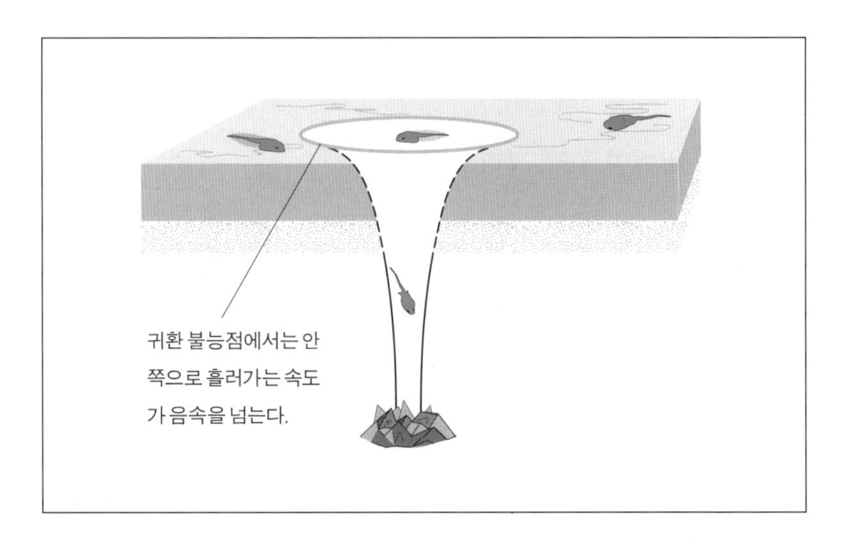

위들이 도사리고 있다.

위에서 호수를 내려다보면 물이 배수구 쪽으로 움직이는 것을 볼 수 있다. 배수구에서 멀리 떨어져 있으면 물의 속도는 느낄 수 없을 정도로 느리지만, 가까이 다가갈수록 그 속도는 빨라진다. 배수구로 물이 너무 빨리 빠져 어떤 지점에서는 물이 빠지는 속도가 음속과 같아진다고 가정하자. 그 지점을 지나 배수구에 훨씬 더 가까이 다가가면 물의 흐름은 초음속이 된다. 이쯤 되면 배수구는 아주 위험하다.

올챙이는 물속을 떠다니며 오직 자기 주변의 수중 환경만을 경험하기 때문에 자기들이 얼마나 빨리 움직이는지 절대로 알지 못한다. 주변의 모든 것들이 똑같은 속도로 휩쓸려 간다. 위험천만하게도 올챙이들은 배수구로 빨려 들어가 날카로운 바윗돌에 목숨을 잃을 수도 있다. 실제로 안쪽의 속도가 음속을 넘어서는 그런 반지름을 넘어가게 되면 그 올챙이는 죽은 목숨이다. 그 올챙이는 다시 되돌아올 수 없는 지점을 넘어섰기 때문에 물길을 거슬러 헤엄쳐 나올 수 없을 뿐만 아니라 안전 지역에 있는 누구에게도 위험을 알릴 수 없다. (어떤 가청 신호도 물속에서 소리보다 빨리 움직일 수 없다.) 운루는 그 배수구와 되돌아올 수 없는 지점을 **벙어리 구멍**(아무 소리가 없다는 뜻에서의 벙어리)이라고 불렀다. 어떤 소리도 빠져나올 수 없기 때문이다.

귀환 불능점에서 가장 흥미로운 사실은 경솔하게 그 지점을 지나 헤엄치는 관측자는 처음에는 아무것도 알아차릴 수 없다는 점이다. 평소와 다른 것이 하나도 없기 때문이다. 위험을 알리는 표지판이나 경보음도 없고 관측자를 멈춰 세울 장애물도 없으며 긴박한 위험을 알려 주는 그 어떤 것도 없다. 한순간 모든 것이 문제없어 보이고 그다음 순간에도 모든 것이 여전히 문제없어 보인다. 귀환 불능점을 지나가는 것은 아무런 사건도 되지 못한다.

앨리스라는 올챙이 한 마리가 자유롭게 헤엄치고 있다. 앨리스는 친구 밥에게 노래를 불러 주며 배수구 쪽으로 흘러간다. 앞을 보지 못하는 친구 올챙이들과 마찬가지로 앨리스도 레퍼토리가 아주 제한적이다. 앨리스가 부를 수 있는 악보는 가온 다 음으로서 초당 262번의 진동수를 낸다. 기술적인 용어로는 262헤르츠(Hz)[7]라고 한다. 앨리스가 아직 배수구에서 멀리 있는 동안에는 다른 올챙이들은 앨리스의 운동을 거의 감지하지 못한다. 밥은 앨리스의 목소리에 귀를 기울이고 가온 다 음을 듣는다. 그러나 앨리스의 속도가 높아지면 적어도 밥의 귀에는 소리가 낮아진다. 다 음은 나 음으로 바뀌고 다시 가 음이 된다. 그 이유는 유명한 **도플러 이동** 때문이다. 도플러 이동은 고속으로 움직이는 기차가 기적을 울리며 지나갈 때 경험할 수 있다. 기차가 다가올 때는 기적 소리가 기차에 탑승한 열차 승무원에게보다 당신에게 더 높은 음으로 들린다.

---

7. 19세기 독일 물리학자 하인리히 루돌프 헤르츠(Heinrich Rudolf Hertz, 1857~1894년)의 이름을 딴 헤르츠는 진동수의 단위이다. 1헤르츠는 1초당 1회의 진동을 나타낸다.

그러고는 기차가 당신을 지나쳐 멀어지면 기적 소리는 낮아진다. 연속적인 소리의 진동은 각각 자기 앞의 진동보다 약간씩 더 멀리 움직여야 하기 때문에 당신의 귀에 도달하기까지 약간씩 시간이 지연된다. 연속적인 음파 진동 사이의 시간은 늘어나고 따라서 더 낮은 진동수를 듣게 된다. 더구나 기차가 도망가듯 멀어지며 속도를 높이면 감지되는 진동수는 점점 더 낮아진다.

앨리스가 귀환 불능점을 향해 떠내려갈 때 앨리스의 노랫소리에도 똑같은 일이 생긴다. 처음에 밥은 그 음을 262헤르츠로 듣는다. 나중에는 200헤르츠, 그리고 100헤르츠, 50헤르츠 등으로 바뀌어 간다. 귀환 불능점에 아주 가까운 지점에서 나오는 소리는 빠져나오는 데에 시간이 오래 걸린다. 물의 움직임이 밖으로 나가려는 소리의 운동을 거의 상쇄시켜, 멈춘 것과 다를 바 없을 정도로 속도를 늦춘다. 곧 그 소리가 너무 낮아져서 특별한 기구 없이 밥은 그 소리를 더 이상 들을 수 없다.

밥이 특별한 기구로 앨리스가 귀환 불능점으로 다가갈 때의 음파를 가지고 그녀의 영상을 만들어 낼 수 있을지도 모른다. 하지만 연속적인 음파가 밥에게 도달하는 데에 걸리는 시간이 점점 더 길어짐에 따라 앨리스에 관한 모든 것은 속도가 느려지는 것처럼 보인다. 앨리스의 목소리는 낮아진다. 그뿐만이 아니다. 그녀가 흔드는 팔도 속도가 느려져 거의 멈춘다. 밥이 감지할 수 있는 바로 그 마지막 파동은 무한한 시간이 걸리는 것 같다. 실제로 밥에게는 앨리스가 귀환 불능점에 다다르는 데에 영원한 시간이 걸리는 것처럼 보인다.

한편 앨리스는 그 어떤 이상한 점도 알아채지 못한다. 앨리스는 속도가 빨라지거나 느려지는 것을 전혀 느끼지 못한 채 즐겁게 귀환 불능점으로 유영한다. 나중에 끔찍한 바위들에 휩쓸리고 충돌하고 나서야 앨리스는 위험을 깨닫는다. 여기서 우리는 블랙홀의 중요한 성질 하나를 알 수 있다. 서로 다른 관측자들은 똑같은 사건을 역설적이게도 다르게 감지한다. 자신에게 들리는 소리로부터 판단할 때 적어도 밥에게는 앨리스가 귀환 불능점에 도달하는 데에 영원한 시간이 걸린다. 하지만 앨리스는 눈 깜짝할 순간에 도달할 수도 있다.

이제 당신은 이 벙어리 구멍이 블랙홀의 지평선과 유사하다는 것을 눈치 챘을 것이다. 소리를 빛으로 바꾸면(그 어떤 것도 광속을 능가할 수 없다는 점을 상기하라.) 이 비유는 슈바르츠실트 블랙홀의 성질에 대해 꽤나 정확하게 보여 준다. 배수구와 마찬가지로 지평선을 넘어선 그 어떤 것도 빠져나올 수 없고, 심지어 가만히 서 있지도 못한다. 블랙홀에서 위험한 것은 날카로운 바위가 아니라 한가운데의 특이점이다. 지평선 안쪽에 있는 모든 물질은 특이점으로 끌려가 그곳에서 무한대의 압력과 밀도로 우그러진다.

벙어리 구멍 비유를 잘 이해하면 블랙홀에 관한 역설적인 상황들이 분명해진다. 예를 들어, 밥이 이제는 더 이상 올챙이가 아니라 안전 거리 밖에서 거대 블랙홀 주변을 공전하는 우주 정거장의 우주 비행사라고 해 보자. 한편 앨리스는 지평선을 향해 떨어지고 있다. 노래는 부르지 않는다. 우주 공간에는 그녀의 목소리를 전달해 줄 공기가 없다. 대신에 푸른 손전등으로 신호를 보낸다. 앨리스가 블랙홀로 떨어짐에 따라 밥은 앨리스가 보내는 빛의 진동수가 푸른색에서 붉은색, 즉 적외선 쪽으로 이동하다가 결국 낮은 진동수의 전파로 바뀌는 것을 보게 된다. 앨리스의 움직임은 점점 더 느려져 거의 정지한 것처럼 보이게 될 것이다. 밥은 앨리스가 지평선을 지나 특이점으로 떨어지는 모습을 결코 볼 수 없다. 밥에게는 앨리스가 지평선에 이르는 데 무한한 시간이 걸리는 것처럼 보인다. 하지만 앨리스의 관성 좌표계에서는 앨리스가 지평선으로 곧바로 떨어지며, 특이점에 다가갈 때에만 괴상한 기분을 느끼기 시작한다.

슈바르츠실트 블랙홀의 지평선은 슈바르츠실트 반지름에 해당한다. 지평선을 건너가면 앨리스는 죽은 목숨이다. 그러나 올챙이와 마찬가지로 앨리스가 특이점에서 목숨을 잃기 전에 아직 약간의 시간이 남아 있다. 얼마나 시간이 남았을까? 그것은 블랙홀의 크기나 질량에 달려 있다. 질량이 클수록 슈바르츠실트 반지름도 커지고 앨리스에게는 더 많은 시간이 허용된다. 태양 질량 정도의 블랙홀이면 앨리스에게는 겨우 10만분의 1초 정도만 주어진다. 은하 중심 블랙홀의 질량은 태양의 10억 배 정도일 텐데, 이 경우 앨리스에게는 1,000초, 즉 대략 30분이 허용된다. 물론 훨씬 더 큰 블랙홀도 상상할 수 있다. 그곳에서는 앨리스가 평생을 살 수도 있고, 심지어 앨리스의 후손들이 특이점 때문에 목숨을 잃기 전에 여러 세대에 걸쳐 자손을 키우며 살다 죽을 수도 있다.

물론 밥의 관측에 따르면 앨리스는 결코 지평선에 도달할 수도 없다. 누가 옳은가? 앨리스가 지평선에 도달할 수 있을까 없을까? 정말로 무슨 일이 일어나는 것일까? **정말로**라는 말이 말이나 되기나 할까? 물리학이란 결국 관찰하고 실험하는 과학이므로 밥의 관측을 믿어야 할지도 모른다. 비록 그 관측이 앨리스가 기술하는 사건과 명백하게 모순되더라도 말이다. (제이콥 베켄스타인과 스티븐 호킹이 발견한 블랙홀의 놀라운 양자 역학적인 성질들을 논의하고 난 뒤, 우리는 앨리스와 밥을 다시 만나게 것이다.)

배수구 비유는 여러 면에서 유용하지만, 모든 비유와 마찬가지로 자체의 한계를 가지고 있다. 예를 들어 물체가 지평선을 지나 블랙홀로 떨어지면 그 물체의 질량은 블랙홀의 질량에 더해진다. 질량이 늘어난다는 것은 지평선이 커진다는 것을 의미한다. 물론 우리는 배수관에 펌프를 설치해서 물의 흐름을 조절하는 식으로 이 상황을 모형화할 수도 있다. 배수구에 뭔가가 떨어질 때마다 펌프가 조금씩 세게 가동되면 물의 흐름이 빨라지고 귀환 불능점의 영역이 더 커진다. 하지만 모형으로서

의 단순성은 곧 사라진다.[8]

블랙홀의 또 다른 성질은 그 자체가 움직일 수 있는 물체라는 점이다. 블랙홀을 다른 질량이 만든 중력장 속에 갖다 놓으면 다른 여느 질량처럼 가속된다. 심지어 더 큰 블랙홀로 떨어질 수도 있다. 진짜 블랙홀의 이 모든 성질들을 기술하려면 수학을 피할 목적에서 도입한 배수구 비유가 오히려 수학보다 더 복잡해진다. 하지만 그런 제한에도 불구하고 배수구는 아주 유용한 비유여서 일반 상대성 이론의 방정식들을 익히지 않고도 블랙홀의 기본 성질들을 이해할 수 있게 해 준다.

물리학 애호가들을 위한 몇 가지 공식들

나는 수학에 별로 관심이 없는 독자들을 위해 이 책을 썼다. 하지만 수학을 약간 즐기는 분들을 위해 여기 몇몇 공식과 그 의미를 소개한다. 흥미롭지 않다면 그냥 다음 장으로 넘어가면 된다. 시험 따위는 없다.

뉴턴의 중력 법칙에 따르면 우주의 모든 물체는 다른 모든 물체를 중력으로 끌어당긴다. **중력은 물체들의 질량들의 곱에 비례하고 물체들 사이의 거리의 제곱에 반비례한다.**

$$F=\frac{mMG}{D^2}$$

이 방정식은 물리학에서 가장 유명한 방정식 가운데 하나로서 거의

8. 조지 엘리스(George Ellis) 교수는 물의 흐름이 변할 때의 미묘한 상황을 내게 일깨워 줬다. 그런 경우에는 귀환 불능점이 물의 속도가 음속에 이르는 지점과 정확하게 일치하지 않는다. 블랙홀에서는 겉보기 지평선과 진짜 지평선이 서로 다르다는 점이 그것과 유사하게 미묘한 점이다.

$E=mc^2$(아인슈타인의 유명한 방정식으로, 에너지 E를 질량 m과 광속 c와 연결한다.)만큼이나 유명하다. 이 방정식의 좌변에는 달과 지구, 또는 지구와 태양 같은 두 질량 사이의 힘 F가 있다. 우변에는 더 큰 질량 M과 더 작은 질량 m이 있다. 예를 들어 지구의 질량은 6×10^{24}킬로그램이고 달의 질량은 7×10^{22}킬로그램이다. 질량들 사이의 거리는 D로 표현한다. 지구에서 달까지의 거리는 약 4×10^{8}미터이다.

이 방정식의 마지막 기호 G는 **뉴턴 상수**로 불리는 상수이다. 뉴턴 상수는 순수 수학에서 유도할 수 있는 뭔가가 아니다. 그 값을 알기 위해서는 2개의 알려진 질량이 어떤 알려진 거리에 있을 때 그 두 질량 사이의 힘을 측정해야만 한다. 일단 그 값을 알기만 하면 어떤 두 질량이 어떤 거리에 있더라도 그 두 질량 사이의 힘을 계산할 수 있다. 역설적이게도 뉴턴은 자기 상수의 값을 알지 못했다. 중력이 워낙 약하기 때문에 G 값은 너무나 작아 18세기 말이 될 때까지 측정할 수 없었다. 18세기 말 영국의 물리학자 헨리 캐번디시(Henry Cavendish, 1731~1810년)가 영리하게도 극도로 약한 힘을 측정하는 방법을 고안했다. 캐번디시는 1킬로그램의 질량 한 쌍이 1미터 떨어져 있으면 그 둘 사이의 힘이 6.7×10^{-11}뉴턴임을 알아냈다. (뉴턴은 미터법에서의 힘의 단위로, 파운드의 약 50분의 1이다.) 따라서 뉴턴 상수의 값은 미터법 단위로 다음과 같다.

$$G=6.7\times10^{-11}$$

뉴턴은 자신의 이론을 유도할 적에 어떻게 보면 운이 좋았다. 그것은 역제곱 법칙이 가진 특별한 수학적 성질 때문이다. 당신이 자신의 몸무게를 측정할 때 당신을 지구 방향으로 잡아당기는 중력의 일부는 당신 발 바로 아래 있는 질량 때문에 생기고, 또 일부는 지구 안 깊숙한 곳에

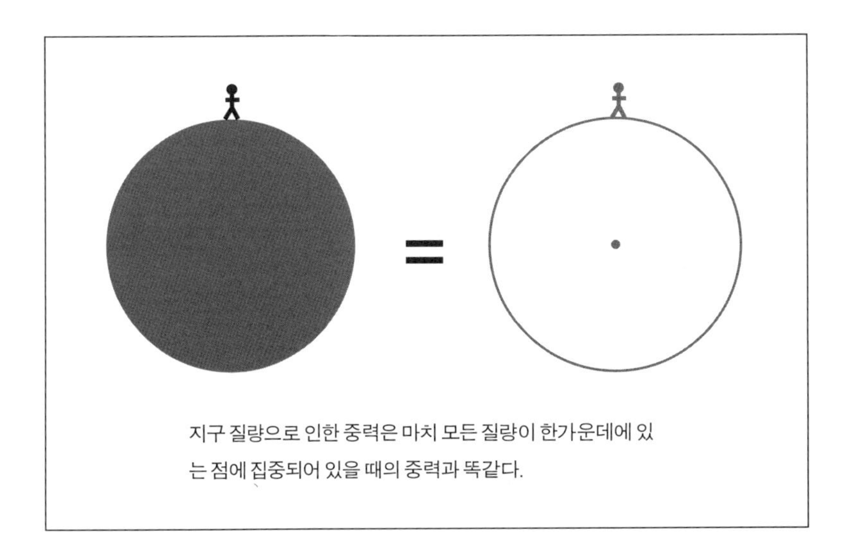

지구 질량으로 인한 중력은 마치 모든 질량이 한가운데에 있는 점에 집중되어 있을 때의 중력과 똑같다.

있는 질량 때문에 생기며, 또 일부는 1만 2000킬로미터 떨어진 반대편 지점으로부터 오는 것이다. 그런데 수학을 이용하면 모든 질량이 행성의 기하학적인 중심점에 기적적으로 집중되어 있는 것처럼 다룰 수 있다.

이렇게 편리한 사실 때문에 뉴턴은 거대한 질량을 조그만 점 질량으로 대체해 거대한 물체로부터의 탈출 속도를 계산할 수 있었다. 그 결과는 다음과 같다.

$$\text{탈출 속도} = \sqrt{2MG/R}$$

이 결과에 따르면 질량이 크고 반지름 R가 작을수록 탈출 속도가 커진다는 것을 분명히 알 수 있다.

이제는 손쉽게 연습 문제 풀듯이 슈바르츠실트 반지름 R_s를 계산할 수 있다. 그냥 탈출 속도 대신에 광속을 끼워 넣고 반지름에 대한 방정식을 풀기만 하면 된다.

$$R_s = \frac{2MG}{c^2}$$

슈바르츠실트 반지름이 질량에 비례한다는 중요한 사실을 유념하기 바란다.

적어도 라플라스와 미셸이 이해할 수 있는 수준에서는 이 정도가 어둑별에 관한 모든 것이었다.

3장

낡아빠진 기하학은 이제 그만!

가우스, 보여이, 로바체프스키, 리만 같은 수학자들[1]이 기하학을 주물럭거리기 전 옛날에는 기하학이라고 하면 에우클레이데스의 기하학을 말했다. 우리가 고등학교 때 배운 그 기하학 말이다. 먼저 완전히 평평한 2차원 평면에 대한 기하학인 평면 기하학이 나온다.

점과 직선, 각도 등이 기본 개념이다. 삼각형은 같은 직선 위에 있지 않은 3개의 점으로 정의할 수 있다. 평행한 직선들은 결코 만나지 않는

---

1. 이들의 이름은 카를 프리드리히 가우스(Karl Friedrich Gauss, 1777~1855년), 야노시 보여이(Jańos Bolyai, 1802~1860년), 니콜라이 이바노비치 로바체프스키(Nikolai Ivanovich Lobacherskii, 1792~1856년), 게오르크 프리드리히 베른하르트 리만(Georg Friedrich Bernhard Riemann, 1826~1866년)이다.

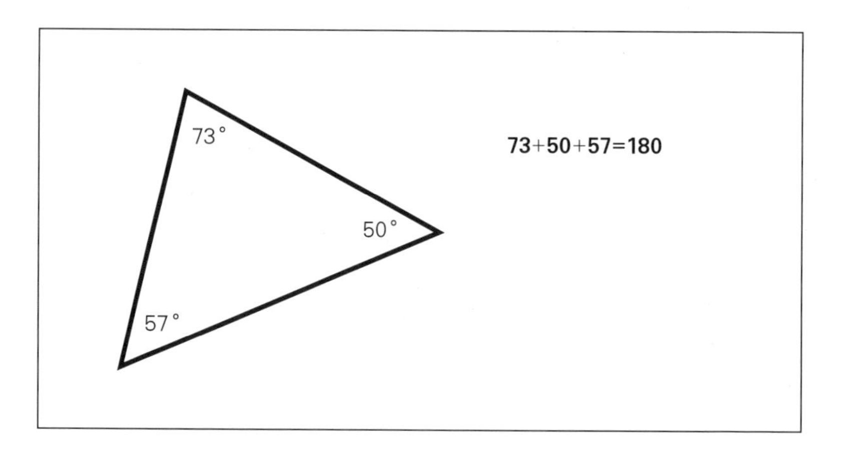

다. 그리고 모든 삼각형의 내각의 합은 180도이다.

당신이 내가 들었던 것과 똑같은 학과 과정을 들었다면 이후 당신은 3차원도 시각화할 수 있을 것이다. 어떤 것들은 2차원에서와 똑같지만 또 어떤 것들은 바뀌어야만 한다. 그렇지 않으면 2차원과 3차원 사이에 아무런 차이가 없을 것이다. 예를 들어 3차원에는 결코 만나지 않지만 평행하지 않은 직선들이 존재한다. 이런 직선들은 '꼬인 위치의 직선'이라고 한다.

2차원이든 3차원이든 기하학에서는 에우클레이데스가 기원전 300년

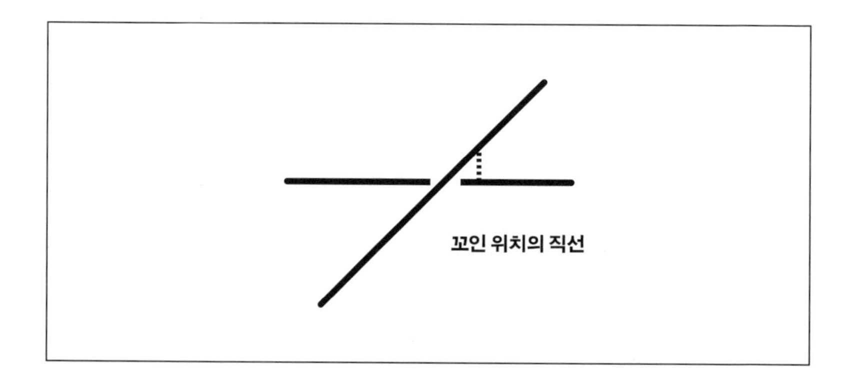

경에 기초를 닦아 두었던 그 규칙들이 여전히 유효하다. 그러나 다른 종류의 기하학, 즉 다른 공리들을 가진 기하학은 2차원에서도 가능하다.

기하학(geometry)이라는 말의 어원은 문자 그대로 '지구를 측량한다.'는 뜻이다. 역설적이게도 에우클레이데스가 실제로 지구 표면에서 삼각형을 측량했다면 그는 자신의 기하학이 들어맞지 않음을 발견했을 것이다. 그것은 지구 표면이 평면이 아니라 구면이기 때문이다.[2] 구면 기하학에도 물론 점과 각도가 있지만 우리가 직선이라고 부를 만한 뭔가가 있는지는 명확하지 않다. '구면 위에서의 직선'이라는 말이 말이 되는지 한 번 곰곰이 생각해 보라.

에우클레이데스의 기하학에서 직선을 기술하는 낯익은 표현은, 직선이란 두 점 사이의 최단 경로라는 것이다. 축구장에서 직선을 그리고 싶다면 땅에 2개의 말뚝을 박고 그 말뚝 사이를 끈으로 최대한 팽팽하게 잡아당기면 된다. 끈을 팽팽하게 잡아당기면 그 끈은 확실히 최대한으로 짧아진다.

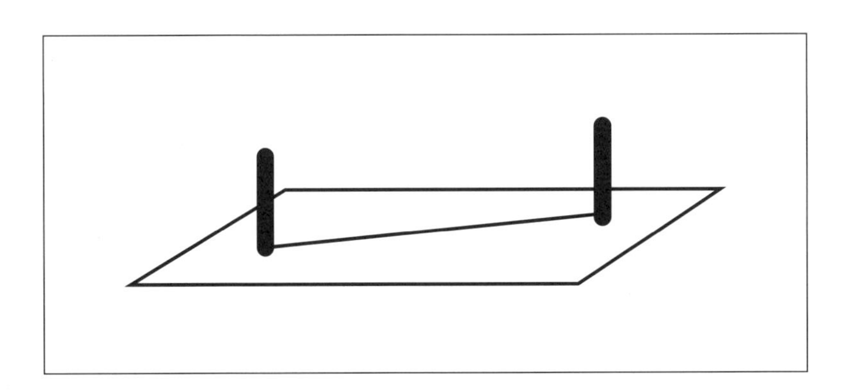

두 점 사이의 최단 경로라는 개념은 구면으로도 쉽게 확장될 수 있

2. 물론 내가 말하는 것은 이상적으로 완전히 둥근 지구이다.

다. 모스크바와 리우데자네이루 사이의 최단 항공로를 찾는다고 해 보자. 일단 공과 2개의 압정, 그리고 적당한 길이의 줄이 필요하다. 모스크바와 리우데자네이루에 압정을 꽂고 구면을 가로질러 줄을 매어 잡아당기면 최단 경로를 정할 수 있다. 이런 최단 경로를 **대원**(大圓, great circle)이라고 한다. 지구의 적도나 자오선도 대원이다. 대원을 구면 기하학에서 직선이라고 부르는 것이 의미가 있을까? 사실 우리가 뭐라고 부르든 문제될 것은 없다. 중요한 것은 점과 각도, 선 사이의 논리적인 관계이다.

대원이 두 점 사이의 최단 경로이기 때문에 어떤 면에서는 이런 선들이 구면 위에서 가능한 가장 똑바른 선이다. 이런 경로에 대한 정확한 수학적 이름은 **측지선**(測地線, geodesic)이다. 평평한 평면에서는 측지선이 보통의 직선이지만 구면에서는 대원이다.

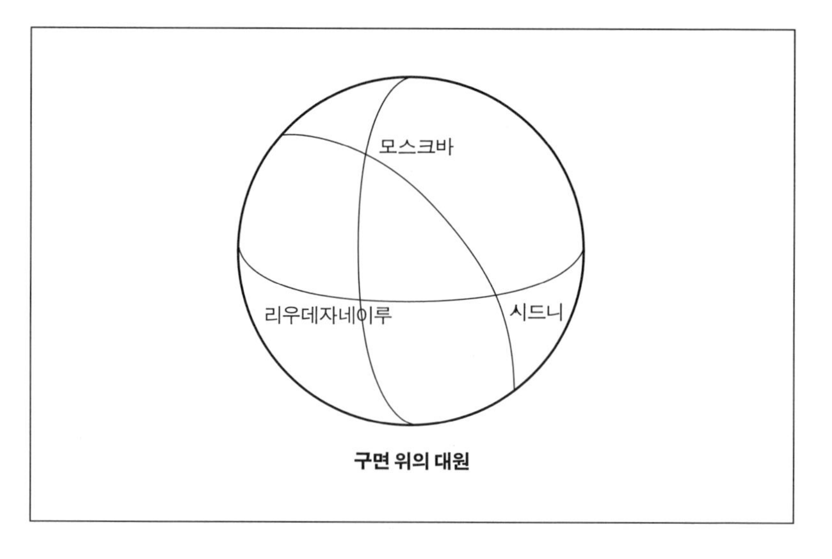

구면 위의 대원

이렇듯 구면에 직선의 대체물이 있으므로 삼각형을 만드는 문제를 다룰 수 있다. 구면 위에서 3개의 점, 예를 들어 모스크바와 리우데자네이루, 시드니를 고른다. 그다음 세 도시를 각각 다른 조합으로 묶은 3쌍을 연결하는 3개의 대원을 그린다. 그러면 모스크바-리우데자네이루 측지선, 리우데자네이루-시드니 측지선, 마지막으로 시드니-모스크바 측지선이 생긴다. 그 결과가 바로 **구면 삼각형**이다.

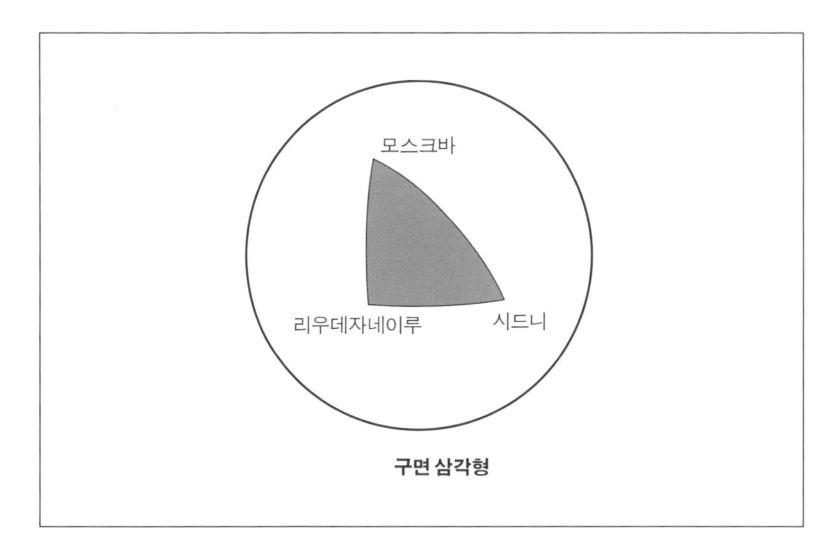

구면 삼각형

평면 기하학에서는 어떤 삼각형이든 내각의 합은 정확하게 180도이다. 하지만 구면 삼각형을 잘 들여다보면 삼각형의 변들이 바깥쪽으로 휘어 내각이 평면에서보다 좀 더 크다는 것을 알 수 있다. 그 결과 구면 삼각형 내각의 합은 언제나 180도보다 더 크다. 어떤 표면에서 삼각형이 이런 성질을 가지면 그 표면은 **양의 곡률**을 가졌다, 또는 **양으로 굽었다**고 한다.

정반대의 성질, 즉 삼각형의 내각의 합이 180도보다 작은 표면이 있을 수 있을까? 이런 표면의 한 예가 안장면이다. 안장처럼 생긴 표면은 **음의 곡률**을 가졌다, 또는 **음으로 굽었다**. 음으로 굽은 표면에서는 삼각형을 이루는 측지선들은 바깥으로 휘지 않고 안으로 죄어든다.

따라서 우리의 제한된 뇌가 3차원의 굽은 공간을 그릴 수 있든 없든 간에 곡률을 실험적으로 조사하는 방법을 알 수 있다. 바로 삼각형이 그 열쇠이다. 공간에서 임의의 세 점을 잡아 끈을 가능한 한 팽팽하게 잡아 당겨서 3차원 삼각형을 만든다. 그런 모든 삼각형의 내각의 합이 180도

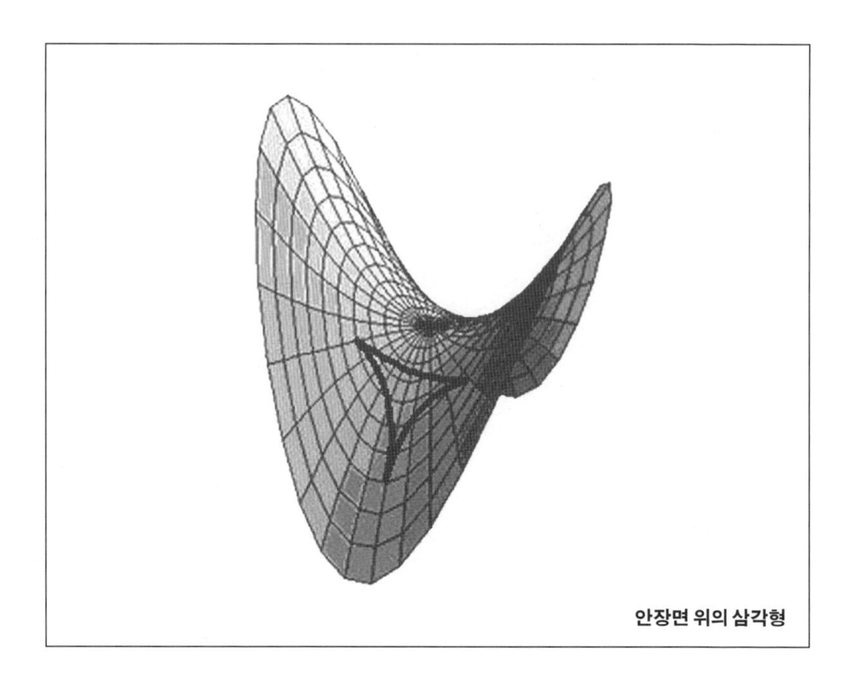
안장면 위의 삼각형

이면 그 공간은 평평하다. 그렇지 않다면 그 공간은 굽었다.

구면이나 안장면보다 훨씬 더 복잡한 기하도 있을 수 있다. 불규칙한 언덕과 계곡으로 이뤄진 기하에서는 양의 곡률과 음의 곡률을 모두 가진 영역도 있다. 그러나 측지선을 긋는 규칙은 언제나 단순하다. 당신이 그 표면을 따라 기어간다고 상상해 보자. 앞만 보고 기어가면 된다. 절대 고개를 돌려서는 안 된다. 주변을 두리번거리지도 않는다. 어디서 왔는지 어디로 가고 있는지 따위는 걱정하지 마라. 코끝만 보고 기어가면 된다. 그렇게 기어간 경로가 바로 측지선이다.

한 사람이 전동 휠체어를 타고 사막의 모래 언덕을 빠져나오려는 상황을 상상해 보자. 물이 조금밖에 없기 때문에 그는 빨리 사막을 벗어나야만 한다. 둥그스름 솟은 사구, 안장 모양의 샛길, 깊은 계곡 등이 양의 곡률과 음의 곡률을 동시에 가진 지형을 만든다. 휠체어를 어떻게 조종하는 것이 최선인지는 잘 모른다. 운전자는 높은 언덕과 깊은 계곡에서 속도가 느려질 것이라고 추론하고 처음에는 언덕과 계곡을 피해 돌아간다. 조종 장치는 간단하다. 한쪽 바퀴의 속도를 다른 쪽 바퀴에 비해 늦추면 휠체어는 그쪽 방향으로 돌게 된다.

하지만 몇 시간 뒤 운전자는 이전에 지나쳤던 똑같은 모양의 지형을 지나고 있다고 의심하기 시작한다. 휠체어를 이리저리 돌린 결과 위험스럽게도 막걷기(random walk)를 하게 된 것이다. 이제야 그는 왼쪽이나 오른쪽으로 돌지 않고 무조건 똑바로 앞으로만 나아가는 것이 최상의 전략이라는 것을 깨닫는다. "그냥 내 코만 쫓아가자!"라고 그는 중얼거린다. 하지만 그가 이리저리로 헤매지 않는다고 어떻게 확신할 수 있을까?

그 답은 명확하다. 휠체어에는 두 바퀴를 고정하는 장치가 있어서 바퀴를 고정된 덤벨처럼 만들 수 있다. 이런 식으로 바퀴를 고정하면 그는 사막의 가장자리까지 최단 경로로 벗어날 수 있다.

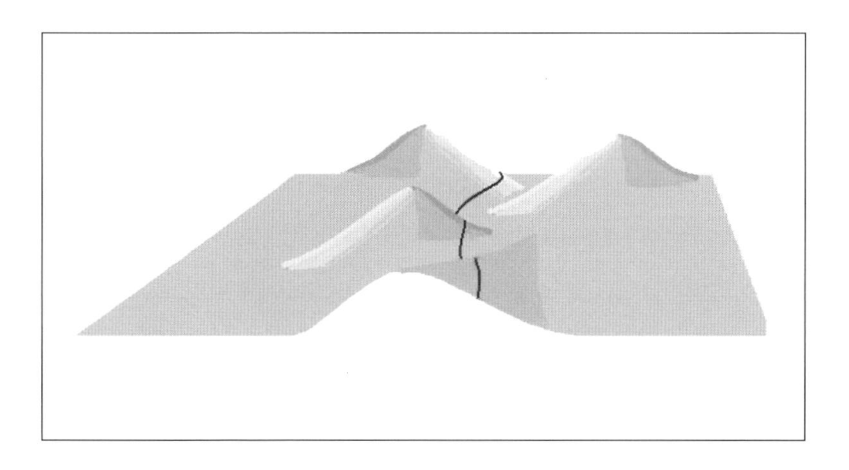

여행자는 그 궤적 위의 모든 점에서 일직선으로 가는 것처럼 보이지만, 전체적으로 보면 그 경로는 복잡하게 구부러진 곡선이다. 그럼에도 불구하고 그 경로는 최대한으로 곧고 짧다.

19세기가 되어서야 수학자들은 대안적인 공리를 가진 새로운 종류의 기하학을 연구하기 시작했다. 리만 같은 몇몇 수학자들은 '실제' 기하학, 즉 실제 공간에 대한 기하학이 에우클레이데스의 기하학을 정확하게 따르지 않을 수도 있다는 생각을 품었다. 하지만 그런 생각을 진지하게 고민했던 최초의 사람은 아인슈타인이었다. 일반 상대성 이론을 통해 공간(더 정확하게는 시공간)의 기하학에 대한 질문이 철학자들이나 심지어 수학자들이 아닌 실험가들의 몫이 되었다. 수학자들은 어떤 종류의 기하학이 가능한지를 말해 줄 수 있다. 하지만 공간의 실제 기하를 확정할 수 있는 것은 오직 측량뿐이다.

아인슈타인은 리만의 수학적 업적 위에서 일반 상대성 이론을 정교하게 다듬었다. 리만은 구면과 안장면을 넘어서는 기하학을 보여 줬다. 혹이나 융기가 있는 공간, 일부는 양의 곡률을 가졌고 다른 일부는 음의 곡률을 가진 공간, 불규칙적으로 휜 경로를 따라가며 이런 공간을 휘감거나 연결하는 측지선 등. 그러나 리만이 생각한 것은 단지 3차원 공간만이었다. 아인슈타인, 그리고 그와 같은 시대에 살았던 헤르만 민코프스키(Hermann Minkowski, 1864~1909년)는 뭔가 새로운 것을 도입했다. 네 번째 차원으로 시간을 도입한 것이다. (이것을 시각화할 수 있을까? 만약 그럴 수 있다면 당신은 아주 특별한 뇌를 가진 사람이다.)

세계선과 사건

아인슈타인이 굽은 공간을 생각하기 훨씬 전에 민코프스키는 시간과 공간을 합쳐 4차원의 **시공간**으로 다뤄야만 한다고 생각했다. 다소 거만하게 들릴지도 모르지만, 민코프스키는 꽤나 우아하게 "이제 각자 따로따로 떨어져 존재하는 시간이나 공간이라는 개념은 역사의 뒤안길

로 사라질 운명에 처했다. 오직 시간과 공간을 결합한 형태만이 독립적인 현실을 보존할 것이다."[3]라고 말했다. 민코프스키의 평평한 또는 굽지 않은 시공간은 **민코프스키 공간**(Minkowski space)으로 알려지게 되었다.

민코프스키는 1908년 제80회 독일 자연 과학자와 의사 모임에서 행한 강연에서 시간을 수직축으로 표현했다. 그리고 모든 3차원 공간은 임시방편으로 하나의 수평축으로 나타냈다. 청중은 약간의 상상력을 발휘해야만 했다.

민코프스키는 시공간의 한 점을 **사건**(event)이라고 불렀다. 상식적으로 사건이라는 단어는 시간과 공간뿐만 아니라 거기서 일어난 어떤 일을 가리킨다. 예를 들면 이런 식이다. "뉴멕시코 주 트리니티에서 1945년

3. 민코프스키는 아인슈타인의 특수 상대성 이론에 적합한 틀이 새로운 4차원 기하학이라는 점을 최초로 깨달은 사람이었다. 이 인용문은 1908년 9월 21일 제80회 독일 자연 과학자 및 의사 모임에서 행한 연설인 '공간과 시간'에서 따온 것이다.

7월 16일 오전 5시 29분 45초에 최초의 원자 무기를 실험하는, 대단히 중요한 사건이 일어났다." 그러나 민코프스키는 **사건**이라는 단어를 좀 더 좁은 의미로 쓰고자 했다. 민코프스키의 사건이라는 단어는 단지 주어진 시간과 공간만 의미할 뿐이다. 실제로 거기서 어떤 일이 일어나든 일어나지 않든 말이다. 정말로 그가 의미했던 것은 **사건이 일어날 수도, 일어나지 않을 수도 있는 장소와 시간**이었다. 그러나 이 표현은 매번 부르기에는 약간 길다. 그래서 그냥 그는 '사건'이라고 불렀다.

민코프스키의 연구에서 시공간을 지나가는 직선이나 곡선은 특별한 역할을 수행한다. 공간에서의 한 점은 입자의 위치를 나타낸다. 하지만 시공간을 지나가는 입자의 운동은 궤적을 쓸고 지나가는, **세계선**(world line)이라는 직선이나 곡선으로 나타낸다. 어느 정도의 운동은 불가피하다. 입자가 영원히 정지해 있더라도 어쨌든 시간축을 따라 운동하는 셈이기 때문이다. 그렇게 정지해 있는 입자의 궤적은 수직으로 똑바른 직선일 것이다. 오른쪽으로 움직이는 입자의 궤적은 오른쪽으로 기울어진 세계선이 될 것이다.

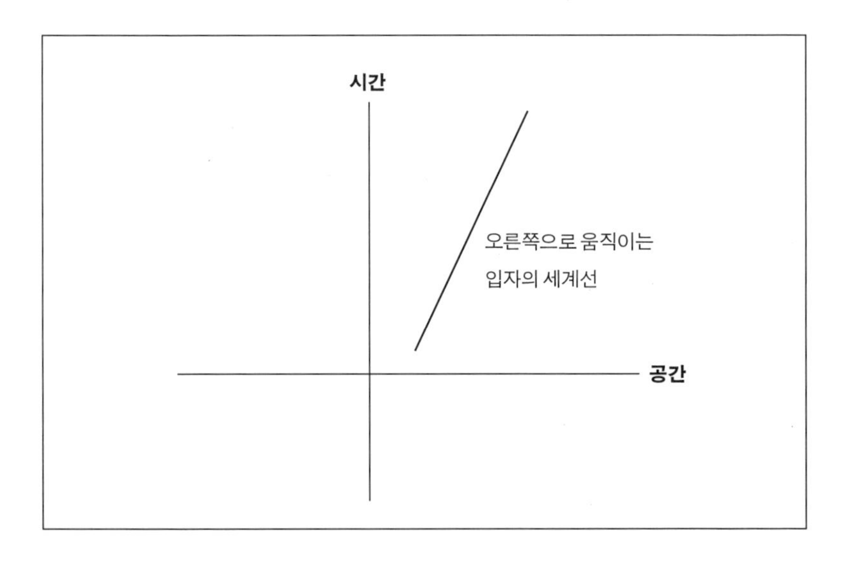

마찬가지로 왼쪽으로 기울어진 세계선은 왼쪽으로 움직이는 입자를 기술할 것이다. 수직축으로부터 더 심하게 기울어질수록 더 빨리 움직이는 입자를 나타내게 된다. 민코프스키는 모든 물체 가운데 가장 빠른 빛의 세계선, 즉 광선의 운동을 45도 기울어진 직선으로 나타냈다. 어떤 입자도 빛보다 더 빨리 움직일 수 없기 때문에 실제 입자의 궤적은 수직선으로부터 45도 이상 기울어질 수 없다.

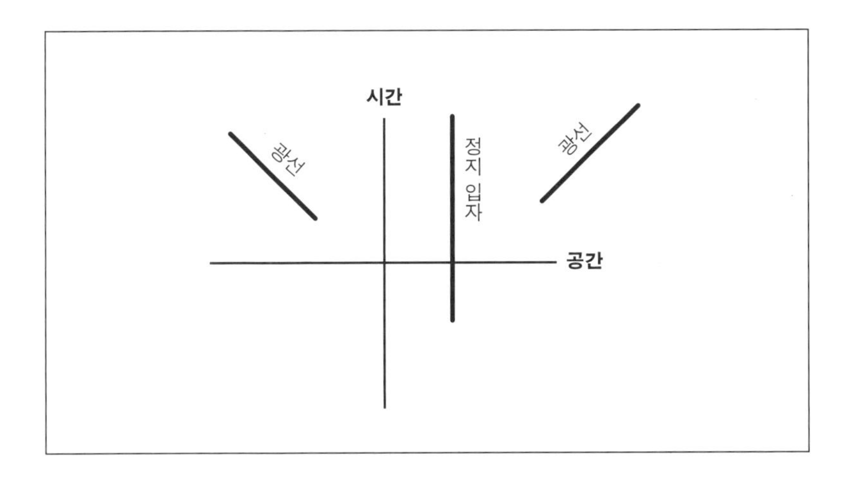

민코프스키는 빛보다 더 느리게 운동하는 입자의 세계선을 **시간 같다**(time-like)고 했다. 왜냐하면 세계선이 수직선에 가깝기 때문이다. 또한 45도 기울어진 광선의 궤적은 **빛 같다**(light-like)고 했다.

고유 시간

거리는 인간의 뇌가 비교적 간단히 이해할 수 있는 개념이다. 거리는 직선을 따라 측정하면 특히 간단하다. 평범한 자만 있어도 거리를 잴 수 있다. 곡선을 따라 거리를 재는 것은 약간 더 어렵지만, 아주 어렵지는 않다. 그냥 자를 유연한 줄자로 바꾸면 그만이다. 그러나 시공간에서의 거리는 좀 더 까다롭다. 그것을 어떻게 잴 것인지도 당장은 명확하지 않다. 사실 민코프스키가 고안해 낼 때까지는 그런 개념조차 존재하지 않았다.

민코프스키는 특히 세계선에서 거리 개념을 새롭게 정의하는 데에 관심이 있었다. 정지해 있는 입자의 세계선을 예로 들어 보자. 이 궤적은 공간적 거리를 차지하지 않기 때문에 자나 줄자는 올바른 도구가 아니다. 그러나 민코프스키가 깨달았듯이 완전히 정지한 물체라도 시간을 따라 운동한다. 이 물체의 세계선을 재는 올바른 방법은 줄자가 아니라 시계를 이용하는 것이다. 그는 세계선의 거리를 측량하는 새로운 단위를 **고유 시간**(proper time)이라고 불렀다.

사람들이 시계를 차고 다니듯이 모든 물체가 어디를 가든 작은 시계를 하나씩 가지고 다닌다고 생각해 보자. 세계선으로 연결된 두 사건 사이의 고유 시간은 두 사건 사이에 경과한 시간의 양으로, 세계선을 따라 움직이는 시계로 측정한다. 시계의 똑딱거림은 줄자의 눈금과 같다. 그러나 통상적인 거리가 아니라 민코프스키의 고유 시간을 잰다.

구체적인 예를 들어 보자. 거북과 토끼가 뉴욕 센트럴 파크를 가로질러 경주하기로 했다. 심판은 세심하게 시간을 맞춘 시계를 들고 양 끝에 서 있다. 이렇게 하면 심판은 승자의 경주 시간을 잴 수 있다. 주자들은 정확히 오후 12시에 출발했다. 공원을 가로질러 중간쯤 왔을 때 토끼는 거북을 멀리 따돌렸다는 생각에 경주를 계속하기 전에 잠깐 낮잠을 자기로 한다. 하지만 잠을 너무 많이 잔 토끼가 깨어나 보니 거북이 막 결승선에 다가가고 있는 것이 보였다. 경주에서 지지 않으려고 토끼는 전광석화처럼 필사적으로 내달려 가까스로 거북을 따라잡았다. 둘은 동시에 결승선을 지났다.

거북은 자기가 아주 신뢰하는 회중시계를 꺼내들고는 기다리는 관중에게 출발점에서 결승점까지 자신의 세계선 자락을 따라 측정한 고유 시간이 2시간 56분임을 보여 줬다. 그런데 왜 **고유 시간**이라는 새로운 용어가 나올까? 왜 거북은 출발점에서 결승점까지 걸린 시간이 그냥 2시간 56분이라고 말하지 않았을까? 시간은 그저 시간일 뿐이지 않은가?

뉴턴은 확실히 그렇게 생각했다. 뉴턴은 신이 작동시키는 시계가 전 우주적인 시간의 흐름을 정의하며, 모든 시계는 신의 시계에 일치시킬 수 있다고 믿었다. 작은 시계들을 모두 똑같이 정확하게 맞춘 후 공간 구석구석 가득 채운다고 상상하면 뉴턴이 생각한 보편 시간이 무엇인지 알 수 있다. 시계들은 모두 훌륭하고 믿을 만해서 모두 정확하게 똑같은 속도로 간다. 그래서 일단 한번 시간을 맞추면 시계들은 정확하게 똑같은 시각을 가리키며 똑딱거린다. 거북이나 토끼가 우연히 어디에 있더라도 바로 옆에 있는 사람의 시계를 보면 몇 시인지 체크할 수 있다. 아니면 자기가 가지고 있는 회중시계를 봐도 된다. 당신이 어떤 속도로 어디를 가든, 직선을 따라가든 곡선을 따라가든 당신의 회중시계(그것 또한 훌륭하고 믿을 만한 것이라고 가정하자.)는 당신 주변 사람들이 가진 시계와 일치하리라는 것이 뉴턴에게는 공리였다. 뉴턴의 시간은 절대적이다. 시간에 대해 상대적인 것은 전혀 없다.

하지만 1905년 아인슈타인은 뉴턴의 절대 시간을 엉망으로 만들었다. 특수 상대성 이론에 따르면 시계가 똑딱거리는 빠르기는 그 시계가 어떻게 움직이는가에 달려 있다. 시계들이 모두 완벽하게 똑같다고 하더라도 말이다. 보통 상황에서는 그 효과를 감지하기 어렵다. 그러나 시계가 광속에 근접하는 속도로 움직이면 그 효과는 아주 두드러진다. 아인슈타인에 따르면 자기 자신의 세계선을 따라 움직이는 모든 시계는 각자 자신만의 빠르기로 똑딱거린다. 그래서 민코프스키는 고유 시간이라는 새로운 개념을 정의하기에 이르렀다.

요점만 간단하게 살펴보자. 토끼가 자기 시계(이것 또한 훌륭하고 믿을 만한 시계라고 가정하자.)를 꺼내 보니 토끼의 세계선을 따른 고유 시간은 1시간 36분이었다.[4] 토끼와 거북이 시공간의 똑같은 점에서 경주를 시작하고 끝냈지만 그들의 세계선은 전혀 다른 고유 시간을 가진 셈이다.

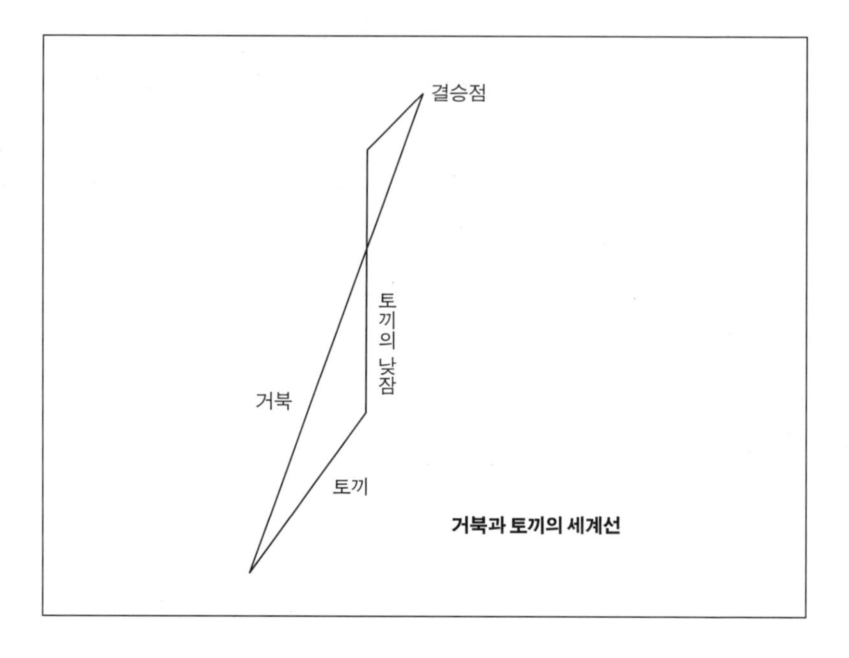

거북과 토끼의 세계선

고유 시간을 좀 더 자세히 논의하기 전에 줄자로 곡선을 따라 보통의 거리를 잰다는 것이 무엇인지 한번 생각해 보는 것이 좋을 듯하다. 공간에서 임의의 두 점을 잡고 그 둘을 잇는 곡선을 그린다. 이 곡선을 따라 두 점은 얼마나 멀리 떨어져 있을까? 그 답은 어떤 곡선을 그렸느냐에 따라 달라진다. 여기 2개의 곡선이 있다. 똑같은 두 점(a와 b)을 연결하지만 아주 다른 길이를 가지고 있다. 위쪽 곡선을 따라가면 a와 b 사이의 거리는 5센티미터이다. 아래쪽 곡선을 따라가면 8센티미터이다.

---

4. 이것은 극도로 과장된 것이다. 이 정도가 되려면 토끼는 광속에 가까운 속도로 움직여야 한다.

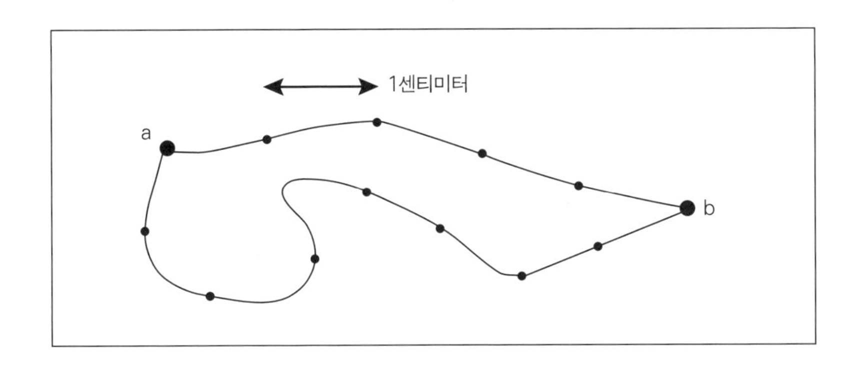

물론 a와 b를 잇는 곡선들의 길이가 서로 다르다는 사실은 전혀 놀랍지 않다.

이제 시공간에서 세계선을 재는 문제로 돌아오자. 여기 전형적인 세계선 그림이 하나 있다. 이 세계선은 굽었다. 그것은 궤적을 따른 속도가 고르지 못하다는 것을 의미한다. 다음 그림은 아주 빠르게 움직이던 입자가 속도를 늦춘 것을 나타낸다. 점들은 시계의 똑딱거림이다. 각각의 간격은 1초를 나타낸다.

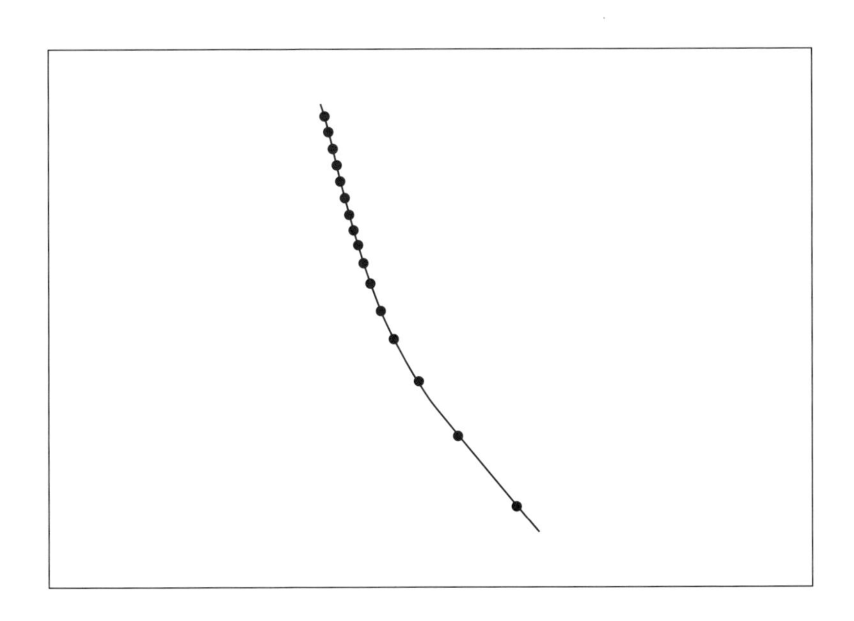

세계선의 기울기가 수평에 가까울수록 초침이 더 늦게 똑딱거린다는 점에 유의하라. 그것은 실수가 아니다. 이것은 아인슈타인이 발견한 그 유명한 **시간 팽창(time dilation)**을 나타낸다. 빨리 움직이는 시계는 천천히 움직이거나 정지한 시계와 비교했을 때 더 천천히 간다.

두 사건을 연결하는 2개의 굽은 세계선을 생각해 보자. 언제나 사고실험만 했던 아인슈타인은 두 쌍둥이를 생각했다. 한날한시에 태어난 이 쌍둥이를 앨리스와 밥이라고 부르자. 이 쌍둥이는 태어나자마자 따로 떨어졌다. 밥은 집에 남겨졌고 앨리스는 굉장한 속도로 휙 하고 사라졌다. 얼마 후 아인슈타인은 앨리스를 집으로 돌려보냈다. 결국 밥과 앨리스는 b에서 다시 만났다.

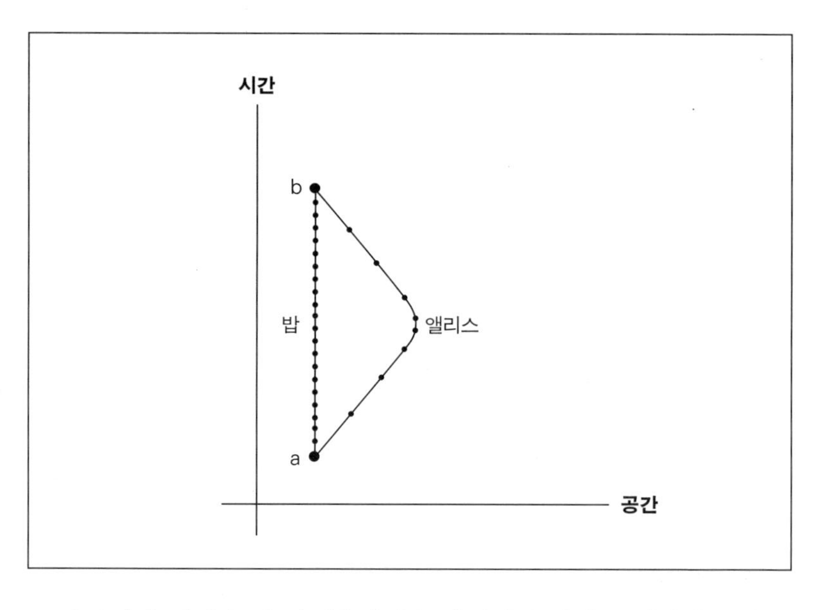

쌍둥이가 태어날 때 아인슈타인은 남매에게 시간을 정확하게 맞춘 똑같은 회중시계를 줬다. 밥과 앨리스가 결국 b에서 만나 자신들의 시계를 비교하면 뉴턴이 까무러칠 만한 일을 알게 된다. 무엇보다 밥은 회색 수염을 길게 기를 만큼 늙었지만 앨리스는 젊다. 그들의 회중시계에 따르면 앨리스의 세계선을 따른 고유 시간은 밥의 고유 시간보다 훨씬 적게 흘렀다. 두 점 사이의 통상적인 거리가 두 점을 잇는 곡선에 의존하는 것과 마찬가지로, 두 사건 사이의 고유 시간은 그 둘을 잇는 세계선에 의존한다.

앨리스는 자기 시계가 여행을 하는 동안 천천히 갔다는 것을 알아챘을까? 전혀 그렇지 않다. 천천히 가는 것은 앨리스의 시계만이 아니다. 앨리스의 심장 박동, 뇌 활동, 그리고 모든 신진대사가 느려진다. 여행을 하는 동안에는 앨리스가 자기 시계를 비교할 다른 뭔가가 없다. 그러나 앨리스가 마침내 밥과 재회하게 되면 앨리스는 자기가 밥보다 두드러지게 더 젊다는 것을 알게 된다. 이런 '쌍둥이 역설(twin paradox)'은 100년도 넘게 물리학을 공부하는 학생들을 혼란스럽게 했다.

당신이 지금쯤 알아냈을지도 모르는 것이 하나 있다. 밥은 직선의 세계선을 따라 시공간을 여행한다. 반면 앨리스는 굽은 궤적을 따라 여행한다. 그러나 앨리스의 궤적을 따르는 고유 시간이 밥의 궤적을 따르는 고유 시간보다 더 짧다. 이것은 민코프스키 공간의 기하학이 보여 주는 반직관적인 사례 가운데 하나이다. 두 사건들 사이의 똑바른 세계선이 **가장 긴** 고유 시간을 가진다. 이것을 당신의 신경망 재배선용 도구함에 잘 보관해 둬야 한다.

일반 상대성 이론

리만과 마찬가지로 아인슈타인도 기하(공간만이 아닌 시공간의 기하)가 굽었고 또 변한다고 믿었다. 아인슈타인은 공간만을 말하는 것이 아니라 시공간의 기하학을 말하고 있었다. 민코프스키를 따라 아인슈타인은 시간을 하나의 축으로 표현했고 다른 축으로 모든 3차원 공간을 나타냈

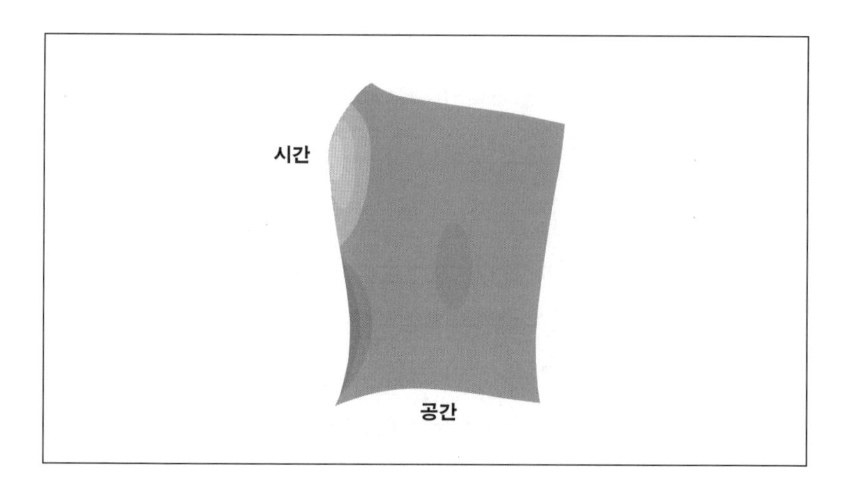

다. 그러나 시공간을 평평한 평면처럼 생각하지 않고 부풀어 오르거나 융기가 있어 구부러지고 뒤틀린 표면으로 생각했다. 입자들은 여전히 세계선을 따라 움직이며 시계들은 고유 시간에 따라 똑딱거리지만 시공간의 기하학은 훨씬 더 불규칙적이다.

아인슈타인의 법칙

놀랍게도 물리학의 법칙들은 여러 면에서 뉴턴의 물리학에서보다 굽은 시공간에서 더 단순해진다. 입자의 운동을 예로 들어 보자. 뉴턴의 법칙은 관성의 원리와 함께 시작한다.

힘이 없으면 모든 물체는 등속도(uniform) 운동 상태를 유지한다.

단순하게 들리는 이 규칙은 "등속도 운동"이라는 말 속에 두 가지 분리된 생각들을 숨기고 있다. 우선 등속도 운동이란 공간에서 일직선을 따라 운동한다는 것을 의미한다. 그러나 뉴턴은 여기에 좀 더 엄밀한 의미

를 부여했다. 등속도 운동은 속도가 일정해 변하지 않는 상태, 즉 가속도가 없는 상태를 의미한다.[5]

하지만 중력이 있지 않은가? 뉴턴은 두 번째 법칙, 즉 가속도가 있는 운동의 법칙을 더했다. 이 법칙은 힘이 질량과 가속도의 곱과 같다고 말한다. 다시 말해

물체의 가속도는 그 물체에 작용하는 힘을 그 물체의 질량으로 나눈 것이다.

세 번째 규칙은 그 힘이 중력에 의한 것일 때 적용된다.

임의의 물체에 대한 중력은 그 질량에 비례한다.

민코프스키는 두 가지 조건을 아우르는 영리한 통찰력으로 뉴턴의 등속도 운동이라는 개념을 단순화했다.

힘이 없을 때 임의의 물체는 시공간 속에서 똑바른 세계선을 따라 운동한다.

세계선이 똑바르다는 것은 공간 속에서 똑바르다는 것뿐만 아니라 속도가 일정하다는 것도 의미한다.

똑바른 세계선이라는 민코프스키의 가정은 등속도 운동의 두 가지 측면을 아름답게 통합했다. 그러나 그것은 힘이 전혀 없을 때에만 적용된다. 아인슈타인은 민코프스키의 아이디어를 굽은 시공간에 적용하면

5. 가속도라는 용어는 속도에서의 어떤 변화를 말한다. 여기에는 우리가 보통 감속이라고 부르는, 속도가 느려지는 것도 포함된다. 물리학자에게 감속이란 그저 음의 가속일 뿐이다.

서 그것을 새로운 수준으로 끌어올렸다.

운동에 대한 아인슈타인의 새로운 법칙은 기절초풍할 만큼 단순하다. 입자는 자기 세계선의 모든 점에서 가능한 한 가장 단순하게 움직인다. 입자는 시공간 속에서 직진한다. 시공간이 평평하다면 아인슈타인의 법칙은 민코프스키의 법칙과 똑같다. 하지만 만약 시공간이 굽었다면, 즉 무거운 물체가 시공간을 변형시켜 뒤튼 영역에서는 입자가 새로운 법칙의 지배를 받으며 시공간의 측지선을 따라 움직인다.

민코프스키가 설명했듯이 굽은 세계선은 어떤 물체에 힘이 작용하고 있음을 뜻한다. 아인슈타인의 새로운 법칙에 따르면 굽은 시공간 속의 입자는 가능한 한 똑바로 움직인다. 그러나 측지선은 변형되어 있는 시공간의 국소 영역의 모양에 따라 불가피하게 휜다. 아인슈타인의 수학 방정식들은 굽은 시공간에서의 측지선이 중력장 안에서 움직이는 입자의 굽은 세계선과 정확하게 똑같이 행동한다는 것을 보여 준다. 따라서 중력은 굽은 시공간에서 측지선을 구부리는 것에 불과하다.

어이없을 정도로 간단한 법칙 하나로 아인슈타인은 뉴턴의 운동 법칙과 민코프스키의 세계선 가정을 결합해 중력이 어떻게 모든 물체에 작용하는지를 설명했다. 뉴턴이 설명되지 않는 자연의 사실로 받아들였던 중력을 아인슈타인은 시공간의 비(非)에우클레이데스 기하의 효과로 설명했다.

입자가 측지선을 따라 움직인다는 원리 덕분에 우리는 중력에 대해 강력하고도 새로운 사고 방식을 가지게 되었다. 하지만 그 원리는 곡률의 원인에 대해서는 아무것도 말해 주지 않았다. 아인슈타인은 자신의 이론을 완성하기 위해 시공간의 뒤틀림이나 만곡을 지배하는 것이 무엇인지를 설명해야만 했다. 낡아빠진 뉴턴의 이론에서는 중력장의 근원은 질량이었다. 태양 같은 질량이 있으면 그 주위에 중력장이 생기며, 이 중력장이 행성들의 운동에 영향을 미친다. 따라서 아인슈타인은 자연스럽게 질량, 또는 동등한 물리량인 에너지 때문에 시공간이 뒤틀리거나 굽는다고 추론했다. 현대적인 상대성 이론의 위대한 개척자이자 스승 중 한 명인 존 휠러는 이 상황을 한 줄의 문구로 간결하게 요약했다. "공간은 물체에게 어떻게 움직이라고 말하고, 물체는 공간에게 어떻게 휘라고 말한다." (그가 여기서 공간이라고 한 것은 시공간이었다.)

아인슈타인의 새로운 아이디어는 시공간이 수동적이지 않다는 것을 의미한다. 시공간은 굴곡과 만곡 같은 성질들이 있으며 이런 성질들은 질량이 있는 곳에 생긴다. 시공간은 마치 탄성 있는 물질이나 유체처럼 그 속을 지나가는 물체로부터 영향을 받는다.

무거운 물체, 중력, 곡률, 그리고 입자의 운동 사이의 연관성은 종종 비유적으로 기술되기도 한다. 나는 그 기술에 대해 양가 감정을 가지고 있다. 그 아이디어에서는 공간을 뭔가 트램펄린과 비슷한, 수평면의 고무판으로 생각한다. 질량이 없으면 고무판을 변형시키지 않으므로 고무판은 평평하게 유지된다. 그러나 볼링공처럼 무거운 질량을 놓으면 그

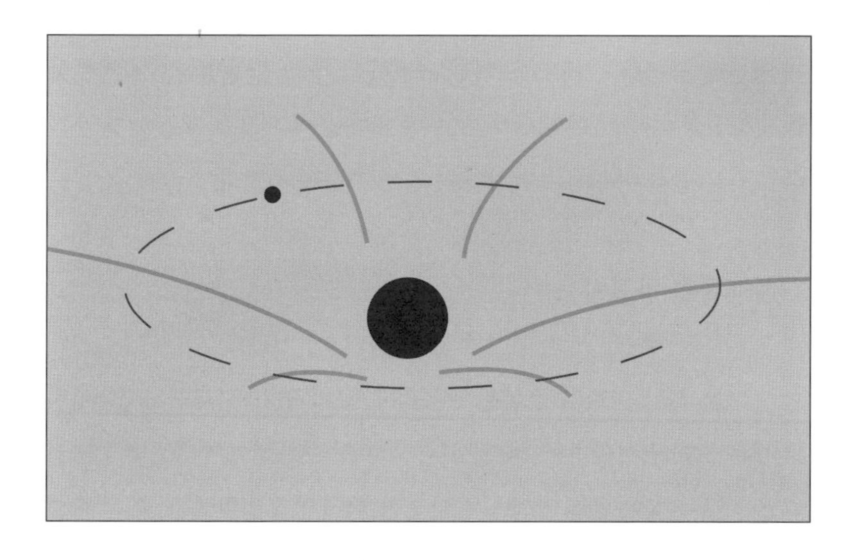

무게 때문에 고무판이 변형된다. 이제 훨씬 더 작은 질량(공깃돌이면 될 것 같다.)을 추가해서 공깃돌이 더 무거운 볼링공 쪽으로 떨어지는 것을 지켜보자. 공깃돌은 접선 방향의 속도를 얼마간 가질 수 있어서, 태양 주변을 공전하는 지구처럼 더 큰 질량 주변을 공전한다. 표면이 움푹 꺼져 있으므로 더 작은 질량은 밖으로 날아가지 못한다. 마치 태양이 지구를 붙들고 있는 것과 마찬가지이다.

이런 비유에는 뭔가 오해하기 쉬운 것들이 있다. 무엇보다 고무판의 곡률은 공간의 곡률이지 시공간의 곡률이 아니다. 그래서 질량이 근처에 있는 시계에 미치는 독특한 효과를 설명할 수 없다. (이 장 후반부에서 그 효과들을 살펴보게 될 것이다.) 설상가상으로 이 모형은 중력을 설명하기 위해 중력을 이용한다. 고무판 표면이 움푹 패는 것은 실제 지구가 볼링공을 잡아당기기 때문이다. 그 어떤 기술적인 의미에서도 고무판 모형은 모두 틀렸다.

그럼에도 불구하고 이 비유는 일반 상대성 이론의 철학을 어느 정도 잡아내고 있다. 즉 시공간은 가변적이며, 무거운 질량은 정말로 시공간을 변형시킨다. 작은 물체의 운동은 무거운 물체가 만들어 낸 곡률 때문에 영향을 받는다. 그리고 움푹 팬 고무판은 내가 곧 설명할 수학적으로 묻기 도형과 아주 많이 닮았다. 도움이 된다면 이 비유를 이용하라. 그러나 그것은 단지 비유에 불과하다는 점을 가슴에 새겨라.

블랙홀을 만들자

사과를 하나 가져다 중심을 관통하게 얇게 썬다. 사과는 3차원이지만 새로 드러난 절단면은 2차원이다. 사과를 얇게 썰어서 얻은 2차원 절단면을 모두 쌓아 올리면 당신은 사과를 다시 재구성할 수 있다. 각각의 얇은 조각들은 3차원으로 쌓아 올린 조각들 속에 **묻혀 있다**고 말할 수 도 있다.

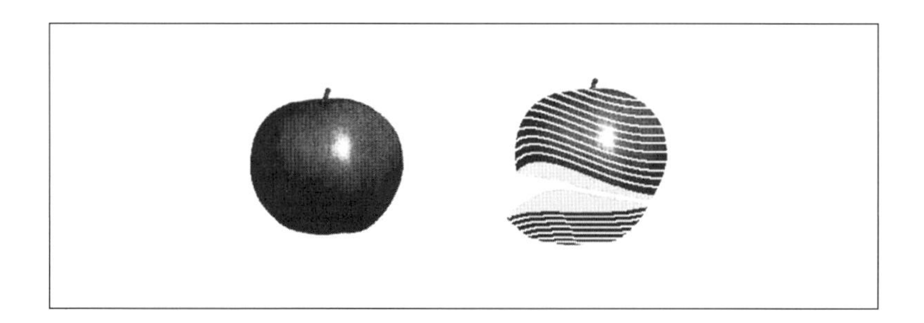

시공간은 4차원이지만 그것을 얇게 자르면 공간의 3차원 조각을 드러낼 수 있다. 시공간은 얇은 조각들을 쌓아 올린 것으로 시각화할 수 있는데 각각의 조각은 어느 한순간에서의 3차원 공간을 표현한다. 3차원을 시각화하는 것은 4차원보다 훨씬 더 쉽다. 이런 조각들로 이뤄진 그림을 **묻기 도형**(embedding diagram)이라고 한다. 이 그림들은 굽은 기하학에 대한 직관적인 심상을 가지는 데에 도움이 된다.

태양의 질량이 만드는 기하를 생각해 보자. 당분간 시간은 잊어버리고 태양 주변의 굽은 공간을 시각화하는 데에 집중하자. 그 묻기 도형은 태양을 중심으로 고무판이 약간 팬 것처럼 보인다. 이것은 볼링공을 트램펄린 위에 올려놓은 것과 다소 비슷하다.

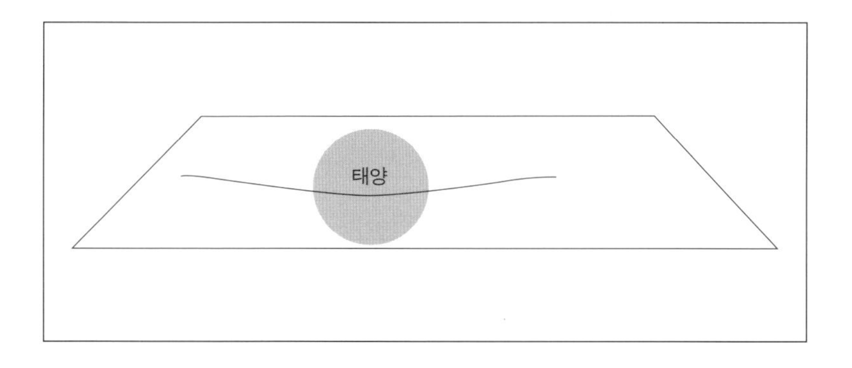

태양과 똑같은 질량이 더 작은 부피 안에 집중된다면 그 주변은 더 심하게 뒤틀릴 것이다.

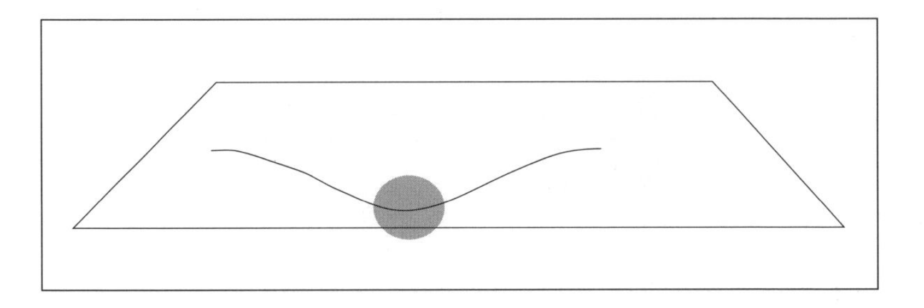

백색왜성이나 중성자별 주변의 기하는 아직 미끈하기는 해도 훨씬 더 굽었다.

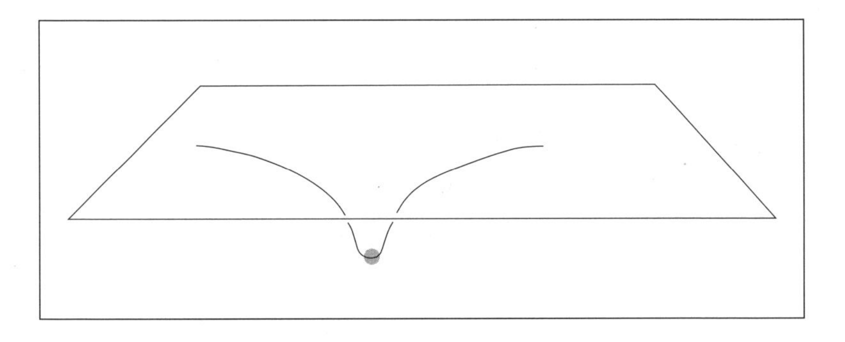

앞에서 살펴봤듯이 만약에 붕괴하는 별이 점차 작아져서 슈바르츠실트 반지름(태양의 경우 3킬로미터) 안에 들어갈 수 있을 정도로 충분히 작아지면, 배수구로 빨려 들어가는 올챙이처럼 태양을 구성하는 입자들도 거역할 수 없이 중심부를 끌려가 결국 붕괴해서 굴곡이 무한대인 점, 즉 특이점을 형성한다.[6]

---

6. 전문가를 위한 주. 이후에 나오는 묻기 도형은 슈바르츠실트 시간이 상수가 아니다. 이 도형은 크루스칼 좌표(kruskal coordinate)를 이용해 $T=1$인 표면을 골라 얻었다.

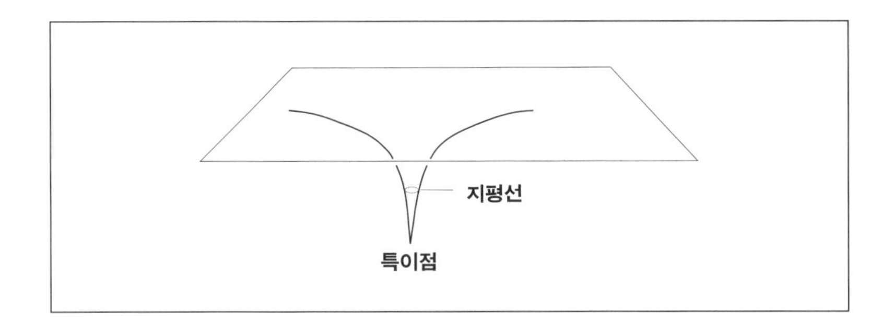

블랙홀에 웜홀은 없다!

디즈니에서 만든 공상 과학 영화 「블랙홀(The Black Hole)」(1979년)을 통해 블랙홀에 대한 지식을 얻은 독자들이 이 꼭지를 보면 화를 내며 항의 편지를 보낼 것 같다. 나는 흥을 깨고 싶지는 않다. 그러나 블랙홀은 천상이나 지옥 또는 다른 우주로 가는 관문이 아니다. 심지어 우리 우주로 되돌아오는 터널은 더욱더 아니다. 누구든 정당하게 사랑도 하고 전쟁도 하고 공상 과학 소설도 쓰는 마당에 영화 제작자가 꿈나라로 여행을 하든 말든 나는 정말 상관이 없다. 그러나 블랙홀을 이해하려면 B급 영화를 주의 깊게 연구하는 것 이상이 필요하다.

영화 「블랙홀」의 전제는 사실 아인슈타인과 그의 동료 네이선 로젠(Nathan Rosen, 1909~1995년)의 연구에서 비롯되었고, 이후에는 존 휠러가 대중화했다. 아인슈타인과 로젠은 블랙홀의 내부가, 휠러가 나중에 **웜홀(worm hole)**이라고 부른 곳을 통해 아주 멀리 떨어진 곳과 연결되었을지도 모른다고 생각했다. 2개의 블랙홀, 어쩌면 수십억 광년 떨어진 블랙홀들이 각각의 지평선에서 연결되어 우주를 가로지르는 환상적인 지름길을 만들 수도 있다는 것이 그 아이디어이다. 블랙홀의 묻기 도형이 격렬하기 그지없는 특이점에서 끝나는 것이 아니라, 지평선 너머의 새로운 시공간 영역으로 연결되는 것이다.

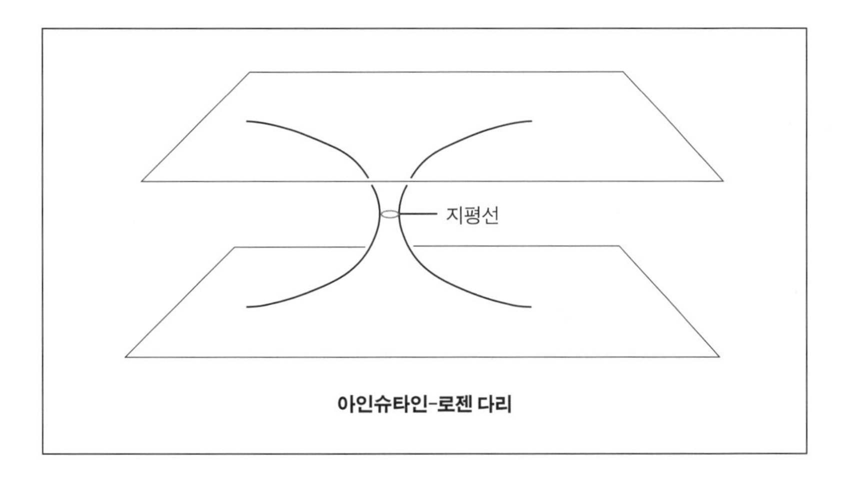

아인슈타인-로젠 다리

한쪽 끝으로 들어가서 다른 쪽 끝으로 나오는 것은, 말하자면 뉴욕의 터널로 들어가서 몇 킬로미터 지나지 않아 베이징이나 심지어 화성으로 나오는 것과도 같다. 휠러의 웜홀은 순전히 일반 상대성 이론의 수학적인 해에 기초하고 있다.

이것이 블랙홀이 다른 세계로의 터널이라는 통념의 기원이다. 하지만 이런 환상에는 두 가지 오류가 있다. 첫째로, 휠러의 웜홀은 아주 짧은 시간 동안만 열려 있을 수 있고 곧 닫혀 사라진다. 웜홀은 아주 재빨리 열렸다가 닫히기 때문에 빛을 포함해서 그 무엇이든 웜홀 속을 지나간다는 것은 불가능하다. 마치 베이징으로 통하는 짧은 터널이 누가 터널 속으로 들어가자마자 무너져 내리는 것과도 같다. 어떤 과학자들은 양자 역학이 어떻게든 웜홀을 안정화시킬지도 모른다고 추측했지만 그 근거는 없다.

게다가 아인슈타인과 로젠은 '영원한 블랙홀', 다시 말해 미래에도 영원히 존재할 뿐만 아니라, 무한히 먼 과거로부터도 존재했던 블랙홀을 연구했다. 그러나 우주의 나이조차 무한하지 않다. 실제 블랙홀의 기원은 대폭발 한참 이후에나 일어난 별(또는 다른 무거운 천체들)의 붕괴임이 거의 확실하다. 아인슈타인의 방정식들을 블랙홀의 형성에 적용해 보면 블랙홀에 웜홀 같은 것은 연결되어 있지 않다. 실제 블랙홀의 묻기 도형은 89쪽의 그림과 비슷해 보인다.

내 이야기가 당신의 공상 과학적 상상력을 망쳤다면 「블랙홀」 영화라도 한편 빌려 와서 즐기는 것은 어떨까.

타임머신을 만드는 방법

미래는 예전의 미래가 아니다.

— 요기 베라

공상 과학 소설의 또 다른 흔해빠진 장치이자 수많은 책과 텔레비전 쇼와 영화의 주제였던 '타임머신'은 어떤가? 개인적으로 나는 정말 타임머신을 가지고 싶다. 나는 미래가 어떤 모습일지 무척이나 궁금하다. 인류가 지금으로부터 100만 년 후에도 살아남을까? 우주에 식민지를 만들었을까? 여전히 섹스가 선호하는 출산 방식으로 남아 있을까? 나는 이것들을 몹시나 알고 싶고 당신도 그렇지 않을까 생각한다.

당신의 희망 사항에 주의할 점이 있다. 미래로의 여행에는 다소간 좋지 않은 점도 있을 것이다. 당신의 모든 친구와 가족은 죽은 지 오래되었을 것이다. 당신의 옷은 우스꽝스러울 것이며 당신의 언어는 쓸모없을 것이다. 간단히 말해 당신은 미래 세계에서 괴짜가 되어 있을 것이다. 미래로의 편도 여행은, 비극은 아니겠지만 우울할 것이다.

그러나 문제없다. 타임머신에 올라타 계기판을 현재로 되돌려 맞추면 된다. 하지만 당신의 타임머신에 현재로 돌아가는 계기판이 없다면 어쩔 셈인가? 그래도 어쨌든 미래 여행을 할 것인가? 이 질문이 어리석다고 생각할지도 모르겠다. 모든 사람들이 타임머신은 공상 과학 소설이라고 알고 있다. 그러나 그것은 사실이 아니다.

미래로만 가는 타임머신은 매우 그럴듯하다. 적어도 원리적으로는 말이다. 우디 앨런(Woody Allen, 1935년~)의 영화 「슬리퍼(Sleeper)」(1973년)에서는 주인공이 오늘날에도 아주 그럴듯한 기술을 이용해 200년 후의 미래로 전송된다. 영화에서 주인공은 자신을 가사 상태로 냉동한다. 이것은 이미 개나 돼지에게 몇 시간 동안 시행되었다. 주인공이 냉동 상태에서 깨어나면 그는 미래에 있게 된다.

물론 이 기술은 진정한 타임머신이 아니다. 냉동이 사람의 신진대사를 늦출 수는 있지만 원자의 운동이나 다른 물리적 과정까지 늦추지는 못한다. 그러나 우리는 더 잘할 수 있다. 태어나자마자 격리된 쌍둥이, 밥과 앨리스를 기억하는가? 앨리스가 우주 여행에서 돌아오면 그녀는 자신을 제외한 세상의 나머지가 자신보다 훨씬 더 나이 들었음을 알게 된다. 따라서 아주 빠른 우주선을 타고 왕복 여행을 하면 시간 여행을 할 수 있다.

큰 블랙홀은 또 하나의 아주 간편한 타임머신이다. 그것이 어떻게 작동하는지 여기서 살펴보자. 무엇보다 먼저 궤도 운동을 하는 우주 정거장과, 당신을 지평선 근처에 내려놓을 긴 밧줄이 필요하다. 당신은 지평선에 너무 가까이 다가가려고는 하지 않을 것이며 또한 확실히 지평선 속으로 떨어지고 싶지도 않을 것이다. 그래서 그 밧줄은 아주 튼튼해야만 한다. 우주 정거장의 윈치가 당신을 아래로 내려놓았다가 정해진 시간 뒤에 다시 당신을 감아올린다.

당신이 1,000년 후의 미래로 가고 싶다고 해 보자. 그리고 중력 가속도로 인한 불쾌감이 너무 크지만 않다면 당신은 1년 정도는 기꺼이 밧줄에 매달려 있으려고 한다. 이것은 가능하다. 그러나 그러려면 우리 은하만큼 큰 지평선을 가진 블랙홀을 찾아야만 한다. 만약 당신이 중력으로 인한 불쾌감을 감수할 수 있다면, 우리 은하 중심에 있는 훨씬 더 작은 블랙홀을 이용하면 된다. 다만 지평선 근처에 있는 1년 동안 당신은 몸무게가 마치 45억 킬로그램이나 나가는 것처럼 느껴질 것이다. 밧줄에 매달려 1년을 보내고 난 다음, 우주 정거장으로 되돌아오면 당신을 1,000년 후의 세상이 맞이해 줄 것이다. 적어도 원리적으로 블랙홀은 정말 미래로 가는 타임머신이다.

그렇다면 과거로 가는 것은 어떨까? 당신은 과거로 가는 타임머신이 필요할 것이다. 그러나 오, 슬프게도 시간을 거꾸로 거스르는 것은 아마도 불가능할 것 같다. 물리학자들은 가끔 양자 웜홀을 통하면 과거로의 시간 여행을 할 수 있지 않을까 추측하기도 하지만, 시간을 거슬러 뒤로 가게 되면 항상 논리적인 모순에 봉착한다. 내 생각에 우리는 미래로만 갈 수 있는 것 같다. 이 문제와 관련해 우리가 할 수 있는 것은 아무것도 없는 것 같다.

중력이 시계를 늦춘다

블랙홀이 타임머신이 되는 이유는 무엇일까? 그 답은 블랙홀이 시공간의 기하를 심하게 뒤틀어 놓기 때문이다. 이렇게 뒤틀린 시공간은 세계선의 위치에 따라 다른 방식으로, 세계선을 따라 흐르는 고유 시간에 영향을 준다. 블랙홀에서 멀리 떨어져 있으면 그 영향은 무척 약하다. 그리고 블랙홀의 존재가 고유 시간의 흐름에 거의 영향을 미치지 않는다. 그러나 시계를 밧줄에 매달아 지평선 바로 위에 가져다 놓으면 시공간의 뒤틀림 때문에 시계가 느려진다. 사실 당신의 심장 박동과 당신의 신진대사와 심지어 원자의 내부 운동을 포함한 모든 시계가 느려진다. 그러나 당신은 이 사실을 전혀 눈치 채지 못한다. 그리고 당신은 우주 정거장으로 돌아와서 자신이 가지고 있던 시계를 정거장에 남아 있던 시계와 비교한 후에야 비로소 두 시계가 일치하지 않음을 알게 된다. 당신이 있던 지평선 근처에서보다 우주 정거장에서 더 많은 시간이 흘러간다.

사실 블랙홀이 시간에 미치는 영향을 보기 위해서 우주 정거장으로 되돌아올 필요까지는 없다. 만약 지평선 근처에 매달려 있는 당신과 우주 정거장에 있는 내가 망원경을 가지고 있다면 우리는 서로를 바라볼 수 있다. 나는 당신과 당신의 시계가 천천히 움직이는 모습을 볼 수 있고, 당신은 내가 마치 오래된 무성 코미디 영화처럼 빨리 움직이는 모습을 볼 수 있을 것이다. 이렇듯 무거운 질량 가까이에서 시간이 상대적으로 느려지는 현상을 **중력 적색 이동**이라고 한다. 아인슈타인이 일반 상대성 이론의 결과로서 발견한 이 현상은, 모든 시계가 똑같은 속도로 똑딱거리는 뉴턴의 중력 이론에서는 일어나지 않는다.

다음 쪽의 시공간 그림은 블랙홀 지평선 근처에서 일어나는 중력 적색 이동을 나타낸다. 왼쪽의 물체가 블랙홀이다. 이 그림은 수직축이 시간인 시공간을 나타낸다는 점을 기억해야 한다. 회색 표면은 지평선이다. 그리고 지평선으로부터 다양한 거리에 있는 수직선들은 정지해 있는 시계들을 표현하고 있다. 이 시계들은 똑같은 것들이다. 수직선 위에 찍은 점들은 세계선을 따른 고유 시간의 흐름을 나타낸다. 단위는 중요하지 않다. 초를 써도 좋고 나노초나 연도를 써도 상관없다. 시계가 블랙홀의 지평선에 더 가까울수록 더 늦게 똑딱거리는 것처럼 보인다. 정확히 지평선에 있으면 블랙홀 바깥쪽에 남아 있는 시계들이 보기에 시간은 완전히 멈춘다.

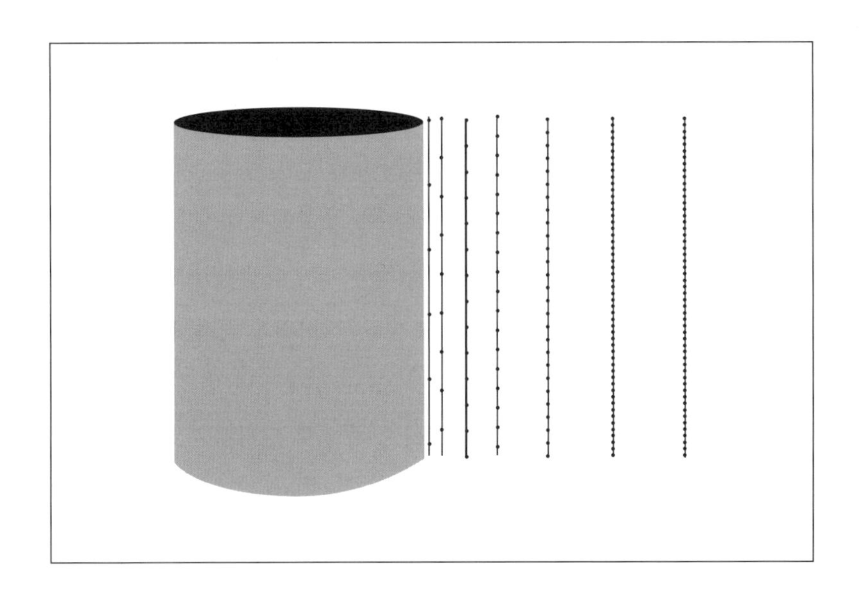

중력 때문에 시계가 늦게 가는 현상은 블랙홀 지평선 근처보다 덜 요상한 환경에서도 일어난다. 태양 표면에서는 이 현상이 좀 완화된 형태로 발생한다. 원자는 초소형 시계라고 할 수 있다. 원자핵 주변을 붕붕거리며 날아다니는 전자들은 시계의 바늘과도 같다. 지구에서 관측하면 태양 위의 원자들은 약간 천천히 가는 것처럼 보인다.

동시성의 소멸, 쌍둥이 역설, 굽은 시공간, 블랙홀, 타임머신. 현실과는 너무나 동떨어진, 허구보다 더 낯선 이런 아이디어들은 믿을 만한 것들이며 물리학자들이 의견을 같이하는 논란의 여지가 없는 생각들이다. 시공간에 대한 새로운 물리학을 이해하는 데에는 미분 기하, 텐서 산술, 시공간 계측, 미분 형식 등으로 신경망을 재배선하는 약간의 고통이 뒤따랐다. 그러나 앨리스의 이상한 나라 같은 양자의 영역으로 옮겨가는 어려움도, 일반 상대성 이론을 양자 역학과 부합시키려고 할 때마다 우리를 당혹스럽게 만드는 개념적인 어려움에 비하면 아무것도 아니다. 과거에는 양자 역학이 아인슈타인의 중력 이론과 공존할 수 없어서 포기해야만 할 것처럼 보였다. 아마도 누군가는 블랙홀 전쟁을 "양자 역학이 무사한 세상을 만들기 위한 전쟁"이었다고 말할 수 있을 것이다.

다음 장에서 나는 당신의 신경망을 양자 역학에 맞게 재배선하는, 돈키호테만큼이나 무모하고 불가능한 작업에 착수할 것이다. 약간의 수식도 없이 말이다. 양자 역학적인 우주에 자통하는 실제적인 도구는 추상적인 수학이다. 무한 차원의 힐베르트 공간, 정사영 연산자, 유니타리 행렬(unitary matrix), 그리고 여타 고등 원리 등은 배우려면 몇 년은 걸릴 내용들이다. 단 몇 쪽 안에 어떻게 우리가 양자 역학을 배울지 기대하시라.

4장

"아인슈타인이여, 신이 무엇을 하든 상관하지 말지어다."

그녀는 찻잔을 내려놓으며 기어들어 가는 목소리로 물었다.
"빛은 파동으로 만들어졌나요, 아니면 입자로 만들어졌나요?"

집 앞의 나무 아래 식탁이 차려졌다. 토끼와 모자 장수가 식탁에 앉아 차를 마시고 있었다. 산쥐는 그 둘 사이에 앉아 금새 잠들어 버렸다. 옆의 둘은 잠든 산쥐를 쿠션 삼아 그 위에 팔꿈치를 기댄 채 그 머리 위로 이야기를 나누고 있었다.

'산쥐는 참 불편하겠군.' 앨리스가 생각했다. '그래도 잠들었으니까 상관없을 거야.'[1]

지난번 과학 수업 이후로 앨리스는 뭔가 아주 궁금한 것이 생겼다. 앨리스는 새 친구들이 자신의 혼란스러움을 해결해 주리라 기대했다. 그녀는 찻잔을 내려놓으며 기어들어 가는 목소리로 물었다.

"빛은 파동으로 만들어졌나요, 아니면 입자로 만들어졌나요?"

"그래, 정확하게 그렇지." 미친 모자 장수가 대답했다.

약간 짜증이 난 앨리스는 좀 더 힘이 들어간 목소리로 물었다. "무슨 대답이 그래요? 다시 질문할게요. 빛은 입자인가요, 파동인가요?"

"그게 맞다니까." 하고 미친 모자 장수가 말했다.

양자 역학적 유령의 집에 오신 것을 환영합니다. 여기는 불확정성이 지배하며 지각 있는 사람들조차 아무것도 이해할 수 없는, 모든 것이 정신 나간 채로 미쳐 돌아가며 뒤죽박죽인 양자 역학의 세계입니다.

앨리스의 질문에 대한 '일종의' 대답

뉴턴은 광선이 작은 입자들(기관총에서 빠른 속도로 발사되는 작은 총탄과 다소

---

1. Lewis Carroll, *Alice's Adventures in Wonderland*, illustrations by John Tenniel (London: Macmillan and Company, 1865).

비슷하다.)의 흐름이라고 생각했다. 그 이론은 거의 완전히 틀렸지만, 뉴턴은 빛의 많은 성질들에 대해 놀랄 만큼 똑똑한 해석들을 고안했다. 스코틀랜드 출신의 수학자이자 물리학자인 맥스웰은 뉴턴의 총탄 이론을 철저하게 불신했다. 맥스웰은 빛이 파동, 즉 전자기파로 이뤄져 있다고 주장했다. 맥스웰의 해석이 옳다는 것은 아주 정밀하게 증명되었고 곧 학계의 인정을 받는 이론이 되었다.

맥스웰은 전하가 움직일 때, 예를 들어 전자가 전선 속에서 진동할 때, 움직이는 전하가 파동과 비슷한 요동을 일으킨다고 생각했다. 이것은 마치 물을 채운 수조에 손가락을 대고 살랑살랑 흔들면 표면에 물결이 이는 것과 똑같다.

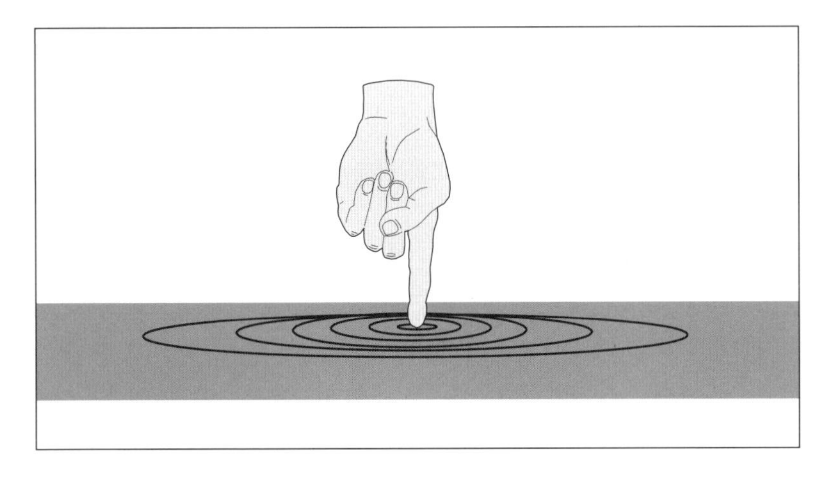

빛의 파동, 즉 광파는 전기장과 자기장으로 이뤄져 있다. 전기적으로 대전된 입자나 도선을 흐르는 전류, 그리고 보통의 자석을 둘러싼 장(場, field)과 똑같은 그런 장들 말이다. 그런 전하들이나 전류가 요동치면 파동이 생기는데, 그 파동이 진공 속을 광속으로 퍼져 나간다. 사실 2개의 작은 틈새로 빛을 비추면 파동이 서로 겹쳐서 만드는 간섭 무늬를 뚜렷하게 볼 수 있다.

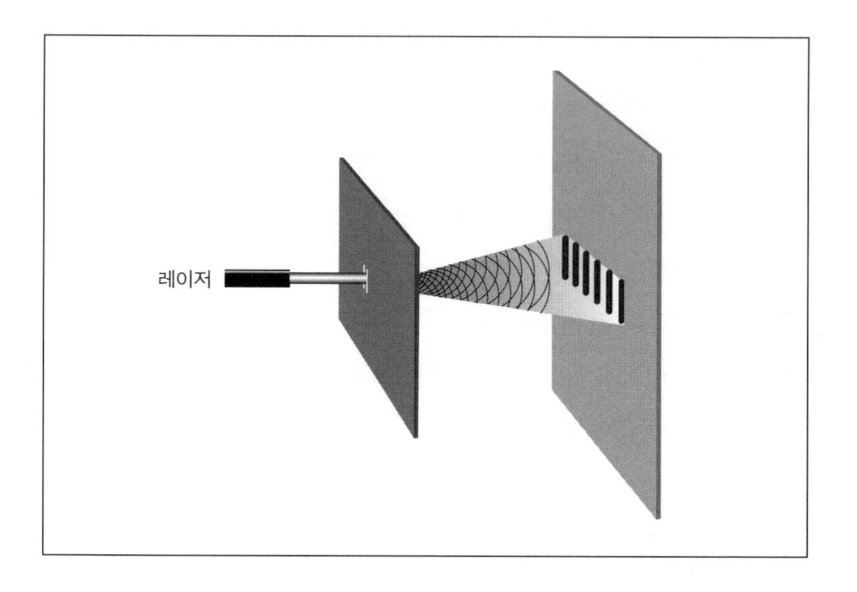

맥스웰의 이론은 심지어 빛이 어떻게 다른 색을 띨 수 있는지도 설명했다. 파동을 특징짓는 것은 그 파장이다. 파장은 하나의 마루에서 다음 마루까지의 거리이다. 여기 2개의 파동이 있다. 첫 번째 파동의 파장이 두 번째 것보다 더 길다.

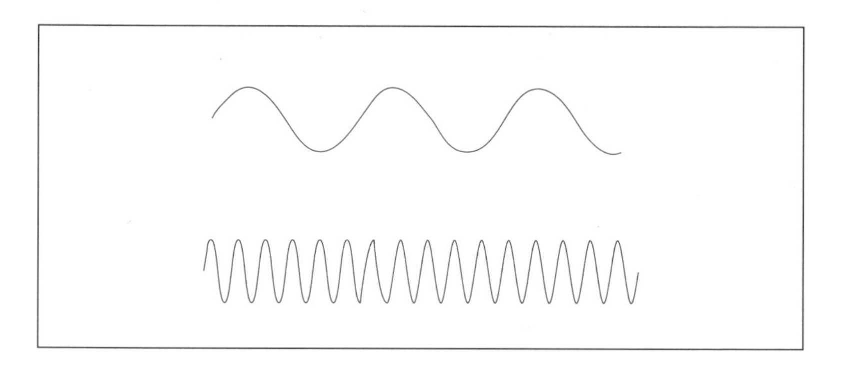

2개의 파동이 당신 코앞을 광속으로 지나가고 있다고 생각해 보자. 파동은 지나가면서 최댓값에서 최솟값으로, 그리고 다시 최댓값으로 되

돌아가며 진동한다. 이때 파장이 더 짧을수록 더 급격하게 진동한다. 1초 동안에 완성하는 주기(최댓값에서 최솟값을 지나 다시 최댓값이 되기까지)의 횟수를 **진동수**(frequency)라고 한다. 파장이 짧을수록 진동수가 커지는 것은 당연하다.

빛이 눈에 들어오면 서로 다른 진동수를 가진 빛들은 망막의 빛 수용체 세포에 각기 독특한 방식으로 영향을 준다. 신호가 뇌로 전달되면 뇌는 진동수(즉 빛의 파장)에 따라 빨강, 오렌지, 노랑, 초록, 파랑, 또는 보라라고 말한다. 스펙트럼의 붉은색 끝은 푸른색이나 보라색 끝보다 더 긴 파장들로 구성되어 있다. 붉은빛의 파장은 약 700나노미터[2]인 반면에 보랏빛의 파장은 그 절반에 불과하다. 빛은 매우 빨리 움직이기 때문에 빛의 진동수는 엄청나게 높다. 푸른빛은 초당 1000조 번(10^{15}) 진동한다. 붉은빛은 그보다 약 절반 정도의 빠르기로 진동한다. 물리학 용어를 쓰자면 푸른빛의 진동수는 10^{15}헤르츠이다.

빛의 파장이 700나노미터보다 더 길거나 400나노미터보다 더 짧을 수도 있을까? 물론이다. 그러나 그때는 빛이라고 부르지 않는다. 사람의 눈은 그런 파장의 빛을 느끼지 못한다. 자외선과 엑스선은 보랏빛 광파보다 파장이 더 짧다. 모든 광선들 중에서 파장이 가장 짧은 것을 감마선이라고 한다. 파장이 더 긴 쪽으로 가면 적외선, 초단파, 전파 등이 있다. 감마선에서 전파까지의 스펙트럼을 **전자기 복사**(electromagnetic radiation)라고 한다.

자, 앨리스. 당신의 질문에 답을 하자면 빛은 명백하게 파동으로 이뤄져 있군요.

하지만 잠깐! 너무 성급해서는 안 된다. 1900년부터 1905년까지 매

---

2. 1나노미터(nm)는 10억분의 1미터, 즉 10^{-9}미터이다.

우 혼란스럽고 놀라운 일들이 일어나 물리학의 근간을 뒤엎는 바람에 이 문제가 20년 이상이나 완전히 혼돈의 상태에 빠졌기 때문이다. (어떤 사람들은 이 문제가 여전히 혼돈에 빠져 있다고 말하기도 한다.) 막스 카를 에른스트 루트비히 플랑크(Max Karl Ernst Ludwig Planck, 1858~1947년)의 연구를 바탕으로 아인슈타인이 **당시의 주도적인 패러다임을 완전히 뒤엎어 버린 것이다.** 아인슈타인이 어떻게 그럴 수 있었는지 이야기하기에는 시간과 지면이 허락하지 않지만, 1905년에 아인슈타인은 빛이 그가 **양자**(quanta)라고 불렀던 입자들로 이뤄져 있다고 확신했다. 훗날 그 입자들은 광자로 알려지게 된다. 그 환상적인 이야기를 뼈대만 추려 간단히 말하자면, 빛은 극도로 희미할 때 입자처럼 행동하기 때문에 마치 간헐적으로 발사되는 총탄처럼 한 번에 하나씩 도달한다. 빛이 2개의 틈을 통과해 화면에 이르는 실험으로 돌아가 보자. 광원을 점점 흐릿하게 해서 빛이 거의 뚝뚝 끊길 정도로 만들었다고 생각해 보자. 빛을 파동이라고 믿는 이론가들은 화면에 거의 보일 듯 말듯 파동 같은 무늬가 생길 것이라고 기대할 것이다. 아니면 전혀 보이지 않거나. 어쨌든 예상되는 무늬는 파동 같은 무늬이다. 그러나 실험 결과는 달랐다.

아인슈타인은 역시 그렇게 예상하지 않았다. 그리고 언제나처럼 아인슈타인이 옳았다. 아인슈타인의 예상에 따르면 빛은 연속적인 무늬를 이루지 않고 돌발적으로 한 점에서 번쩍거릴 것이었다. 첫 번째 섬광은 화면의 예상치 못한 지점에 무작위적으로 나타날 것이다.

다른 섬광이 다른 어딘가에 나타날 것이고, 그리고 또 다른 섬광도 그럴 것이다. 섬광들을 사진으로 찍어서 겹쳐 놓으면 무작위적인 섬광들로부터 하나의 무늬가 나타나기 시작한다. 바로 파동과 같은 무늬이다.

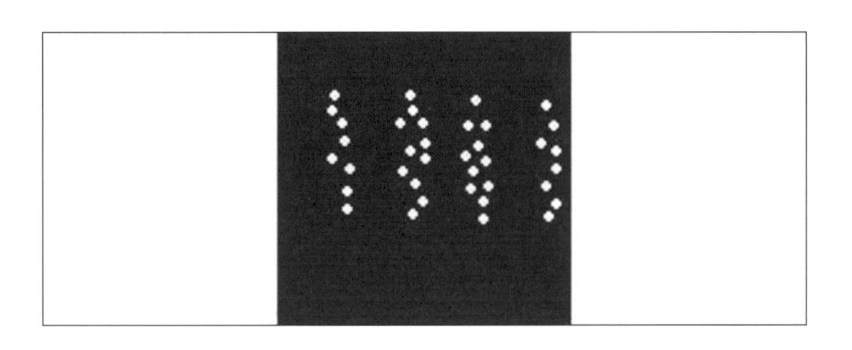

그렇다면 빛은 입자인가 파동인가? 그 답은 어떤 실험을 하는가, 그리고 당신이 어떤 질문을 하는가에 달려 있다. 만약 실험에서 다루는 빛이 아주 희미해서 광자가 한 번에 하나씩 뚝뚝 떨어져 나온다면 빛은 예측 불가능하고 무작위적으로 도달하는 광자처럼 보인다. 하지만 만약 광자가 충분히 많아서 어떤 무늬를 형성하면 빛은 파동처럼 보인다. 위대한 물리학자 닐스 헨리크 다비드 보어(Niels Henrik David Bohr, 1885~1962년)는 빛에 대한 파동 이론과 입자 이론이 서로 **상보적(complementary)**이라는 말로 이처럼 혼란스러운 상황을 설명했다.

아인슈타인은 광자가 반드시 에너지를 가져야 한다고 주장했다. 여기에는 분명한 증거가 있었다. 햇빛(태양이 방출하는 광자)은 지구를 따뜻하게 데운다. 태양 전지판은 태양에서 나오는 광자를 전기로 바꾼다. 전기는 전동기를 돌리거나 무거운 물체를 들어 올리는 데 이용할 수 있다. 만약 빛이 에너지를 가지고 있다면 빛을 구성하는 광자도 에너지를 가지고 있어야만 한다.

광자 하나가 가진 에너지의 양은 매우 작은 것이 분명하다. 그렇다면 정확하게 얼마만큼의 에너지를 가지고 있을까? 차 한 잔을 끓이거나 100와트의 전동기를 한 시간 동안 돌리려면 얼마나 많은 광자가 필요할까? 그 답은 빛의 파장에 달려 있다. 파장이 긴 광자는 파장이 짧은 광자보다 에너지가 낮다. 그래서 파장이 긴 광자는 어떤 주어진 작업을 수행하기 위해서 더 많은 광자가 필요하다. $E=mc^2$만큼은 아니지만 역시 아주 유명한 공식에 따르면 하나의 광자가 가진 에너지는 그 진동수에 따라 다음과 같이 주어진다.[3]

$$E=hf$$

방정식 좌변의 E는 광자의 에너지를 나타내며 줄(joule, 단위는 J)이라고 불리는 단위로 측정된다. 우변의 f는 진동수이다. 푸른빛의 진동수는 10^{15}헤르츠이다. 그러면 h만 남는데, 이것이 그 유명한 **플랑크 상수**로서 막스 플랑크가 1900년에 도입했다. 플랑크 상수는 매우 작은 수이지만 모든 양자 현상을 지배하는, 자연에서 가장 중요한 상수들 가운데 하나이다.

플랑크 상수는 광속 c와 뉴턴의 중력 상수 G와 어깨를 나란히 하는 상수이다.

$$h=6.62\times10^{-34}$$

---

3. 이 공식은 1900년에 막스 플랑크가 도입했다. 그러나 빛이 입자와 같은 양자로 만들어졌고 이 공식이 광자 하나의 에너지에 적용된다는 것을 이해한 사람은 아인슈타인이었다.

플랑크 상수가 아주 작기 때문에 광자 1개의 에너지는 극히 미미하다. 푸른빛의 광자가 가진 에너지를 계산하기 위해서 진동수 10^{15}헤르츠에 플랑크 상수를 곱하면 6.62×10^{-19}줄을 얻는다. 이 정도면 많은 에너지처럼 들리지 않는다. 실제로도 그렇다. 차 한 잔을 끓이려면 푸른빛의 광자가 약 10^{39}개 필요하다. 붉은빛이면 그보다 2배나 많은 광자가 필요하다. 이것과 대조적으로 지금까지 감지된 것 중 가장 높은 에너지를 가진 감마선으로 차 한 잔을 끓이려면 단지 10^{18}개의 광자만 있으면 된다.

이 모든 공식들과 숫자들 중에서 당신이 기억했으면 하는 것은 딱 하나이다. 광선의 파장이 짧을수록 개개의 광자가 가진 에너지는 더 높다는 것이다. 높은 에너지는 짧은 파장을 뜻한다. 낮은 에너지는 긴 파장을 뜻한다. 이것을 몇 번이고 반복해서 말하고 또 써라. 그리고 한 번 더 말하라. **높은 에너지는 짧은 파장을 뜻하고 낮은 에너지는 긴 파장을 뜻한다.**

미래를 예측한다고?

아인슈타인은 거만하게도 "신은 주사위 놀이를 하지 않는다."[4]라고 선언했다. 닐스 보어의 대답은 날카로웠다. 보어는 "아인슈타인이여, 신이 무엇을 하든 상관하지 말지어다."라고 꾸짖었다. 두 명의 물리학자 모두 무신론자에 아주 가까웠다. 둘 중 누구라도 구름 위에 앉아 주사위 던지기나 하고 있는 조물주를 진지하게 생각했던 것 같지는 않다. 보어와 아인슈타인은 모두 물리학에서 완전히 새로운 무엇, 아인슈타인이 순순히 받아들일 수 없었던 뭔가를 두고 투쟁하고 있었다. 그것은 양자

4. 1926년 12월 12일에 막스 보른(Max Born, 1882~1970년)에게 보낸 편지.

역학의 이상한 새 규칙이 암시하는 예측 불가능성이었다. 아인슈타인의 지성은 자연 법칙에 무작위적이고 제어할 수 없는 요소가 있다는 생각에 찬성할 수 없었다. 광자가 화면에 도달하는 것이 진정으로 예측 불가능한 사건이라는 생각은 아인슈타인의 지성과 격렬하게 충돌했다. 대조적으로 보어는 좋아하든 그렇지 않든 그 생각을 받아들였다. 보어는 또한 미래의 물리학자들이 양자 역학에 맞춰 자신들의 신경망을 재배선해야 할 것이며, 재배선된 신경망에는 아인슈타인이 염려했던 예측 불가능성도 포함될 것임을 알아차렸다.

보어가 양자 현상을 마음속에 그리는 데에 더 뛰어났다거나 그것을 마음 편하게 곧바로 받아들였던 것은 아니다. 보어는 언젠가 "양자 이론에 충격을 받지 않았다면 그것을 이해하지 못한 것이다."라고 단언하기도 했다. 또 여러 해 뒤에는 리처드 파인만도 "내 생각에는 양자 역학을 이해하는 사람이 아무도 없다고 말해도 괜찮을 것 같다."라는 의견을 피력했다. 덧붙여 파인만은 "자연이 얼마나 이상하게 행동하는지를 더 많이 알게 될수록 가장 단순한 현상조차 그것이 실제로 어떻게 작동하는지를 설명하는 모형을 만드는 것이 더 어려워진다. 그래서 이론 물리학은 그것을 포기해 버렸다."라고 말했다. 나는 파인만이 정말로 물리학자들이 양자 현상 설명을 포기해야 한다는 뜻으로 그런 말을 했다고는 생각하지 않는다. 어쨌든 파인만도 꾸준히 양자 현상을 설명했다. 파인만이 말하려고 했던 것은, 보통의 신경망을 가지고는 양자 현상을 설명할 수 없다는 것이었다. 다른 사람들과 마찬가지로 파인만도 추상적인 수학에 의지해야만 했다. 방정식 하나 없는 책의 한 장(章)을 읽는 것만으로는 신경망 재배선이 이뤄지지 않는다는 것은 분명하지만, 조금만 인내심을 발휘하면 요점은 파악할 수 있으리라.

아인슈타인이 그토록 소중하게 붙여잡고 있었던 그것은 물리학자들이 가장 먼저 버려야만 했던 것이었다. 바로 자연 법칙이 결정론적이라는 관념 말이다. 결정론이란 현재에 대해 충분히 알고 있으면 미래를 예측할 수 있다는 생각을 말한다. 뉴턴 역학뿐만 아니라 그 후의 물리학은 죄다 미래 예측에 매달렸다. 어둑별을 상상했던 라플라스 역시 미래를 예측할 수 있다고 굳건히 믿었다.

> 우리는 우주의 현재 상태를 과거의 효과로서, 그리고 미래의 원인으로서 간주할 수 있다. 어느 순간 자연을 움직이는 모든 힘과 자연을 이루는 모든 요소들의 모든 위치를 아는 지능이 있다면, 그리고 그 지능이 이 모든 자료를 분석할 수 있을 만큼 충분히 대단하다면, 우주에서 가장 큰 물체의 운동과 가장 작은 원자의 운동조차도 하나의 공식 안에 품게 될 것이다. 그런 지능에게 불확실한 것은 아무것도 없으며 미래는 과거와 꼭 마찬가지로 그 두 눈 앞에 펼쳐질 것이다.

라플라스는 단지 뉴턴의 운동 법칙이 암시하는 바를 펼쳐 보였을 뿐이다. 사실 자연에 대한 뉴턴-라플라스의 관점은 가장 순수한 형태의 **결정론**이다. 미래를 예측하기 위해서 당신이 알아야 할 모든 것은 어떤 초기 순간 우주에 있는 모든 입자의 위치와 속도뿐이다. 아, 그렇지! 한 가지가 더 있다. 모든 입자에 작용하는 힘을 알아야 한다. 입자의 위치를 안다고 해서 그것이 어디로 가는지를 알 수 있는 것은 아니다. 하지만 만약에 당신이 속도(그 크기와 방향 모두)[5]를 안다면 그 입자가 다음에 어디

---

5. **속도(velocity)**라는 단어는 어떤 물체가 얼마나 빨리 움직이고 있는가뿐만 아니라 운동의 방향까지도 의미한다. 그래서 시속 100킬로미터는 속도에 대한 완벽한 정보가 아니다. 북북서 방향으로 시속 100킬로미터라고 해야 완벽한 정보이다.

에 있을지를 알 수 있다. 물리학자들은 이것을 **초기 조건(initial condition)** 이라고 한다. 당신이 운동하는 어떤 계의 미래를 예측하려면 어느 순간, 그 계의 초기 조건만 알면 된다.

결정론의 의미를 이해하기 위해서 가능한 한 단순한 세계를 생각해 보자. 이 세계는 너무나 단순해서 오직 두 가지 상태만 존재한다. 동전이 좋은 예이다. 앞면과 뒷면이 두 가지 상태에 해당한다. (앞면일 경우를 H, 뒷면일 경우를 T라고 하자.) 또한 한순간에서 다음 순간으로 상태가 어떻게 바뀌는지를 지시해 주는 법칙을 정해 줘야 한다. 여기 두 가지 가능한 규칙이 있다.

- 첫 번째 규칙은 아주 지루하다. 그 규칙은 아무 일도 일어나지 않는다는 것이다. 동전이 처음에 앞면을 보였다면 그다음 순간(말하자면 1나노초 뒤에)에도 앞면(H)을 보인다. 마찬가지로 처음에 뒷면(T)을 보였다면 다음 순간에도 뒷면(T)을 보인다. 이 법칙은 간단한 2개의 '식'으로 축약할 수 있다.

  $$H \rightarrow H, \quad T \rightarrow T$$

  이런 세계의 역사는 HHHHH…나 TTTTT…가 끝없이 반복되는 역사이다.

- 첫 번째 규칙이 지루하다면 두 번째 규칙은 약간 덜 지루하다. 한순간의 상태가 무엇이든지 1나노초 뒤에는 그 상태가 정반대로 뒤집힌다. 이 규칙은 기호를 써서 이런 식으로 표현할 수 있다.

  $$H \rightarrow T, \quad T \rightarrow H$$

  이런 세계의 역사는 HTHTHTHT… 또는 THTHTHTH…의 형태가 될 것이다.

2개의 규칙은 모두 결정론적이다. 출발점에서 미래가 완전히 결정된다는 의미에서 그렇다. 어느 경우이든지 초기 조건만 알면 당신은 임의의 시간이 지났을 때 무슨 일이 벌어질지 확실하게 예측할 수 있다.

오직 결정론적 법칙만 가능한 것은 아니다. 무작위적 법칙도 가능하다. 가장 단순한 무작위적 법칙은 초기 조건이 어떻게 주어지든지 간에 그다음 순간에는 그 상태가 무작위적으로 앞면이나 뒷면으로 바뀌는 것이다. 뒷면으로 시작했다면 TTTHHHTTHHTHHTT…는 하나의 가능한 역사가 된다. 물론 TTHTHHTHHHTT…도 가능하다. 사실 어떤 배열이라도 가능하다. 법칙이 없는 세계이거나 초기 조건을 무작위로 갱신하는 법칙이 적용되는 세계이라고 생각할 수 있다.

법칙이라고 해서 순전히 결정론적이거나 순전히 무작위적일 필요는 없다. 그런 경우들은 극단적인 경우들이다. 아주 결정론적이지만 살짝 무작위적인 법칙도 가능하다. 즉 상태가 바뀌지 않을 확률이 90퍼센트이고 상태가 뒤집히는 확률이 10퍼센트인 법칙도 있을 수 있다. 이런 법칙이 적용되는 전형적인 역사는 다음과 같을 것이다.

HHHHHHHTTTTTTTTTTTTHHHHHHHHHHHHHHTTTTT…

이 경우 노름꾼은 가까운 미래를 아주 훌륭하게 예측할 수 있다. 다음 상태는 현재의 상태와 거의 똑같을 것이기 때문이다. 노름꾼이 좀 더 대담해진다면 그다음 두 상태도 현재와 똑같을 것이라고 추측할지도 모른다. 너무 오래 끌지만 않는다면 그가 돈을 딸 가능성은 높다. 만약 노름꾼이 너무 먼 미래까지 알아내려 한다면 그가 돈을 딸 확률은 반반보다 더 높지는 않을 것이다. 바로 이 예측 불가능성이, 아인슈타인이 신은 주사위 놀이를 하지 않는다고 말하면서 반발한 그 생각이다.

당신은 아마도 한 가지 점에서 약간 의아할 것이다. 실제로 동전을 여러 번 던지면 결정론적 법칙들보다는 무작위적 법칙을 훨씬 더 많이 따르는 것 같다. 무작위성은 자연 세계에서는 아주 흔한 특성처럼 보인다. 세상을 예측 불가능하게 만드는 데 누가 양자 역학 따위를 필요로 한단 말인가? 하지만 보통의 동전 던지기를 예측할 수 없는 이유는, 양자 역학이 없다손 치더라도 그저 동전 던지기가 그 자체로 순전히 너저분하기 때문이다. 동전 던지기와 관계있는 모든 세부 사항들은 대개의 경우 일일이 추적하기가 무척이나 어렵다. 동전은 완벽하게 고립된 세계가 아니다. 동전을 튕기는 손을 움직이는 근육들의 미세한 변화, 방 안의 공기의 흐름, 동전과 공기 속 분자들의 열적 진동……. 이 모든 것들이 결과에 영향을 미치며 대부분의 경우 이 모든 정보는 너무나 많기 때문에 우리가 다루기 어렵다. 라플라스가 "자연을 움직이는 모든 힘과 자연을 이루는 **모든** 요소들의 **모든** 위치"를 알아야 한다고 말했던 점을 상기하라. 분자 하나의 위치에서 미세한 실수만 범해도 미래 예측을 망가뜨릴 수 있다. 하지만 아인슈타인을 괴롭혔던 것은 이런 종류의 일상적인 무작위성이 아니었다. 아인슈타인이 주사위 놀이를 하는 신을 이야기했을 때에는, 자연의 가장 심오한 법칙들이 불가피하게 결코 극복할 수 없는 무작위적 요소를 가지고 있음을 의미했다. 알 수 있는 모든 세부 사항을 알고 있을 때조차 말이다.

정보는 결코 사라지지 않는다

무작위성을 받아들이고 싶지 않았던 설득력 있는 이유 중 하나는 때때로 무작위성이 **에너지 보존**(conservation of energy)을 깰 수도 있다는 것이다. (7장 참조) 에너지 보존 법칙이란 에너지가 여러 형태로 나타나고 또한 가지 형태에서 다른 형태로 바뀔 수도 있지만, 그 총량은 결코 변하지 않는다는 것을 말한다. 에너지 보존은 자연에서 가장 정확하게 검증된 사실들 가운데 하나이며, 여기에 손을 댈 여지는 별로 없다. 어떤 물체를 무작위로 걷어차면 갑자기 속도가 높아지거나 속도가 줄어들어 에너지가 바뀌게 된다.

에너지 보존 법칙보다 훨씬 더 근본적일 수도 있는 아주 난해한 물리학 법칙이 하나 더 있다. 이것은 때로 가역성이라고 불리기도 하는데 여기서는 그냥 **정보 보존**(information conservation)이라고 부르자. 정보 보존 법칙에 따르면, 만약 당신이 완벽한 정확도로 현재를 안다면 모든 시간에 대해 미래를 예측할 수 있다. 하지만 이것은 이 법칙이 가진 의미의 절반만 이야기한 것이다. 정보 보존은 또한 만약 당신이 현재를 안다면 당신은 절대적으로 과거를 확신할 수 있다는 것을 말한다. 정보 보존은 양방향으로 다 통한다.

동전 하나를 던져서 앞면과 뒷면이 나오는 세상에서는, 정보가 완벽하게 보존된다는 사실이 순전히 결정론적인 법칙에 따라 보증된다. 예를 들어 만약 그 법칙이

$$H \rightarrow T, \quad T \rightarrow H$$

라고 한다면 과거와 미래 모두 완벽하게 예측할 수 있다. 하지만 아주 극도로 작은 양의 무작위성만 있어도 이렇게 완벽한 예측 가능성은 깨질 것이다.

다른 예를 들어 보자. 이번에는 3개의 면을 가진 가상적인 동전을 생각한다. (주사위는 6개의 면을 가진 동전이라고 할 수 있다.) 3개의 면을 각각 앞면, 뒷면, 바닥이라 부르고, H, T, F라고 나타내자. 여기 완벽한 결정론적 법

칙이 있다.

$$H \rightarrow T,\ T \rightarrow F,\ F \rightarrow H$$

이 법칙을 이해하기 위해 그림을 그려 보는 것이 도움이 된다.

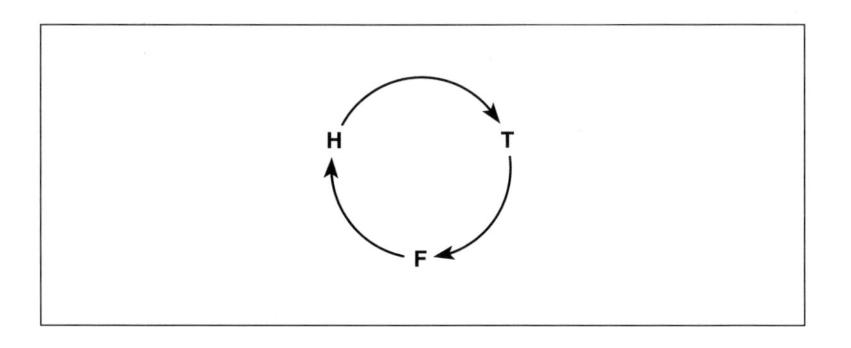

이 법칙에 따르면 H로 시작하는 세계의 역사는 다음과 같을 것이다.

HTFHTFHTFHTFHTFHTFHTFHTF…

정보 보존을 실험적으로 검증할 방법이 있을까? 사실 많은 방법들이 있다. 어떤 실험들은 그럴듯하지만 또 어떤 것들은 그렇지 않다. 만약 당신이 당신의 의지에 따라 법칙을 제어하고 바꿀 수 있다면 정보 보존을 검증할 수 있는 아주 간단한 방법이 있다. 세 면을 가진 동전의 경우 정보 보존을 어떻게 검증할 수 있는지 살펴보자. 동전의 세 면 중 한 면에서 시작해 어떤 일정한 길이의 시간 동안에 계속 진행시킨다. 매 나노초마다 상태는 H에서 T로, 그리고 다시 F로 바뀌면서 세 가지 가능한 상태 사이를 순환한다. 그 시간 간격이 끝날 무렵에 법칙을 바꾼다. 새로운 법칙은 이전 법칙과 똑같지만 반대 방향으로 진행한다. 즉 시계 방향이 아니라 시계 반대 방향으로 돌아간다.

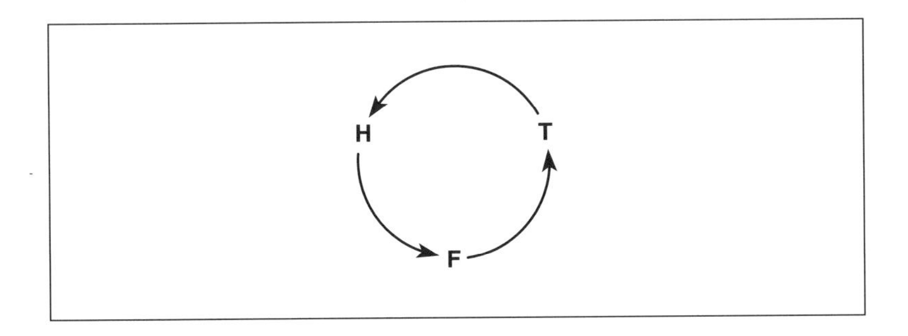

이제 이 계를 앞에서 진행했던 것과 정확히 똑같은 길이의 시간만큼 반대 방향으로 진행한다. 원래의 역사는 그 자체를 원상태로 되돌려서 동전은 출발점으로 돌아갈 것이다. 긴 시간이 걸리더라도 결정론적 법칙은 완벽한 기억을 유지하고 있기 때문에, 결국 언제나 초기 조건으로 돌아간다. 정보 보존을 점검하기 위해서 심지어 정확한 법칙을 알 필요조차 없다. 그것을 뒤집는 법만 알면 된다. 그 법칙이 결정론적인 한 이 실험은 항상 잘 돌아갈 것이다. 하지만 만약 조금이라도 무작위성이 끼어들게 되면, 그 무작위성이 아주 미묘한 어떤 것이 아닌 한, 이 실험은 실패할 것이다.

이제 아인슈타인과 보어와 신(물리 법칙으로 읽을 것), 그리고 양자 역학으로 다시 돌아가 보자. 아인슈타인이 했던 또 다른 말 중에서 더 유명한 것으로 "신의 섭리는 오묘하지만, 심술궂으냐 하면 그렇지는 않다."라는 말이 있다. 나는 아인슈타인이 왜 물리 법칙이 심술궂지 않다고 생각했는지 알 길이 없다. 개인적으로 나는 이따금, 특히 나이를 먹으면서, 중력 법칙이 아주 심술궂다고 느끼고는 한다. 그러나 오묘함에 관한 한 아인슈타인은 옳았다. 양자 역학의 법칙들은 아주 오묘하다. 너무 오묘해서 무작위성이 에너지 보존, 정보 보존과 공존할 수 있다.

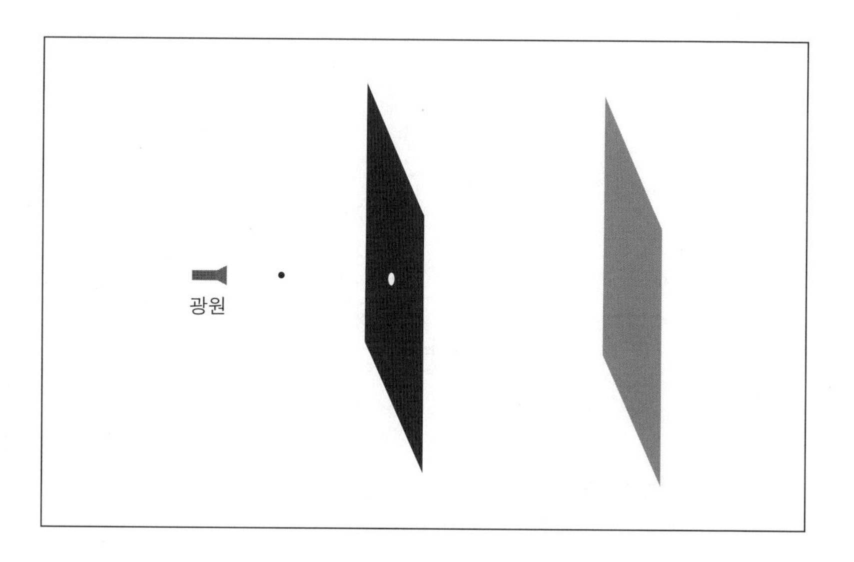

입자 하나를 생각해 보자. 어떤 입자라도 상관없지만 광자를 고르는 것이 좋겠다. 위의 그림처럼 광자가 레이저 같은 광원에서 만들어져 작은 구멍이 나 있는 불투명한 금속판을 향해 이동하고 있다. 그 구멍 뒤에는 감광성 스크린이 있어서 광자가 부딪히면 번쩍거린다.

어느 정도 시간이 흐르면 광자는 구멍을 지나가거나 구멍을 빗나가 장애물에 부딪힐 것이다. 구멍으로 지나가면 광자는 스크린에 부딪히겠지만, 꼭 구멍의 정반대일 필요는 없다. 광자는 구멍을 지나는 동안 무작위적인 충격을 받아 진행 경로가 휠 수도 있다. 따라서 섬광의 최종 위치는 예측할 수 없다.

이제 스크린을 치우고 실험을 다시 해 보자. 얼마 지나지 않아 광자는 금속판에 부딪혀 반사되어 나오거나 구멍을 통과해 무작위적으로 튕겨 나갈 것이다. 스크린이 없어 광자를 감지할 수 있는 것이 아무것도 없기 때문에 광자가 어디에 있는지, 어느 방향으로 움직이고 있는지는 이야기할 수 없게 된다.

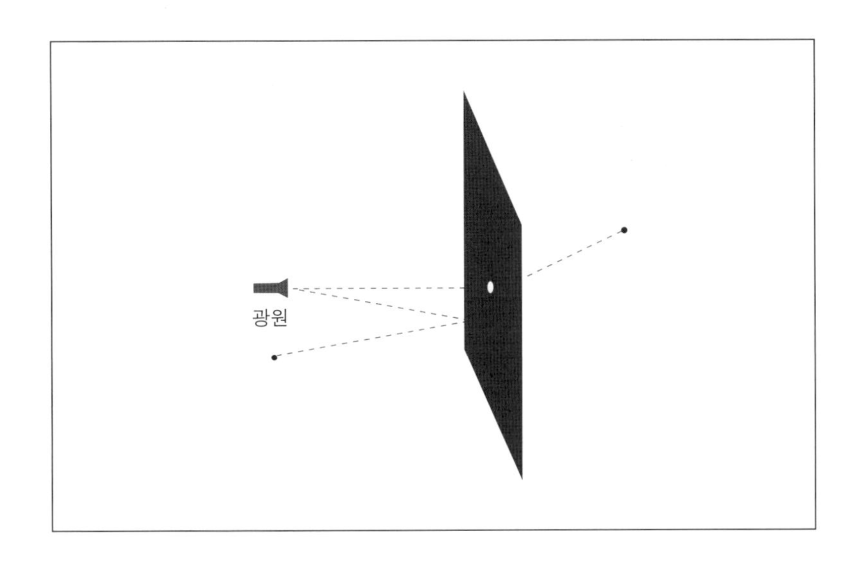

이때 우리가 중간에 끼어들어 광자 운동에 대한 법칙을 뒤집는다고 해 보자.[6] 만약 우리가 똑같은 시간 동안 광자를 거꾸로 진행시키면 어떤 일이 일어날까? 우선, 무작위성(무작위성은 거꾸로 돌려도 여전히 무작위성이다.) 때문에 광자가 원래의 위치로 되돌아오리라는 그 어떤 희망도 산산조각날 것이라고 예상할 수 있다. 실험 후반부의 무작위성은 전반부의 무작위성과 결합해 광자의 운동을 훨씬 더 예측할 수 없게 만들 것이다.

하지만 그 대답은 훨씬 더 미묘하다. 이것을 설명하기 전에 잠시 세 면을 가진 동전으로 하는 실험으로 돌아가 보자. 이 경우에도 우리는 법칙을 한 방향으로 작용시켰다가 그것을 뒤집었다. 이 실험에서 나는 세부 사항 하나를 빠뜨렸다. 법칙을 뒤집기 직전에 누군가가 동전을 보고

6. 독자들 가운데 전문가들이 있어 법칙을 뒤집는 것이 정말로 가능할까 하고 의아해 할지도 모른다. 실제로는 그것이 대개는 가능하지 않지만, 어떤 단순한 계에서는 그리 어렵지 않게 해 볼 수 있다. 어찌되었든 사고 실험으로든 수학 연습으로든 그건 전적으로 해 볼 만하다.

있었는가 아닌가 하는 점이다. 누군가 바라본다고 무슨 차이가 있을까? 동전을 바라본다고 해서 동전이 새로운 상태로 뒤집히지 않는 이상 어떤 차이도 없을 것이다. 따라서 이것은 그다지 엄중한 조건처럼 보이지 않는다. 누군가 동전을 바라본다는 이유만으로 동전이 공중으로 솟구쳐 올라 뒤집어지는 것을 나는 아직 본 적이 없다. 그러나 양자 역학이라는 미묘한 세계에서는 뭔가를 바라볼 때 그 뭔가는 반드시 교란된다.

광자를 예로 들어 보자. 우리가 광자의 진행 방향을 뒤집으면 광자는 자신의 원래 위치에 다시 나타날까, 아니면 양자 역학의 무작위성이 정보 보존을 망가뜨릴까? 이 질문에 대한 답은 이상야릇하다. 이 모든 것이 누군가 광자를 바라보는가의 여부에 달려 있다. '광자를 바라본다.'는 것은 광자가 어디에 있는지 또는 어느 방향으로 움직이는지를 조사한다는 뜻이다. 만약 우리가 광자를 바라보면 (거꾸로 날아간 뒤의) 최종 결과는 무작위적일 것이며 정보는 보존되지 않을 것이다. 하지만 만약 우리가 광자의 위치를 무시하고, 즉 광자의 위치나 운동 방향을 정하기 위한 행위는 전적으로 아무것도 하지 않고 단지 법칙만 뒤집는다면, 광자는 규정된 시간 간격이 지난 뒤 그 원래의 위치에 마술처럼 다시 나타날 것이다. 다시 말해 양자 역학은 그 예측 불가능성에도 불구하고 정보 보존을 침해하지 않는다. 신이 심술궂든 아니든 그는 확실히 오묘하다.

물리 법칙을 뒤로 돌리는 것은, 수학적으로 말했을 때 완전히 실행 가능한 일이다. 하지만 정말로 그렇게 한다고? 나는 누구라도 가장 단순한 계 이외의 그 어떤 계라도 뒤집을 수 있을까 심히 의심스럽다. 그러나 실제로 우리가 그것을 실행할 수 있든 없든, 양자 역학의 수학적 가역성(물리학자들은 그것을 **유니타리성(unitarity)**이라고 한다.)은 양자 역학의 일관성을 유지하는데 있어 결정적인 역할을 수행한다. 수학적 가역성이 없다면 양자 역학의 논리는 작동할 수 없게 된다.

그렇다면 호킹은 왜 양자 이론을 중력과 결합했을 때 정보가 파괴된다고 생각했을까? 그 주장을 한마디로 요약하면 다음과 같다.

블랙홀로 떨어진 정보는 사라진다.

다시 말해 블랙홀의 지평선 너머에서는 그 어떤 것도 돌아올 수 없기 때문에 법칙을 뒤집을 수 없다.

만약에 호킹이 옳다면 자연 법칙들에서 무작위적 요소들이 늘어날 것이며, 물리학 전체의 기반이 무너질 것이다. 이 문제에 대해서는 나중에 다시 살펴볼 것이다.

불확정성 원리에 불확실한 것은 없다!

라플라스는 만약 현재에 대해 충분히 알기만 하면 미래를 예측할 수 있다고 믿었다. 이 세상의 모든 점쟁이 지망생들에게는 불행한 일이지만 어떤 물체의 위치와 속도를 동시에 모두 안다는 것은 가능하지 않다. 내가 가능하지 않다고 말한 것은, 그것이 무척 어렵거나 현재의 기술이 그 일을 수행하기에는 못 미친다는 뜻이 아니다. 물리 법칙을 준수하는 그 어떤 기술도 결코 그 일을 해 낼 수 없다. 이것은 기술이 아무리 향상되어도 빛보다 빨리 여행할 수 없는 것과 같다. 입자의 위치와 속도를 동시에 측정하기 위해 고안된 그 어떤 실험도 하이젠베르크의 불확정성 원리에 부딪히게 된다.

불확정성 원리는 물리학을 양자 역학 이전의 **고전** 물리학의 시대와 양자 역학의 '불가사의한' 포스트모던 시대로 나누는 거대한 분수령이다. 고전 물리학은 양자 역학 이전에 나온 모든 것들로 이뤄지는데 뉴턴의 운동 이론, 맥스웰의 빛에 대한 이론, 그리고 아인슈타인의 상대성 이론이 포함된다. 고전 물리학은 결정론적이다. 반면 양자 역학은 불확정성으로 가득 차 있다.

불확정성 원리는 1927년 26세의 베르너 하이젠베르크가 주창한 원리로서 이상하고도 대담한 내용을 담고 있다. 이때는 하이젠베르크와 에어빈 루돌프 요제프 알렉산더 슈뢰딩거(Erwin Rudolf Josef Alexander Schrödinger, 1887~1961년)가 양자 역학에 대한 수학을 발견한 직후였다. 당시는 많은 낯선 아이디어들로 넘쳐나던 시대였지만 불확정성 원리는 그 중에서도 유난히 이상야릇한 원리였다. 하이젠베르크는 물체의 위치를 정확하게 측정하는 것에 한계가 있다고 주장하지 않았다. 공간에서 입자의 위치 좌표는 우리가 원하는 정도의 정밀도로 결정할 수 있다. 하이젠베르크는 또한 물체의 속도를 정확하게 측정하는 것에도 제한을 두지 않았다. 그가 주장했던 것은, 위치와 속도를 동시에 측정하는 실험을 (아무리 복잡하고 정교하게 설계한다 할지라도) 결코 고안할 수 없다는 것이었다. 이것은 마치 아인슈타인의 신이 그 누구도 미래를 예측할 수 있을 만큼 충분히 알지 못하도록 해 둔 것과도 같다.

불확정성 원리는 불분명하고 불확실한 것에 대해 이야기하고 있지만, 역설적이게도 그 원리 자체에는 명확하지 않은 것이 없다. 불확정성은 확률, 적분 같은 고등 수학들과 관계있는 엄밀한 개념이다. 하지만 잘 알려진 표현법을 좀 더 쉽게 바꿔 쓰기 위해서는 그림을 그리는 것이 방정식 1,000개를 거론하는 것보다 나을 것이다. 확률 분포라는 개념부터 시작해 보자. 아주 많은 수(1조 정도라고 해 두자.)의 입자가 수평축(x축이라고도 부른다.)을 따라 어디에 있는지를 측정하는 연구를 한다고 해 보자. 첫 번째 입자는 $x=1.3257$에서 발견되었고 두 번째 입자는 $x=0.9134$에서 발견되었다는 식으로 말이다. 우리는 모든 입자의 위치를 적어 하나의 긴 목록을 만들 수 있다. 불행히도 그 목록은 이 책 1000만 권 정도를 채울 것이다. 따라서 웬만해서는 그 목록에 그다지 흥미를 느끼지 못할 것이다. 그것보다는 각각의 x 값에서 발견된 입자들의 비율을 보여 주는 통계 그래프를 그리는 것이 훨씬 더 계몽적일 것이다. 그 그래프는 다음과 같은 모양일 것이다.

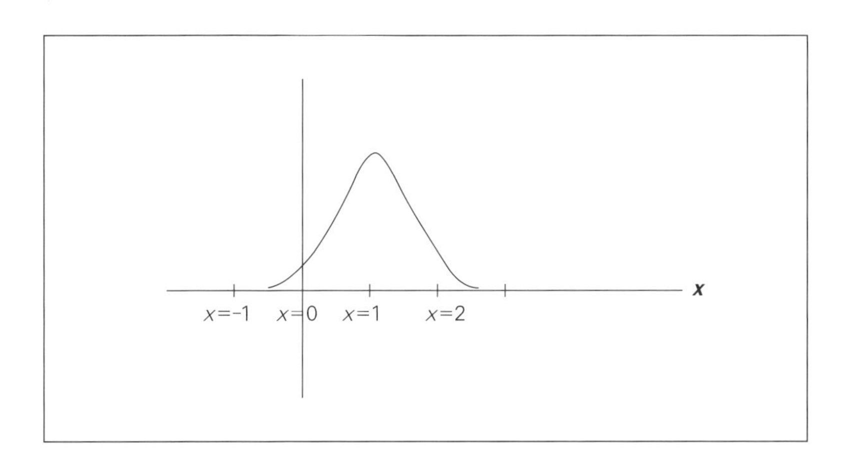

이 그래프를 잠깐 보면 대부분의 입자들이 $x=1$ 근처에서 발견되었음을 알 수 있다. 어떤 연구에서는 이것만으로도 충분하다. 그러나 조금만 눈을 돌려 그래프를 자세히 들여다보면 훨씬 더 자세히 알 수 있다. 약 90퍼센트의 입자들은 $x=0$과 $x=2$ 사이에 있다. 특정한 입자가 어디에서 발견되었는지를 두고 내기를 건다면 최상의 선택은 $x=1$이겠지만, 그 불확정성(이 곡선이 얼마나 넓은가를 나타내는 수학적인 척도)은 약 2단위가 될 것이다.[7] 불확정성은 보통 그리스 문자 델타(Δ)를 써서 나타낸다. 이 예에서는 Δx가 입자들의 x 좌표에 대한 불확정성을 나타낸다.

---

7. 물론 이 종형 곡선은 그림에서 좌표축 밖까지 뻗어 있기 때문에 바깥쪽 영역에서 입자를 발견할 확률이 제법 된다. 수학적인 불확정성은 **있음직한** 값들의 범위를 알려 준다.

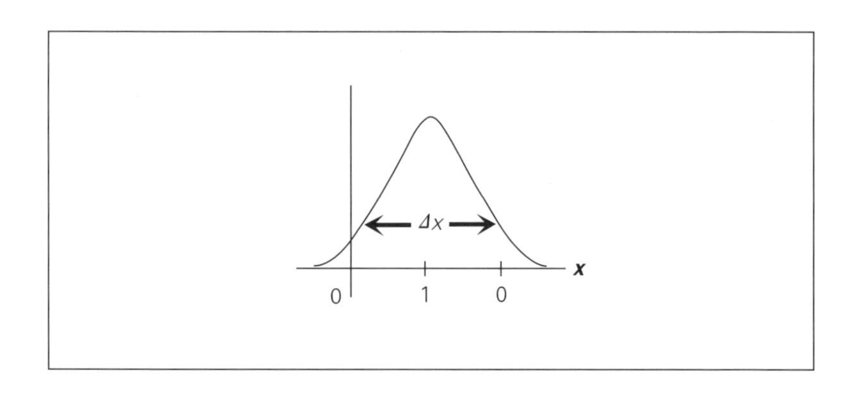

또 다른 사고 실험을 해 보자. 입자들의 위치를 측정하는 대신 이번에는 입자들의 속도를 측정한다. 입자가 오른쪽으로 움직이면 양이라고 하고 왼쪽으로 움직이면 음이라고 한다. 이번에는 수평축이 속도 v를 나타낸다고 해 보자.

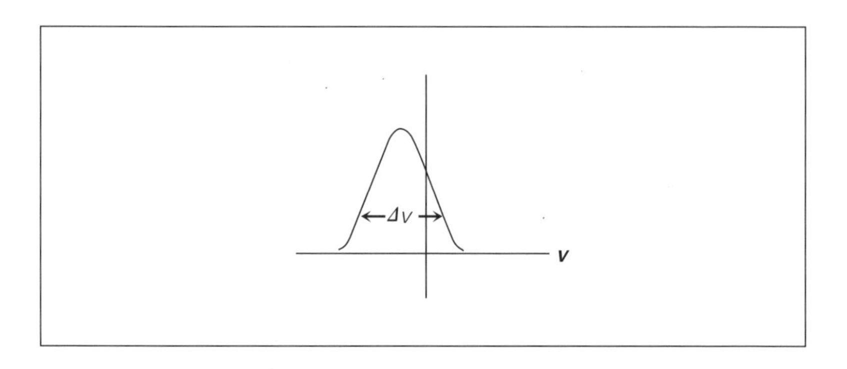

이 그래프로부터 우리는 대부분의 입자들이 왼쪽으로 움직이고 있음을 알 수 있다. 그리고 속도의 불확정성 Δv에 대해서 아주 많은 정보를 얻을 수 있다.

불확정성 원리가 말하는 바는 대략적으로 이렇다. **위치의 불확정성을 줄이려는 그 어떤 시도도 불가피하게 속도의 불확정성을 넓히게 된다.** 예를 들어 우리는 일부러 아주 좁은 x의 범위, 예를 들어 $x=0.9$와 $x=1.1$ 사이에 있는 입자들만을 고르고 나머지는 다 버릴 수도 있다. 이렇게 더욱 정밀하게 선택한 입자들의 부분 집합에 대한 위치의 불확정성은 겨우 0.2로서 원래의 Δx보다 10배는 더 작다. 누군가는 이런 식으로 불확정성 원리를 깰 수도 있지 않을까 하고 기대할 수도 있다. 그러나 그렇게 되지 않는다.

만약 우리가 이렇게 입자들의 부분 집합을 취해 속도를 측정하면, 결국 입자의 속도가 원래의 표본보다 훨씬 더 흩어져 있음을 알게 된다. 왜 이런 일이 생길까 하고 궁금할지도 모르겠다. 그러나 유감스럽게도 이것은 고전적으로 설명할 수 없는 난해한 양자 역학적 사실들 가운데 하나, 즉 파인만이 "그래서 이론 물리학이 (설명하는 것을) 포기해 버렸다."라고 말했던 그런 사실들 중 하나일 뿐이다.

난해하기는 해도, 우리가 Δx를 줄이기 위해 무슨 짓을 하든 필연적으로 Δv를 증가시키는 결과를 초래한다는 것은 실험적인 사실이다. 마찬가지로 Δv를 줄이기 위한 어떤 시도도 Δx를 증가시키는 결과를 초래한다. 우리가 입자의 위치를 더욱더 확실하게 못박을수록 그 속도는 더욱더 불확실해진다. 그 반대도 마찬가지이다.

이것은 대략적인 아이디어이지만 하이젠베르크는 자신의 불확정성 원리를 더욱 정밀하게 정량화할 수 있었다. 불확정성 원리는 Δv, Δx, 그리고 입자의 질량인 m의 곱이 항상 플랑크 상수인 h보다 크다고 주장한다.

$$m\Delta v\Delta x>h$$

이 공식이 어떻게 작동하는지 살펴보자. 우리가 입자들을 아주 조심스럽게 마련해서 Δx가 극도로 작다고 가정해 보자. 이렇게 되면 Δv는 어쩔 수 없이 충분히 커져야만 좌변의 곱이 h보다 커진다. 우리가 Δx를 더 작게 만들수록 Δv는 더 커져야만 한다.

그렇다면 우리는 왜 일상 생활에서 불확정성 원리를 눈치 채지 못할까? 운전하는 동안에 속도계를 유심히 들여다보며 당신이 있는 위치의 불확실함이 증가하는 것을 겪어 본 적이 있는가? 또는 당신이 어디에 있는지 알기 위해 지도를 뒤적일 때 속도계가 이상해지는 것을 본 적이 있는가? 물론 없을 것이다. 하지만 왜 없을까? 어쨌든 불확정성 원리는 자기가 좋아하는 것만 가지고 놀지는 않는다. 이 원리는 전자뿐만 아니라 당신과 당신의 자동차를 포함해서 모든 것에 적용된다. 그 답은 공식에 나오는 질량과 플랑크 상수가 아주 작다는 점과 관련이 있다. 전자의 경우 질량이 무척 작기 때문에 Δv와 Δx가 결합된 불확정성이 꽤나 커야 한다. 하지만 자동차의 질량은 플랑크 상수에 비해서 무지막지하게 크다. 따라서 Δv와 Δx는 모두 불확정성의 원리를 깨뜨리지 않고도 측정할 수 없을 정도로 작아질 수 있다. 당신은 이제 자연이 왜 우리의 뇌를 양자적 불확정성에 맞춰 진화시키지 않았는지 깨달았을 것이다. 그럴 필요가 없었던 것이다. 일상 생활에서 우리는 불확정성 원리가 중요해질 만큼 가벼운 물체를 마주칠 일이 결코 없다.

자, 이것이 하이젠베르크의 불확정성 원리이다. 그 누구도 미래를 예측할 수 있을 만큼 충분히 알 수 없게 만드는 궁극적 딜레마이다. 우리는 15장에서 불확정성 원리를 다시 만날 것이다.

영점 운동과 양자 떨림

크기가 1센티미터 정도인 작은 그릇에 원자들(매우 안정적인 원자인 헬륨 원자들)을 가득 채우고 높은 온도로 가열한다. 열 때문에 입자들은 윙윙

하고 여기저기 날아다니며, 원자들끼리, 그리고 그릇의 벽면과 끊임없이 부딪힌다. 이렇게 일정한 충격을 주면 벽면에 압력이 생긴다.

보통의 전형적인 원자들은 꽤나 빨리 움직여서 평균 속도가 초속 1,500미터 정도이다. 그다음 이 기체를 식힌다. 열이 없어지는 것은 에너지가 빠져나가는 셈이고 따라서 원자의 속도가 느려진다. 계속해서 열을 없애면 결국에는 기체가 가능한 한 가장 낮은 온도까지 냉각될 것이다. 이 온도를 절대 영도(0켈빈(K))라고 하는데 대략 섭씨 -273.15도이다. 자신의 모든 에너지를 잃어버린 원자들은 멈춰 서고 그릇의 벽면에 작용하던 압력도 사라진다.

이것은 적어도 일어나리라고 **추정되는** 일들이다. 그러나 그런 추론으로는 불확정성 원리를 생각해 볼 여지가 없다.

이렇게 생각해 보자. 방금의 예에서 원자의 위치에 대해 우리가 아는 것은 과연 무엇일까? 사실 많은 것을 알 수 있다. 모든 원자는 그릇 안에 한정되어 있고 그릇의 크기는 겨우 1센티미터이다. 위치에서의 불확정성인 Δx가 1센티미터보다 작다는 것은 분명하다. 모든 열을 다 빼냈을 때 모든 원자들이 정말로 멈춰 선다고 잠시 생각해 보자. 모든 원자들은 불확정성 없이 속도가 0일 것이다. 다시 말해 Δv는 0이 될 것이다. 하지만 이것은 가능하지 않다. 만약 그것이 사실이라면 이것은 $m\Delta v\Delta x$의 곱이 또한 0이라는 뜻이다. 0은 분명히 플랑크 상수보다 작다. 이것을 다르게 표현하면, 만약에 각 원자들의 속도가 0이라면 그 위치는 무한정으로 불확실할 것이라는 뜻이다. 하지만 이것은 사실이 아니다. 원자들은 그릇 안에 있다. 따라서 절대 영도에서조차 원자들은 완전히 그 운동을 멈출 수 없다. 원자들은 끊임없이 그릇의 벽면에 충돌해 압력을 생성하게 될 것이다. 이것은 양자 역학의 상상할 수 없을 만큼 기이한 현상 가운데 하나이다.

어떤 계에서 가능한 한 많은 에너지를 빼냈을 때(온도가 절대 영도일 때) 물리학자들은 그 계가 **바닥 상태**에 있다고 말한다. 바닥 상태에서 일어나는 여분의 요동을 대개 **영점 운동**(zero point motion)이라고 한다. 물리학자 브라이언 그린(Brian Greene, 1963년~)은 신경 과민에 걸린 것처럼 벌벌 떠는 입자에 더 사실적이고 입에 착착 붙는 이름을 붙였다. 그는 이것을 '양자 떨림(quantum jitter)'이라고 불렀다.

입자들은 위치에 있어서만 벌벌 떠는 것은 아니다. 양자 역학에 따르면 떨 수 있는 모든 것은 떤다. 또 다른 예는 빈 공간, 즉 진공에서의 전기장과 자기장이다. 진동하는 전기장과 자기장은 광파의 형태로 공간을 채우며 항상 우리 곁에 있다. 심지어 어두운 방에서조차 전자기장은 적외선파, 초단파, 전파의 형태로 진동한다. 그런데 만약 우리가 모든 광자를 없앰으로써 과학이 허락하는 한 최대한으로 방을 어둡게 하면 어떻게 될까? 그럼에도 전기장과 자기장은 계속해서 양자 떨림을 보인다. '빈' 공간은 격렬하게 요동치고 진동하고 신경질 부리는, 결코 침묵시킬 수 없는 환경이다.

양자 역학을 알기 전 사람들은 '열적 떨림'에 대해서 알고 있었다. 열적 떨림은 모든 것을 요동시켰다. 예를 들어 기체를 가열하면 분자들의 무작위적 운동이 증가한다. 심지어 빈 공간을 가열할 때에도 요동치는 전기장과 자기장이 빈 공간을 채운다. 이것은 양자 역학과는 아무런 상관이 없으며 19세기에도 알려져 있었다.

양자 떨림과 열적 떨림은 어떤 면에서는 서로 닮았지만 또 다른 면에서는 그렇지 않다. 열적 떨림은 알아채기가 무척 쉽다. 분자와 전기장 그리고 자기장이 열적으로 떨면 당신의 신경 말단을 간질여서 따뜻함을 느끼게 된다. 또 열적 떨림은 굉장히 파괴적일 수도 있다. 예를 들어 전자기장의 열적 떨림 에너지는 원자 속의 전자로 옮겨 갈 수 있다. 온도가 충분히 높으면 전자는 원자 밖으로 튀어 나갈 수도 있고, 그것과 똑같은 에너지로 당신을 태워 버리거나 심지어 증발시킬 수도 있다. 이것과 반대로 비록 양자 떨림은 믿기지 않을 만큼 에너지가 높지만 어떤 고통도 일으키지 않는다. 양자 떨림은 당신의 말초 신경을 자극하지도 않고 원자를 파괴하지도 않는다. 왜일까? 원자를 이온화(원자 속의 전자를 두들겨서 빼내는 일)하거나 당신의 신경 말단을 불로 지지는 데에는 에너지가 필요하다. 그런데 바닥 상태에서는 에너지를 빌려 올 방법이 없다. 양자 떨림은 어떤 계가 절대적으로 최소한의 에너지를 가졌을 때 남겨진 것들이다. 양자 떨림은 믿을 수 없을 정도로 격렬하지만 열적 떨림의 파괴적인 효과들은 전혀 가지고 있지 않다. 왜냐하면 그 에너지를 '일'을 하는 데 '쓸 수 없기' 때문이다.

양자 역학의 흑마술

내가 양자 역학의 마술에서 가장 이상야릇하게 생각하는 것은 **간섭**(interference)이다. 이 장의 시작 부분에 설명했던 2중 틈 실험으로 돌아가 보자. 이 실험에는 세 가지 요소가 있다. 광원, 2중 틈이 있는 평평한 장애물, 그리고 빛이 도달하면 밝게 빛나는 스크린이 그 요소이다.

왼쪽 틈을 막고 실험을 시작해 보자. 그 결과 스크린에는 빛이 별다른 특징 없이 얼룩진다. 만약 빛의 세기를 점차 줄이면 그 얼룩이 정말로 개개의 광자가 만들어 낸 무작위적 불빛의 모임임을 알게 된다. 그 불빛들은 예측이 불가능하지만 충분히 많으면 얼룩 같은 무늬가 생긴다.

만약 왼쪽 틈을 열고 오른쪽 틈을 막으면 막 위에 생기는 평균 무늬는, 약간 왼쪽으로 치우쳤다는 점을 빼고는 왼쪽 틈을 막았을 때와 거의 다르지 않아 보인다.

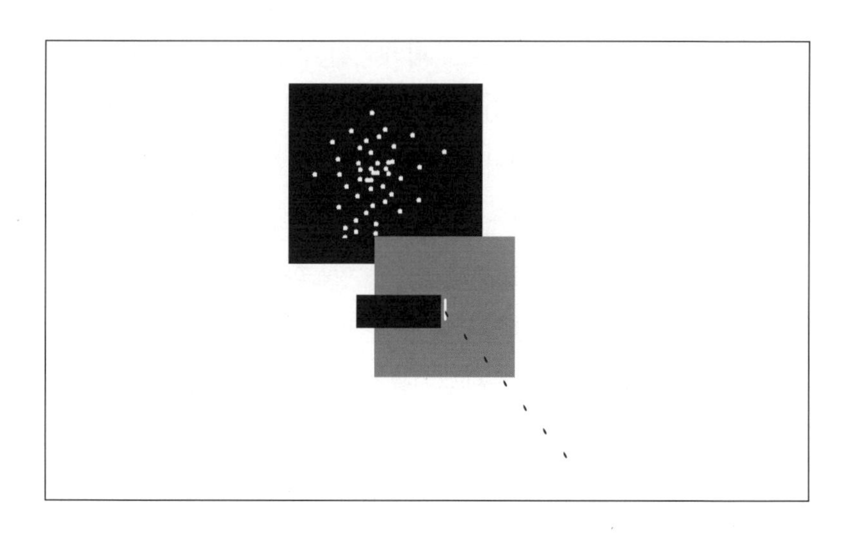

이제 두 틈을 모두 열면 놀라운 일이 벌어진다. 왼쪽 틈으로 들어온 광자와 오른쪽 틈으로 들어온 광자가 단순히 더해지고 빛의 세기도 좀 더 세지지만, 여전히 별다른 특징 없는 그런 얼룩이 생기는 것이 아니라 결과적으로 새로운 얼룩말 줄무늬가 생긴다.

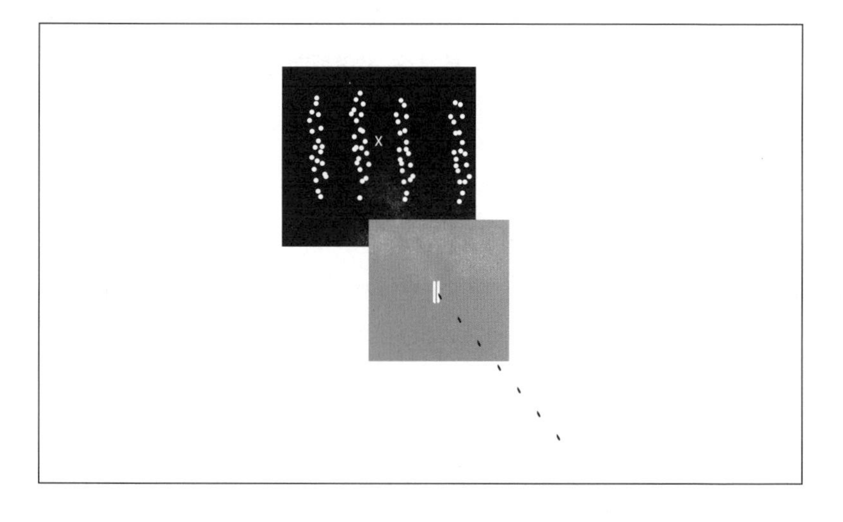

새로운 무늬와 관련해서 한 가지 아주 이상한 점은, **1개의 틈만 열었**

을 때에는 빛으로 채워졌던 영역에도, 광자가 도달하지 않는 검은 줄무늬가 생긴다는 것이다. 가운데 검은 줄무늬에 점을 하나 잡아 X라고 표시를 해 보자. 틈을 1개만 열었을 때에는 광자들이 어느 쪽 틈이든 통과해서 X에 쉽게 이른다. 2개의 틈을 모두 열면 당신은 훨씬 더 많은 광자가 X에 이를 것이라고 생각할지도 모르겠다. 그러나 2개의 틈을 모두 열면 역설적이게도 X로 향하는 광자의 흐름을 차단하는 효과가 생긴다. 2개의 틈을 열면 왜 광자가 목적지 X에 이를 확률이 줄어드는 것일까?

바깥쪽으로 나가는 문이 둘 있는 지하 감방 안에 술에 취해 비틀거리는 한 무리의 죄수들이 있다고 생각해 보자. 간수는 절대로 문을 열지 않을 것이다. 왜냐하면 죄수들이 취하기는 했지만 우연히 탈출구를 찾을지도 모르기 때문이다. 하지만 간수는 두 문을 모두 열어 두는 것은 개의치 않는다. 어떤 이상야릇한 마술 때문에 두 문이 모두 열려 있으면 그 취한 죄수들은 탈출하지 못한다. 물론 실제 죄수들에게는 이런 일이 일어나지 않는다. 그러나 양자 역학은 때때로 이런 일을 일어날 것이라고 예측한다. 광자뿐만 아니라 모든 입자들에 대해서 말이다.

빛을 입자라고 생각하면 이런 효과는 기괴해 보인다. 하지만 파동에서는 흔한 일이다. 2개의 틈에서 방출되어 나온 2개의 파동은 어떤 점에서는 서로 강화되지만 어떤 점에서는 서로 상쇄된다. 빛의 경우에는 이 상쇄 때문에 밝고 어두운 줄무늬가 생긴다. 이것은 다른 말로는 **상쇄 간섭**이라고 한다. 문제가 되는 것은 빛이 이따금씩 정말로 입자처럼 보인다는 것이다.

에너지 양자의 계단

전자기파는 진동의 한 예이다. 공간의 모든 점에서 전기파와 자기파가 어떤 진동수로 진동한다. 진동수에 따라 전자기 복사의 색깔이 달라진다. 자연에는 여러 종류의 진동이 있다.

- 시계 진자. 진자는 앞뒤로 흔들린다. 한 번 흔들리는 데 약 1초가 걸린다. 이런 진자의 진동수는 1헤르츠(Hz), 즉 초당 1순환이다.

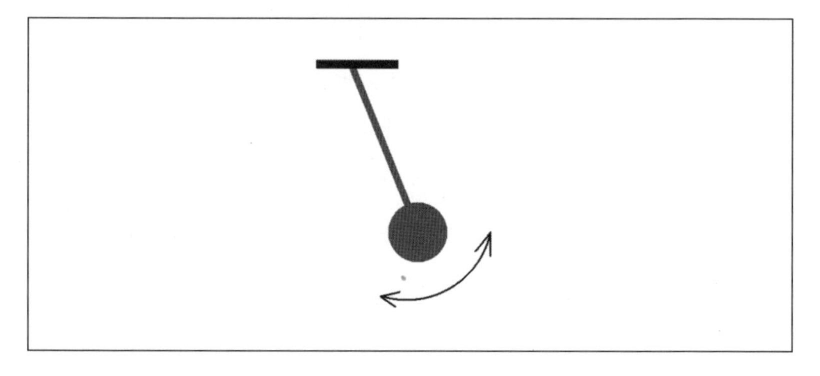

- 천장에 스프링으로 매단 추. 스프링이 아주 빳빳하면 진동수는 수 헤르츠까지 나올 수 있다.

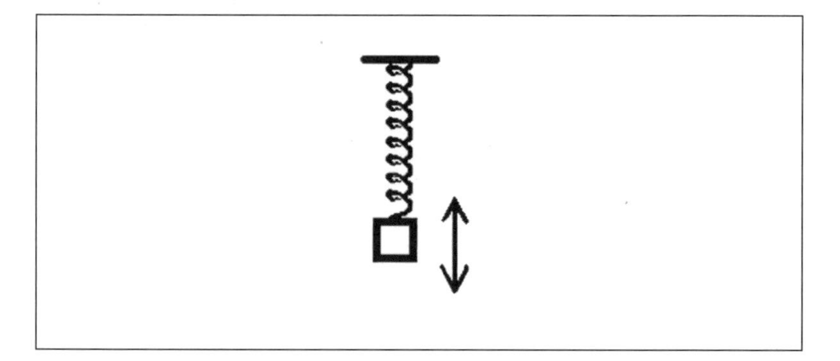

- 떨고 있는 소리굽쇠 또는 바이올린 줄. 둘 다 수백 헤르츠에 이를 수 있다.
- 회로 속의 전류. 전류는 훨씬 더 높은 진동수로 진동할 수 있다.

진동하는 계는, 당연한 말이지만, **진동자(oscillator)**라고 한다. 진동자는 진동할 경우 에너지를 가진다. 고전 물리학에서 에너지는 어떤 값이든 가질 수 있다. 내 말은 당신이 원한다면 진동자의 에너지를 어떤 원하는 값까지도 점차로 부드럽게 높일 수 있다는 뜻이다. 당신이 에너지를 높임에 따라 그 에너지가 어떻게 증가하는지를 보여 주는 그래프는 다음과 같을 것이다.

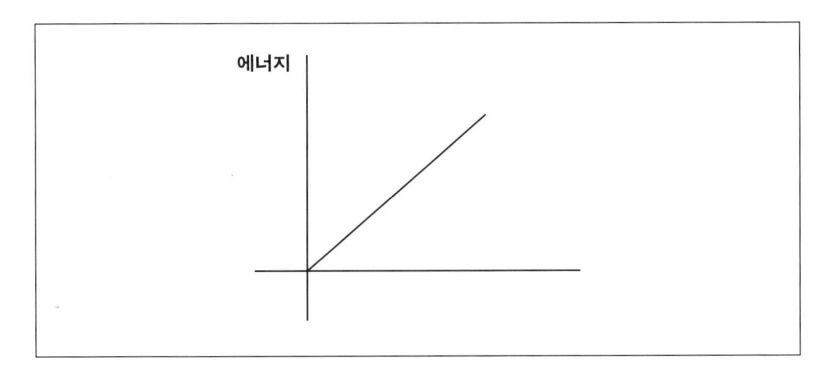

하지만 양자 역학에서 진동자의 에너지는 작지만 나눌 수 없는 단위로 이뤄져 있다. 당신이 진동자의 에너지를 점차로 증가시키려고 하면 그 결과는 매끄러운 경사로가 아니라 계단이 된다. 에너지는 **에너지 양자**(energy quantum)라는 어떤 단위의 배수로만 증가할 수 있다.

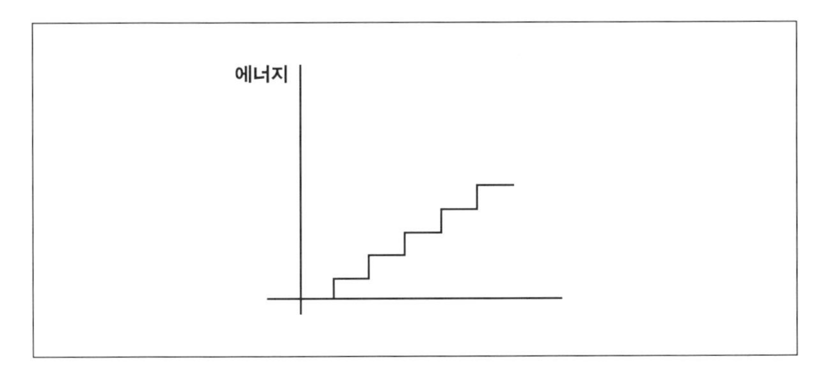

그 양자 단위의 크기는 얼마일까? 그것은 진동자의 진동수에 달려 있다. 이것에 관한 규칙은 플랑크와 아인슈타인이 광자에서 발견했던 것과 정확히 똑같은 규칙이다. 에너지 양자 E는 진동자의 진동수 f와 플랑크 상수 h의 곱으로 주어진다.

$$E=hf$$

진자 같은 보통의 진동자는 진동수가 아주 높지 않아서 계단 턱의 높이(에너지 양자)가 극도로 작다. 이처럼 아주 낮은 계단으로 이뤄진 계단 모양의 그래프는 매끈한 경사로처럼 보인다. 때문에 당신은 일상 경험에서 **에너지 양자화**를 결코 알아채지 못할 것이다. 그러나 전자기파는 아주 높은 진동수를 가질 수 있기 때문에 계단이 무척 높은 경우도 생길 수 있다. 이미 추측했겠지만 전자기파의 에너지를 한 계단 높이는 것은 광선에 광자 하나를 더하는 것과 같다.

신경망이 고전적으로 배선된 뇌에게는 나눌 수 없는 양자를 단위로 해서만 에너지를 더할 수 있다는 사실이 불합리해 보일 것이다. 그러나 양자 역학이 말하는 바는 바로 그것이다.

양자장 이론의 그물망

라플라스의 18세기적 세계관은 황량하다. 입자들, 즉 뉴턴의 방정식에 따라 완전히 결정된 궤도를 따라 움직이는 입자들밖에 없기 때문이다. 나는 오늘날의 물리학이 실제 세계에 대한, 더 따뜻하고 더 모호한 상을 주고 있다고 말할 수 있었으면 좋겠다. 그러나 유감스럽게도 그렇지 않다. 여전히 입자들만 있을 뿐이다. 물론 현대적으로 뒤틀리기는 했지만 말이다. 그리고 결정론이라는 철의 규율은 양자적 무작위성이라는 변덕스러운 규칙으로 교체되었다.

뉴턴의 운동 법칙을 대체한 이 새로운 수학적 틀을 **양자장 이론**(Quantum Field Theory)이라고 한다. 양자장 이론에 따르면 자연 세계의 모든 것은 기본 입자로 이뤄져 있다. 기본 입자들은 한 점에서 다른 점으로 이동하고, 충돌하고, 갈라지고, 합쳐지기도 한다. 자연은 사건들(시공간의 점들)을 연결하는 세계선들로 이뤄진 하나의 방대한 그물망이다. 점과 선이 거미줄처럼 얽혀 있는 이 거대한 그물망을 다루는 수학은 일반적인 언어로는 쉽게 설명할 수 없지만 핵심 요점들은 상당히 분명하다.

고전 물리학에서는 입자가 시공간의 한 점에서 다른 점으로 움직일 때 명확한 궤적을 따른다. 양자 역학에서는 입자의 운동에 불확정성이 도입된다. 불확실한 궤적을 따르기는 하지만 그럼에도 불구하고 우리는 입자가 시공간의 점들 사이를 옮겨 다닌다고 생각할 수 있다. 이렇게 명확하지 않은 궤적을 **전파 인자**(propagator, '퍼뜨리개'라고도 한다.—옮긴이)라고 부른다. 각 전파 인자는 대개 시공간의 사건들 사이를 잇는 선으로 표현하지만, 그것은 단지 우리가 실제 양자 역학적 입자의 불확실한 운동을 그릴 방법이 없기 때문이다.

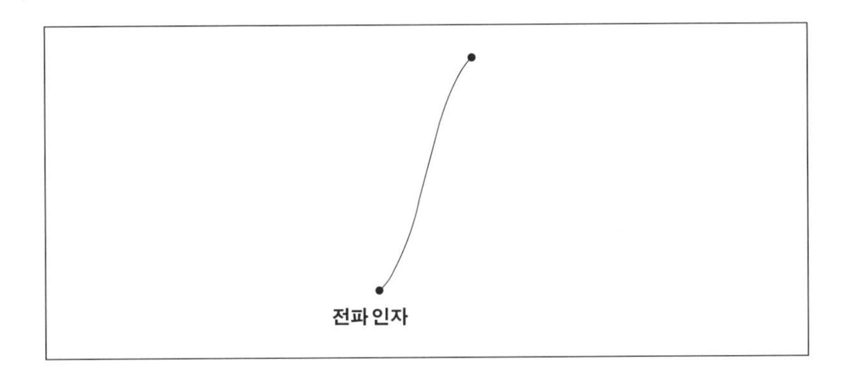

다음으로 상호 작용이 있다. 상호 작용은 입자들이 만났을 때 어떻게 행동하는지를 말해 준다. 기본적인 상호 작용의 과정은 **정점**(vertex, '꼭짓

점'이라고도 한다. — 옮긴이)이라고 부른다. 정점은 갈림길과도 같다. 입자가 세계선을 따라 나아가다가 갈림길에 이르게 되면 이쪽 길이나 저쪽 길을 고르지 않고 쪼개져서 2개의 입자로 갈라져 각각의 길로 나아간다. 가장 잘 알려진 정점은 전기를 띤 하전 입자가 광자를 내뱉는 것이다. 하나의 전자가 자발적으로, 아무런 예고도 없이, 갑자기 전자와 광자로 쪼개진다.[8] (광자의 세계선은 전통적으로 물결선이나 점선으로 그려 왔다.)

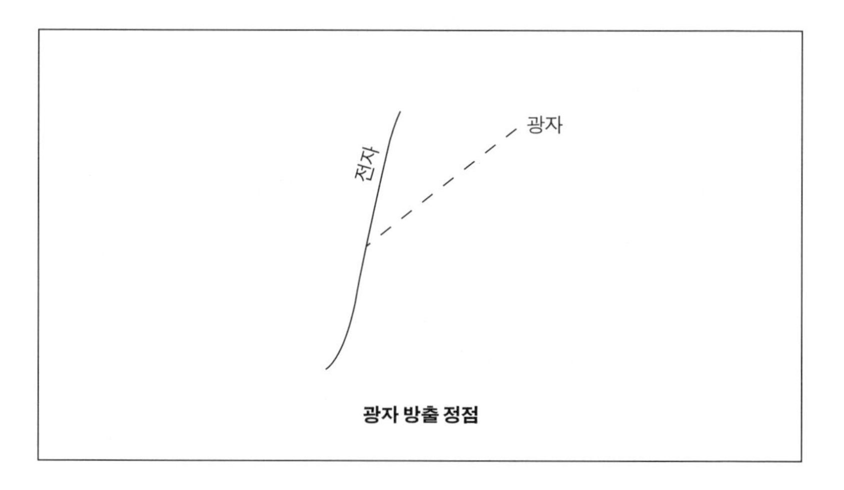

광자 방출 정점

이것이 빛을 만드는 기본 과정이다. 신경 과민에 걸린 것처럼 벌벌 떠는 전자가 광자를 뱉어 내는 것이다.

정점에는 여러 종류가 있어서 전자 말고도 다른 입자들을 나타낼 수 있다. 예를 들어 글루온(gluon, '접착자'라고도 한다. — 옮긴이)이라는 입자들도 있는데, 이 입자들은 원자핵 속에서 발견되었다. 하나의 글루온은 2개의 글루온으로 갈라지는 능력을 가지고 있다.

---

8. 직관적으로 우리는 뭔가가 쪼개지면 각 부분은 원래 것보다 다소 작다고 생각하게 된다. 이것은 일상적인 경험에서 물려받은 생각이다. 전자가 또 다른 전자와 부가적인 광자로 쪼개지는 것을 보면 우리의 직관이 얼마나 잘못되기 쉬운지 알 수 있다.

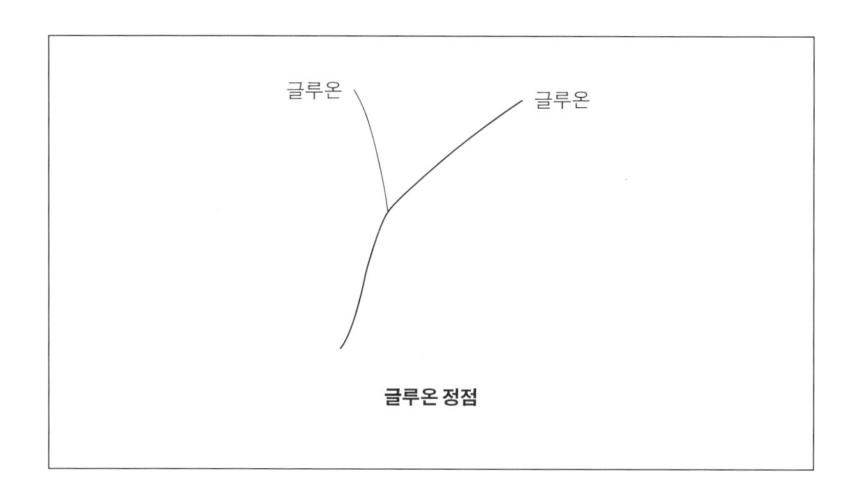

글루온 정점

한 방향으로 일어날 수 있는 모든 일들은 그 반대 방향으로도 일어날 수 있다. 이 말은 입자들이 한데 모여 합쳐질 수도 있음을 뜻한다. 예를 들어 2개의 글루온이 모여서 하나의 글루온으로 합체될 수 있다.

리처드 파인만은 전파 인자와 정점을 조합해서 더 복잡한 반응들을 기술하는 방법을 가르쳐 줬다. 예를 들어 광자가 하나의 전자에서 다른 전자로 이동하는 것을 보여 주는 파인만 도형이 있는데 이 도형은 전자들이 어떻게 충돌하고 산란하는지를 보여 준다.

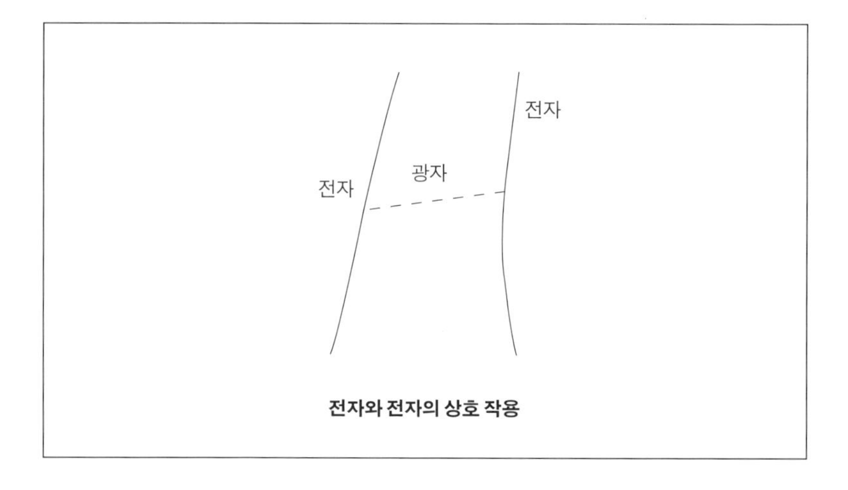

전자와 전자의 상호 작용

다음 도형을 보면 글루온들이 어떻게 복잡하고, 끈끈하며, 줄이 많은 물질을 만들어서 쿼크들을 원자핵에 함께 붙들어 두는지 알 수 있다.

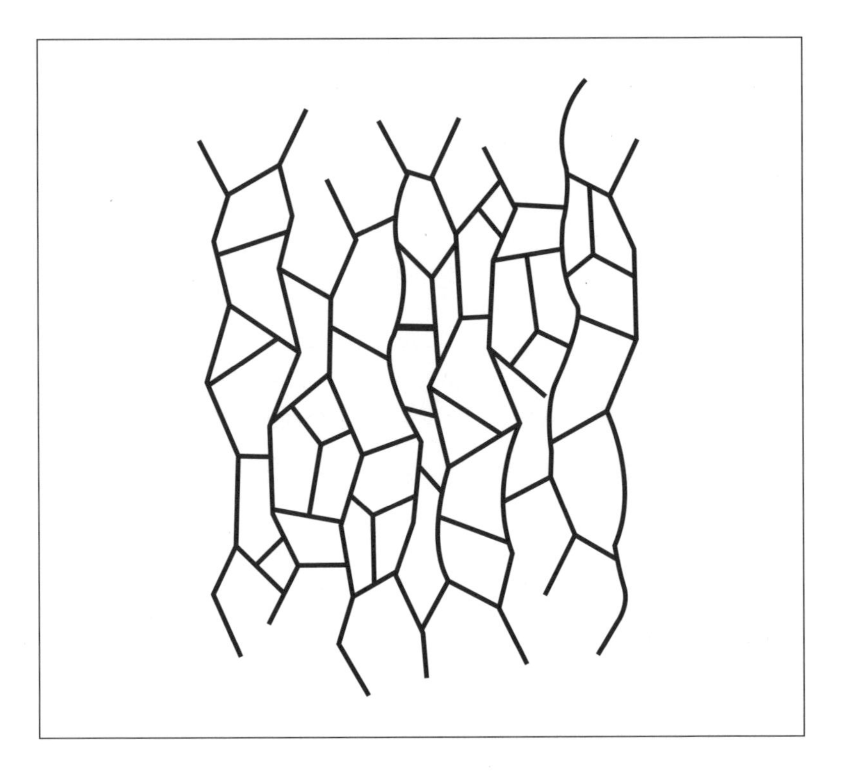

뉴턴 역학은 입자 한 무리의 위치와 속도를 포함해서 출발 시의 초기 조건이 주어지면 미래를 예측할 수 있다는 해묵은 문제의 답을 찾는다. 양자장 이론은 질문을 다르게 한다. 처음에 어떤 방식으로 움직이는 입자 한 무리가 다른 결과를 초래할 확률은 얼마인가?

하지만 자연이 결정론적이지 않고 확률적이라고 한다고 해서 양자 역학의 핵심을 모두 짚어냈다고 할 수는 없다. 라플라스 역시 약간의 무작위성이 있는 세계를 이해할 수 있었을 것이다. 비록 그런 생각을 좋아하지는 않았겠지만 말이다. 그는 이렇게 추론했을지도 모른다. 입자들의 행동은 결정론적이지 않다. 그 대신 과거(2개의 전자)에서 미래(2개의 전자 더하기 1개의 광자)에 이르는 경로들이 여럿 있고, 각각의 경로는 양의 확률값을 가지고 있다.[9] 그렇다면 라플라스는 통상적인 확률 계산 규칙들에 따라 각 경로의 확률값들을 더해서 최종적인 확률값을 계산할 수 있다. 신경망이 고전적으로 배선된 라플라스도 이것은 완벽하게 이해할 수 있을 것이다. 그러나 실제 삼라만상은 그렇게 작동하지 않는다. 올바른 규칙은 기상천외하다. '자통'하려고 하지 마라. 그냥 받아들여라.

올바른 규칙은 이상하고도 새로운 '양자 논리'의 결과들 가운데 하나이다. 이것은 위대한 영국의 물리학자 폴 에이드리언 모리스 디랙(Paul Adrien Maurice Dirac, 1902~1984년)이 하이젠베르크와 슈뢰딩거의 연구를 따라 연구하자마자 발견했다. 파인만은 디랙의 안내를 따라갔을 뿐이다. 그 결과 각각의 파인만 도형에 대한 **확률 진폭**(probability amplitude)을 계산하는 수학 규칙을 내놓았다. 모든 도형에 대한 확률 진폭을 다 더해도 최종적인 확률은 얻지 못한다. 사실 확률 진폭은 양수일 필요가 없다. 확률 진폭은 양수일 수도, 음수일 수도, 심지어 복소수[10]일 수도 있다.

하지만 확률 진폭은 확률이 아니다. 전체 확률을 얻기 위해서는, 예를 들어 2개의 전자가 2개의 전자 더하기 1개의 광자가 되는 확률을 얻기 위해서는 먼저 모든 파인만 도형에 대한 확률 진폭을 더한다. 그러고 나서 디랙의 추상적인 양자 논리에 따라 그 결과를 취해서 **제곱해야 한다!** 이 결과는 항상 양수이며 특정한 결과에 대한 확률이다.

이것이 이상야릇한 양자 역학의 핵심을 관통하는 독특한 규칙이다.

---

9. 보통의 확률 이론에서는 확률값은 항상 양수이다. 음의 확률값이 어떤 의미를 가지는지는 상상조차 하기 힘들다. 다음 문장이 말이 되는지 따져 보자. "만약 내가 동전을 던지면 앞면이 나올 확률이 마이너스 3분의 1이다." 확실히 말이 안 된다.

10. 복소수는 허수 단위인 i를 포함하는 숫자이다. i는 수학적인 상징으로서, -1의 제곱근, 즉 $\sqrt{-1}$을 추상적으로 표현한 것이다.

라플라스는 말도 안 되는 소리라고 했을 것이다. 심지어 아인슈타인도 말이 안 된다고 생각했다. 그러나 양자장 이론은 기본 입자에 관해 우리가 알고 있는 모든 것(기본 입자들이 조합해 만든 원자핵, 원자, 그리고 분자를 형성하는 방식까지)을 믿기지 않을 정도로 정확하게 설명하고 있다. 도입부에서 말했듯이 양자 물리학자들은 새로운 논리 규칙으로 자신들의 신경망을 재배선해야만 했다.[11]

이 장을 끝내기 전에 나는 아인슈타인을 그토록 심각하게 괴롭혔던 문제로 돌아가고자 한다. 확실히는 몰라도 나는 그것이 확률론적 진술의 본성, 즉 궁극적으로는 의미불명이라는 사실과 관련이 있지 않을까 싶다. 나는 확률론적 진술이 실제 세계에 대해서 뭔가를 이야기해 줄 수 있다는 사실이 항상 불가사의했다. 내가 말할 수 있는 한, 확률론적 진술은 언제나 불분명하다. 나는 한때 다음과 같은 아주 짧은 이야기를 쓰기도 했다. 이 이야기는 문제의 핵심을 잘 드러내 주는데, 원래는 존 브록만(John Brockman)의 책 『신뢰하지만 증명할 수 없는 것들(*What We Believe but Cannot Prove*)』에 실렸던 것이다. 「아둔한 학생」이라는 제목의 이 이야기는 물리학 교수와 핵심을 이해하지 못하는 학생 사이의 토론에 관한 것이다. 이 이야기를 쓸 때 나는 내가 교수가 아니라 학생이라고 생각했다.

학생: 교수님 안녕하세요. 문제가 생겼습니다. 간단한 확률 실험, 아시겠지만 동전 던지기를 해서 교수님께서 저희들에게 가르쳐 주셨던 몇 가지를 조사해 보기로 했습니다. 그런데 그게 잘 되지 않았어요.

11. 나는 비전문가인 독자들이 이 규칙을 또는 이 규칙이 왜 그렇게 이상한 것인지를 완전히 이해하리라고 정말로 기대하지는 않는다. 그럼에도 불구하고 나는 당신이 양자장 이론의 규칙들이 어떻게 작동하는지 조금은 맛봤기를 희망한다.

교수: 자네가 관심 있다는 소릴 들으니 기쁘군 그래. 무얼 했지?

학생: 동전을 1,000번 던졌는데요. 기억하시겠지만 교수님께서는 앞면이 나올 확률이 2분의 1이라고 하셨습니다. 그 말은 만약 제가 1,000번을 던지면 앞면이 500번 나와야 한다는 것을 뜻한다고 생각했습니다. 그런데 그렇지 않았어요. 513번 나왔습니다. 뭐가 잘못된 거죠?

교수: 그렇군. 자넨 오차 범위라는 개념을 잊어버렸군. 자네가 일정한 횟수로 동전을 던지면 오차 범위는 대략 던진 횟수의 제곱근이지. 1,000번을 던졌다면 오차 범위는 대략 30이야. 그래서 자네의 결과는 오차 범위 안에 있는 것이네.

학생: 아, 이제 알겠습니다. 1,000번을 던질 때마다 항상 앞면이 470번과 530번 사이의 횟수로 나오겠군요. 매번 던질 때마다! 와우, 그러니까 그것이 제가 기대할 수 있는 사실이군요.

교수: 아니, 아니라네! 그 말은 자네가 **아마도** 470번과 530번 사이를 얻을 것이라는 걸 뜻하지.

학생: 교수님 말씀은 앞면이 200번도 나올 수 있다는 말인가요? 아니면 850번도? 아니면 심지어 모두 앞면이 나올 수도?

교수: 아마도 그렇지는 않겠지.

학생: 아마 제가 충분히 많이 던지지 않은 게 문제인 것 같습니다. 집에 가서 100만 번을 던져 볼까요? 결과가 더 좋을까요?

교수: 아마도.

학생: 오, 교수님, 제발. 뭔가 제가 믿을 만한 말씀을 해 주세요. 교수님은 계속 **아마도**라는 말을 더 많이 하시면서 **아마도**가 무슨 뜻인지를 말씀하시잖아요. 아마도라는 단어를 쓰지 말고 확률이 무엇을 의미하는지 이야기해 주세요.

교수: 흠. 그럼 이건 어떤가. 확률이란 만약 오차 범위를 벗어난 답이 나오면

놀랄 거라는 걸 뜻하지.

학생: 맙소사! 교수님께서 통계 역학과 양자 역학과 수학 확률에 대해 저희에게 가르치신 그 모든 것이, 결국 그게 잘 작동하지 않으면 교수님께서 개인적으로 놀랄 것이라는 걸 의미한다는 말씀인가요?

교수: 글쎄, 어……. 만약 내가 동전을 100만 번 던진다면 나는 모두 앞면이 나오는 경우는 결단코 없으리라고 확신한다네. 나는 도박꾼은 아니지만 이 점을 너무나 확신하기 때문에 내 모든 인생 또는 영혼까지도 걸 수 있지. 난 심지어 갈 데까지 가서 1년치 연봉을 걸 수도 있다네. 나는 확률 이론의 큰 수의 법칙이 작동해서 나를 보호해 줄 것이라고 절대적으로 확신해. 모든 과학은 여기에 기초를 두고 있다네. 하지만 나는 그것을 증명할 수도 없고 그 법칙이 왜 잘 들어맞는지 정말로 알지 못한다네. 아마도 그 때문에 아인슈타인이 "신은 주사위 놀이를 하지 않는다."라고 말했겠지. 아마도 그럴 거야.

가끔 우리는 아인슈타인이 양자 역학을 이해하지 못해서 엉성한 고전 이론에 시간을 낭비했다고 주장하는 물리학자들을 보게 된다. 나는 과연 그것이 사실일까 무척 의심스럽다. 양자 역학을 거스르는 그의 주장은 극도로 섬세하며, 물리학 전체에 걸쳐 가장 심오하고 가장 많이 인용된 논문 가운데 하나로 우뚝 서 있다.[12] 내 생각에 아인슈타인은 그 아둔한 학생을 괴롭혔던 것과 똑같은 문제로 혼란스러웠던 것 같다. 실제 세계에 대한 궁극적인 이론이 어떻게 실험 결과에 대해 우리가 놀라는 만큼이나 명확하지 않을 수 있단 말인가?

12. 아인슈타인, 보리스 포돌스키(Boris, Podolsky, 1896~1966년), 로젠의 논문 「물리적 실재에 대한 양자 역학적 기술이 완전하다고 여길 수 있는가?(Can Quantum-Mechanical Description of Physical Reality Be Consdered Complete?)」를 참조하라. *Physical Review* 47 (1935): 777~780.

나는 신경망이 고전적으로 배선된 뇌에 양자 역학이 강요하는, 모순적이고 비논리적인 사례 몇 가지를 소개했다. 하지만 나는 당신이 완전히 만족하지는 않았을 것이라고 생각한다. 사실 당신이 만족하지 않았으면 싶다. 만약 당신이 혼란스럽다면 그것은 응당 그러해야만 하는 것이다. 진정으로 유일한 구제책은 몇 달 동안 계산을 듬뿍 하면서 괜찮은 양자 역학 교과서에 흠뻑 빠지는 것이다. 아주 유별난 돌연변이만이, 또는 극도로 독특한 가정에서 자란 사람만이 양자 역학을 이해할 수 있는 신경망을 타고난다. 결국 아인슈타인조차도 양자 역학에 자통할 수 없었음을 기억하라.

5장
플랑크가 더 좋은 척도를 고안하다

어느 날 스탠퍼드의 카페테리아에서 '의대생을 위한 물리학'라는 제목의 내 강의를 듣는 학생들이 탁자에 앉아 공부하는 모습을 발견했다. "자네들 뭘 공부하고 있나?" 하고 내가 물었다. 나는 대답을 듣고 놀랐다. 그들은 교과서 표지에 인쇄되어 있는 상수표의 상숫값들을 첫 줄부터 마지막 줄까지 암기하고 있었다.[1] 그 표에는 다음과 같은 약 20개의 상수들이 실려 있었다.

$$h(\text{플랑크 상수}) = 6.626068 \times 10^{-34} \text{m}^2\text{kg/s}$$

1. 모든 상수는 미터법에 따라 미터(m), 킬로그램(kg), 초(s) 단위로 표기했다.

아보가드로수 $=6.0221415 \times 10^{23}$

전자의 전하량 $=1.60217646 \times 10^{-19}$C

c(광속) $=299,792,458$m/s

양성자의 반지름 $=1.724 \times 10^{-15}$m

G(뉴턴 상수) $=6.6742 \times 10^{-11} m^3 s^{-2} kg^{-1}$

의대생들은 다른 과학 수업에서 어마어마한 양의 정보를 암기하도록 훈련받는다. 그 친구들은 그냥 물리학을 공부한다고 해도 우수한 학생들이지만, 종종 생리학과 똑같은 방식으로 물리학을 배우려고 한다. 사실 물리학에서는 외울 것이 거의 없다. 앞의 상수들만 해도 이 값들을 자세하게 기억하는 물리학자는 그리 많지 않을 것이다.

여기서 한 가지 흥미로운 질문이 생긴다. 자연의 상수들은 왜 그렇게 길고 복잡한 것일까? 2나 5 또는 심지어 1처럼 왜 간단한 숫자들일 수 없을까? 이 상수들은 왜 항상 아주 작거나(플랑크 상수, 전자의 전하량) 아주 클까(아보가드로수, 광속)?

그 답은 물리학과는 거의 상관이 없다. 오히려 생물학과 관계가 깊다. 아보가드로수를 예로 들어 보자. 이 상수는 특정한 양의 기체 안에 있는 분자들의 개수를 나타낸다. 그 양이 얼마냐고? 그 답은 19세기 초의 화학자들이 쉽게 다룰 수 있는 기체의 양이었다. 다시 말해 비커나 다른 용기처럼 인간이 사용하는 그릇과 비슷한 크기의 용기에 담을 수 있는 기체의 양이었다. 아보가드로수의 실제 값은 어떤 물리학의 근본 원리보다도 인체를 이루는 분자의 개수와 관계가 깊다.[2]

---

2. 자, 그렇다면 사람의 몸에는 왜 그렇게 많은 분자가 있을까? 역시 물리학보다 지적 생명체의 생물학과 관계가 있다. 화학 문제를 다룰 수 있을 만큼 복잡한 생물은 엄청난 양의 분자를 필요로 한다.

또 다른 예는 양성자의 반지름이다. 양성자의 반지름은 왜 그렇게 작을까? 여기서도 다시 한번, 그 열쇠는 인간 생리학이다. 표에 있는 값들은 미터법으로 표시되어 있다. 하지만 미터란 무엇인가? 미터란 영미권에서 쓰는 야드와 같은 것이다. 야드는 원래 사람이 팔을 뻗었을 때 코에서 손가락 끝까지의 거리이다. 야드가 옷이나 밧줄의 길이를 재는 데 유용한 단위였음은 짐작하고도 남는다. 양성자가 작다는 것은 단지 인간의 팔을 만드는 데에 엄청난 개수의 양성자가 필요하다는 사실을 말할 뿐이다. 물리학의 관점에서 보면 그 숫자들은 전혀 특별하지 않다.

그렇다면 왜 이 숫자들을 더 쉽게 기억하기 위해서 단위를 바꾸지 않는 것일까? 사실은 종종 그렇게 단위를 바꾼다. 예를 들어 천문학에서는 거리를 측정하는 데에 광년이 사용된다. (나는 "세상에, 자넬 마지막으로 본 게 몇 광년은 된 것 같군." 하고 말할 때처럼 광년을 시간의 단위로 잘못 사용하는 걸 들을 때면 짜증이 난다.) 광년을 길이 단위로 쓰면 광속도 그다지 큰 숫자가 아니다. 아니, 오히려 초속 3×10^{-8} 광년 정도밖에 되지 않는 아주 작은 숫자이다. 하지만 우리가 시간의 단위를 초에서 년으로 바꾸면 어떻게 될까? 빛이 1광년을 이동하는 데에는 정확하게 1년이 걸리니까 광속은 연속(年速) 1광년이다.

광속은 물리학에서 가장 기본적인 양 가운데 하나이다. 그래서 c가 1이 되는 단위를 사용하는 것이 의미가 있다. 하지만 양성자 반지름은 그다지 기본적인 양이 아니다. 양성자는 쿼크와 다른 입자들로 구성된 복잡한 물체인데 어떻게 특별 취급을 받을 수 있겠는가? 가장 심오하고 가장 보편적인 물리 법칙들을 제어하는 상수들을 집어내는 것이 더 큰 의미가 있다. 그런 법칙들이 무엇인가에 대해서는 논란의 여지가 없다.

● 우주에서 **그 어떤** 물체라도 가질 수 있는 최대 속도가 광속, 즉 c이다. 이

속도 제한은 빛에 대한 법칙일 뿐만 아니라 자연 **만물**에 대한 법칙이다.

- 우주의 모든 물체들은 자신들의 질량과 뉴턴 상수 G의 곱에 비례하는 힘으로 서로를 끌어당긴다. **모든** 물체는 말 그대로 모든 물체를 말한다. 예외가 없다.
- 우주의 **그 어떤** 물체에서도 질량과 그 위치, 그리고 속도의 불확정성의 곱은 플랑크 상수인 h보다 결코 더 작아지지 않는다.

이 법칙들이 모든 것을 아우른다는 것을 강조하기 위해 고딕체로 굵게 강조했다. 이 법칙들은 어떤 사물이든 모두 적용된다. 자연의 이 세 가지 법칙들은 진정으로 보편적이라고 할 만하다. 핵물리학의 법칙들이나 양성자 같은 여느 구체적인 입자들의 성질보다도 훨씬 더 보편적이다. 1900년 막스 플랑크는 길이, 질량, 시간의 단위를 특정하게 고르면 3개의 기본 상수, c, G, h를 모두 1로 놓을 수 있다는 사실을 깨달았다. 사소해 보일지 모르지만, 이것은 물리학의 구조를 들여다본 가장 심오한 통찰 가운데 하나이다.

기본 척도는 길이에 대한 플랑크 단위이다. 플랑크 길이는 1미터보다도, 또는 양성자의 지름보다도 훨씬 더 작다. 사실 플랑크 길이는 양성자 지름의 10억×10억×100분의 1보다도 더 작다. (미터로 환산하면 10^{-35}미터 정도이다.) 양성자를 태양계만 하게 확대하더라도 플랑크 길이는 바이러스보다도 크지 않다. 그처럼 불가능하리만치 극도로 작은 차원이 물리 세계의 모든 궁극 이론에서 기본적인 역할을 수행할 것임을 깨달은 것은 플랑크가 이룬 불후의 업적이라 할 만하다. 플랑크는 그 역할이 무엇인지는 알지 못했겠지만, 물질의 가장 작은 구성 요소는 '플랑크 크기'라고 생각했을 것이다.

플랑크가 c, G, h를 1로 만드는 데 필요했던 시간의 단위 또한 상상할 수 없을 정도로 짧아서 10^{-42}초에 불과하다. 빛이 1플랑크 길이를 날아가는 데에 걸리는 시간이다.

마지막으로 질량에 대한 플랑크 단위가 있다. 플랑크 길이와 플랑크 시간이 인간이 일상적으로 사용하는 친숙한 척도들과 비교했을 때 믿기지 않을 정도로 작기 때문에, 플랑크 질량 단위도 여느 보통 물체의 질량보다 훨씬 더 작을 것이라고 기대하는 것이 자연스러울 것이다. 그러나 그 기대는 틀렸다. 물리학에서 가장 기본적인 질량 단위는 생물학적 규모에서 봤을 때 그렇게 끔찍하리만치 작지 않다. 대략적으로 말하자면 세균 1000만 마리의 질량쯤 된다. 이것은 맨눈으로 볼 수 있는 가장 작은 물체, 예를 들면 먼지 같은 물체의 질량과 거의 똑같다.

플랑크 길이, 시간, 질량은 유별난 의미를 가지고 있다. 이 단위들은 가능한 가장 작은 블랙홀의 크기, 반감기, 그리고 질량에 다름 아니다. 이 문제는 뒤의 장들에서 다시 다룰 예정이다.

에너지와 질량을 엮어 주는 $E=mc^2$

그릇에 얼음 조각을 가득 담고 단단히 밀봉한 뒤 주방 저울에 무게를 잰다. 그런 다음 스토브 위에 올려놓아 얼음을 녹이고 끓인다. 그러고 나서 다시 무게를 잰다. 이 과정에서 그릇에 들어가거나 빠져나온 것이 아무것도 없도록 단단히 주의하면, 최종 무게는 처음의 무게와 똑같을 것이다. 적어도 아주 높은 정확도로 말이다. 하지만 만약 당신이 1조분의 1까지 측정할 수 있다면 두 무게 사이에 차이가 난다는 것을 알 수 있다. 뜨거운 물은 얼음보다 약간 더 무겁다. 즉 열 때문에 1조분의 몇 킬로그램 더 무거워지는 것이다.

과연 무슨 일이 일어난 것일까? 자, 열은 에너지이다. 그런데 아인슈타인에 따르면 에너지는 질량이다. 따라서 그릇의 내용물에 열을 더하면 질량이 늘어난다. 아인슈타인의 유명한 공식 $E=mc^2$은 다른 단위로 측정되는 질량과 에너지가 사실 똑같은 것이라고 웅변한다. 어떤 의미에서는 마일을 킬로미터로 바꾸는 것과도 같다. 킬로미터로 잰 거리는 마일로 잰 거리의 1.61배이다. 질량과 에너지의 경우 그 변환 계수는 광속(c)의 제곱이다.

물리학자들이 사용하는 에너지의 표준 단위는 줄(J)이다. 100줄의 에너지는 100와트짜리 전구를 1초 동안 밝히는 데 필요한 에너지이다. 1줄은 1킬로그램의 물체가 초속 1미터로 운동할 때의 운동 에너지이다. 우리가 일상적으로 먹는 음식은 약 1000만 줄의 에너지를 공급해 준다. 한편 질량에 대한 국제 표준 단위는 킬로그램이다. 1킬로그램은 물 1쿼트(1쿼트(quart)는 1갤런(gallon)의 4분의 1로서 약 1.14리터에 해당한다.—옮긴이)의 질량보다 약간 더 무겁다.

$E=mc^2$이 우리에게 말하는 바는 질량과 에너지가 서로 뒤바뀔 수 있다는 것이다. 질량을 약간 사라지게 만들 수 있다면 그것은 에너지로 바뀔 것이다. 종종 열의 형태로 바뀌는데 꼭 그런 것은 아니다. 1킬로그램의 질량이 사라져서 열로 바뀌었다고 생각해 보자. 얼마나 열이 많이 나는지 알아보려면 1킬로그램에 아주 큰 숫자인 c^2을 곱하면 된다. 그 결과는 약 10^{17}줄이다. 이 정도 에너지면 당신은 약 3000만 년을 살 수 있으며 아주 강력한 핵무기를 만들 수도 있다. 다행히도 질량을 다른 형태의 에너지로 바꾸는 것은 매우 어렵다. 그러나 맨해튼 계획[3]이 증명했듯이 불가능한 것은 아니다.

물리학자들은 질량과 에너지라는 개념을 워낙 비슷하게 생각해 왔기

3. 제2차 세계 대전 당시 뉴멕시코 주 로스앨러모스에서 진행된 원자 폭탄 개발 계획.

때문에 이 둘을 굳이 구분하지 않는다. 예를 들어 종종 전자의 질량을 몇 전자볼트(eV)라고 부르기도 하는데 전자볼트란 핵물리학에서 편리하게 쓰는 에너지 단위이다.

이제 플랑크 질량(한 점 티끌의 질량)으로 다시 돌아가 보자. 플랑크 질량은 이제 플랑크 에너지라고 불러도 좋을 것이다. 어떤 새로운 발견으로 그 티끌을 열에너지로 바꿀 수 있게 되었다고 생각해 보자. 그렇다면 그 에너지는 대략 연료통을 가득 채운 가솔린의 에너지와 같다. 플랑크 질량 10개 정도면 차로 아메리카 대륙을 횡단할 수 있다.

플랑크 크기의 물체가 상상할 수 없을 정도로 작고 또 그것을 직접 관측하기가 너무나 어렵기 때문에, 이론 물리학자들은 깊은 좌절에 빠져 있다. 그러나 그것에 관한 고민을 할 수 있을 만큼 우리가 알게 되었다는 사실만으로도 인간 상상력의 승리라고 할 수 있지 않을까. 하지만 블랙홀의 역설을 푸는 열쇠를 찾아야 할 곳은 다름 아닌 바로 상상할 수 없을 정도로 작은 플랑크 규모의 세상이다. 왜냐하면 플랑크 크기의 **정보 조각**들이 블랙홀 지평선을 조밀하게 '도배하고 있기' 때문이다. 사실 블랙홀 지평선은 자연 법칙이 허락한 것 가운데 정보가 가장 집중된 형태의 존재이다. 나중에 우리는 **정보**라는 용어와, 그 쌍둥이 개념인 **엔트로피**가 무엇을 뜻하는지를 배울 것이다. 그렇게 되면 우리는 블랙홀 전쟁이 도대체 무엇에 관한 전쟁인지를 잘 이해하게 될 것이다. 하지만 우선 나는 양자 역학이 일반 상대성 이론의 가장 굳건한 결론 가운데 하나인 '블랙홀의 불멸성'을 파괴하는 이유를 설명하고자 한다.

6장

브로드웨이 웨스트 엔드 카페

내가 리처드 파인만과 처음으로 이야기를 나눈 것은 맨해튼 위쪽 브로드웨이에 있는 웨스트 엔드 카페에서였다. 그해는 1972년이었다. 나는 32세였고 상대적으로 알려지지 않은 물리학자였다. 파인만은 53세였다. 더 이상 자기 역량의 정점에 있지 않더라도 나이 든 사자는 여전히 두려운 존재인 법이다. 파인만은 자신의 새로운 이론인 쪽입자(parton, '파톤'이라고도 한다. — 옮긴이) 이론을 강의하기 위해 컬럼비아 대학교에 왔었다. 쪽입자는 양성자, 중성자, 중간자(meson, 메손) 같은 아원자 입자들을 구성하는 가상의 입자를 일컫는 파인만식 용어이다. 오늘날에는 쪽입자를 쿼크와 글루온이라고 부른다.

당시 뉴욕 시는 고에너지 물리학의 중심지였고 컬럼비아 대학교 물리학과는 그 핵심이었다. 컬럼비아 대학교 물리학의 역사는 영광과 탁월함 그 자체였다. 미국 물리학의 개척자인 이지도어 아이작 라비(Isidor Isaac Rabi, 1898~1988년)가 컬럼비아 대학교를 세계에서 가장 유명한 물리학 연구 기관 가운데 하나로 만들었다. 하지만 1972년에는 그 명성이 기울고 있었다. 내가 교수로 있었던 예시바 대학교 벨퍼 과학 대학원의 이론 물리학 과정도 컬럼비아만큼 훌륭했지만, 컬럼비아는 역시 컬럼비아였고 평판에 있어서도 벨퍼와 차이가 많이 났다.

사람들은 엄청난 흥분으로 파인만의 강의를 기대했다. 파인만은 물리학자들의 마음속에서 아주 특별한 지위를 차지하고 있었다. 그는 전 시대를 통틀어 가장 위대한 이론 물리학자들 가운데 한 명이었을 뿐만 아니라 모두의 영웅이었다. 배우, 코미디언, 드럼 연주자, 악동이자 인습 타파주의자였고, 무엇보다 그는 위대한 지성이었다. 그는 모든 것을 쉬워 보이게 만들었다. 다른 사람들은 어떤 물리학 문제에 대한 답을 얻으려면 여러 시간 동안 복잡한 계산을 하며 씨름해야 했지만, 파인만은 그 답이 왜 명확한지를 단 20초 내에 설명하고는 했다.

파인만은 자존심이 강했지만, 그의 곁에 있으면 무척 즐거웠다. 몇 년 뒤 파인만과 나는 좋은 친구가 되었다. 그러나 1972년 파인만은 유명인이었고 나는 북쪽 변두리 181번가 출신으로 무대 한쪽 구석에서 스타를 동경하는 무명씨일 뿐이었다. 나는 그 위대한 인물과 혹시 몇 마디 나눌 수 있지 않을까 하는 희망으로 지하철을 타고 강의 시작 시간보다 두 시간 빨리 컬럼비아에 도착했다.

이론 물리학과는 퍼핀 홀의 9층에 있었다. 나는 파인만이 거기에 있을 것이라고 상상했다. 내가 본 첫 번째 인물은 리정다오(李政道, 1926년~)였다. 그는 컬럼비아 물리학과의 거물이었다. 나는 그에게 파인만 교수가 주변에 있는지를 물었다. "무슨 일로 오셨는지요?"라고 리정다오가 친절하게 맞아 주었다. "저, 그분께 쪽입자에 대해 물어볼 게 있습니다." "그는 바빠요." 이야기는 끝났다.

그때 생리적 욕구가 일지 않았다면 이야기는 그렇게 끝났을 것이다. 화장실에 들어갔을 때 나는 파인만이 소변기 앞에 서 있는 것을 봤다. 나는 그의 옆으로 슬금슬금 다가가서 말을 걸었다. "파인만 교수님, 한 가지 질문을 해도 될까요?" "그래요, 하지만 우선 지금 하고 있는 일을 끝내야겠는걸요. 그런 다음 여기서 제공한 제 연구실로 가시지요. 무엇에 관한 질문인가요?" 바로 그때 그 자리에서 나는 쪽입자에 대해서는 실제로 질문하지 않으리라고 마음먹었다. 대신에 나는 블랙홀에 관한 질문을 하나 생각해 낼 수 있었다. **블랙홀**은 4년 전에 존 휠러가 만든 신조어였고, 휠러는 파인만의 학위 논문 지도 교수였다. 하지만 파인만은 내게 휠러는 블랙홀에 대해서 아는 것이 거의 없다고 말했다. 나 역시 블랙홀에 대해서 아는 것이 별반 없었다. 아는 것이라고 해 봐야 내 친구인 데이비드 핑켈스타인에게 들은 것이 전부였다. 그는 블랙홀 물리학의 개척자 가운데 한 사람이었다. 1958년 핑켈스타인은 블랙홀의 지평선이 되돌아올 수 없는 지점(귀환 불능점)이라는 것을 설명하는 한 편의 논문을 썼다. 그 논문은 영향력이 있었다. 블랙홀에 대해 내가 조금 알고 있는 것들 중에는 블랙홀 한가운데에는 특이점이 있고 그 특이점을 지평선이 둘러싸고 있다는 것도 있었다. 핑켈스타인은 또한 내게 왜 그 무엇도 지평선을 넘어 탈출할 수 없는지를 설명해 줬다. 내가 아는 마지막 사항은, 내가 그것을 어떻게 알게 되었는지 기억하지는 못하지만, 일단 블랙홀이 만들어지면 블랙홀은 분리되거나 사라지지 않는다는 것이었다. 둘 또는 그 이상의 블랙홀이 합쳐져서 더 큰 블랙홀을 만들 수는 있지만, 그 어떤 것도 결코 블랙홀을 둘 또는 그 이상의 블랙홀로 찢어 놓을 수는 없었다. 다시 말해 일단 블랙홀이 만들어지면 그것을 없앨 방법이 없었다.

이 무렵 젊은 스티븐 호킹은 블랙홀에 대한 고전적인 이론을 뒤엎고 있었다. 그의 가장 중요한 발견 중 하나는 블랙홀 지평선의 넓이가 결코 줄어들지 않는다는 사실이었다. 호킹과 그의 동료, 제임스 맥스웰 바딘(James Maxwell Bardeen, 1939년~)과 브랜든 카터(Brandon Carter, 1942년~)는 일반 상대성 이론을 이용해 블랙홀의 행동을 지배하는 일단의 법칙들을 유도했다. 새로운 법칙들은 열역학의 법칙들(열에 대한 법칙들)과 소름끼칠 정도로 닮아 있었다. 비록 이 유사함은 우연적인 것으로 여겨졌지만 말이다. 표면적이 결코 줄어들지 않는다는 규칙은 열역학 제2법칙과 아주 유사했다. 이 법칙에 따르면 어떤 계의 엔트로피는 절대로 줄어들 수 없다. 파인만이 강의할 당시 내가 이 연구 결과를 알았는지, 심지어 스티븐 호킹이라는 이름을 알았는지는 잘 기억나지 않지만, 블랙홀 동역학에 대한 호킹의 법칙들은 결과적으로 20년 이상 나의 연구에 중대한 영향을 미쳤다.

어쨌든 내가 파인만에게 던지고자 했던 질문은, 양자 역학이 블랙홀을 더 작은 블랙홀로 쪼개는 식으로 블랙홀을 붕괴시킬 수 있는가 하는 것이었다. 나는 아주 큰 원자핵을 더 작은 원자핵으로 쪼개는 것과 비슷한 뭔가를 생각하고 있었다. 나는 내가 왜 그것이 그럴 수밖에 없다고 생각하는지를 파인만에게 서둘러 설명했다.

파인만은 그런 생각을 전혀 해 본 적이 없다고 말했다. 설상가상으로 그는 양자 중력 같은 주제를 좋아하지 않았다. 중력에 대한 양자 역학의 효과, 또는 양자 역학에 대한 중력의 효과는 너무나 미미해서 결코 측정할 수가 없었다. 파인만은 이 주제가 본질적으로 흥미롭지 않다고 생각한 것이 아니라, 이론을 뒷받침할 어떤 측정 가능한 실험적 효과가 없이는 그 이론이 실제로 어떻게 작동하는지를 짐작한다는 것이 무의미하다고 생각했다. 파인만은 자신이 수년 전에 이 문제에 대해 생각해 봤지만, 그것에 대한 생각을 다시 시작하고 싶지는 않다고 말했다. 그는 양자 중력을 이해하려면 500년은 더 걸릴 것이라고 말했다. 어쨌든 파인만은 한 시간 동안 강의를 해야 했기 때문에 잠깐 휴식이 필요하다고 말했다.

그날 강의는 순전히 파인만 그 자체였다. 그의 존재 자체가 무대를 가득 채웠다. 브루클린 억양과 중요 내용을 강조하기 위해 보여 주는 몸짓이 어우러져 그의 개성을 한껏 돋보이게 했다. 청중은 넋을 잃었다. 파인만은 양자장 이론의 어려운 문제들을 단순하고 직관적으로 생각하는 법을 보여 줬다. 거의 대부분의 사람들이 그가 언급한 문제를 그와는 다른 낡은 방식을 이용해서 분석하고 있었다. 그 낡은 방식은 더 어려웠다. 파인만은 그 모든 것을 쉽게 해 주는 묘수를 발견했다. 쪽입자가 바로 그것이었다. 그가 쪽입자라는 마술 지팡이를 휘두르면 모든 답이 튀어 나왔다. 역설적이게도 그 낡은 방법은 파인만 도형에 기초해 있었다!

그날 강의의 백미는 리정다오가 질문을 하려고 끼어들었을 때였다. 아니, 좀 더 정확히 말하자면 질문을 가장해서 자기 주장을 폈을 때였다. 파인만은 자신의 새로운 방식에서는 어떤 종류의 도형들이 절대로 나타나지 않기 때문에 문제가 단순화된다고 주장했다. 그 도형들은 Z-도형이라고 불렸다. 리정다오는 "벡터장과 스피너장이 있는 어떤 이론에서는 Z-도형들이 항상 0이 되는 것은 아니지 않나요? 그렇더라도 저는 그 문제를 해결할 수 있으리라고 믿습니다."라고 물었다. 강의실이 갑자기 지하 무덤처럼 조용해졌다. 파인만은 그 중국 출신 대학자를 5초 정도 쳐다보고는 이렇게 말했다. "해결해 보시죠!" 그러고는 강의를 계속했다.

강의가 끝난 뒤 파인만은 내게 다가와서 물었다. "이보게, 자네 이름이 뭔가?" 그는 내 질문을 생각했고 거기에 대해 이야기하고 싶다고 말했다. 나중에 우리가 만날 수 있을 만한 곳이 어디 없을까? 그렇게 해서 우리는 웨스트 엔드 카페에서 다시 만났다.

카페로 곧 다시 돌아오기로 하고, 우선 중력과 양자 역학에 대해서 몇 가지 설명한 것이 있다.

내가 묻고 싶었던 것은 블랙홀에 대한 양자 역학의 효과들과 관계가 있었다. 일반 상대성 이론은 중력에 대한 고전적인 이론이다. 물리학자들이 **고전적**이라는 용어를 쓸 때에는 그것이 고대 그리스에서 유래했음을 말하는 것이 아니다. 고전적이라는 말은 그 이론이 양자 역학의 효과를 포함하지 않는다는 뜻이다. 양자 이론이 중력장에 어떤 영향을 미치는지 우리는 거의 이해하지 못하고 있다. 그나마 알려진 것들 중에는 공간 속으로 퍼져 나가는 중력장의 요동인 **중력파**가 있다. 파인만은 이런 요동의 양자 이론에 대해 우리가 알고 있는 대부분의 내용에 공헌했다.

4장에서 우리는 신이 주사위 놀이에 관한 한 아인슈타인을 명백하게 무시했음을 봤다. 물론 요점은 고전 물리학에서 확실한 것들이 양자 물리학에서는 불확실해진다는 것이다. 양자 역학은 무슨 일이 벌어질지 우리에게 결코 말하지 않는다. 양자 역학은 다만 이런 또는 저런 일이 일어날 확률을 말해 준다. 방사성 원자핵이 정확히 언제 붕괴할지는 예측할 수 없다. 하지만 양자 역학은 아마도 앞으로 10초 안에 붕괴할 것이라고는 말할 수 있다.

노벨상 수상자인 머리 겔만은 테런스 핸베리 화이트(Terence Hanbury White, 1906~1964년)의 『과거와 미래의 왕(*The Once and Future King*)』에서 다음 구절을 빌려왔다. "금지되지 않은 모든 일은 일어날 수밖에 없다." 특히 고전 물리학에서는 일어날 수 없는 사건들이 많이 있다. 그러나 양자 이론에서는 대부분의 경우 바로 그 사건들이 일어날 수 있다. 이런 사건들은 불가능한 것이 아니라 단지 매우 일어날 법하지 않을 뿐이다. 하지만 아무리 일어날 법하지 않다고 하더라도 충분히 오래 기다리면 결국에는 일어날 것이다. 그래서 금지되지 않은 모든 것은 일어날 수밖에 없다.

한 가지 좋은 예가 **터널링**(tunneling, '꿰뚫기'라고도 한다.—옮긴이)으로 불리는 현상이다. 언덕의 움푹 팬 곳에 주차된 차가 있다고 생각해 보자.

마찰이나 공기 저항 같은 관계없는 것들은 모두 무시하자. 또한 운전자가 핸드 브레이크를 풀어놔서 차가 자유롭게 구를 수 있다고 치자. 만약에 차가 움푹 팬 곳의 바닥에 주차해 있다면 그 차는 분명히 갑자기 움직이지는 않을 것이다. 어느 방향으로 움직이든 언덕을 타고 올라가야 할 것이기 때문에, 만약 차가 처음에 정지해 있었다면 언덕 위로 올라갈 에너지가 없어 움직이지 못할 것이다. 만약 나중에 차가 둔덕을 넘어 굴러 내려오는 것을 보게 되었다면 우리는 누군가 차를 밀었거나 다른 방법으로 차가 그 둔덕을 넘어갈 에너지를 얻었다고 생각할 것이다. 고전 역학에서는 그 둔덕을 자발적으로 뛰어넘는 것이 불가능하다.

하지만 기억하라. 금지되지 않은 모든 일은 일어날 수밖에 없다. 만약 차가 양자 역학적이라면(모든 차들이 실제로 그렇지만) 그 차가 둔덕의 반대편에 갑자기 나타나는 일을 막을 수 있는 것은 아무것도 없다. 이것은 그럴 듯해 보이지 않는다. 하물며 자동차처럼 크고 무거운 물체에 있어서랴. 하지만 불가능하지는 않다. 충분한 시간이 주어진다면 그런 일도 일어날 수밖에 없다. 충분히 오래 기다린다면 우리는 차가 둔덕의 다른 편으로 굴러 내려가는 것을 보게 될 것이다. 이 현상은 터널링이라고 하는데, 마치 자동차가 둔덕 밑으로 뚫린 터널을 통과해 지나간 것과도 같기 때문이다.

자동차처럼 육중한 물체의 경우 터널링 현상이 일어날 확률이 너무나 낮아서 둔덕의 반대편에 자연적으로 나타나는 데에는 (평균해서) 어마어마한 시간이 걸린다. 이 정도의 시간을 표현하려면 너무나 많은 자릿수가 필요하다. 각각의 자리에 오는 숫자를 양성자보다 작게 쓰더라도, 그 시간의 값은 우주를 채우고도 남을 것이다. 하지만 정확히 똑같은 효과 때문에 알파 입자(2개의 양성자와 2개의 중성자로 이뤄진 입자)는 원자핵 밖으로 터널링을 할 수 있고 전자는 회로 사이의 간격을 가로질러 터널링을 할 수 있다.

1972년의 그날 내가 생각했던 것은 비록 고전적인 블랙홀이 고정된 모양을 가지고 있다고 하더라도 양자 역학적 요동 때문에 지평선의 모양이 흔들릴 수 있다는 점이었다. 보통의 경우 회전하지 않는 블랙홀의 모양은 완벽한 공이지만, 양자 요동은 일시적으로 블랙홀을 평평하거나 길게 늘어진 모양으로 바꿀 수 있다. 게다가 아주 가끔은 요동이 무척 커서 블랙홀이 가는 목으로 연결된 한 쌍의 작은 공들로 변형될 수도 있을 것이다. 그런 상황에서 블랙홀을 쪼개는 것은 쉽다. 무거운 원자핵은 이런 식으로 자발적으로 쪼개진다. 그렇다면 블랙홀이라고 왜 안 되겠는가? 고전적으로는 이런 일이 일어날 수 없다. 자동차가 자연적으로 둔덕을 넘을 수 없는 것과 마찬가지이다. 하지만 절대로 금지된 것일까? 나는 이것을 허용하지 않을 이유를 찾을 수가 없었다. 나는 충분히 오래 기다리면 블랙홀이 2개의 더 작은 블랙홀로 갈라질 것이라고 추론했다.

이제 웨스트 엔드 카페로 돌아가자. 나는 맥주를 마시며 약 30분 동안 카페에서 파인만을 기다렸다. 그 문제에 관해 생각하면 할수록 점점

내가 생각한 블랙홀의 붕괴

더 말이 되는 것처럼 보였다. 양자 터널링을 통해 블랙홀은 처음에는 두 조각으로, 다시 넷, 여덟, 그리고 마침내 많은 수의 미시적인 요소들로 붕괴할 수 있을 것이다. 양자 역학의 관점에서 보자면 블랙홀이 영원불멸이라고 믿는 것은 의미가 없었다.

파인만은 약속보다 1~2분 빨리 카페에 들어와 내가 앉아 있는 곳으로 다가왔다. 나는 통 크게 맥주를 두 잔 시켰다. 내가 지불하기 전에 파인만이 자기 지갑을 꺼내 맥주값을 내려놓았다. 파인만이 팁을 남겼는지는 모르겠다. 나는 맥주를 홀짝거렸지만 파인만의 맥주잔은 탁자를 떠나지 않았다. 나는 나의 논거를 개괄하기 시작했고, 블랙홀이 결국에는 작은 조각들로 붕괴해야만 한다고 생각한다는 말로 끝맺었다. 그런 작은 조각들은 무엇일까? 말하지는 않았지만 합리적인 대답은 광자, 전자, 양전자 같은 기본 입자들이었다.

파인만은 그런 일이 일어나는 것을 막을 방법이 없다는 점에는 동의했다. 그러나 그는 내가 잘못된 그림을 그렸다고 생각했다. 나는 블랙홀이 먼저 똑같은 크기의 조각으로 쪼개진다고 생각했다. 각 조각들은 반으로 쪼개졌다가 마침내 미시적인 조각들이 될 것이었다.

문제는 커다란 블랙홀이 반으로 쪼개지는 데에 엄청난 양자 요동이 필요하다는 것이었다. 파인만은 좀 더 그럴듯한 그림이 있다고 했다. 지평선에서 분열이 일어나, 한쪽은 원래 지평선의 크기와 거의 같은 크기의 블랙홀이 되고 다른 쪽은 아주 작은 미시적인 블랙홀이 된다. 미시적인 조각은 멀리 날아가 버릴 것이다. 이 과정이 반복되면 큰 블랙홀은 점점 줄어들어 아무것도 남지 않을 것이다. 이 말은 일리 있어 보였다. 지평선에서 미세한 조각이 쪼개져 나오는 것이 블랙홀이 2개의 큰 조각으로 나뉘는 것보다 훨씬 더 그럴듯해 보였다.

파인만이 생각한 블랙홀의 붕괴

대화는 약 1시간 동안 계속되었다. 나는 작별 인사를 했는지도 생각나지 않는다. 우리는 이 생각을 더 발전시키자는 계획을 세우지도 않았다. 나는 위대한 사자를 만났고, 그는 나를 실망시키지 않았다.

우리가 그 문제를 더 생각했다면 중력이 그 작은 조각들을 지평선으로 도로 끌어당길 것임을 깨달았을 것이다. 분출된 어떤 조각들은 떨어지는 조각들과 충돌할지도 모른다. 지평선 바로 위는 반복되는 충돌로 가열된 조각들이 뒤죽박죽으로 얽힌 영역일 것이다. 여기에까지 생각이 미쳤다면 우리는 심지어 지평선 바로 위 영역에서는 들끓는 입자들의 무리가 뜨거운 대기를 형성할 것이라는 사실도 깨달았을 것이다. 그리고 우리는 이렇게 가열된 대기가 여느 가열된 물체처럼 행동할 것이며 열을 복사함으로써 그 에너지를 방출할 것임을 알게 되었을 것이다. 하지만 우리는 그 문제를 더 깊이 생각하지 않고 각자의 문제로 돌아갔다. 파인만은 그의 쪽입자로 돌아갔고 나는 무엇이 쿼크를 양성자 내부에 가둬 두는가 하는 문제로 돌아왔다.

이제, **정보**가 정확히 무엇을 뜻하는지를 이야기할 때가 되었다. 분리할 수 없는 세 가지 개념인 정보, 엔트로피, 그리고 에너지가 다음 장의 주제이다.

7장

에너지와 엔트로피

에너지

에너지는 모양을 바꾼다. 사람에서 동물로, 식물로, 바위로 모양을 바꾸는 신화 속의 존재처럼 에너지는 항상 그 형태를 바꿀 수 있다. 운동 에너지, 위치 에너지, 화학 에너지, 전기 에너지, 핵에너지, 열에너지는 각각 에너지가 취할 수 있는 많은 형태들 가운데 하나이다. 에너지는 항상 한 형태에서 다른 형태로 모양을 바꾼다. 하지만 한 가지 변하지 않는 것이 있다. 에너지가 보존된다는 것이다. 모든 형태의 에너지의 총합은 결코 변하지 않는다.

여기 에너지의 형태가 바뀌는 몇 가지 예가 있다.

● 시시포스는 낮은 에너지 상태에 있다. 그래서 얼마간의 시간 동안 자신의 돌을 언덕 꼭대기까지 밀어 올리기 전에 잠시 멈추고 꿀로 끼니를 때우며 기운을 차린다. 시시포스의 돌이 꼭대기에 다다르면, 그 저주받은 사내는 중력이 '얼마간 더하기 몇 시간' 동안 그 돌을 다시 바닥으로 끌고 내려가는 것을 물끄러미 바라본다. 가여운 시시포스는 화학 에너지(꿀)를 위치 에너지로, 그리고 다시 운동 에너지로 끝없이 바꾸는 운명이다. 하지만 잠깐! 시시포스 돌이 언덕 아래로 굴러 내려가 바닥에 정지할 때 돌의 운동 에너지에는 무슨 일이 생기는 것일까? 운동 에너지는 열로 바뀐다. 열의 일부는 대기와 땅으로 흘러 들어간다. 심지어 시시포스도 용을 쓰느라 열이 난다. 에너지 변환의 시시포스 순환은 다음과 같다.

화학 에너지 → 위치 에너지 → 운동 에너지 → 열에너지

● 물이 나이아가라 폭포에서 떨어지면서 속도를 높인다. 물은 운동 에너지를 등에 업고 터빈의 아가리 속으로 흘러간다. 거기서 발전기 축차를 돌린다. 발전기에서 생산된 전류는 전선을 타고 송전망으로 흘러간다. 이 변화를 도표로 나타낼 수 있을까? 여기 답이 있다.

위치 에너지 → 운동 에너지 → 전기 에너지

게다가 에너지의 일부는 쓸모없이 열로 바뀐다. 터빈을 빠져나온 물은 터빈으로 들어갔던 물보다도 더 따뜻하다.

● 아인슈타인은 질량이 에너지라고 선언했다. 아인슈타인이 $E=mc^2$에서 뜻한 바는, 모든 물체는 잠재적으로 에너지를 가지고 있으며 어떻게든 그

질량을 바꿀 수만 있다면 그 에너지가 방출된다는 것이다. 예를 들어 우라늄 원자핵은 결국 토륨 원자핵과 헬륨 원자핵으로 쪼개질 것이다. 토륨과 헬륨 원자핵의 질량은 둘을 합쳐도 원래의 우라늄 원자핵보다 작다. 따라서 우라늄을 토륨과 헬륨으로 쪼개면 약간의 질량이 남는다. 그 여분의 질량이 토륨과 헬륨 원자핵의 운동 에너지와, 몇 개의 광자로 바뀔 것이다. 원자들이 정지하고 광자가 흡수되면 여분의 질량에 상당하는 에너지는 열이 된다.

보통의 에너지 형태 가운데 열이 가장 불가사의하다. 열이란 무엇인가? 열은 물처럼 물질일까, 아니면 좀 더 짧은 시간 동안만 존재할 수 있는 뭔가일까? 열에 대한 현대의 분자 이론이 나오기 전에 초기 물리학자들과 화학자들은 열은 물질이며 유체처럼 행동한다고 생각했다. 그들은 열을 **플로지스톤**(phlogiston, 열소)이라고 불렀다. 플로지스톤은 뜨거운 물체에서 차가운 물체로 흐르며 뜨거운 물체를 식히고 차가운 물체를 데운다고 여겨졌다. 사실 우리는 여전히 열이 흐른다고 말한다.

하지만 열은 새로운 물질이 아니다. 에너지의 한 형태일 뿐이다. 당신이 분자 크기로 줄어들어 뜨거운 물이 담긴 욕조 안에서 주변을 둘러본다고 하자. 당신은 분자들이 번잡하고 무질서한 춤을 추면서 어지럽게 움직이며 충돌하는 것을 볼 수 있을 것이다. 물을 식히고 주위를 다시 살펴보자. 분자들은 더 천천히 움직인다. 물을 어는점까지 식히면 분자들은 고체 얼음의 결정 속에서 서로 들러붙게 된다. 하지만 심지어 얼음 속에서도 분자들은 계속 진동한다. 양자 역학적인 영점 운동을 무시하면 분자들은 모든 에너지가 빠져나갔을 때에만 운동을 멈춘다. 이때는 물이 섭씨 -273.15도, 즉 절대 영도일 때로서 온도가 더 이상 내려갈 수 없다. 모든 분자들은 그 자리에서 완벽한 결정 격자 속에 단단히 갇혀 혼돈스럽고 무질서한 운동을 모두 멈춘다.

에너지가 열에서 다른 형태로 바뀌어도 전체 에너지가 보존된다는 사실을 우리는 열역학 제1법칙이라고 한다.

엔트로피

BMW 자동차를 열대 우림에 500년 동안 주차해 두는 것은 좋은 생각이 아니다. 500년 후 당신은 BMW가 아닌 녹 더미만 보게 될 것이다. 그것이 바로 엔트로피 증가이다. 그 녹 더미를 다시 500년간 방치해 둔다고 해서 다시 멀쩡한 BMW로 돌아가지는 않을 것은 너무나 분명하다. 이것이 바로 열역학 제2법칙이다. 엔트로피는 증가한다. 누구나 엔트로피에 대해 이야기한다. 시인이나 철학자, 컴퓨터 마니아까지. 그런데 엔트로피란 정확하게 무엇인가? 이 질문에 답하기 위해 BMW와 녹 더미의 차이를 좀 더 자세히 살펴보자. 둘 다 약 10^{28}개의 원자(주로 철 원자. 그리고 녹에는 산소 원자도 있다.)들로 이뤄져 있다. 이 원자들을 무작위로 한꺼번에 던진다고 생각해 보자. 이 원자들이 모여 멀쩡한 자동차를 만들 가능성이 얼마나 될까? 그것이 얼마나 그럴듯하지 않은지 이야기하려면 많은 전문 지식이 필요하다. 그러나 그런 일이 일어나는 것은 극단적으로 드물 것이라는 데에 모두 동의하리라. 새로운 자동차는 물론이고 심지어 낡고 녹슨 자동차보다도 녹 더미를 얻을 확률이 훨씬 더 높다는 것은 분명하다.

만약 당신이 그 원자들을 다시 하나하나 분리한 다음 여러 번 계속 반복해서 던진다면, 결국에는 자동차를 얻게 될 것이다. 하지만 그러는 동안에 당신은 훨씬 더 많은 녹 더미를 얻게 될 것이다. 그것은 왜 그럴까?

그 원자들을 조합할 수 있는 방법을 가능한 한 모두 생각해 보면, 녹 더미를 만드는 원자 배열이 압도적으로 많음을 알 수 있다. 그리고 자동차를 만드는 원자들의 조합 방법은 경우의 수가 그것보다 훨씬 더 적을 것이다. 하지만 심지어 자동차 같은 외관이 만들어졌을 경우조차 엔진 뚜껑을 열어 보면 대부분의 경우 녹 더미만 있을 것이다. 진짜로 굴러가는 자동차를 만드는 원자 배열의 가능성은 이 경우보다 극단적으로 낮다. 자동차의 엔트로피와 녹 더미의 엔트로피는 우리가 자동차로 인식하는 원자 배열의 경우의 수 대비 녹 더미로 인식하는 원자 배열의 경우의 수와 관계가 있다. 당신이 자동차의 원자들을 흔들면 녹 더미를 얻을 가능성이 훨씬 더 높다. 왜냐하면 자동차를 만드는 원자 배열보다 녹 더미를 만드는 배열이 훨씬 더 많기 때문이다.

또 다른 예가 있다. 타자기를 치는 데 열중하고 있는 원숭이가 있다고 해 보자. 그 원숭이는 거의 언제나 횡설수설만 찍어낼 것이다. "나는 세미콜론으로 직각삼각형의 빗변을 중재하고 싶습니다."처럼 문법적으로나마 옳은 문장을 찍는 경우는 극히 드물 것이다. "카뉴트 왕은 턱에 사마귀가 있었다."처럼 의미 있는 문장을 쓰는 경우는 훨씬 더 드물 것이다. 이것보다 더한 경우도 있다. 의미 있는 문장의 글자들을 가져다 스크래블 게임(scrabble game, 알파벳이 새겨진 타일을 보드 위에 가로세로로 배열해 단어를 만들면 점수를 얻는 게임. — 옮긴이)의 타일을 섞는 것처럼 흔들면 그 결과는 거의 항상 횡설수설일 것이다. 그 이유는? 20개 또는 30개의 글자를 의미 있게 배열하는 방식보다 무의미하게 배열하는 방식이 훨씬 더 많기 때문이다.

영어 알파벳은 26개의 문자로 이뤄져 있다. 하지만 더 단순한 표기 방식도 있다. 모스 부호는 아주 단순한 표기 체계로서 오직 2개의 기호만 사용한다. 점과 선이 그것이다. 엄밀히 말하면 점, 선, 빈칸, 이렇게 3개의 기호가 있지만, 빈칸은 점과 선의 어떤 특별한 연속체로 대체할 수 있다. 어쨌든 빈칸을 무시하면 카뉴트 왕과 그의 사마귀를 모스 부호로 이렇게 쓸 수 있다. 모두 65개의 기호이다. (이것은 영문 "King Kanute had warts on his chin."을 모스 부호로 옮긴 것이다. — 옮긴이)

-.-..-.--.-.-..--...--......-.--.-.-...---.........-.-...-..-.-.-

65개의 점과 선으로 얼마나 많은 모스 부호의 메시지를 만들 수 있을까? 단지 2를 65번 곱하기만 하면 된다. 그 결과는 2^{65}으로서 약 100억×10억 배이다.

정보를 두 종류의 부호로 표시할 수 있을 때 그 부호를 **비트**(bit)라고 한다. 비트는 점과 선일 수도 있고 1과 0일 수도 있다. 여하튼 다른 두 쌍이면 된다. "카뉴트 왕은 턱에 사마귀가 있다."는 모스 부호로 65비트짜리 메시지이다. 이 책의 나머지 부분을 계속 읽을 생각이라면 **비트**라는 전문 용어의 정의를 기억하는 것이 좋다. 그 뜻은 "커피에 프림을 조금(bit) 넣어 주세요."라고 말할 때와는 다르다. 비트는 모스 부호의 점과 선처럼 하나의 쪼갤 수 없는 정보 단위이다.

왜 정보를 점과 선으로, 또는 0과 1로 환원하는 수고로움을 감수하는 것일까? 왜 0 1 2 3 4 5 6 7 8 9의 숫자나 훨씬 더 편리한 알파벳 문자를 사용하지 않을까? 그렇게 하면 메시지는 훨씬 더 읽기 쉬워지고 훨씬 더 적은 공간을 차지할 텐데 말이다.

문제는 알파벳(또는 일상적으로 쓰는 10개의 숫자)이 인간이 만든 것이라는 점이다. 우리는 알파벳과 숫자를 인식하고 기억하기 위해 학습을 해야 한다. 하지만 각각의 글자나 숫자는 이미 많은 양의 정보를 가지고 있다. 예를 들어 문자 A와 B 또는 숫자 5와 8은 복잡한 차이점을 가지고 있다.

전신 기사나 컴퓨터 과학자는 가장 단순한 수학 규칙에 의존하기 때문에 점과 선 또는 0과 1의 **이진 부호**를 더 좋아한다. (사실 좋아하도록 강제된 것이라고 할 수 있다.) 칼 에드워드 세이건(Carl Edward Sagan, 1934~1996년)도 다른 성계에 살고 있는 외계 문명에게 보낼 신호 체계를 고안할 때 이진 부호를 사용했다.

카뉴트 왕으로 돌아가 보자. 65비트의 메시지들 중 과연 몇 개가 **말이 되는** 문장을 가지고 있을까? 사실 나도 잘 모른다. 아마도 수십억 개? 하지만 그 수가 얼마라 할지라도 2^{65}에 비하면 극소량에 지나지 않는다. 그래서 "카뉴트 왕은 턱에 사마귀가 있다."라는 65비트 또는 31개(우리말 자모를 따로 센 것이다. 영문으로는 27개의 문자가 사용되었다. ─ 옮긴이)의 문자를 취해서 뒤섞어 놓으면 횡설수설하는 결과가 나올 것이라고 거의 확신할 수 있다. 빈칸을 생각하지 않았을 때, 내가 스크래블 게임의 타일에 적힌 글자들을 뒤섞어서 얻은 결과는 다음과 같다.

있왕은턱트.에카가사마다귀턱뉴

문자들을 한 번에 조금씩만 뒤섞는다고 가정해 보자. 문장은 점차 그 통일적 의미를 잃을 것이다. "카뉴 트왕은 턱에 사마귀가 있다."는 그래도 읽을 만하다. "카뉴 트왕은 턱 사마귀가 있다에."도 그렇다. 하지만 점차로 문자들은 의미를 잃고 뒤죽박죽이 될 것이다. 의미 없는 조합들이 훨씬 더 많기 때문에 횡설수설로 가는 경향은 피할 길이 없다.

이제 나는 엔트로피의 정의를 내리려고 한다. **엔트로피란 어떤 특별하고 분명한 기준을 따르는 배열의 수의 크기를 나타내는 척도이다.** 만약 그 기준이 65비트라면, 그 배열의 수는 2^{65}이다.

하지만 배열의 수, 이 경우 2^{65}가 엔트로피는 **아니다.** 엔트로피는 그냥 65이다. 배열의 수를 얻기 위해 2를 곱해야 했던 횟수 말이다. 어떤 주어진 숫자를 얻기 위해 2를 곱해야 하는 횟수를 수학적인 용어로 **로그**라고 한다.[1] 따라서 65는 2^{65}의 로그이다. 그러므로 엔트로피는 배열의 수에 대한 로그이다.

2^{65}개의 가능성 가운데 아주 소수만이 실제로 의미 있는 문장이다. 의미 있는 문장이 대략 10억 개 있다고 해 보자. 10억을 만들려면 2를 30번 정도 곱해야 한다. 다시 말해 10억은 약 2^{30}이다. 30이 10억의 로그라고 해도 같은 말이다. 따라서 의미 있는 문장의 엔트로피는 약 30으로서 65보다 훨씬 적다. 의미 없이 뒤죽박죽 섞여 있는 부호 배열은 분명히 말이 되는 문장으로 읽히는 부호 배열보다 엔트로피가 더 크다. 문자들을 뒤섞을 때 엔트로피가 증가한다는 점은 별로 놀랄 일이 아니다.

BMW 사가 품질 관리를 향상시켜 조립 라인을 빠져나온 모든 자동차가 다른 모든 차들과 똑같다고 가정해 보자. 즉 단 한 가지의 원자 배열만이 진정한 BMW 자동차로 받아들여진다고 가정해 보자. 그 엔트로피는 얼마일까? 답은 0이다. BMW가 조립 라인을 나올 때 모든 세부사항에 대해 여하간의 불확정성도 없을 것이기 때문이다. 배열 방식이 오직 한 가지로 지정되어 있을 경우에 엔트로피는 전혀 없다.

---

1. 엄밀히 말해서 이것은 **밑이 2인 로그이**다. 로그를 다르게 정의할 수도 있다. 예를 들어 어떤 주어진 숫자를 얻기 위해 여러 개의 2를 곱하는 대신 여러 개의 10을 곱할 수도 있다. 이것은 **밑이 10인 로그**로 정의할 수 있을 것이다. 말할 필요도 없이 어떤 숫자를 만드는 데 필요한 10의 개수는 2의 경우보다 적다.

엔트로피에 대한 공식적인 물리학 정의는 수학적인 숫자 e를 곱해야 하는 횟수다. 이 '지수 함수적인' 숫자는 대략 $e=2.71828183$과 같다. 다시 말해 엔트로피란 **자연 로그** 또는 **밑이 e인 로그**이다. 반면에 비트의 숫자는(예에서의 65) **밑이 2인 로그**이다. 자연 로그는 비트의 숫자보다 0.7배 작다. 엄밀하게 말하자면 65비트 신호의 엔트로피는 0.7×65로서 약 45와 같다. 이 책에서는 비트와 엔트로피 사이의 이런 차이점을 무시할 작정이다.

엔트로피가 증가한다는 열역학 제2법칙은, 세부 사항이 시간이 지남에 따라 사라지는 경향이 있다는 것을 달리 말한 것에 불과하다. 검은색 잉크 한 방울을 욕조의 따뜻한 물에 떨어뜨린다고 생각해 보자. 처음에 우리는 잉크 방울이 어디에 있는지를 정확히 안다. 잉크가 가질 수 있는 가능한 분포 상태의 수는 그다지 많지 않다. 하지만 잉크가 물속으로 퍼져 나가는 것을 바라보고 있노라면 우리는 잉크 분자 하나하나의 위치에 대해서는 점점 더 모르게 된다. 우리가 보는 것, 즉 욕조의 물 전체가 고르게 잿빛으로 바뀌는 것에 해당하는 배열의 수가 엄청나게 커질 것이다. 아무리 기다려 봐도 잉크가 응집해 다시 하나의 방울이 되는 것은 보지 못할 것이다. 엔트로피는 증가한다. 그것이 열역학 제2법칙이다. 만물은 지루한 균일함을 향해 나아간다.

여기 또 다른 예가 있다. 욕조가 뜨거운 물로 가득 차 있다. 욕조의 물에 대해 우리는 얼마나 많이 알고 있을까? 물을 욕조에 받은 지 충분히 오랜 시간이 지나도록 우리가 눈치 챌 만한 물의 움직임이 없었다고 해 보자. 우리는 욕조에 담긴 물의 양(200리터)을 측정할 수 있고 온도(섭씨 30도)를 측정할 수 있다. 하지만 욕조는 물 분자로 가득 차 있다. 주어진 조건, 즉 섭씨 30도, 200리터의 물에 해당하는 분자 배열의 수는 분명히 엄청나게 크다. 만약 우리가 모든 분자를 정확하게 측정할 수만 있다면 훨씬 더 많은 것을 알 수 있을 것이다.

엔트로피는 세부 사항 속에 얼마나 많은 정보가 숨겨져 있는가를 나타내는 척도이기도 하다. 세부 사항들은 이런저런 이유로 관측하기에 너무 어렵다. 즉 **엔트로피는 숨겨진 정보이다.** 대부분의 경우 정보는 숨겨져 있는데 왜냐하면 너무 작아서 볼 수 없고 너무 많아서 추적할 수 없는 것들과 관계되어 있기 때문이다. 욕조에 담긴 물의 경우 욕조 안에 있는 10억×10억×10억 개나 되는 개별 물 분자들 각각의 위치와 운동이 그 세부 사항이 될 것이다.

만약 물의 온도가 절대 영도가 될 때까지 냉각되면 엔트로피는 어떻게 될까? 물에서 모든 에너지 조각들을 제거하면 물 분자들은 자연스럽게 단 하나의 배열을 이룰 것이다. 즉 완벽한 얼음 결정을 형성하는 격자 구조를 이뤄 동결될 것이다.

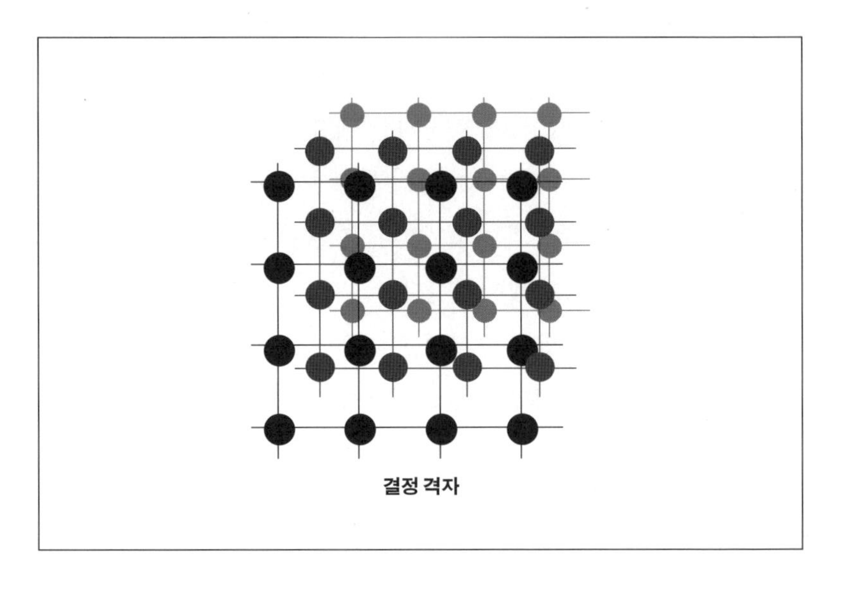
결정 격자

분자가 너무 작아서 볼 수는 없더라도, 만약 당신이 결정의 성질에 익숙하다면 모든 분자들의 위치를 예측할 수 있을 것이다. 완벽한 결정은 완벽한 BMW 자동차와 마찬가지로 엔트로피가 전혀 없다.

당신은 얼마나 많은 정보를 도서관에 보관할 수 있는가?

언어를 사용할 때 모호함이나 미묘한 뉘앙스는 종종 매우 가치가 있다. 만약 단어들이 컴퓨터 프로그램 언어로 쓸 수 있을 정도로 완벽하게 엄밀한 의미만을 가지고 있다면 언어와 문학은 너무나 삭막할 것이다.

하지만 과학적 엄밀성은 엄청난 정도의 언어적 정확성을 요구한다. **정보**(information)라는 단어는 많은 것을 의미할 수 있다. "나는 당신이 가진 **정보**는 잘못되었다고 생각합니다." "**정보 삼아** 말씀드리자면, 화성은 위성이 2개입니다." "저는 **정보 과학** 석사 학위가 있습니다." "의회 도서관에서 그 **정보**를 찾을 수 있습니다." 이 각각의 문장에서 정보라는 단어는 모두 다른 방식으로 사용되었다. "정보는 어디에 있는가?"라는 질문에 의미가 있으려면 정보라는 단어는 앞의 마지막 문장에서 쓰인 의미를 가지고 있어야만 한다.

정보의 위치라는 이 생각을 좀 더 쫓아가 보자. 만약 내가 그랜트 장군은 그랜트 장군(미국의 제18대 대통령이자 남북 전쟁 시 북군 사령관이었던 율리시스 심프슨 그랜트(Ulysses Simpson Grant, 1869~1877년)를 가리킨다. — 옮긴이)의 무덤에 묻혀 있다고 말했다면 내가 당신에게 하나의 정보를 줬다는 것은 분명하다. 하지만 그 정보는 어디에 있는가? 당신의 머릿속에? 내 머릿속에? 아니면 정보는 너무 추상적이라서 위치를 가질 수 없을까? 누구나 어디서든 사용할 수 있도록 우주 속으로 흩어져 버렸을까?

아주 구체적인 답을 하나 제시할 수 있다. 그 정보는 탄소와 다른 분자들로 구성된 물리적 문자의 형태로 이 책의 이 쪽에 씌어져 있다. 이런 의미에서 보자면 정보는 구체적인 것으로서 거의 물질에 가깝다. 이런 정보는 너무나 구체적이라서 당신의 책과 내 책에 있는 정보는 서로 다른 정보이다. 당신의 책에는 그랜트 장군이 그랜트 장군의 무덤에 묻혀 있다고 적혀 있다. 당신은 내 책에도 똑같은 내용이 적혀 있으리라고 생각할지 모른다. 하지만 확실히는 모른다. 내 책에는 그랜트 장군이 이집트 기자의 대피라미드에 묻혀 있다고 적혀 있을지도 모를 일이다. 사실 어떤 책도 정보를 담고 있지 않다. 그랜트 장군이 그랜트 장군의 무덤에 묻혀 있다는 정보는 그랜트의 무덤 안에 있다.

물리학자들이 쓰는 정보라는 단어의 의미에서 보자면, 정보는 물질[2]로 만들어졌고 어디서나 찾아볼 수 있다. 이 책의 정보는 24센티미터 곱하기 15센티미터 곱하기 2.5센티미터 크기의 직육면체 공간, 즉 24×15×2.5, 즉 900세제곱센티미터[3] 안에 있다. 이 책에 숨겨져 있는 정보의 양은 몇 비트나 될까? 인쇄된 한 줄에는 문자, 구두점, 빈칸을 포함해 약 70개의 글자가 들어갈 수 있다. (우리말 자모를 따로 센 것이다. ― 옮긴이) 한 쪽당 25줄에 560쪽이면 거의 100만 개의 글자가 들어간다.

내 컴퓨터 키보드에는 약 100개의 기호가 있다. 대문자, 소문자, 숫자, 그리고 구두점 등이다. 이 말은 이 책에 들어갈 수 있는 서로 다른 메시지의 수가 100을 100만 번 곱한 수, 다시 말해 100의 100만 제곱임을 뜻한다. 이것은 매우 큰 수로서 이 정도의 수는 2를 약 700만 번 곱한 것과 대략 같다. 그러니까 이 책은 약 700만 비트의 정보를 담고 있다. 다시 말해 만약 내가 이 책을 모스 부호로 썼다면 700만 개의 점과 선이 소요되었을 것이다. 이것을 책의 부피로 나누면 1세제곱센티미터당 약 8,000비트에 해당한다. 이것이 이 책에서 인쇄된 쪽들이 가진 정보 밀도이다.

알렉산드리아의 대도서관은 불타 무너져 내리기 전에 1조 비트의 정보를 담고 있었다고 언젠가 읽은 적이 있다. 비록 공식적인 세계 7대 불가사의는 아니지만, 이 도서관은 가장 위대하고 경이로운 고대 문명의 산물이다. 프톨레마이오스 2세 통치기에 건설된 알렉산드리아 도서관은 당시까지 씌어진 모든 중요한 문서들의 사본을 50만 권의 양피지 두

2. 물리학자들이 **물질**이라는 단어를 쓸 때에는 원자로 만들어진 것들만을 의미하지는 않는다. 광자나 중성미자, 그리고 중성자 같은 다른 입자들도 물질의 자격이 있다.

3. 이것은 내가 이전에 펴낸 양장본 책들의 크기에 기초해서 대충 생각한 차원이다. 이 책의 실제 부피는 약간 다를 것이다.

루마리의 형태로 보관하고 있었다고 한다. 누가 도서관을 불태웠는지는 아무도 모르지만 값을 매길 수도 없을 만큼 귀중한 수많은 정보들이 연기 속으로 사라졌다는 것은 분명하다. 도대체 얼마나 많은 정보일까? 나는 고대의 두루마리 한 권에 현재의 책의 쪽수로 약 50쪽이 들어간다고 추정했다. 이렇게 추정한 두루마리 한 쪽의 정보량이 당신이 들고 있는 이 책 한 쪽의 정보량과 비슷하다고 한다면 두루마리 한 권의 정보량은 100만 비트 정도였을 것이다. 오차는 아마 20만~30만 비트 정도일 것이다. 이런 식으로 따지면 프톨레마이오스의 도서관은 1조(1조=10^{12}) 비트의 절반, 즉 5000억 비트의 정보를 담고 있었을 것이다. 내가 읽었던 것과 아주 가깝다.

그 많은 정보를 잃어버렸다는 것은 고대 세계를 연구하는 학자들이 오늘날 안고 살아야 하는 가장 큰 불행 가운데 하나이다. 하지만 상황은 더 나빠질 수도 있었다. 만약 도서관의 모든 구석과 모든 틈새, 모든 가능한 부피까지 책들로 가득 차 있었다면 어떻게 되었을까? 나는 그 거대한 도서관이 얼마나 컸을지 정확히는 모르지만 50×30×10미터, 즉 1만 5000세제곱미터라고 해 보자. 이 정도면 오늘날 꽤 큰 공공 건물의 크기이다. 이것은 150억 세제곱센티미터에 해당한다.

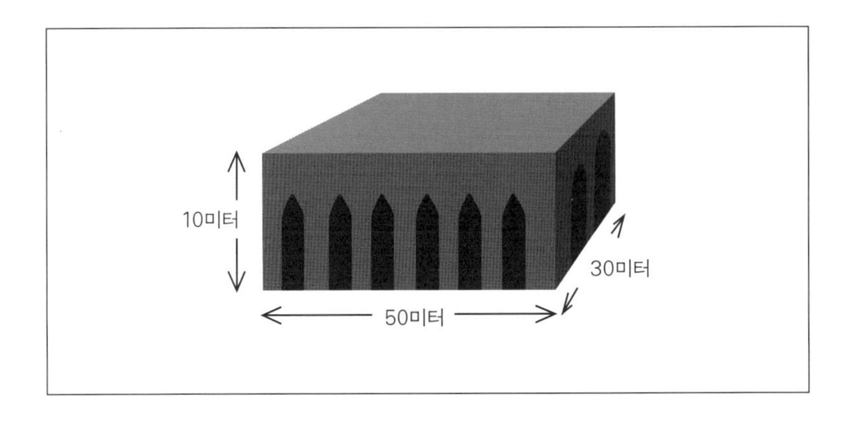

이 정도 알면 그 건물에 얼마나 많은 비트를 채울 수 있는지 쉽게 추정할 수 있다. 1세제곱미터당 8,000비트의 비율이라면 그 총합은 1.2×10^{14}비트이다. 어마어마한 양이다.

하지만 책에서 멈출 필요가 있을까? 만약 책 한 권의 부피가 10분의 1로 줄어든다면 도서관에는 10배나 더 많은 비트를 집어넣을 수 있다. 또 내용물을 마이크로필름으로 바꾸면 훨씬 더 많이 저장할 수 있다. 그리고 각 책을 디지털화하면 훨씬 더 많은 양도 저장 가능하다.

1비트의 정보를 담는 데에 필요한 공간의 크기에 물리적으로 근본적인 한계가 있을까? 실제 데이터 1비트의 물리적 크기가 원자나 원자핵, 또는 쿼크보다 더 커야만 할까? 우리가 공간을 한없이 잘게 쪼개면 끝없이 많은 정보로 채울 수 있지 않을까? 아니면 실질적이고 기술적인 한계가 아니라 심오한 자연 법칙의 결과로서 어떤 한계가 있는 것이 아닐까?

가장 작은 비트

원자보다 더 작고, 쿼크보다 더 작고, 심지어 중성미자보다도 훨씬 더 작다면 1비트는 가장 근본적인 구성 요소가 될 수 있다. 어떤 구조도 없다면 1비트는 단지 거기 있거나 없는 것이 된다. 존 휠러는 모든 물체가 정보의 비트로 이뤄져 있다고 생각하고 그 생각을 "**그것은 비트로 이뤄져 있다.**"라는 구호로 표현했다.

휠러는 비트가 모든 물체의 가장 기본적인 구성 요소이기 때문에 더 이상 작아질 수 없는 가장 작은 존재라고 생각했다. 그것은 1세기도 전에 막스 플랑크가 발견했던 길이의 기본량이었다. 대부분의 물리학자들이 마음속에 가지고 있는 대략적인 이미지는 공간이 아주 작은 플랑크 크기의 방으로 나뉠 수 있다는 것이다. 이것은 3차원 체스판과도 비슷

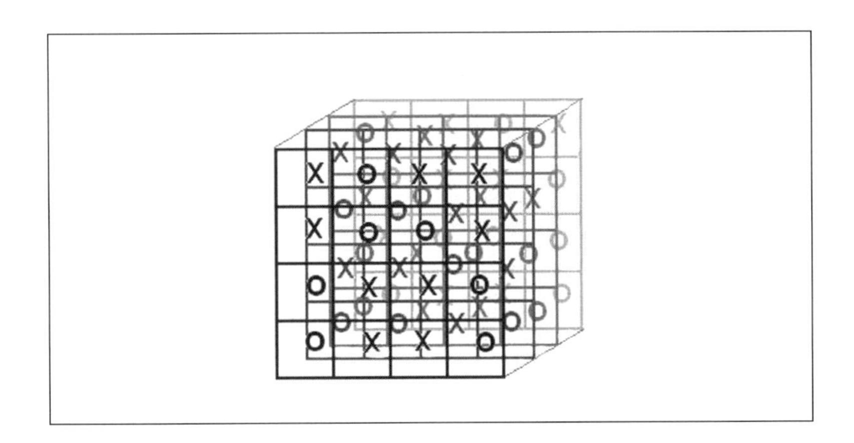

하다. 1비트의 정보는 각각의 방에 저장된다. 비트를 아주 간단한 입자라고 생각할 수 있다. 각 방은 입자를 포함할 수도, 포함하지 않을 수도 있다. 아니면 이 방의 집합을 거대한 3차원 격자 속에 O와 X를 번갈아 가며 그리는 틱택토 놀이로 볼 수도 있다.

휠러의 “그것은 비트로 이뤄져 있다.” 철학에 따르면 주어진 시점에 세계가 가진 물리적 상태를 이런 ‘메시지’로 표현할 수 있다. 만약 우리가 그 암호를 어떻게 읽는지 안다면, 우리는 공간의 그 영역에서 무슨 일이 일어나고 있는지 정확히 알 수 있다. 예를 들어 우리가 보통 진공이라고 부르는 빈 공간인지, 아니면 철 조각이나 원자핵의 내부인지 말이다.

행성이 움직이고 입자들이 붕괴하고 사람이 태어나고 죽는 식으로 세상 만물은 시간에 따라 변하기 때문에 O와 X로 이뤄진 메시지도 바뀐다. 어느 순간에는 O와 X의 구성이 위의 그림처럼 될 수도 있지만, 잠시 뒤에 그 배열은 바뀔 것이다.

휠러의 이런 정보 세계에서 물리 법칙은 비트의 구성이 시시각각 어떻게 바뀌는가에 대한 규칙으로 이뤄질 것이다. 만약 그런 규칙들이 올바르게 구축되었다면, 그 규칙에 따라 방들의 격자를 가로지르는 O와

X의 파동으로 광파를 기술할 수 있을 것이다. 빽빽하게 모여 있는 O들이 부근에 있는 X와 O 들의 분포에 간섭한다면 그것으로 무거운 질량의 중력장을 기술할 수 있을 것이다.

이제 얼마나 많은 정보를 알렉산드리아 도서관에 집어넣을 수 있을까 하는 질문으로 돌아가 보자. 그냥 도서관의 부피(150억 세제곱센티미터)를 플랑크 크기의 방으로 나누면 된다. 그 답은 약 10^{109}비트이다.

이것은 엄청나게 많은 비트이다. 인터넷 전체와 전 세계의 모든 책, 하드 디스크, CD 전체에 담겨 있는 것보다 훨씬 더 많다. 사실 엄청나게 더 많다. 10^{109}비트가 얼마나 많은 정보인지 조금이라도 감을 잡기 위해 이 정보를 담으려면 보통 책이 얼마나 많이 필요한가 생각해 보자. 그 답은 관측 가능한 우주 전체를 족히 채울 수 있는 양보다 훨씬 더 많다.

플랑크 크기의 정보 조각으로 가득 찬 '방'들로 세계를 기술하는, "그것은 비트로 이뤄져 있다."라는 철학은 매혹적이다. 이 철학은 다양한 수준에서 여러 물리학자들에게 많은 영향을 미쳤다. 리처드 파인만은 이 철학을 열렬히 옹호했다. 그는 공간을 가득 채운 비트로 이뤄진 단순화된 세계를 구축하는 데에 많은 시간을 들였다. 하지만 그것은 틀렸다. 곧 살펴보게 되겠지만, 프톨레마이오스의 도서관에 10^{74}비트 이상의 정보를 결코 보관할 수 없다. 만약 프톨레마이오스가 이 사실을 알았다면 분명히 실망했을 것이다.[4]

100만이 어떤 의미인지를 나는 대략 상상할 수 있다. 한 변이 1미터인 정육면체에는 100만 개의 캔디를 담을 수 있다. 하지만 10억이나 1조는 어떨까? 1조가 10억보다 1,000배 더 크기는 하지만 그 차이를 시각화하기는 더 어렵다. 그리고 10^{74}니 10^{109}니 하는 숫자들은 너무나 커서

4. 공교롭게도 이 숫자는 인쇄된 책으로 가득 찬 우주에 담긴 정보의 양과 거의 같다.

이해하기 어렵다. 단지 10^{109}이 10^{74}보다 훨씬 더 크다는 말밖에는. 사실 알렉산드리아 도서관에 채워 넣을 수 있는 실제 비트의 수인 10^{74}는 우리가 계산한 10^{109}비트에 비하면 극도로 미미한 일부에 지나지 않는다. 왜 그렇게 엄청난 차이가 나는 것일까? 그 이야기는 다음 장에서 하기로 하고 여기서는 힌트 하나를 줄 생각이다.

왕과 황제 같은 권력자들이 가진 공포와 피해 망상은 역사에서 매우 식상한 주제이다. 프톨레마이오스도 그것 때문에 고생했는지는 알 길이 없으나, 그의 적이 자기 도서관에 비밀 정보를 숨겼다는 소문을 들었을 때 그가 어떻게 반응했을까 상상해 볼 수는 있을 것이다. 프톨레마이오스는 정보를 감추는 것을 금지하는 엄중한 법률을 제정하면 된다고 여길 것이다. 알렉산드리아 도서관의 경우 프톨레마이오스가 제정한 가상의 법률에 따른다면 모든 정보 조각이 건물 밖에서 보여야만 한다. 그 법률을 만족시키려면 모든 정보를 도서관의 외벽에다 써야만 한다. 도서관 사서는 단 1비트도 내부에 숨겨서는 안 된다. 외벽에 상형 문자를 쓰는 것은 허용된다. 외벽에 로마자, 그리스 문자, 아라비아 문자를 쓰는 것도 허용된다. 하지만 두루마리를 안으로 가져가는 것은 금지된다. 이 얼마나 공간을 낭비하는 짓인가! 하지만 그것이 법률이다. 이런 환경에서라면 프톨레마이오스가 도서관에 저장하리라고 기대할 수 있는 최대한의 비트 수는 얼마일까?

그 답을 찾기 위해, 프톨레마이오스는 신하들에게 건물을 조심스럽게 측량해 외벽과 지붕의 **넓이**를 계산하게 했다. (아치와 바닥은 무시했다.) 신하들이 가져온 결과는 (50×10)+(50×10)+(30×10)+(30×10)+(50×30)이었다. 이것은 3,100제곱미터와 같다. 이 경우 단위가 **세제곱**미터가 아니라 **제곱**미터임에 유의해야 한다.

하지만 왕은 제곱미터가 아니라 플랑크 단위로 측정된 넓이를 원했

다. 그 계산은 당신을 위해 내가 해 주겠다. 프톨레마이오스가 벽과 천장에 쳐 바를 수 있는 정보 조각의 양은 약 10^{74}비트이다.

현대 물리학의 가장 놀랍고도 요상한 발견 가운데 하나는 현실 세계에서 프톨레마이오스의 법률이 필요 없다는 점이다. 자연이 이미 그런 법칙을 부과하고 있어서 왕조차도 그 법률을 깨뜨릴 수 없다. 이것은 우리가 발견한 가장 심오하고 근본적인 자연 법칙들 가운데 하나이다. 공간의 한 영역에 집어넣을 수 있는 정보의 최대량은 그 영역의 부피가 아니라 넓이와 같다. 공간을 정보로 채울 때의 이 이상한 제한 조건이 18장의 주제이다.

엔트로피와 열

열은 무작위적이고 무질서한 운동의 에너지이고 엔트로피는 숨겨진 미시적인 정보의 양이다. 물이 담긴 욕조를 생각해 보자. 이제는 가능한 가장 차가운 온도(절대 영도)까지 냉각되었다. 이 온도에서는 모든 분자가 얼음 결정 안에서 자신의 정확한 위치에 고정된다. 각 분자의 위치에 모호함은 거의 없다. 사실 얼음 결정에 대한 이론을 아는 사람이라면 누구라도 각 원자들이 어디에 놓여 있는지 정확하게 말할 수 있다. 현미경 따위가 없어도 말이다. 숨겨진 정보 따위는 없다. 에너지, 온도, 엔트로피가 모두 0이다.

이제 열을 약간 가해서 얼음을 녹여 보자. 분자들은 가볍게 흔들리기 시작하지만, 단지 약간만 그럴 뿐이다. 그렇지만 그 흔들림에 따라 소량의 정보가 사라진다. 아주 작은 양이지만 세부 사항을 추적할 수 없게 되었다. 우리가 실수로 혼동할지도 모르는 배열의 수는 이전보다 더 커졌다. 따라서 약간의 열이 엔트로피를 증가시킨 것이다. 더 많은 에너지가 더해질수록 상황은 악화된다. 결정의 온도가 녹는점을 향해 가고 분자들은 서로를 곧바로 지나쳐 미끄러지기 시작한다. 그 세부 사항들을 재빨리 쫓아간다는 것은 점차로 힘들어진다. 다시 말해 에너지가 증가함에 따라 엔트로피도 증가한다.

에너지와 엔트로피는 똑같은 것은 아니다. 에너지는 여러 가지 형태를 취할 수 있지만, 그런 형태들 가운데 하나인 열이 엔트로피와 아주 밀접하게 관련되어 있다.

열역학 제2법칙을 위한 보충 강연

열역학 제1법칙은 에너지 보존 법칙이다. 당신은 에너지를 만들어 낼 수 없다. 에너지를 파괴할 수도 없다. 당신이 할 수 있는 일은 단지 그 형태를 바꾸는 것뿐이다. 열역학 제2법칙은 우리를 훨씬 더 낙담시킨다. **무지(無知)는 항상 증가한다.**

다이빙 선수가 다이빙대에서 수영장으로 뛰어드는 장면을 상상해 보자.

위치 에너지 → 운동 에너지 → 열

다이빙 선수는 곧 정지하고 원래의 위치 에너지가 바뀌어 물의 열에너지(열)가 약간 증가한다. 그것에 따라 엔트로피도 약간 증가한다.

다이빙 선수는 다이빙을 계속하고는 싶지만, 게으른 탓에 사다리를 올라 다시 다이빙대로 가고 싶어 하지 않는다. 그는 에너지가 결코 사라질 수 없다는 것을 알고 있다. 그렇다면 수영장 열의 일부가 위치 에너지로, 그가 원래 가지고 있던 위치 에너지로 바뀌는 것을 기다리면 되지 않을까? 에너지 보존 법칙은 그를 다이빙대로 되돌려 보내고 수영장은 약간 차가워지는 것, 즉 다이빙의 반대 과정이 자연스럽게 일어나는 것을 절대로 막지 않는다. 다이빙의 반대 과정에서는 다이빙 선수가 다이빙대로 도로 올라갈 뿐만 아니라 수영장의 엔트로피도 감소한다. 말하자면 놀랍게도 무지가 줄어든다.

아쉽게도 물에 흠뻑 젖은 이 게으름뱅이 친구는 열역학 과정을 절반, 그것도 전반기만 마쳤다. 후반기에서는 우리 모두가 알고 있는 것을 배웠을 것이다. 엔트로피는 **항상** 증가한다. 에너지는 **항상** 쓸모없어진다. 위치 에너지, 운동 에너지, 화학 에너지, 그리고 다른 형태의 에너지가 열로 바뀔 때에는 항상 열이 증가하고 조직화되고 혼돈스럽지 않은 에너지 형태가 줄어드는 방향으로 변화가 일어난다. 이것이 열역학 제2법칙이다. 세계의 엔트로피 총량은 항상 증가한다.

브레이크를 밟으면 자동차가 끼익 소리를 내면서 멈추지만 정지한 자동차의 브레이크를 밟는다고 해서 자동차가 움직이지 않는 것도 이 때문이다. 땅과 공기 속의 무작위적인 열이 자동차를 움직이는 더 잘 조직화된 운동 에너지로 되돌아가는 일은 없다. 열역학의 제2법칙 때문에 바다의 열을 뽑아내 세상의 에너지 문제를 해결할 수 없는 것이다. 전체적으로 봤을 때, 조직화된 에너지는 무질서한 열로 바뀌고, 그 반대의 일은 일어나지 않는다.

열, 엔트로피, 정보. 이렇게 실제적이고 실용적인 개념이 블랙홀이나 물리학의 기초와 도대체 무슨 상관이 있을까? 답은 모든 면에서 상관이 있다는 것이다. 다음 장에서 우리는 블랙홀이 본질적으로 숨겨진 정보의 저장고라는 것을 알게 될 것이다. 사실 블랙홀은 정보를 고농도로 압축해 저장하고 있는 자연의 정보 저장 장치이다. 그리고 이것이 블랙홀에 대한 최선의 정의일 것이다. 이제 제이콥 베켄스타인과 스티븐 호킹이 이 중요한 사실을 어떻게 알게 되었는지 살펴보자.

8장

휠러의 제자들이여, 그대들은 얼마나 많은 정보를 블랙홀에 집어넣을 수 있을까?

1972년 내가 웨스트 엔드 카페에서 리처드 파인만과 이야기하고 있을 때, 제이콥 베켄스타인이라는 프린스턴의 대학원생은 스스로에게 이런 질문을 던지고 있었다. 열, 엔트로피, 그리고 정보는 블랙홀과 무슨 관계가 있을까? 당시 프린스턴은 중력 물리학 연구에서 세계의 중심이었다. 이것은 아인슈타인이 프린스턴에 20년 이상 살았다는 사실과도 관련이 있을지 모른다. 1972년이면 아인슈타인이 타계한 지도 17년이 지난 때였다. 프린스턴에서 명석한 학생들에게 중력을 연구하고 블랙홀에 대해 생각하도록 영감을 불어넣은 교수는 존 아치볼드 휠러였다. 휠러는 현대 물리학의 위대한 몽상가들 중 한 명이었다. 휠러가 심대한 영향을 준 유명한 물리학자들 중에는 찰스 마이스너(Charles Misner, 1932년~),

킵 스티븐 손(Kip Stephen Thorne, 1940년~), 클라우디오 테이텔보임(Claudio Teitelboim, 1948년~), 그리고 제이콥 베켄스타인이 있다. 일찍이 파인만의 박사 학위 지도 교수였던 휠러는 아인슈타인의 문하생이었다. 그 위대한 스승처럼 휠러도 자연 법칙의 열쇠가 중력 이론에 있다고 믿었다. 하지만 닐스 보어와도 함께 연구했던 휠러는 아인슈타인과는 달리 양자 역학을 믿었다. 그래서 프린스턴은 중력뿐만 아니라 양자 중력 연구의 중심지이기도 했다.

당시 중력 이론은 이론 물리학에서 상대적으로 별로 인기가 없는 분야였다. 입자 물리학자들은 보다 더 작은 구조를 찾아가는 환원주의자의 행군에서 놀라운 성과를 거두고 있었다. 원자는 오래전에 자신의 지위를 원자핵에 물려줬고 원자핵은 그 자리를 쿼크에 내줬다. 중성미자가 전자의 동등한 파트너라는 것이 알려지기 시작했고, 참 쿼크 같은 새로운 입자들이 존재한다는 가설이 세워지고, 그것이 2년도 안 되어 실험적으로 발견되었다. 원자핵의 방사능은 완전히 해명되었고, 입자 물리학의 표준 모형이 막 선언되려 하고 있었다. 나를 포함해서 입자 물리학자들은 중력에 시간을 낭비하는 것보다 더 좋은 일거리가 많다고 생각했다. 스티븐 와인버그 같은 예외도 있었지만, 대부분은 중력이라는 주제를 시시하게 여겼다.

되돌아보면 이렇게 중력을 홀대한 것은 아주 경솔하고 근시안적인 행동이었다. 새로운 주제를 대담하게 개척해 온 물리학의 야심만만한 지도자들이 그토록 중력에 무관심했던 것은 무엇 때문일까? 그 답은 기본 입자들이 서로 상호 작용하는 과정에서 중력이 어떤 식으로든 중요해지리라는 가능성을 물리학자들이 전혀 찾을 수 없었기 때문이다. 원자핵과 전자 사이의 전기력을 끌 수 있는 스위치가 있다고 생각해 보자. 그렇다면 오직 중력이 만든 인력만이 전자를 궤도에 붙들어 두게 된다. 그

스위치를 내리면 원자에 무슨 일이 벌어질까? 원자를 묶어 두는 힘이 사라졌기 때문에 원자는 즉각적으로 팽창할 것이다. 전형적인 원자는 얼마나 커질까? 관측 가능한 우주 전체보다도 훨씬 더 커진다!

그렇다면 만약 전기력은 켜 두고 중력을 꺼 버리면 무슨 일이 벌어질까? 지구는 태양에서 멀리 날아가 버리겠지만 개개의 원자에서 일어나는 변화는 극히 미미하기 때문에 그 어떤 변화도 일어나지 않을 것이다. 정량적으로 말하자면 원자 안의 두 전자 사이의 중력은 전기력의 10억×10억×10억×10억×100만 분의 1보다 더 약하다.

통상적인 기본 입자의 세계와 아인슈타인의 중력 이론 사이에 놓인 무지의 대양을 존 휠러가 대담하게 탐험하기 시작했을 때 학계의 분위기가 그러했다. 휠러는 그 자신이 걸어다니는 수수께끼였다. 그는 정장을 잘 차려입은 비즈니스맨처럼 보였고 그렇게 말을 했다. 미국에서 가장 보수적인 기업 중역실에 앉아 있다고 해도 아무런 위화감이 없을 정도였다. 그의 정치 성향은 보수적이었다. 냉전이 끝나려면 아직도 한참 멀었고, 휠러는 완고한 반공주의자였다. 하지만 1960년대와 1970년대, 전례없는 학생 운동의 시대에도 학생들은 휠러를 무척 사랑했다. 지금은 가장 유명한 라틴 아메리카 물리학자인 클라우디오 테이텔보임도 휠러의 제자 중 한 명이었다.[1] 칠레의 유명한 좌익 정치인 가문인 클라우디오의 가문은 살바도르 아옌데(Salvador Allende, 1908~1973년)와 정치적 동지 관계였다. 클라우디오 자신도 아무런 두려움과 거리낌 없이 피노체트

---

1. 클라우디오의 인생은 극적인 사건들로 가득하다. 그의 인생 역정 가운데 가장 짜릿했던 일이 약 2년 전에 있었다. 클라우디오는 자신의 아버지가 영웅적인 반파시즘 가문의 가장이었던 알바로 분스터(Álvaro Bunster)임을 알게 되었다. 칠레의 한 유력 일간지는 머릿기사 제목으로 이렇게 썼다. "우주의 기원을 연구하는 저명한 칠레 물리학자가 자신의 기원을 찾았다." 그 일이 있고 나서 클라우디오는 자신의 성을 분스터로 바꿨다.

독재 정권을 비판했다. 하지만 정치적 입장의 차이에도 불구하고 휠러와 클라우디오는 각별한 친분을 나눴다. 그 밑바탕에는 애정과 각자의 입장에 대한 상호 존중이 깔려 있었다.

내가 휠러를 처음 만난 것은 1961년이었다. 나는 당시 뉴욕 시립 대학 학부생이었지만 학력이 평범하지 않았다. 나의 지도 교수 가운데 한 분인 해리 수닥(Harry Soodak)이 나를 프린스턴에 데려가 휠러를 만나게 해 줬다. 시가와 악담을 즐긴 해리 수닥 교수는 나와 똑같은 유대인이었고 좌익이었으며 나처럼 노동 계급 출신이었다. 비록 내 학부 성적은 좋지 않았지만, 휠러에게 좋은 인상을 줘 내가 대학원생으로 들어갈 수 있을까 하는 희망을 그는 가지고 있었다. 당시 나는 사우스브롱크스에서 배관공으로 일하고 있었다. 어머니는 휠러를 만날 때 내가 잘 차려입어야 한다고 생각했다. 어머니에게 잘 차려입는다는 것은 자신이 속한 사회 계급을 보여 주는 옷차림을 의미했다. 그것은 내가 내 작업복을 입어야 한다는 것을 뜻했다. 요즘 팰러앨토의 우리 집 배관공은 내가 스탠퍼드 대학교에서 강의할 때 입는 것과 거의 똑같은 옷을 입는다. 하지만 1961년 당시 내 배관공 복장은 아버지, 그리고 사우스브롱크스에서 일하던 모든 동료들의 복장과 똑같았다. 가슴받이가 달린 작업 바지, 푸른색의 얇은 모직 작업 셔츠, 발 끝에 무거운 강철을 댄 작업화. 나는 또 머리에 먼지나 검댕이 묻지 않도록 모직 모자를 즐겨 썼다.

해리 수닥 교수가 프린스턴으로 가기 위해 나를 태우러 왔을 때 나를 보고 화들짝 놀랐다. 큰 시가가 그의 입에서 떨어졌다. 해리 수닥 교수는 내게 올라가서 옷을 갈아입으라고 말했다. 그는 존 휠러가 그런 부류의 사람이 아니라고 이야기했다.

휠러의 방에 들어가자마자 나는 수닥 교수가 한 말이 무슨 뜻인지 금방 깨달았다. 내게 인사한 휠러를 묘사할 수 있는 유일한 방법은 그가 공화당원으로 보였다고 말하는 것밖에 없다. 대학 안에 있는 와스프(WASP, White Anglo-Saxon Protestant. 앵글로 색슨계 백인 신교도. — 옮긴이) 둥우리에서, 빌어먹을, 내가 도대체 뭘 하고 있는 것인가?

하지만 두 시간 뒤 나는 휠러에게 완전히 마음을 빼앗겼다. 휠러는 엄청나게 강력한 현미경을 통해서 시간과 공간을 보면 거품이 격렬하게 생겼다 없어지는 양자 요동의 세계를 보게 될 것이라고 정열적으로 설명했다. 그는 물리학의 가장 심오하고 흥분되는 문제는 일반 상대성 이론과 양자 역학을 통합하는 것이라고 역설했다. 그는 기본 입자들의 진정한 본성이 드러나는 것은 오직 플랑크 거리에서뿐이며, 그것은 모두 양자 기하학에 관한 것일 터라고 설명했다. 젊고 학구열에 불타는 물리학자의 눈에 비친 휠러의 모습은 답답한 비즈니스맨에서 위대한 몽상가로 탈바꿈했다. 나는 그를 따라서라면 만사를 제쳐 놓고 전쟁터라도 쫓아가고 싶었다.

존 휠러는 겉보기처럼 정말 그렇게 보수적이었을까? 나는 정말 모른다. 하지만 그가 점잔 빼는 도덕 선생이 아니라는 것은 확실하다. 한번은 휠러와 내 아내 앤, 그리고 내가 발파라이소 해변의 카페에서 음료수를 마시고 있을 때였다. 휠러가 일어나 산책하면서 말하기를 자기는 비키니 입은 남아메리카 여자들을 보고 싶다고 했다. 당시 그는 80대 후반이었다.

어쨌든 나는 한번도 휠러의 제자인 적이 없었다. 프린스턴은 내 입학을 허락하지 않았다. 그래서 나는 코넬로 물러났다. 코넬에서의 물리학은 그다지 재미있지 않았다. 1961년과 똑같은 스릴을 느끼기까지는 많은 세월이 흘러야 했다.

1967년 무렵 휠러는 슈바르츠실트가 1917년에 기술했던 물체의 중력 붕괴에 매우 관심을 가지게 되었다. 당시 그 물체는 검은 별(black star) 또는 어두별(dark star)로 불렸다. 하지만 그런 단어들은 그 물체의 핵심을 짚어 내지 못했다. 그 물체가 공간의 깊은 구멍으로서 그 중력이 어떤 존재도 저항할 수 없을 정도로 강하다는 사실을 담아 내지 못했다. 휠러는 그 물체를 **블랙홀(black hole)**이라고 부르기 시작했다. 처음에는 걸출한 미국 물리학 학술지 《피지컬 리뷰(*Physical Review*)》가 그 이름을 배척했다. 지금 돌이켜보면 그 이유가 웃기다. **블랙홀**이라는 용어가 음란해 보인다는 것이다. 하지만 휠러는 편집 위원회와 싸웠고 마침내 블랙홀이라는 이름은 시민권을 얻었다.[2]

재미있는 것은 휠러가 그다음에 만들어 낸 격언이 "블랙홀은 털이 없다."였다는 사실이다. 《피지컬 리뷰》의 편집진이 또 한번 성을 냈는지는 알 길이 없으나 이 말 역시 그대로 사용되었다. 휠러가 학술지 편집자들을 도발하려고 했던 것은 아니었다. 대신에 그는 블랙홀 지평선의 성질에 관해 아주 중대한 점을 논하고 있었다. 그가 '털'이라는 단어로 표현하고자 한 것은 융기나 불규칙성 같은 관측할 수 있는 성질들이다. 휠러는 블랙홀의 지평선이 가장 매끈한 대머리만큼이나 매끈하고 특색이 없다는 점을 지적하고자 했다. 사실 대머리보다 훨씬 더 매끈하다. 블랙홀이 만들어질 때 그 지평선은 아주 빨리 완전히 규칙적이고 아무런 특색도 없는 구면이 된다. 질량과 회전 속도를 제쳐 두면 모든 블랙홀은 다른 모든 블랙홀과 정확하게 똑같다. 또는 그럴 것이라고 휠러는 생각했다.

이스라엘 사람인 제이콥 베켄스타인은 작고 조용한 사람이었다. 하지만 그는 점잖고 학구적인 외모 속에 지적인 대담함을 숨기고 있었다. 1972년 그는 블랙홀에 관심을 가진 휠러의 대학원생 가운데 한 명이었다. 하지만 그가 언젠가 망원경을 통해 보게 될지도 모를 천체로서 블랙홀에 관심을 가졌던 것은 아니었다. 베켄스타인의 열정은 물리학의 기

---

2. 나는 이 이야기를 탁월한 일반 상대성 이론 연구자인 워너 이스라엘(Werner Israel)에게서 들었다.

초 원리에 관한 것이었다. 그는 블랙홀이 자연 법칙에 대해 이야기해 줄 심오한 뭔가를 가지고 있다고 느꼈다. 그는 특히 블랙홀이 양자 역학과 열역학의 원리들을 어떻게 따르는지에 관심이 있었다. 이것은 그토록 아인슈타인의 마음을 사로잡은 문제이기도 했다. 사실 베켄스타인이 물리학을 연구하는 방식은 아인슈타인의 방식과 아주 비슷했다. 둘 다 사고 실험의 달인이었다. 수학은 거의 쓰지 않는 대신 물리학의 원리들과 그 원리들이 어떻게 가상의(하지만 가능한) 물리 상황에 적용되는지를 오랫동안 깊이 생각한 결과, 그 둘은 물리학의 미래에 심대한 영향을 미칠 심원한 결론들을 도출해 낼 수 있었다.

베켄스타인의 질문을 여기에 아주 간단히 소개하겠다. 당신이 블랙홀 주변을 공전한다고 생각해 보자. 당신은 뜨거운 기체, 즉 엔트로피가 아주 높은 기체를 담은 용기를 가지고 있다. 이제 그 엔트로피가 담긴 용기를 블랙홀로 던진다. 상식적으로 생각하면 그 용기는 그냥 지평선 너머로 사라질 것이다. 실제적으로 그 엔트로피는 관측 가능한 우주에서 완전히 사라져 버릴 것이다. 널리 통용되는 견해에 따르면 특색 없는 대머리 지평선은 어떤 정보도 숨길 수 없다. 용기의 엔트로피가 지평선 너머로 사라져 버림에 따라 세상의 엔트로피가 감소한 것으로 보일 것이다. 이것은 열역학 제2법칙에 위배된다. 왜냐하면 열역학 제2법칙은 엔트로피가 결코 감소하지 않는다고 말하기 때문이다. 열역학 제2법칙처럼 아주 심오한 원리를 깨는 것이 그렇게 쉬울 수 있단 말인가? 아인슈타인이라도 소름이 싹 돋았을 법하다.

베켄스타인은 열역학 제2법칙이 물리학의 규칙들에 너무나 깊이 뿌리박고 있기 때문에 그렇게 쉽게 깨질 수 없다고 결론지었다. 대신에 그는 획기적으로 새로운 제안을 했다. 블랙홀 자체가 엔트로피를 가져야 한다는 것이다. 베켄스타인은 우주의 모든 엔트로피, 다시 말해 별과 성간 기체, 행성의 대기, 그리고 따뜻한 물이 담긴 모든 욕조 속의 숨겨진 정보를 계산할 때, 블랙홀이 가진 엔트로피도 포함해야만 한다고 주장했다. 더 나아가 블랙홀이 클수록 그 엔트로피도 커진다고 생각했다. 이런 생각으로 베켄스타인은 열역학 제2법칙을 구원할 수 있었다. 아인슈타인도 의심의 여지없이 찬성했을 것이다.

베켄스타인이 이 문제를 어떻게 다뤘는지 살펴보자. 엔트로피는 항상 에너지와 함께한다. 엔트로피는 뭔가가 배열되는 방식의 수와 관계가 있으며 그 뭔가는 모든 경우에 에너지를 가지고 있다. 종이에 묻은 한 방울의 잉크조차 질량을 가진 원자로 이뤄져 있으며, 아인슈타인에 따르면 질량이 에너지의 한 형태이므로, 그 원자는 에너지를 가지고 있다.

베켄스타인이, 상상 속에서이지만, 뜨거운 기체가 담긴 용기를 블랙홀로 던졌을 때 그는 블랙홀에 에너지를 더한 셈이다. 이것은 블랙홀의 질량과 크기가 증가한 것을 의미한다. 베켄스타인이 추론한 대로 만약 블랙홀이 엔트로피를 가지고 있다면, 엔트로피는 질량과 함께 증가하므로 열역학 제2법칙을 구할 기회가 생긴다. 블랙홀의 엔트로피는 사라진 엔트로피를 보상하고도 남을 정도로 증가할 것이기 때문이다.

베켄스타인이 블랙홀의 엔트로피를 나타내는 공식을 어떻게 생각해냈는지를 설명하기 전에, 왜 이것이 그렇게 충격적인 생각인지를 설명할 참이다. 너무나 충격적이라 처음에 스티븐 호킹은 그 생각을 엉터리로 치부했다.[3]

엔트로피는 가능한 배열의 수를 센다. 그런데 무엇의 배열일까? 만약 블랙홀의 지평선이 생각할 수 있는 가장 매끈한 대머리만큼이나 특색이

3. 『시간의 역사(*A Brief History of Time*)』를 읽어 보면 호킹이 초기에 가졌던 의심이 어떤 것인지 알 수 있다.

없다면, 도대체 무엇을 센단 말인가? 이런 논리에 따르면 블랙홀의 엔트로피는 0이어야만 한다. "블랙홀은 털이 없다."라는 휠러의 주장은 제이콥 베켄스타인의 이론과 정면으로 배치되는 것처럼 보인다.

이 스승과 제자를 어떻게 화해시킬 수 있을까? 당신의 이해를 도와줄 한 가지 예를 보여 줄까 한다. 다양한 명암의 회색으로 종이를 장식한 인쇄물은 사실 매우 작은 검은 점과 흰 점으로 이뤄져 있다. 검은 점 100만 개와 흰 점 100만 개로 작업을 한다고 생각해 보자. 수직으로든 수평으로든 종이 한 장을 절반으로 나누는 것도 한 가지 가능한 방법이다. 그러면 한쪽 절반은 검게 그리고 다른 절반은 희게 할 수 있다. 이렇게 하는 데는 오직 네 가지 방법밖에 없다.

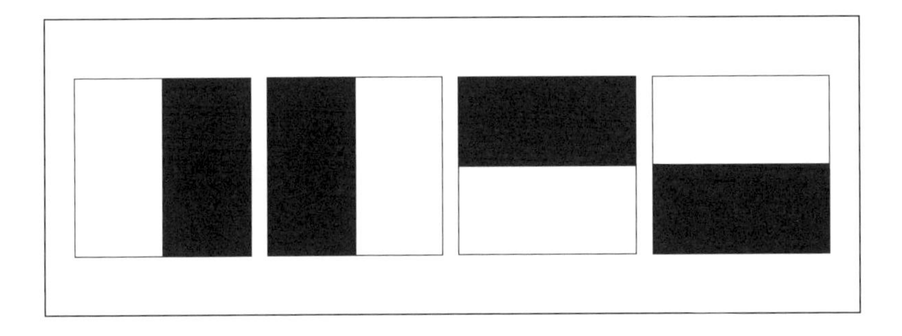

이 그림에서 우리는 강렬하고도 뚜렷하게 구분되는 형태를 볼 수 있다. 그러나 배열의 수는 아주 작다. 형태를 강렬하고 뚜렷하게 구분할 수 있다는 것은 전형적으로 엔트로피가 작다는 것을 뜻한다.

하지만 이제 다른 극단으로 넘어가서 똑같은 사각형 위에 같은 수의 검은 화소와 흰 화소를 무작위로 뿌려 보자. 우리가 보게 되는 것은 대략적으로 균일한 회색이다. 만약 화소가 정말로 작다면 회색은 극히 균일하게 보일 것이다. 검은 점과 흰 점을 재배열하는 방법의 수가 엄청나게 많기 때문에 돋보기 없이는 알아채지도 못할 것이다.

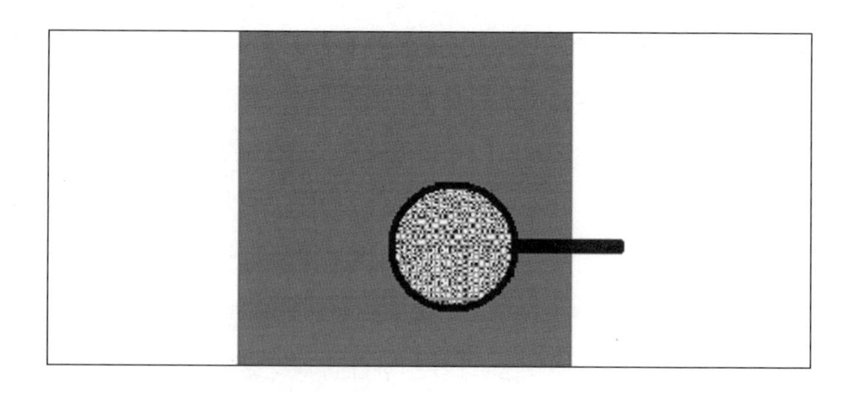

이 경우 우리는 큰 엔트로피가 균일하고 '대머리' 같은 겉모습과 종종 함께 간다는 것을 알 수 있다.

균일한 겉모습과 큰 엔트로피의 조합은 뭔가 중요한 것을 암시한다. 그것은 그것이 어떤 계이든 그 계가, ⓐ 너무 작아서 볼 수 없고, ⓑ 그 계의 기본적인 겉모습을 바꾸지 않고도 많은 방식으로 재배열할 수 있는 아주 많은 수의 미시적인 물체들로 이뤄져야만 한다는 것을 의미한다.

베켄스타인의 블랙홀 엔트로피 계산

블랙홀은 엔트로피를 가져야만 한다. 다시 말해 대머리 같은 겉모습에도 불구하고 블랙홀이 숨겨진 정보를 가지고 있다는 베켄스타인의 통찰은 단순하지만, 단숨에 물리학 교육 과정을 바꿀 정도로 심오한 통찰들 가운데 하나였다. 내가 일반 독자들을 위해 책을 쓰기 시작했을 때, 나는 방정식을 단 하나, $E=mc^2$ 정도만 쓰라는 충고를 숱하게 들었다. 내가 방정식을 하나 추가할 때마다 책이 1만 권씩 덜 팔릴 것이라고들 했다. 솔직히 내 경험은 정반대이다. 사람들은 도전받고 싶어 한다. 단지 지루해지고 싶지 않을 뿐이다. 그래서 나는 모험을 해 볼까 한다. 아주 비상하리만치 간결하고 아름다운 베켄스타인의 수학적 추론을 이 책에 넣지 않는다면 정말 슬프고 우스꽝스러운 일이 될 것이라고 느끼기 때문이다. 하지만 수학을 별로 좋아하지 않는 독자들이 몇몇 간단한 방정식들을 읽지 않고 그냥 넘어가더라도 핵심을 놓치지 않도록 그 결과도 자세하게 설명할 것이다.

베켄스타인은 주어진 크기의 블랙홀 안에 얼마나 많은 정보 조각을 숨길 수 있는지를 직접 묻지는 않았다. 대신 그는 1비트의 정보가 블랙홀 안에 떨어졌을 때 블랙홀의 크기가 어떻게 바뀔지를 물었다. 이것은 물 한 방울을 더했을 때 욕조의 수위가 얼마나 높아질 것인가를 묻는 것과도 비슷하다. 훨씬 더 좋은 질문은 이렇다. 원자 하나를 더하면 물이 얼마나 높아질까?

그렇게 할 때 또 다른 문제가 생긴다. 1비트를 어떻게 더할 것인가? 베켄스타인이 종이 조각에 인쇄된 점 하나를 던져 넣어야 하는 것일까? 그건 분명히 아니다. 그 점은 엄청나게 많은 수의 원자로 이뤄져 있으며, 그 종이 또한 그렇다. 그 점에는 1비트보다 훨씬 더 많은 정보가 있다. 최선의 전략은 기본 입자 하나를 던져 넣는 것이다.

예를 들어 광자 하나가 블랙홀로 떨어진다고 가정해 보자. 광자 하나조차도 1비트보다 더 많은 정보를 가지고 있을 수 있다. 특히 광자가 어디에서 지평선으로 들어가는지 정확하게 아는 데에는 아주 많은 양의 정보가 필요하다. 여기서 베켄스타인은 하이젠베르크의 **불확정성**이라는 개념을 영리하게 이용했다. 그는 광자가 블랙홀 안으로 들어가기만 하면 그 위치는 가능한 한 최대로 불확실해질 것이라고 추론했다. 이렇게 '불확실한 광자' 존재는 오직 1비트의 정보, 즉 블랙홀 안 어딘가에 광자가 있다는 정보만을 전달할 것이다.

광선의 해상력은 그 파장보다 더 좋을 수 없다는 4장의 내용을 돌이켜보자. 그런데 이 경우에 베켄스타인이 원한 것은 광자가 블랙홀 지평선의 어떤 지점으로 떨어졌는지를 분석하는 것이 아니다. 그는 가능한 한 모호하기를 원했다. 그의 묘수는 파장이 아주 길어 지평선 전체에 걸쳐 퍼져 있는 그런 광자를 이용하는 것이었다. 다시 말해 만약 지평선이 슈바르츠실트 반지름 R_S라면 광자의 파장 역시 그 정도 되는 것이다. 파장이 훨씬 더 긴 것도 하나의 방편처럼 보이지만, 그런 파장은 블랙홀에 갇히지 않고 그냥 튕겨 나올 것이다.

베켄스타인은 1비트를 블랙홀에 더하면 블랙홀이 아주 조금 커질 것이라고 생각했다. 풍선에 고무 분자 하나를 추가하면 풍선이 커지는 것과 비슷한 방식으로 말이다. 하지만 그 증가분을 계산하려면 몇 가지 중간 단계가 필요하다. 먼저 그 단계들의 개요를 그려 보자.

① 우선 1비트의 정보를 더했을 때 블랙홀의 에너지가 얼마나 많이 증가하는지를 알 필요가 있다. 물론 그 양은 1비트의 정보를 지닌 광자의 에너지이다. 따라서 광자의 에너지를 결정하는 것이 첫 단계이다.

② 다음으로 1비트를 더했을 때 블랙홀의 질량이 얼마나 많이 변하는지를 알 필요가 있다. 이것을 계산하기 위해 아인슈타인의 가장 유명한 방정식을 떠올려 보자.

$$E=mc^2$$

그러나 우리는 이 방정식을 거꾸로 읽어야 한다. 즉 질량의 변화를 더해진 에너지로 알 수 있다.

③ 일단 질량의 변화를 알면 우리는 슈바르츠실트 반지름의 변화를 계산할 수 있다. 미셸, 라플라스, 슈바르츠실트가 계산했던 것과 똑같은 공식을

이용하면 된다. (2장 참조)

$$R_s=2MG/c^2$$

④ 마지막으로 우리는 지평선의 넓이가 얼마나 증가했는지 계산해야 한다. 이 계산을 위해 우리는 구의 넓이에 대한 공식이 필요하다.

$$\text{지평선의 넓이} =4\pi R_s^2$$

우리는 1비트의 정보를 가진 광자의 에너지로 시작했다. 앞에서 설명했듯이 광자는 충분히 긴 파장을 가지고 있어서 블랙홀 안에서는 그 위치가 불확실해야만 한다. 이것은 파장이 R_S이어야 함을 뜻한다. 아인슈타인에 따르면 R_S의 파장을 가진 광자의 에너지 E는 다음과 같은 공식으로 주어진다.[4]

$$E=hc/R_S$$

여기서 h는 플랑크 상수이고 c는 광속이다. 이 공식은 블랙홀에 1비트의 정보를 떨어뜨리면 그 에너지는 hc/R_S만큼 증가한다는 것을 뜻한다.

다음 단계는 블랙홀의 질량이 얼마나 변하는가를 계산하는 것이다. 에너지를 질량으로 바꾸려면 에너지를 c^2으로 나눠야 한다. 이것은 블랙홀의 질량이 h/R_Sc만큼 증가한다는 것을 의미한다.

---

4. 파장이 R_s인 광자의 진동수 f는 c/R_s이다. 아인슈타인-플랑크 공식인 $E=hf$를 이용하면 광자의 에너지가 hc/R_s임을 알 수 있다.

$$질량의 변화=h/R_Sc$$

몇몇 숫자를 집어넣어서 1비트가 태양 질량의 블랙홀에 얼마나 많은 질량을 더할지를 알아보자.

플랑크 상수, h	6.6×10^{-34}
블랙홀의 슈바르츠실트 반지름, R_S	3,000미터(=2마일)
광속, c	3×10^{8}
뉴턴 상수, G	6.7×10^{-11}

따라서 태양 질량의 블랙홀에 1비트의 정보를 더하면 질량이 놀랄 만큼 조금 늘어난다.

$$질량의 증가=10^{-45}킬로그램$$

하지만 사람들이 말하듯이 '없는 것은 아니다.'

이제 3단계로 넘어가자. 질량과 반지름 사이의 연관식을 이용해서 R_S의 변화를 계산하는 것이다. 대수적인 기호를 쓰면 그 답은 다음과 같다.

$$R_S의 증가량=2hG/(R_Sc^3)$$

태양 질량의 블랙홀의 경우 R_S는 약 3,000미터이다. 모든 숫자를 다 끼워 맞추면 이 반지름은 10^{-72}미터 증가한다는 것을 알 수 있다. 이것은 양성자보다도 훨씬 작을 뿐만 아니라 플랑크 길이(10^{-35}미터)보다도 훨씬 작다. 반지름의 변화가 그렇게 작다면 왜 우리가 그렇게 고생스럽게 계산해야 할까 하고 의아해 할지도 모르겠다. 하지만 그 작은 양을 무시한다는 것은 실수를 저지르는 것이다.

마지막 단계는 지평선의 넓이가 얼마나 많이 변하는지를 알아내는 것이다. 태양 질량의 블랙홀의 경우 지평선의 넓이는 약 10^{-70}제곱미터 증가한다. 이것도 매우 작은 양이지만 역시 '없는 것은 아니다.' 그리고 단지 없는 것이 아닌 정도가 아니라 뭔가 아주 특별하다. 10^{-70}제곱미터는 아주 공교롭게도 **1제곱 플랑크 단위**이다.

이것은 우연일까? 만약 우리가 지구 질량의 블랙홀(크랜베리만 한 블랙홀), 또는 태양보다 10억 배 더 무거운 블랙홀로 계산하면 어떻게 될까? 숫자로든 방정식으로든 한번 계산해 보라. 원래 블랙홀의 크기가 얼마든지, 다음과 같은 규칙이 성립한다.

1비트의 정보를 더하면 어떤 블랙홀이라도 그 지평선의 넓이가 1플랑크 넓이 단위, 즉 1제곱 플랑크 단위만큼 증가한다.

어쨌든 양자 역학과 상대성 이론의 원리에 숨어 있지만 더 이상 나눌 수 없는 최소 비트의 정보와 플랑크 크기의 넓이 조각 사이에는 신비한 관계가 있다.

내가 스탠퍼드의 의대생들을 위한 물리학 강의에서 이 모든 것을 설명했을 때 강의실 뒤에 있던 누군가가 길고 낮게 휘파람을 불며 이렇게 말했다. "그으은사하군요." 그건 정말 근사하다. 뿐만 아니라 심오하기도 하다. 또 양자 중력의 수수께끼를 풀 열쇠를 쥐고 있는 것 같다.

이제 블랙홀을 한 비트 한 비트씩 만든다고 생각해 보자. 욕조를 원자 하나씩으로 채우는 것처럼 말이다. 당신이 1비트의 정보를 더할 때마다 지평선의 넓이는 1플랑크 단위만큼 증가한다. 블랙홀이 완성되면 그 지평선의 넓이는 블랙홀에 숨겨진 정보 조각의 총합과 같아질 것이다. 베켄스타인이 성취한 위대한 업적이 바로 이것이다. 이 모든 것이 다음 문구에 요약되어 있다.

비트로 잰 블랙홀의 엔트로피는 플랑크 단위로 잰 지평선의 넓이에 비례한다.

좀 더 간결하게 정리해 보자.

정보는 넓이와 같다.

지평선은 더 이상 압축할 수 없는 정보 조각들로 조밀하게 덮여 있다고 생각할 수 있다. 탁자 위를 동전으로 조밀하게 덮은 것처럼 말이다.

여기에 동전을 하나 더 더하면 그 넓이는 동전 하나의 넓이만큼 늘어날 것이다. 비트, 동전, 모두 같은 원리이다.

이 비유의 한 가지 문제는 지평선에는 동전이 전혀 없다는 점이다. 만약 동전이 있다면 앨리스는 블랙홀 속으로 떨어질 때 그 동전들을 발견했을 것이다. 일반 상대성 이론에 따르면 자유 낙하하는 앨리스에게 지평선은 눈에 보이지 않는, 되돌아갈 수 없는 점이다. 그녀가 동전으로 가득 찬 탁자 같은 어떤 것이라도 마주칠 가능성이 있다면 이것은 아인슈타인의 등가 원리와 정면으로 충돌한다.

이 긴장 관계, 즉 **물질인 정보 조각으로 조밀하게 덮여 있는 하나의 경계면으로서의 지평선**과 **아무것도 없는 단순한 귀환 불능점으로서의 지평선** 사이의 명백한 모순이 바로 블랙홀 전쟁의 발발 이유였다.

베켄스타인의 발견 이후 또 다른 문제가 물리학자들을 난처하게 했다. 엔트로피는 왜 블랙홀 내부의 부피가 아니라 지평선의 넓이에 비례하는 것일까? 블랙홀은 엄청나게 많은 공간을 낭비하는 것 같다. 사실 블랙홀은 프톨레마이오스의 도서관과 무서울 정도로 닮아 있다. 우리는 18장에서 이 문제로 다시 돌아올 것이다. 거기서 우리는 세계 전체가 하나의 홀로그램임을 알게 될 것이다.

블랙홀의 엔트로피가 그 넓이에 비례한다는 베켄스타인의 생각이 옳다고 하더라도 그의 논증은 완전무결하지는 않았다. 그도 이것을 알고 있었다. 베켄스타인은 엔트로피가 플랑크 단위로 잰 넓이와 **같다**고 말하지 않았다. 스스로의 계산에 몇몇 불확실한 내용이 있었기 때문에 그는 블랙홀의 엔트로피가 그 넓이와 **대략 같다(또는 넓이에 비례한다.)**고 말했다. 물리학에서 **대략**이라는 말은 아주 믿음이 가지 않는 단어이다. 엔트로피가 지평선 넓이의 2배라는 말인가 아니면 4분의 1이라는 말인가? 베켄스타인의 논증은 눈부셨지만 그 비례 상수를 확정할 만큼 충분히 강력하지는 않았다.

다음 장에서 우리는 블랙홀의 엔트로피에 대한 베켄스타인의 발견이 어떻게 스티븐 호킹을 그의 위대한 통찰로 이끌었는지를 보게 될 것이다. 블랙홀은 베켄스타인이 옳게 추측한 것처럼 엔트로피를 가지고 있을 뿐만 아니라 온도도 가지고 있다. 블랙홀은 물리학자들이 생각했던 것처럼 무한히 차갑고 죽은 물체가 아니다. 블랙홀은 내부의 따스함으로 타오른다. 하지만 결국에는 그 따스함 때문에 붕괴한다.

9장
검은 빛

큰 도시의 겨울바람은 꽤나 성가시다. 건물들의 반듯한 면들 사이 긴 통로를 따라 깔때기를 지나가듯 흘러가다가 모퉁이를 휘감아 돌아 재수 없는 보행자를 사정없이 후려친다. 1974년 아주 궂은 어느 날, 나는 맨해튼 북쪽의 빙판길을 오랫동안 뛰고 있었다. 내 긴 머리칼에는 땀이 얼어붙은 고드름이 매달렸다. 24킬로미터나 뛰고 나니 지쳐 버렸다. 그러나 애석하게도 내 따뜻한 연구실까지는 아직도 3킬로미터나 남아 있었다. 마침 지갑이 없어서 나는 지하철을 타는 데 필요한 20센트조차도 없었다. 하지만 나는 운이 좋았다. 내가 딕먼 가 근처 어딘가에서 보도연석을 내려섰을 때 차 한 대가 내 옆에 서더니 아게 페터센(Aage Petersen)이 차창 밖으로 머리를 내밀었다. 아게는 덴마크 출신의 유쾌한 장난꾸

러기로 미국에 오기 전 코펜하겐에서 닐스 보어의 조수로 일했다. 그는 양자 역학을 사랑했고 보어의 철학과 함께 숨 쉬며 살았다.

차 안에 들어가자마자 아게는 내게 벨퍼 스쿨에서 있을 데니스 윌리엄 샤마(Dennis William Sciama, 1926~1999년)의 강연에 가는 길이냐고 물었다. 그렇지는 않았다. 사실 나는 샤마나 그의 강연에 대해 아무것도 몰랐다. 그것보다 나는 대학 카페테리아의 따끈한 수프 한 그릇을 생각하고 있었다. 아게는 샤마를 영국에서 만났다. 아게는 샤마가 케임브리지 출신으로 엄청나게 재미있는 영국인이며 진짜 웃기는 이야기를 많이 들려줄 것이라고 이야기했다. 아게는 그 강의가 블랙홀과 어떤 관계가 있다고 생각했다. 샤마의 제자가 블랙홀과 관련된 어떤 연구를 했는데 케임브리지를 들끓게 했다고 했다. 나는 아게에게 그 강연에 참석하겠다고 약속했다.

예시바 대학교의 카페테리아는 내가 아주 좋아하는 장소는 아니었다. 음식이 나쁘지는 않았다. 수프는 정결했고(유대교 율법에 어긋나지 않게 만들어졌다. 그러나 나는 그리 신경쓰지 않았다.) 따끈했다(이것은 정말 중요했다.). 하지만 학생들끼리 하는 이야기 때문에 나는 짜증이 났다. 그 이야기는 거의 언제나 법에 관한 것이었다. 연방법이나 주법이나 시법, 또는 과학 법칙에 대한 것도 아니었다. 젊은 예시바 대학교의 학부생들은 탈무드의 사소하고 자질구레한 율법들을 가지고 열심히 토론했다. "예전에 돼지 농장이었던 곳에 지은 공장에서 생산한 펩시는 정결한 걸까?" "공장을 세우기 전에 땅을 합판으로 덮어 버리면 율법에 맞지 않을까?" 뭐 그런 이야기들이다. 하지만 따끈한 수프와 추운 날씨 때문에 나는 빈둥거리면서 옆 탁자에 앉은 학생들의 이야기를 엿듣기로 했다. 이번에는 대화의 주제가 나 또한 관심을 가질 만한 내용이었다. 화장지! 그 터무니없는 탈무드 토론이 안식일에 화장지를 화장실 거치대에 새로 비치해도 되는지, 또는 비치되지 않은 두루마리 화장지를 바로 써도 되는지 하는 중차대한 문제로 옮겨 갔기 때문이다. 한쪽은 랍비 아키바 글을 인용하며, 그 위대한 랍비라면 거치대에 화장지를 새로 비치하는 것을 금지하는 법을 만들고 그 법을 엄격하게 준수하도록 요구했을 것이라고 추측했다. 다른 쪽은 아키바만큼이나 위대한 람밤[1]이 『당황한 사람들을 위한 지침서(*The Guide for the Perplexed*)』에서 사람이 사는 데 필요한 어떤 행동은 이런 탈무드의 가르침에서 면제된다는 점을 분명히 했다면서, 논리적으로 분석해 봤을 때 화장지를 채워 넣는 일이 그런 행동 가운데 하나라는 관점이 더 설득력이 있다고 주장했다. 30분 뒤에도 논쟁은 여전히 격렬하게 계속되었다. 이제는 랍비가 되었을 법한 몇몇 새로운 젊은이들이 천재적이고도 거의 수학적인 논증을 추가하며 이 논쟁에 끼어들었다. 결국 나는 그 논쟁에 질리고 말았다.

당신은 아마도 이 이야기가 이 책의 주제인 블랙홀과 무슨 관계가 있는지 의아할지도 모르겠다. 딱 하나 있다. 카페테리아에서 빈둥거리느라 내가 데니스 샤마의 훌륭한 강연의 처음 40분을 놓쳐 버렸다는 것이다.

샤마가 천문학 및 우주론 교수로 있는 케임브리지 대학교는 '가장 똑똑하고 가장 뛰어난 사람들이' 중력이라는 심오한 수수께끼에 맞서 자신의 지성을 시험하고 있는 세 곳 가운데 하나였다. (다른 두 곳은 프린스턴과 모스크바[2]였다.) 프린스턴과 마찬가지로 케임브리지의 젊은 지적 전사들은 카리스마 넘치고 영감을 불러일으키는 지도자가 이끌었다. 샤마의 문하

---

1. 람밤(Rambam)은 랍비 모세 벤 마이몬(Moses Ben Maimon)의 별명으로, 비유대인 세계에는 마이모니데스(Maimonides)로 더 잘 알려져 있다.

2. 러시아의 전설적인 천체 물리학자이자 우주론자인 야코프 젤도비치(Yakor B. Zeldovich)가 모스크바에 있는 중력 연구소를 이끌고 있었다.

에는 젊고 명석한 물리학자들이 기라성같이 모여 있었다. 여기에는 우주론에서 인간 원리를 창시한 브랜든 카터, 영국 왕실 천문대 대장이며 현재 에드먼드 핼리(핼리 혜성으로 유명한 바로 그) 좌 교수를 맡고 있는 마틴 리스(Martin Rees, 1942년~) 경, 현재 옥스퍼드 수학과의 로즈 볼 교수인 필립 칸델라스(Philip Candelas), 양자 컴퓨터 과학의 개척자 가운데 한 명인 데이비드 도이치(David Deutschy, 1953년~), 케임브리지의 출중한 천문학자인 존 데이비드 배로(John David Barrow, 1952년~), 잘 알려진 우주론 학자 조지 엘리스(George Ellis, 1939년~) 등이 포함된다. 아, 물론 스티븐 호킹도 있다. 그는 현재 케임브리지의 아이작 뉴턴 좌 교수로 재직하고 있다. 사실 1974년 그 혹한의 날에 샤마가 발표했던 것은 호킹의 연구였다. 하지만 당시 스티븐 호킹이라는 이름은 내게 어떤 의미도 없었다.

내가 샤마의 강연에 도착한 것은 강연의 3분의 2가 끝났을 때였다. 더 일찍 오지 못한 것이 너무나 후회스러웠다. 일단 달리기 하던 복장으로 꽁꽁 얼어붙은 거리로 다시 나가고 싶지 않았다. 날이 어두워졌기 때문에 샤마가 강연을 마칠 때는 분명 훨씬 더 추워질 터였다. 하지만 샤마가 이제 막 시작했기를 바랐던 것은 동상에 대한 두려움 때문만은 아니었다. 아게의 말대로 샤마는 엄청나게 재미있는 연사였다. 그의 익살은 정말 돋보였지만 그 이상으로 나는 칠판에 쓰인 단 하나의 방정식에 매료되었다.

대개 이론 물리학 강의가 끝나면 칠판은 수학 기호로 가득 차게 된다. 하지만 샤마는 방정식을 거의 쓰지 않았다. 내가 도착했을 때 칠판은 대략 다음 쪽의 그림과 같았다.

5분 이내에 나는 그 기호가 표현하는 바를 해독했다. 사실 그 기호들은 모두 물리학에서는 매우 익숙한 양들을 나타내는 아주 표준적인 표기들이었다. 하지만 나는 그 방정식이 무엇을 기술하는지 알지 못했다.

아주 심오하거나 아주 웃기거나 둘 중의 하나라고 말할 수는 있었지만 말이다. 그 방정식에는 가장 근본적인 자연 상수들만 들어 있었다. 중력을 지배하는 뉴턴 상수 G가 이상하게도 분모에 있었다. 광속 c는 특수 상대성 이론이 관계하고 있음을 암시했고, 플랑크 상수 h는 양자 역학을 속삭이고 있었다. 그리고 볼츠만 상수 k가 있었다. 그것도 가장 있을 것 같지 않은 곳이었다. 도대체 k가 거기서 무엇을 하고 있단 말인가? 볼츠만 상수는 열과 엔트로피의 미시적 기원과 관계가 있다. 열과 엔트로피가 양자 중력 공식에서 대체 무엇을 하고 있는 것일까?

그리고 16과 π^2은 또 뭘까? 이 수들은 이런 부류의 방정식에서 쉽게 볼 수 있는 수학적인 수들이다. 어떤 힌트도 없었다. M은 친숙했다. 그리고 그 의미는 샤마의 말 때문에 확실해졌다. M은 질량이었다. 1~2분 안에 나는 그것이 블랙홀의 질량이라는 것을 알 수 있었다.

그래, 블랙홀, 중력, 상대성 이론, 다 좋다. 그것은 의미가 있다. 하지만 양자 역학을 더하는 것은 이상해 보였다. 블랙홀은 어마어마하게 무겁다. 블랙홀이 되기 전의 별만큼이나 무겁다. 그런데 양자 역학은 원자, 전자, 광자처럼 작은 것들에 대한 물리학이다. 별만큼이나 무거운 뭔가를 논하는 데에 왜 양자 역학을 가져온 것일까?

가장 혼란스러운 것은 방정식의 좌변이 온도 T라는 것이었다. 대체 무엇의 온도란 말인가?

샤마의 강연 마지막 15~20분 동안 나는 퍼즐 조각들을 얼추 짜 맞출 수 있었다. 샤마의 제자 가운데 한 명이 아주 이상한 뭔가를 발견했다. 양자 역학은 블랙홀에 열적 성질들을 부여한다. 그리고 열이 있으면 온도가 있다. 칠판의 방정식은 블랙홀의 온도를 나타내는 공식이었다.

'정말 이상하군.' 하고 나는 생각했다. 샤마는 왜 연료를 완전히 소진하고 죽은 별이 절대 영도가 아닌 온도를 가진다는 어리석은 생각을 하게 되었을까?

그 흥미로운 공식을 보노라니 나는 한 가지 재미있는 관계를 알게 되었다. 블랙홀의 온도가 그 질량에 반비례한다는 것이었다. 질량이 클수록 온도는 낮아진다. 별만큼 거대한 천문학적인 블랙홀은 아주 낮은 온도를 가질 것이다. 그 온도는 지구상의 실험실에서 만들어 낼 수 있는 그 어떤 물체보다도 훨씬 더 차가울 것이다. 하지만 나는 곧 놀라운 사실을 깨닫고 자리에서 벌떡 일어났다. 만약 아주 작은 블랙홀이 존재할 수만 있다면, 그 블랙홀은 상상을 초월할 정도로 뜨거울 터였기 때문이다. 우리가 여지껏 생각했던 그 어느 것보다도 더 뜨거울 것이다.

하지만 샤마는 훨씬 더 놀라운 이야기를 했다. 블랙홀이 증발한다는 것이었다! 그때까지 물리학자들은 블랙홀이 다이아몬드처럼 영원할 것이라고 믿었다. 당시까지 물리학자들은 일단 블랙홀이 만들어지면 그것을 파괴하거나 없앨 수 없다고 여겼다. 별이 죽어서 만들어진 무한히 차갑고 무한히 조용한 우주의 검고 빈 공간은 영원무궁토록 존속될 것이었다.

하지만 샤마는 블랙홀이 햇빛에 노출된 물방울처럼 조금씩 증발해서 마침내 사라질 것이라고 말했다. 그가 설명했듯이 전자기적 열복사가 블랙홀의 질량을 가져간다.

샤마와 그의 제자가 왜 이런 생각을 했는지를 설명하기 전에 당신에게 열과 열복사에 관한 이야기를 몇 가지 하겠다. 나중에 블랙홀로 다시 돌아오겠지만, 우선 옆길로 새기로 하자.

열과 온도

열과 온도는 물리학에서 가장 친숙한 개념들 가운데 하나이다. 우리 모두 몸속에 생체 온도계나 온도 조절 장치를 가지고 있다. 진화 덕분에 우리는 춥고 따뜻한 것을 느낄 수 있는 신경 회로를 가지게 되었다.

따뜻함은 열이 있고 차가움은 열이 없다. 하지만 열이라고 불리는 이 놈의 정체는 정확하게 무엇일까? 뜨거운 욕조 물에서는 어떤 일들이 일어나는 것일까? (욕조의 물이 식으면 뭐가 없어지는 것일까?) 따뜻한 물속을 떠다니는 아주 작은 먼지 입자나 꽃가루 알갱이를 현미경으로 주의 깊게 들여다보면, 그 알갱이들이 술 취한 뱃사람처럼 이리 비틀 저리 비틀거리며 돌아다니는 것을 볼 수 있다. 물이 뜨거울수록 알갱이들은 더 심하게 요동치는 것으로 보인다. 넘치는 에너지로 급속히 움직이는 분자들이 계속해서 알갱이들과 충돌함으로써 이런 브라운 운동이 생긴다는 것을 1905년에 처음으로 설명한 사람이 바로 아인슈타인이다.[3] 다른 모든 물

3. 1905년 아인슈타인은 물리학에서 2개의 혁명을 시작했고 하나의 혁명을 끝마쳤다. 2개의 새로운 혁명은 물론 특수 상대성 이론과 빛의 양자(또는 광자) 이론이다. 같은 해에 아인슈타인은 브라운 운동에 대한 논문을 발표했고 그 논문에서 물질의 분자 이론을 입증하는 명확한 증거를 처음으로 제시했다. 맥스웰과 볼츠만 같은 물리학자들은 열이 가설적인 물질 분자의 무작위적인 운동일 것이라고 오랫동안 생각해 왔다. 그것에 대한 결정적인 증명을 제시한 것이 아인슈타인이었다.

질과 마찬가지로 물은 여기저기 움직이며 서로 부딪히고 용기의 벽면과 외부의 불순물과 부딪히는 분자들로 이뤄져 있다. 그 운동이 무작위적이고 무질서할 때 우리는 그것을 '열'이라고 부른다. 보통의 물체에 열의 형태로 에너지를 가하면, 그 결과로 분자들의 무작위적인 운동 에너지가 증가한다.

온도는 물론 열과 관계가 있다. 갈짓자로 움직이는 분자들이 당신의 피부와 부딪히면 그 분자들이 말초 신경을 흥분시켜 온도를 느끼게 만든다. 각 분자의 에너지가 높을수록 당신의 말초 신경은 더 많은 영향을 받고 더 뜨겁다고 느낀다. 당신의 피부는 분자의 무질서한 운동을 감지하고 기록할 수 있는 여러 형태의 온도계 가운데 하나이다.

간단히 말해 어떤 물체의 온도는 개별 분자가 가진 에너지를 나타내는 척도이다. 물체가 차가워진다는 것은 에너지가 밖으로 빠져나가고 있는 것이다. 이 경우 분자들의 운동은 느려진다. 에너지가 빠져나가면 나갈수록 분자는 가능한 한 낮은 에너지 상태에 이른다. 양자 역학을 무시할 수 있다면 분자 운동이 모두 멈췄을 때 이런 일이 벌어진다. 이 지점에서는 빼낼 에너지가 더 이상 없어서 물체는 절대 영도에 있게 될 것이다. 온도는 그 이상 낮아질 수 없다.

블랙홀은 흑체이다

대부분의 물체는 적어도 약간의 빛을 반사한다. 붉은 페인트가 붉은 이유는 붉은빛을 반사하기 때문이다. 좀 더 정확하게 말하자면, 붉은 페인트는 눈과 뇌가 붉다고 인식하는 파장들의 조합을 반사한다. 마찬가지로 파란 페인트는 우리가 파랗다고 인식하는 조합을 반사한다. 눈이 흰 이유는 얼음 결정의 표면이 모든 가시광선의 빛들을 똑같이 반사하기 때문이다. (눈과 거울의 유일한 차이점은 눈의 알갱이 구조가 빛을 모든 방향으로 산란시켜 반사된 상을 수천 개의 작은 조각들로 쪼갠다는 것이다.) 하지만 빛을 전혀 반사하지 않는 표면도 있다. 검게 그을린 냄비의 검댕 표면에 빛을 쬐면 빛이 검댕의 층으로 흡수되어 냄비의 검은 표면과 그 안의 철 자체를 데운다. 이런 물체를 인간의 뇌는 검다고 인식한다.

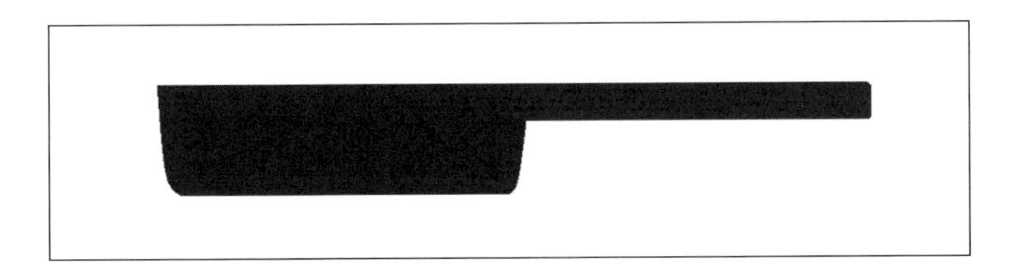

빛을 완전히 흡수하는 물체를 물리학자들은 **흑체**(black body)라고 부른다. 뉴욕에 있는 예시바 대학교에서 샤마가 강연을 할 당시는 물리학자들이 블랙홀이 흑체라는 것을 안 지 오래되었을 때였다. 라플라스와 미첼은 18세기에 이미 그럴 것이라고 생각했고, 아인슈타인 방정식에 대한 슈바르츠실트의 해는 그 사실을 증명했다. 블랙홀 지평선에 빛을 쬐면 완전히 흡수된다. 블랙홀 지평선은 검은 것들 중에서 가장 검다.

하지만 호킹의 발견 이전에는 블랙홀이 온도를 가지고 있다는 사실을 아무도 몰랐다. 만약 호킹 이전에 물리학자에게 "블랙홀의 온도는 얼마입니까?"라고 물으면 그 대답은 아마도 "블랙홀은 온도가 없습니다." 정도였을 것이다. 그러면 당신은 이렇게 대꾸했을지도 모르겠다. "말도 안 돼요. 온도가 없는 게 어디 있어요?" 아니면 잠깐 생각을 하고 나서 이런 답을 생각해 냈을 수도 있다. "좋아요. 블랙홀은 열이 없으니까 가능한 가장 낮은 온도인 절대 영도임에 틀림없군요." 사실 호킹 이전에 모든 물리학자들은 블랙홀이 진짜 흑체, 하지만 절대 영도인 흑체라고 주장했다.

이제 흑체가 어떤 빛도 전혀 내뿜지 않는다고 말하는 것은 옳지 않다. 그을린 냄비를 몇백 도로 가열하면 빨갛게 달아오른다. 훨씬 더 뜨거워지면 오렌지색 빛을 내며, 다음에는 노란색, 그리고 마침내 밝은 푸른빛이 도는 흰색을 띤다. 물리학자들의 정의에 따르면, 기묘하게 들리겠지만, 태양도 흑체이다. 참 이상하다고 말할지도 모르겠다. 당신은 태양이 그 어떤 것보다 흑체와 거리가 멀다고 여길 것이다. 태양의 표면은 엄청난 양의 빛을 내뿜지만 **아무것도 반사하지 않는다.** 그렇기 때문에 물리학자들에게 태양은 흑체이다.

뜨거운 냄비를 식히면 눈에 보이지 않는 적외선을 내뿜는다. 가장 차가운 물체조차도 절대 영도가 아닌 이상 어떤 전자기파를 복사한다.

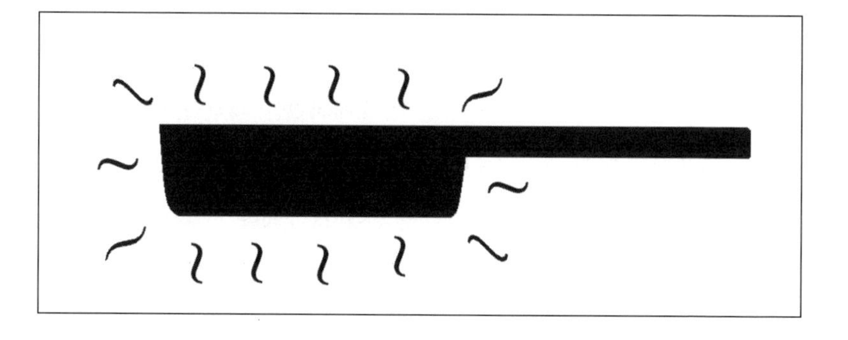

하지만 흑체가 복사하는 빛은 반사된 빛이 아니다. 이 빛은 반사된 빛과는 달리 원자들의 진동이나 충돌에서 생기며, 그 빛의 색깔은 흑체의 온도에 좌우된다.

데니스 샤마의 설명은 놀라운 것이었다. (그리고 그때는 약간 말도 안 돼 보였다.) 그는 블랙홀이 흑체이지만 그 온도가 절대 영도는 **아니라**고 했다. 모든 블랙홀은 그 질량에 따라 달라지는 온도를 가지고 있다. 칠판에 적혀 있는 것이 바로 그 공식이었다.

그는 우리에게 한 가지를 더 말했는데, 어떤 면에서는 가장 놀라운 것이었다. 블랙홀은 열과 온도를 가지고 있기 때문에 달궈진 검은 냄비처럼 전자기 복사(광자)를 방출해야만 한다. 이것은 블랙홀이 에너지를 잃는다는 것을 뜻한다. 아인슈타인의 $E=mc^2$에 따르면 에너지와 질량은 정말로 똑같은 것이다. 따라서 만약 블랙홀이 에너지를 잃는다면 그것은 질량을 잃어버리는 것이다.

여기가 샤마 강연의 핵심 대목이었다. 블랙홀의 크기(지평선의 반지름)는 그 질량에 정비례한다. 질량이 줄어들면 결과적으로 블랙홀의 크기도 줄어든다. 따라서 블랙홀이 에너지를 방출하면 블랙홀은 기본 입자만 해질 때까지 줄어들다가 마침내 사라진다. 샤마에 따르면 블랙홀은 증발해 없어져 버린다. 여름날의 물웅덩이처럼 말이다.

강의 내내, 또는 적어도 내가 들은 강연 부분 내내 샤마는 자신이 처음으로 이런 발견을 한 것은 아니라는 점을 아주 분명히 했다. "호킹이 이렇게 말했다." 아니면 "호킹이 저렇게 말했다." 하는 식이었다. 하지만 샤마가 그렇게 말했음에도 불구하고 나는 강의가 끝났을 때, 잘 알려지지 않은 스티븐 호킹이라는 학생이 억세게 운이 좋아서 우연히도 적재적소에서 샤마의 연구 과제를 낚아챘다는 인상을 받았다. 유명한 물리학자가 강의 도중에 똑똑한 학생 이름을 후하게 언급하는 것은 일종의 관습이다. 그 아이디어가 반짝반짝 빛나는 것이든 미친 것이든, 그런 아이디어들은 더 연배가 높은 물리학자에게서 나왔을 것이라고 나는 자연스럽게 생각했다.

그날 저녁, 나는 그 생각이 그릇된 것임을 확실히 깨달았다. 아게 페터센과 벨퍼의 다른 물리학과 교수들과 함께 나는 샤마를 데리고 리틀 이탈리아에 있는 근사한 이탈리아 식당으로 저녁을 먹으러 갔다. 저녁을 먹으면서 샤마는 그의 놀라운 제자에 대한 이야기를 모두 해 줬다.

사실 호킹은 보통 평범한 제자가 아니었다. 샤마가 "우리 호킹"이라고 할 때, 그는 노벨상 수상자의 아버지가 자랑스럽게 "내 아들"이라고 말할 때와 똑같은 투로 말하고 있었다. 1974년 당시 호킹은 일반 상대성 이론 분야에서 떠오르는 별이었다. 그와 로저 펜로즈(Roger Penrose, 1931년~)는 일반 상대성 이론에 중대한 기여를 했다. 호킹이 단지 관대한 논문 지도 교수의 운좋은 학생일 뿐이라고 믿었던 것은 순전히 내 무지 탓이었다.

맛있는 이탈리아 음식과 좋은 와인을 들면서 나는 그 젊은 천재에 관한 소설보다 더 믿기지 않는 놀라운 이야기를 들었다. 그 천재는 몸이 쇠약해지는 병을 앓고 있다는 진단을 받고 나서야 활짝 만개하기 시작했다. 똑똑하지만 다소 자기 중심적인 대학원생 호킹은 루게릭 병에 걸리고 말았다. 병세는 급속히 진전되어 우리가 저녁 식사를 하던 그 무렵에 호킹의 몸은 거의 완전히 마비되었다. 호킹은 방정식을 쓸 수도 없었고 의사 소통도 거의 할 수 없었지만, 자신의 의학적 천형을 한쪽 구석으로 몰아넣음과 동시에 눈부신 아이디어를 꽃피우고 있었다. 그 병의 경과와 결말은 무시무시했다. 루게릭 병은 생명에 치명적이었으며 모두들 호킹이 1~2년 안에 죽을 것이라고 입을 모았다. 그 와중에도 호킹은 두둑한 배짱을 가지고 즐거운 마음으로 (샤마의 말을 빌리자면) 물리학에 혁명을 일으키고 있었다. 당시에는 역경에 용감하게 맞서는 호킹에 대한 샤마의 이야기가 과장처럼 들렸다. 하지만 호킹을 사반세기 넘게 알아 온 지금, 나는 호킹이 샤마가 이야기했던 그대로의 사람이라고 감히 단언할 수 있다.

아무튼 그때 나는 호킹과 샤마를 잘 알지 못했고, 블랙홀이 증발한다는 것이 터무니없는 이야기인지, 거칠고 초보적인 억측인지, 또는 진실인지 전혀 알 수가 없었다. 아마 유대교식 화장지 율법 토론을 듣느라고 뭔가 중요한 논증 부분을 놓쳤을지도 모른다. 그러나 샤마는 기술적인 기초를 소개하지 않고 단지 호킹의 결론만 전달했다. 사실 샤마는 호킹이 사용한 양자장 이론이라는 진일보한 방법에는 전문가가 아니었다. 앞에서 말했듯이 샤마는 방정식을 거의 쓰지 않는 인물이었다.

지금 돌이켜보면 내가 샤마의 강의를 들으면서 그 2년 전에 웨스트 엔드 카페에서 리처드 파인만과 나눴던 짧은 대화를 연상하지 않았던 것은 좀 이상하다. 그때 파인만과 나 또한 블랙홀이 결국 어떻게 붕괴되는지에 대해 숙고하고 있었다. 하지만 그 후 몇 달이 지나고 나서야 나는 그 두 문제를 함께 고민할 수 있었다.

호킹의 논증

본인의 말에 따르면, 호킹은 당시 유명하지 않았던 프린스턴의 대학원생 제이콥 베켄스타인의 이상한 결론을 처음에는 믿지 않았다. 어떻게 블랙홀이 엔트로피를 가질 수 있단 말인가? 엔트로피는 무지와 관계가 있다. 욕조에 담긴 따뜻한 물의 물 분자들이 어디에 있는지 정확하게 알 수 없는 것 같은, 그런 숨겨진 미시 구조에 대한 무지 말이다. 아인슈타인의 중력 이론과 슈바르츠실트의 블랙홀 해는 미시적 실제 물체와는 아무런 관계가 없다. 게다가 블랙홀에 대해서는 모를 만한 것이 없는 것처럼 보였다. 아인슈타인 방정식에 대한 슈바르츠실트의 해는 유일하고 정확하다. 질량과 각운동량의 값이 주어지면 단 하나의 블랙홀 해가 나온다. 존 휠러가 "블랙홀은 털이 없다."라고 말했을 때 의미했던 바가 바로 이것이다. 통상적인 논리에 따르면 유일한 배열(7장에 나오는 완벽한 BMW 자동차를 떠올려 보라.)은 엔트로피를 가질 수 없다. 베켄스타인의 엔트로피는 호킹에게 전혀 의미가 없었다. 적어도 호킹이 그 문제에 대한 자신만의 사고법을 발견하기 전까지는 그랬다.

호킹의 핵심 열쇠는 엔트로피가 아니라 온도였다. 엔트로피가 있다고 해서 자동적으로 어떤 계가 온도를 가지지는 않는다.[4] 제3의 물리량인 에너지도 방정식에 들어간다. 에너지, 엔트로피, 그리고 온도 사이의 관계는 19세기 초반 열역학[5]의 기원으로 거슬러 올라간다. 당시에는 이 학문과 관련된 물건이 바로 증기 기관이었다. 프랑스 인 니콜라 레오나르 사디 카르노(Nicolas Léonard Sadi Carnot, 1796~1832년)는 말하자면 증기 공학자였다. 그는 실용적인 문제에 아주 관심이 많았다. 일정량의 증기에 포함된 열을 어떻게 이용해야 가장 효과적인 방식으로 유용한 일을 할 수 있을까? 어떻게 해야 효율을 최대화할 수 있을까? 이 경우 유용한 일이란 기관차를 가속시키는 것을 의미할 수도 있다. 그러려면 열에너지를 엄청나게 무거운 쇳덩어리의 운동 에너지로 바꿀 필요가 있다.

열에너지란 분자의 무작위적 운동에서 생기는 무질서하고 혼란스러운 에너지를 뜻한다. 반대로 기관차의 운동 에너지는 엄청나게 많은 수의 분자들을 동시에, 한 방향으로 움직이는 조직화된 형태의 에너지이다. 따라서 카르노가 생각해야 할 문제는 일정량의 무질서한 에너지를 어떻게 조직화된 에너지로 바꿀 것인가 하는 것이었다. 그런데 에너지가 조직화되어 있다거나 무질서하다는 이야기가 무엇을 의미하는지를 정확하게 이해하는 사람이 아무도 없었다. 카르노는 엔트로피를 무질서의 척도로서 정의한 최초의 사람이었다.

나는 기계 공학과 학부생이었을 때 엔트로피를 처음 접했다. 나나 다른 모든 학생들은 열에 대한 분자 이론에 대해 아무것도 몰랐다. 그때 강의를 맡은 교수도 알지 못했을 거라는 데에 나는 내기를 걸 수 있다. '기

---

4. 논리적으로는 에너지를 바꾸지 않고도 많은 방식으로 배열할 수 있는 계를 생각할 수 있지만, 현실에서는 결코 이런 일이 일어나지 않는다.

5. 열역학은 열에 대한 학문이다.

계 공학 입문: 기계 공학도를 위한 열역학 강의'는 너무나 혼란스러워서 그 학급에서 단연 최우수 학생이었던 나도 도무지 무슨 말인지 알 수가 없었다. 무엇보다 엔트로피라는 개념은 최악이었다. 뭔가를 약간 가열했을 때 열에너지의 변화를 온도로 나눈 값이 엔트로피의 변화라는 말을 들었을 뿐이다. 모두가 그것을 받아 적었지만 누구도 그것이 무슨 뜻인지 이해하지 못했다. 내게는 마치 "소시지 개수의 변화를 양파화 지수로 나눈 값을 풀묵꽃이라고 부른다."라는 말처럼 불가해했다.

또 다른 문제는 내가 온도를 정말로 이해하지 못했다는 것이다. 교수는 온도는 온도계로 잴 수 있는 것이라고 했다. "그렇군요." 하면서 나는 이렇게 질문했을 것이다. "그런데 도대체 그게 뭐죠?" 아마 그 대답은 "내가 말했듯이, 그건 자네가 온도계로 잴 수 있는 것이라네."였을 것이라고 나는 확신한다.

엔트로피를 온도로 정의하는 것은 본말이 전도된 것이다. 우리 모두가 온도에 대한 선천적인 감각을 가지고 있는 것은 사실이지만, 에너지와 엔트로피에 대한 보다 추상적인 개념이 훨씬 더 근본적이다. 그 교수는 엔트로피가 숨겨진 정보를 측정한 것이고 비트로 주어진다고 먼저 설명했어야 했다. 그랬다면 교수는 계속해서 이렇게(올바르게) 이야기할 수 있었을 것이다.

온도란 어떤 계에 엔트로피를 1비트 더했을 때 그 계의 에너지 증가량이다.[6]

1비트를 더했을 때의 에너지 변화라고? 베켄스타인이 블랙홀에 대해서

6. 엄밀히 말해서 이것은 온도(절대 온도)에 볼츠만 상수를 곱한 값이다. 볼츠만 상수는 변환 계수일 뿐이기 때문에 물리학자들은 종종 편리한 온도 단위를 골라 볼츠만 상수를 1로 두고는 한다.

생각해 낸 것이 정확하게 이것이었다. 분명히 베켄스타인은 그것을 깨닫지 못한 채 블랙홀의 온도를 계산했다.

호킹은 즉시 베켄스타인이 무엇을 놓쳤는지 깨달았다. 하지만 블랙홀이 온도를 가진다는 생각은 호킹에게도 너무나 터무니없어 보였기 때문에 그의 첫 반응은 온도와 함께 엔트로피까지 모든 것을 엉터리라 여기고 깨끗이 잊어버리는 것이었다. 아마도 호킹이 그런 식으로 반응했던 부분적인 이유는 블랙홀이 증발한다는 것이 너무 엉뚱해 보였기 때문일 것이다. 호킹이 왜 이 문제를 다시 생각하게 되었는지는 잘 모르지만, 그는 이 문제로 돌아왔다. 양자장 이론의 복잡한 수학을 동원해 호킹은 자신만의 방법으로 블랙홀이 에너지를 복사한다는 것을 증명했다.

양자장 이론이라는 용어에는 아인슈타인이 광자를 발견한 과정에서 생긴 혼란이 반영되어 있다. 19세기 말 맥스웰은 빛이 파동이며 전자기장의 요동이라는 점을 명확하게 증명했다. 맥스웰 등은 공간이 젤리처럼 진동하는 뭔가라고 생각했다. 이 가상적인 젤리는 빛을 내는 에테르라고 불렸다. 그리고 에테르를 젤리처럼 진동시키면(실제 젤리의 경우 진동하는 소리굽쇠로 건드리면 된다.) 파동이 생겨 퍼져 나간다. 맥스웰은 진동하는 전하가 에테르를 요동시켜 광파를 복사한다고 상상했다. 아인슈타인의 광자는 이런 맥스웰 등의 설명을 뒤흔들었고 20년 이상 혼란을 낳았다. 그 혼란은 마침내 폴 디랙이 강력한 양자 역학의 수학을 전자기장의 파동에 적용할 때까지 이어졌다.

양자장 이론의 결론 가운데 호킹에게 가장 중요했던 것은 전자기장이, 설령 그것을 요동시키는 진동 전하가 없더라도, '양자 떨림'을 가진다는 것이었다. (4장 참조) 아무것도 없는 빈 공간에서도 **진공 요동(vacuum fluctuation)**에 의해 전자기장이 가물가물 진동한다. 왜 우리는 빈 공간의 요동을 느끼지 못할까? 그것은 우리가 아주 점잖기 때문이 아니다. 사실 공간의 미세한 영역에서 일어나는 전자기장의 진동은 매우 격렬하다. 하지만 빈 공간의 에너지가 다른 어떤 것보다 낮기 때문에 진공 요동의 에너지를 우리 몸이 느끼지 못하는 것뿐이다.

자연에는 매우 알아채기 쉬운 또 다른 종류의 떨림이 있다. 열적 떨림이 그것이다. 찬 물이 담긴 주전자와 뜨거운 물이 담긴 주전자의 차이점은 무엇일까? 아마 온도라고 대답할 것이다. 그러나 그것은 뜨거운 물은 뜨겁게 느껴지고 찬 물은 차게 느껴진다고 말하는 것일 뿐이다. 진짜 차이는 뜨거운 물이 더 많은 에너지와 더 많은 엔트로피를 가지고 있다는 것이다. 뜨거운 주전자는 무질서하고 무작위적으로 움직이는 분자들로 가득 차 있다. 그 운동은 너무 복잡해서 분자들의 위치를 쫓아갈 수 없다. 이런 운동은 양자 역학과는 아무 관련이 없으며 난해하지도 않다. 주전자에 손가락을 넣어 보면 열적 떨림을 감지할 수 있다.

물 분자들은 아주 작기 때문에 개별 분자들의 열적 떨림은 볼 수 없다. 하지만 열적 떨림의 즉각적인 효과는 쉽게 감지할 수 있다. 앞에서 말했듯이 따뜻한 물에 꽃가루를 넣으면 그것들이 양자 역학과 무관한 무작위적인 떨림 운동인 브라운 운동을 하는 것을 볼 수 있다. 이 운동은 물속의 열 때문에 생긴다. 열 때문에 물 분자들이 무작위적으로 꽃가루를 폭격해 대고, 유리잔에 손가락을 넣으면 피부에도 그것과 똑같은 무작위적 폭격이 가해지고 그 때문에 말초 신경이 흥분되어 물이 따뜻하다고 느끼게 된다. 피부와 신경은 주변의 열로부터 약간의 에너지를 흡수한 셈이다.

심지어 물이나 공기 같은 물질이 없다고 하더라도 열에 민감한 신경은 흑체가 복사한 열의 진동이 주는 자극도 느낄 수 있다. 이런 경우 신경은 광자를 흡수함으로써 주변 환경으로부터 열을 흡수하는 셈이다. 하지만 이런 것들은 온도가 절대 영도 이상이어야만 일어날 수 있다. 절대 영도에서는 전자기장의 양자 떨림을 포착하기 힘들기 때문에 이처럼 명확한 효과가 생기지는 않는다.

열적 떨림과 양자 떨림은 아주 다르며 보통의 조건에서는 서로 뒤섞이지 않는다. 양자 떨림은 진공에서 반드시 발생하는 현상이기 때문에 절대로 제거할 수 없다. 반면에 열적 떨림은 빼거나 더할 수 있는 여분의 에너지에서 생기는 것이다. 양자 떨림을 왜 우리가 느끼지 못하는지, 그리고 열적 떨림과는 어떻게 다른지는 복잡한 수학을 사용하지 않는 책으로는 설명할 수 있는 한계에 다다른 문제이기 때문에 어떤 비유나 그림을 사용한다고 해도 결국에는 논리적 결함을 피해 설명할 수가 없다. 하지만 당신이 블랙홀 전쟁에서 문제가 된 것이 무엇인지 알려면 어느 정도의 설명은 불가피하다. 양자 현상을 설명하려는 것에 대해 파인만이 뭐라고 경고했는지 생각해 보라. (106쪽 참조)

양자장 이론은 두 떨림을 이렇게 시각화한다. 열적 떨림은 **실제로 존재하는 광자**, 즉 우리 피부를 때리고 에너지를 전달하는 그런 광자들 때문에 생긴다. 양자 떨림은 가상 광자의 쌍 때문에 생기는데, 이 광자쌍은 생성되자마자 진공 속으로 다시 흡수된다. 다음 쪽의 그림에는 실제 광자와 가상 광자쌍을 모두 가진 시공간(시간은 수직축이고 공간은 수평축)의 파인만 도형이 있다.

이 그림에서 **실제 광자**는 끝이 없는 점선으로 그려진 세계선으로 나타냈다. 실제 광자가 있다는 것은 열과 열적 떨림이 있음을 뜻한다. 하지만 만약 공간이 절대 영도라면 실제 광자는 없을 것이다. 번쩍하며 나타났다가 사라지는 가상 광자의 미시적인 고리만 남아 있을 것이다. 온도가 절대 영도라고 하더라도 가상 광자는 우리가 보통 빈 공간이라고 생각하는 진공의 일부로 존재한다.

보통의 조건에서는 두 종류의 떨림을 혼동하지 않을 것이다. 하지만

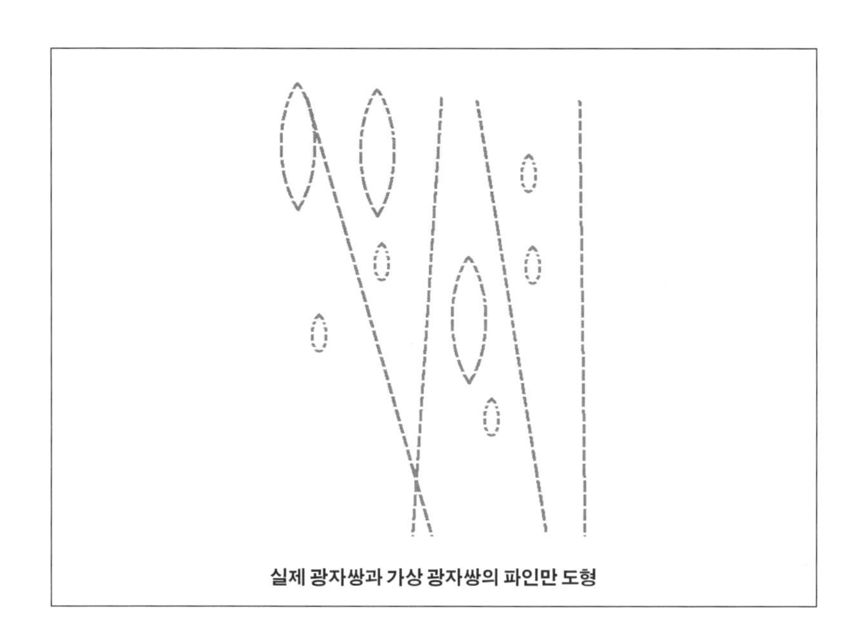
실제 광자쌍과 가상 광자쌍의 파인만 도형

블랙홀 지평선 근처는 범상한 공간이 아니다. 지평선 근처에서는 두 종류의 떨림이 아무도 예상하지 못한 방식으로 헷갈린다. 어떻게 이런 일이 벌어지는지를 이해하기 위해 절대 영도의 환경(완벽한 진공)에서 블랙홀로 자유 낙하하는 앨리스를 상상해 보자. 앨리스는 가상 광자쌍으로 둘러싸여 있지만 눈치 채지는 못한다. 그녀 근처에 실제 광자는 없다.

이제 지평선 바깥을 떠돌아다니는 밥을 생각해 보자. 그에게는 돌아가는 상황이 좀 더 혼란스럽다. 앨리스가 눈치 채지 못하는 가상 광자쌍들 가운데 몇몇은 지평선 안과 밖에 양다리를 걸치고 있을 것이다. 다시 말해 광자쌍의 두 광자 중 하나는 지평선 안에 있고 다른 하나는 바깥에 있는 것이다. 하지만 지평선 너머에 있는 입자는 밥과는 상관이 없다. 밥은 지평선 바깥에 있는 광자만 볼 수 있고, 그것이 가상 광자쌍에 속한 것인지 알 길이 없다. 잘 믿기지 않겠지만, 자기 짝과 지평선을 사이에 두고 헤어진 가상 광자는 열적 떨림을 만드는 실제 광자처럼 밥과 그의 피부에 영향을 미친다. 지평선 근처에서는 열적 떨림과 양자 떨림이 관측자에 따라 달라지는 것이다. 앨리스가 양자 떨림으로 감지하는(또는 감지하지 않는) 것을 밥은 열에너지로 감지한다. 블랙홀에서 열적 떨림과 양자 떨림은 동전의 양면인 셈이다. 우리는 20장에서 이 문제로 다시 돌아올 것이다. 거기서 우리는 앨리스의 프로펠러 비행기에 대해 배우게 된다.

호킹은 양자장 이론의 수학을 사용해 블랙홀로 인해 생기는 진공 요동의 교란 때문에 광자가 방출된다는 것을 계산했다. 이 경우 블랙홀은 뜨거운 흑체와 똑같다. 이렇게 방출되는 광자를 **호킹 복사**(Hawking radiation)라고 한다. 가장 흥미로운 점은 블랙홀이 어떤 온도를 가진 물체처럼 빛을 방출하며, 그 온도가 베켄스타인의 블랙홀 논의를 더 진전시켰을 경우 그 논의에서 도출되었을 블랙홀의 온도와 거의 같다는 사실이다. 사실 호킹은 베켄스타인보다 더 나갈 수 있었다. 호킹의 방법은 너무나 정확해서 블랙홀의 정확한 온도를, 그리고 거꾸로 돌리면 블랙홀의 엔트로피를 계산할 수 있었다. 베켄스타인은 엔트로피가 플랑크 단위로 잰 지평선의 넓이에 비례한다고만 주장했다. 호킹은 더 이상 '~에 비례한다.' 같은 모호한 말을 쓸 필요가 없었다. 호킹의 계산에 따르면 블랙홀의 엔트로피는 플랑크 단위로 잰 지평선 넓이의 정확히 4분의 1이었기 때문이다.

첨언하자면 호킹이 유도한 블랙홀의 온도에 대한 방정식은 내가 데니스 샤마의 강의를 들으러 갔을 때 칠판에 적혀 있던 그 방정식이었다.

$$T=\frac{1}{16\pi^2}\times\frac{c^3h}{GMk}$$

호킹 공식에서 블랙홀의 질량이 분모에 있다는 점에 유의하자. 이것은 블랙홀의 질량이 클수록 블랙홀은 차가워지고, 반대로 질량이 작을수록 블랙홀은 따뜻해진다는 것을 뜻한다.

어떤 블랙홀 하나를 이 공식으로 계산해 보자. 다음은 상수들의 값이다.[7]

$$c=3\times10^{8}$$

$$G=6.7\times10^{-11}$$

$$h=7\times10^{-34}$$

$$k=1.4\times10^{-23}$$

질량이 태양의 5배라서 궁극적으로는 붕괴해 블랙홀을 만드는 별을 예로 들어 보자. 그 질량은 킬로그램 단위로

$$M=10^{31}$$

이다.

이 모든 숫자들을 호킹 공식에 집어넣으면 블랙홀의 온도는 10^{-8}켈빈이다. 이것은 매우 낮은 온도로서 절대 영도보다 1억분의 1도 정도 높다! 자연계에 이처럼 차가운 것은 없다. 성간, 그리고 심지어 은하간 공간도 그것보다 훨씬 더 따뜻하다.

은하 중심에는 그것보다 훨씬 더 차가운 블랙홀들도 있다. 별에서 만

7. 이 숫자들은 모두 미터, 초, 킬로그램, 켈빈을 사용해 나타낸 것이다. 절대 온도의 단위인 켈빈의 측정 단위는 섭씨 온도의 단위와 똑같다. 다만 절대 온도는 출발점이 물의 어는점이 아니라 절대 영도이다. 상온은 300켈빈이다.

들어진 블랙홀보다 10억 배나 더 무겁고 10억 배나 커 10억 배 더 차갑다. 하지만 우리는 훨씬 더 작은 블랙홀도 생각해 볼 수 있다. 어떤 격변이 일어나서 지구가 찌부러졌다고 생각해 보자. 지구의 질량은 별의 100만 분의 1도 안 된다. 그 결과로 생기는 블랙홀은 0.01켈빈이라는 엄청난 온도를 가질 것이다. 별이 붕괴해 만들어진 블랙홀보다는 따뜻하지만 여전히 끔찍하리만치 차갑다. 이것은 액체 헬륨보다도 차갑고 꽁꽁 언 고체 산소보다도 훨씬 더 차갑다. 달의 질량을 가진 블랙홀은 1켈빈 정도의 온도를 가질 것이다.

이제 블랙홀이 호킹 복사를 내뿜고 증발할 때 무슨 일이 벌어지는지 생각해 보자. 질량이 줄어들어 블랙홀이 오그라들면 온도는 올라간다. 조만간 블랙홀은 뜨거워질 것이다. 블랙홀이 커다란 돌멩이 정도의 질량을 가질 때쯤이면 그 온도는 10억×10억 도까지 올라갈 것이다. 블랙홀이 플랑크 질량에 이르면 그 온도는 10^{32}도까지 올라갔을 것이다. 우주의 어느 곳에서든 어디서나 그 온도에 근접했던 유일한 때는 대폭발이 시작될 때였다.

블랙홀이 어떻게 증발하는지를 보여 주는 호킹의 계산은 눈부시다. 아니 그 이상의 걸작이었다. 나는 물리학자들이 그 계산의 의미를 충분히 이해하게 되면 그것을 위대한 과학 혁명의 시작으로 인식하게 될 것이라고 믿는다. 그 혁명이 어떻게 끝나게 될지를 정확하게 알기에는 아직 너무 이르지만, 가장 심오한 주제들을 건드리게 될 것이다. 즉 공간과 시간의 성질, 기본 입자의 의미, 우주 기원의 비밀 등 말이다. 물리학자들은 호킹이 전 시대에 걸쳐 가장 위대한 물리학자들의 반열에 속하는지, 그리고 그 랭킹에서 어디쯤에 위치하는지 아직 판단하지 못하고 있다. 호킹의 위대함을 의심하는 자들에 대한 답으로, 나는 호킹의 1975년 논문 「블랙홀에 의한 입자 생성(Particle Production by Black Holes)」을 읽어 보라고 권한다.

그러나 스티븐 호킹이 아무리 위대하다고 하더라도 적어도 한 번은 자신의 정보 조각들을 잃어버린 적이 있다. 블랙홀 전쟁은 그래서 시작되었다.

2부

기습 공격

10장

호킹이 잃어버린 정보 조각

내가 말했듯이 그건 불가능해. 따라서 어떤 면에선가 내가 잘못 말했음에 틀림없어.

— 셜록 홈스

어떤 신문 기사에 따르면 이라크 전쟁은 제2차 세계 대전보다 더 오래 지속되었다. 정확하게는 미국이 제2차 세계 대전에 참전했던 기간보다 이라크 전쟁이 더 오래 지속되었다는 것이다. 제2차 세계 대전은 1939년 가을에 시작되어 1945년 여름까지 이어졌다. 하지만 진주만이 공격당한 것이 제2차 세계 대전이 이미 3년째로 접어들었을 때였음을 미국인들은 잊는 경향이 있다.

내가 블랙홀 전쟁이 1983년 베르너 에르하르트의 저택에서 시작되었다고 말하면 아마 똑같은 자기 중심적인 실수를 저지르는 것일지도 모르겠다. 호킹의 공격은 사실 1976년에 시작되었다. 하지만 상대가 없으면 전쟁을 할 수 없다. 그 공격에 대부분의 물리학자들은 대체로 무신경하게 반응했지만, 그것은 가장 믿음직한 물리학 원리들 중 하나에 대한 직접적인 정면 공격이었다. 그 원리란 **정보는 결코 사라지지 않는다는 법칙**, 짧게 말해 **정보 보존 법칙**이다. 정보 보존 법칙은 앞으로 할 이야기에서 너무나 중요한 사항이므로 한번 더 살펴보도록 하자.

정보는 영원하다

정보가 파괴된다는 것은 무슨 뜻인가? 고전 물리학에서 그 답은 간단하다. 미래가 과거의 자취를 잃어버리면, 즉 미래에서 봤을 때 과거를 알 수 없다면 정보는 파괴된다. 놀랍게도 결정론적인 법칙에서조차 이런 일이 일어날 수 있다. 예를 들어 우리가 4장에서 가지고 놀았던 3면 동전을 생각해 보자. 이 동전의 세 면은 H, T, F(앞면, 뒷면, 그리고 바닥)로 불렀다. 4장에서 나는 다음 도형으로 두 가지 결정론적 법칙을 설명했다.

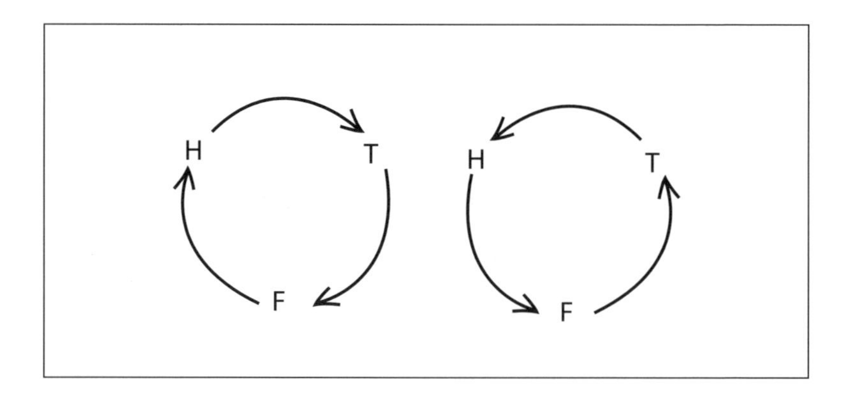

두 법칙 모두 결정론적 성질을 가지고 있어서 동전이 어느 면에 있든지 두 경우 모두 다음 상태와 이전 상태를 절대적으로 확실하게 말할 수 있다. 이것을 또 다른 도형으로 표시된 법칙과 비교해 보자.

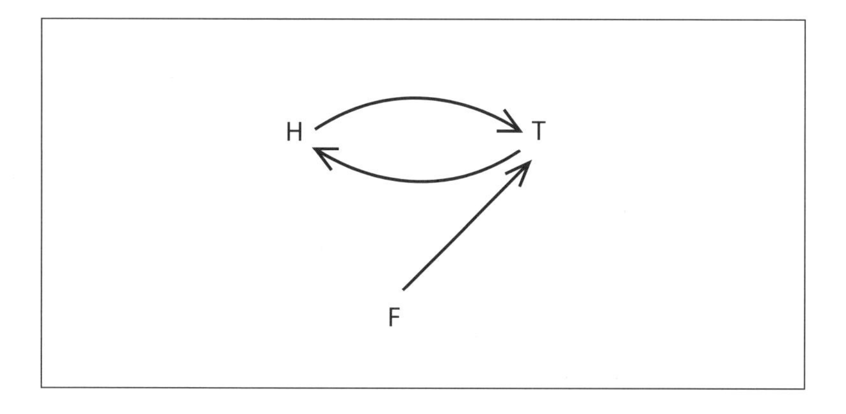

공식으로는 다음과 같다.

$$H \to T,\quad T \to H,\quad F \to T$$

말로 하자면 이렇다. 만약 동전이 어느 순간 앞면이었다면 그다음 순간에는 뒷면일 것이다. 만약 뒷면이었다면 다음에는 앞면이 나올 것이다. 그리고 바닥이면 다음에는 뒷면이 나올 것이다. 이 결과는 완전히 결정론적이다. 어디서 시작하든 법칙에 따라 그 미래가 펼쳐진다. 예를 들어 F에서 시작한다고 가정해 보자. 그 이후의 역사는 완전히 결정된다. F T H T H T H T H T…. 만약 H에서 시작하면 그 역사는 H T H T H T H T H T H T…가 된다. 그리고 T에서 시작하면 T H T H T H T H T H T…가 될 것이다.

이 법칙에는 뭔가 이상한 것이 있다. 정확하게 그것이 뭘까? 다른 결정론적 법칙들과 마찬가지로 미래는 완전히 예측할 수 있다. 하지만 과거를 결정하려고 하면 뭔가 삐걱대기 시작한다. 동전이 H 상태에 있다고 가정해 보자. 우리는 그 이전 상태가 T라고 확신할 수 있다. 여기까지는 좋다. 하지만 한 단계 더 뒤로 가 보자. T에 이르는 상태에는 두 가지, 즉 H와 F 상태가 있다. 이게 문제이다. H에서 T로 갔을까 아니면 F에서 T로 갔을까? 알 길이 없다. 정보를 잃어버렸다는 말의 의미가 바로 이것이다. 하지만 고전 물리학에서는 결코 이런 일이 일어나지 않는다. 뉴턴의 운동 법칙과 맥스웰의 전자기 이론이 기초하고 있는 수학 규칙들은 아주 명확하다. 모든 상태 뒤에는 하나의 유일한 상태가 있고, 또 모든 상태 앞에는 하나의 유일한 상태가 있을 뿐이다.

정보를 잃어버릴 수 있는 또 다른 경우는 법칙에 무작위성이 있을 때이다. 법칙에 무작위성이 있는 경우 미래나 과거를 확신하는 것이 분명히 불가능해진다.

앞에서 설명했듯이 양자 역학은 무작위적인 요소를 가지고 있다. 하지만 깊이 살펴보면 정보는 결코 사라지지 않는다. 나는 이것을 4장에서 광자를 예로 들어 설명했다. 이번에는 무거운 원자핵처럼 정지한 목표에 충돌하는 전자를 이용해서 다시 설명해 보자. 전자가 왼쪽에서 들어와 수평 방향으로 움직인다.

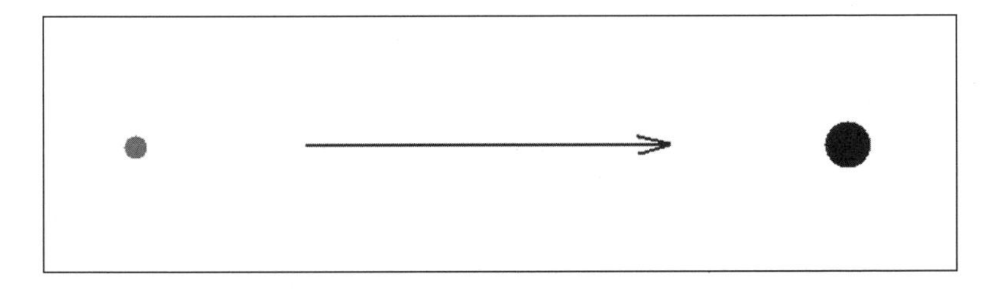

전자는 원자핵과 충돌해 예상할 수 없는 어떤 새로운 방향으로 날아간다. 똑똑한 양자 이론가라면 전자가 특정한 방향으로 날아갈 확률을 계산할 수 있지만, 그 방향을 100퍼센트로 예측할 수는 없다.

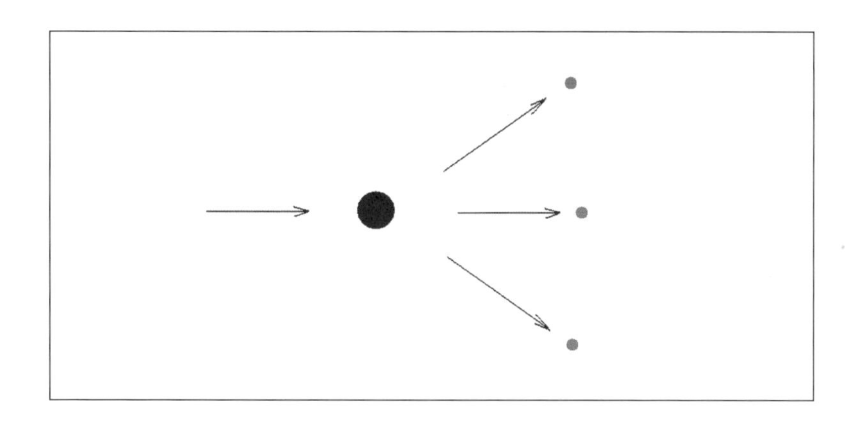

이 경우 운동의 초기 상태와 관련된 정보가 유지되는지 어떤지를 확인하는 방법은 두 가지이다. 두 방법 모두 법칙을 뒤집어서 전자를 뒤로 돌리는 과정을 수반한다.

첫 번째 방법에서는 관측자가 법칙을 뒤집기 직전에 전자가 어디 있는지를 확인한다. 관측자는 여러 가지 방법으로 이것을 확인할 수 있다. 대부분은 광자를 이용해서 탐색한다. 두 번째 방법에서는 관측자가 일부러 그런 확인을 하지 않는다. 관측자는 어떤 식으로든 전자에 끼어들지 않고 단지 법칙만 뒤집는다. 이 두 실험의 결과는 완전히 다르다. 첫 번째 경우 전자가 뒤로 운동하면 전자는 예측 불가능한 방향으로 움직여 무작위적인 위치에 도달한다. 두 번째 경우처럼 어떤 확인도 하지 않으면 전자는 항상 수평 방향을 따라 자신이 왔던 길을 되돌아 가고 실험은 끝난다. 실험을 시작한 뒤 관측자가 처음으로 전자를 보게 되면 그 관측자는 방향만 반대일 뿐 전자가 출발했을 때와 정확하게 똑같이 운동하는 것을 보게 될 것이다. 우리가 활발하게 전자에 간섭할 때에만 정보가 손실되는 것 같다. 양자 역학에서는 우리가 계에 간섭하지 않는 이상 그 계가 지니고 있는 정보는 고전 물리학에서처럼 파괴되지 않는다.

호킹의 공격

1983년의 그날 샌프란시스코에 모인 사람들 가운데 헤라르뒤스 토프트와 나만큼 침통한 표정을 한 사람을 찾기는 어려웠을 것이다. 프랭클린 가 높은 지대에 자리 잡은 에르하르트의 저택에서 우리는 기습 공격을 받았고 전쟁은 선포되었다. 우리가 가장 중요하다고 여기는 믿음에 대한 직접 공격이 시작된 것이다. 대담하고 무모한 파괴자 호킹은 막강한 중화기로 무장하고 있었다. 자신도 그것을 알고 있다는 듯이 호킹은 천사 같으면서 동시에 악마 같은 미소를 지었다.

그 공격은 결코 개인적인 것이 아니었다. 그 전격적인 공격은 물리학의 중심 기둥, 즉 정보의 불멸성을 정조준하고 있었다. 정보는 종종 우리가 알아볼 수 없을 정도로 뒤섞이기도 한다. 하지만 호킹은 블랙홀에 빠진 정보의 조각들이 바깥세상의 입장에서는 영원히 소멸된다고 주장하고 있었다. 호킹은 이것을 증명하기 위해 칠판에 도형을 그렸다.

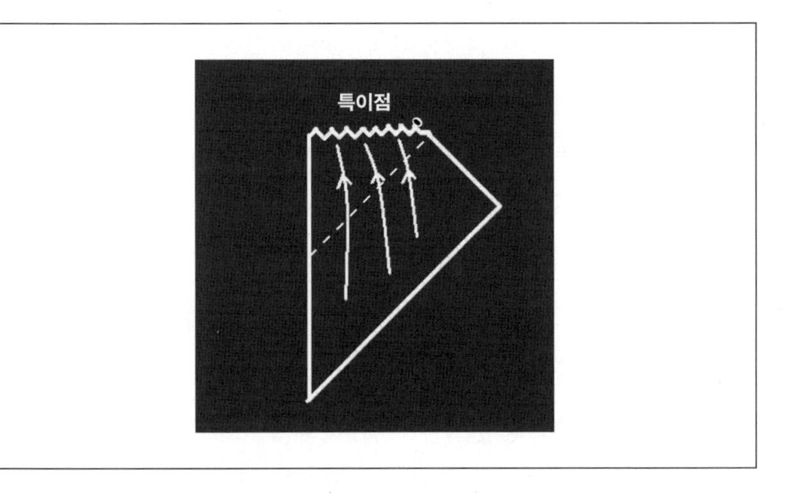

로저 펜로즈는 눈부신 성과를 내며 시공간의 기하학을 혼자서 연구

하던 중에 모든 시공간을 칠판 하나에, 또는 종이 한 장에 시각화하는 방법을 고안해 냈다. 심지어 시공간이 무한한 경우에도 펜로즈의 교묘 수학적인 방법을 사용하면 시공간을 찌그러뜨리고 뒤틀어서 모든 것을 유한한 영역에 집어넣을 수 있었다. 베르너 에르하르트의 저택에 있던 칠판에 그려진 펜로즈 도형은 블랙홀과 함께 정보 조각들이 블랙홀의 지평선을 지나 떨어지는 모습을 보여 주고 있었다. 지평선은 가는 사선으로 그려졌다. 일단 하나의 정보 조각이 선을 넘으면 그 정보 조각은 광속보다 빠르지 않고서는 탈출할 수 없다. 그 도형은 또한 그런 모든 정보 조각들이 특이점에 부딪히게 될 운명임을 보여 줬다.

펜로즈 도형은 이론 물리학에서 필수불가결한 도구이지만 이것을 이해하려면 약간의 훈련이 필요하다. 당신에게는 똑같은 블랙홀을 나타내는 다음 그림이 더 익숙할 것이다.

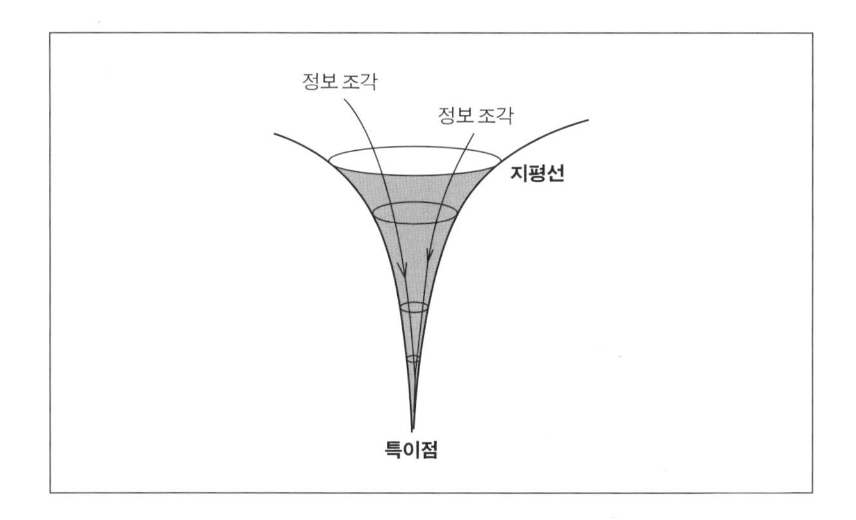

호킹의 요점은 단순했다. 블랙홀에 빠지는 정보 조각들은 2장에 나왔던 배수구 비유의 올챙이와 똑같다. 이 올챙이들은 귀환 불능점을 아무것도 모르는 채 지나쳐 특이점으로 떨어져 버린다. 일단 정보 조각이 지평선을 지나면 그것은 지평선 바깥세상으로 다시 돌아올 수 없다.

토프트와 나를 그토록 심각하게 괴롭혔던 것은 정보 조각들이 지평선 너머에서 사라질지도 모른다는 사실이 아니었다. 블랙홀에 정보를 떨어뜨리는 것이 단단히 밀봉된 금고에 그 정보를 숨겨 두는 것보다 더 나쁜 것은 아니다. 하지만 여기에는 훨씬 더 불길한 뭔가가 있다. 정보를 금고에 숨길 수 있다는 가능성 자체가 놀라움을 불러일으키지는 않는다. 하지만 만약에 금고 문이 닫힌 채 금고가 당신 눈앞에서 증발한다면 어떨까? 블랙홀에 어떤 일이 벌어질지 호킹이 예견한 것이 바로 이것이었다.

1983년 나는 1972년 웨스트 엔드 카페에서 리처드 파인만과 나눴던 대화와 블랙홀 증발을 연관시키고 있었다. 내가 블랙홀이 결국에는 기본 입자로 분해될 것이라는 생각 때문에 괴로워 한 것은 전혀 아니었다. 하지만 호킹의 주장은 쉽사리 믿기지가 않았다. **블랙홀이 증발하면 거기**

갇혀 있던 정보 조각들도 우리 우주에서 사라져 버린다. 정보가 뒤섞이는 것이 아니다. 돌이킬 수 없이, 그리고 영원히 사라지는 것이다.

호킹은 양자 역학의 무덤 위에서 의기양양하게 춤추고 있었다. 나와 토프트는 완전히 혼란에 빠졌다. 우리에게는 그 아이디어가 모든 물리 법칙을 위험에 빠뜨린 것 같았다. 일반 상대성 이론과 양자 역학의 규칙들을 조합하면 결과적으로 망가진 열차의 잔해만 남을 것처럼 보였다.

에른하르트의 저택에서 만나기 전에 토프트가 호킹의 급진적인 생각에 대해 알았는지 어떤지 나는 모른다. 내가 호킹의 그 아이디어에 대해서 들은 것은 그때가 처음이었다. 그렇기는 해도 그 아이디어가 당시에 새로운 것은 아니었다. 호킹은 수년 전에 출판된 논문에서 이미 자신의 주장을 펼쳤고 조심스럽게 자기 숙제를 해 왔다. 호킹은 이미 자신의 '정보 역설'을 회피하기 위해 내가 생각할 수 있는 모든 방법을 생각해 봤고 또 기각했다. 여기서 그 가운데 4개를 살펴보자.

1. 블랙홀이 실제로는 증발하지 않는다

대부분의 물리학자들에게 블랙홀이 증발한다는 결론은 아주 놀라운 것이었다. 하지만 증발에 대한 논증은 비록 기교적이기는 해도 설득력이 있었다. 호킹과 빌 운루는 지평선 아주 가까이에서의 양자 떨림을 연구해 블랙홀이 온도를 가지고 있으며, 다른 모든 따뜻한 물체와 마찬가지로 열복사(흑체 복사)를 방출해야만 한다는 것을 증명했다. 이따금씩 블랙홀이 증발하지 않는다고 주장하는 물리학 논문이 나타날 것이다. 그러나 그런 논문들은 쓰레기 같고 단편적인 아이디어들이 무한히 쌓인 더미 속으로 즉시 사라질 것이다.

2. 블랙홀은 잔해를 남긴다

블랙홀이 증발한다는 사실은 확실해 보일 뿐만 아니라, 블랙홀이 증발할 때 블랙홀이 점점 더 뜨거워지고 더 작아진다는 것 역시 사실이다. 어떤 시점에서는 증발하는 블랙홀이 너무나 뜨거워져서 어마어마하게 높은 에너지의 입자들을 방출하게 될 것이다. 최종적으로 증발해 폭발하게 되면 방출된 입자는 우리가 지금까지 겪었던 그 무엇보다도 훨씬 높은 에너지를 가질 것이다. 블랙홀이 마지막 숨을 몰아쉬는 이 순간에 대해서는 아는 것이 거의 없다. 아마도 블랙홀은 플랑크 질량(먼지 조각의 질량)에 도달했을 때 증발을 멈출 것이다. 그 순간 블랙홀의 반지름은 플랑크 길이가 될 것이다. 그다음에 무슨 일이 일어날지는 아무도 확실히 말할 수 없다. 블랙홀이 증발을 멈추고, 그 속에 잃어버린 모든 정보를 담고 있는 잔해(소형의 정보 금고)를 남길 것이라는 논리적 가능성은 존재한다. 이 아이디어에 따르면 그때까지 블랙홀에 빠진 모든 정보 조각들은 무한히 작은 금고에 단단히 봉인된 채로 남게 된다. 플랑크 단위의 그 미세한 잔해는 기상천외한 성질을 가지고 있다. 그것은 정보를 무한정 숨길 수 있는 무한히 작은 입자가 될 것이기 때문이다.

블랙홀이 잔해를 남긴다는 아이디어는 정보 파괴에 대한 대안으로 인기가 높았지만(사실 올바른 아이디어보다 훨씬 더 인기가 있었다.) 나는 전혀 마음에 들지 않았다. 그 아이디어는 질문을 회피하려고 고안된 것 같았다. 하지만 그것은 단지 취향의 문제만은 아니었다. 무한대로 많은 양의 정보를 숨길 수 있는 입자라면 무한대의 엔트로피를 가질 것이다. 그렇게 무한대의 엔트로피를 가진 입자가 존재한다면 열역학적으로는 재앙이 될 것이다. 열적 떨림으로 생겨난 그 입자는 모든 계로부터 모든 열을 빨아들일 것이기 때문이다. 내가 생각하기에 블랙홀이 잔해를 남긴다는 생각은 아무런 가치도 없었다.

3. 아기 우주가 태어난다

가끔 나는 똑같이 시작하는 이메일을 받는다. "저는 과학자가 아니며, 물리학이나 수학에 대해 많이 알지는 못합니다만, 당신과 호킨스(가끔은 '호킹스', 또 이따금씩은 '하스킨스'라고 씌어 있다.)가 연구하는 문제에 대한 답을 찾은 것 같습니다." 이런 이메일에 제시된 해답은 거의 언제나 **아기 우주**(baby universe)이다. 블랙홀의 심연 속 어딘가에서 우주의 일부가 떨어져 나가 우리에게 허락된 시공간과는 분리된, 자기 완결적인 우주를 형성한다는 것이다. (나는 이런 이야기를 들으면 항상 손을 빠져나가 하늘 저 멀리 사라져 버리는 헬륨 풍선을 떠올리고는 한다.) 이메일을 보낸 사람은 계속해서 블랙홀에 빠진 모든 정보는 아기 우주에 갇히게 된다고 주장한다. 이렇게 되면 문제가 해결된다. 정보가 파괴되지 않기 때문이다. 정보는 그저, 초공간(hyperspace), 또는 범공간(omnispace), 또는 메타 공간(metaspace), 또는 아기 우주가 어디로 가든, 그 속에서 떠다니고 있을 것이다. 블랙홀이 증발하고 난 뒤에는 결국 공간의 그 찢겨진 틈이 메워진다. 그리고 우리 우주와는 단절되기 때문에 난파된 정보 조각들을 우리는 절대로 관측할 수 없게 된다.

아기 우주는 완전히 터무니없는 이야기가 아닐지도 모른다. 특히나 그 아기 우주가 자란다고, 다시 말해 팽창한다고 가정하면 말이다. 실제로 우리 우주는 **팽창하고 있다.** 아마 새로 생긴 아기 우주들도 팽창할 것이다. 그리고 최종적으로는 성숙한 우주로 자라나 은하, 별, 행성, 개, 고양이, 사람, 그리고 그 자신의 블랙홀을 가지게 될지도 모른다. 심지어 우리 우주도 이런 식으로 생겨났을 가능성이 있다. 하지만 아기 우주는 정보 손실의 문제에 대한 해결책으로 보기에는 부족하다. 아기 우주는 단지 그 문제를 회피할 뿐이다. 물리학은 관측과 실험의 학문이다. 만약 아기 우주가 정보를 가지고 가 버려 우리가 그것을 관측할 수 없게 되어

버린다면, 우리가 살고 있는 세계에서는 정보가 파괴된 것이나 마찬가지 상황이 되어 버린다. 정보 파괴가 야기하는 그 모든 불행한 결말들은 단 하나도 바뀌지 않는다.[1]

4. 욕조 비유

욕조 비유는 호킹의 아이디어에 맞서는 논증 가운데 가장 인기 없는 것이었다. 블랙홀 전문가와 일반 상대성 이론 전문가들은 이 비유가 "요점을 놓치고 있다."라며 기각했다. 그럼에도 불구하고 내게는 욕조 비유가 그나마 말이 되는 유일한 가능성이었다. 자, 물이 담긴 욕조에 잉크 방울을 떨어뜨린다고 생각해 보자. 이 방울들은 뚝, 뚝, 똑똑, 뚝, 똑똑, 빈칸, 똑똑, 뚝의 메시지를 지니고 있다.

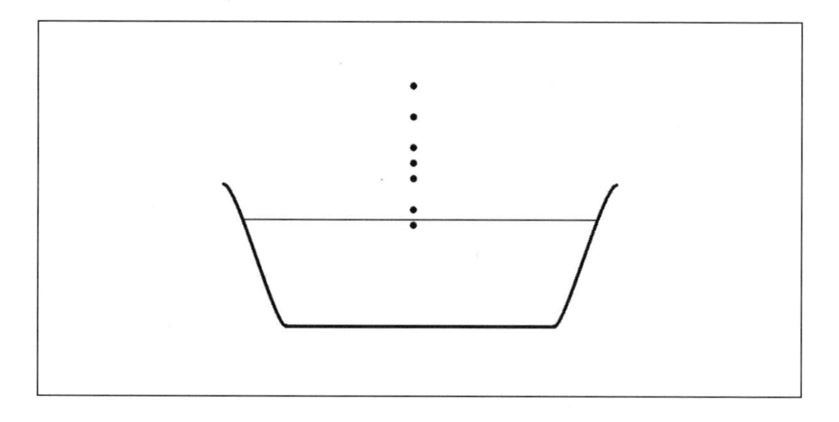

명확한 형태를 가지고 있던 물방울들은 이내 물속에 흩어지기 시작하고 메시지는 점점 더 해독하기 어려워지며 물은 점점 더 탁해진다.

---

1. 1장에서 나는 이런 결과들 가운데 가장 불운한 경우를 간단하게 언급했다. 정보 손실은 엔트로피의 증가를 의미하며 이것은 다시 열이 발생한다는 것을 뜻한다. 뱅크스, 페스킨과 내가 보였듯이 양자 떨림은 열적 떨림으로 바뀌어서 거의 즉각적으로 이 세상을 믿기 어려우리만치 높은 온도로 데울 것이다.

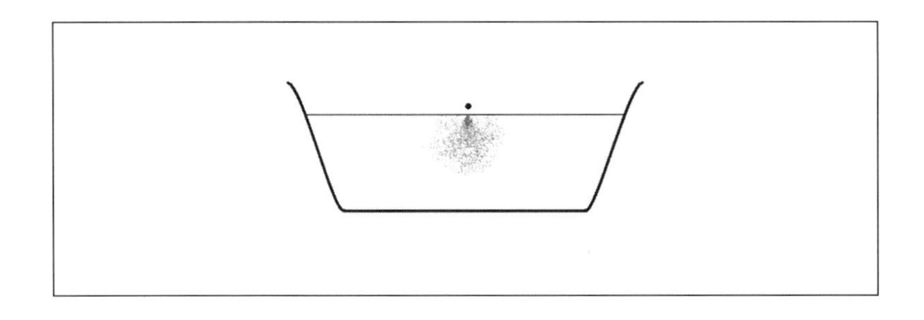

몇 시간이 지나면 옅은 잿빛으로 욕조를 균일하게 물들이는 물만 남을 것이다.

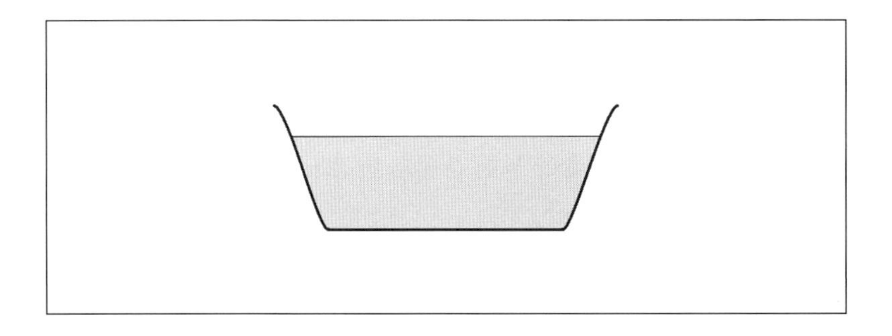

현실적으로 그 메시지는 너무 심하게 뒤섞여 버려 원래대로 되돌릴 가망이 전혀 없을 것이다. 그렇지만 양자 역학의 원리를 우리가 믿는다면 그 메시지는 무질서하게 움직이는 엄청난 수의 분자들 사이에 여전히 존재한다고 확신할 수 있다. 하지만 곧 그 액체는 욕조에서 증발하기 시작한다. 분자들은 차례차례, 물뿐만 아니라 잉크도 빈 공간으로 빠져나가 결국에는 욕조가 말라 텅 비게 된다. 정보는 사라졌다. 하지만 파괴된 것일까? 현실적으로는 복구 불가능할 만큼 뒤섞여 버렸지만 정보 조각은 단 하나도 소멸되지 않았다. 정보에게 생긴 일은 명확하게 바로 이것이다. 정보는 증발을 통해서 생긴 물체, 즉 빈 공간으로 탈출하는 기체 분자의 구름을 타고 날아가 버렸다.

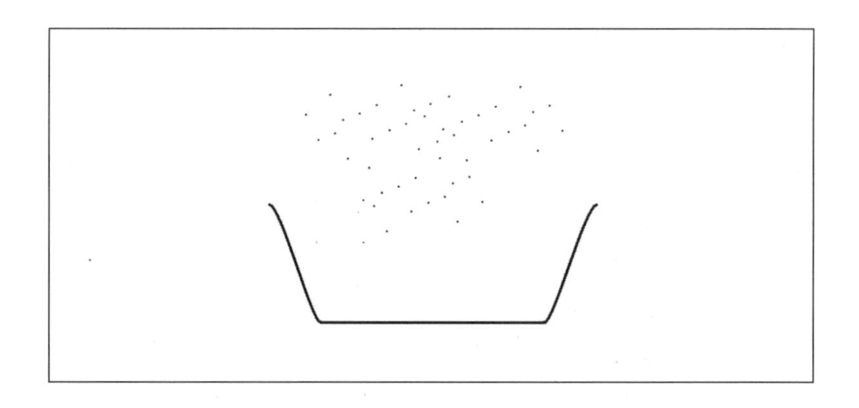

블랙홀로 돌아오자. 블랙홀이 증발할 때 이전에 블랙홀에 빠진 정보에는 어떤 일이 일어날까? 만약 블랙홀이 욕조와 비슷한 뭔가라면 그 답은 똑같다. 모든 정보 조각들은 결국 블랙홀의 에너지를 가지고 나가는 광자들과 다른 입자들을 통해 블랙홀 바깥으로 전송될 것이다. 다시 말해 정보는 호킹 복사를 구성하는 많은 입자들에 보존되어 있는 것이다. 토프트와 나는 이것이 사실임이 분명하다고 느꼈지만, 실제로는 블랙홀에 대해 많이 아는 그 누구도 우리를 믿지 않았다.

호킹의 정보 역설을 이해하는 또 다른 방법이 있다. 블랙홀이 사라지도록 내버려 두지 않고, 블랙홀이 줄어들지 않도록 블랙홀이 증발하는 것과 정확히 똑같은 속도로 계속해서 새로운 것들(컴퓨터, 책, CD)을 블랙홀에 공급하는 것이다. 다시 말해 블랙홀이 더 작아지지 않도록 블랙홀에 끝없이 정보를 공급하는 것이다. 호킹에 따르면 블랙홀이 커지지 않더라도(정보가 공급되는 동안에도 블랙홀은 증발할 것이니까.) 겉보기에는 끝없이 정보를 꿀꺽꿀꺽 삼키고 있다.

이 모든 이야기를 하다 보면 내가 어릴 때 가장 좋아했던 서커스 장면이 떠오른다. 나는 무엇보다 어릿광대의 공연을 가장 좋아했으며, 그 공연 중에서도 나를 가장 매료시킨 것은 자동차 속임수였다. 광대들이 어떻게 했는지는 잘 모르지만, 엄청나게 많은 수의 광대들이 아주 작은 차 안으로 밀려 들어갔다. 만약 내리는 사람이 아무도 없는데도 광대들이 끝없이 차 안으로 들어간다면 어떻게 될까? 무한정 그렇게 할 수는 없지 않을까? 어떤 차든 광대를 태울 용량은 유한하며 일단 그 용량이 꽉 차면 뭔가(광대, 아니면 소시지)가 나오기 시작할 것이다.

정보는 광대와 같고 블랙홀은 광대들이 타는 차와 같다. 일정한 크기의 블랙홀은 수용할 수 있는 정보의 양에 상한값을 가지고 있다. 지금쯤이면 당신은 그 한계가 블랙홀의 엔트로피라고 짐작할 수 있을 것이다. 만약 블랙홀이 여느 다른 물체와 똑같다면, 일단 당신이 블랙홀을 그 용량까지 채웠을 경우 블랙홀이 커지든가 아니면 정보가 새어 나오기 시작해야만 할 것이다. 하지만 블랙홀 지평선이 정말로 귀환 불능점이라면 어떻게 정보가 새어 나올 수 있을까?

호킹 복사가 숨겨진 정보를 가질 수 있음을 알지 못할 만큼 호킹이 어리석었던 것일까? 물론 아니다. 젊기는 했지만 호킹은 다른 누구보다도 블랙홀에 대해 많이, 적어도 나보다는 훨씬 더 많이 알고 있었다. 호킹은 욕조 비유에 대해 매우 깊이 생각했고 그것을 거부할 아주 강력한 논거를 가지고 있었다.

1970년대 중반에 이르기까지 슈바르츠실트 블랙홀의 기하학은 철저하게 이해되어 있었다. 그 주제에 익숙한 사람이라면 누구나 블랙홀의 지평선을 그저 귀환 불능점으로 여겼다. 배수구 비유에서처럼 아인슈타인의 이론은 무심코 지평선을 지나는 그 누구도 뭔가 특별한 것을 알아채지 못할 것이라고 예견한다. 지평선은 물리적 실체가 없는 수학적인 면일 뿐이다.

당시 상대성 이론 전문가들의 영혼에 새겨진 가장 중요한 사실은 다음 두 가지였다.

- 지평선에는 물체가 블랙홀 안쪽으로 들어가는 것을 막을 수 있는 그 어떤 장애물도 없다.
- 그 어떤 것도, 심지어 광자조차도, 어떤 형태의 신호라도 지평선 너머에서 돌아올 수 없다. 그렇게 하려면 광속을 넘어서야 한다. 아인슈타인에 따르면 그것은 불가능하다.

요점을 명확하게 하기 위해, 2장의 무한한 호수와 그 중심에 있는 위험한 배수구 비유로 돌아가 보자. 정보 1비트가 떠내려가다가 배수구로 떨어진다고 생각해 보자. 귀환 불능점을 지나지 않았다면 그 정보는 회수할 수 있다. 하지만 귀환 불능점에는 어떤 경고 표지판도 없다. 그 정

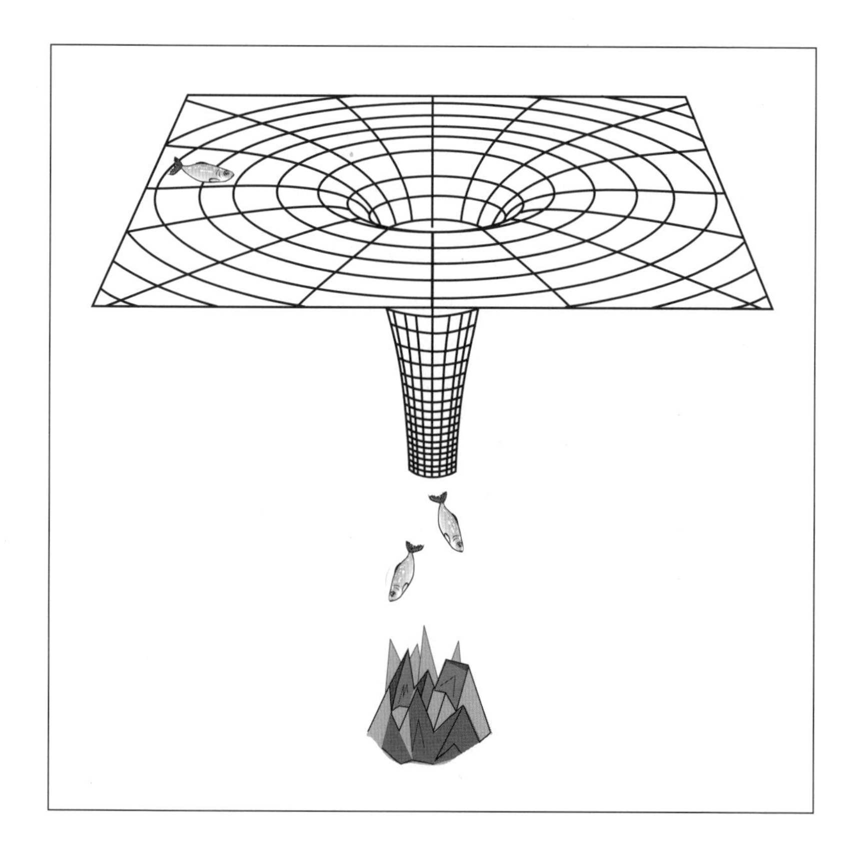

보는 곧바로 귀환 불능점을 지나 떠내려갈 것이고, 일단 그렇게 되고 나면 우주의 제한 속도를 넘어서지 않고서는 돌아올 수 없다. 그 정보는 영원히 소멸되었다.

일반 상대성 이론의 수학은 블랙홀 지평선과 관련해 매우 명확하다. 지평선은 단지 아무런 표지판도 없는 귀환 불능점일 뿐이고 떨어지는 물체를 막을 어떤 장애물도 없다. 이것이 모든 이론 물리학자들의 의식 속에 깊이 뿌리박힌 논리였다. 정보가 지평선을 지나 블랙홀로 떨어질 뿐만 아니라 외부 세계에서는 영구히 소멸될 것이라고 호킹이 확신했던 것도 이 때문이었다. 그래서 호킹이 블랙홀이 증발한다는 것을 발견했을 때, 그는 정보가 호킹 복사와 함께 탈출할 수는 없을 것이라고 추론했다. 정보는 뒤에 남을 것이다. 하지만 **어디** 뒤에? 일단 블랙홀이 증발하고 나면 정보를 숨길 곳이 어디에도 남아 있지 않을 것이다.

나는 불쾌한 기분을 풀지 못한 채 베르너 에르하르트의 저택을 떠났다. 샌프란시스코 날씨 치고는 무척 추운 날이었다. 내가 입은 것이라고는 얇은 자켓뿐이었다. 나는 차를 어디다 주차했는지 기억하지 못했다. 그리고 동료들에게 매우 화가 나 있었다. 떠나기 전에 나는 그들과 호킹의 주장에 대해 토론하려고 했다. 그러나 그들은 호킹의 주장에 전혀 관심이 없었다. 그것이 나를 놀라게 했다. 그들 대부분은 중력에는 큰 관심이 없는 입자 물리학자들이었다. 파인만과 마찬가지로 그들은 플랑크 크기가 너무나 작기 때문에 기본 입자들의 성질에 어떤 영향을 미칠 수 없을 것이라고 생각했다. 로마는 불타고 있었고 훈 족이 성문 앞에 와 있는데도 아무도 알아차리지 못한 것이다.

차를 몰고 집으로 오는 길에 앞 유리창은 얼어붙었고 교통 체증이 너무 심해서 101번 가에서는 가다 서다를 반복했다. 나는 호킹의 주장을 머리에서 쉽게 떨쳐 버릴 수가 없었다. 차들은 멈춰 서 있고 성에도 끼어서 나는 몇몇 도형과 한두 개의 방정식을 앞 유리창에다 끄적거렸다. 하지만 나는 빠져나갈 길을 찾을 수 없었다. 정보가 손실되어 물리학의 기본 규칙들을 완전히 다시 세워야 하거나, 또는 블랙홀 지평선 근처에서 아인슈타인의 중력 이론에 뭔가 근본적인 탈이 나거나 둘 중 하나였다.

토프트는 이 사태를 어떻게 생각했을까? 그의 태도는 아주 명확했다. 그는 호킹의 주장에 대해 의심의 여지없이 반대했다. 다음 장에서는 토프트의 관점을 설명할 참이다. 우선 나는 그의 가장 강력한 무기인 S-행렬의 의미부터 설명할 것이다.

11장

네덜란드 인의 저항

역사를 한번 긴 호흡으로 바라보자. 우리 자신의 역사가 아니라 중심별이 태양보다 10배나 무거운 그런 항성계의 역사 말이다. 이것이 항상 항성계였던 것은 아니다. 처음에는 거대한 기체 구름으로 시작했다. 그 기체의 대부분은 수소와 헬륨이었지만 주기율표에 있는 다른 원소들도 약간씩 섞여 있었다. 게다가 자유 전자와 이온도 있었다. 다시 말해 뿔뿔이 흩어진 입자들의 구름에서 시작되었다.

그리고 중력이 작용하기 시작했다. 기체 구름은 서로를 끌어당기기 시작한다. 그 자신의 무게로 인해 기체 구름은 수축하고, 구름이 수축함에 따라 중력의 위치 에너지는 운동 에너지로 변모한다. 입자들은 더 빠르게 움직이기 시작하며 입자들 사이의 공간은 줄어든다. 기체 구름은 수축하면서 뜨거워지는데, 결국에는 불이 붙을 만큼 충분히 뜨거워져 별이 된다. 한편 모든 기체가 별에 끌려가는 것은 아니다. 일부는 궤도에 남아 행성이나 소행성, 혜성, 그리고 다른 파편 들로 응축한다.

수천만 년이 지나면 별은 핵반응의 원료인 수소를 다 써 버린다. 이 시점이 되면 별은 적색 거성으로 변해 잠시 동안 붉게 타오른다. 그 기간은 대략 수십만 년 정도이다. 마침내 별은 격렬하게 폭발하고 블랙홀을 형성함으로써 생을 마감한다.

그리고 천천히, 아주 천천히 블랙홀은 그 질량을 호킹 복사를 통해 방출한다. 블랙홀의 에너지가 광자와 다른 입자의 형태로 방출되는 호킹 증발은 블랙홀을 좀먹는다. 무시무시하리만치 긴 시간, 약 10^{68}년의 시간이 지나면 블랙홀은 마지막으로 고에너지의 입자들을 폭발적으로 방출하며 사라진다. 그때쯤이면 행성들이 기본 입자들로 분해된 지도 한참 지났을 무렵이다.

입자들이 들어오고, 그리고 입자들이 나간다. 역사를 길게 보면 이것뿐이다. 실험실에서 일어나는 경우를 포함해서, 모든 기본 입자들의 충돌은 똑같은 방식으로 시작하고 끝난다. 즉 입자들이 서로 다가갔다가 물러나는 것이다. 그리고 그사이에 어떤 일이 일어난다. 그렇다면 별의 긴 역사는, 비록 일시적으로는 블랙홀이 생긴다고는 해도, 기본 입자들의 여느 충돌과 근본적으로 다르지 않다고 볼 수 있지 않을까? 헤라르뒤스 토프트는 그것이 다르지 않으며, 이것이 바로 호킹이 왜 틀렸는지를 설명하는 열쇠라고 생각했다.

입자들(원자든 기본 입자든)의 충돌은 **S-행렬**이라는 수학적인 도구로 기술된다. 여기서 S는 산란(scattering)을 뜻한다. S-행렬은 충돌 전후의 모든 입·출력 정보와 확률을 유도해 낼 수 있는 수치들을 포함하고 있는 거대한 표이다. 이것은 어떤 두꺼운 책에 있는 표가 아니라 수학적인 추상물이다.

이런 것을 생각해 보자. 전자와 양성자가 수평축을 따라 각각 광속의 20퍼센트와 4퍼센트의 속도로 서로 접근하고 있다. 이 둘이 충돌해서 최종적으로 전자와 양성자, 그리고 4개의 광자가 추가로 생길 확률이 얼마일까? S-행렬은 충돌에 대한 양자 역학적인 역사를 요약하는 그런 확률, 엄밀하게 말하자면 확률 진폭(확률 진폭을 복소 제곱하면 확률을 얻을 수 있다. — 옮긴이)에 대한 수학적인 표이다. 토프트는 나와 마찬가지로 별의 전 생애에 걸친 역사, 즉 기체 구름 → 항성계 → 적색 거성 → 블랙홀 → 호킹 복사가 S-행렬로 요약될 수 있을 것이라고 굳게 믿었다.

S-행렬의 가장 중요한 성질 가운데 하나는 '가역성'이다. 이 용어의 뜻을 이해하는 데에 도움을 주기 위해 아주 극단적인 예를 하나 들어 보자. 이 사고 실험은 충돌하는 두 '입자'에 대한 것이다. 두 입자 중 한 입자는 약간 유별나서, 기본 입자가 아니라 엄청나게 많은 플루토늄 원자들의 집합체이다. 사실 이 입자는 매우 위험한 원자 폭탄이다. 단 하나의 전자만 충돌시켜도 폭발한다.

충돌에 참가하는 또 다른 입자는 전자이다. 그러면 S-행렬 표의 입력 항목에는 '폭탄과 전자'가 들어간다. 그 출력 항목에는 무엇이 들어갈까? 작은 파편들이다. 뜨거운 기체 원자들, 중성자, 광자, 그리고 중성미자가 앞뒤 가리지 않고 폭발적으로 튀어나온다. 물론 실제 S-행렬은 믿기 어려울 정도로 복잡하다. 그 파편들을 각각의 속도, 방향과 함께 자세하게 목록으로 작성해야 하며, 각각에 확률 진폭을 할당해야 한다. S-행렬을 엄청나게 단순화시키면 다음과 같은 표가 될 것이다.[1]

---

1. 실제 S-행렬은 무한히 많은 수의 입·출력 정보를 가지고 있으며 각각에 기재되는 숫자는 복소수이다.

출력

입력	전자, 양성자, 그리고 4개의 광자	* * * *	파편	더 많은 파편
전자와 양성자	0.002+0.321 i			
*				
*		확률 진폭		
*				
*				
*				
전자와 폭탄			0.012+0.002 i	0.143

폭탄과 전자의 충돌을 나타낸 S-행렬

이제 가역성으로 돌아가 보자. S-행렬은 '역행렬을 가진다.'는 성질이 있다. 역행렬을 가진다는 말은 정보가 결코 상실되지 않는다는 정보 보존 법칙의 수학적 표현이다. S-행렬의 역행렬은 S-행렬이 실행하는 변화를 되돌린다. 다시 말해 내가 앞에서 **법칙을 뒤집는다**고 묘사했던 것과 정확하게 똑같은 것이다. S-행렬의 역행렬은 출력을 입력으로, 모든 것을 거꾸로 돌린다. 마치 영화를 거꾸로 돌리는 것과 마찬가지로, 역행렬은 최종적으로 방출되는 입자들의 운동을 뒤집어서 그 계에서 일어난 변화를 역추적하는 것으로 생각할 수도 있다. 충돌이 완결된 뒤 역행렬을 적용하면(즉 모든 것을 거꾸로 돌린다면) 그 파편들은 한데 모여 정밀한 전기 회로와 섬세한 장치를 모두 포함한 원래의 폭탄으로 재조립될 것이다. 아, 물론 원래의 전자도 나타날 것이다. 전자는 이제 폭탄에서 멀어지고 있을 것이다. 다시 말해 S-행렬은 과거로부터 미래를 예측할 수 있게 해 줄 뿐만 아니라 미래로부터 과거를 재구성할 수 있게 해 준다. S-행렬은 일종의 암호 문서로서 그 암호를 해독할 세부적인 규칙을 알면 언제나 정보를 상실하지 않고 복원할 수 있다.

하지만 이 실험은 상당히 어렵다. 광자 하나를 단 한번만이라도 잘못 건드리면 그 암호를 통째로 망가뜨릴 수 있기 때문이다. 특히 입자들의 운동을 뒤집기 전에 단 하나의 입자라도 쳐다보거나, 다른 어떤 식으로든 간섭해서는 안 된다. 만약 그렇게 된다면 당신이 얻는 것은 원래의 폭탄과 전자가 아니라 그것보다 훨씬 더 무작위적으로 흩어져 있는 작은 파편들일 것이다.

헤라르뒤스 토프트는 블랙홀 전쟁에서 S-행렬을 무기 삼아 분투했다. 그의 관점은 간단했다. 블랙홀이 만들어지고 뒤이어 증발하는 것은 입자 충돌의 아주 복잡한 사례 가운데 하나일 뿐이라는 것이다. 즉 실험실에서 전자와 양성자가 충돌하는 것과 근본적으로 결코 다르지 않다는 것이다. 사실 충돌하는 전자와 양성자의 에너지를 극단적으로 높일 수만 있다면 그 충돌을 통해 블랙홀을 만들 수도 있다. 기체 구름의 수축·붕괴는 블랙홀이 생기는 한 가지 방법일 뿐이다. 충분히 큰 가속기가 있다면 2개의 입자를 충돌시키는 것만으로도 블랙홀을 만들 수 있다. 이 블랙홀은 만들어지자마자 증발할 것이다.

스티븐 호킹이 볼 때에 S-행렬이 정보를 보존한다는 사실이야말로, S-행렬을 가지고 블랙홀의 역사를 기술하는 것이 오류임을 증명하는 것이었다. 그의 관점에 따르면 기체 구름이 수소로 만들어졌든, 헬륨으로 만들어졌든, 이산화질소로 만들어졌든, 그 정확한 세부 사항들은 배수구를 타고 내려가 귀환 불능점을 지나고 나면 블랙홀이 증발할 때 사라진다. 기체 구름이 원래 울퉁불퉁했는지 매끈했는지, 정확하게 얼마나 많은 입자를 가지고 있었는지 알 수 없지만, 그 모든 세부 사항들이 블랙홀의 증발과 함께 영원히 사라진다. 최종적으로 생성된 모든 입자들을 뒤집고 또 모든 것을 거꾸로 돌아가게 해도 원래의 입력 정보를 재구성할 수 없다. 호킹에 따르면 최종 상태의 복사를 거꾸로 돌려 봤자 아무런 특징이 없는 호킹 복사만 얻을 수 있다.

만약 호킹이 옳다면 입자→블랙홀→호킹 복사에 이르는 이 모든 역사를 보통의 S-행렬 수학으로 기술할 수 없다. 그래서 호킹은 그것을 대체할 새로운 개념을 개발했다. 새로운 암호는 원래의 정보를 지워 버리는 부가적인 무작위성을 가지고 있다. 호킹은 S-행렬을 대체하기 위해 '비(非)S-행렬'을 개발했다. 그는 이것을 **$-행렬**이라고 불렀고, **달러 행렬**(Dollar-matrix)로 알려지게 되었다.

S-행렬과 마찬가지로 달러 행렬도 들어가는 입력과 나오는 출력을 연결하는 규칙이다. 그러나 출발점에 있었던 차이를 보존하지 않는다. 블랙홀의 경우 뚜렷이 구분되는 출발점의 고유한 차이점들은 알 수 없게 되어 버린다. 앨리스가 들어가든, 야구공이 들어가든, 다 식은 피자 조각이 들어가든, 거꾸로 돌렸을 때 정확하게 똑같은 것, 즉 호킹 복사가 나오는 것이다. 당신의 컴퓨터를 그 안에 있는 모든 파일들과 함께 블랙홀에 던져 보자. 아무런 특징도 없는 호킹 복사만 나올 것이다. 만약 당신이 이 과정을 뒤집는다면 S-행렬은 컴퓨터를 뱉어 낼 것이다. 하지만 $-행렬은 그것보다는 더 밋밋한 호킹 복사만 질질 흘릴 것이다. 호킹에 따르면 과거의 모든 기억은 잠시 존재했다 사라지는 덧없는 블랙홀의 심장부에서 사라진다.

상황은 매우 절망적인 외통수와도 같았다. 토프트는 S-행렬을 이야기했고 호킹은 $-행렬을 이야기했다. 호킹의 논증은 명쾌하고 설득력이 있었다. 양자 역학의 법칙에 대한 토프트의 신념도 흔들릴 줄 몰랐다.

몇몇이 주장했듯이 토프트와 내가 호킹의 결론에 저항했던 것은, 아마도 우리가 상대성 이론 전문가가 아니라 입자 물리학자였기 때문이었을지도 모른다. 입자 물리학의 거의 모든 방법론은 입자들 사이의 충돌이 가역적인 S-행렬의 지배를 받는다는 원리 주변을 맴돈다. 하지만 나는 우리가 그 규칙들을 포기하기를 거부한 마음속 밑바닥에 '입자 물리학 중심주의'가 자리 잡고 있었다고는 생각하지 않는다. 일단 정보 손실이라는 지옥문이 열리고 나면, 블랙홀 물리학뿐만 아니라 물리학 전체가 대혼란에 빠질 터였다. 호킹의 도전은 이론 물리학적 다이너마이트 다발의 도화선에 불을 댕긴 것이었다.

이쯤에서 물리학자들이 왜 폭탄의 폭발을 되돌릴 수 있다고 믿는지 설명하는 것이 좋을 듯하다. 실험실에서 그렇게 해 보면 가능하지 않다는 것은 확실하다. 하지만 밖으로 튀어 나가는 모든 원자와 광자를 붙잡아 되돌리는 것이 가능하다고 가정해 보자. 만약 무한한 정밀도로 그렇게 할 수만 있다면 물리 법칙에 따라 폭탄을 재조립할 수도 있다. 하지만 광자 하나를 잃어버리거나 광자 하나의 방향에 미세한 오차가 생기는 등 아주 사소한 실수만으로도 재앙을 초래할 것이다. 사소한 실수들이 증폭될 길은 얼마든지 있다. 목표를 잃어버린 정자 하나가 역사를 바꿀 수도 있다. 만약 그 정자가 칭기스칸 아버지의 것이라면 말이다. 당구에서는 공들이 처음에 쌓여 있는 방식에, 또는 첫 타구의 방향에 극히 미세한 변화만 생겨도 몇 번 충돌하고 나면 그 변화가 증폭되어 마침내 완전히 다른 결과를 야기한다. 폭탄이 폭발하거나 고에너지 입자쌍이 충돌하는 경우에도 마찬가지이다. 운동 방향을 역전시킬 때 아주 미세한 실수만 있어도 그 결과는 처음의 폭탄이나 입자와는 전혀 달라진다.

그렇다면 파편들을 완벽하게 되돌렸을 때 폭탄으로 재조립될 것이라고 우리는 어떻게 확신할 수 있을까? 그것은 원자 물리학의 기본이 되는 수학적 법칙들이 가역적이기 때문이다. 그 법칙들은, 폭탄보다는 훨씬 더 단순한 맥락에서지만, 믿기 어려운 정밀도로 검증되어 왔다. 폭탄은 그저 원자들의 모임에 지나지 않는다. 폭발이 일어났을 때 약 10^{27}개의 원자들이 각각 어떻게 전개해 나가는지를 쫓아가는 것은 아주 복잡한 일이다. 하지만 원자의 법칙에 대한 우리의 지식은 아주 믿을 만하다.

그런데 폭발하는 폭탄이 증발하는 블랙홀로 바뀌었을 때 원자와 원자 물리학의 법칙들에 대응하는 것은 과연 무엇일까? 토프트는 지평선의 본성에 대해 눈부신 통찰력을 보이며 많은 문제를 풀었지만, 이 질문에 대해서는 명확하게 답을 하지 못했다. 물론 토프트는 원자의 대응물이 지평선의 엔트로피를 생성하는 미시적인 물체여야 한다는 것은 알았다. 하지만 그것이 과연 무엇인지, 그리고 그것이 움직이고 결합하고 분리되고 재결합하는 방식을 지배하는 법칙이 정확하게 무엇인지 토프트는 알지 못했다. 호킹과 대부분의 상대성 이론 전문가들은 "열역학 제2법칙은 물리적 과정이 뒤집어질 수 없다고 규정한다."라고 선언하면서, 그런 미시적인 존재가 있다는 생각을 묵살했다.

사실 열역학 제2법칙이 규정하는 것은 그것이 아니다. 물리적 과정을 뒤집는 것은 믿을 수 없을 정도로 어렵고, 아주 작은 실수라도 그 노력을 물거품으로 만들 것이라는 점을 말할 뿐이다. 게다가 당신은 정확한 세부 사항(미세 구조)을 알아 두는 것이 좋다. 그렇지 않다면 실패할 것이다.

이 논쟁 초기의 몇 년 동안은 $-행렬이 아니라 S-행렬이 옳다는 것이 나의 의견이었다. 하지만 단지 "$가 아니라 S"라고 말하는 것만으로는 사람들을 확신시킬 수 없다. 블랙홀 엔트로피의 불가사의한 미시적 기원을 찾기 위해 노력하는 것이 최선의 길이었다. 무엇보다 호킹의 논증에서 무엇이 잘못되었는지를 이해할 필요가 있었다.

12장
무슨 상관이랴

누구도 호킹 복사를 이용해서 암을 치료하거나 더 좋은 동력로를 만들려고 하지 않을 것이다. 블랙홀이 정보를 저장하거나 적국의 미사일을 방어하는 데에도 결코 유용하지 않을 것이다. 설상가상으로 블랙홀의 증발에 대한 양자 이론은 입자 물리학이나 은하들을 다루는 천문학(이 두 분야도 결코 실용적으로 응용되기는 어려울 테지만.)과는 달리 아마 결코 직접적으로 관측하거나 실험할 수조차 없을 것이다. 그런데도 왜 사람들은 블랙홀에 시간을 낭비하고 있는 것일까?

왜 그런지를 이야기하기 전에 호킹 복사가 결코 관측되지 않을 것 같다고 한 이유부터 먼저 설명해 보자. 미래에는 블랙홀에 충분히 가까이 다가가서 어느 정도 자세히 관찰할 수 있게 될 것이라고 상상해 보자. 그런 경우조차 블랙홀이 증발하는 것을 관찰할 수 없다. 이것은 매우 단순한 한 가지 이유 때문이다. 블랙홀 **천체** 중에 지금 증발하고 있는 것은 단 하나도 없기 때문이다. 증발하기는커녕 반대로 모든 에너지를 흡수하며 성장하고 있다. 다른 천체들로부터 멀리 격리되어 있는 블랙홀조차 열의 소용돌이를 빨아들이고 있다. 은하들 사이의 텅 빈 공간이 아무리 춥다고 해도 별의 질량을 가진 블랙홀보다는 훨씬 더 따뜻하다. 우주 공간은 대폭발이 남긴 흑체 복사의 광자로 가득 차 있다. 우주에서 가장 추운 곳도 3켈빈이어서 절대 영도보다는 온도가 높다. 반면에 가장 따뜻한 블랙홀도 그것보다는 1억 배 정도 차갑다.

열, 즉 열에너지는 항상 따뜻한 곳에서 차가운 곳으로 흐른다. 결코 다른 길이 있을 수 없다. 그래서 열복사는 우주 공간의 좀 더 따뜻한 영역에서 좀 더 차가운 블랙홀로 흐른다. 만약 우주 공간의 온도가 절대 영도라면 블랙홀은 증발해서 그 크기가 줄어들겠지만, 실제 블랙홀은 그렇지 않고 에너지를 흡수해서 자라고 있다.

우주 공간은 한때 지금보다 훨씬 더 뜨거웠다. 그리고 미래에는 우주가 팽창하면서 지금보다 더 차가워져서, 결국에는 수천억 년이 지난 뒤 별 크기의 블랙홀보다 더 차가워질 때까지 냉각될 것이다. 그렇게 되면 블랙홀은 증발하기 시작할 것이다. (그걸 볼 수 있는 사람이 있을까? 누가 알겠는가? 하지만 낙관적으로 생각하자.) 그러나 여전히 블랙홀 증발은 극도로 느려서 (블랙홀 질량이나 크기에 감지할 수 있을 정도의 변화가 생기려면 적어도 10^{60}년은 걸릴 것이다.) 그 누구도 블랙홀이 오그라드는 것을 감지할 수 있을 것 같지는 않다. 마지막으로 설령 우리가 영원히 존재한다고 하더라도 호킹 복사가 간직하고 있는 정보를 원래대로 해독할 일은 거의 없을 것이다.

호킹 복사에 담긴 메시지를 해독하는 것이 그토록 지독하게 가망이 없고 또 그럴 만한 실용적인 이유가 없는데도 왜 많은 물리학자들이 그 문제에 매료된 것일까? 어떤 의미에서 이 질문에 대한 답은 매우 자기 중심적이다. 우주가 어떻게 작동하고 물리 법칙들이 어떻게 서로 들어맞는지를 알기 위해서, 그리고 우리의 지적 호기심을 충족시키기 위해서 우리는 그 문제에 탐닉하고 있는 것이다.

사실 물리학의 많은 부분이 이런 패턴을 따라 발전해 왔다. 가끔은 실용적인 문제들 때문에 심오한 과학 발전이 이뤄지기도 했다. 증기 기관 기술자인 사디 카르노는 더 좋은 증기 기관을 만들기 위해 노력한 결과 물리학 혁명을 일으켰다. 하지만 순수한 호기심이 거대한 패러다임 이동을 일으킨 경우가 물리학에서는 더 많았다. 호기심은 가려움증과 같아서 긁어 줘야만 한다. 물리학자에게는 역설, 즉 자신이 안다고 생각하는 여러 사실들 사이의 불협화음보다 더 가려운 것도 없다. 뭔가가 어떻게 작동하는지를 알지 못하는 것도 충분히 나쁘지만, 알고 있다고 생각하는 것들 사이의 모순을 알게 되면 더욱더 참기 어렵다. 특히 기본 원리들이 충돌하는 경우에는 더욱 그렇다. 그런 충돌들이 어떻게 물리학을 갈 데까지 몰고 가서 심오한 결론을 도출해 냈는지 돌아보는 것도 의미가 있을 것이다.

고대 그리스 철학자들은 역설적인 유산을 하나 남겼다. 여기서는 완전히 분리된 현상계, 즉 천상계와 지상계를 지배하는 2개의 양립 불가능한 이론이 충돌한다. 천상계란 우리가 천문학이라고 부르는 학문이 연구하는 천체들의 세계를 일컫는다. 천상계는 더 좋고 더 깨끗하고 더 완벽하며 시계 태엽 장치처럼 정확하게 돌아가는 영원무궁한 세계였다. 사실 아리스토텔레스에 따르면 모든 천체는 55개의 완벽한 수정 동심구 위를 움직이고 있었다.

반대로 지상계의 현상 법칙들은 타락한 것으로 여겨졌다. 불결한 지구 표면 위에서는 어떤 것도 제대로 움직이지 않는다. 무거운 달구지는 말이 계속 끌지 않으면 뒤뚱거리며 이내 멈춰 설 것이다. 덩어리진 물체들은 품위 없게도 땅으로 떨어져 계속 머무른다. 이런 기본 법칙들이 네 가지 원소를 지배했다. 불은 올라가고 공기는 떠다니고 물은 떨어지며 땅은 가장 낮은 곳으로 가라앉는다.

그리스 인들은 2개의 완벽하게 다른 법칙이 있다는 것에 만족했다. 하지만 갈릴레오는 이런 이분법을 참을 수가 없었다. 뉴턴의 경우는 훨씬 더 심했다. 갈릴레오는 간단한 사고 실험을 통해 자연 법칙이 둘로 분리되어 있다는 생각을 깨부쉈다. 그는 산꼭대기에 서서 돌멩이를 던지는 상상을 했다. 처음에는 충분히 세게 던져서 돌멩이가 자기 발에서 몇 미터 먼 곳에 떨어지게 했다. 그다음에는 더 세게 던져서 돌멩이가 땅에 떨어지기 전에 1,500킬로미터를 날아가게 했다. 그다음에는 훨씬 더 세게 던져서 지구 둘레를 돌게 했다. 그는 돌멩이가 원형 궤도로 지구 주위를 공전할 것임을 깨달았다. 이 때문에 새로운 역설이 생겼다. 만약 지상의 돌멩이가 천체가 될 수 있다면 어떻게 지상계 현상의 법칙들이 천체 현상의 법칙들과 완벽하게 다를 수 있단 말인가?

갈릴레오가 죽던 해에 태어난 뉴턴은 이 수수께끼를 해결했다. 그는 나무에서 사과를 떨어뜨리는 중력 법칙이 달을 지구 주위의 궤도에, 그리고 지구를 태양 주위의 궤도에 붙들고 있음을 깨달았다. 뉴턴의 운동 법칙과 중력 법칙은 보편적으로 유용하고 하늘과 땅을 한데 아우르는 최초의 물리 법칙이었다. 그 법칙들이 미래의 항공 우주 공학자들에게 얼마나 유용한 것이 될지 뉴턴은 알았을까? 그가 그런 관심을 가졌을지는 의문이다. 뉴턴을 추동한 것은 실용성이 아닌 호기심이었다.

그다음으로 루트비히 에두아르트 볼츠만(Ludwig Eduard Boltzmann, 1844~1906년)이 그토록 정열적으로 긁어 댔던 커다란 가려움증 하나가 떠오른다. 여기서도 다시 원리들이 충돌한다. 엔트로피가 항상 증가할 것을 요구하는 일방 통행의 법칙이 어떻게 가역적인 뉴턴의 운동 법칙과 공존할 수 있을까? 라플라스가 믿었던 것처럼 만약 세계가 뉴턴의 법칙을 준수하는 입자들로 이뤄져 있다면, 그것을 거꾸로 돌리는 것도 가능해야만 할 것이다. 결국 볼츠만이 이 문제를 해결했다. 우선 그는 엔트로피가 **숨겨진 미시적 정보**임을 인식했고, 엔트로피가 **항상** 증가하는 것은 아님을 깨달았다. 일어날 것 같지 않은 일들이 종종 일어나기도 한다. 트럼프 카드를 무작위적으로 뒤섞어도 순전히 우연히 숫자 순서대로 나오기도 한다. 스페이드 다음에 클로버가 나오고, 다음으로 다이아몬드가, 그다음으로 하트가 나오는 식으로 말이다. 하지만 엔트로피가 감소하는 사건은 아주 드문 예외적인 경우이다. 볼츠만은 **엔트로피는 거의 항상 증가한다**는 말로 그 역설을 해소했다. 엔트로피에 대한 볼츠만의 통계학적 접근법은 오늘날 실용적인 정보 과학의 기초를 이룬다. 하지만 볼츠만은 엔트로피라는 퍼즐이 단지 끔찍하게 가려운 부분이어서 긁어 버리고 싶었을 뿐이다.

갈릴레오와 볼츠만의 경우에 흥미로운 점은, 그 원리들의 충돌을 해소한 것이 놀랍고도 새로운 실험적 발견이 아니었다는 점이다. 둘 다 핵심적인 역할을 한 것은 올바른 사고 실험이었다. 돌멩이를 던지는 갈릴레오의 실험, 시간을 거꾸로 돌리는 볼츠만의 실험은 결코 직접 실행해 볼 필요가 없었다. 그저 생각해 보는 것만으로도 충분했다. 하지만 사고 실험의 가장 위대한 달인은 알베르트 아인슈타인이었다.

20세기로 넘어갈 즈음에는 심오하고도 혼란스러운 두 가지 모순이 물리학자들을 괴롭혔다. 첫째는 뉴턴 물리학의 원리와 빛에 대한 맥스웰 이론 사이의 갈등이었다. 아인슈타인과 매우 밀접하게 관련된 상대성 원리는 사실 뉴턴까지, 그리고 훨씬 더 멀리는 갈릴레오까지 거슬러 올라간다. 상대성 원리란 간단히 말해서 다른 관성 좌표계에서 바라본 물리 법칙에 관한 원리이다. 예를 들어 보자. 곡예사가 기차를 타고 다음 마을로 가고 있다고 생각해 보자. 기차를 타고 가는 동안 곡예사는 공 던지기 연습을 해야겠다고 생각한다. 그는 움직이는 기차 안에서는 한번도 공 던지기를 해 본 적이 없어서, '내가 공중으로 공을 던지고 되받을 때마다 기차의 운동을 상쇄시킬 필요가 있지 않을까? 어디 보자. 기차가 서쪽으로 움직이고 있으니까, 내가 공을 받을 때마다 약간씩 동쪽으로 가는 게 낫겠군.' 하고 생각한다. 그는 공 하나로 시도해 본다. 공은 위로 올라가고, 공을 잡으려는 그의 손은 동쪽으로 가고, 그리고 공은 바닥에 쿵 떨어진다. 이번에는 동쪽으로 조금 덜 가기로 하고 공을 다시 던진다. 역시 공은 쿵 하고 바닥에 떨어진다.

그런데 공교롭게도 그 기차는 최신식 고성능 열차였다. 철길은 무척 매끄럽고 기차의 현가 장치는 너무나 완벽해서 승객들은 기차의 움직임을 전혀 느낄 수 없다. 곡예사는 껄껄 웃으며 혼잣말을 한다. "알겠군. 나도 모르게 기차가 속도를 줄여 멈춰 선 거야. 기차가 다시 출발하기 전에 평소 하던 식으로 연습할 수 있겠군. 난 그저 예전의 훌륭한 공 던지기 교범으로 돌아가면 되는 거야." 그 결과는 완벽했다.

곡예사가 창 밖을 내다봤을 때 시골 풍경이 시속 140킬로미터로 휙휙 지나가는 것을 보고 얼마나 놀랐을까 상상해 보라. 곡예사는 너무나 놀라서 친구인 어릿광대(그는 공연 철이 아닐 때에는 하버드의 물리학과 교수로 일했다.)에게 설명을 부탁했다. 어릿광대가 한 말은 이렇다. "뉴턴 역학의 원리에 따르면 운동 법칙은 좌표계가 서로에 대해 상대적으로 등속도로 움직이는 한 모든 좌표계에서 똑같지. 따라서 공 던지기의 법칙은 지면에 정지한 좌표계에서와, 부드럽게 움직이는 열차와 함께 운동하는 좌표계에서 정확하게 똑같은 거야. 기차 안에서만 전적으로 행해지는 실험으로 기차의 운동을 감지한다는 것은 불가능해. 창 밖을 내다봐야만 기차가 땅에 대해 움직이고 있다고 말할 수 있지. 하지만 그때조차 자넨 움직이는 것이 기차인지 땅인지를 말할 수 없어. 모든 운동은 상대적이야."
곡예사는 놀란 표정으로 공을 집어 들고 연습을 계속한다.

모든 운동은 상대적이다. 시속 140킬로미터로 움직이는 열차, 초속 30킬로미터로 태양 주변을 도는 지구, 초속 200킬로미터로 은하 주변을 도는 태양계. 이 모두가 부드럽게 움직이는 한 감지할 수 없다.

부드럽게? 그것이 무슨 뜻이지? 기차가 움직이기 시작할 때의 곡예사를 생각해 보자. 곡예사는 갑자기 한쪽으로 몸이 쏠린다. 공이 뒤로 홱 날아갈 뿐만 아니라 곡예사 자신도 발이 미끄러져 넘어질지도 모른다. 열차가 멈춰 설 때에도 뭔가 비슷한 일이 생긴다. 아니면 기차가 심하게 휜 커브를 돈다고 생각해 보자. 확실히 이 모든 상황에서는 공 던지기의 규칙들이 수정되어야만 한다. 그 새로운 요소는 무엇일까? 답은 **가속도**이다.

가속도란 속도의 변화를 뜻한다. 열차가 출발하거나 갑자기 멈춰 설 때 속도가 변하며, 따라서 가속도가 생긴다. 커브를 돌 때는 어떨까? 좀 덜 명확할지는 모르겠지만, 그럼에도 속도가 변하고 있다는 것은 사실이다. 속도의 크기가 아니라 그 **방향**이 변하고 있기 때문이다. 물리학자는 크기든 방향이든 속도에서의 변화를 모두 가속도라고 부른다. 따라서 상대성 원리는 보다 간결하게 규정할 수 있다.

물리 법칙은 서로 상대적으로 등속도로(가속도 없이) 움직이는 모든 좌표계에서 똑같다.

상대성 원리는 아인슈타인이 태어나기 약 250년 전에 처음으로 정식화되었다. 그렇다면 왜 아인슈타인이 그리도 유명할까? 그것은 아인슈타인이 상대성 원리와 물리학의 다른 원리('맥스웰의 원리'라고 불러도 좋은 맥스웰이 증명한 원리)가 명백하게 충돌한다는 것을 폭로했기 때문이다. 2장과 4장에서 논의했듯이 맥스웰은 현대적인 전자기 이론을 발견했다. 이것은 자연의 모든 전기력과 자기력에 관한 이론이다. 맥스웰의 가장 위대한 발견은 빛이 가진 엄청난 신비를 규명한 것이다. 그는 빛이 바닷속을 퍼져 나가는 파도와 마찬가지로 공간 속을 움직이는 전자기장의 요동에서 생긴 파동으로 이뤄져 있다고 논증했다. 하지만 우리에게 맥스웰이 증명한 것 가운데 가장 중요한 것은 진공 속을 움직이는 빛은 언제나 정확하게 똑같은 속도, 즉 초속 약 30만 킬로미터의 속도로 움직인다는 것이다.[1] 이것을 나는 '맥스웰의 원리'라고 부른다.

빈 공간을 움직이는 빛은 그것이 어떻게 만들어진 빛이라 하더라도 항상 똑같은 속도로 움직인다.

하지만 여기서 문제가 생긴다. 2개의 원리가 심각하게 충돌한다. 상대성 원리와 맥스웰의 원리 사이의 충돌을 걱정한 것은 아인슈타인이 처음은 아니었다. 하지만 아인슈타인은 이 문제를 가장 명확하게 인식했다. 다른 사람들이 실험 데이터 때문에 골머리를 앓을 동안, 사고 실험의 달인이었던 아인슈타인은 전적으로 자기 머릿속에서만 진행된 실험 때문에 골머리를 앓았다. 아인슈타인의 회상에 따르면 그가 16세였던 1895년 아인슈타인은 다음과 같은 역설을 만들었다. 아인슈타인은 자신이 **광속으로 움직이는** 열차에 탄 상태에서 같은 방향으로 그와 나란히 움직이는 빛을 관찰하는 상상을 했다. 아인슈타인에게는 그 광선이 정

1. 빛이 물이나 유리 속을 움직일 때에는 속도가 약간 더 느려진다.

지해 있는 것처럼 보이지 않았을까?

아인슈타인 시절에는 헬리콥터가 없었지만, 아인슈타인이 바다 위에서 대양의 파도와 정확히 똑같은 속도로 떠다니고 있다고 상상해 보자. 파도는 가만히 정지한 것처럼 보일 것이다. 똑같은 방식으로 그 16세의 꼬마는 열차의 승객(이 승객은 광속으로 움직이고 있음을 기억하라.)이 완전히 움직이지 않는 광파를 보게 될 것이라고 추론했다. 맥스웰의 이론에 대해 충분히 알고 있었던 어린 나이의 아인슈타인은 자기가 상상한 것이 불가능하다는 것을 깨달았다. 맥스웰의 원리는 모든 빛이 똑같은 속도로 움직여야 함을 웅변하고 있었기 때문이다. 만약 자연 법칙들이 모든 좌표계에서 똑같다면 맥스웰의 원리는 움직이는 기차에도 적용되어야만 한다. 맥스웰의 원리와 갈릴레오 및 뉴턴의 상대성 원리는 마주보고 달리는 열차와도 같았다.

아인슈타인은 그 가려움증을 10년 동안 긁어 댄 뒤에야 해결책을 찾았다. 1905년 아인슈타인은 「움직이는 물체의 전기 동역학에 대해(On the Electrodynamics of Moving Bodies)」라는 유명한 논문을 썼다. 여기서 그는 공간과 시간에 대해 완전히 새로운 이론을 가정했다. 특수 상대성 이론이 바로 그것이다. 새 이론은 길이와 시간 간격, 그리고 특히 2개의 사건이 동시적이라는 것이 무엇을 뜻하는지에 대한 생각을 극적으로 바꿨다.

아인슈타인은 특수 상대성 이론을 고안함과 동시에 또 다른 역설에 대한 수수께끼를 풀고 있었다. 20세기로 넘어갈 무렵 물리학자들은 흑체 복사 때문에 무척이나 난감해 했다. 흑체 복사는 뜨겁게 타오르는 물체가 만들어 내는 전자기 에너지임을 9장에서 설명했다. 절대 영도에서 완전히 빈 밀폐된 용기를 생각해 보자. 그 그릇의 내부는 완전히 진공이다. 이제 이 그릇을 밖에서 가열한다. 바깥쪽 벽은 흑체 복사를 방출하기 시작하며 안쪽 벽도 마찬가지이다. 내벽에서 방출되는 복사는 그릇 안의 닫힌 공간 속으로 들어가 흑체 복사로 공간을 채운다. 파장이 다른 온갖 전자기파가 주변을 휘젓고 다니다 내벽에 튕겨 나온다. 붉은빛, 푸른빛, 적외선, 그리고 모든 색깔의 스펙트럼이 다 나온다.

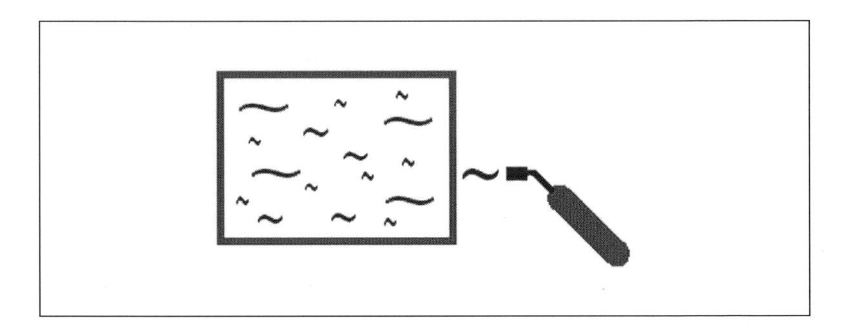

고전 물리학에 따르면 각각의 파장, 즉 초단파, 적외선, 빨간빛, 주황빛, 노란빛, 초록빛, 파란빛, 보랏빛, 그리고 자외선 전자기파의 파장은 똑같은 양의 에너지만큼 기여한다. 그러나 파장은 이것만 있는 것이 아니다. 훨씬 더 짧은 파장들, 즉 엑스선, 감마선, 그리고 훨씬 더 미세한 파장들도 똑같은 양의 에너지만큼 기여한다. 파장이 얼마나 짧은가에는 제한이 없으므로 고전 물리학은 용기 안의 에너지가 무한대가 될 것이라고 예측한다. 이건 명백히 허튼소리이다. 무한대의 에너지라면 즉시 용기를 증발시켜 버렸을 것이다. 그렇다면 정확하게 무엇이 잘못된 것일까?

이것 때문에 생긴 문제는 워낙 심각해서 19세기 말에는 **자외선 파국(ultraviolet catastrophe)**으로 알려졌을 정도이다. 이 문제 또한 포기하기가 무척 어려운, 깊이 신뢰받던 원리들의 충돌에서 비롯된 것이었다. 충돌의 주인공은 빛의 파동 이론과 열 이론이었다. 빛의 파동 이론은 회절, 굴절, 반사, 그리고 가장 인상적인 간섭 등과 같은 빛의 잘 알려진 성질을 설명하는 데에 멋지게 성공했다. 누구도 빛의 파동 이론을 포기하려고 하지 않았다. 하지만 다른 한편으로 각각의 파장은 똑같은 에너지를 가져야만 한다는 원리(등분배 원리)는 열 이론의 가장 일반적인 측면과 결합되어 있었다. 특히 열은 무작위적인 운동이다.

1900년 막스 플랑크는 어떤 중요한 아이디어를 새로 제시해 이 궁지를 벗어날 해결책에 가까이 다가갔다. 하지만 정확한 답을 찾은 것은 1905년의 아인슈타인이었다. 아무런 망설임도 없이, 그 무명의 특허청 직원은 믿기 어려우리만치 대담한 행동을 취했다. 빛은 맥스웰이 생각했던 것처럼 연속적인 에너지가 아니라고 아인슈타인은 주장했다. 빛은 에너지를 가진 개개의 입자, 즉 나중에 광자라고 불린 양자로 이뤄져 있다. 세상에서 가장 위대한 물리학자들을 상대로 그들이 빛에 대해 알고 있는 모든 것은 틀렸다고 이야기하는 젊은이의 대담무쌍함과 자신만만함이 그저 놀라울 따름이다.

빛은 그 진동수에 비례하는 에너지를 가진 개별 광자로 이뤄져 있다고 가정하면 자외선 파국 문제가 해결된다. 이 광자들에 볼츠만의 통계역학을 적용해 아인슈타인은 아주 짧은 파장(높은 진동수)의 에너지는 광자 하나의 에너지보다 적다는 것을 발견했다. 하나보다 더 적다는 것은 없다는 것을 뜻한다. 따라서 아주 짧은 파장은 에너지를 지닐 수 없으며, 자외선 파국은 더 이상 존재하지 않는다. 하지만 이것이 논쟁의 끝은 아니었다. 하이젠베르크, 슈뢰딩거, 그리고 디랙이 아인슈타인의 광자를 맥스웰의 파동과 조화시키는 데에는 거의 30년이 걸렸다. 하지만 아인슈타인이 만든 돌파구가 그 문을 연 것은 틀림없다.

아인슈타인의 가장 위대한 걸작인 일반 상대성 이론 또한 원리들의 충돌에 대한 간단한 사고 실험에서 태어났다. 그 사고 실험은 너무나 간단해서 어린이도 해 볼 만한 것이었다. 이 실험과 관련된 것은 일상 생활에서 흔히 관찰할 수 있는 것으로서 기차가 정지했다가 가속할 때 승객들이 좌석 쪽으로 뒤로 밀려나는 현상이 전부였다. 이것은 마치 열차가

곤두서서 중력이 열차를 후미 쪽으로 당기는 것과도 똑같다. '그렇다면 우리는 어떻게 좌표계가 가속된다고 말할 수 있을까?' 하고 아인슈타인은 자문했다. 상대적으로 무엇에 대해 가속된다는 말인가?

어릿광대가 전하는 아인슈타인의 답은 **우리는 말할 수 없다**는 것이다. "뭐라고?" 곡예사가 말한다. "물론 우리는 말할 수 있어. 자네가 방금 좌석 등받이 쪽으로 밀린다고 말하지 않았나?" "그랬지." 하고 어릿광대가 대답한다. "마치 누군가 열차를 곤두세워, 중력이 자네를 뒤로 당기는 것과 정확하게 똑같지." 아인슈타인은 그 아이디어에 사로잡혀 있었다. 가속도를 중력의 효과와 구분하는 것은 불가능하다. 승객들은 기차가 여행을 시작했는지, 아니면 중력이 좌석 뒤에서 잡아당기고 있는지 전혀 알 길이 없다. 역설과 모순으로부터 다음의 등가 원리가 태어났다.

중력의 효과와 가속도는 서로 구분할 수 없다. 물리계에 대한 중력의 효과는 가속도의 효과와 정확하게 똑같다.

우리는 물리학의 역사 속에서 이런 패턴을 반복해서 볼 수 있다. 똑같은 양상을 보게 된다. 과장의 위험을 무릅쓰고 요점을 말하자면, 가슴 깊숙이 자리 잡고 있던 원리들 사이의 충돌을 드러내는 사고 실험들이 물리학에서 가장 위대한 진전을 가져왔다. 이런 면에서 지금의 상황은 과거와 전혀 다르지 않다.

충돌

이 장 시작 부분에서 제기했던 원래 문제로 돌아가 보자. 블랙홀이 증발할 때 정보가 손실되든지 말든지 우리가 무슨 상관이랴?

베르너 에르하르트 저택에서의 모임이 있는 뒤 며칠이 지나고서야 나는 스티븐 호킹이 과거의 위대한 역설들과 견줄 만한 그런 원리들의 충돌을 지적해 냈음을 깨달았다. 공간과 시간에 대한 가장 기본적인 개념들이 뭔가 심각하게 뒤틀리고 있었다. 호킹 자신이 말했듯이 등가 원리와 양자 역학이 정면으로 충돌하고 있는 것은 분명했다. 이 역설이 물리학 전체를 구조적으로 뒤엎어 버리거나, 아니면 그 둘을 조화롭게 아울러 양쪽 모두에 대한, 심오한 통찰력을 새롭게 제공할 터였다.

나는 그 충돌 때문에 참을 수 없는 가려움증이 생겼지만, 그 가려움증이 다른 사람들에게 쉽게 전염되지는 않았다. 호킹은 정보가 상실된다는 결론에 만족하는 것처럼 보였고, 그 역설에 관심을 가진 사람은 거의 없었다. 1983년부터 1993년까지 10년을 지내면서 호킹의 이 만족감이 나를 무척 괴롭혔다. 나는 어떻게 모두가, 특히 누구보다도 스티븐 호킹이 양자 역학의 원리들을 상대성 이론의 원리들과 화합시키는 것이 우리 세대에게 주어진 위대한 과제임을 알지 못하는지 이해할 수 없었다. 그 위대한 과제는 플랑크, 아인슈타인, 하이젠베르크, 그리고 과거의 다른 영웅들이 성취한 것들을 조화시킬 위대한 기회일지도 모르는데 말이다. 나는 호킹이 자신이 던진 질문의 깊은 의미를 알아채지 못하고 있다고 생각했다. 문제는 양자 역학을 포기하는 것이 아니라, 양자 역학을 블랙홀의 이론들과 조화시키는 것이라고 호킹과 다른 사람들(하지만 거의 호킹)에게 납득시켜야 한다는 강박 관념이 내 마음속에서 자라기 시작했다.

자연에 관한 2개의 양립 불가능한 이론을 가진다는 것은 지적으로 견디기 힘든 것이며 일반 상대성 이론을 양자 역학과 양립할 수 있게 해야만 한다는 것은 내게 너무나 분명해 보였다. 나는 호킹, 토프트, 존 휠러, 그리고 내가 아는 거의 모든 상대성 이론 전문가, 초끈 이론 연구자, 우주론 학자들 또한 같은 생각일 것이라고 확신한다. 하지만 이론 물리

학자들이란 논쟁하기 좋아하는 무리들이다.[2]

2. 최근에 나는 모두 여기에 동의하는 것은 아님을 알고는 무척 놀랐다. 프리먼 다이슨은 브라이언 그린의 책 『우주의 구조(*The Fabric of the Cosmos*)』에 대한 서평에서 주목할 만한 선언을 했다. "보수주의자로서 나는 물리학을 크고 작은 이론들로 쪼개는 것을 받아들일 수 없다는 데에 동의하지 않는다. 나는 별과 행성의 고전적인 세계와 원자 및 전자의 양자적인 세계에 대한 이론들이 분리된 채로 살아온 지난 80년의 상황에 무척 만족하고 있다." 다이슨은 무엇을 생각하고 있었을까? 갈릴레오 이전의 고대인들처럼 연결할 수 없는 자연에 대한 2개의 이론을 우리가 받아들여야만 한다는 것? 그것이 보수적인가? 아니면 반동적인가? 내 귀에는 그저 관심 없다는 소리로 들릴 뿐이다.

13장

교착 상태

젊은 시절 사람들이, 특히 파티나 사교 모임에서 직업이 뭐냐고 물을 때면 나는 정말로 거기에 대해서는 이야기하고 싶지 않았다. 부끄럽거나 당황스러워서가 아니었다. 단지 설명하기가 너무나 번거로워서였다. 그래서 화제를 돌리기 위해 나는 이렇게 말하고는 했다. "저는 핵물리학자입니다만, 거기에 대해서 자세히는 말할 수 없군요." 1970년대와 1980년대에는 이 말이 통했지만, 냉전이 끝난 지금은 그렇지 않다.

나는 아직도 그 질문을 받으면 다른 이유에서이기는 하지만 약간 난처해진다. 그 답이 정확하게 뭔지 모르기 때문이다. "저는 이론 물리학자입니다."라고 명쾌하게 대답하면 대개 또 다른 질문이 이어진다. "어떤 물리학 분야를 하십니까?" 여기서 나는 곤경에 처한다. 나는 입자 물리학자라고 말할 수도 있지만, 블랙홀이나 우주 전체처럼 큰 것들에 대해서도 연구했다. 나는 또 고에너지 물리학자라고 말할 수도 있지만, 가끔 가장 낮은 에너지, 심지어 빈 공간의 성질에 대해서도 연구한다. 나와 대부분의 동료들이 관심 있어 하는 것을 지칭할 만한 좋은 이름이 없는 것이다. 끈 이론가라고 불리면 나는 화가 난다. 나는 그렇게 아주 좁게 분류되는 것을 좋아하지 않는다. 나는 내가 자연의 기본 법칙들을 연구한다고 말하고 싶지만, 그렇게 말하면 우쭐대는 것처럼 들린다. 그래서 대개 나는 이론 물리학자이며 많은 것들을 연구해 왔다고 대답한다.

사실 1980년대 초반이 되기 전에는 내가 연구했던 것의 대부분을 입자 물리학이라고 합당하게 부를 수 있었다. 하지만 당시 이 분야는 다소 침체되어 있었다. 입자 물리학의 표준 모형은 이미 완결된 거래와도 같았으며 가장 흥미로운 변형들도 연구되었다. 가속기를 지어서 이런 변형들을 검증하려면 아주 많은 시간이 걸리겠지만 그저 시간 문제일 뿐이었다. 그래서 사실 나는 약간 지루해져서 양자 중력에서 내가 무엇을 밝혀낼 수 있을까를 알아보기로 결심했다. 몇 달 뒤 나는 파인만이 옳았을지도 모른다고 걱정하기 시작했다. 양자 중력은 다른 물리학 분야로부터 너무나 동떨어져 있어서 앞으로 연구를 진행해 나갈 길이 전혀 없는 것처럼 보였다. 심지어 문제가 뭔지조차 내게는 명확하지 않았다. 존 휠러는 그만의 독특한 방식으로 이렇게 말했다. "문제는, 무엇이 문제인가 하는 것이다." 나는 확실히 그 답이 보이지 않았다. 내가 통상적인 입자 물리학으로 돌아갈까 생각할 때 갑자기 호킹이 휠러의 물음에 답하는 폭탄을 투하했다. 그 문제는 이러했다. **정보 손실이라는 무정부 상태로부터 어떻게 물리학을 구출할 것인가?**

당시의 입자 물리학이 정체되어 있었다고 한다면, 블랙홀에 대한 양자 이론 또한 그랬다. 그리고 그런 채로 약 9년 동안 제자리에 있었다. 호킹조차도 1983년부터 1989년까지 블랙홀에 대해서는 논문 한 편 출판하지 않았다. 그 기간에 블랙홀에서의 정보 손실이라는 문제를 다룬 논문은 겨우 여덟 편이었다. 그중 하나는 내가 썼고 나머지는 토프트가 썼다. 주로 호킹의 $-행렬보다는 S-행렬에 대한 자신의 신념을 드러내는 것들이었다.

1983년 이후 9년 동안 내가 블랙홀에 대해 거의 아무 논문도 쓰지 않은 이유는 단지 그 수수께끼를 풀 방법을 찾을 수 없었기 때문이다. 그 기간 동안 나는 쳇바퀴를 돌듯 계속해서 똑같은 질문을 하다가 통과할 수 없는 똑같은 장애물에 직면하고 마는 나 자신을 발견하고는 했다. 호킹의 논리는 너무나 명확했다. 지평선은 단지 귀환 불능점일 뿐이다. 지평선을 건너간 그 무엇도 되돌아올 수 없다. 그 추론은 설득력이 있었지만 그 결론은 터무니없었다.

1988년 언젠가 샌프란시스코에서 물리학과 천문학의 아마추어 애호가들에게 강연을 한 적이 있다. 그리고 그 강연에서 이 문제를 살짝 다뤘다. 다음은 당시 강연 내용이다.[1]

아주 큰 블랙홀의 역설: 샌프란시스코 강연

스티븐 호킹이 약 13년 전에 처음으로 제기했던, 원리들 사이의 심각한 충돌에 주의를 기울여 주시기 바랍니다. 제가 여기서 이 문제를 이야기하려는 것은 그것이 물리학과 우주론의 가장 심오한 질문을 이해하

1. 다음 내용은 내가 아직도 가지고 있는 노트에 기초해서 그 강연을 대략적으로 재구성한 것이다. 나는 약간 자유롭게 방정식들을 말로 바꿨다. 「반중력 알약을 잊지 마세요.」라는 이야기는 대중 과학 잡지를 위해 쓴 것이었다. 최종 원고로 완성되지는 않았지만, 조금 줄여서 일부를 샌프란시스코에서 강연했다.

기 전에 반드시 해결해야 할 아주 심각한 위기를 의미하기 때문입니다. 그 심오한 질문들은 한편으로는 중력과, 또 다른 한편으로는 양자 이론과 연관이 있습니다.

왜 이 두 가지 연구 영역을 뒤섞어야만 하는가 하고 반문하실지도 모르겠습니다. 중력은 아주 크고 아주 무거운 것들만 다루는 반면, 양자역학은 아주 작고 가벼운 것들을 지배합니다. 무거우면서 동시에 가벼운 것은 없습니다. 그렇다면 어떻게 두 이론이 똑같은 맥락에서 중요할 수 있을까요?

기본 입자부터 시작해 봅시다. 다들 아시겠지만 전자와 원자핵 사이의 중력은 이 둘을 원자로 묶어 주는 전기력과 비교해서 믿기 어려울 정도로 약합니다. 쿼크를 양성자로 묶어 주는 핵력도 그렇습니다. 사실 중력은 통상적인 힘보다 약 1조×1조×1조×100만분의 1보다 더 약합니다. 따라서 중력이 원자 물리학이나 핵물리학에서 중요한 역할을 하지 않는다는 것은 명백합니다. 하지만 기본 입자들에 대해서는 어떨까요?

보통 우리는 전자 같은 입자들을 무한히 작은 점으로 간주합니다. 하지만 그게 진실의 전부일 리가 없습니다. 그 이유는 기본 입자들은 서로를 구분할 수 있는 너무나 많은 성질들을 가지고 있기 때문입니다. 어떤 기본 입자들은 전기적으로 대전되어 있지만 어떤 기본 입자들은 그렇지 않습니다. 쿼크조차 **중입자 수, 아이소스핀**, 그리고 잘못 명명된 **색깔** 같은 이름의 성질들을 가지고 있습니다. 입자들은 장난감 팽이처럼 하나의 축 주위를 빙빙 돕니다. 단순한 점 하나가 그렇게 많은 구조와 다양성을 가질 수 있다고 생각하는 것은 불합리합니다. 대부분의 입자 물리학자들은 믿을 수 없을 정도로 작은 규모까지 내려가서 입자들을 조사하면 그 기본 입자를 똑딱거리게 하는 숨겨진 기계 장치를 볼 수 있을 것이라고 믿고 있습니다.

만약 전자와 그 다양한 사촌들이 정말로 무한히 작은 것이 아니라면, 그 입자들은 어떤 크기를 가져야만 합니다. 하지만 우리가 기본 입자들을 서로 충돌시켜서 직접적인 관찰을 통해 알아낸 것이라고는 이 기본 입자들이 원자핵의 1만분의 1보다 더 크지 않다는 것이 전부입니다.

하지만 의외의 일도 생기는 법이죠. 최근에 우리는 입자 내부의 그런 기계 장치가 플랑크 길이보다 그다지 크지도 작지도 않다는 간접적인 증거들을 쌓아 가고 있습니다. 이제 플랑크 길이는 이론 물리학자에게 아주 중요한 의미를 가집니다. 우리는 중력이 전기력이나 핵력보다 훨씬 더 약해서 기본 입자의 행동과는 전혀 관계가 없다고 쉽게 생각하지만, 물질 조각들이 플랑크 길이 안쪽으로 서로 가까이 다가갈 때에는 그렇지 않습니다. 그 지점에 이르면 중력은 다른 힘들만큼이나 강해지는 정도가 아니라 훨씬 더 강해집니다.

이 모든 것이 뜻하는 바는, 자연의 밑바닥까지 파고 내려가, 길이가 아주 짧아 전자조차 복잡한 구조물로 보이는 영역까지 내려가면, 중력이 그런 입자들을 서로 잡아 두고 있는 가장 중요한 힘임이 밝혀질지도 모른다는 점입니다. 그래서 여러분도 짐작하셨겠지만 중력과 양자 역학이 플랑크 규모에서 통합되어 전자, 쿼크, 광자, 그리고 그 모든 친구들의 성질을 설명하게 될지도 모릅니다. 입자 물리학자들이 양자 중력을 진지하게 연구해야 하는 이유가 여기 있습니다.

우주론 학자들 또한 중력에 대한 양자 이론을 그리 오래 피해 다닐 수는 없습니다. 우리가 우주의 과거를 따라 거슬러 올라가면 우주는 지금보다 입자가 더 밀집되어 있었음을 알게 됩니다. 오늘날(1988년) CMB[2]를 이루는 광자는 약 1센티미터 떨어져 있는데, 광자들이 처음 방출되었

2. 마이크로파 우주 배경 복사(Cosmic Microwave Background). 대폭발 시 방출된 원시 복사.

을 때에는 1,000배 정도 더 가까웠습니다. 우리가 과거로 거슬러 올라갈수록 입자들은 통조림보다 훨씬 더 작은 공간에 정어리처럼 꽉꽉 채워지게 됩니다. 대폭발의 순간에는 입자들이 플랑크 길이보다 더 멀리 떨어져 있지 않았던 것 같습니다. 만약 그것이 사실이라면 입자들 사이의 거리는 너무 짧아져 중력이 다른 어떤 힘보다 더 중요한 역할을 하게 될 것입니다. 다시 말해 기본 입자들에 대한 열쇠를 쥐고 있는 양자 중력이 대폭발에서도 대폭발의 원인이 된 가장 중요한 힘일지도 모릅니다.

양자 중력이 우리의 미래에(그리고 과거에도) 중요하다고 한다면, 우리는 중력에 대해서 무엇을 알고 있을까요? 양자 이론과 중력 이론이, 특히 블랙홀에서 전면적으로 충돌한다는 것 말고는 많이 알지 못합니다. 이것은 좋은 일이죠. 왜냐하면 그 충돌을 해결하면 뭔가 중요한 것들을 배울 수 있는 기회가 우리에게 생긴다는 뜻이니까요. 오늘 저는 여러분께 그 문제, 해결책이 아닌 단지 그 문제만을 보여 주는 그런 짧은 이야기를 들려 드리고자 합니다.

반중력 알약을 잊지 마세요

서기 84억 1967만 7599년.

오래전에 지구는 지금은 죽은 별인 태양 주변의 궤도를 벗어났다. 지구는 수없이 많은 세대를 떠돌아 다니다가 머리털자리 초은하단 어딘가의 거대한 블랙홀 주변 궤도에 자리를 잡았다. 21세기 후반 이후 이 행성은 한 기업이 지배하고 있다. 21세기 후반 무혈 쿠데타로 모든 권력 손에 넣은 제약업체가 말이다.

"그래, 게리톨 백작, 이제 어쩌자는 건가? 자넨 지난 5년간 행동을 취할 거라는 약속만 해 왔지. 또 다른 '진척' 보고서로 짐의 시간을 낭비할 셈인가?"

"황송하옵니다, 폐하. 이 미천하고 쓸모없는 벌레 같은 소신이 용서받지 못할 만큼 아둔해 폐하께 사죄를 간하나이다. 하오나 이번에는 정말 좋은 소식을 가져왔습니다. 그 자를 잡았사옵니다!"

폐하로 불린 머크 136세 황제는 잠깐 인상을 찡그렸다. 그러고는 엄청나게 벗겨진 머리를 위조 정보 생성 및 반이성적 과학 집행부 장관인 게리톨 백작 쪽으로 돌려 백작을 벽에 몰아붙이듯 뚫어져라 쏘아봤다. "바보 같으니라고. 누구를 잡았다고? 대구?"

"아니옵니다, 폐하. 이교도로서 대단한 놈입니다. 불결한 물리학자의 아들로 방정식을 풀 줄 아는데, 우리 백성들에게 반중력 알약은 사기라는 불온한 소문을 퍼뜨려 왔습니다. 지금 그 자가 알현실 벽에 묶여 있습니다. 대령하오리까?" 백작은 족제비 같은 얼굴을 굽혀 알랑스러운 미소 뒤로 숨겼다. "단언하건대 그자는 지금 당장 신경 안정제를 좀 먹어야 할 정도일 것입니다. 하하"

황제의 용안에 미소가 잠깐 스쳐 지나갔다. "그놈을 데려오라."

누더기를 걸치고 여기저기 멍이 든 완고한 그 죄수가 게리톨의 발아래에 난폭하게 내던져졌다. "네 놈의 이름이 무엇이냐, 그리고 너는 어떤 집안이냐?" 죄수는 자기 발로 일어서서 반항하는 투로 자신의 투니카에서 먼지를 털어 내며 박해자 눈을 똑바로 쳐다보고는 자랑스럽게 대답한다. "내 이름은 스티브다."[3] 무례하게도 한참을 아무 말도 하지 않더니, 침묵이 너무 길어서 백작이 불편해졌을 즈음 다시 입을 열었다. "나는 고대 블랙홀 전쟁까지

3. 20세기 후반까지 세계에서 가장 위대한 물리학자들 중에는 스티브(Steve, 스티븐(Stephen)의 애칭)라는 이름을 가진 사람이 무척 많았다. 스티븐 와인버그, 스티븐 호킹, 스티븐 셍커, 스티브 기딩스, 스티브 추 등은 많은 스티브 가운데 일부이다. 21세기 후반에는 위대한 물리학자의 부모가 되기를 갈망했던 사람들이 아이들 이름을 (사내 아이뿐만 아니라 여자 아이도) 스티브라 짓기 시작했다.

그 뿌리가 거슬러 올라가는 위대한 혈통의 후손이다. 나의 조상은 케임브리지의 영웅 호킹이다."

황제의 용안에 순간적으로 불확실한 구름이 드리웠다. 하지만 평정을 되찾고 미소를 지었다. "그래, 스티브. 아마도 네 놈을 박사 직함을 붙이는 게 적절한 것 같지만, 네 놈의 오래된 집안 혈통 때문에 네 놈이 어떤 처지에 빠졌는지 보거라. 네가 존재하는 것만으로도 짐의 심기가 불편하구나. 유일한 질문은 어떻게 너의 존재를 제거하는가이지."

그 후 인공 태양이 서쪽으로 지자 스티브는 최후의 식사를 했다. 황제는 그를 조롱이라도 하듯 자신의 식탁에서 최고의 음식들을 골라 '동정심'이 담긴 메시지와 함께 스티브에게 보냈다. 무뚝뚝한 감방 간수(감옥 간수들은 스티브를 아주 좋아했다.)가 고개를 낮게 떨구며 그 전갈을 읽었다. 간수에게는 그것이 상상할 수 있는 최악의 뉴스처럼 보였다. "내일 1시, 너와 너의 가족, 그리고 너의 모든 이교도 무리들을 조그만 거주 위성에 태워, 블랙홀 주변을 둘러싸고 있는 어두운 불과 열의 거대한 소용돌이 속으로 떨어뜨릴 것이다. 처음에는 불쾌한 열기를 느낄 것이다. 그러나 곧 너의 살점은 익고 너의 피는 끓을 것이다. 네 몸의 조각들은 마구 뒤섞여서 증발해 버리고 다시 되돌릴 길 없이 우주에 흩뿌려질 것이다." 그러나 스티브의 얼굴은 희미하지만 편안한 미소를 띠고 있었다. "나쁜 소식인데 반응이 이상하군." 하고 간수는 생각했다.

황제와 백작은 다음날 일찍 일어났다. 황제는 너무나 유쾌해 상냥했다. "오늘은 즐거운 하루가 될 게야. 그렇게 생각하지 않나, 백작?" "예, 그러하옵니다, 폐하. 제가 처형을 공표했사옵니다. 사람들은 망원경으로 이교도의 피가 끓기 시작하는 것을 보고 아주 즐거워할 것입니다."

그 아첨쟁이 백작은 재빨리 블랙홀 온도를 마지막으로 점검해 볼 것을 제안했다. 백작은 황제가 그것을 승낙할지 안 할지 두려워했다. "그러지, 장관. 그렇게 해 보세. 이 거리에서는 지평선이 차가워 보이지만, 케이블에 온도계를 매달아 지평선 표면까지 내려뜨려 지평선 근처의 온도를 기록하자고. 물론 여러 번 해 봤겠지. 수은주가 올라가는 걸 보고 즐기고 싶군." 그래서 지구에서 멀리 온도계를 가져갈 작은 로켓이 준비되었다. 일단 지구 중력의 인력을 벗어나면 온도계는 지평선을 향해 떨어지며 케이블이 그 뒤에서 당기게 된다.

온도계는 케이블이 팽팽해질 때까지 블랙홀 쪽으로 떨어졌다. "따뜻하지만 뜨겁지는 않군. 약간 더 내려 봐, 백작."이라고 황제가 명령했다. 케이블이 천천히 풀렸다. 황제는 망원경으로 수은주가 올라가는 것을 바라봤다. 물의 끓는점을 지나고 유리와 수은의 끓는점을 지나 마침내 온도계가 증발해 버렸다. "폐하께서 바라시던 대로 충분히 뜨겁지 않습니까, 폐하?" 하고 백작이 물었다. "스티브에게 충분히 뜨겁다는 뜻이겠지, 백작. 그래, 짐도 완벽하다고 생각해. 자, 가지. 처형을 집행할 시간이야."

잠시 뒤 합리적 과학을 신봉하는 불행한 이단자들을, 작지만 사람이 살 수 있는 위성으로 보내기 위한 두 번째 로켓이 준비되었다. 이 로켓은 200명을 태우기에 충분히 큰 로켓이었다. 스티브의 아내는 절망으로 흐느끼며 쓰러지지 않으려고 남편의 팔에 필사적으로 매달렸다. 스티브는 진실을 말해주고 싶었지만, 아직은 너무 일렀다. 황제의 근위병들이 그들을 둘러싸고 있었기 때문이다.

몇 시간 뒤 백작은 거대한 로켓을 작동시키는 단추를 눌렀다. 로켓은 작은 청록빛 위성을 지구 주변의 궤도에서 이탈시켰다. 겁에 질린 200명의 승객을 태운 채(근위병들은 더 이상 그들과 함께 있지 않다.) 위성은 암흑 불을 향해 맹렬히 돌진하기 시작했다.

"눈에 보이는군, 백작." 황제는 관측을 계속했다. "놈들이 열의 영향을 받기 시작했어. 혼수 상태에 빠져 느려지기 시작했군. 아주 느으려어졌어." 관측소의 둥근 지붕은 매우 컸고 망원경의 대안 렌즈는 가장 불안정한 장소에 위치해 있었다. 백작은 미소를 띠며 반중력 알약을 꺼내 황제에게 건넸다. "폐하, 안전을 위해서입니다. 여기서 떨어지시면 대단히 언짢으실 겁니다." 황제는 알약을 삼키고는 대안 렌즈에 다시 눈을 가져간다. "여전히 보여. 그런데, 저기 봐. 녀석들이 늘어난 지평선 속으로 떨어지기 시작했어. 이제 나의 충성스러운 백성들이 나의 적들이 어떻게 뒤섞이는지 보게 되겠지. 저것 봐. 녀석들을 이루는 비트가 하나하나 뜨겁고 농밀한 수프 속으로 녹아 버리고 있어. 그리고 비트가 하나씩 차례로 광자들에게 끌려가는군. 몇 개인지 세어서 전원 모두 증발했는지 확인해 보게나."

그들은 망원경에 연결된 거대한 컴퓨터가 그 광자들을 하나씩 기록하고 분석하는 것을 주시했다.

"하," 하고 백작이 말했다. "양자 역학의 원리가 예측한 대로군요. 모든 정보 조각들이 다 잡힙니다. 하지만 뒤섞여 있어서 정보를 해독하기는 어렵겠는데요. 누구도 깨진 험프티덤프티(Humpty-Dumpty, 달걀 모양 사람. — 옮긴이)를 다시 이어붙이지 못하겠지요."

황제는 백작 어깨에 팔을 두르며 말했다. "축하하네, 백작. 아침 먹기 전에 한 일 중에서 가장 유익했네." 하지만 그 부주의한 몸짓 때문에 몸의 균형이 무너졌다. 아래쪽 바닥까지는 60미터, 백작은 갑자기 반중력 알약에 대한 소문이 사실인지 두려워지기 시작했다.

스티브는 자신의 노트북을 가지고 열심히 계산을 하고 있었다. 그러고는 기쁜 표정으로 고개를 들더니 아내를 껴안았다. "여보, 우리는 곧 안전하게 지평선을 지날 거요." 그의 아내와 다른 사람들은 어리둥절해했다. 스티브는 계속 말을 이었다. "등가 원리가 우리의 구세주요."라며 설명했다. "지평선에는 아무런 위험도 없습니다. 그건 아무런 위해도 가하지 않는 귀환 불능점일 뿐입니다." 스티브는 이런 말을 보탰다. "다행히도 우리는 자유 낙하 상태에 있게 될 겁니다. 그리고 우리의 가속도는 정확하게 블랙홀의 중력 효과를 상쇄할 것입니다. 우리가 지평선을 통과해 항해하더라도 아무것도 느끼지 못할 것입니다. 그의 아내는 여전히 믿지 않았다. "글쎄요, 설령 지평선이 무해하다 하더라도 저는 블랙홀 안에 피할 수 없는 특이점이 있다는 끔찍한 이야기를 들었어요. 특이점이 우리를 박살내서 조각조각 갈아 버리지 않을까요?" "그래요, 그건 사실이지요." 하고 그가 대답했다. "하지만 이 블랙홀은 너무나 커서 우리가 탄 이 위성이 특이점 근처 어디라도 닿으려면 약 100만 년은 걸릴 거요."

그래서 그들은 기쁜 마음으로 지평선을 건너 항해했다. 적어도 등가 원리를 믿는 한 말이다.

—끝—

문학적인 가치는 제쳐 놓고서라도, 이 이야기에는 잘못된 부분이 많다. 무엇보다 만약 블랙홀이 충분히 커서 스티브와 그 추종자들이 특이점[4]에 이르기 전에 오랜 세월을 살아남는다면 백작이 온도계를 그 목적지인 지평선까지 내려 보내는 데에도 똑같이 오랜 세월이 걸릴 것이다. 훨씬 더 잘못된 것은 이것이다. 스티브와 그의 추종자들을 구성했던 정보 조각들을 블랙홀이 내뱉는 데에 걸리는 시간은 믿기 어려울 정도로 길어서 우주의 나이보다도 훨씬 더 길다. 하지만 그런 세세한 숫자들을

4. 특이점은 지평선 너머에 있기 때문에 황제와 백작은 결코 볼 수가 없다.

무시한다면 이 이야기의 기본 논리는 말이 된다.

아니, 이 이야기가 말이 된다고?

스티브가 지평선에서 증발했을까? 백작과 황제는 모든 정보 조각들을 셌고 그 모두가 "양자 역학의 원리들이 예측한 것처럼" 증발된 산물 속에 있었다. 그래서 스티브는 지평선에 다가갈 때 목숨을 잃었다. 하지만 이야기는 동시에 스티브가 안전하게 반대편으로 지나갔다고 주장한다. 등가 원리가 예견하듯이 그와 그의 가족들은 아무런 해도 입지 않은 채로 말이다.

확실히 원리들이 충돌하고 있다. 양자 역학은 모든 물체가 지평선 바로 위에서 초고온의 영역과 맞닥뜨리며, 거기서 극도로 높은 온도가 모든 물질을 해리된 광자로 바꾸어 마치 태양에서 나오는 빛처럼 블랙홀 밖으로 다시 그 광자들을 복사한다고 말한다. 결국에는 떨어지는 물질이 지니고 있던 모든 정보 조각들이 이 광자들로 설명될 것이다.

하지만 등가 원리는 전혀 다른, 그리고 상반되는 이야기를 들려 주는 것 같다.

강연을 잠시 중단하며

여기서 잠시 1988년 강연 이야기를 멈추고 몇 가지 요점들을 분명히 해야겠다. 청중 중의 물리학 애호가들은 이것을 알고 있었지만 이 책의 독자인 당신은 그렇지 않을지도 모른다. 무엇보다, 등가 원리가 사형수들에게 지평선은 안전한 환경이라는 확신을 준 이유는 무엇일까? 내가 2장에서 말했던 사고 실험이 도움이 될 것이다. 엘리베이터 안에서 사는 사람을 생각해 보자. 단 여기는 지구 표면보다도 중력이 훨씬 더 강한 세계이다. 만약 엘리베이터가 정지해 있다면 승객들은 자기 발 밑바닥에서, 그리고 찌부러진 몸의 모든 부위에서 중력이 당기는 힘을 느낀다. 엘리베이터가 위로 올라가기 시작한다고 가정해 보자. 위쪽으로 가속되면 상황은 더욱 악화된다. 등가 원리에 따르면 승객들은 가속도가 만드는 만큼의 힘이 더해진 중력을 경험하게 된다.

하지만 만약 엘리베이터의 줄이 뚝 끊겨 아래쪽으로 가속하기 시작하면 어떻게 될까? 그렇게 되면 엘리베이터와 승객들은 자유 낙하하게 된다. 중력과 아래쪽으로 향하는 가속도의 효과는 서로 정확하게 상쇄되어, 승객들은 자신들이 강력한 중력장 안에 있다고 말할 수 없게 된다. 적어도 땅에 부딪혀 위쪽으로 격렬한 가속도를 겪기 전까지는 말이다.

똑같은 방식으로, 자유 낙하하는 위성에 갇힌 사형수들은 지평선에서 블랙홀 중력의 효과를 전혀 느끼지 못할 것이다. 자신들도 인식하지 못한 채 귀환 불능점을 지나 표류하는 그들은 마치 2장에서 자유롭게 표류하는 올챙이와도 같다.

두 번째 사안은 덜 익숙한 것이다. 이미 설명했듯이 커다란 블랙홀의 호킹 온도는 극도로 낮다. 그렇다면 왜 백작과 황제는 온도계를 내렸을 때 지평선 근처에서 그렇게 높은 온도를 감지한 것일까? 이 점을 이해하기 위해서는 광자가 강력한 중력장 밖으로 움직일 때 무슨 일이 벌어지는지 알 필요가 있다. 하지만 좀 더 익숙한 것들부터 시작해 보자. 지표면에서 수직으로 돌멩이를 던진다. 만약 초기 속도가 충분히 크지 않다면 돌멩이는 지표면으로 도로 떨어질 것이다. 그러나 초기 운동 에너지가 충분하다면 돌멩이는 지구 중력의 속박을 벗어날 것이다. 하지만 돌멩이가 가까스로 탈출한다고 하더라도 돌멩이는 출발했을 때보다 훨씬 더 적은 운동 에너지를 가지고 운동할 것이다. 즉 다른 식으로 말하자면, 돌멩이는 최종적으로 탈출했을 때보다 처음 출발했을 때 훨씬 더 많은 운동 에너지를 가진 셈이다.

광자들은 모두 광속으로 운동한다. 하지만 모든 광자가 똑같은 운동 에너지를 가진다는 뜻은 아니다. 사실 광자들은 돌멩이와 무척 닮았다. 광자들이 중력장 밖으로 빠져나올 때 광자들은 에너지를 잃는다. 광자가 극복해야 할 중력이 더 셀수록 에너지 손실도 더 커진다. 감마선이 지평선 근처에서 솟아나올 때쯤이면 감마선의 에너지는 거의 고갈되어 에너지가 아주 낮은 전파가 된다. 반대로 블랙홀에서 아주 멀리 떨어진 곳에서 관측된 전파는 지평선을 떠났을 때에는 고에너지 감마선이었음에 틀림없다.

이제 블랙홀에서 한참 멀리 떨어져 있는 백작과 황제를 생각해 보자. 호킹 온도는 무척 낮아서 전파의 광자는 아주 낮은 에너지를 가진다. 하지만 조금만 생각해 보면 백작과 황제는 똑같은 광자가 지평선 근처에서 방출되었을 때에는 분명 초고에너지 감마선이었음을 깨달았을 것이다. 이것은 아래쪽이 더 뜨겁다고 말하는 것과 똑같다. 사실 블랙홀 지평선에서 중력은 무척 세기 때문에 그 영역에서 광자가 탈출하려면 엄청난 에너지를 가져야만 했을 것이다. 멀리 떨어져서 보면 블랙홀은 무척 차가울지 모르지만, 가까이에서 바라보면 굉장히 정력적인 광자가 온도계를 폭격하고 있는 셈이다. 그래서 처형자들은 그들의 제물이 지평선에서 증발했을 것이라고 확신했던 것이다.

강연을 재개하며

그래서 우리는 하나의 모순을 이끌어 낸 것 같습니다. 일반 상대성 이론과 등가 원리로 이뤄진 한 묶음의 원리는 정보가 지평선을 지나 떨어질 때 방해받지 않는다고 말합니다. 다른 원리인 양자 역학은 우리를 정반대의 결론으로 이끕니다. 블랙홀로 떨어지는 정보 조각들은 정신없이 뒤섞이지만 결국에는 광자와 다른 입자들의 형태로 되돌아옵니다.

이제 여러분은 정보 조각들이 지평선을 통과해 떨어진 뒤 특이점에 부딪히기 전에 호킹 복사로 뒤돌아올 수 없다는 것을 우리가 어떻게 알 수 있냐고 물어볼지도 모르겠습니다. 그 답은 명백합니다. 그렇게 하려면 광속을 능가해야만 하니까요.

저는 여러분에게 강력한 모순을 하나 보여 드렸고 그것이 물리학의 미래에서 아주 중요한 이유를 말씀드렸습니다. 그러나 이 궁지에서 벗어나는 방법에 대한 실마리는 드리지 않았습니다. 저도 그 해결책을 모르기 때문입니다. 하지만 저는 편견을 가지고 있는데, 그것이 무엇인지 말씀드리고자 합니다.

저는 양자 역학의 원리나 일반 상대성 이론의 원리들 가운데 어느 하나를 우리가 포기해야 할 것이라고는 믿지 않습니다. 특히 저는 헤라르뒤스 토프트처럼 블랙홀이 증발할 때 정보 손실이 일어나지 않는다고 믿습니다. 아무래도 우리가 정보에 관해, 그리고 정보가 공간에 어떻게 위치하고 있는가에 대해, 아주 심오한 요점을 놓치고 있는 것 같습니다.

샌프란시스코에서 한 그 강연은 내가 적어도 5개 대륙의 물리학과와 물리학 학회에서 수없이 많이 행했던 비슷한 강연들의 첫 번째였다. 나는 그 수수께끼를 풀 수 없다고 하더라도 그 중요성을 전파하는 전도사가 되리라고 결심했다.

나는 강연 하나를 특히 더 잘 기억하고 있다. 그것은 미국에서 상위권에 있는 물리학과 가운데 하나인 텍사스 대학교에서 한 것이었다. 청중 가운데에는 스티븐 와인버그, 윌리 피슐러(Willy Fischler, 1949년~), 조지프 폴친스키(Joseph Polchinski, 1954년~), 브라이스 드위트, 그리고 클라우디오 테이텔보임 등 최고로 뛰어난 물리학자들이 여럿 있었다. 그들 모두가 중력 이론에 굵직한 공헌을 한 사람들이었다. 나는 그들의 의견에 무척 관심이 많아서 강연이 끝날 무렵 청중을 대상으로 설문을 했다. 내 기억이 틀리지 않다면 피실러, 드위트, 테이텔보임은 정보가 손실되지 않는다는 소수의 입장이었다. 폴친스키는 호킹의 논증을 확신해 다수파에 표를 던졌다. 와인버그는 기권했다. 종합적인 투표 결과는 약 3 대 1로 호킹을 지지했다. 하지만 청중 가운데 일부는 자기 의견을 분명히 드러내는 것을 눈에 띌 정도로 꺼려했다.

교착 상태에 빠져 있는 동안 호킹과 나는 여러 번 마주쳤다. 그 모든 마주침 가운데 가장 두드러졌던 것은 아스펜에서였다.

14장

아스펜 전초전

1964년 여름까지 나는 캐츠킬 산맥의 웅장한 미네와스카 산(해발 915미터)보다 더 높은 산을 본 적이 없었다. 내가 24세의 대학원생일 때 처음으로 바라본 콜로라도의 아스펜은 내게는 이상하고도 마술 같은 산악 왕국이었다. 거리를 둘러싼 눈 덮인 높다란 봉우리들은 특히 나 같은 도시 촌놈에게는 야생적이고 전혀 다른 세상 같은 느낌을 자아냈다. 이제는 스키 마을로 유명하지만 아스펜은 여전히 19세기 후반 화려했던 은광 도시로서의 풍모를 조금 가지고 있다. 길거리는 포장되지 않았고 6월이면 관광객들이 너무 뜸해서 거리 외곽 어디에서든 야영할 수 있다. 아스펜은 독특한 사람들이 모이는 곳이다. 그 거리 어느 바에서든 당신은 진짜 미국 카우보이와 거칠고 면도하지 않은 산사람 사이에 앉을 수도 있다. 또는 지저분한 낚시꾼과 폴란드 출신 양치기 사이에 낄 수도 있다. 또한 미국 재계의 파워 엘리트나, 버클리 학생 오케스트라의 수석 연주자나, 심지어 이론 물리학자와 환담을 나눌 수도 있다.

크고 무성한 잔디로 둘러싸인 한 무리의 낮은 건물들이 남쪽으로는 아스펜 산과 북쪽으로는 레드 산 사이, 도시의 서쪽 끝에 자리 잡고 있다. 이곳에서는 여름철이면 10여 명의 물리학자들이 연회 탁자에 둘러앉아 논쟁하고 토론하고, 또 그저 좋은 날씨를 즐기는 모습을 볼 수 있다. 아스펜 이론 물리학 연구소의 본관 건물은 그다지 볼품이 없지만, 바로 그 뒤편에는 쾌적한 야외 공간이 있고 천막을 친 칠판이 있다. 여기가 문제의 사건이 벌어진 곳으로서, 세상의 가장 위대한 이론 물리학자들이 세미나를 하기 위해 만나서 각자 최근에 고안한 엉뚱한 묘안들을 자유롭게 토론하는 곳이다.

1964년 나는 그 연구소의 유일한 학생이었다. 아스펜 이론 물리학 연구소가 설립된 후 2년의 역사 속에서 내가 유일한 학생이었다고 나는 믿고 있다. 하지만 사실을 말하자면, 물리학에 대한 내 재능이 뛰어나서 연구소에 있었던 것은 아니다. 북아메리카 대륙을 동서로 나누는 분수령에서 달려 내려오며 포효하는 포크 강이 아스펜의 거리를 가로질러 흐르고 있다. 강물은 몹시 거칠고 빠르며 아주 차가웠다. 그해 여름 내게 가장 중요했던 것은 강물에 가득한 은이었다. 은광의 금속 은이 아니라, 야생의 무지개송어야말로 살아 있는 은이었다. 내 지도 교수였던 피터는 제물낚시(fly fishing) 전문가였다. 내가 제물낚시를 할 줄 안다는 것을 안 그는 그해 여름 나를 아스펜으로 초대했다.

내가 작은 꼬마였을 때 아버지는 송어 낚시를 할 수 있는 동부의 더 잔잔한 강, 캐츠킬의 전설적인 비버킬 강과 에소푸스 크리크 강에서 내게 낚시를 가르치셨다. 두 강의 강물은 잔잔해서 물이 가슴에 찰 때까지 걸어 들어갈 수 있다. 종종 낚싯밥뿐만 아니라 갈색송어가 부딪치는 것도 볼 수 있다. 하지만 6월의 포효하는 포크 강에서는 안전을 위해 강가에 머물며 낚시를 해야만 한다. 그곳에서 낚시하는 기술을 익히는 데에 시간이 좀 걸렸지만, 나는 그해 여름 무지개송어를 많이 잡았다. 대신 물리학은 전혀 배우지 못했다.

지금 나는 아스펜을 그렇게 좋아하지는 않는다. 카우보이들이 아니라 사교계 인사들이 오는 곳으로 바뀌었기 때문이다. 좌우간 내게는 갈 이유가 별로 없다. 몇 년 동안 나는 낚시가 아니라 물리학 때문에 몇 번 아스펜을 들렀다. 1990년 무렵 나는 아스펜을 지나 볼더로 가던 도중에 잠시 들러 강연을 하기도 했다.

그때는 블랙홀과 정보 손실의 수수께끼가 이제 막 물리학자들의 레이더 화면에 걸리기 시작했을 때였다. 대체로 호킹이 옳다는 공감대가 있었지만 토프트와 나 말고도 몇몇 사람들은 거기에 의문을 가졌다. 그 누구도 비길 데 없이 우수한 시드니 콜먼이 그 가운데 한 명이었다.

콜먼은 개성적인 인물이었으며 그의 세대 물리학자들에게 영웅이었다. 콧수염과 내리깐 눈매, 그리고 단정하지 못한 긴 머리의 콜먼은 항상 아인슈타인을 떠올리게 한다. 그의 뇌는 믿기지 않을 만큼 빨라서, 특히 어렵고 까다로운 문제를 만났을 때 그 문제의 핵심으로 재빨리 파고드는 능력은 전설적이었다. 콜먼은 상냥한 사람이었지만 어리석은 언행은 용서하지 않는 것으로도 유명했다. 하버드(시드니 콜먼이 주임 교수로 있는 곳이었다.)에서 잘 알려진 세미나 발표자 여러 명이 콜먼의 무자비한 질문 공세를 받고 가랑이 사이로 꽁무니를 말고 내빼듯 달아나 버렸다. 그날 아스펜에 콜먼이 있었다는 것은 세미나 발표자의 수준이 높아야만 함을 의미했다.

완전히 우연하게도 또 다른 익숙한 얼굴이 청중 속에 있었다. 내가 야의 세미나장으로 가 칠판으로 향했을 때, 최첨단 전동 휠체어가 굴러 왔다. 스티븐 호킹은 앞쪽 줄에 자리를 잡았다. 모두가 알듯이 내 목적은 정보 손실에 관한 호킹 논증의 토대를 허무는 것이었다. 나의 전략은 우선 호킹의 논리를 반복해 그 문제의 본질을 대략적으로 그리는 것이었다. 그렇게 하는 데에 내게 할당된 시간의 절반 정도가 소요될 것 같았다. 그러고 나서 나는 그 논리가 왜 옳지 않다고 믿는지를 설명할 참이었다. 하지만 나는 또한 호킹의 논증을 훨씬 더 강화해 주는 부가적인 요소를 보태고 싶었다. 호킹의 논증이 강할수록, 만약 그것이 결국 틀렸다고 판명이 날 경우, 그 자체가 중대한 패러다임 이동을 의미할 것이기 때문이었다.

호킹의 논리를 설명하면서 나는 확실히 아무도 생각하지 못했던 논리의 구멍을 하나 메우고 싶었다. 그 생각은 이렇다. 지평선 바로 바깥의 영역에 매우 작아서 눈에 보이지 않는 복사기가 아주 많이 있다고 생각해 보자. 예를 들어 글자가 적힌 서류 같은 정보가 지평선에 빠질 때 복사기들이 언제나 빠짐없이 그 정보를 복사해서 정확하게 똑같은 2개의 판본을 남긴다. 그중 하나는 방해받지 않고 지평선을 지나 블랙홀의 안쪽으로 계속 나아가 결국에는 특이점에서 파괴된다. 하지만 두 번째 판본의 운명은 더 복잡하다. 우선 그 판본은 해독 암호 없이는 알아볼 수 없을 때까지 완전히 뒤섞이고 혼합된다. 그리고 그 정보는 호킹 복사에 섞여 되뱉어진다.

정보가 지평선을 건너가기 직전에 복사기로 그 정보를 복사하면 그 문제가 해결되는 것처럼 보인다. 우선 블랙홀 바깥쪽 아주 먼 곳에서 떠다니는 관측자들을 생각해 보자. 그 관측자들은 모든 정보 조각들이 호킹 복사를 통해 되돌아오는 것을 보게 된다. 그래서 그들은 양자 역학의 규칙들을 바꿀 이유가 없다고 결론짓는다. 좀 더 통명스럽게 말하자면

이 관측자들은 정보 파괴에 대한 호킹의 생각은 틀렸다고 결론내린다.

자유 낙하하는 관측자는 어떨까? 지평선을 지난 직후 이 관측자는 아무리 주변을 둘러봐도 아무 일도 일어나지 않았음을 알게 된다. 그를 이루고 있는 구성 물질들은 여전히 그와 함께 있으며 똑같은 사람으로 조립되어 있고, 그와 함께 블랙홀에 떨어진 것들도 여전히 같이 있다. 이런 관점에서 보자면 지평선은 아무런 해가 없는 귀환 불능점에 불과하며 아인슈타인의 등가 원리는 완벽하게 지켜진다.

블랙홀 지평선을 완벽하게 작동하는 소형(아마도 플랑크 크기의) 복사기로 뒤덮는다는 것이 정말로 가능할까? 이것은 매혹적인 아이디어처럼 보인다. 만약 이것이 옳다면 호킹의 정보 역설을 간단하고도 논리적인 방식으로 설명하게 되는 셈이다. 블랙홀에서는 어떤 정보도 결코 손실되지 않는다. 그리고 앞으로도 물리학자들은 통상적인 양자 역학의 원리들을 계속 사용할 수 있을 것이다. 모든 블랙홀의 지평선에 양자 복사기가 있다면 블랙홀 전쟁은 급작스럽게 끝나 버릴 것이다.

콜먼은 깊은 인상을 받았다. 그는 의자에 앉은 채 청중 쪽으로 몸을 돌렸다. 그러고는, 오직 콜먼만이 할 수 있는 일이지만, 콜먼은 내가 말한 것을 내가 사용한 용어들보다 훨씬 더 분명한 용어들로 설명했다. 하지만 호킹은 아무 말도 하지 않았다. 호킹은 자기 휠체어에 깊숙이 몸을 묻고는 얼굴에 함박웃음을 머금었다. 호킹은 콜먼이 알지 못하는 뭔가를 알고 있음이 분명했다. 사실 호킹과 나는 내 설명이 내가 만들어 낸 허수아비로서 금방 쓰러져 버릴 것임을 알고 있었다.

호킹과 나는 모두 완벽한 양자 정보 복사기는 양자 역학의 원리와 상충한다는 점을 알고 있었다. 하이젠베르크와 디랙이 정초한 수학적 규칙들이 지배하는 세계에서는 완벽한 복사기란 불가능하다. 나는 이 원리에 이름을 하나 붙였다. **양자 복사 불가능 원리**(No-Quantum-Xerox

Principle)가 그것이다. 현대 물리학의 한 분야인 양자 정보학에서는 이것과 똑같은 아이디어를 **복제 불가능 원리**(No-Cloning Principle)라고 부른다.

나는 의기양양해서 콜먼을 바라보고 말했다. "시드니, 양자 복사기는 불가능합니다." 나는 그가 즉시 그 뜻을 이해하리라 기대했다. 하지만 잠깐 동안 그의 번개 같은 뇌가 느려졌다. 나는 요점을 세세하게 설명해야만 했다. 나는 콜먼과 그 세미나의 다른 사람들에게 내 원리를 설명하면서 수학 방정식들로 칠판을 가득 채웠고, 세미나를 위해 배정된 남은 시간을 거의 다 소비했다. 다음은 이 설명 좀 더 간단한 요약본이다.

하나의 입력 포트와 2개의 출력 포트를 가진 양자 복사기를 생각해 보자. 어떤 계라도, 그 계에서 가능한 양자 상태는 그 어떤 것이라도 입력 포트로 집어넣을 수 있다. 예를 들어 전자 하나를 복사기에 넣을 수 있다. 이 기계는 입력물을 받아 2개의 똑같은 전자를 내뱉는다. 결과물은 서로 똑같을 뿐만 아니라 원래 입력물과도 똑같다.

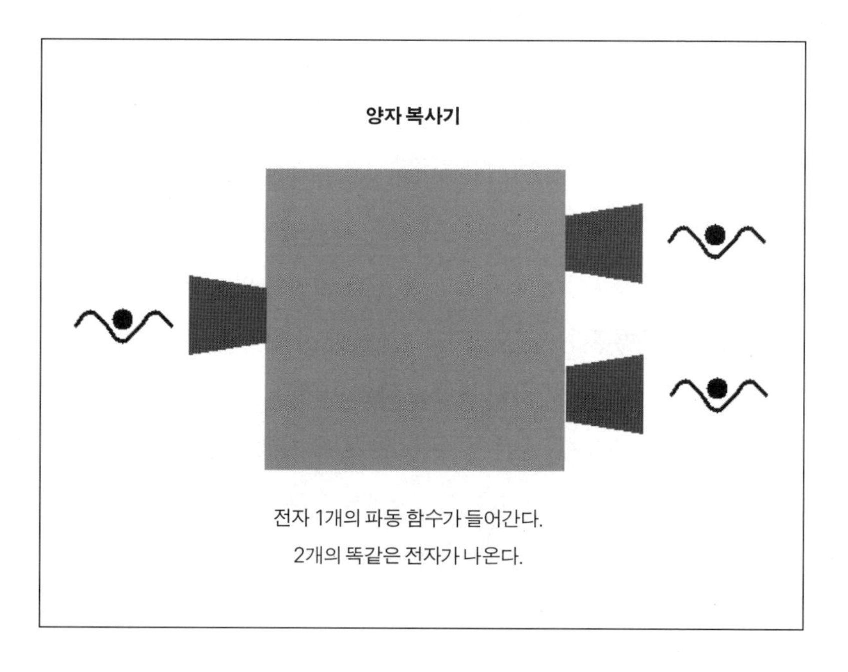

전자 1개의 파동 함수가 들어간다.
2개의 똑같은 전자가 나온다.

만약 그런 복사기를 만들 수만 있다면 우리는 하이젠베르크의 난공불락의 원리인 불확정성 원리를 깨 버릴 수 있다. 우리가 전자의 위치와 속도를 모두 알려고 한다고 가정해 보자. 우리는 그저 양자 복사기를 사용해서 전자를 복사한 다음 하나의 복사본에서 위치를 재고 다른 복사본에서 속도를 재기만 하면 된다. 하지만 물론 이것은 양자 역학의 원리 때문에 불가능하다.

나에게 주어진 한 시간이 다 되었을 때 나는 호킹의 역설을 성공적으로 방어했고 양자 복사 불가능 원리를 설명했다. 하지만 나 자신의 관점을 설명할 시간이 남아 있지 않았다. 세미나가 막 끝났을 때 호킹의 기계 목소리가 의기양양하게 큰소리로 외쳤다. "그래서 이제 당신도 제게 동의하는군요!" 장난기 어린 광채가 그의 두 눈을 스쳤다.

확실히 나는 아스펜에서 벌어진 그 전초전에서 패배했다. 시간이 없어서, 그리고 특히 호킹의 약삭빠른 재치 때문에 나는 내가 아끼는 화기에 거꾸로 당하고 말았다. 그날 저녁 나는 아스펜에서 나오면서 디피컬트 강에 들러 낚싯대를 꺼냈다. 하지만 내가 가장 좋아하던 물가에는 튜브를 타고 노는 어린이들의 요란한 소리만 가득했다.

3부

반격

15장
샌타바버라 전투

1993년 어느 금요일 오후였다. 다른 사람들은 모두 집에 갔다. 존과 라루스, 그리고 나는 스탠퍼드의 내 연구실에 앉아 라루스가 내린 커피를 마시며 대화를 나누고 있었다. 아이슬란드 사람들은 지구상에서 커피를 가장 진하게 내린다. 라루스 말에 따르면 이것은 아이슬란드 사람들이 밤늦게까지 술을 마시는 습관과 관계가 있다고 한다.

큰 키의 아이슬란드 바이킹인 라루스 돌라시우스(Lárus Thorlacius, 자신은 옛 스칸디나비아 전사의 후예가 아니라 아일랜드 노예의 후손이라고 주장한다.)는 프린스턴에서 갓 박사 학위를 받고 스탠퍼드에서 박사 후 연구원으로 있었다. 텍사스 주 출신의 공화당원이었던(어떤 종교를 믿는 것은 아니고 러시아 출신 소설가이자 철학자인 아인 랜드(Ayn Rand) 류의 자유 의지론자였다.) 존 우글룸(John

Uglum)은 내 대학원생이었다. 정치적인 차이나 문화적인 차이에도 불구하고(나는 사우스 브롱크스 출신의 자유주의 유대인이다.) 우리는 동료였다. 둘러앉아 커피를(이따금은 더 진한 것도) 마시며 정치에 대해 논쟁하고 블랙홀에 대해 이야기하며 우리는 남자끼리 긴밀한 유대를 나눴다. (얼마 후 뉴질랜드 출신의 학생 아만다 피트(Amanda Peet)가 새로 들어와 우리의 작은 '밴드 오브 브러더스'를 세 명의 형제와 한 명의 자매로 확장시켰다.)

1993년 무렵에는 블랙홀이 물리학자들의 레이더 화면에 나타난 정도가 아니라 초미의 관심사가 되었다. 그 부분적인 이유는 네 명의 저명한 미국 이론 물리학자들이 1년 6개월 전에 쓴 도발적인 논문이었다. 프린스턴 물리학과의 귀족이라고 할 만한 커티스 캘런(Curtis Callan, 1942년~)은 입자물리학 분야의 선도자로서, 1960년대 이후 미국 과학계에서 영향력을 발휘해 온 인물이었다. (그는 라루스의 박사 학위 지도 교수였다.). 샌타바바라 소재 캘리포니아 주립 대학(UCSB)의 교수 앤디 스트로민저(Andy Strominger, 1955년~)와 스티브 기딩스(Steve Giddings)는 더 젊고 정력적이었다. 당시 나는 그 둘을 '반바지 기딩스, 멜빵 바지 스트로민저'로 구분했다. 시카고 대학교의 제프리 하비(Jeffrey Harvey, 1957년~)는 (지금도 여전히 그렇지만) 위대한 물리학자로서 유능한 작곡가(24장 끝부분 참조)였고 일인만담의 달인이었다. 물리학계에서는 이들을 한데 묶어 CGHS라고 불렀으며 그들이 논문으로 썼던 블랙홀의 단순화된 형태는 'CGHS 블랙홀'이라고 했다. 그들이 공동으로 작업한 논문은 잠깐 동안 화제를 불러일으켰는데, 이것은 부분적으로는 이들이 블랙홀이 증발할 때의 정보 손실 문제를 마침내 풀었다고 주장했기 때문이다.

CGHS 이론이 그토록 간단했던, 되돌아보면 기만적으로 간단했던 이유는 그 이론이 오직 하나의 공간 차원만 가진 우주를 다뤘기 때문이다. 그들의 세계는 영국 소설가 에드윈 애벗 애벗(Edwin Abott Abbott,

1838~1926년)의 허구의 2차원 세계인 플랫랜드(Flatland)[1]보다 훨씬 더 간단하다. CGHS는 무한히 가는 선 위에 사는 생명체의 우주를 그려 냈다. 이 생명체들은 될 수 있는 한 최대로 단순한, 하나의 기본 입자에 지나지 않았다. 이 1차원 우주의 한쪽 끝에는 무거운 블랙홀이 자리 잡고 있다. 이 블랙홀은 충분히 무겁고 응집되어 있어서 가까이 다가가는 모든 것을 붙잡아 둘 수 있다.

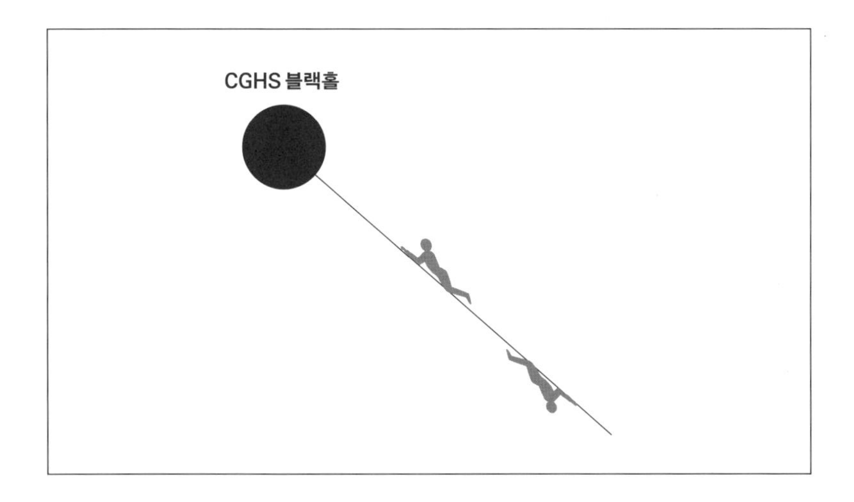

CGHS가 쓴 논문은 호킹 복사를 대단히 우아하게 수학적으로 분석했다. 하지만 그 분석의 어딘가에서 논문 저자들은 실수를 저질러 양자 역학이 특이점을, 그리고 그것과 함께 지평선을 제거했다고 주장했다. 라루스와 나, 그리고 동료인 조지 루소(George Russo)는 그 잘못을 이른 시기에 지적한 몇몇 가운데 일부였다. 그 때문에 우리는 CGHS 블랙홀의 전문가가 되었다. (심지어 RST(루소(Russo), 서스킨드(Susskind), 돌라시우스

1. 애벗의 『플랫랜드: 다차원에 대한 로망스(*Flatland: A Romance of Many Dimensims*)』(1884년)를 볼 것.

(Thorlacius)) 모형이라 불리는 CGHS 이론의 특별판도 존재했다.)

그것은 그렇고, 존과 라루스, 그리고 내가 그날 금요일 몇 시간 동안 둘러앉아 대화를 나눴던 이유는 블랙홀의 수수께끼와 역설만을 다루는 학회가 다가오고 있었기 때문이다. 그 학회는 약 2주 뒤에 샌타바버라에서 열릴 예정이었다. 샌타바버라는 UCSB의 이론 물리학 연구소(Institute for Theoretical Physics, ITP)[2]의 고향이었다. ITP가 얼마나 훌륭한 물리 연구소냐고? 정말 훌륭했다는 짧은 대답으로도 족할 것이다. 1993년까지 ITP는 왕성한 블랙홀 연구의 중심지였다.

제임스 버킷 하틀(James Burkett Hartle, 1939년~)은 UCSB 교수들 가운데 가장 나이 많은 블랙홀 이론가였다. 하틀은 아주 뛰어난 학계 원로로서 양자 중력이 유행하기 오래전부터 스티븐 호킹과 함께 이 문제에 대한 초기 연구를 수행했다. 그 물리학과에는 네 명의 젊은이들이 있었다. 이들 모두 블랙홀 전쟁에서 큰 역할을 수행하게 된다. 넷 모두 30대 중반이었고 유난히 활동적이었다. 스티브 기딩스와 앤디 스트로민저(CGHS의 G와 S)는 이미 소개했다. 이 둘은 모두 내 친구들로서 나는 그들의 물리학을 존경한다. 그러나 그들은 그다음 2년 동안 나를 아주 약 올린 적군이었다. 그들은 비뚤어진 생각에 고집스레 집착하며 나를 몰아쳤다. 그러나 결국 그들은 자신들을 구원하는 것 이상의 일을 해냈다.

UCSB의 젊은 물리학 교수 가운데 세 번째 타자는 게리 호로위츠(Gary Horowitz, 1955년~)였다. 게리는 일반 상대성 이론의 전문가였으며 당시 그 분야에서 선도자로 화려한 명성을 얻고 있었다. 또한 그는 호킹과도 가깝게 지내며 연구했으며 여느 사람 못지않게 블랙홀에 대해 많은 것을 알고 있었다. 마지막으로 조 폴친스키가 막 텍사스 대학교에서 샌

2. 오늘날 ITP는 KITP, 즉 카블리(Kavli) 이론 물리학 연구소라는 이름으로 불린다.

타바버라로 둥지를 옮겼다. 조와 나는 많은 연구 과제를 함께 수행했기 때문에 나는 그를 잘 알고 있었다. 그가 언제나 유쾌하고 유머가 넘치는 아주 호감 가는 사람이라는 것을 잘 알고 있었지만, 나는 또한 그의 지적 능력과 두뇌 회전 속도와 총명함에 경외감을 느꼈다. 조와 친해진 이후에(당시 조는 25세 정도였고 나는 40세였다.) 나는 그가 운명적으로 당대 최고의 이론 물리학자 가운데 한 명이 될 것이라고 믿어 의심치 않았다. 그는 나를 실망시키지 않았다.

이처럼 유별나게 젊은 물리학자들은 당시 서로 긴밀하게 협력하며 공동 연구했다. 때로는 그 주제가 블랙홀일 때도 있었고 때로는 끈 이론일 때도 있었다. 이처럼 긴밀하게 맺어진 이 소그룹의 엄청난 역량은 이론 물리학계에서 막강한 힘을 발휘했다. 또한 그 때문에 샌타바버라는 이론 물리학자라면 한번 가 봐야 할, 흥미진진한 장소 가운데 하나가 되었다. (가장 흥미진진한 장소는 아니라고 할지라도 말이다.) 블랙홀 수수께끼를 다룰 샌타바버라 학회가 하나의 중요한 사건이 될 것이라는 데에는 의문의 여지가 없었다.

그 학회는 아마도 CGHS 논문이 몰고 온 흥분을 세상에 널리 알리기 위해 마련된 것 같았다. 모두들 CGHS가 고안한 수학적 기교가 당시에 '정보 역설'로 불리던 문제에 대한 해결의 열쇠를 쥐고 있으리라고 기대했다. 학회를 준비하는 사람들이 내게 라루스와 조, 그리고 내가 스탠퍼드에서 했던 연구에 대해 보고해 달라고 요청해 왔다. 그래서 금요일 늦게까지 우리는 내가 무슨 말을 할 것인지를 가지고 논의해야 했었던 것이다.

초강력 카페인의 커피 때문이었는지, 갑자기 몰려오는 테스토스테론 때문이었는지, 또는 유쾌한 동지애 때문이었는지는 모르겠지만 나는 존과 라루스에게 이렇게 말했다. "젠장, CGHS나 RST에 대해서는 이야기하고 싶지 않아. 그건 이미 죽어서 끝장났다고.[3] 정말로 세상을 뒤흔들어 놓을 만한 뭔가를 하고 싶단 말야. 난처한 처지에 빠지더라도 정말로 사람들의 주목을 끌 수 있는 아주 대담한 뭔가를 발표하자고."

우리 셋은 한동안 호킹의 역설적인 결론에서 벗어나는 길을 찾아봤다. 그리고 마침내 아이디어가 하나 떠올랐다. 그것은 이름조차 얻지 못한 희뿌연 생각에 지나지 않았지만 행동을 취할 수는 있었다.

"반쯤 익은 아이디어이기는 하지만 이 아이디어를 우리가 하나로 다듬어 가야 한다고 생각해. 우리가 그 아이디어를 증명할 수는 없다 하더라도 좀 더 엄밀해지도록 노력해야 한다는 거지. 단지 새로운 개념에 이름을 붙이는 것만으로도 때로는 명확해지고는 하지. 블랙홀 상보성에 대해서 우리가 논문을 하나 쓰는 게 어떨까 싶어. 그리고 내가 그 새로운 아이디어를 샌타바버라 모임에서 발표하는 거야."

내가 마음속으로 무슨 생각을 하고 있었는지는 「반중력 알약을 잊지 마세요」라는 이야기(13장 참조)에서 설명을 시작하는 것이 좋을 것 같다. 그 이야기는 구로사와 아키라(黒澤明, 1910~1998년)의 영화 「라쇼몬(羅生門)」과 마찬가지로 하나의 이야기를 서로 다른 관점에서 본 것처럼 완전히 모순적인 두 가지 결론에 이르는 이야기이다. 황제와 백작의 관점에서는 물리학자 스티브와 그 일행은 지평선을 감싸고 있는 믿기지 않을 정도로 뜨거운 주변 환경 때문에 몰살된다. 하지만 스티브의 관점에서는 그 이야기는 매우 다른, 보다 행복한 결말로 끝난다. 확실히 전자 아니면 후자 둘 중 하나가(둘 다가 아니라 하더라도) 틀렸어야 한다. 스티브가

---

3. 돌이켜보면 CGHS 이론은 우리에게 많은 것을 가르쳐 줬다. 그 이론은 그 전의 여느 이론에 비해 무엇보다도 호킹이 제기한 모순을 수정처럼 맑게 수학적으로 정식화했다. 그 점은 확실히 나의 사고에 아주 큰 영향을 미쳤다.

지평선에서 살아남는 동시에 죽을 수는 없는 노릇이다.

"블랙홀 상보성의 요점은," 하고 나는 내 동료들에게 설명했다. "미친 소리처럼 들리겠지만 두 이야기 모두 똑같이 사실이라는 점이야."

내 동료들은 황당해했다. 뒤이어 내가 그들에게 무슨 말을 했는지 정확하게 기억나지는 않지만, 뭔가 이런 식으로 이야기가 진행됐던 것 같다. 블랙홀 바깥에 남아 있던 백작, 황제, 그리고 황제의 충성스러운 신민들은 모두 똑같은 것을 봤다.[4] 스티브는 뜨겁게 가열되고 결국 증발해서 호킹 복사로 바뀐다. 게다가 이 모든 일이 스티브가 지평선에 이르기 전에 일어난다.

이것을 어떻게 말이 되게 할 수 없을까? 물리 법칙과의 일관성을 유지할 수 있는 유일한 방법은 지평선 바로 위에, 아마도 기껏해야 플랑크 길이 정도밖에 안 될 것 같은 두께로 이뤄진, 일종의 초가열층이 존재한다고 가정하는 것이다. 나는 이 층이 정확하게 무엇으로 만들어져 있는지 알지 못한다고 존과 라루스에게 인정했다. 하지만 나는 블랙홀이 엔트로피를 가진다는 말은, 이 초가열층이 플랑크 길이보다는 결코 더 크지 않은, 아주 작은 미시적인 물체들로 이뤄져 있어야만 함을 의미한다고 설명했다. 이 뜨거운 층은 지평선으로 떨어지는 모든 것을 흡수해 버릴 것이다. 마치 잉크 방울들이 물속에서 용해되는 것처럼 말이다. 미지의 그 작은 물체를 내가 **지평선 원자**(horizon atom)라고 불렀던 기억이 난다. 하지만 물론 보통 원자를 말한 것은 아니었다. 내가 이 원자들에 대해 아는 것이라고는 19세기의 물리학자들이 통상적인 원자들에 대해서

4. 나는 '봤다'는 말을 다소 일반적인 의미로 사용했다. 블랙홀 바깥쪽의 관측자들은 스티브의 몸을 구성하는 에너지와 심지어 개별적인 정보 조각들까지도 호킹 복사의 형태로 감지할 수 있었다는 것이다.

알았던 것만큼밖에 되지 않았다. 단지 그런 것들이 존재한다는 사실 말이다.

그런 것들로 이뤄진 이 뜨거운 층에는 이름이 필요했다. 천체 물리학자들이 이미 그것을 지칭하는 이름을 만들어 쓰고 있었다. 나는 최종적으로 그 이름을 택했다. 그들은 블랙홀의 어떤 전기적 특성들을 분석하기 위해 지평선 바로 위에 가상의 막이 블랙홀을 덮고 있다는 아이디어를 이용했다. 천체 물리학자들은 이 가상의 막을 **늘어난 지평선**(stretched horizon)이라고 불렀다. 하지만 나는 가상의 막이 아니라, 지평선으로부터 플랑크 길이만큼 떨어져 있는, 실제 물질로 이뤄진 층이 있다고 생각했다. 게다가 나는 어떻게든 실험을 통해서, 예를 들어 온도계를 내려 그 온도를 측정한다든지 하는 식으로 지평선 원자의 존재를 검증할 수 있으리라고 생각했다.[5]

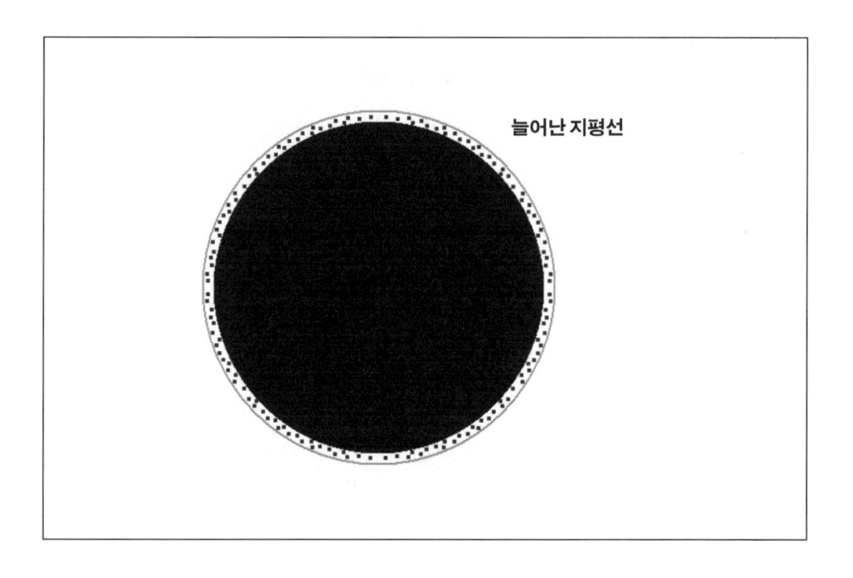

5. 1970년대 이후 물리학자들은 온도계를 지평선 근처까지 내리면 높은 온도를 측정하게 될 것임을 알고 있었다. 벙어리 구멍을 생각해 낸 빌 운루는 존 휠러의 학생이던 시절에 이 사실을 발견했다.

나는 '늘어난 지평선'이라는 어감이 마음에 들어 이 아이디어를 제안할 때 쓰기로 했다. 오늘날 늘어난 지평선은 블랙홀 물리학에서 일반적으로 쓰이는 표준적인 개념으로, 블랙홀의 지평선에서 1플랑크 길이쯤 떨어진 곳에 위치한 뜨거운 미시적 '자유도'의 얇은 층을 의미한다.

늘어난 지평선은 우리가 블랙홀이 어떻게 증발하는지를 이해하는 데에 도움이 된다. 종종 높은 에너지를 가진 지평선 원자들 가운데 하나가 보통보다 약간 더 심하게 충돌해 그 표면에서 우주 공간 밖으로 방출될 때가 있다. 늘어난 지평선은 얇고 뜨거운 대기층이라고 생각할 수도 있다. 이렇게 생각하면 블랙홀의 증발을 지구의 대기가 점차 외계 공간으로 증발하는 것과 상당히 유사한 방식으로 기술할 수 있다. 게다가 블랙홀은 증발하면서 질량을 잃어버리므로 늘어난 지평선 또한 줄어들어야 한다.

하지만 이것은 전체 이야기의 절반, 즉 블랙홀 바깥쪽의 관찰하기 좋은 위치에서 바라본 절반밖에 되지 않는다. 이 이야기의 나머지 절반은 그 자체로 그다지 과격하지는 않다. 뭔가가 뜨거운 수프 속으로 떨어진다. 뜨거운 수프는 증발한다. 정보 조각들은 증발 시 생긴 것들이 밖으로 가지고 나온다. 모든 것이 너무나 평범하다. 만약 내가 블랙홀이 아닌 다른 것에 대해 이야기하고 있었다면 그다지 주목할 만한 설명이 되지 못했을 것이다.

블랙홀 안쪽의 관점, 좀 더 정확하게 말해서 자유 낙하하는 관측자의 관점에서는 어떻게 될까? 우리는 이것을 스티브의 관점이라고 부를 수 있다. 이것은 바깥쪽(황제와 백작의 관점)에서 바라본 이야기와는 상충하는 것처럼 보일 것이다.

나는 두 가지 가정을 상정했다.

① 블랙홀 바깥쪽에 남아 있는 관측자에게 늘어난 지평선은 블랙홀로 떨어지는 모든 정보 조각들을 흡수하고 뒤섞고 마침내는 (호킹 복사의 형태로) 방출하는 지평선 원자들의 뜨거운 층으로 보일 것이다.

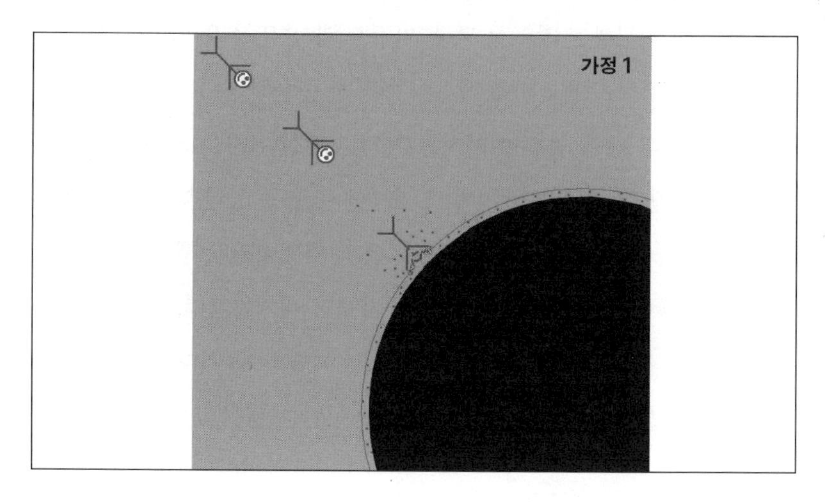

② 자유 낙하하는 관측자에게는 지평선이 완전히 빈 공간으로 보인다. 그렇게 떨어지는 관측자는 비록 지평선이 그들에게는 귀환 불능점이라고 하더라도 지평선에서 특별한 것을 감지하지 못한다. 그들은 훨씬 뒤에, 마침내 특이점에 다가갈 때에야 비로소 파멸적인 환경에 직면한다.

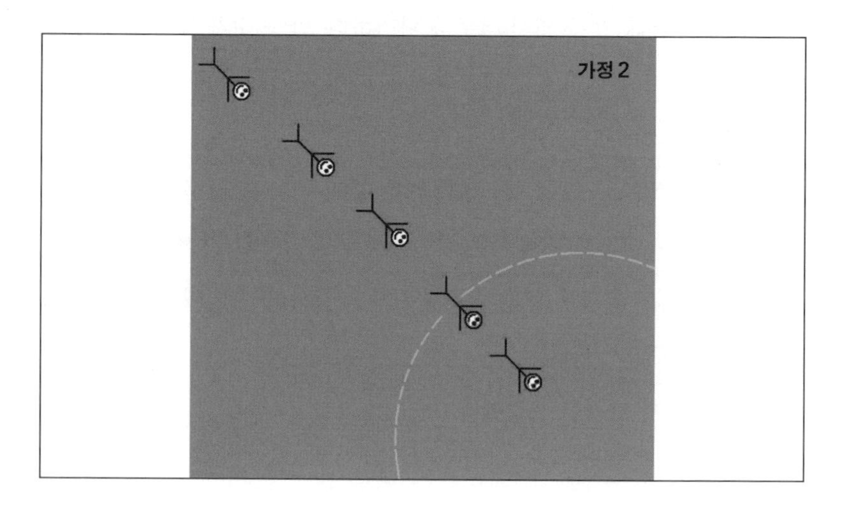

세 번째 가정을 보태는 것은 사족 같지만, 어쨌든 이렇다.

③ 가정 1과 2는 모두 사실이며 겉으로 보이는 모순은 실재하지 않는다.

라루스는 회의적이었다. 그는 2개의 모순되는 이야기가 어떻게 모두 진실일 수가 있느냐고 물었다. 블랙홀로 떨어지는 스티브가 지평선에서 죽었다고 말하면서 동시에 같은 입으로 그가 100만 년은 더 살았다고 말하는 것은 논리적으로 모순이다. 논리적으로 어떤 것과 그 반대는 동시에 참일 수 없다. 사실 나는 똑같은 질문을 스스로에게 던지고 있었다.

스탠퍼드 물리학과의 2층에는 홀로그램 화면이 있었다. 아주 작은 점들이 어둡고 밝게 무작위적으로 흩어져 있는 2차원 필름에 반사되어 나온 빛이, 텅 빈 공간 속 초점에 모여 아주 섹시한 아가씨의 3차원 형상을 만든다. 이 형상은 둥둥 떠다닌다. 그 옆을 걸어가면 그 아가씨가 당신에게 윙크를 할 것이다.

가상의 이미지 주변을 돌다가 일정한 거리까지 다가가서 다양한 각도에서 그 이미지를 바라볼 수도 있다. 라루스와 존과 나는 아주 종종 그 홀로그램 앞을 일부러 지나가고는 했다. 그러던 중 나는 라루스에게 블랙홀의 표면(지평선)은 하나의 홀로그램으로서 블랙홀 안에 있는 모든 3차원 물질이 투영되어 있는 2차원 필름이 아닐까 하는 농담을 건넸다. 라루스는 그 의견을 받아들이지 않았다. 당시에는 어쨌든 나 또한 그랬다. 사실 나는 자기가 한 주장의 핵심을 간파하지 못했다.

하지만 나는 그 문제에 대해 한동안 생각했으며 좀 더 중요한 답에 도달했다. 물리학은 실험과 관측의 과학이다. 모든 머릿속 그림들을 벗기고 나면 남는 것은 한 무더기의 실험 데이터와, 그 데이터를 개괄하는 수학 공식들뿐이다. 진정한 모순은 2개의 머릿속 그림들 사이의 불일치를 말하는 것이 아니다. 머릿속 그림들은 우리가 이해하고자 하는 현실들보다 우리가 진화하는 과정에서 가지게 된 한계들과 더 관련이 많다. 진정한 모순은 오직 실험이 모순되는 결과를 낼 때에만 생긴다. 예를 들어 만약 2개의 똑같은 온도계를 뜨거운 물이 담긴 주전자에 넣었는데 각각 다른 온도가 나왔다면 우리는 그 결과를 받아들일 수 없다. 우리는 온도계 하나가 뭔가 잘못되었다고 생각하게 된다. 머릿속 그림들은 물리학에서 가치가 있지만 만약 그 그림들이 데이터에는 없는 모순에 이르는 것처럼 보인다면 그 그림은 옳은 것이 아니다.

만약 우리가 스티브가 하는 블랙홀 이야기나 백작이 하는 블랙홀 이야기 모두 사실이라고 가정한다면, 진정한 모순을 드러낼 수 있을까? 모순을 간파하려면 두 관측자가 실험이 끝난 뒤 함께 돌아와서 그들의 실험 관측 노트를 비교해야만 한다. 하지만 한 명은 지평선 너머에서 관측하고 다른 한 명은 지평선을 넘어가지 않았다면, 지평선이라는 바로 그 정의 때문에 두 관측자는 같이 모여 데이터를 비교할 수 없다. 그래서 모순은 실재하지 않는다. 잘못된 머릿속 그림만 있을 뿐이다.

존은 호킹이 어떻게 반응할까 궁금해했다. 내 대답은 이랬다. "아마 호킹은 미소지을 거야." 그 답은 아주 정확하게 들어맞았다.

상보성

상보성(complementarity)이라는 단어를 물리학에 도입한 것은 양자 역학의 아버지으로 일컬어지는 닐스 보어였다. 보어와 아인슈타인은 친구였지만 양자 역학의 역설과 명백한 모순에 대해 끊임없이 의견을 달리했다. 아인슈타인이야말로 양자 역학의 진정한 아버지였지만 그는 양자 역학이라면 딱 질색이었다. 사실 아인슈타인은 양자 역학의 논리적 기초에 구멍을 내기 위해 자신의 뛰어난 지적 능력을 총동원했다. 아인슈타인은 번번이 그가 모순을 발견했다고 생각했고, 보어는 번번이 자신의 무기였던 상보성으로 카운터펀치를 날렸다.

양자 블랙홀의 모순을 어떻게 풀 수 있을까를 기술하는 데에 내가 **상보성**을 이용한 것은 우연이 아니었다. 1920년대 양자 역학은 명백한 모순들로 가득 차 있었다. 그중 하나가 빛에 대한 해결되지 않는 논란이었다. 빛은 파동일까 아니면 입자일까? 때로는 빛이 이런 식으로 행동하지만 또 어떤 때는 정반대로 행동하는 것처럼 보였다. 빛은 파동과 입자 둘 다라고 말하는 것은 넌센스이다. 언제 입자 방정식을 써야 하고 또 언제 파동 방정식을 써야 할지 어떻게 알 수 있단 말인가?

또 다른 수수께끼는 이것이었다. 우리는 입자를 공간에서 하나의 위치를 점하고 있는 아주 작은 물체라고 생각한다. 하지만 입자는 한 지점에서 다른 지점으로 옮겨 다닐 수 있다. 입자들의 운동을 기술하기 위해서 우리는 입자가 얼마나 빨리, 그리고 어느 방향으로 움직이는지를 정해 줘야만 한다. 입자가 위치와 속도를 가진다는 것은 거의 정의에 가깝다. 하지만 그렇지 않다! 하이젠베르크의 불확정성 원리는 반(反)논리적 논리로, 위치와 속도는 동시에 정해질 수 없다고 주장했다. 훨씬 더 지독한 넌센스인 셈이다.

뭔가 아주 이상한 일들이 계속되고 있었다. 이성은 화장실 물에 씻겨 내려간 것만 같았다. 물론 실험 데이터에는 모순이 없었다. 모든 실험은 계기판에서 숫자를 읽어 내듯이 명확한 결과를 내놓았다. 하지만 머릿속 그림에서는 뭔가가 매우 잘못되고 있었다. 우리 뇌에 배선되어 있던, 실제 세계에 대한 모형은 빛의 본성이나 입자들이 움직이는 불확정적인 방식을 간파할 수 없었다.

블랙홀 역설에 대한 나의 견해는 양자 역학의 모순에 대한 보어의 견해와 똑같았다. 물리학에서 모순이라고 할 수 있는 것은 일관되지 못한 실험 결과가 나왔을 때뿐이다. 보어 또한 단어를 정확하게 사용하는 데에 무척 까다로운 사람이었다. 단어가 부정확한 방식으로 사용되면 종종 있지도 않은 모순이 있는 것 같은 결론에 이르기도 한다.

상보성은 간단한 세 음절의 단어 '그-리-고'의 오용과 관련이 있다. "빛은 파동이다. 그리고 입자이다." "입자는 위치, 그리고 속도를 가진다." 사실 보어는 **그리고**를 **또는**으로 대체하라고 말했다. "빛은 파동이거나, **또는** 입자이다." "입자는 위치, **또는** 속도를 가진다."

보어가 의미했던 바는, 빛은 어떤 실험에서는 입자처럼 행동하지만 다른 실험에서는 파동처럼 행동한다는 것이다. 빛이 두 가지 모든 경우처럼 행동하는 실험은 없다. 만약 당신이 어떤 파동적 특성(예를 들어 파동 주변의 전기장 값)을 측정하려고 한다면 어떤 답을 얻을 수 있을 것이다. 만약 당신이 아주 세기가 낮은 광선에서 광자의 위치 같은 입자적 성질을 측정하려고 한다면 또한 어떤 답을 얻을 것이다. 하지만 입자적 성질을 측정함과 동시에 파동적 성질을 특정하려고 하지는 마라. 하나가 다른 하나를 방해하기 때문이다. 당신은 파동적 성질, **또는** 입자적 성질을 측정할 수 있다. 보어는 파동이나 입자나 모두 빛을 완벽하게 기술하는 것은 아니며, 이들은 서로 **상보적**이라고 말했다.

위치와 속도에 대해서도 정확히 똑같은 이야기가 적용된다. 어떤 실험은 전자의 위치에 민감하다. 예를 들어 전자가 텔레비전 화면에 부딪히면 그 점에서 빛이 난다. 다른 실험은 전자의 속도에 민감하다. 예를 들어 전자가 자석 근처를 지나갈 때 전자의 궤적이 얼마나 휘는가 하는 실험이 그렇다. 하지만 그 어떤 실험도 전자의 정확한 위치, **그리고** 속도에 민감할 수는 없다.

하이젠베르크의 현미경

그렇다면 **왜** 우리는 입자의 위치와 속도를 동시에 측정할 수 없을까? 어떤 물체의 속도를 정하는 것은 사실 일련의 두 순간에 그 위치를 측정해 그 순간 동안 물체가 얼마나 멀리 움직였는가를 보는 것이다. 만약 입자의 위치를 한 번 측정할 수 있다면 확실히 두 번도 측정할 수 있다. 위치와 속도를 모두 측정할 수 없다고 생각하는 것은 모순처럼 보인다. 분명히 하이젠베르크는 말도 안 되는 소리를 하는 것 같다.

하이젠베르크는 상보성을 받아들이지 않으면 안 되게끔 설명 전략을 짰다. 우선 아인슈타인처럼 하이젠베르크도 사고 실험가가 되었다. 실제로 전자의 위치, **그리고** 속도를 함께 측정하려면 도대체 어떻게 해야 할까 하고 그는 자문했다.

먼저 그는 속도를 얻으려면 서로 다른 시점에 두 번에 걸쳐 위치를 측정해야 함을 깨달았다. 게다가 전자의 운동을 방해하지 않고 그 위치를 측정해야 한다. 그렇지 않으면 전자의 운동이 방해를 받아서 원래의 속도를 측정한 것이 쓸모없어질 것이기 때문이다.

어떤 물체의 위치를 측정하는 가장 직접적인 방법은 그것을 보는 것이다. 다시 말해 그 물체에 빛을 비춰 거기서 반사된 빛으로부터 위치를 알아낸다. 사실 우리의 눈과 뇌는 망막에 생긴 영상으로부터 물체의 위치를 결정하는 독특한 회로를 가지고 있다. 이것은 진화의 결과로 배선된 그런 물리학적 능력들 가운데 하나이다.

하이젠베르크는 현미경으로 전자를 보는 장면을 상상했다.

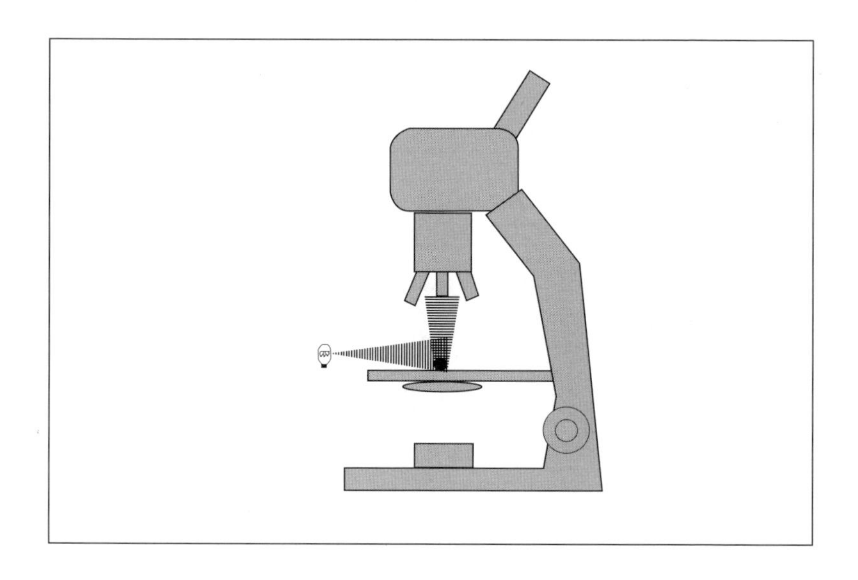

그의 생각은 광선으로 전자를 아주 살짝 때려(전자를 때렸는데 그 속도를 변하지 않게 하려면 아주 살짝 때려야 한다.) 그 반사된 광선이 영상을 만들도록 초점을 맞추는 것이다. 하지만 하이젠베르크는 빛의 성질에 함정이 있음을 알게 되었다. 무엇보다 1개의 전자로 인해 일어난 빛의 산란은 전자기 복사에 관한 입자 이론의 문제이다. 하이젠베르크가 전자를 아무리 살짝 때린다고 하더라도, 전자를 광자 1개로 때리는 것보다 더 살짝 때릴 수는 없는 노릇이었다. 게다가 그 광자는 아주 약한 광자, 즉 아주 낮은 에너지의 광자여야만 했다. 강력한 고에너지 광자로 전자를 때리면 그가 피하고 싶었고 원치 않았던 상황이 발생할 것이다. 그것은 전자가 격렬하게 튕겨 나가는 것이다.

파동으로 만든 영상은 원래 흐릿하다. 그리고 파장이 길수록 영상은 더 흐릿해진다. 전파의 파장은 30센티미터 이상으로 전자기파 중 파장이 가장 길다. 전파는 천체의 영상은 훌륭하게 그리지만, 초상화를 그리려고 한다면 흐릿한 얼룩만 얻게 된다.

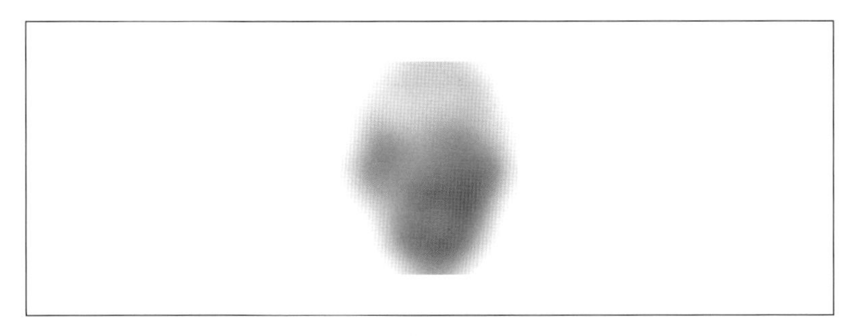

초단파는 파장이 그다음으로 짧다. 10센티미터의 초단파로 초점을 맞춰 초상화를 그리면 여전히 너무 흐릿해서 어떤 특징도 알아볼 수 없다. 하지만 파장이 수센티미터로 내려감에 따라 눈, 코, 입이 서서히 드러나기 시작한다.

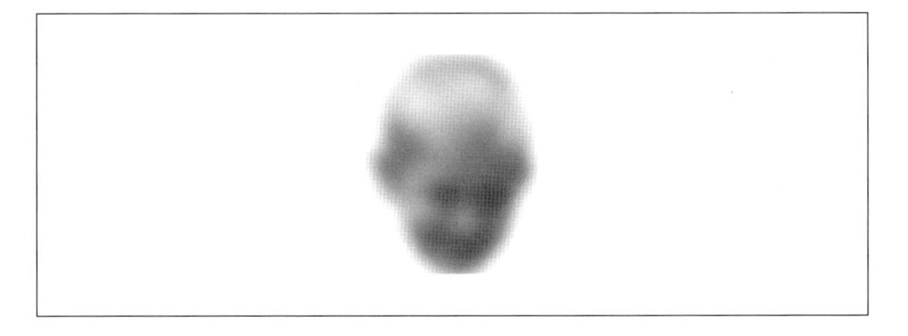

그 규칙은 간단하다. 당신은 영상을 만드는 파동의 파장보다 더 좋

은 해상도의 영상을 얻을 수 없다. 얼굴의 생김새는 그 크기가 수센티미터이기 때문에 파장이 그 정도로 짧아져야 좀 선명해질 것이다. 파장이 10분의 1센티미터 정도까지 내려가면 얼굴 모습이 꽤나 뚜렷해질 것이다. 작은 뾰루지는 놓칠지도 모르지만 말이다.

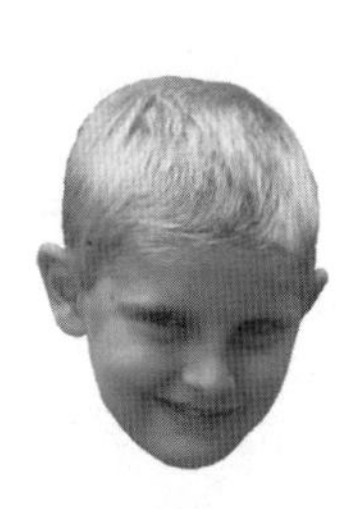

하이젠베르크가 1마이크로미터[6]의 정확도로 전자의 위치를 관측할 수 있을 정도로 충분히 뚜렷한 전자의 영상을 얻고자 한다고 가정해 보자. 그는 파장이 1마이크로미터보다 짧은 빛을 써야만 할 것이다.

이제 함정이 작동한다. 4장에서 광자의 파장이 짧아지면 에너지가 높아진다는 것을 살펴봤다. 예를 들어 전파의 광자 하나가 가진 에너지는 너무나 낮아서 원자에 거의 영향을 미치지 못한다. 반대로 파장 1마이크로미터의 광자가 가진 에너지는 충분히 높아서 전자를 에너지가 더 높은 '위층'의 양자 궤도로 차 올릴 수 있다. 파장이 10분의 1인 자외선 광자는 원자에서 전자를 완전히 떼어내 버릴 만큼 에너지가 충분히 높다. 그래서 하이젠베르크는 함정에 빠졌다. 만약 그가 높은 정밀도로 전자의 위치를 결정하고자 한다면 대가를 치러야 한다. 하이젠베르크는 아주 높은 에너지의 광자로 전자를 때려야만 할 것이고, 그렇게 되면 광자는 전자의 운동을 무작위적인 것으로 바꿔 버릴 것이다. 만약 하이젠

6. 1마이크로미터(μm)는 100만분의 1미터로서 아주 작은 세균이 이만하다.

베르크가 낮은 에너지를 가진 약한 광자를 이용하면 그가 얻을 있는 전자의 위치는 기껏해야 아주 모호한 것뿐이다. 그야말로 진퇴양난에 빠졌다.

혹시나 전자의 속도를 측정하는 것이 가능하지는 않을까 하고 궁금해할지도 모르겠다. 그 답은 그렇다이다. 당신이 해야 할 일은 전자의 위치를 두 번 측정하는 것이다. 하지만 정확도는 매우 낮다. 예를 들어 당신은 긴 파장의 광자를 이용해서 아주 흐릿한 영상을 얻을 수 있다. 그러고는 한참 뒤에 한 번 더 측정한다. 2개의 흐릿한 영상을 측정하면 속도를 정확하게 측정할 수 있다. 하지만 위치에 대한 정확도에서는 크게 손해를 봐야 한다.

전자의 위치와 속도를 동시에 정할 수 있는 방법을 하이젠베르크는 도저히 생각해 낼 수가 없었다. 나는 하이젠베르크가, 그리고 그의 스승이었던 보어도 확실히, 전자가 위치와 속도를 모두 가진다고 가정하는 것이 무슨 의미일까를 생각했을 것이라고 추측한다. 보어의 철학에 따르면 전자는 아주 짧은 파장의 광자를 이용해서 정확하게 측정할 수 있는 위치를 가진 것으로 기술하거나, 긴 파장의 광자를 이용해서 측정할 수 있는 속도를 가진 것으로 기술할 수 있다. 하지만 둘 다는 안 된다. 하나의 성질을 측정하면 다른 성질을 배제하게 된다. 보어는 이것을 두고 두 종류의 지식, 즉 위치와 속도는 전자의 '상보적인 측면'이라는 말로 표현했다. 물론 하이젠베르크의 논증에서 전자가 뭔가 특별한 것은 아니다. 전자는 양성자일 수도, 원자일 수도, 볼링공으로 바꿔도 된다.

백작과 황제, 그리고 스티브의 이야기는 모순에 빠진 것처럼 보인다. 하지만 그 모순은 단지 겉보기일 뿐이다. 지평선 안쪽의 정보 조각들을 찾는 것과 동시에 지평선 바깥에서 정보 조각들을 찾는 것은, 위치와 속도를 측정하는 것이 서로를 배제하는 것과 똑같이 서로를 배제한다. 누구도 지평선 뒤쪽과 지평선 앞쪽에 동시에 있을 수 없다. 적어도 이것이 내가 샌타바바라에서 펼치고자 했던 주장이었다.

샌타바바라 전투의 개막

블랙홀은 진짜로 있다. 블랙홀은 우주에 잔뜩 있는, 가장 매력적이면서도 격렬한 천체들 가운데 하나이다. 하지만 1993년 샌타바바라 학회에서는 대부분의 물리학자들이 천체로서 블랙홀에는 특별한 관심을 보이지 않았다. 망원경을 통한 관측이 아니라 사고 실험이 관심의 초점이었다. 정보 역설 문제가 마침내 수면 위로 부상하기 시작한 것이다.

학회는 아주 크지는 않았다. 기껏해야 100명 정도가 참가했을 뿐이었다. 나는 강당으로 걸어 들어가며 많은 지인들을 봤다. 호킹은 강당 한편에 놓인 자신의 휠체어에 비스듬히 앉아 있었다. 제이콥 베켄스타인은 그때 처음 봤는데 강당의 한가운데쯤에 앉아 있었다. 근처에서 온 스티브 기딩스, 조 폴친스키, 앤디 스트로민저, 게리 호로위츠 같은 이들은 잘 보이는 곳에 있었다. 그들은 다가오는 혁명에서 중요한 역할을 수행할 터였다. 하지만 동시에 그들은 정보 손실을 지지하는 군대의 어리버리한 보병들로서 적군이었다. 헤라르뒤스 토프트는 앞줄에 똑바로 앉아 전투를 준비하고 있었다.

호킹의 강연

나는 호킹의 강연을 이렇게 기억한다. 호킹은 휠체어에 몸을 깊이 묻었다. 머리는 너무 무거운 듯 똑바로 들지 못했다. 나머지 청중은 침묵 속에 기대를 안고 기다렸다. 그는 무대의 오른편에 있어서 강당 정면의 대형 영사기 화면을 볼 수 있었고 청중을 둘러볼 수 있었다. 당시에 호킹은 자신의 성대로 말할 능력을 상실한 상태였다. 그래서 그의 전자 목소리가 미리 입력된 메시지를 전달했고 조수가 뒤에서 영사기 슬라이드를 조작했다. 영사기는 녹음된 메시지와 동조화되어 있었다. 나는 그가 도대체 왜 거기 있어야만 하는지 의아했다.

로봇 같은 소리에도 불구하고 그의 목소리에는 개성이 넘쳐났다. 그의 미소는 최상의 믿음과 확신을 줬다. 그의 동작에는 불가사의한 면이 있었다. 어떻게 움직임도 없는 그 연약한 몸이 있다는 것만으로도, 그렇지 않았다면 생명이 없었을 사건에 그 많은 생명을 불어넣을 수 있단 말인가? 눈썹 하나 까딱하지 않고도 호킹의 얼굴은 소수의 사람만이 가진 자석 같은 매력과 카리스마를 뿜어낸다.

강연 자체는, 적어도 그 내용에 관한 한 기억할 만한 것이 없었다. 호킹은 CGHS 이론에 대해 그가 이야기할 것으로 기대한 것(그러나 나는 이야기하고 싶지 않았던 것)을 이야기했다. 그는 CGHS 이론이 무엇이며, CGHS가 어떻게 실패했는지도 이야기했다. (그는 관대하게도 오류를 발견한 공적은 RST에 있다고 이야기했다.) 그의 주요 메시지는, 만약 CGHS 수학을 적절히 전개하면 그 결과는 정보가 블랙홀에서 밖으로 복사될 수 없다는 호킹 자신의 이론을 지지한다는 것이었다. 호킹에게는 CGHS에서 배울 것이란, 그 이론의 수학이 자신의 주장을 증명했다는 것뿐이었다. 내게는 CGHS에서 배울 것이란 우리가 가진 머릿속 그림에 하자가 있을 뿐만 아니라, CGHS에서 구체화된 양자 중력의 수학적 기초에 일관성이 결여되어 있다는 것이었다.

호킹 강연에서 가장 묘했던 것은 이어진 질의 응답 시간이었다. 학회 주최측에서 한 명이 무대에 서서 청중에게 질문이 있냐고 물었다. 대개의 경우 질문들은 기술적이며, 때로는 배배 꼬여 길게 늘어지는 경우가 많은데, 그것은 질문자가 자신이 뭔가를 안다는 것을 보여 주기 위해 일부러 그러기 때문이다. 하지만 그때는 강당이 쥐 죽은 듯이 조용했다. 100명의 청중이 고요한 성당 안에서 묵언 수행을 하는 수도사들로 바뀐 듯했다. 호킹은 답변을 준비하고 있었다. 그가 바깥 세계와 소통하는 방법은 놀랍다. 그는 말을 할 수도 없고 손을 들어 의사 표시를 할 수도 없다. 그의 근육은 너무 쇠약해서 거의 어떤 힘도 발휘할 수 없다. 그는 자판을 두드릴 만큼의 힘도 없다. 내 기억이 정확하다면 당시에 그는 제어봉을 살짝 눌러 의사 소통을 했다.[7]

그의 휠체어 팔걸이에는 작은 컴퓨터 화면이 붙어 있고 화면을 가로질러 일련의 단어와 글자 들이 연속적으로 지나간다. 호킹은 그것들을 하나하나 집어서 컴퓨터에 입력해 한두 개의 문장을 만든다. 이렇게 하는 데에 약 10분이 걸린다. 예언자가 답을 준비하는 동안 강당은 마치 교회 지하실처럼 조용해진다. 모든 대화가 멈추고 긴장감과 기대감이 고조된다. 그리고 마침내 신탁이 내린다. 그 답은 예, 또는 아니오, 또는 아마도 한두 문장을 넘지 않는다.

나는 이런 일을 100명의 물리학자들이 가득 찬 강당에서뿐만 아니라, 남아메리카 대통령이 국방 장관과 몇몇 고위 장성들을 거느리고 5,000명의 관중과 함께 모인 작은 경기장에서도 본 적이 있다. 그런 유별난 침묵에 대한 내 반응은 즐거움에서 심각한 분노(왜 내 시간을 이런 어처구니없는 일 때문에 낭비해야 하는가!)에 이르기까지 다양하다. 나는 항상 소음을 내고 싶어 안달이다. 옆자리 사람과 그냥 떠드는 식으로 말이다. 그러나 나는 결코 그러지는 않았다.

7. 오늘날에는 그것이 훨씬 더 어려워졌다. 그래서 제어봉은 호킹 뺨 근육의 미세한 운동을 감지하는 센서로 대체되었다.

호킹은 주위 사람들에게 마치 신과 우주의 가장 심오한 비밀을 드러내려는 성인처럼 비친다. 주위 사람의 이목을 사로잡는 그는 도대체 어떤 사람일까? 호킹은 자의식으로 가득 차 있고 극단적으로 자기 중심적인 교만한 사람이다. 하지만 이것은 나를 포함해서 내가 아는 사람들의 절반에도 해당하는 사실이다. 내 생각에 그가 주위 사람들의 이목을 사로잡을 수 있는 것은, 부분적으로는 휠체어에 앉아 있는 육체를 이탈해 우주를 항해하는 지성이 부리는 마법과 그 불가사의함에 사람들이 끌리기 때문이다. 하지만 또 부분적으로는 이론 물리학계라는 공동체가 수년 동안 서로를 알아 온 사람들로 구성된 작은 세계이기 때문이기도 하다. 우리 물리학자들은 일종의 확장된 가족이며, 호킹은 그 가족 중에서 깊은 사랑과 두터운 존경을 받는 일원이다. 비록 그가 때로는 좌절감과 불쾌감을 불러일으키더라도 말이다. 우리 모두는 호킹이 지루하고 기나긴 과정을 통하지 않고서는 어떤 의사 소통도 할 수 없음을 잘 알고 있다. 우리는 그의 의견을 가치 있게 여기기 때문에 조용히 앉아서 기다린다. 나는 또한 호킹이 문장을 만들 때에는 온 정신을 다해서 집중하기 때문에, 자기 주변의 이상한 침묵을 결코 알아차리지 못할 것이라고 생각한다.

이미 말했듯이 강연은 기억할 만한 것이 별로 없었다. 호킹은 일반적인 주장을 했다. 정보가 블랙홀로 들어가면 결코 나오지 못한다. 블랙홀이 증발할 때쯤이면 정보는 완전히 소멸한다.

토프트가 곧바로 그 뒤를 이어 연단에 등장했다. 그 또한 물리학계에서 크게 존경받는, 강력한 카리스마를 가진 인물이다. 연단에 선 토프트의 모습은 출중했으며 엄청난 권위를 불러일으켰다. 비록 토프트의 이야기가 항상 이해하기 쉬운 것은 아니지만, 호킹의 신탁 같은 불가사의함은 없었다. 그는 보다 직설적이고 감각적인 네덜란드 인이다.

토프트의 발표는 언제나 재미있다. 그는 몸을 써서 요점을 드러내 보여 주기를 좋아한다. 그는 멋진 그래픽을 어떻게 만드는지 알고 있다. 많은 세월이 지났지만 나는 아직도 토프트가 블랙홀의 지평선을 보여 주기 위해 만든 비디오를 기억한다. 공 하나가 검은색 또는 흰색의 화소로 무작위적으로 덮여 있었다. 비디오가 돌아가기 시작하면 그 화소들은 검은색에서 흰색으로, 그리고 그 반대로 깜빡이기 시작했다. 그 장면은 망가진 텔레비전 화면의 백색 잡음과도 비슷해 보였다. 토프트는 지평선 원자들이 급속하게 변하는 활동적인 층의 존재에 대해 나와 비슷한 생각을 가지고 있었다. 그는 그 지평선 원자가 블랙홀의 엔트로피를 만든다고 주장했다. (나는 그가 내 아이디어를 도용해서 블랙홀 상보성을 그의 버전으로 설명하는 것이 아닐까 하는 기대를 가지고 기다렸다. 하지만 토프트가 그것을 생각하고 있었을지는 몰라도 그것을 아주 상세하게 설명하지는 않았다.)

토프트는 아주 깊이 생각하고 근원을 추구하는 사색가이다. 근원적인 것을 추구하는 많은 사람들과 마찬가지로 그 역시 다른 사람이 이해하기 힘든 부분이 있다. 토프트의 블랙홀 강연이 끝났을 때 그가 청중의 마음을 얻지 못했다는 것은 분명했다. 그가 청중을 지루하게 했기 때문이 아니라, 청중이 그의 논리를 이해할 수 없었기 때문이다. 당시 블랙홀 지평선은 망가진 텔레비전 화면이 아니라 그저 빈 공간으로 여겨졌음을 기억하라.

전체적으로 봤을 때, 토프트의 강연을 듣고 블랙홀에 빠진 정보의 운명에 대해 견해를 바꾼 사람이 있었던 것 같지는 않았다. 청중을 대상으로 설문 조사를 하지는 않았지만, 나는 그 시점에서 투표를 했다면 2 대 1 정도로 호킹 쪽으로 기울었으리라고 생각했다.

그 학회의 나머지 대부분 일정에서 내가 놀랐던 것은 사람들이 그 역설을 올바르게 해결할 마음을 품는 것조차 완고하게 거부했다는 것이다. 대부분의 강연은 세 가지 해결책을 제시했다.

① 정보는 호킹 복사를 통해 밖으로 방출된다.

② 정보는 손실된다.

③ 정보는 결국 블랙홀이 증발한 뒤에도 남게 되는 어떤 종류의 매우 작은 블랙홀 잔해 속에 있게 된다. (대개 그 잔해는 플랑크 크기보다 더 크지 않으며 플랑크 질량보다 더 무겁지 않다.)

강연이 거듭되었지만 이 세 가지 가능성이 반복적으로 주장되었고, 첫 번째 가능성은 즉각적으로 폐기되었다. 연사들 사이에는 호킹이 강변했듯이 정보가 손실되거나, 어떤 매우 작은 잔해가 무한히 많은 양의 정보를 숨길 수 있거나 둘 중의 하나라는 폭넓은 공감대가 형성되었다. 아기 우주를 옹호했던 사람도 있었을지 모르겠지만 내 기억에는 없다. 토프트와 두어 명을 제외하고는 정보와 엔트로피의 일반 법칙들에 대한 확신을 드러내는 사람은 거의 없었다.

돈 페이지(Don Page)는 그런 확신에 가장 가까이 다가간 인물이었다. 페이지는 알래스카 출신으로 엄청난 식욕을 자랑하는, 다정다감한 곰 같은 사내였다. 한시도 가만히 있지 못하고 큰소리로 떠들며 쉽게 흥분하는 돈 페이지는, 적어도 내가 보기에는 걸어 다니는 모순 덩어리였다. 그는 뛰어난 물리학자였으며 심오한 사색가였다. 양자장 이론, 확률, 정보, 블랙홀, 그리고 과학 지식 전반에 걸친 그의 이해는 대단히 인상적이었다. 그는 또한 복음주의 기독교인이었다. 한번은 수학적 논증을 동원해서 예수가 신의 아들일 확률이 96퍼센트를 넘는다고 한 시간 이상 설명하기도 했다. 하지만 그의 물리학과 수학은 신앙과 이데올로기로부터 자유로우며 매우 훌륭하다. 그의 연구는 블랙홀에 대한 나의 생각뿐만 아니라 물리학 전 분야에 심오한 영향을 미쳤다.

돈은 그의 강연에서 세 가지 가능성을 주문처럼 반복했지만, 다른 사람들보다는 첫 번째 가능성을 폐기하기를 훨씬 꺼렸다. 나는 그가 블랙홀은 자연의 다른 모든 물체들과 똑같이 행동하며, 블랙홀이 증발하는 동안 정보가 새어 나간다는 일반 법칙을 정말로 존중하고 있다는 느낌을 받았다. 하지만 그 역시 이것을 어떻게 등가 원리와 조화시킬 것인지는 알지 못했다. 물이 증발하는 주전자에서 정보가 탈출하는 것과 마찬가지로 정보가 호킹 복사를 통해 새어 나간다는 생각에 당시 물리학자들이 얼마나 저항했는지를 생각하면 그저 놀라울 따름이다.

블랙홀 상보성

블랙홀 전쟁은 교착 상태에 빠졌다. 어느 편도 우위에 서지 못하는 것 같았다. 전장에 드리운 안개가 워낙 짙어서 상대편을 알아보는 것조차 힘들었다. 호킹과 토프트는 제쳐 놓고, 내가 받은 인상으로는 포탄의 충격에 기억을 잃어버린 군대처럼 심각한 혼란에 우왕좌왕하는 군중만 있을 뿐이었다.

내 발표는 그날 늦게로 예정되어 있었다. "불가능한 모든 것을 제거하면 그 뒤에 남은 것이 무엇이더라도, 그리고 아무리 그럴듯하지 않더라도 진실임에 틀림없다." 나는 왓슨에게 이렇게 대꾸하는 셜록 홈스와 똑같은 심정이었다. 마침내 발표하려고 일어났을 때, 나는 한 가지 가능성을 제외하고는 모든 것이 제거되었다고 느꼈다. 그 가능성, 즉 내가 주장할 블랙홀 상보성은 겉보기에는 너무나 그럴듯하지 않아 보였고 심지어 우스꽝스러워 보였다. 그럼에도 불구하고 그것은 옳을 수밖에 없었다. 다른 모든 대안들은 불가능했기 때문이다.

"제가 하는 말에 여러분이 동의하실지 어떨지에 저는 관심이 없습니다. 다만 제가 그것을 말했다는 것만 기억해 주시기 바랍니다." 나는 입을 떼고 처음 두 문장을 이렇게 말했다. 14년이 지났지만 나는 아직도 그 두 문장을 기억한다. 그리고 물리학 전문 용어를 써서 모순처럼 보이는 두 가지 결말을 낳는 스티브의 이야기를 개괄했다. "두 결론이 상반되는 내용이므로 적어도 두 결론 가운데 하나는 분명히 잘못되었음에 틀림없습니다." 아주 많은 사람들이 수긍한다는 듯이 고개를 끄덕였다. 하지만 나는 계속해서 이렇게 말했다. "그럼에도 불구하고 이제 여러분에게 불가능한 이야기를 해야겠군요. 그 어떤 이야기도 잘못되지 않았습니다. 둘 다 모두 참입니다. 상보적인 방식으로 말이죠."

나는 보어가 **상보성**이라는 단어를 어떻게 사용했는지를 설명한 뒤에, 블랙홀의 경우 실험자는 어떤 선택에 직면하게 된다고 주장했다. 블랙홀 바깥에 남아 안전한 곳에서 데이터를 기록하거나, 블랙홀로 뛰어들어 그 안쪽에서 관측을 수행하거나 둘 중 하나를 선택해야 한다. "둘 다 할 수는 없습니다."라고 나는 주장했다.

소포 하나가 당신 집에 배달되었다고 생각해 보자. 우체부가 소포를 배달할 수 없어서 다시 우편 트럭으로 가져가는 것을 지나가던 친구 한 명이 목격한다. 한편 (집에 있는) 당신은 문을 열고 나가 우체부에게서 소포를 넘겨받는다. 이 2개의 관측이 동시에 사실일 수는 없다고 주장한다면 이것은 매우 온당한 주장이라고 나는 생각한다. 누군가가 착각한 것이다.

블랙홀은 왜 다른가? 소포 이야기를 좀 더 따라가 보는 것도 괜찮을 것이다. 기술적인 전문 용어와 수학 기호 들을 번역해서 말하자면, 그 이야기는 대략 다음과 같다. 그날 우체부가 다녀가고 얼마 후, 당신은 집을 나서 카페에서 친구를 만난다. 그녀가 말한다. "아까 너네 집 앞을 지나치다가 우체부가 소포를 배달하려는 걸 봤어. 그런데 아무도 문을 열어 주지 않아서 우체부가 트럭으로 소포를 가져가더라." "아냐, 네가 잘못 본 거야."라고 당신이 말한다. "우체부는 소포를 배달했어. 내가 카탈로그에서 주문한 새 드레스였는 걸." 확실히 모순이 드러났다. 두 관측자 모두 뭔가 일치하지 않는다는 것을 알게 되었다. 사실 당신이 물리적으로 집을 떠나 관측 결과를 대조해 모순을 밝히는 것이 중요한 것도 아니다. 전화로 똑같은 이야기를 하더라도 똑같은 모순이 드러난다.

하지만 블랙홀 지평선은 당신 집의 입구와는 근본적으로 다르다. 블랙홀 지평선은 일방 통행 문이라고 할 수 있다. 들어갈 수는 있지만, 나올 수는 없다. 블랙홀 지평선의 정의 자체에 따르면 어떤 신호도 지평선 안쪽에서 바깥쪽으로 나갈 수 없다. 지평선 바깥쪽에 있는 관측자는 지평선 안쪽에 있는 누구와도, 그리고 그 어떤 것과도 영원히 차단된다. 그것도 두꺼운 벽을 통해서가 아니라 물리학의 기본 법칙에 따라 차단된다. 모순에 이르는 바로 마지막 단계, 즉 진위가 의심스러운 데다가 일치하지도 않는 2개의 관측을 하나의 관측으로 병합하는 것은 물리적으로 불가능하다.

나는 진화가 우리의 머릿속 그림에 준 영향에 대해서도 철학적인 언급을 조금 보태고 싶었다. 우리가 동굴, 텐트, 집, 문에 들어가는 행동에 대해 가진 머릿속 그림은 블랙홀과 그 지평선에 관한 한 우리를 잘못 인도한다. 하지만 그런 언급을 했다고 하더라도 물리학자들은 무시했을 것이다. 물리학자들은 철학이나 통속적인 진화 심리학이 아니라, 사실, 방정식, 그리고 데이터를 원한다.

내가 이런 메시지를 전달하는 동안 호킹은 미소짓고 있었다. 하지만 나는 그가 내 이야기에 동의하지 않을 것이라고 생각했다.

다음으로 나는 주전자에 빠진 잉크 방울의 비유를 들어 어떻게 늘어난 지평선이 정보를 흡수하고 뒤섞을 수 있는지, 그리고 마침내 주전자에서 물이 증발하는 것과 마찬가지로 결국 정보가 어떻게 호킹 복사를 통해 빠져나가는지를 보여 줬다. 블랙홀 바깥에 있는 사람들에게는 이 모든 것이 꽤나 평범하다. 블랙홀이나 욕조나 그다지 다르지 않다. 아니, 똑같다고 나는 주장했다.

청중은 웅성거렸다. 몇몇 사람들이 이의를 제기하려는 듯 손을 들었다. 그들은 정보가 욕조에서 어떻게 증발하는지 잘 알고 있었다. 하지만 뭔가가 빠졌다. 블랙홀에 떨어진 사람은 어떨까? 늘어난 지평선에 이르게 되면 갑자기 땀에 젖을까? 이것이 등가 원리를 위배하지는 않을까?

그래서 나는 나머지 절반의 이야기를 계속했다. "블랙홀에 떨어지는 사람들에게는 지평선이 완전히 보통의 빈 공간으로 보입니다. 늘어난 지평선도 없고, 믿기지 않을 정도로 뜨거운 미시적 물체도 없고, 펄펄 끓어 넘치는 늘어난 지평선도 없으며, 이상한 것은 하나도 없습니다. 그저 빈 공간일 뿐이죠." 계속해서 나는 왜 어떤 모순도 결코 감지할 수 없는가를 설명했다.

호킹이 그때도 여전히 웃고 있었는지는 잘 기억나지 않는다. 그리고 나중에 알게 되었지만, 청중 가운데 상대성 이론 전문가들은 대부분 내가 분별력을 잃었다고 생각했다.

강연을 하는 동안에 내가 청중의 주목을 받은 것은 분명했다. 까다로운 성격을 가진 토프트는 앞줄에 앉아 머리를 흔들며 얼굴을 찌푸리고 있었다. 나는 거기 있던 모든 사람들 가운데 내가 무슨 말을 하는지 그가 가장 잘 이해하고 있음을 알고 있었다. 나는 또한 그가 동의한다는 것도 알았다. 하지만 토프트는 그것이 자신만의 독특한 방식으로 언급되기를 바랐다.

나는 샌타바버라 사람들, 기딩스, 호로위츠, 스트로민저, 그리고 특히 폴친스키의 반응에 가장 관심이 많았다. 단상에서는 그들이 어떤 인상을 받았는지 알 수 없었다. 하지만 나중에 나는 그들이 내 논증에 전혀 동의하지 않았음을 알게 되었다.

청중 가운데 두 명은 내 견해에 공감했다. 강연이 끝난 뒤 대학 카페테리아에서 점심을 먹을 때 존 프레스킬과 돈 페이지가 다가와 내 옆에 앉았다. 활동적인 돈은 음식을 어마어마하게 쌓은 접시를 들고 왔다. 그것도 3개의 거대한 디저트를 포함해서 말이다. (그의 에너지가 어디서 나오는지 아주 명확했다.) 돈은 큰소리로, 그리고 열광적으로 말하는 편이지만 듣기도 무척 잘한다. 그날의 돈은 듣기 자세였다. 정보에 관한 한 블랙홀은 보통의 물체와 비슷하다는 아이디어를 그는 좋아했다. 그는 특유의 활기 넘치는 목소리로 대놓고 그렇게 말했다.

그런 돈 페이지에 비하면 존 프레스킬은, 숨 막힐 정도는 아니었지만, 더 내성적이었다. 존은 유머 감각을 지녔고 몸매는 홀쭉했다. 조 폴친스키와 거의 비슷한 나이였고 당시에 캘리포니아 공과 대학(칼텍) 교수였다. 칼텍은 20세기의 위대한 물리학자 머리 겔만과 리처드 파인만의 고향이었다. 존 역시 폭넓게 존경받는 물리학자로 대단히 성실하다는 평판을 듣고 있었다. 존은 시드니 콜먼과 마찬가지로 명쾌한 사고 덕분에 특별한 도덕적 권위를 부여받는 그런 사람들 가운데 한 명이었다. 존과의 대화에서는 항상 얻을 것이 있었다. 그날의 대화는 특히 계시적이었다. 하지만 그것을 설명하기 전에 블랙홀 상보성에 대해서 좀 더 이야기해야겠다.

하이젠베르크 현미경으로 지평선을 바라본다면

수소 원자 하나가 거대한 블랙홀로 떨어진다. 대략적인 그림은 아래와 같이 단순하다. 매우 작은 원자 하나가 궤적을 따라 지평선을 통과한다. 원래 모습 그대로. 여기서는 아무것도 사라지지 않는다. 고전 물리학에서 원자는 아주 잘 정의된 점을 통해 블랙홀의 지평선을 건너간다. 이 점은 원자보다 크지도 작지도 않다. 이것은 맞는 것 같다. 등가 원리에 따르면 수소 원자의 점이 귀환 불능점을 지나갈 때 격렬한 사건이 단 하나도 일어나지 않을 것이기 때문이다.

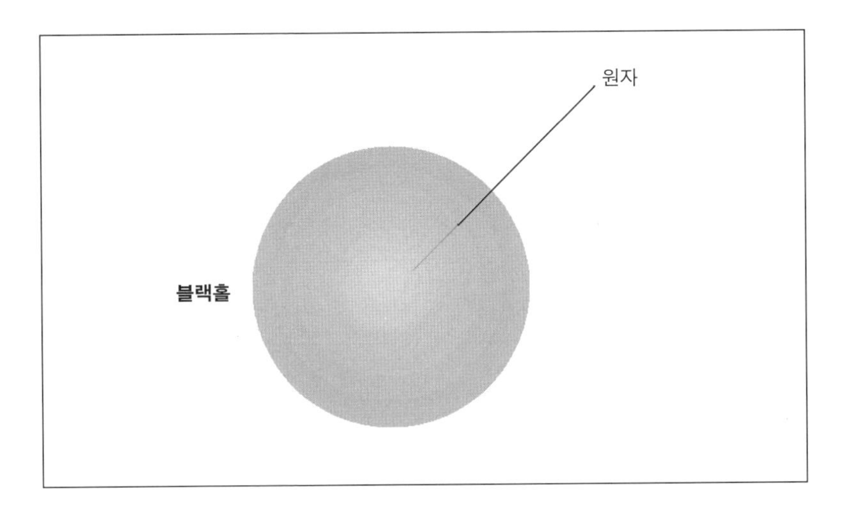

하지만 이것은 너무 어설픈 생각이다. 블랙홀 상보성에 따르면 바깥쪽에서 바라보는 관측자는 원자가 아주 뜨거운 층, 즉 늘어난 지평선으로 들어가는 것을 보게 된다. 이것은 마치 입자가 뜨거운 물이 담긴 주전자로 떨어지는 것과 비슷하다. 원자가 뜨거운 물질의 층으로 떨어짐에 따라 이 원자는 격렬한 에너지를 가진 자유도의 폭격을 사방에서 받는다. 처음에는 왼쪽에서 얻어맞고, 다음에는 위에서, 그다음에는 다시 왼쪽, 그리고는 오른쪽에서 얻어맞는 식이다. 원자는 술 취한 뱃사람처럼 비틀거리며 돌아다닌다. 이런 브라운 운동에는 **막걷기**(random walk)라는 적절한 이름이 붙어 있다.

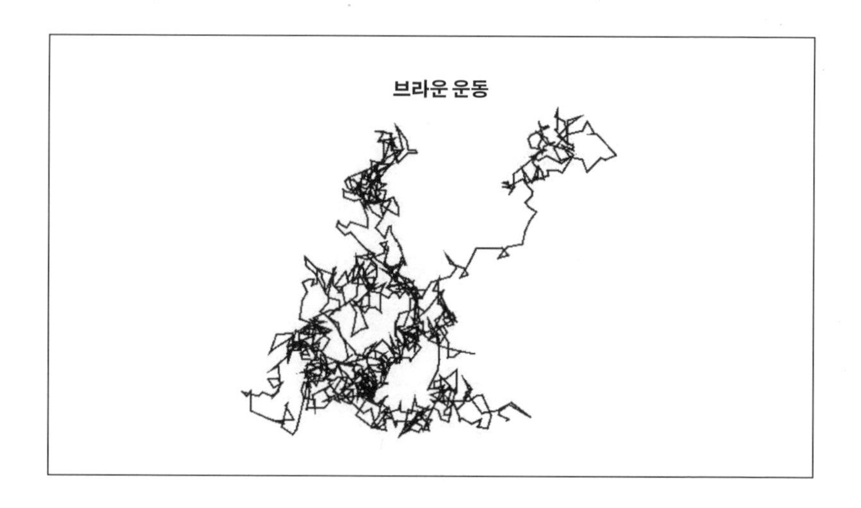

원자가 늘어난 지평선을 이루고 있는 뜨거운 자유도 속으로 떨어질 때에도 정확하게 똑같은 일이 벌어질 것이라고 생각할 수 있다. 원자는 지평선 전체를 비틀거리며 돌아다닌다.

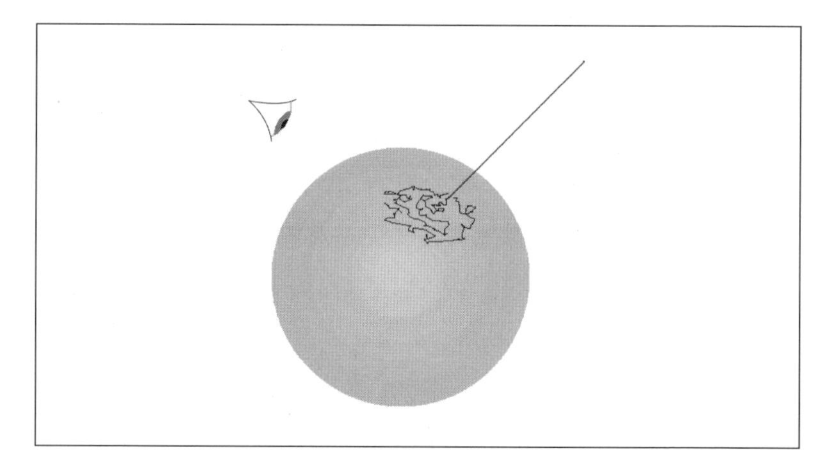

하지만 이것조차도 너무 단순하다. 늘어난 지평선은 너무 뜨거워서 원자는 전자와 양성자로 분리되어 쪼개진다.(전문 용어로 이온화된다고 한다.) 그리고 쪼개진 전자와 양성자가 각각 지평선 주변을 비틀거리며 돌아다닌다. 심지어 쿼크나 전자도 더 기본적인 구성 요소들로 쪼개질지도 모른다. 이 모든 것이 원자가 지평선을 건너가기 **직전에** 일어나는 일이라는 점에 주목하라. 이것이 상보성에 문제를 야기하지 않을까 하고 날카롭게 질문한 것은 내 생각에 돈 페이지였던 것 같다. 그때 그는 세 번째 디저트를 들고 있었다. 원자가 지평선을 넘어가기 전에도 원자를 기술하는 데에 두 가지 방법이 있는 것 같았다. 하나는 원자가 지평선 전체를 마구잡이로 비틀거리며 돌아다닐 때 이온화된다는 것이다. 하지만 다른 하나는 원자가 지평선의 한 점을 향해 똑바로, 아무런 방해도 받지 않고 떨어진다는 것이다. 왜 바깥쪽에 있는 관측자는 격렬한 현상이 단 한 번도 일어나지 않고 원자가 지평선을 넘어가는 것을 볼 수 없는 것일까? 그렇게 되면 블랙홀 상보성은 한 방에 뒤집어질 것이다.

내가 설명하기 시작했을 때, 존 프레스킬은 똑같은 문제에 대해 생각하고 있었다. 그는 곧 나와 똑같은 결론에 도달했다. 우리 둘은 원자가 지평선 부근, 온도가 10만 도 정도 되는 지점에 이를 때까지는 이온화되지 않는다는 점에 주목하면서 이야기를 시작했다. 그런 일은 지평선에서 100만분의 1센티미터 정도 떨어진 곳, 지평선 아주 가까이에서 일어난다. 우리가 전자를 관측할 필요가 있는 지점은 거기이다. 이것은 그다지 어려운 것처럼 들리지는 않는다. 100만분의 1센티미터가 끔찍하게 작지는 않다.

하이젠베르크라면 어떻게 했을까? 물론 그는 현미경을 들고 나와 적절한 파장의 빛으로 원자를 비춰 봤을 것이다. 이 경우 지평선에서 100만분의 1센티미터 떨어진 영역 안에 있는 원자를 분석하기 위해서는 파장이 10^{-6}센티미터인 광자가 필요하다. 바로 여기서 곤란한 일이 생긴다. 그렇게 짧은 파장의 광자는 엄청난 에너지를 가지고 있다. 이 광자는 원자를 **이온화하기**에 충분한 에너지를 가지고 있을 것이다. 다시 말해 뜨거운 늘어난 지평선 때문에 원자가 이온화되지 않았음을 증명하기 위한 시도는 그것이 어떤 것이든 그 원자를 이온화하는 역효과를 낳을 것이다. 나아가 전자와 양성자가 지평선 근방에서 막걷기를 하는지 어떤지를 알아보려고 하면, 그 시도 자체가 입자들을 세게 때려 지평선 전체에 걸쳐 마구잡이로 돌아다니게 만들 것이다.

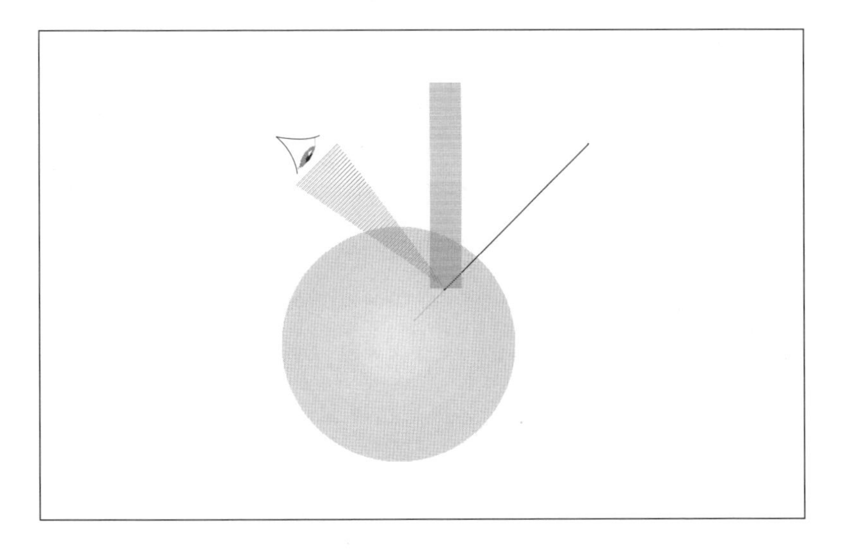

그 토론을 나는 완벽하게 기억하지는 못한다. 하지만 나는 돈이 수선을 떨면서 안 그래도 상당히 큰 목소리를 한껏 높여, 그것을 상보성이라고 부르는 것은 일리 있다고 말해 준 것을 기억하고 있다. 그것은 정확하게 보어와 하이젠베르크가 이야기했던 종류의 상보성이었다. 블랙홀 상보성을 실험적으로 반증하는 것은 불확정성 원리를 반증하는 것과 아주 비슷하다. 실험 자체가 그 실험으로 반증하고자 했던 불확정성을 만들어 낸다.

우리는 원자가 지평선에 훨씬 더 가까이 다가감에 따라 무슨 일이 벌어질지에 대해 이야기했다. 하이젠베르크의 현미경은 훨씬 더 높은 에너지의 양자를 써야만 한다. 결국 지평선에서 플랑크 길이 범위 이내로 원자를 쫓아가려면 우리는 플랑크 에너지보다 훨씬 더 높은 에너지를 가진 광자로 원자를 때려야만 한다. 그런 충돌이 어떤 것인지에 대해서는 아무도 모른다. 세상에 있는 어떤 가속기도 플랑크 에너지 근처까지 입자를 가속하지는 못한다. 존은 이런 생각을 원리로 탈바꿈시켰다.

블랙홀 상보성이 관측 가능한 모순에 이른다는 것을 어떻게든 이론적으로 증명하려면 불가피하게 '플랑크 에너지 너머의 물리학'에 대한 보증할 수 없는 가정, 즉 자연에 대한 우리 경험을 훨씬 넘어서는 영역에 의존해야만 한다.

그리고 존 프레스킬은 내가 걱정했던 문제를 하나 제기했다. 1비트의 정보가 블랙홀 속으로 빠졌다고 가정해 보자. 나의 관점에 따르면 지평선 바깥에 있는 사람은 호킹 복사를 모아서 언젠가는 그 1비트를 복원할 수 있다. 하지만 그 정보 조각을 모은 뒤 그가 그 정보 조각을 가지고 블랙홀로 뛰어들었다고 가정해 보자. 그러면 블랙홀 안쪽에는 그 비트의 복사본 2개가 동시에 있게 되는 것이 아닐까? 이것은 마치 당신이 우체부에게서 소포를 받은 뒤에 집에 있는데, 당신 친구가 소포를 대신 받아 집으로 들고 들어온 것과도 같다. 관측자들이 한쪽 편에서 만나 노트를 비교하면 모순이 생기는 것이 아닐까?

존의 질문에 나는 깜짝 놀랐다. 나는 그런 가능성을 전혀 생각해 보지 않았다. 만약 한쪽 편에 있는 누군가가 똑같은 비트의 두 복사본을 발견한다면 그것은 양자 복사 불가능 원리에 위배될 것이다. 이것이 내가 뛰어넘어야 했던, 블랙홀 상보성에 대한 가장 심각한 도전이었다. 나는 그 답을 몇 주 동안이나 이해하지 못했지만, 그 답의 일부는 질문을 던졌던 프레스킬 자신이 줬다. 아마도 2개의 복사본이 특이점에서 파괴되기 전에는 서로 만날 수 없을 것이라고 그는 추측했다. 특이점 근처의 물리학은 양자 중력이 작용하는 불가사의한 미지의 영역이다. 그렇게 되면 우리는 그 문제를 가까스로 해결할 수도 있을 것이다. 공교롭게도 돈 페이지의 생각이 존 프레스킬이 설치한 폭탄의 신관을 제거하는 데 중요한 역할을 수행했다.

다음 강연이 시작될 것이라는 공지 때문에 그 토론은 갑자기 끝났다. 다음 강연이 그 학회의 마지막 강연이었던 것 같다. 누가 강연했는지, 또 무엇에 관한 강연이었는지는 전혀 기억나지 않는다. 나는 존이 제기한 문제를 너무 고민한 나머지 강연에 집중할 수가 없었다. 하지만 학회가 끝날 때쯤 조직 위원 중 한 명이 놀라운 발언을 하는 바람에 제정신으로 돌아왔다. 조 폴친스키가 일어서더니 설문 조사를 하겠다고 말했다. 질문은 이랬다. "호킹이 주장하듯이 블랙홀이 증발할 때 정보가 사라진다고 생각하십니까? 아니면 토프트와 서스킨드가 주장하듯이 정보가 다시 돌아올 것이라고 생각하십니까?" 학회 전이었다면 그 투표 결과는 호킹의 관점 쪽으로 심하게 기울지 않았을까 하고 나는 생각했다. 나는 학회에 참석한 사람들의 마음이 조금이라도 흔들렸을지 알고 싶어서 궁금해 미칠 지경이었다.

학회 참석자들에게는 일반적으로 제기되던 3개의 후보에 네 번째 후보를 더한 선택지 중 하나를 골라 달라고 요청했다. 그 후보들을 조금 각색하면 이렇다.

① 호킹의 선택: 블랙홀에 빠진 정보는 돌이킬 수 없이 상실된다.

② 토프트와 서스킨드의 선택: 정보는 호킹 복사의 광자와 다른 입자 속에 들어가 다시 빠져나온다.

③ 정보는 매우 작은 플랑크 크기의 잔해에 갇히게 된다.

④ 그밖의 다른 가능성.

WHAT HAPPENS TO INFORMATION THAT FALLS INTO A BLACK HOLE?

a) IT'S LOST. 25

b) IT COMES OUT WITH THE HAWKING RADIATION. 39

c) IT REMAINS (ACCESSIBLE) IN A BLACK HOLE REMNANT. 7
(INCLUDES REMNANTS WHICH DECA ON TIME SCALE LONG COMPARED TO HAWKING RADIATION).

d) SOMETHING ELSE. 6

참석자들은 손을 들었고 조 폴친스키는 강당 앞쪽의 화이트보드에 그 결과를 기록했다. 누군가는 사진을 찍었다. 위 사진은 조 폴친스키가 제공한 것이다.

최종 결과는 이렇다.

- 25명은 정보 손실에 투표했다.
- 39명은 정보가 호킹 복사와 함께 빠져나온다고 투표했다.
- 7명은 잔해에 투표했다.

● 6명은 그밖의 다른 가능성에 투표했다.

실제로 블랙홀 상보성의 원리라고 할 만한 것에 39명이 투표했고, 다른 모든 경우를 더한 것에 38명이 투표했다. 순간적인 승리이기는 했지만 그렇게 만족스럽지는 않았다. 실질적인 승리란 어떤 것일까? 45 대 32, 또는 60 대 17? 대다수가 생각하는 것이 정말로 중요한 것일까? 정치와 달리 과학은 다수결로 결정되지 않는다.

샌타바버라 학회 직전에 나는 토머스 새뮤얼 쿤(Thomas Samuel Kuhn, 1922~1996년)의 책 『과학 혁명의 구조(*The Structure of Scientific Revolutions*)』를 읽었다. 일반적으로 대부분의 물리학자들과 마찬가지로 나는 과학이 어떻게 작동하는지에 대한 철학자들의 의견에 그다지 관심이 없다. 하지만 쿤의 생각은 문제의 핵심을 올바르게 짚고 있는 것처럼 보였다. 그의 책 덕분에, 과거에 물리학이 발전해 왔던 방식들, 그리고 더 중요하게는 1993년에 물리학이 어떻게 진보하기를 내가 희망했는지에 관한 나의 흐릿한 생각들을 가까스로 정리할 수 있었다. 쿤의 관점에 따르면 실험을 해 데이터를 수집하고, 이론적 모형을 이용해 그 데이터를 해석하며, 방정식을 푸는 것 같은 정상 과학의 진보는 종종 커다란 패러다임 이동으로 종료된다. 패러다임 이동은 진정으로 하나의 세계관이 다른 세계관으로 대체되는 것이다. 문제들에 대한 완전히 새로운 사고틀이 생겨나 이전의 개념틀을 대체한다. 찰스 로버트 다윈(Charles Robert Darwin, 1809~1882년)의 자연 선택 원리는 대표적인 패러다임 이동이었다. 시간과 공간에서 시공간으로, 그리고 다시 유연하고 탄성적인 시공간으로의 변화 역시 패러다임 이동이었다. 고전적인 결정론이 양자 역학의 논리로 대체된 것도 물론 그렇다.

과학 패러다임의 이동은 예술 패러다임이나 정치 패러다임의 이동과는 다르다. 예술과 정치에서 의견의 변화는 그저 의견의 변화일 뿐이다. 반대로 뉴턴의 운동 법칙에서 아리스토텔레스의 역학으로 돌아가는 일은 결코 일어나지 않는다. 태양계에 대해 정밀한 예측을 한다고 할 때, 우리는 뉴턴의 중력 이론보다 일반 상대성 이론이 더 유용하다고 생각한다. 나는 이 생각이 언젠가 뒤바뀔 것이라는 것에 대해서 무척이나 회의적이다. 과학에서 패러다임의 진보는 실제로 일어나는 일이다.

물론 과학도 사람이 하는 일이다. 새로운 패러다임을 열기 위한 고통스러운 투쟁 과정 속에서 의견과 감정이 인간의 다른 여느 노력에서처럼 폭발적으로 충돌할 수도 있다. 하지만 모든 열띤 의견들이 과학적 방법을 통해 걸러지고 나면 진실의 핵심만이 남게 된다. 물론 개량은 이뤄질 수 있다. 하지만 원래 패러다임으로 되돌아가지는 않는다.

나는 블랙홀 전쟁이 새로운 패러다임을 위한 투쟁의 고전적인 사례라고 느꼈다. 블랙홀 상보성이 설문 조사에서 한 표 앞섰다는 사실이 진정한 승리의 증거는 아니었다. 사실 내가 가장 영향을 주고 싶었던 조 폴친스키, 게리 호로위츠, 앤디 스트로민저, 그리고 무엇보다 스티븐 호킹은 반대표를 던졌다.

그 뒤 몇 주 동안 라루스 돌라시우스와 나는 이것저것 종합적으로 생각해 봤고, 존 프레스킬의 질문에 대한 답을 알아냈다. 그러기까지는 한동안 시간이 걸렸지만, 나는 존 프레스킬과 돈 페이지와의 대화가 30분만 더 이어졌다면 바로 거기서 그 문제를 해결했으리라고 확신한다. 사실 나는 존이 대답의 절반을 제공했다고 생각한다. 간단하게 말해, 1비트의 정보가 블랙홀 밖으로 복사되어 되돌아오는 데에는 얼마간 시간이 걸린다. 존은 바깥쪽 관측자가 그 정보 조각을 복원해서 블랙홀로 뛰어들 때쯤이면 원래의 정보 조각이 특이점에 부딪힌 지 한참이 지났을 것이라고 추측했다. 유일한 문제는 증발하는 호킹 복사에서 정보를 복원하는 데에 얼마나 오래 걸릴 것인가 하는 것이었다.

재미있게도 그 답은 샌타바버라 학회가 열리기 겨우 한 달 전에 나온 독특한 논문에서 이미 제시되어 있었다. 아주 명시적으로 말하지는 않았지만, 그 논문은 1비트의 정보를 복원하기 위해서는 호킹 광자의 절반이 복사될 때까지 기다려야 한다는 것을 시사하고 있었다. 블랙홀이 광자를 복사하는 속도는 아주 느려서 별의 질량을 가진 블랙홀이 광자의 절반을 복사하는 데에는 10^{68}년이 걸린다. 이것은 우주의 나이보다 엄청나게 긴 시간이다. 하지만 원래의 정보 조각이 특이점에서 파괴되는 데에는 겨우 몇분의 1초도 걸리지 않는다. 확실히 호킹 복사에서 잡아낸 정보 조각을 들고 블랙홀로 뛰어들었다고 해도 최초의 정보 조각과 비교할 수는 없다. 블랙홀 상보성은 안전했다. 그 놀라운 논문의 저자가 누구냐고? 돈 페이지였다.

16장
잠깐! 신경망을 되돌려라

1960년대 언젠가 나는 그리니치 빌리지의 작은 전위 예술 극장에 연극을 보러 갔었다. 그 연극의 중요한 요소는 관객들이 막간에 스태프를 대신해 무대 장치를 옮기는 데 참여하는 것이었다.

한 여자는 의자를 무대 뒤로 옮기라는 지시를 받았다. 하지만 그녀가 의자에 손을 대는 순간 의자가 내려앉아 불쏘시개 다발이 되어 버렸다. 다른 어떤 사람은 작은 옷가방의 손잡이를 잡았다. 하지만 가방은 움직이지 않았다. 내가 할 일은 2미터 높이의 바위를 2층에 있는 누군가에게 들어 올리는 것이었다. 분위기를 맞추기 위해, 나는 그 바위를 껴안고 온 힘을 써서 들어 올리는 척했다. 그 바위가 몇 그램도 안 나가는 것처럼 아주 손쉽게 공중으로 튀어 오르는 순간에야 실제로 인지 부조화가 일어났음을 알았다. 그것은 얇고 속이 빈 공 모양의 발사나무에 칠을 한 것이었다.

우리 뇌는 어떤 물체의 크기와 무게를 본능적으로 연관짓는다. 우리의 신경망은 물리학에 '자통'해 있다. 그렇게 연관지은 상관 관계가 계속해서 틀린다면 아마도 그것은 뇌에 심각한 손상이 생겼기 때문일 것이다. 만약 그가 우연히도 양자 물리학자가 아니라면 말이다.

아인슈타인의 1905년 발견에 뒤이어 중요한 신경망 재배선 작업이 잇따랐는데, 그중 하나는 **큰 것이 무겁고 작은 것이 가볍다**는 본능을 버리고 그것을 정확히 정반대의 생각, 즉 **큰 것은 가볍고 작은 것은 무겁다**로 바꾸라는 것이었다. 20세기 초 물리학 혁명의 다른 사건들과 마찬가지로, 이상한 나라의 앨리스 같은 이런 논리의 역전을 처음으로 어렴풋이나마 눈치챈 것은 다름 아닌 아인슈타인이었다. 그 생각을 했을 때 그는 아마도 파이프 담배를 피우고 있었을 것이다. 늘 그렇듯이 아인슈타인의 가장 심원한 결론은 자신의 머릿속에서 행한 가장 간단한 사고 실험에서 흘러나온 것이었다.

광자를 넣을 수 있는 작은 상자

이 독특한 사고 실험은 크기를 마음대로 조절할 수 있는 상자에서 시작한다. 그 상자 안에는 광자 몇 개를 제외하고는 아무것도 없다. 안쪽 벽은 빛이 완벽하게 반사되는 거울이라 상자 안에 갇힌 광자들은 거울 처리된 면들 사이에서 반사되기 때문에 상자 밖으로 빠져나올 수 없다.

닫힌 공간 영역에 묶인 파동은 그 영역의 크기보다 더 긴 파장을 가질 수 없다. 1미터짜리 상자에 10미터의 파장을 집어넣는다고 상상해 보자.

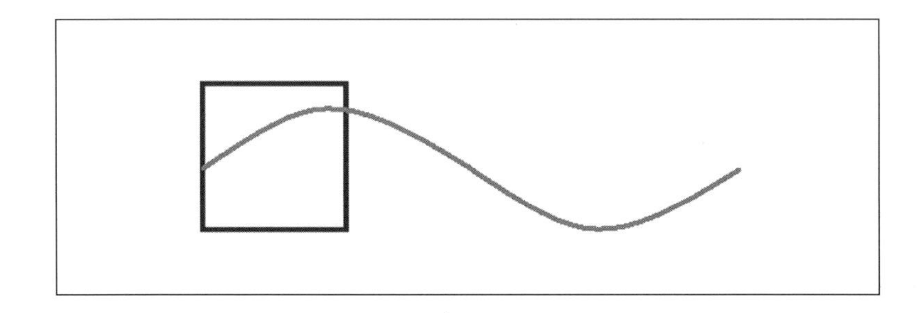

이것은 말이 안 된다. 하지만 1센티미터의 파동은 1미터짜리 상자에 쉽게 집어넣을 수 있다.

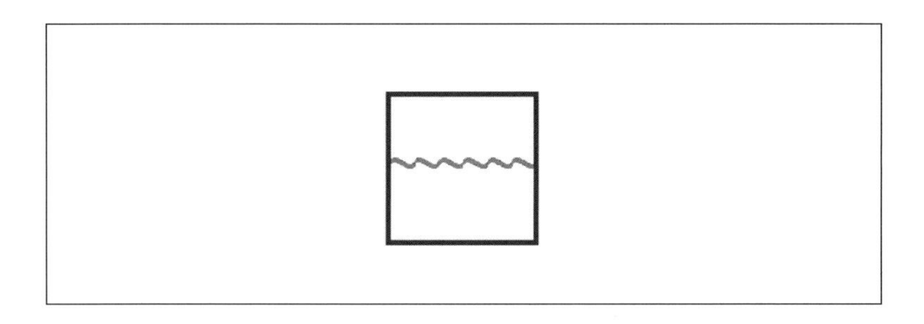

아인슈타인은 광자를 상자 안에 가둔 채로 그 상자를 점점 더 작게 만드는 상상을 했다. 상자의 크기가 줄어듦에 따라 광자의 파장도 변한다. 각 광자의 파장이 상자와 함께 줄어들어야만 하는 것이다. 결국에는 그 상자가 미시적으로 작아질 것이며 아주 높은 에너지의 광자로 채워질 것이다. 광자의 에너지가 높은 이유는 그 파장이 무척 짧기 때문이다. 상자의 크기를 더 줄이면 광자의 에너지는 훨씬 더 증가할 것이다.

하지만 아인슈타인의 가장 유명한 방정식 $E=mc^2$을 떠올려 보자. 만약 상자 안의 에너지가 증가하면 그 질량 또한 증가한다. 그래서 상자가 **작아질수록** 그 질량은 **증가한다.** 다시 한번 어설픈 직관이 완전히 뒤집어진다. 물리학자들은 이 규칙을 다시 배워야 한다. 작은 것이 무겁고 큰 것이 가볍다.

크기와 질량 사이의 관계는 다른 식으로도 보여 줄 수 있다. 자연은 계층적으로 이뤄져 있는 것처럼 보인다. 각 계층에 속한 물체는 그것보다 더 작은 물체들로 이뤄져 있다는 것이다. 그래서 분자는 원자로 만들어져 있고, 원자는 전자, 양성자, 중성자로, 양성자와 중성자는 쿼크로 만들어져 있다. 과학자들은 표적 원자에 입자를 충돌시켜 무엇이 튕겨 나오는지를 살펴봄으로써 자연의 계층 구조를 발견했다. 어떤 면에서 이것은 일상적인 관측과 크게 다르지 않다. 일상적인 관측에서는 빛(광자)이 물체에서 반사되어 필름이나 눈의 망막에 상을 맺는다. 하지만 우리가 봤듯이 아주 작은 크기를 탐색하려면 아주 높은 에너지의 광자(또는 다른 입자)를 이용해야만 한다. 분명히 아주 높은 에너지의 광자로 원자를 탐색하는 동안에는, 적어도 입자 물리학의 기준으로는, 엄청난 양의 질량이 작은 공간에 집중될 것임에 틀림없다. 크기와 질량/에너지 사이의 상관 관계를 보여 주는 그래프를 그려 보자. 수직축이 우리가 탐색하고자 하는 크기의 규모이다. 수평축은 그 물체를 분석하기 위해 필요한 광자의 질량/에너지이다.

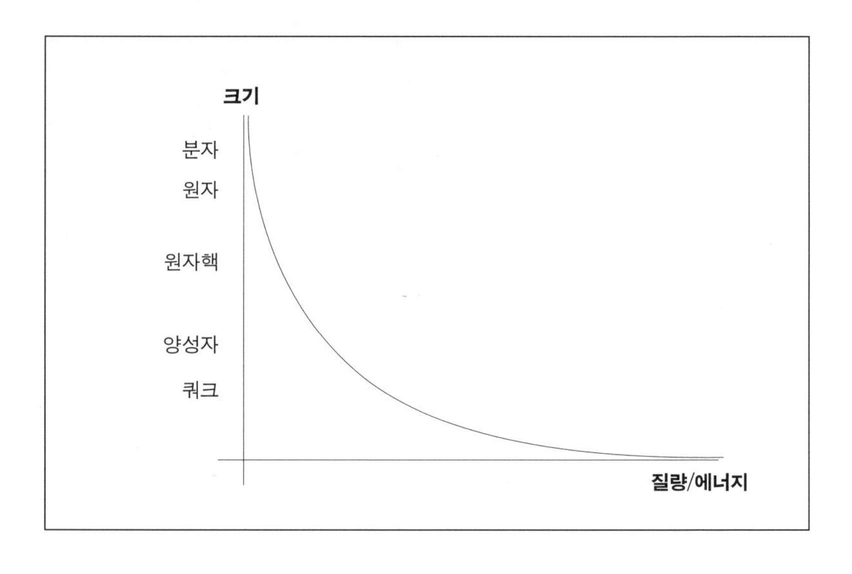

그 패턴은 분명하다. 개체가 작을수록 그것을 보기 위해 필요한 질량/에너지는 더 커진다. 크기와 질량/에너지 사이의 이 역관계에 맞춰 우리의 신경망을 재배선하는 것은 20세기 대부분의 기간 동안 물리학과 학생들이 꼭 해야만 하는 그런 일이었다.

아인슈타인의 광자 상자는 비정상이 아니었다. 더 작을수록 더 무겁다는 생각은 현대 입자 물리학에 널리 퍼져 있다. 그러나 역설적이게도 21세기의 물리학은 그런 신경망 재배선을 하지 말라고 이야기한다.

왜 그런지를 보기 위해 우리가 플랑크 길이보다 100만 배 더 작은 규모의 세계에 무엇이 있는지(만약 있다면) 관측하려고 한다고 생각해 보자. 아마도 자연의 계층 구조는 그 정도 깊이까지도 계속될 것이다. 20세기의 표준 전략은 어떤 표적을 플랑크 에너지보다 100만 배 높은 에너지를 가진 광자로 탐색하자는 것이었다. 하지만 이런 전략은 역효과만 낼 것이다.

왜냐고? 비록 우리가 입자를 플랑크 에너지까지 결코 가속할 수는 없다고 하더라도(그 100만 배는 고사하고라도), 만약 그렇게 했을 때 무슨 일이 벌어질지 이제는 알게 되었기 때문이다. 그렇게 엄청난 질량을 매우 작은 공간에 쑤셔 넣으면 블랙홀이 만들어진다. 블랙홀 지평선은 우리의 탐구를 가로막는다. 지평선은 우리가 감지하고자 하는 모든 것을 블랙홀 안에 숨겨 버릴 것이다. 우리가 광자의 에너지를 증가시켜 점점 더 짧은 거리를 보려고 하면 할수록 지평선은 점점 더 커질 것이며, 그것에 따라 점점 더 많은 것들이 감춰질 것이다. 또 다른 진퇴양난에 빠진 셈이다.

그렇다면 그 충돌의 결과는 무엇이 일어날까? 바로 호킹 복사이다. 그것뿐이다. 하지만 블랙홀이 점점 더 커짐에 따라 호킹 복사의 파장도 커진다. 플랑크 에너지보다 낮은 에너지를 가진 아주 작은 물체를 보여 주던 또렷한 영상은 긴 파장의 광자가 만드는 흐릿한 영상으로 점차 바뀐다. 그래서 충돌 에너지를 증가시킨다고 해도 우리가 기대할 수 있는 것은 기껏해야 자연을 더 큰 규모에서 재발견하는 것뿐이다. 따라서 크기와 에너지의 상관 관계를 나타내는 진짜 그래프는 아래 그래프와 같다.

크기와 에너지의 상관 관계 그래프는 플랑크 규모 근처에서 바닥을 친다. 우리는 플랑크 규모보다 더 작은 것은 어떤 것도 감지할 수 없다. 그것을 넘어서면 신경망은 산업 혁명 이전의 '큰 것은 무겁다.'로 되돌아가야 한다. 따라서 사물이 더 작은 것으로 이뤄져 있다는 환원주의의 행진은 플랑크 규모에서 멈출 수밖에 없다.

자외선(UV)과 적외선(IR)이라는 용어는 물리학에서 짧고 긴 파장의 빛과 관계가 있는 그 원래의 뜻을 넘어서는 의미를 가지게 되었다. 20세기에 새롭게 발견된, 크기와 에너지 사이의 상관 관계 때문에 물리학자들은 종종 이 단어들을 높은 에너지(UV)와 낮은 에너지(IR)를 나타내는 데 사용한다. 하지만 새로운 신경망 재배선은 이 모든 것을 뒤섞어 버렸다. 플랑크 질량을 넘어서면 더 높은 에너지는 더 큰 크기를, 더 낮은 에너지는 더 작은 크기를 의미한다. 혼란은 용어에도 반영되어 있다. 큰 크

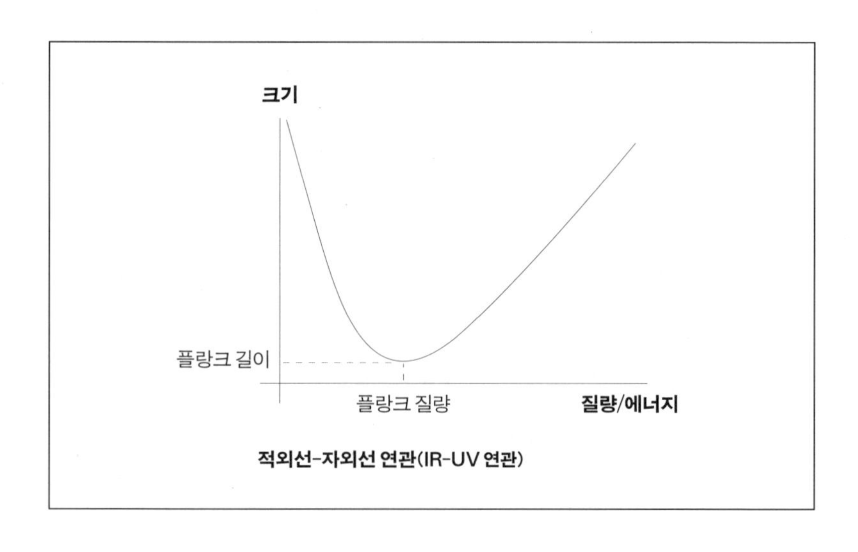

적외선-자외선 연관(IR-UV 연관)

기를 높은 에너지와 동일한 것으로 여기는 새로운 경향은 혼동스럽게도 **적외선-자외선 연관**(Infrared-Ultraviolet connection)으로 알려지게 되었다.[1]

부분적으로는 적외선-자외선 연관에 대한 이해 부족으로 말미암아, 물리학자들은 지평선에 빠지는 정보의 본성에 관해 잘못된 길로 접어들었다. 15장에서 우리는 하이젠베르크의 현미경을 이용해 블랙홀에 빠진 원자를 관측한다는 상상을 했다. 시간이 흘러 원자가 지평선에 점점 더 가까이 다가감에 따라 그 원자를 분석하기 위해서는 점점 더 높은 에너지의 광자가 필요해진다. 결국 그 에너지가 너무 높아져서 그런 광자가 원자와 충돌하면 거대한 블랙홀을 생성할 것이다. 그렇게 되면 아주 긴 파장을 가진 호킹 복사를 가지고 영상을 조합해야만 하게 된다. 그 결과로 원자의 영상은 점점 더 또렷해지기는커녕 점차적으로 흐려져서 원자가 지평선 전체에 걸쳐 퍼지는 것처럼 보일 것이다. 바깥에서 봤을 때 원자는, 이제는 익숙한 비유를 들자면, 뜨거운 물이 담긴 욕조 안에 용해되는 잉크 방울처럼 보이게 될 것이다.

블랙홀 상보성이 언어도단처럼 보일지는 몰라도 내적으로는 일관성이 있는 것 같다. 1994년까지 나는 호킹의 마음을 흔들기 위해 이렇게 말하고 싶었다. "이보게 호킹, 자네는 자기 연구의 핵심을 놓치고 있다고!" 나는 그렇게 해 봤지만 별 소용이 없었다. 한 달에 걸친 시도는 유머와 비애감만 남겼다. 이제 물리학은 잠깐 제쳐 두고 당시의 내가 느꼈던 좌절감을 이야기해 보고자 한다.

---

1. 이 끔찍한 용어는 내 실수의 산물이다. 적외선-자외선 연관은 1998년 내가 에드워드 위튼(Edward Witten, 1951년~)과 함께 쓴 논문에서 처음으로 사용했다.

17장

케임브리지의 에이해브

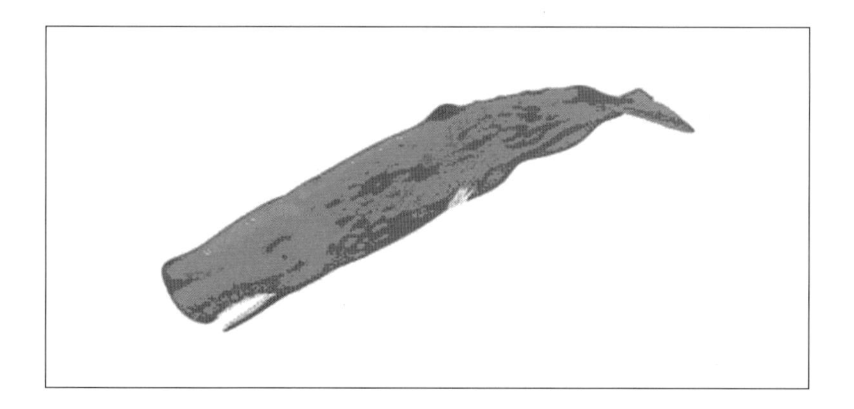

아주 작은 흰 점 하나가 점점 커져서 나의 시야를 가득 채웠다. 하지만 에이해브(Ahab, 허먼 멜빌(Herman Melville, 1819~1891년)의 소설 『모비딕(*Moby*

Dick)』에 등장하는 인물. 자신의 다리를 앗아 간 흰 고래에 대한 복수심으로 비이성적인 행동을 저지른다. — 옮긴이)의 망상과는 달리 나의 흰 점은 100톤의 고래가 아니었다. 그것은 모니터가 달린 휠체어에 앉은 100파운드(약 45킬로그램)의 이론 물리학자였다. 스티븐 호킹과 블랙홀 속에서의 정보 파괴에 관한 그의 잘못된 아이디어는 좀처럼 내 머릿속을 떠나지 않았다. 무엇이 옳은가에 대한 내 생각은 명확했지만, 나는 호킹에게 무엇이 진실인지 알려 주어야만 한다는 생각에 빠져 있었다. 나는 그를 작살로 잡거나 모욕을 주고 싶었던 것이 아니었다. 나는 다만 내가 보는 사실들을 그도 보기를 바랐을 뿐이다. 나는 호킹이 자신의 역설이 가진 심오한 의미를 보기를 바랐다.

나를 가장 괴롭혔던 것은 그 많은 전문가들, 기본적으로 모든 또는 거의 모든 일반 상대성 이론 전문가들이 어떻게 그렇게 쉽게 호킹의 결론을 받아들였나 하는 점이었다. 나는 어떻게 호킹과 다른 사람들이 그렇게 만족할 수 있었는지 이해하기 어려웠다. 모순이 존재하고 또 그 모순이 혁명의 전조가 될지도 모른다는 호킹의 주장은 옳았다. 그런데도 왜 그와 다른 사람들은 그 문제 해결을 뒤로 미뤘을까?

설상가상으로 나는 호킹과 상대성 이론 전문가들이 과학의 기둥 하나를 경솔하게 내던져 버리고 그 대체재를 마련할 노력을 전혀 하지 않는다고 느꼈다. 호킹은 그의 달러 행렬을 가지고 노력했지만 실패했다. 그것을 끝까지 밀고 가면 에너지 보존 법칙을 위배하는 재앙에 이르게 된다. 하지만 그의 모든 추종자들은 "흐음, 블랙홀이 증발하면 정보가 상실된단 말이지."라고 말하는 데에 만족하며 그런 채로 내버려 두었다. 지적으로 게으르고 과학적인 호기심을 포기하는 것 같아 나는 화가 났다.

오직 달리기만이 강박 관념에 사로잡힌 나를 구원해 줬다. 때로는 팰러앨토 뒤쪽 언덕을 가로질러 25킬로미터 이상 달렸다. 우연히 몇 미터

앞을 달리는 사람을 발견하면, 그 사람을 앞지를 때까지 정신없이 달렸다. 그러고 나면 마음이 깨끗해졌다. 그러면 내 코앞에 호킹이 나타났다.

그는 내 꿈도 침범했다. 텍사스에 머물던 어느 날 밤 꿈속에서 나와 호킹은 전동 휠체어에 함께 처박혔다. 나는 온힘을 다해 그를 휠체어 밖으로 밀어내려고 했다. 하지만 호킹은 헐크라도 된 것처럼 믿기지 않을 정도로 강했다. 그는 내 목을 움켜잡았고 나는 숨이 막힐 것 같았다. 우리는 한참 레슬링을 했고 나는 땀에 젖어 깨어났다.

이 상황에서 어떻게 하면 벗어날 수 있을까? 에이해브처럼 나도 원수가 숨어 있는 곳으로 찾아가 사냥을 해야 하는 것일지도 몰랐다. 그래서였나. 1994년 초에 나는 케임브리지 대학교의 완전히 새로 지은 아이작 뉴턴 연구소를 방문해 달라는 초청을 수락했다. 6월이면 호킹은 자신을 추종하는 일단의 물리학자들과 담소하고 있을 터였다. 나는 그들 대부분을 알았지만 동맹군으로 여기지는 않는다. 게리 호로위츠, 게리 기번스(Gary Gibbons, 1946년~), 앤디 스트로민저, 제프리 하비, 스티브 기딩스, 로저 펜로즈, 추청퉁(丘成桐, 1949년~), 그리고 다른 헤비급 선수들. 나의 유일한 동맹군인 헤라르뒤스 토프트는 거기 없을 터였다.

나는 사실 두 번 다시 케임브리지를 방문하고 싶지 않았다. 23년 전의 두 가지 경험 때문에 가슴에 멍이 들고 화가 났었기 때문이다. 그때 나는 젊고 무명이었으며, 노동 계급 출신으로서 학계의 일원이 된다는 사실에 살짝 불안해 하고 있었다. 케임브리지 트리니티 칼리지의 교수 전용 식탁인 하이 테이블(High Table)에서 열린 정찬에 초대받았다고 해서 그런 감정들이 누그러지지는 않았다.

나는 하이 테이블에 초대된다는 것이 무슨 의미인지 아직도 잘 모른다. 나는 그것이 일종의 명예인지, 그리고 만약 그렇다면 그 명예가 누구 또는 무엇을 기리는 것인지 모른다. 아니면 그곳은 단지 점심을 먹기 위

TRINITY COLLEGE
CAMBRIDGE

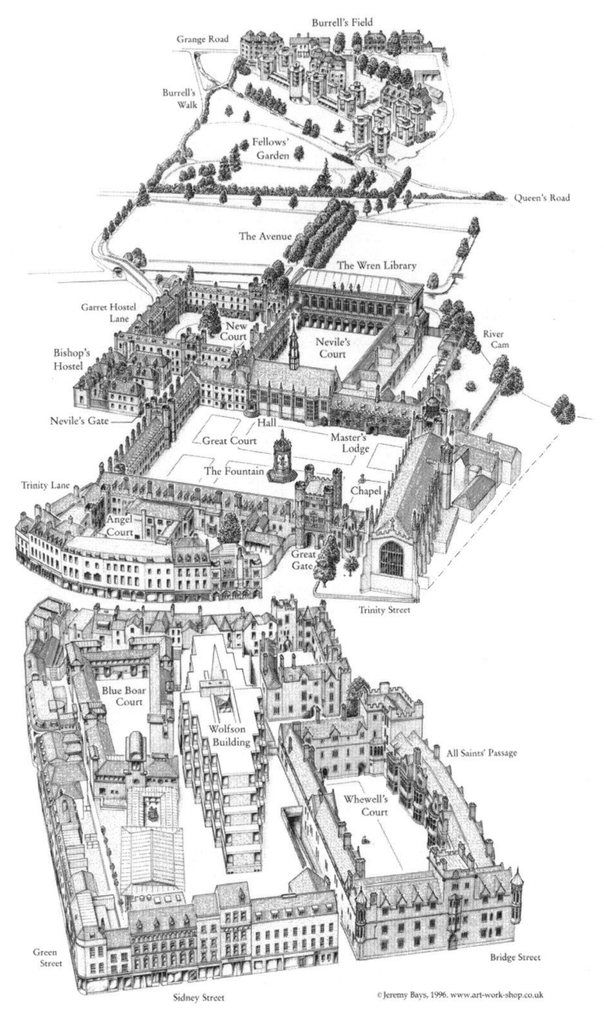
Burrell's Field
Grange Road
Burrell's Walk
Fellows' Garden
Queen's Road
The Avenue
The Wren Library
Garret Hostel Lane
New Court
Nevile's Court
River Cam
Bishop's Hostel
Nevile's Gate
Hall
Great Court
Master's Lodge
The Fountain
Trinity Lane
Chapel
Angel Court
Great Gate
Trinity Street
Blue Boar Court
Wolfson Building
All Saints' Passage
Whewell's Court
Green Street
Bridge Street
Sidney Street
©Jeremy Bays, 1996. www.art-work-shop.co.uk

트리니티 칼리지 전경

한 장소일 뿐일까? 어찌되었든 나를 초대한 존 폴킹혼(John Polkinghorne, 1930년~)이라는 이름의 우아하고 친절한 교수가 아이작 뉴턴과 다른 위인들의 초상화가 걸려 있는 중세풍의 대식당으로 나를 안내했다. 학부생들은 예복 가운을 입고 좀 낮은 자리에 앉아 있었다. 과학 전공 교수들은 대식당 끝 높은 단 위에 있는 하이 테이블로 나아갔다. 식사는 나보다 훨씬 더 잘 차려입은 웨이터가 차려 냈고 내 양편에는 내가 거의 알아들을 수 없는 말을 웅얼거리는 학계 신사들이 앉아 있었다. 내 왼편에는 연세 지긋한 고대 영국 귀족풍의 인사가 수프를 훌쩍거리고 있었다. 내 오른편에서는 학계의 한 저명 인사가 얼마 전 거기 있었던 미국 출신 객원 교수에 대한 이야기를 하고 있었다. 그 미국인은 케임브리지 사람에게 필요한 고상한 교양 따위가 없어서 우스꽝스럽게도 와인을 잘못 고른 것 같았다.

와인 감정이라. 나는 눈을 감고도 적포도주와 백포도주를 가릴 수 있다고 자랑스럽게 말할 수 있다. 그리고 포도주와 맥주는 더 잘 구분할 수 있다. 하지만 내 미각은 그 이상을 넘어서지 못한다. 나는 내가 그 이야기의 주인공이라는 느낌을 떨쳐 버릴 수가 없었다. 나머지 다른 대화는 그저 케임브리지적 관심사여서 나는 그냥 흘려 들었다. 나는 어떤 대화와도 완전히 단절된 채로 맛없는 식사(밀가루 반죽을 입혀 익힌 생선이었다.)를 들었다.

어느 날, 존 폴킹혼이 나를 트리니티 칼리지 주변 산책에 데리고 갔다. 아주 잘 자란 넓은 잔디밭이 어느 한 건물의 현관 앞 영예로운 자리를 차지하고 있었다. 나는 그 잔디밭을 가로질러 걸어가는 사람이 아무도 없음을 알아차렸다. 잔디밭 주변을 두른 보도가 유일한 통로였다. 그래서 나는 폴킹혼 교수가 내 팔을 잡고 그 잔디밭을 대각선으로 똑바로 가로지르기 시작했을 때 무척 놀랐다. 신성한 땅을 침범하고 있는 게 아닙니까? 답은 간단했다. 교수들은 잔디밭을 지나다닐 수 있는 특권을 가지고 있었던 것이다. 당시 영국 대학에는 동급의 미국 대학보다 교수 수가 훨씬 적었다. 교수 말고 누구도, 또는 적어도 서열이 더 낮은 사람은 그 누구도 잔디를 지르밟는 것이 허용되지 않았다.

그 다음날 나는 아무런 안내자 없이 대학을 떠나 호텔로 돌아가려고 했다. 31세라 교수가 되기에는 젊었지만, 아무튼 나도 교수였다. 따라서 나는 내게도 잔디밭을 가로지를 권한이 있다고 자연스럽게 생각했다. 그런데 내가 절반가량 잔디밭을 지나갔을 때, 연미복과 중산모자 차림을 한 키 작고 땅딸막한 신사가 한 건물에서 뛰쳐나와서는 나더러 즉시 잔디밭에서 나가라고 성난 표정으로 다그쳤다. 나는 미국에서 온 교수라고 항변했다. 하지만 그 항변은 효과가 없었다.

그로부터 23년이 지났다. 턱수염도 기르고, 나이도 더 들었고, 그리고 외모는 아마도 약간 더 위엄 있어 보이지 않을까. 이렇게 생각한 나는 과거에 이루지 못한 바로 그 일에 다시 도전했다. 이번에는 아무런 문제없이 잔디밭을 가로질렀다. 케임브리지가 바뀐 것일까, 아니면 내가 바뀐 것일까? 정말 모르겠다. 아마 내가 바뀐 것이 맞을 것이다. 20여 년 전에는 교수들만 앉을 수 있는 하이 테이블이나 잔디밭을 가로질러 걸어갈 수 있는 특권처럼 계급 차별적인 문화나 의식이 분명 불쾌했다. 그러나 지금은 그것을 손님을 대접하고자 했던 영국인 특유의 호의나 독특한 풍습 정도로만 여긴다. 케임브리지를 다시 방문했을 때 여러 가지가 나를 놀라게 했다. 케임브리지의 특징에 대한 혐오가 뭔가 좀 더 즐거운 것으로 바뀐 것 말고도, 맛없기로 악명 높은 영국 음식이 확실히 개선되어 있었다. 의문의 여지없이 나는 케임브리지를 좋아할 준비가 되어 있음을 알게 되었다.

첫날 나는 아주 일찍 일어났다. 나는 거리를 가로질러 최종 목적지인 아이작 뉴턴 연구소까지 걸어가기로 했다. 나는 아내 앤을 체스터론 가에 있는 아파트에 남겨 놓고 캠 강을 지나, 경정용 배가 보관되어 있는 배 창고를 지나, 지저스 그린 광장을 가로질러 걸었다. (처음 방문했을 때 나는 그렇게 많은 케임브리지 문화가 종교적인 근원을 가지고 있다는 것에 어리둥절했으며 심지어 화가 나기도 했다.)

나는 브리지 가로 걸어가 캠 강을 건넜다. 캠? 브리지? 케임브리지? 내가 건넌 다리의 이름을 따서 그 위대한 대학의 이름을 지은 것일까? 아마도 아닐 것이다. 하지만 상상은 즐거운 법이다.

근처 공원의 벤치에는 긴 카이저 수염을 기른, 나이 들었지만 우아하고 '과학적으로' 보이는 신사가 앉아 있었다. 맹세코 그 사람은 원자핵을 발견한 어니스트 러더퍼드(Ernest Rutherford, 1871~1937년)를 닮았다. 나는 그 옆에 앉아 그와 이야기를 나눴다. 물론 그는 러더퍼드가 아니었다. 러더퍼드가 무덤에서 깨어나지 않고서야 어찌 가능하겠는가. 러더퍼드는 거의 60년 전에 죽었다. 혹시 러더퍼드의 아들?

나의 벤치 친구는 어니스트 러더퍼드라는 이름을 아주 잘 알고 있었다. 그는 러더퍼드를 원자력 에너지를 발견한 뉴질랜드 인으로 알고 있었다. 많이 닮았지만 그는 러더퍼드가 아니었다. 오히려 내 친척뻘 되는 것 같았다. 그는 은퇴한 유대인 우체부로 과학에 아마추어적인 관심을 가지고 있었다. 그의 이름은 굿프렌드(Goodfriend)였는데, 아마도 한 세대 전에는 굿프로인트(Gutefreund)라고 불린 이름이 영어화한 듯싶다.

나의 이른 아침 산책은 실버 가까지 이어졌다. 그곳에 있는 오래된 건물에는 한때 응용 수학과와 이론 물리학과가 있었다. 그 건물은 나를 초대한 존 폴킹혼이 있던 곳이다. 하지만 케임브리지에서도 만사는 변한다. 수리 과학(영국 학술 용어로는 'maths') 학과는 이제 아이작 뉴턴 연구소 근처 새로 지은 건물에 옮겨 가 있었다.

그곳에서 나는 멀리 우뚝 솟은 건물을 바라봤다. 그 거대한 건물은 하늘을 향해 우뚝 솟아 있었다. 킹스 칼리지 예배당은 케임브리지에서 신의 거처였다. 아래 사진의 킹스 칼리지 예배당은 케임브리지의 과학 관련 건물들을 물리적으로 압도했다.

얼마나 많은 세대의 과학자 지망생들이 그 대성당에서 기도를 했을까, 아니 적어도 기도하는 척했을까? 호기심에 이끌려 나는 그 장엄한 건물 안으로 들어갔다. 그런 환경에서는 몸에 종교적인 뼛조각이라고는 단 하나도 없는 과학자인 나조차, 전자, 양성자, 중성자 말고는 아무것도 존재하지 않으며, 생명의 진화란 이기적 유전자들 사이의 컴퓨터 게임 같은 경쟁보다 나을 것이 없다는 내 믿음이 어딘가 공허하게 느껴졌다. '대성당 효과(Cathedralitis)', 즉 멋지게 쌓아 올린 돌과 색유리창이 일으키는 경외심 때문이었다. 나는, 아주 그렇지는 않지만, 거의 그 성당 효과에 면역되어 있다.

이 모든 것 때문에 영국 학계에 관해 오랫동안 내가 궁금해했던 것,

킹스 칼리지 예배당

즉 종교와 과학 전통의 어울리지 않는 뒤섞임이 마음속에 떠올랐다. 케임브리지와 옥스퍼드는 모두 12세기에 성직자들이 세웠는데, 미국에서는 완곡하게 '믿음에 기초한 공동체'와 '현실에 기초한 공동체'라 부르는 것들을 똑같은 열정으로 껴안았다. 훨씬 더 이상한 점은, 이들이 내가 도무지 이해할 수 없는 독특한 지적 관용으로 그렇게 하는 것처럼 보인다는 것이었다. 예를 들어 케임브리지의 가장 유명한 9개 단과 대학의 이름이 그렇다. 지저스 칼리지, 크라이스트 칼리지, 코퍼스 크리스티 칼리지, 막달레나 칼리지, 피터하우스, 세인트 캐서린 칼리지, 세인트 에드먼드 칼리지, 세인트 요한 칼리지, 트리니티 칼리지. 하지만 그러고도 세속적인 유대인 사업가인 아이작 울프슨(Isaac Wolfson, 1897~1991년)의 이름을 딴 울프슨 칼리지도 있다. 훨씬 더 놀라운 것은 다윈 칼리지이다. 생명 과학에서 신을 멋들어지게 추방한 바로 그 다윈 말이다.

케임브리지의 역사는 길고도 찬란하다. 아이작 뉴턴은 초자연적인 믿음을 내쫓는 데 그 이전의 누구보다도 더 많은 일을 했다. 관성(질량), 가속도, 그리고 중력에 대한 만유인력의 법칙이 신의 손을 대체했다. 행성을 인도하는 데에 신의 손은 더 이상 필요하지 않았다. 하지만 17세기 과학을 연구하는 과학사가들이 지칠 줄 모르고 우리를 일깨워 주듯이, 뉴턴은 기독교인이었으며 열렬한 신앙인이었다. 그는 물리학보다 기독교 신학에 더 많은 시간과 더 많은 에너지와 더 많은 잉크를 소비했다.

뉴턴과 그의 동료들에게는 지성을 가진 조물주의 존재가 지적으로 꼭 필요했던 것 같다. 신 말고 다른 어떤 것을 가지고 인간의 존재를 설명할 수 있단 말인가? 뉴턴의 세계관에서는 신이 아니고서는 생명이 없는 물질에서 지성을 지닌 인간처럼 복잡한 물체가 만들어지는 것을 전혀 설명할 수 없었다. 뉴턴이 신성한 기원을 믿었던 데에는 충분한 이유가 있었던 셈이다.

하지만 뉴턴이 실패했던 바로 그 문제를 2세기 뒤에 뜻하지 않게 철저한 파괴자가 된 찰스 다윈(그 또한 케임브리지 출신이었다.)이 성공적으로 해결했다. 자연 선택이라는 다윈의 생각은 왓슨과 크릭의 이중 나선(이것 역시 케임브리지에서 발견되었다.)과 결합되어 창조의 마술을 확률과 화학의 법칙으로 바꿨다.

다윈은 종교의 적이었을까? 전혀 그렇지 않았다. 비록 그는 기독교 교리에 대한 신앙을 잃어버렸고 스스로를 불가지론자라고 여겼지만, 그는 자기 지역 교구의 본당 교회를 전폭적으로 지원했으며 교구 목사였던 레버렌드 존 이네스(Reverend John Innes)와 가까운 친구였다.

물론 모든 일이 우호적으로 진행되는 것은 아니다. 토머스 헨리 헉슬리(Thomas Henry Huxley, 1825~1895년)가, "미끈미끈한 샘"이라는 별명으로 불린 주교 새뮤얼 윌버포스(Samuel Wilberforce, 1805~1873년)와 벌인 논쟁에 관한 이야기는, 과학과 종교의 관계가 얼마나 험악해질 수 있는지 그 극단을 보여 준다. 윌버포스 주교는 헉슬리에게 할아버지와 할머니 중 누가 유인원이었느냐고 야유했고, 헉슬리는 윌버포스를 '진실의 창녀'라 부르며 받아쳤다. 하지만 누구도 총에 맞거나 칼에 찔리거나 심지어 주먹 한 대도 맞지 않았다. 그 모든 것이 영국 문화에 깊이 자리 잡은 학술적 의견 교환의 전통 속에서 행해졌다.

그렇다면 오늘날에는 어떨까? 지금도 종교와 과학의 품격 있는 공존이 유지되고 있다. 나를 호위해 잔디밭을 가로질렀던 존 폴킹혼은 더 이상 물리학 교수가 아니다. 1979년 그는 성공회 성직자가 되는 공부를 하기 위해 교수직을 그만두었다. 폴킹혼은 우리 시대가 과학과 종교가 완벽하게 융합하는 시대로 진입하고 있으며, 신의 계획이 **자연 법칙**이라는 비상한 설계를 통해 표현된다는 견해를 선도적으로 주창한 사람 가운데 한 명이다. 이런 생각은 현재 광범위한 대중적 지지를 받고 있다. 그의

킹스 칼리지 예배당 내부

견해에 따르면 이런 자연 법칙들은 부자연스러워 보일 정도로 완벽하게 맞아떨어질 뿐만 아니라, 지적 생명체의 존재를 필연적으로 허용하는 것처럼 보인다. 그리고 그 지적 생명체는 신과 신이 창조한 이 자연 법칙들을 찬양할 수 있는 존재들이다.[1] 오늘날 폴킹혼은 영국에서 가장 뛰어난 성직자 가운데 한 사람이다. 하지만 그가 잔디밭을 가로질러 가는 것이 아직도 허용되는지는 모르겠다.

한편 옥스퍼드의 저명한 진화 생물학자인 클린턴 리처드 도킨스(Clinton Richard Dawkins, 1941년~)는 과학과 종교가 융합되고 있다는 생각에 앞장서서 저항하는 역할을 맡고 있다. 도킨스에 따르면 생명, 사랑, 그

1. 이 주제에 관한 나의 견해를 알고 싶으면 『우주의 풍경: 끈 이론이 밝혀낸 우주와 생명 탄생의 비밀』을 볼 것.

리고 도덕은 사람들 사이의 경쟁의 결과가 아니라, 이기적인 유전자들 사이의 목숨을 건 경쟁의 결과일 뿐이다. 영국의 지식 사회는 도킨스와 폴킹혼을 모두 껴안을 만큼 그 품이 충분히 큰 것 같다.

다시 킹스 칼리지 예배당으로 돌아오자. 색유리창을 통해 들어오는 아침 햇살을 순전히 광학적인 관점에서만 생각하기란 어려웠다. 그래서 나는 성당 효과 때문에 약간 고무된 채 인상적인 내부가 잘 보이는 장의자에 앉았다.

잠시 후 진지한 표정의 한 사내가 옆에 앉았다. 그는 키가 크고 기골이 장대했지만 뚱뚱하지는 않았다. 척 보기에도 전형적인 영국 신사처럼 보이지 않았다. 그의 셔츠는 내가 젊었을 때 작업복으로 입었던 거친 푸른색 천으로 만든 것이었고 갈색의 골덴 바지는 한 쌍의 넓은 멜빵에 매달려 있어서, 19세기 미국 서부 사람처럼 보였다. 사실 내가 아주 틀린 것은 아니었다. 그의 억양은 동부 잉글랜드풍이 아니고 서부 몬태나풍이었다.

서로 미국인임을 확인한 뒤, 우리의 화제는 종교로 옮겨 갔다. "아니요, 저는 여기 기도하러 온 게 아닙니다."라고 내가 설명했다. 사실 나는 기독교인이 아니라 이 건물을 구경하러 들어온 아브라함의 아들이었다. 그는 건축업자로 석조물을 보기 위해 돌아다니다 킹스 칼리지 예배당에 들어왔다. 그는 신앙심이 깊은 사람이었지만, 이 대성당 안에서 기도하는 것이 적절한지 확신하지 못했다. 그는 예수 그리스도 후기 성도 교회(모르몬교 — 옮긴이)의 교인이었다. 영국 국교회는 그에게 의혹의 근원이었다. 그렇다고는 해도 나는 내 뿌리깊은 회의주의, 즉 종교적 신앙에 대한 완전한 거부가 그를 불쾌하게 만들지 않으리라고 생각했다. 내 생각에 종교적 신앙은 초자연적인 힘에 대한 믿음에 불과하다.

나는 모르몬교에 대해서는 아는 것이 거의 없다. 그 종교에 대한 경험이라고는 한때 아주 친절한 모르몬교도 가족 옆집에 내가 살았다는 것밖에 없었다. 내가 아는 것이라고는 모르몬교도가 커피, 차, 코카콜라를 마시는 것을 엄격하게 금한다는 것이 전부였다. 모르몬교의 교리가 북유럽 신교도의 전형적인 한 분파에서 유래한 것이 아닐까 하고 추측하는 것이 전부였다. 그래서 나는 그가 모르몬교도와 유대인이 비슷하다고 말했을 때 놀랐다. 그들은 고향을 떠나 생각할 수 있는 모든 위험과 궁핍을 무릅쓰며 자신들의 모세를 따라 사막을 건너 마침내 젖과 꿀이 흐르는 약속의 땅에 도착했으니, 유타 주의 그레이트 솔트 레이크 지역이 바로 거기였다.

그는 웅크리고 앉아 벌린 무릎 위에 팔뚝을 올려놓고는 커다란 손을 그 사이에서 움켜쥐고 있었다. 그가 들려준 이야기는 바랠 대로 바랜 고대의 전설이 아니라 1820년대에 시작된 미국의 이야기였다. 나는 그 이야기가 익숙할 것이라고 생각했지만 그렇지도 않았다. 여기에 떠올릴 수 있는 한에서 대략적이지만 세세하게 그 이야기를 소개한다. 역사적인 기록은 나중에 조사해서 보충했다.

조지프 스미스 주니어(Joseph Smith Jr., 1805~1944년)는 1805년에 태어났다. 그의 어머니는 간질과 강한 종교적 환상에 시달렸다. 어느 날 모로나이(Moroni)라는 이름의 사도가 그에게 와서 신의 말씀이 새겨진 고대의 숨겨진 금판에 얽힌 비밀을 속삭였다. 그 말씀은 오직 스미스에게만 알려지도록 되어 있었다. 하지만 거기에는 한 가지 함정이 있었다. 그렇게 새겨진 글들은 살아 있는 사람은 그 누구도 해독할 수 없는 언어로 씌어졌다.

하지만 모로나이는 스미스에게 걱정하지 말라고 말했다. 그는 스미스에게 한 쌍의 투명한 마술 돌을 줬다. 그 돌들은 우림(Urim)과 둠밈(Thummim)이라는 이름을 가진 한 쌍의 초자연적인 힘을 가진 안경이었다. 모로나이는 스미스에게 우림과 둠밈을 그의 모자에 달고 그 모자를 쓰고 금판을 자세히 들여다보면, 그 마술 글자가 쉬운 영어로 번역되어 보일 것이라고 알려 줬다.

이 이야기를 들으면서 나는 마치 깊은 생각에 잠긴 듯 조용히 앉아 있을 수밖에 없었다. 신을 믿지 않는 인간이 듣기에 인간의 모자에 매단 마술 안경으로 금판을 들여다본다는 이야기가 아주 웃겼기 때문이다. 하지만 웃기든 말든, 수천 명의 신도들은 스미스를 따랐다. 그리고 그 후 스미스가 38세의 나이에 장렬하게 순교한 후, 그 신도들은 험난한 시련과 고난 속에서도 그의 후계자인 브리검 영(Brigham Young, 1801~1877년. 예수 그리스도 후기 성도 교회의 2대 회장.—옮긴이)을 따랐다. 오늘날 이 신도들의 종교적 후손들은 1000만 명을 넘는다.

내친김에 우림과 둠밈의 도움을 받아 스미스가 해독한 그 금판은 어떻게 되었는지 당신이 물어볼지도 모르겠다. 스미스는 그 금판을 영어로 번역한 후 잃어버리고 말았다.

조지프 스미스는 이성을 매혹시키는 강한 매력을 지닌 카리스마 넘치는 사람이었다. 이것 또한 신성한 계획의 일부였음에 틀림없다. 신은 스미스에게 가능한 한 많은 젊은 여성들과 결혼해서 임신시키라고 명했다. 신은 또한 스미스에게 신도들을 모아 그들을 1차 약속의 땅인 일리노이 주의 나우부라 불리는 곳으로 인도하라고 말했다. 그와 그의 신도들이 나우부에 도착했을 때, 스미스는 미국 대선에 도전하겠다고 재빨리 선언했다. 하지만 나우부에 살던 경건한 보통 기독교인들은 일부다처제를 주장하는 스미스를 그다지 좋아하지 않았다. 그래서 그들은 스미스를 쏴 죽였다.

모세의 망토가 여호수아로 옮겨 갔듯이 스미스의 권위는 브리검 영에게 옮겨 갔다. 그 또한 많은 연인과 아이 들을 가졌다. 모르몬의 엑소

더스(Exodus)는 나우부에서 탈출하면서 시작되었다. 결국 브리검 영은 그들과 함께 유타로의 길고 험난하고 위험한 여정에 올랐다.

나는 그 이야기에 매료되었고, 지금도 그렇다. 엉뚱하게 들리겠지만, 당시에 그 이야기는 호킹과 많은 물리학자들에게 영향을 주는 그의 강력한 카리스마에 대해 내가 가지고 있었던 감정들에 영향을 줬다고 나는 믿고 있다. 나는 좌절감 때문에 강박 관념에 사로잡혀 호킹이 양자역학에 맞서 그릇된 십자군 운동을 선동하고 있다고 생각했다.

하지만 그날 아침 내 마음속에는 호킹도 블랙홀도 없었다. 킹스 칼리지 예배당에서 나는 완전히 새로운 과학 역설에 빠져들었다. 그것은 물리학과는 간접적으로만 관계가 있었다. 그것은 다윈주의적 진화와 관련된 역설이었다. 진화는 왜 비합리적인 신념 체계를 창조하고 고집스레 집착하고자 하는 충동을 이렇게 강하게 만들었을까? 다윈주의적 자연선택은 합리성을 지향하는 경향을 강화시키고 미신과 믿음에 기초한 신념 체계에 집착하는 경향을 도태시키지 않을까? 결국 비합리적 신념 체계 때문에 사람은 조지프 스미스처럼 죽을 수도 있다. 그런 신념 체계는 분명 수백만의 사람들을 죽였다. 누군가는 진화가, 무모한 지도자를 무작정 믿고 따르는 경향을 제거할 것이라고 생각할지도 모르겠다. 하지만 진실은 정확하게 정반대인 것 같다. 이 과학적인 역설은 케임브리지에서 처음으로 내 호기심을 불러일으켰다. 그 후 나는 이 문제에 매료되어 그것을 해명하려고 아주 많은 시간을 보내게 되었다.

케임브리지에서 보낸 몇 주 동안 나는 겉으로 보기에는 거기 간 목적(블랙홀의 양자적 행동의 해명)에서 한참이나 떨어진 채로 지냈던 것 같다. 하지만 완전히 그랬던 것은 아니었다. 내 마음 한구석에서, 호킹, 토프트, 나, 그리고 블랙홀 전쟁에 참여한 과학자들 같은 사람들이 모두 스스로의 신념에 기초한 망상의 희생자가 아닐까 하는 의문이 똬리를 틀고 나를 괴롭혔다.

케임브리지에서 보낸 그 몇 주 동안에는 고민도 많았고 감상적인 생각들을 많이 했다. 에이해브와 모비딕의 이야기는 모호한 이야기이다. 에이해브를 바다 밑바닥까지 인도한 것은 미친 고래였을까, 아니면 나약한 스타벅을 파멸로 이끈 것이 광기 어린 에이해브였을까? 더 중요한 것은, 나도 에이해브처럼 어리석은 강박 관념에 사로잡혀 있었던 것은 아닐까, 아니면 호킹이 잘못된 생각으로 다른 사람들을 유혹하고 있었던 것일까 하는 것이었다.

나는 마음을 빼앗긴 추종자들을 지적인 파멸로 이끄는 하메른의 피리 부는 사나이 호킹 또는 은자 호킹(십자군 운동을 선동한 프랑스 은자 피에르(Pierre l'Ermite)에서 딴 것이다.)이라는 생각에 사로잡혀 있었다. 확실히 강박 관념은 환각을 낳는 강력한 마약이다.

하지만 내가 어두운 생각에 갇혀 케임브리지 거리를 정처 없이 배회하며 몇 주를 보냈다고만 생각하면 곤란하다. 나는 아이작 뉴턴 연구소에서 블랙홀 상보성에 대해 일련의 강연을 하기로 되어 있었다. 나는 그 강연을 준비하며, 그리고 내 생각에 회의적인 동료들과 다양한 문제들에 대해 토론하며 그 연구소에서 많은 시간을 보냈다.

뉴턴에게로

내가 킹스 칼리지 예배당을 떠나 6월 어느 날의 눈부신 햇살 속으로 걸어간 것은 오전 10시였음이 분명하다. 비합리적인 믿음에 대한 다윈주의적 미스터리가 내 머릿속을 스멀스멀 기어 다녔지만, 즉시 해결해야만 하는 훨씬 더 긴박한 기술적인 문제가 남아 있었다. 즉 나는 아이작 뉴턴 연구소가 어디 있는지 찾아야만 했다.

내가 가진 유일한, 그러나 쓸모없는 지도에 따르면 나는 케임브리지 구도심을 빠져나가 별다른 특징이 없는 현대적으로 보이는 주거 지역으로 가야 했다. 나는 이것이 틀린 것이기를 바랐다. 내 낭만적인 감상을 실망시켰기 때문이다. 나는 윌버포스 가라는 표지를 봤다. 이것이 헉슬리에게 유인원이었던 것이 그의 할아버지였는지 할머니였는지를 물어봤던, '미끈미끈한 샘'으로 알려진 윌버포스일까? 아마도 역사의 낭만이 완전히 사라진 것은 아닌 것 같았다.

실제 상황은 내 공상보다 훨씬 더 나았다. 윌버포스 가는 주교 새뮤얼 윌버포스의 아버지인 윌리엄 윌버포스(William Wilberforce, 1759~1833년)의 이름을 딴 것이었다. 윌리엄 윌버포스는 대영제국에서 노예를 없애기 위한 노예 폐지 운동의 지도자 가운데 한 사람으로서 영국 역사에서 존경받는 일을 했다.

아이작 뉴턴 연구소

마침내 나는 윌버포스 가에서 클락슨 가로 모퉁이를 돌았다. 아이작 뉴턴 연구소를 딱 봤을 때의 내 인상은 거듭 실망스럽다는 것이었다. 그것은 현대 건물로서 추하지는 않았지만, 유리와 벽돌과 강철로 지어진 평범한 현대적 건물이었다.

하지만 건물 안으로 들어가자마자 나의 실망은 감탄으로 바뀌었다. 그 건물은 그 목적에 딱 맞는 완벽한 건축 양식을 지니고 있었다. 정력적으로 논쟁하고, 낡았든, 새롭든, 해 보지 않았든지 간에 상관없이 생각들을 교환하며, 잘못된 이론들을 줄줄이 비판하기 위한 공간으로서 부족함이 없었다. 가능하다면 바로 그곳에서 논쟁을 벌이고 논적에게서 승리를 거두고 싶었다. 널찍하고 밝은 공간에는 안락의자들이 많이 있었고 뭔가를 끄적거릴 수 있는 탁자도 있었으며 대부분의 벽에는 칠판이 있었다. 사람들은 몇몇씩 작은 무리를 이뤄 커피 탁자 주변에 앉아 있었는데 그런 무리들이 꽤 있었다. 사람들이 둘러앉아 있는 탁자마다 종이 조각들로 뒤덮여 있었다. 물리학자들은 영원히 종이 위에 뭔가를 끄적인다.

나는 게리 호로위츠, 제프리 하비, 그리고 다른 두어 명이 앉아 있던 탁자 옆에 앉으려고 했다. 하지만 그러기 전에 먼저 내 이목을 끄는 뭔가가 있었다. 흥미로운 화제를 가지고 대화가 진행되고 있어서 나는 그것을 엿듣고 싶은 유혹을 떨칠 수가 없었다. 그 방의 외딴 구석에서 제왕이 신하들과 환담하고 있었던 것이다. 그 무리 한가운데에서 호킹은 자신의 기계 옥좌에 앉아 일군 영국 언론인들을 맞고 있었다. 그 인터뷰는 분명히 물리학에 대한 것이 아니라 호킹에 대한 것이었다. 내가 다가갔을 때 호킹은 자신의 개인적인 경력과 자신을 쇠약하게 만드는 그 병에 대해 이야기하고 있었다. 그의 이야기는 미리 녹음된 것임에 틀림없었지만, 언제나 그렇듯이 호킹 특유의 개성이 묻어나는, 어떤 말로 표현할 수 없는 고갯이가 로봇처럼 무미건조한 음성을 압도했다.

언론인들은 주문에 걸린 듯했다. 모두 다 호킹이 루게릭 병으로 진단받기 전 어렸을 때의 삶에 대해 이야기할 때 그의 얼굴에서 나타날지도 모를 미묘한 기색이라도 잡아내려고 했다. 호킹의 고백에 따르면 그의 어린 날들은 대개 지루했다. 갈 곳을 모르는 젊은이가 느낄 법한 지루함 말이다. 당시 그는 24세로 그다지 큰 발전이 없었던 평범한 물리학과 학생이었다. 야망이라고는 거의 없는, 약간의 게으름뱅이였다. 바로 그때 자정을 알리는 종소리처럼, 사망 선고와 다를 바 없는 끔찍한 진단이 내려졌다. 우리 모두는 사망 선고를 짊어지고 산다. 하지만 호킹의 경우에는 너무나 코앞의 일이었다. 1년, 아니면 2년, 어쩌면 박사 학위를 마치기에도 충분하지 않은 것 같은 시간이 남아 있었다.

처음에 호킹은 공포와 우울에 휩싸였다. 처형당하는 악몽에 시달리기도 했다. 그런데 그때 뭔가 예기치 못한 일들이 벌어졌다. 어쩐 일인지 당장이라도 죽을지 모른다는 생각이, 죽음이 집행 유예되어 앞으로 몇 년은 살겠구나 하는 작은 희망으로 바뀌었다. 그 결과 갑작스럽게 삶에 대한 강력한 열정을 가지게 되었다. 지루함은, 물리학사에 자신의 흔적을 남기고, 결혼하고, 아이를 가지고, 그리고 시간이 얼마나 남았든 이 세상과 세상이 제공하는 모든 것을 경험하겠다는 맹렬한 욕구에 자리를 내줬다. 호킹은 기자들에게 뭔가 놀랍고도 잊을 수 없는 것, 그가 아닌 다른 사람에게 들었더라면 별볼일 없는 이야기라고 깨끗이 잊어버렸을 뭔가를 이야기했다. 호킹은 자신에게 일어난 사건 중에서 아프게 된 것, 그것도 신체 기능이 마비될 정도로 치명적으로 아프게 된 것이 최고의 사건이라고 말했다.

나는 영웅을 숭배하지 않는다. 나는 어떤 물리학자나 작가를 그 명석함과 사고의 깊이 때문에 존경하지 개인적인 영웅이라고 부르지는 않는다. 내가 나의 영웅 신전에 모신 유일한 거인은 그날까지는 위대한 넬슨 만델라(Nelson Mandela, 1918년~)뿐이었다. 하지만 아이작 뉴턴 연구소에서 호킹의 이야기를 엿듣는 동안, 나는 갑자기 호킹이 진정으로 영웅적인 인물이라는 것을 알게 되었다. 그는 모비딕에 맞먹는 거인이었다.

하지만 나는 또한 호킹 같은 사람이 얼마나 쉽게 하메른의 피리 부는 사나이가 될 수 있는지도 알았다. 아니 안다고 생각했다. 호킹이 질문에 대한 답을 작성하는 동안 장엄한 대성당에서처럼 침묵이 거대한 강당을 가득 채웠던 일을 떠올려 보기 바란다.

호킹이 학문의 세계에서만 그런 대접을 받는 것이 아니다. 한번은 호킹과 저녁을 함께한 적이 있다. 그의 아내 엘레인과, 그의 뛰어난 제자 가운데 한 명인 라파엘 부소가 함께했다. 우리는 텍사스 중부에 있는 평범한 길가 식당에 있었다. 미국 어느 고속 도로에서나 쉽게 찾아볼 수 있는 그런 식당이었다. 우리는 이미 식사를 하고 있었다. 엘레인과 라파엘, 그리고 나는 이야기하고 호킹은 대부분 듣고 있었다. 그때 예의 바른 웨이터가 호킹을 알아봤다. 그는 식당에서 우연히 교황을 맞닥뜨린 독실한 가톨릭 신자처럼 경외감과 존경심과 두려움과 겸양의 마음으로 다가왔다. 그는 자신이 언제나 위대한 물리학자에게 개인적으로 깊은 친밀감을 느껴 왔다고 고백하면서 호킹의 발끝으로 자신의 몸을 낮춰 축복을 갈구했다.

호킹은 확실히 자신이 유명 인사라는 사실을 즐긴다. 이것은 호킹이 세상과 소통하는 몇 안 되는 통로 가운데 하나이다. 하지만 호킹이 거의 종교적인 숭배를 즐기고 또 조장했을까? 그가 무엇을 생각하는지 말하기란 쉽지 않다. 하지만 나는 적어도 어느 정도까지는 호킹의 얼굴 표정을 읽을 수 있을 정도로 그와 충분히 많은 시간을 보냈다. 텍사스 식당에서 그가 보인 미묘한 기색은 즐거움이 아니라 곤혹스러움이었던 것 같다.

내가 영국에 온 원래 목적으로 돌아가 보자. 그것은 정보 손실에 대한 호킹의 믿음이 잘못되었다는 것을 호킹에게 확신시키는 것이었다. 불행하게도 호킹과 직접 토론하는 것은 거의 불가능하다. 단지 몇 마디 대답을 듣기 위해 몇 분을 기다릴 인내심이 내게는 없기 때문이다. 하지만 호킹과 많은 시간을 교류하고 공동 작업했던 돈 페이지, 게리 호로위츠, 앤디 스트로민저 등이 있었다. 그들은 나보다 훨씬 더 효과적으로 호킹과 의사 소통하는 법을 배웠다.

내 작전은 두 가지 사실에 의지하고 있었다. 하나는 물리학자들이 이야기하기를 좋아하며, 나는 대화를 계속 이어 나가는 데에 아주 유능하다는 것이었다. 사실 나는 이 방면에 아주 재능이 뛰어나서 심지어 나와 의견을 같이 하지 않는 물리학자들도 내가 주도하는 토론에 쉽게 모여든다. 내가 다른 학교 물리학과를 방문할 때마다 아주 조용한 곳에서라도 작은 세미나가 만개한다. 그래서 나는 호킹과 내가 모두 알고 있는 몇몇 친구들(그들은 블랙홀 전쟁에서 나의 적이었지만, 현실 세계에서는 내 친구들이다.)을 모아서 논쟁을 시작하는 것이 쉬울 것임을 알았다. 또한 나는 호킹이 그 토론에 끌려들 것이고(물리학 논쟁에서 그를 떼어 놓는다는 것은 마치 고양이를 생선에서 떼어 놓는 것과도 같다.), 오래지 않아 호킹과 나는 어느 한 편이 패배를 인정할 때까지 필사적으로 그 토론에 목을 매게 될 것이라고 확신했다.

내 작전은 또한 내 논증의 강점과 다른 편 논증의 약점에 달려 있었다. 결국에는 내가 우세할 것이라는 데에 나는 의심을 품지 않았다.

그 모든 것이 멋지게 들어맞았다. 한 가지 세부 사항을 제외하고는 말이다. 호킹은 한번도 함께하지 않았다. 나중에 그때 호킹의 상태가 특히 좋지 않았음을 알았다. 우리는 호킹을 거의 보지 못했다. 그 결과 전투는 내가 수년 동안 미국에서 해 왔던 전투와 정확하게 똑같은 방식으로 진행되었다. 내가 한방 먹일 틈도 없이 고래는 빠져나갔다.

케임브리지를 떠나기 하루이틀 전, 나는 연구소 전체를 대상으로 블랙홀 상보성에 대해 정식 세미나를 하기로 되어 있었다. 이것이 호킹과 대면할 마지막 기회였다. 강의실은 빽빽하게 들어찼다. 호킹은 내가 막 시작했을 때 도착해서 뒤로 가 앉았다. 정상적으로라면 호킹은 칠판 근처 앞쪽에 앉지만 이번에 그는 혼자가 아니었다. 호킹의 간호사와 다른 조수가 함께 들어왔다. 호킹에게 의학적 조치가 필요한 경우였던 것이다. 호킹에게 문제가 있었던 것이 분명했다. 세미나가 절반쯤 진행되었을 때 호킹은 떠났다. 에이해브는 기회를 놓친 것이다.

세미나는 오후 5시 무렵에 끝났다. 그 정도면 아이작 뉴턴 연구소에서 충분히 얻을 만큼 얻었다. 나는 케임브리지를 빠져나가고 싶었다. 앤은 친구와 수다 떨러 나가 있었다. 앤은 렌터카를 내게 남겨 두었다. 나는 아파트로 돌아가지 않고 이웃 마을인 밀턴까지 차를 타고 갔다. 그리고 술집 앞에 세웠다. 나는 주정뱅이도 아니고 혼자 술 마시는 것은 확실히 내 습관이 아니다. 하지만 이번에는 정말로 혼자서 술집에 앉아 맥주라도 한잔하고 싶었다. 내가 원한 것은 고독이 아니었다. 단지 물리학하는 사람들이 없는 곳으로 가고 싶었다.

그 가게는 전형적인 시골 술집이었다. 중년 여급이 있었고 몇몇 동네 손님들이 바에 앉아 있었다. 손님 중 한 명은 내 짐작에 여든은 넘어 보였다. 갈색 옷에 나비 넥타이를 한 그는 지팡이에 기대고 있었다. 나는 그가 아일랜드 인이라는 사실을 믿지 못했다. 하지만 그는 영화 「나의 길을 가련다(Going My Way)」에서 빙 크로스비의 상대역을 했던 배우 베리 핏제랄드와 무척이나 닮았다. (핏제랄드는 무뚝뚝하지만 심성이 좋은 아일랜드 사제를 연기했다.) 그는 바의 여급과 화기애애하게 수다를 떨고 있었다. 그녀는 그를 로(Lou)라고 불렀다.

나는 그가 물리학자는 아니라고 확신하고 그의 옆자리로 곧장 다가가 맥주를 시켰다. 정확하게 어떻게 함께 이야기하게 되었는지는 기억나지 않지만, 로는 내게 자신이 군에서 짧게 복무한 적이 있으며 전쟁 통에 다리 하나를 잃으면서 제대했다고 말했다. 그 전쟁은 제2차 세계 대전일 것이라고 나는 받아들였다. 다리 하나가 없어도 그가 바에 서 있는 데에는 전혀 장애가 되는 것 같지 않았다.

대화는 불가피하게도 내가 누구인지, 그리고 밀턴에서 무엇을 하고 있는지 하는 쪽으로 방향을 틀었다. 나는 물리학 이야기를 할 기분은 아니었지만, 그 노신사에게 거짓말을 하고 싶지는 않았다. 나는 그에게 블랙홀 학회 때문에 케임브리지에 머물고 있다고 말했다. 그러자 그는 내게 자신이 그 문제에 대한 전문가이며 내가 모르는 많은 것들을 이야기해 줄 수 있다고 말했다. 대화는 이상한 방향으로 급선회하기 시작했다. 그는 자기 가족의 전설에 따르면 자기 조상 가운데 한 명이 블랙홀에 있었는데 마지막 순간에 거기서 나왔다고 주장했다.

도대체 무슨 블랙홀을 이야기하는 것일까? 블랙홀에 대한 이론을 가진 별 이상한 양반들은 흔해 빠졌고 대개는 아주 지루한데, 이 양반은 보통의 괴짜와는 달라 보였다. 그는 맥주를 한 모금 마시더니, 계속해서 캘커타(현재 이름은 콜카타이다. — 옮긴이)의 블랙홀은 지독스레 흉물스러운 곳으로 그곳보다 더 불결한 곳은 없다고 말했다.

캘커타 블랙홀! 그는 내가 영국과 인도의 역사를 다루는 어떤 종류의 역사학 학회 때문에 케임브리지에 와 있다고 생각했던 것 같다. 나는 캘커타 블랙홀에 대한 그 노신사의 설명을 들었지만 그것이 무엇인지 잘 이해하지 못했다. 아주 막연하게나마 그것은 부주의한 군인들이 납치당하고 살해당한 매음굴에 대한 이야기 같았다.

나는 그 이야기 전체를 정확하게 파악하는 대신 그 블랙홀이 뭔지 집중하기로 작정했다. 이야기 전체를 제대로 이해하지는 못했지만, 1756년 캘커타 근처에 있던 영국군 요새가 적에게 점령당했고, 그 요새의 지하실 아니면 지하 감옥에 많은 영국 군인들이 밤새 갇혀 있게 되었고, 아마도 사고로 많은 병사들이 질식해서 죽었던 모양이다. 로의 집안에 전해지는 이야기에 따르면 로의 7대조 가운데 한 분이 가까스로 그곳에서 빠져나왔다고 한다. ('캘커타 블랙홀' 사건은 1756년 6월 20일 인도 병사들이 포트 윌리엄 요새에서 사로잡은 영국군 포로들을 감금했던 지하 감방에서 일어난 사건이다. 갇혀 있던 영국 군인 146명 중 124명이 열사병으로 사망했다고 한다. 현대 역사학자들은 실제로는 43명 정도가 죽었을 것이라고 추정하고 있다. — 옮긴이)

결국 나는 블랙홀에서 정보가 빠져나오는 경우를 발견한 셈이었다. 바로 그 순간, 호킹이 거기서 이 이야기를 들었더라면 얼마나 좋았을까 하는 생각이 들었다.

18장
세계는 홀로그램이다!

지배적인 패러다임을 뒤엎어라.

— 범퍼 스티커에서 본 글귀

케임브리지를 떠날 무렵 나는 호킹과 상대성 이론 전문가들에게 잘못이 있는 것은 아니라는 점을 깨달았다. 특히 상대성 이론 전문가 자격증이라도 가졌을 법한 게리 호로위츠(CGHS의 H)와 몇 시간 동안 토론한 뒤 나는 생각을 바꾸게 되었다. 게리는 일반 상대성 이론의 방정식들을 마법사처럼 잘 다뤘을 뿐만 아니라 생각도 깊어서 사물의 밑바닥까지 들여다보는 것을 좋아했다. 그는 호킹의 역설에 대해 오랫동안 생각했으며, 정보 손실의 위험성을 분명히 이해하고 있었지만, 결국 호킹이 옳다고 결론지었다. 그는 블랙홀이 증발할 때 정보가 사라져야만 한다는 결론을 피할 길이 없다고 생각했다. 내가 호로위츠에게 블랙홀 상보성에 대해 설명했을 때(처음은 아니지만), 그는 그 요점을 매우 잘 이해했지만 너무 급진적인 생각이라고 여겼다. 그가 생각하기에 양자 역학적인 불확정성이 거대한 블랙홀처럼 큰 규모에서도 작동한다고 가정하는 것은 억지스러워 보인다는 것이었다. 그것은 지적인 게으름의 문제가 **아님**이 아주 명확했다. 이 모든 것이 하나의 질문으로 요약된다. 어떤 원리를 믿을 것인가?

케임브리지를 떠나는 비행기 안에서 나는 진짜 문제는 블랙홀 상보성을 지탱해 주는 확고한 수학적 기초가 없다는 것임을 깨달았다. 아인슈타인조차도 대부분의 다른 물리학자들에게 빛이 입자라는 그의 이론이 옳다고 확신시키지 못했다. 결정적인 실험과, 하이젠베르크, 디랙의 추상적인 수학적 이론이 등장해 이 논란을 종식시키기까지 약 20년이 걸렸다. 블랙홀 상보성을 검증할 실험은 결코 수행할 수 없으리라고 나는 생각했다. (그 생각은 틀린 것이었다.) 하지만 더 엄밀한 이론적 토대를 구축하는 일은 가능할 것 같았다.

영국을 떠날 때 나는 5년 이내에 수리 물리학이 모든 시대를 통틀어 철학적으로 가장 혼란스러운 아이디어를 떠안게 될 것이라고는 전혀 생각하지 못했다. 그것은 우리가 경험하는 굳건한 3차원 세계가 어떤 의미에서는 단순한 환상에 불과하다는 아이디어였다. 그리고 나는 어떻게 이 급진적인 돌파구가 블랙홀 전쟁의 전황을 바꾸어 놓을지 알지 못했다.

네덜란드

오래되고 유쾌한 영국이여, 안녕. 풍차와 키다리 네덜란드 양반들, 반가우이. 나는 집으로 돌아가기 전에 북해를 건너 친구 헤라르뒤스 토프트를 방문할 참이었다. 암스테르담으로 잠깐 비행한 뒤 앤과 나는 위트레흐트로 차를 몰았다. 그곳은 운하와 좁다란 집들이 있는 도시로서 토프트가 물리학 교수로 있는 곳이다. 어떤 사람들은 **그** 물리학 교수라고 말하고는 한다. 1994년 그는 아직 노벨상을 받지 않았지만, 곧 그렇게 되리라는 것은 그 누구도 의심하지 않았다. (헤라르뒤스 토프트는 1999년 그의 박사 논문 지도 교수였던 마르티뉘스 펠트만(Martinus J. G. Veltman, 1931년~)과 함께 노벨상을 수상했다. — 옮긴이)

물리학자들 사이에서는 토프트라는 이름이 과학적 위대함과 동의어이다. 다른 어느 나라보다 1인당 배출한 위대한 물리학자 수가 가장 많은 나라가 아닐까 싶은 네덜란드에서도 토프트는 국보급 과학자이다. 그래서 나는 위트레흐트 대학교에 도착했을 때 토프트의 연구실이 수수한 것에 적잖이 놀랐다. 그해 여름 유럽은 습기도 많고 더워 찜질방 같았다. 네덜란드는 서늘한 날씨와 비가 자주 오는 곳으로 유명했지만, 그해 날씨는 습하고 더워 참기 어려웠다. 토프트의 비좁은 연구실은 다른 모든 연구실과 똑같았으며 에어컨도 없었다. 내 기억으로 토프트의 연구실은 그 건물에서 햇볕을 정통으로 받는 곳에 있었다. 나는 무슨 기적이 일어나서 토프트의 커다란 이국적인 녹색 식물이 그 열기에도 죽지 않고 살아 있을까 궁금했다. 나는 손님이어서 그 연구동에서도 그나마 그늘진 자리를 배당받았다. 하지만 거기도 너무 더워서 연구를 하기는커녕 심지어 우리의 공통 관심사였던 블랙홀을 논의하는 것조차 힘들었다.

주말이면 토프트와 앤, 그리고 나는 토프트의 차를 타고 위트레흐트 근처 더 작은 마을로 소풍을 나가고는 했다. 그쪽 공기는 그나마 약간 더 서늘했다. 많은 위대한 과학자들과 마찬가지로 토프트는 자연 세계에 엄청난 호기심을 가지고 있다. 단지 물리학뿐만 아니라 자연 전체에 대해

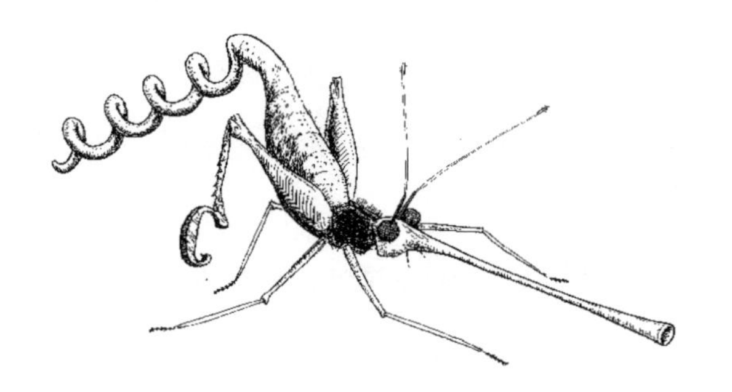

포도주도둑(Het Wijndiefje). 학명은 바쿠스 델리리오수스(*Bacchus deliriosus*). 이 기생충은 술집 근처에서 발견된다. 모든 종류의 술병과 캔을 열 수 있는 장비를 완벽하게 갖췄기 때문에 지하 포도주 저장고가 이 기생충으로 감염되는 경우에는 아주 난처한 일이 벌어질 수 있다.

서 말이다. 토프트는 온통 도시 공해로 오염된 이 세상에서 어떻게 동물들이 진화할 것인가 궁금했던 나머지, 온갖 초현대적인 미래 생물을 고안했다. 그의 창조물 가운데 하나가 위를 그림 속에 있다. 토프트의 홈페이지(www.phy.uu.nl/~thooft)에 가면 더 많은 것들을 볼 수 있다.

토프트는 또한 아마추어 화가이면서 음악가이다. 앤도 화가이면서 피아노도 친다. 그래서 우리는 지역 마을에 들러 차 안에서 네덜란드식 팬케이크, 차가운 광천수, 그리고 엄청난 양의 아이스크림으로 점심을 들며, 조개 껍데기의 모양과 오염된 행성에 사는 생명체의 진화에서부터 네덜란드 화가와 피아노 연주 기술에 이르기까지 모든 것을 이야기했다. 하지만 블랙홀에 대해서는 이야기하지 않았다.

평일에는 물리학에 대해서 약간 논의했다. 토프트는 논쟁하기를 좋아했고, 특히 반론하기를 즐겼다. 그래서 우리 대화는 종종 이런 식으로 진행되었다. "토프트, 나는 자네 의견에 완전히 동의하네."라고 내가 말하면, 토프트는 "그래, 하지만 나는 자네 의견에 완전히 반대하네."라고 대답하고는 했다.

나는 토프트와 특별히 이야기하고 싶었던 것이 한 가지 있었다. 그것은 거의 25년 동안이나 내가 생각해 오던 것이었는데 끈 이론과 관계있는 것이었다. 하지만 토프트는 끈 이론을 좋아하지 않아서, 그와 그 문제에 대해 이야기하는 것이 그다지 썩 내키지는 않았다. 내가 말하고 싶었던 점은 개별 정보 조각의 위치와 관련이 있었다. 1969년 내가 처음 마주했던 끈 이론에는 뭔가 기괴한 면이 있었다. 하지만 그것은 너무나 기괴해서 끈 이론가들은 그것에 대해 생각도 하지 않으려고 했다.

끈 이론은 세상의 모든 것이 미시적인 1차원의 탄성적인 끈으로 이뤄져 있다고 말한다. 광자와 전자 같은 기본 입자들은 극도로 작은 끈으로 이뤄진 고리들이며 각각은 플랑크 규모보다 훨씬 더 크지 않다. (세부적인 내용을 따라가지 못한다고 걱정하지 마라. 다음 장에서 나는 끈 이론의 주된 아이디어를 찬찬히 둘러볼 것이다. 당분간은 이것을 그저 받아들이기 바란다.)

불확정성 원리 때문에 이 끈들은 여분의 에너지가 없다고 하더라도, 영점 운동으로 진동하고 요동친다. (4장 참조) 끈의 일부가 어떤 거리 범위 안에서 아주 조금 늘어나거나 펼쳐지는 식으로 한 끈의 각 부분들이 서로에 대해 상대적으로 운동을 한다. 이렇게 끈이 펼쳐지는 것 자체는 문제가 없다. 원자 속의 전자는 원자핵보다 훨씬 더 큰 부피에 걸쳐 분포해 있는데 그 이유 또한 영점 운동 때문이다. 모든 물리학자들은 기본 입자들이 공간 속의 무한히 작은 점은 아니라는 것을 당연하게 받아들인다. 우리는 모두 전자, 광자, 그리고 다른 기본 입자들이 적어도 플랑크 길이만큼은 클 것이라고, 아니면 더 클 수도 있다고 생각한다. 문제는 끈 이론의 수학이 터무니없이 격렬한 양자 떨림 상태를 예측한다는 것이다. 그 떨림이 너무나 격렬한 나머지 전자의 일부를 우주의 끝자락에 닿을 정도로 펼칠 수 있다는 것이다. 끈 이론가들을 포함해서 대부분의 물리학자들은 이것을 너무나 말도 안 되는 소리라서 생각할 가치조차 없다고 여긴다.

전자가 우주만큼이나 큰데도 우리가 그걸 알아차릴 수 없다니, 어떻게 그런 일이 가능할까? 당신과 내가 하필 수백 킬로미터 떨어져 있는데 무엇 때문에 당신 몸속의 끈이 내 몸속의 끈과 부딪히거나 엉키지 않는 것일까 하고 궁금해할지도 모르겠다. 그 답은 간단하지가 않다. 무엇보다 그 요동은 몹시나 빠르게 일어난다. 플랑크 시간을 단위로 한 무한히 작은 시간 규모에서도 끈은 아주 빠르게 요동친다. 하지만 그 요동은 아주 섬세하게 조율되어 있어서 끈 하나의 요동이 또 다른 끈의 요동과 미묘하게 들어맞아 나쁜 효과들을 아주 정확하게 상쇄한다. 그럼에도 불구하고 만약 기본 입자들의 가장 내밀한 운동인 영점 운동까지 볼 수 있게 된다면, 당신은 그것의 일부가 격렬하게 요동치며 우주의 가장자리까지 펼쳐지는 것을 볼 수 있을 것이다. 적어도 끈 이론에서는 그렇게 이야기한다는 것이다.

이처럼 사납고 기이한 끈 이론의 행동 때문에 나는 라루스 돌라시우스에게 했던 농담이 생각났다. 즉 블랙홀의 안쪽 세계는 홀로그램과 같아서 실제 정보는 멀리 떨어진 2차원 지평선 위에 있을지도 모른다는 이야기 말이다. 끈 이론을 진지하게 받아들이면 그것보다 훨씬 더 멀리까지 나아갈 수 있다. 끈 이론은 모든 정보 조각들을, 그것이 블랙홀 안에 있는 정보든 얼룩 묻은 신문지에 있는 정보든 우주의 가장자리까지, 만약 우주에 끝이 없다면 '무한히 먼 곳'에 흩어 놓는다.

이 아이디어를 가지고 토프트와 토론할 때마다 우리는 출발점을 벗어나지 못했다. 하지만 위트레흐트를 떠나 집으로 오기 직전에 토프트는 뭔가 놀라운 이야기를 했다. 그는 만약 우리가 자기 연구실 벽의 세부 사항을 플랑크 크기 수준으로 미시적으로 들여다볼 수 있다면, 원리적으로 그 세부 사항들은 연구실 내부와 관련된 정보 조각들을 모두 포함하고 있을 것이라고 말했다. 나는 토프트가 **홀로그램**이라는 단어를 썼는지 기억나지 않지만 그는 분명히 내가 생각하고 있던 것과 똑같은 것을 생각하고 있었다. 세상의 모든 정보 조각들은, 뭔가 우리가 이해하지 못하는 방식으로, 우주의 경계라고 할 수 있을 정도로 아주 먼 곳에 저장된다. 사실 토프트는 나보다 이것을 먼저 깨달았다. 그는 몇 달 전에 쓴 논문 한 편을 언급했는데 그 논문에서 그는 이런 생각들을 풀어놓았다.

대화는 여기에서 끝났다. 내가 네덜란드에 머물렀던 마지막 이틀 동안은 블랙홀에 대한 이야기를 많이 하지 않았다. 하지만 그날 저녁 호텔로 돌아왔을 때 나는 그 논리의 핵심 요점을 증명할 수 있는 논거를 생각해 냈다. 공간의 여느 영역에 저장될 수 있는 정보의 최대량은 그 영역의 경계면에 저장될 수 있는 양보다 클 수 없으며, 그것은 플랑크 넓이당 4분의 1비트 이상이 될 수 없다.

이제 어디서나 계속 반복적으로 튀어나오는 **4분의 1**에 대해 설명을 해야겠다. 왜 **플랑크 넓이당 1비트**가 아니고 **플랑크 넓이당 4분의 1비트**일까? 그 답은 단순하다. 그것은 플랑크 단위가 역사적으로 제대로 정의되지 못했기 때문이다. 사실 물리학자들은 옛날로 돌아가서 지금의 4플랑크 넓이가 1플랑크 넓이가 되도록 플랑크 단위를 다시 정의해야만 한다. 나는 지금부터라도, 이 책에서만이라도 그렇게 할 것이다. 이제부터의 규칙은 다음과 같다.

공간의 여느 영역에서의 최대 엔트로피는 플랑크 넓이당 1비트이다.

7장에서 만났던 프톨레마이오스로 돌아가 보자. 거기서 우리는 프톨레마이오스가 음모를 너무 두려워한 나머지 자신의 도서관에서는 밖에서 볼 수 있는 정보만 허용되도록 했다고 생각했다. 그래서 정보는 바깥 벽면에만 씌어져야 했다. 플랑크 넓이당 1비트가 허용된다면 프톨레마이오스의 도서관은 최대 10^{74}비트를 담을 수 있다. 이것은 대단한 양의 정보로서 현실의 그 어떤 도서관이 담을 수 있는 정보량보다 훨씬 더 많다. 하지만 그럼에도 불구하고 그 도서관의 내부에 밀어 넣을 수 있는 플랑크 크기인 10^{109}비트보다는 훨씬 작다. 토프트가 추측한 것, 그리고 내가 호텔방에서 증명한 것은, 프톨레마이오스의 상상 속 법률이 어떤 공간 영역에 담을 수 있는 정보량의 진정한 물리적 한계에 해당한다는 사실이다.

픽셀과 복셀

현대의 디지털 카메라는 필름이 필요 없다. 디지털 카메라는 픽셀(pixel, 우리말로 순화하면 '화소' 또는 '그림낱'이라고 할 수 있다. — 옮긴이)이라고 불리는, 미시적이고 빛에 반응하는 넓이 단위로 가득 찬 2차원의 '망막'을 가지고 있다. 모든 그림은 그것이 현대적인 디지털 사진이든 고대 동굴 벽화든 다 눈속임이다. 그림은 우리 눈을 속여 그림에 없는 것을 보게 함으로써 2차원 정보만 가지고 3차원 영상을 보여 준다. 「해부학 실습(The Anatomy Lesson)」에서 렘브란트는 우리를 속여 물체, 층, 깊이를 느낄 수 있게 만든다. 실제로는 단지 2차원 캔버스에 얇은 물감층만 발랐을 뿐인데도 말이다.

왜 이런 속임수가 통하는 것일까? 이 모든 일은 뇌에서 일어난다. 뇌에서는 특화된 신경 회로가 이전의 경험에 기초해 환상을 만든다. 당신은 당신의 뇌가 볼 수 있도록 훈련된 것들을 본다. 사실 이 캔버스에는 죽은 사람의 발이 정말로 당신에게 더 가까이 있는지, 아니면 몸의 다른

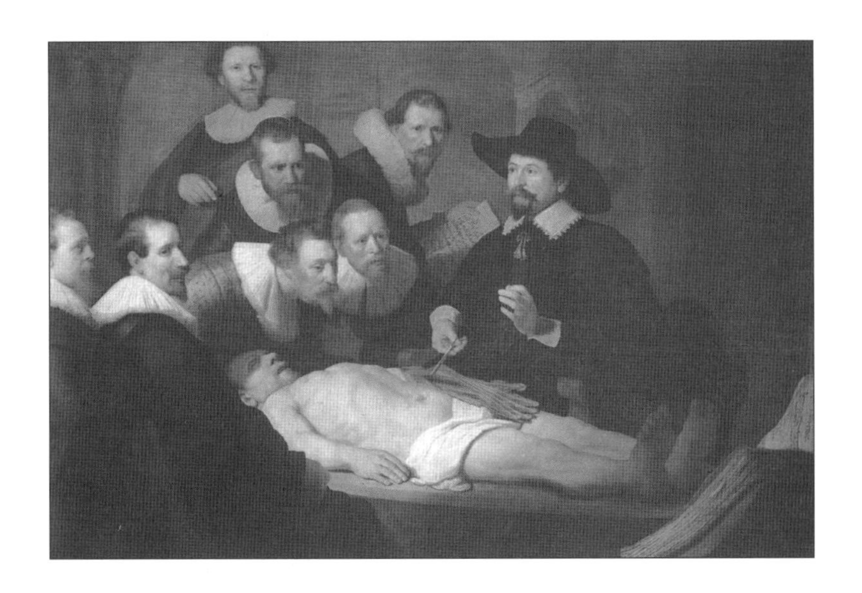

부분에 비해서 너무나 큰 것은 아닌지를 알려 주는 정보가 충분하지 않다. 그의 몸이 원근법으로 그려진 것일까, 아니면 그가 단지 키가 작은 것일까? 그의 피부 속 장기와 피와 내장은 모두 당신 머릿속에 있다. 당신이 아는 모든 것은 그 사람은 전혀 사람이 아니라 단지 물감 반죽으로 만든 모조품이라는 것, 또는 그저 2차원 그림일 뿐이라는 것이다. 제일 키 큰 사람의 머리 뒤에 있는 두루마리에 무엇이 적혀 있는지 알고 싶은가? 좀 더 자세히 보기 위해 그림 가까이 다가가 보라. 미안하지만 그 정보는 거기 없다. 당신의 디지털 카메라가 찍은, 픽셀로 가득 찬 화면 속 사진들 또한 3차원 정보를 담고 있지 않다. 그것은 단지 눈속임에 지나지 않는다.

실제의 3차원 정보를 저장할 수 있는 전자 장치를 만드는 것이 가능할까? 물론 가능하다. 픽셀로 가득 찬 2차원 표면 대신, 미시적인 3차원 세포, 즉 **복셀**(voxel, 우리말로 순화하면 '부피낱'이라고도 할 수 있다. ― 옮긴이)로 채워진 공간을 상상해 보자. 복셀의 배열은 진정 3차원적이므로, 부호화된 정보가 3차원 세계의 입체적 덩어리들을 충실하게 표현할 수 있으리라는 것은 쉽게 상상할 수 있다. 이런 원리를 생각해 보고 싶기도 할 것이다. 2차원 정보는 픽셀의 2차원 배열에 저장할 수 있지만 3차원 정보는 오로지 복셀의 3차원 배열에만 저장할 수 있다. 우리는 여기에 **차원 불변성(Invariance of Dimensionality)** 같은 뭔가 근사한 이름을 붙일 수도 있을 것이다.

언뜻 보기에도 이 차원 불변성 원리가 옳아 보이기 때문에 홀로그램은 아주 놀랍다고 할 수 있다. 홀로그램은 2차원 필름지나 픽셀의 2차원 배열에 3차원 광경의 모든 세부 사항을 저장할 수 있다. 이것은 당신의 뇌가 만드는 착각이 아니다. 정보가 실제로 그 필름 위에 있는 것이다.

일반 홀로그래피 원리는 1947년 헝가리 물리학자 가보르 데니스(Gabor Dennis, 1900~1979년)가 처음으로 발견했다. 홀로그램은 특수한 사진으로서, 종횡으로 교차하는 얼룩말 줄무늬 같은 간섭 무늬로 이뤄져 있다. 이 간섭 무늬는 빛이 2개의 틈을 지나갈 때 만드는 간섭 무늬와 비슷하다. 홀로그램에서는 이 무늬를 틈을 써서 만드는 것이 아니라, 묘사하려는 물체의 각 부분에서 빛을 산란시켜 만든다. 그 사진 필름에는 정보가 어둡고 밝은 미시적인 조각들의 형태로 가득 차 있다. 이 필름은 실제 3차원 물체와는 전혀 닮지 않았다. 현미경으로 보면 당신이 볼 수 있는 것은 다음 그림과 비슷한, 뭔가 무작위적인 광학 잡음[1]이다. 3차원의 물체를 부분들로 나눴다가 완전히 뒤섞어 합치는 것이다. 이렇게 복잡하게 뒤섞어야지만 3차원 세계의 조각을 2차원 표면에 충실하게 재현할 수 있다.

1. 이 문맥에서의 **잡음(noise)**은 소리를 말하는 것이 아니다. 여기서의 잡음은 망가진 텔레비전의 화면에 나오는 백색 잡음과 같은 무작위적이고 체계적으로 조직되지 않은 정보를 지칭한다.

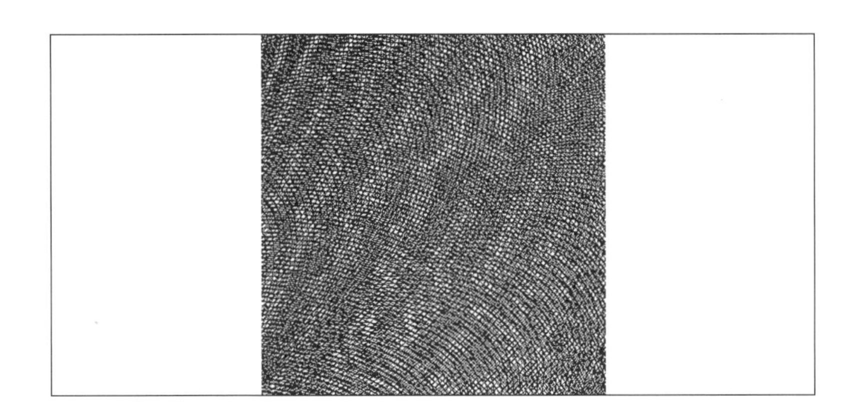

이렇게 뒤죽박죽 섞인 것을 원래 상태로 복원할 수는 있지만 그 요령을 알지 않으면 안 된다. 정보는 분명히 필름 위에 있다. 그리고 그 정보를 복원할 수 있다. 뒤섞인 무늬 위로 빛을 비추면 그 빛이 산란되면서 공중에 떠 있는, 실제 같은 3차원 영상이 된다.

유령처럼 공중에 떠 있는 홀로그램 영상은 어느 각도에서나 볼 수 있으며 입체로 보인다. 적절한 기술만 있었다면 프톨레마이오스도 자기 도서관의 벽면을, 수천 장의 두루마리의 정보를 간직한 홀로그램 픽셀로 덮을 수 있었을 것이다. 조명 조건만 정확하게 맞추면 그 두루마리들은 도서관 안쪽에서 3차원 영상으로 나타날 것이다.

내가 당신을 아주 이상한 분야로 데려가고 있음을 알 수 있을 것이다. 하지만 이 모든 것은 물리학이 다시 한번 겪고 있는 혁명적인 신경망 재배선 과정의 일부이다. 그런 과정을 거쳐 토프트와 내가 도달한 결론을 이제부터 소개하고자 한다. 우리가 일상적으로 경험하는 은하, 별, 행성, 집, 돌, 그리고 사람 들로 가득 찬 우주 같은 3차원 세계는 하나의 홀로그램으로서, 멀리 있는 2차원 표면에 부호화되어 있는 것에서 생긴 영상일 뿐이다. **홀로그래피 원리**라고 하는 이 새로운 물리 법칙은, 공간의 어떤 영역에 있는 모든 것을 그 경계면에 묶여 있는 정보 조각으로만 기술할 수 있다고 주장한다.

이것을 좀 더 구체적으로 이야기하기 위해서 내 연구실을 생각해 보자. 나는 의자에 앉아 있고, 컴퓨터가 내 앞에 있고, 엉망진창인 내 책상에는 내다 버릴까 말까 하는 논문과 종이 쪼가리들이 높이 쌓여 있다. 홀로그래피 원리에 따르면 그 모든 정보는 플랑크 규모의 정보 조각으로 연구실 벽 위에 정확하게 부호화되어 있다. 플랑크 규모의 정보 조각이 너무 작아서 볼 수는 없지만 벽을 조밀하게 덮고 있다. 아니면 태양에서 100만 광년 안에 있는 모든 것을 생각해 보자. 이 영역 또한 그 안에 모든 것을 담고 있는 경계, 즉 물리적인 벽이 아니라 가상적인 수학적 껍질을 가지고 있다. 성간 기체, 별, 행성, 사람, 그리고 다른 모든 것이 그 안에 있다. 앞의 경우와 마찬가지로 그 거대한 껍질 안에 있는 모든 것은 그 껍질에 퍼져 있는 미시적인 정보 조각들에서 만들어진 영상이다. 게다가 필요한 조각의 수는 기껏해야 1플랑크 넓이당 1비트이다. 이야기를 정리해 보자. 연구실 벽이든 수학적인 껍질이든 어떤 영역의 경계면은 매우 작은 픽셀로 만들어져 있고 각 픽셀의 넓이는 1제곱플랑크 길이이며, 그 영역의 내부에 존재하는 모든 것은 픽셀로 이뤄진 경계면의 홀로그램인 것이다. 하지만 보통의 홀로그램과 마찬가지로 멀리 있는 경계에 부호화된 정보는 원래의 3차원적 정보를 심하게 뒤섞은 것이다.

홀로그래피 원리는 우리가 익숙하게 알고 있는 원리들과는 충격적으로 다르다. 정보가 공간의 영역 내부 전체에 걸쳐 흩어져 있다는 것은 너무나 직관적이어서 이것이 잘못되었다고 믿기가 어렵다. 그러나 세계는 복셀로 구성되어 있지 않고, 픽셀로 구성되어 있으며, 모든 정보는 공간의 경계면에 저장되어 있다. 그렇다면 그 경계면이란 도대체 어떤 것이고, 그 공간이라는 것은 또 어떤 것이라는 말인가?

7장에서 나는 이런 질문을 던졌다. 그랜트의 무덤에 그랜트가 묻혀 있다는 정보는 어디에 있을까? 나는 잘못된 답들을 제거한 뒤 그 정보는 그랜트의 무덤 속에 있다고 결론지었다. 하지만 그게 정말 옳을까? 그랜트의 관으로 둘러싸인 공간 영역부터 시작해 보자. 홀로그래피 원리에 따르면 그랜트의 유해는 홀로그램적인 환상, 즉 관의 벽에 저장된 정보로부터 재구성된 영상이다. 게다가 그 유해와 관 자체는 그랜트 장군의 무덤이라고 불리는 커다란 기념관의 벽 안에 안치되어 있다.

그랜트 장군의 무덤

그래서 그랜트의 유해, 그의 아내 줄리아의 유해, 그들의 관, 그리고 이들을 보러 온 관광객들 모두 무덤 기념관의 벽에 저장된 정보에서 재구성된 영상이다.

하지만 여기서 멈출 이유가 있을까? 태양계 전체를 감싸는 거대한 구면을 생각해 보자. 그랜트, 줄리아, 관, 관광객, 무덤, 지구, 태양, 그리고 9개의 행성들(명왕성도 **행성이다!**) 모두 거대한 구면에 저장된 정보로 부호화되어 있다. 그리고 그런 식으로 계속 가다 보면 우리는 우주의 경계면이나 무한대에 이르게 된다.

특정한 정보 조각이 어디에 있는가 하는 질문에 한마디로 답할 수 없는 것은 분명하다. 보통의 양자 역학은 그런 질문의 답에 어느 정도의 불확정성을 도입한다. 입자가 되었든 다른 물체가 되었든, 누가 그것을 관측하기 전까지는 그 위치에 대해 양자적 불확정성이 존재한다. 하지만 일단 그 물체를 관측하면 그것이 어디에 있는지 모두가 동의할 수 있는 답을 내놓을 수 있을 것이다. 만약 그 물체가 우연히도 그랜트의 유해를 이루던 원자였다면, 보통의 양자 역학에서는 그 위치에 약간의 불확정성이 생긴다. 하지만 그렇다고 해서 그 원자가 우주의 끝자락이나 그랜트 관의 벽면에 있거나 하지는 않을 것이다. 정보 조각이 어디에 위치해 있는가 하고 묻는 것이 올바른 질문이 아니라면, 그렇다면 올바른 질문이란 무엇일까?

우리가 점점 더 정확해지려고 하면 할수록, 특히 우리가 중력과 양자 역학을 모두 고려할 때에는 수학적 표현을 맞닥뜨리게 된다. 그 수학적 표현 안에는 멀리 떨어져 있는 2차원 스크린 위를 가로질러 춤추고 다니는 픽셀들의 패턴과 그 패턴을 3차원 영상으로 번역하는 비밀 암호가 포함되어 있다. 물론 픽셀로 뒤덮여 공간의 모든 영역을 둘러싸고 있는 스크린 따위는 없다. 그랜트의 관은 그랜트 무덤의 부분이고, 그것은 태양계의 일부이며, 태양계는 은하수를 둘러싸고 있는 은하 크기의 구에 담겨 있고……. 이런 식으로 전체 우주를 둘러쌀 때까지 계속된다. 각각의 단계마다 둘러싸인 모든 것들이 홀로그램으로 기술될 수 있다. 하지만 우리가 홀로그램을 찾아나서면 그것은 언제나 그다음 단계에 가 있다.[2]

홀로그래피 원리가 아주 기묘하기는 하지만, 이제 이 원리는 이론 물리학의 일부이다. 소수파들만의 연구 도구가 아니라 주류 속에 편입된 것이다. 홀로그래피 원리는 더 이상 양자 중력에 대한 단순한 추측이 아니다. 하나의 일상적 작업 도구가 되어 양자 중력뿐만 아니라 원자핵처럼 평범한 물체들과 관련된 질문에도 답을 주고 있다. (23장 참조)

홀로그래피 원리가 물리 법칙을 아주 요란스럽게 재구축하고 있지만, 이것을 증명하는 데에는 화려한 수학적 기교 따위는 필요 없다. 공처럼 생긴 공간 영역을 상상해 보자. 이 영역에는 가상적인 수학적 경계면이 있다. 이 영역 안에는 어떤 '물건'이 있다. 수소 기체든 광자든 치즈든 포도주든, 무엇이 되었든 그 경계를 넘지 않는 한 상관없다. 그것을 그냥 '물건'이라고 부르자.

---

2. 홀로그래피 원리는 이상한 의문을 제기한다. 《어메이징 스토리스(*Amazing Stories*)》나 1950년대의 다른 싸구려 SF 잡지에서 읽어 봤음직한 그런 종류의 의문 말이다. "우리가 사는 세상이, 어떤 우주적인 양자 컴퓨터에 프로그래밍된 2차원 픽셀 세계의 3차원적 환상이 아닐까?" 훨씬 더 전율스러운 질문은 이런 것이다. "미래인들은 취미 활동으로 양자 픽셀 스크린에 실제 세계를 시뮬레이션해 우주를 만들고 그 우주의 주인이 될 수 있지 않을까?" 두 질문에 대한 답은 모두 그렇다이다. 하지만…….

확실히 세상 모든 것을 어떤 초현대적인 양자 컴퓨터 안에 넣을 수도 있겠지만, 내 생각에는 홀로그래피 원리가 이런 아이디어에 그리 많은 도움을 줄 것 같지는 않다. 그 컴퓨터를 만드는 데 필요한 회로 소자의 수가 예상보다 약간 더 적을 것이라는 점만 빼고 말이다. 우주를 모두 담기 위해서는 10^{180}개 정도의 소자가 필요할 것이다. 미래에 세계를 설계하는 사람들은 구원을 받은 셈이다. 홀로그래피 원리 덕분에 겨우 10^{120}의 픽셀만 필요할 것이기 때문이다. (비교 삼아 말하자면 디지털 카메라의 픽셀은 수백만 개이다.)

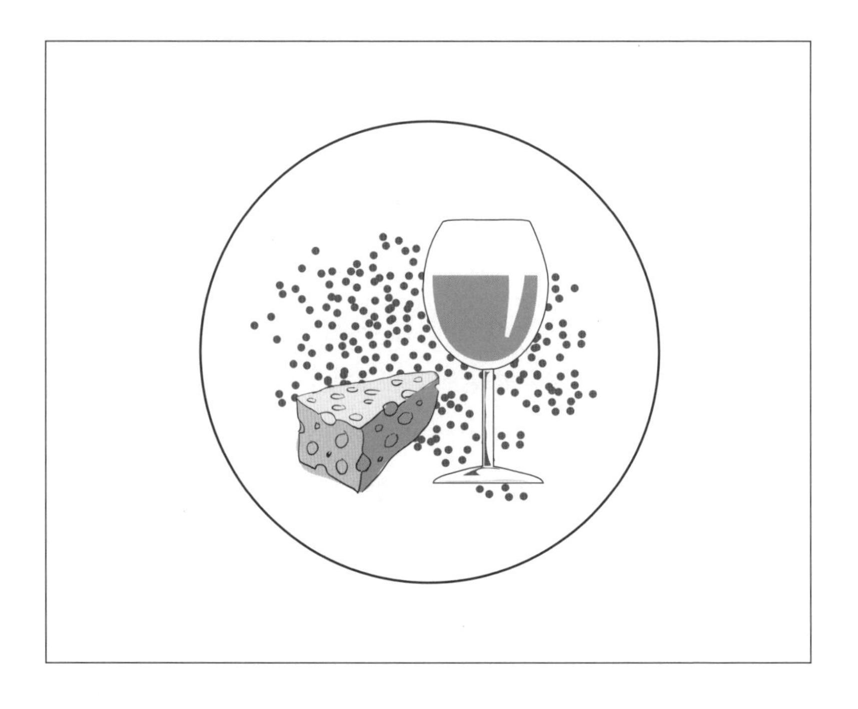

그 영역 안으로 밀어 넣을 수 있는 것 중에서 가장 무거운 것은, 그 지평선이 영역의 경계와 일치하는 블랙홀이다. 물건은 그 블랙홀보다 더 많은 질량을 가져서는 안 된다. 그렇지 않다면 경계를 넘칠 것이기 때문이다. 그런데 그 물건의 정보 조각의 총량에는 어떤 제한이 있을까? 우리가 관심 있는 것은 바로 그것, 즉 공 속에 집어넣을 수 있는 정보 조각의 최대량을 결정하는 것이다.

다음으로 가상의 껍질이 아니라 실제 물질로 만들어진 껍질이 이 공간 영역을 크게 둘러싸고 있다고 생각해 보자. 이 껍질은 실제 물질로 만들어져 있으므로 그 자체의 질량을 가지고 있다. 무엇으로 만들어졌든 그 껍질은, 외부의 압력을 이용해서건 안쪽에 있는 물건들의 중력이 만드는 인력을 이용해서건, 그 영역에 완전히 들어맞을 때까지 찌그러뜨릴 수 있다.

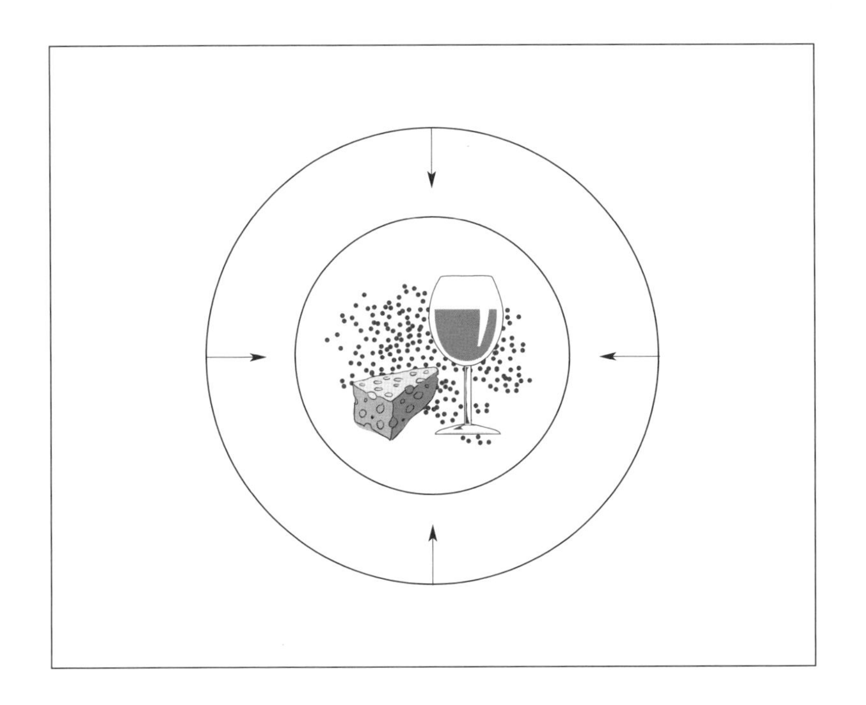

껍질의 질량을 잘 조정하면 우리는 그 영역의 경계와 일치하는 지평선을 가진 블랙홀을 만들 수 있다.

압축 작업을 시작할 때 원래 우리가 가지고 있었던 물건은, 그 값을

정하지는 않았지만, 어떤 양의 엔트로피(숨겨진 정보)를 가지고 있었다. 하지만 **최종적인** 엔트로피에 대해서는 의문의 여지가 없다. 그것은 블랙홀의 엔트로피, 즉 플랑크 단위로 잰 블랙홀의 넓이이다.

엔트로피가 항상 증가할 것을 요구하는 열역학 제2법칙을 떠올리기만 하면 이 논증은 완결된다. 이 법칙에 따르면 블랙홀의 엔트로피는 물건이 원래 가진 엔트로피보다 더 커야만 한다. 이 모든 것을 종합하면 한 가지 놀라운 사실이 증명된다. 공간의 한 영역에 최대한으로 집어넣을 수 있는 정보 조각의 총량은 그 경계면에 채워 넣을 수 있는 플랑크 크기 픽셀의 수와 같다. 이것은 암묵적으로 공간의 안쪽에서 일어날 수 있는 모든 것을 '경계면에서 기술할 수 있음'을 뜻한다. (이것을 '경계 기술(boundary description)'이라고 한다.) 경계면은 3차원 내부의 2차원적 홀로그램이다. 내게는 이것이 최상의 논증이다. 두세 개의 기본 원리와 사고 실험으로 광범위한 영향을 미치는 결론을 얻었으니 말이다.

홀로그래피 원리를 그려 볼 수 있는 또 다른 방법이 있다. 만약 경계면의 구면이 아주 크다면 그 일부는 대략 평면처럼 보일 것이다. 과거에는 사람들이 지구의 큰 크기에 속아 지구는 평평하다고 생각했다. 훨씬 더 극단적인 경우, 즉 그 경계가 지름이 10억 광년인 구면을 생각해 보자. 경계면에서 겨우 몇 광년 떨어진 지점에서 바라보면 그 구면은 평평한 것처럼 보인다. 이것은 경계면에서 몇 광년 범위 안에서 벌어지는 모든 일들을 평평한 픽셀 판 위에서의 홀로그램으로 생각할 수 있음을 뜻한다.

물론 당신은 내가 보통의 홀로그램을 이야기하고 있다는 생각을 가져서는 안 된다. 두말할 필요도 없이, 보통 사진 필름 위의 화소는 플랑크 크기의 픽셀보다 훨씬 더 크다. 게다가 이 새로운 종류의 홀로그램은 시간이 흐름에 따라 변한다. 즉 영화 같은 홀로그램인 것이다.

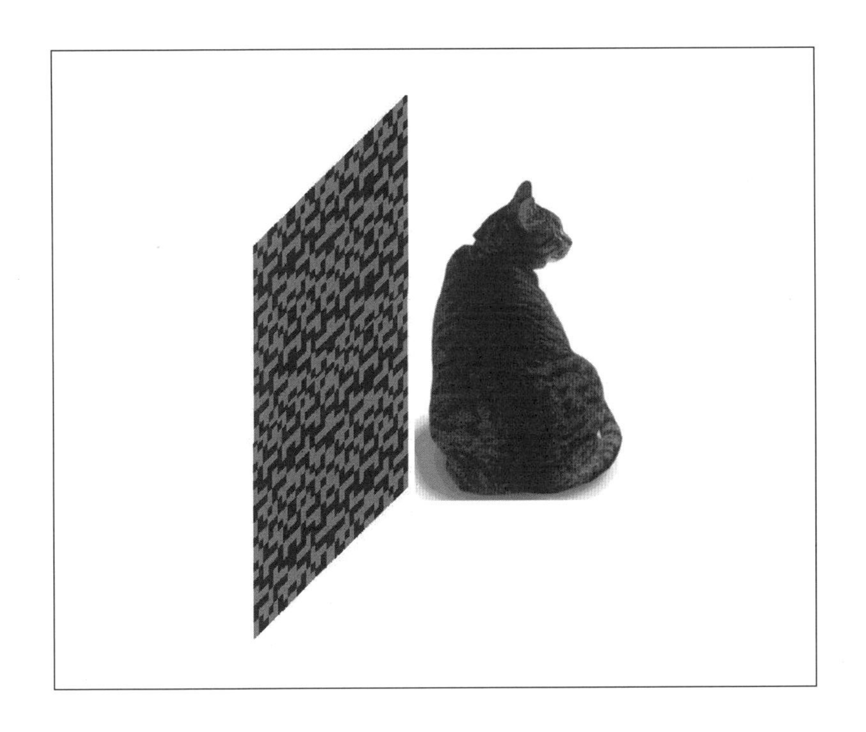

하지만 가장 큰 차이점은 이 홀로그램이 양자 역학적이라는 것이다. 이 홀로그램은 양자계의 불확정성 때문에 깜빡거린다. 이것 때문에 3차원 영상은 양자 떨림을 가지게 된다. 우리는 모두 복잡한 양자 운동으로 움직이는 정보 조각들로 이뤄져 있지만, 자세히 들여다보면 그 정보 조각들은 공간의 가장 먼 경계면에 위치해 있음을 알게 된다. 세상에 이것보다 더 반직관적인 것이 있을까? 나는 모르겠다. 지혜를 모아 홀로그래피 원리를 탐구하는 일은 아마도 양자 역학의 발견 이후 물리학자들이 직면한 최대의 도전일 것이다.

어쨌든 나보다 몇 달 앞섰던 토프트의 논문은 거의 주목받지 못했다. 그것은 부분적으로는 그 제목 때문이었다. 「양자 중력에서 차원의 감소(Dimensional Reduction in Quantum Gravity)」. '차원의 감소'라는 말은 우연히도 토프트가 의도했던 것과는 완전히 다른 의미를 가진 물리학 전문 용어이다. 나는 내 논문이 그 논문과 똑같은 운명을 겪지는 않으리라고 확신했다. 나는 「홀로그램으로서의 세계(The World as a Hologram)」라는 제목을 달았다.

네덜란드에서 집으로 돌아가는 길에 나는 그 모든 것을 써 내려가기 시작했다. 나는 홀로그래피 원리 때문에 무척 흥분했지만, 또한 나는 다른 사람들을 확신시키기도 무척 어려울 것임을 알았다. 홀로그램으로서의 세계? 나는 이런 회의적인 반응을 듣게 될 것임을 알았다. "그는 한때 훌륭한 물리학자였지만, 이제는 완전히 맛이 갔어."

블랙홀 상보성과 홀로그래피 원리는 물리학자들과 철학자들이 수백 년에 걸쳐 논쟁했던, 그런 종류의 생각이었는지도 모른다. 원자의 실존 여부를 두고 철학자들과 과학자들은 오랫동안 논쟁을 벌였다. 실험실에서 블랙홀을 만들고 연구하는 것은 적어도 고대 그리스 인들이 원자를 보는 것만큼이나 어렵다. 하지만 공감대가 형성되는 데에는 채 5년도 걸리지 않았다. 어떻게 그런 패러다임 이동이 일어났을까? 전쟁을 종결시킨 무기는 대부분 끈 이론의 엄밀한 수학이었다.

4부

전쟁의 끝

19장

대량 추론 무기, 끈 이론

사실 나는 끈 이론을 하나의 '이론'은커녕 하나의 '모형'이라고 부를 준비조차 되어 있지 않다. 그저 육감에 불과하다. 결국 이론이라는 것은 우리가 기술하고자 하는 것들과, 우리의 경우는 기본 입자들이겠지만, 그것들의 정체를 확인하기 위해 그것들을 어떻게 다룰 것인가 하는 지침이 함께 주어져야 하며, 적어도 원칙적으로는 그런 입자들의 성질을 계산하기 위한 규칙과 그 입자들에 대한 새로운 예측을 어떻게 할 수 있는지를 정식화한 것이 함께 제공되어야 한다. 내가 당신에게 의자를 하나 주면서, 의자 다리는 아직 없고 밑과 등받이와 팔걸이는 아마도 곧 배달될 것이라고 설명한다고 생각해 보자. 내가 당신에게 준 것이 무엇이든 간에 그것을 과연 의자라고 부를 수 있을까?

— 헤라르뒤스 토프트

홀로그래피 원리 하나만으로는 블랙홀 전쟁에서 승리하기에 충분하지 못했다. 그 원리는 엄밀하지 않았고 확고한 수학적 기초도 부족했다. 홀로그래피 원리에 대한 반응은 회의적이었다. 우주가 홀로그램? 마치 SF처럼 들린다. 가상의 미래 물리학자 스티브가 지평선 '너머'로 무사히 건너가고, 황제와 백작은 그가 희생 제물로 바쳐지는 것을 본다고? 이것은 무슨 심령술처럼 들린다.

수년 동안 묻어 두었던 비주류적인 생각을 갑자기 들고 나와 그것이 옳다고 연구의 무게 중심을 옮기는 것이 괜찮은 일일까? 물리학에서는 이런 일이 종종 예고도 없이 일어난다. 결정적이고 극적인 사건이 갑자기 일어나 상당수 물리학자들의 주목을 끌고, 순식간에 기이한 것, 공상적인 것, 그리고 상상하지도 못했던 것들이 너무나도 당연하고 평범한 것이 되어 버린다.

때로는 그것이 실험 결과일 때도 있다. 빛에 대한 아인슈타인의 입자론이 유행하는 데에는 시간이 한참 걸렸다. 대부분의 물리학자들은 뜻밖의 사건이 새로 일어나 결국에는 파동론을 구원할 것이라고 믿었다. 하지만 1923년 아서 홀리 콤프턴(Arthur Holly Compton, 1892~1962년)은 탄소 원자에 엑스선을 산란시켜 그 산란 각도와 에너지의 패턴이 틀림없이 충돌하는 입자의 패턴과 같음을 보였다. 아인슈타인이 처음으로 주장했을 때와 콤프턴의 실험 사이에 18년의 세월이 흘렀다. 하지만 콤프턴의 실험 이후 몇 달 만에 빛의 입자론에 대한 저항은 사라졌다.

수학적 결과가 기폭제가 되는 경우도 있다. 특히 그것이 예상 외의 결과였을 때 더 강력한 원동력으로 작용한다. 입자 물리학 표준 모형의 기본 요소는 1960년대 중반에 이미 등장했지만, 수학적 기초가 일관되지 못하다는 비판(그중 몇몇은 그 이론의 창설자가 제기한 것이었다.)을 불식시키지 못했다. 그러다가 1971년 이름 없는 젊은 학생이 극도로 난해하고 까다로운 계산을 수행해 그 전문가들이 틀렸음을 밝혔다. 아주 짧은 시간 안에 표준 모형은 진정으로 표준이 되었고, 무명의 학생이었던 헤라르뒤스 토프트는 물리학계에 가장 빛나는 신성으로 떠올랐다.

수학이 연구의 무게 중심을 '엉뚱한' 아이디어를 선호하는 쪽으로 기울일 수 있음을 보여 주는 또 다른 예는 스티븐 호킹이 블랙홀의 온도를 계산한 것이다. 블랙홀이 엔트로피를 가진다는 베켄스타인의 주장에 대한 초기 반응은 회의적이었고, 심지어 조롱하는 사람들까지 있었다. 그중에서도 특히 호킹이 그랬다. 돌이켜보면 베켄스타인의 주장은 훌륭했지만, 당시에는 그 주장이 너무나 모호하고 대략적이어서 확신을 주지 못했다. 그리고 그 주장은 터무니없는 결론에 이르렀다. 블랙홀이 증발한다는 결론 말이다. 블랙홀 연구의 패러다임을 차갑고 죽은 별에서 그 자신의 내부 열로 타오르는 천체로 전환시킨 것은 호킹이 수행한 어렵고 전문적인 계산이었다.

내가 여기서 서술한 극적인 사건들은 몇 가지 특징들을 공유하고 있다. 첫째, 이 사건들은 모두 놀라움을 줬다. 실험적이든 수학적이든 완전히 예기치 못한 결과는 강력한 주목을 끌게 된다. 둘째로, 수학적 결과가 더 기술적이고, 더 엄밀하고, 더 반직관적이고, 더 어려울수록 그 결과는 사람들을 더 큰 충격에 빠뜨려 새로운 사고 방식의 가치를 깨닫게 한다. 이것은 부분적으로는 난해한 계산은 많은 지점에서 잘못될 수도 있기 때문이다. 수많은 위험을 뚫고 살아남은 것은 무시하기 어려운 법이다. 토프트와 호킹의 계산은 이런 성질을 가졌다.

셋째로, 새로운 아이디어가 다른 물리학자들에게 연구거리를 많이 제공하면 패러다임이 변한다. 물리학자들은 항상 연구를 계속할 새로운 아이디어를 찾고 있으며 연구 기회를 제공하는 것이라면 어떤 것이든 받아들일 것이다.

블랙홀 상보성과 홀로그래피 원리는 확실히 놀랍고 심지어 충격적이었지만, 적어도 그때까지는 연구의 무게 중심을 바꾸는 사건이 가지는 다른 두 가지 성질을 가지지 못했다. 1994년에는 홀로그래피 원리를 실험적으로 확증한다는 것은 완전히 불가능했다. 설득력 있는 수학적 증명도 불가능하기는 마찬가지였다. 그러나 블랙홀 상보성과 홀로그래피 원리는 생각보다 훨씬 더 빨리 물리학자들 머릿속에서 자리를 잡기 시작했다. 그로부터 2년도 안 되어 정밀한 수학적 이론이 형태를 갖추기 시작했고, 10년이 지난 지금 우리는 어떤 환상적인 실험적 확증을 눈앞에 두고 있다.[1] 이 모든 것을 가능하게 만든 것이 끈 이론이다.

끈 이론에 대해서 자세히 이야기하기 전에 당신에게 전체적인 상황을 먼저 말해 두는 편이 좋을 것 같다. 끈 이론이 우리가 살고 있는 세계를 기술하는 올바른 이론인지 어떤지는 아무도 모른다. 그리고 앞으로 몇 년 안에 이 상황이 바뀔지 안 바뀔지는 확실하지 않다. 하지만 우리의 목적을 위해서는 그것이 가장 중요한 점은 아니다. 우리는 끈 이론이 **어떤** 세계에 대한 이론이며, 수학적으로 일관된 이론이라는 증거를 가지고 있다. 끈 이론은 양자 역학의 원리들에 기초를 두고 있다. 끈 이론은 우리 우주에 있는 기본 입자들과 유사한 기본 입자들로 이뤄진 계를 기술한다. 그 입자들은 양자장 이론 같은 다른 이론들에서와는 달리, 모든 물체가 중력을 통해 상호 작용한다. 가장 중요한 것은 끈 이론에 블랙홀이 포함되어 있다는 것이다.

끈 이론이 올바른 이론인지도 확실히 모르면서, 자연의 뭔가를 증명

1. 23장 참조.

하는 데에 끈 이론을 사용하는 것이 괜찮을까? 어떤 목적을 위해서는 이것은 문제가 되지 않는다. 끈 이론을 어떤 세계에 대한 모형으로서 취하고, **그 세계**의 블랙홀에서 정보가 사라지는지를 계산하거나 수학적으로 증명할 수 있다.

우리의 수학적 모형에서 정보가 사라지지 않는다는 것을 발견했다고 가정해 보자. 일단 우리가 그것을 알게 되면, 우리는 좀 더 깊이 들여다보면서 호킹이 어디서 틀렸는지 바로 알 수 있다. 우리는 블랙홀 상보성과 홀로그래피 원리가 끈 이론에서 옳은지 어떤지 알아보려고 노력할 수도 있다. 만약 그것이 옳다면, 설령 그것이 끈 이론의 옳바름을 증명하는 것은 아니겠지만, 호킹이 틀렸음은 증명하는 셈이 된다. 왜냐하면 호킹이 블랙홀은 **모든** 일관된 세계에서 정보를 **파괴한다**는 것을 증명했다고 주장했기 때문이다.

나는 끈 이론을 꼭 필요한 만큼만 설명하려고 한다. 좀 더 자세한 내용을 알고 싶으면, 내 이전 책인 『우주의 풍경』, 브라이언 그린의 『엘러건트 유니버스(*The Elegant Universe*)』, 리사 랜들(Lisa Randall, 1962년~)의 『숨겨진 우주(*Warped Passages*)』 같은 책들을 읽어 보기 바란다. 끈 이론은 거의 우연히 발견되었다. 원래 끈 이론은 블랙홀이나 양자 중력의 플랑크 규모 세계와는 아무런 관계가 없었다. 그것은 좀 더 평범한 주제인 **강입자(hadron, 하드론)**에 대한 이론이었다. 강입자라는 단어는 분명 일상 생활 용어는 아니다. 하지만 강입자는 자연에서 가장 일반적이고 가장 폭넓게 연구된 입자이다. 여기에는 원자핵을 만드는 양성자와 중성자뿐만 아니라 중간자라는, 이들과 가까운 어떤 친척들, 그리고 글루볼(glueball, 접착공)처럼 경박한 이름을 가진 입자들이 포함된다. 전성기에는 강입자들이 입자 물리학의 최첨단 주제였지만, 오늘날에는 핵물리학처럼 시대에 뒤처진 주제로 약간 강등되었다. 하지만 23장에서 우리는 이 전쟁을 마감하는 아이디어 덕분에 강입자가 물리학의 '돌아온 탕아'처럼 새롭게 부각되고 있음을 알게 될 것이다.

왓슨 군, 그건 기본이라네

브루클린 길모퉁이에서 만난 두 명의 유대인 부인들에 관한 오래된 이야기가 하나 있다. 한 명이 다른 한 명에게 이렇게 말한다. "제 아들이 의사라는 이야기를 들으셨나요? 그런데 산수도 그렇게 어려워하던 사모님 아드님은 어떻게 되었나요?" 그러자 다른 부인이 이렇게 대답한다. "아, 제 아들은 하버드에서 기본 입자(elementary particle) 물리학을 가르치는 교수가 되었어요." 그러자 첫 번째 부인이 동정심을 담아 이렇게 답한다. "저런, 아직도 고등(advanced) 입자 물리학을 수료하지 못했군요. 정말 안되었네요."

기본 입자란 정확하게 무슨 뜻일까? 또 그 반대는 무엇인가? 가장 간단한 답은 이렇다. 만약 입자가 너무 작고 단순해서 더 작은 조각들로 쪼갤 수 없으면 그 입자는 기본 입자이다. 그 반대는 고등 입자가 아니라 합성 입자(composite particle)로서 더 작고 더 단순한 조각들로 만들어진 입자이다.

환원주의란 사물을 그 구성 요소로 나눠 이해하는 과학 철학이다. 지금까지는 환원주의가 아주 잘 작동해 왔다. 분자들은 원자들의 합성물로 설명된다. 다시 원자는 한가운데에 있는 양전하로 대전된 원자핵과 그 원자핵 주변을 궤도 운동하는 음전하로 대전된 전자의 집합체이다. 원자핵도 핵자들의 덩어리임이 밝혀졌다. 마지막으로 각 핵자들은 3개의 쿼크로 이뤄져 있다. 오늘날 모든 물리학자들은 분자, 원자, 원자핵, 그리고 핵자들이 합성물이라는 데에 의견을 같이 한다.

하지만 과거에는 이 모든 것들을 각각 기본 입자라고 생각했던 적이 있다. 사실 **원자**(atom)라는 단어는 '쪼개지지 않는'이라는 뜻을 가진 그리스 어에서 왔고, 2,500년 동안이나 그렇게 사용되어 왔다. 그 후 러더퍼드가 원자핵을 발견했지만, 당시로서는 원자핵이 너무나 작아 보여서 단순한 점이나 마찬가지였다. 우리로부터 한 세대가 지난 후에는 지금 우리가 기본 입자라고 부르는 것을 합성 입자라고 부를지도 모른다.

여기에서 우리는 한 가지 의문에 봉착하게 된다. 최소한 현단계에서라도, 어떤 입자가 기본 입자인지 합성 입자인지를 어떻게 결정할 것인가 하는 문제 말이다. 일단 이렇게 답할 수 있다. 입자 2개를 정말로 세게 충돌시켜서 뭔가가 튀어 나오는지를 살펴보는 것이다. 만약 뭔가가 튀어나온다면 그것은 원래 입자의 내부에 있었던 것이 분명할 테니까 말이다. 아주 빠르게 움직이는 전자 2개를 엄청나게 높은 에너지로 충돌시키면 온갖 종류의 잡동사니를 토해 낸다. 광자, 전자, 그리고 양전자[2]가 특히 많이 나온다. 더 높은 에너지로 충돌시키면 양성자와 중성자뿐만 아니라 그 반입자[3]들도 나올 것이다. 그리고 이 모든 것과 함께 온전한 원자 하나가 나올 수도 있다. 이것은 전자가 원자로 이뤄져 있다는 뜻일까? 분명히 아니다. 엄청나게 높은 에너지로 입자들을 두들기면 그 입자들의 성질을 알아내는 데에 도움이 되겠지만, 거기서 튀어나오는 것이 그 입자가 무엇으로 이뤄졌는지를 밝히는 데 항상 좋은 길잡이가 되는 것은 아니다.

---

2. 양전자는 전자의 반물질 쌍둥이이다. 양전자는 전자와 정확하게 똑같은 질량을 가지고 있지만 전하는 정반대이다. 전자는 음의 전하를 가지고 있고 양전자는 양의 전하를 가지고 있다.

3. 모든 입자는 전하가 반대이고 다른 성질들은 비슷한 반물질 쌍둥이를 가지고 있다. 그래서 반양성자, 반중성자, 그리고 양전자라는 전자의 반입자가 존재한다. 쿼크라고 예외는 아니다. 쿼크의 반입자는 반쿼크이다.

뭔가가 어떤 부품들로 이뤄져 있는지를 알아내는 더 좋은 방법이 여기 있다. 바위, 농구공, 또는 피자 반죽처럼 명백하게 합성물인 물체로 시작해 보자. 그런 물체에 대해서 당신은 많은 일들을 할 수 있다. 더 작은 부피로 찌그러뜨릴 수도 있고, 새로운 모양으로 변형할 수도 있고, 어떤 축 주위로 돌릴 수도 있다. 물체를 찌그러뜨리거나 굽히거나 돌릴 때에는 에너지가 필요하다. 예를 들어 돌고 있는 농구공은 운동 에너지를 가지고 있다. 더 빨리 돌수록 그 에너지는 더 높아진다. 그리고 에너지는 질량이기 때문에 급속하게 회전하는 공은 더 큰 질량을 가진다. **각운동량**이라는 양은 공의 회전 속도와 그 크기 및 질량을 종합해서 회전의 정도를 나타내는 데 쓰는 물리량이다. 공의 각운동량이 커질수록 공의 에너지도 높아진다. 다음 그래프는 회전하는 농구공의 에너지가 어떻게 증가하는지를 보여 준다.

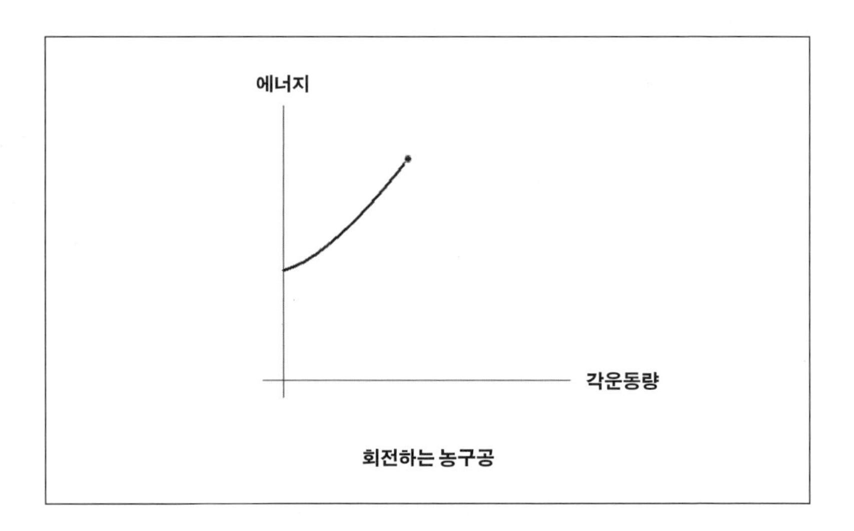

회전하는 농구공

그런데 왜 곡선이 갑자기 끝나는 것일까? 그 답은 쉽게 이해할 수 있다. 공을 구성하는 물질(가죽이나 고무)은 견딜 수 있는 압력에 한계가 있기 때문이다. 너무 빨리 돌리면 공은 어느 순간 원심력 때문에 찢겨질 것이다.

이제 공간의 한 점과 크기가 같은 입자를 생각해 보자. 수학적 점을 어떤 축 주위로 회전시킬 수 있을까? 또 그렇게 한다는 것이 어떤 의미를 가질까? 또는 수학적 점과 크기가 같은 물체의 모양을 변화시킨다는 것은 무슨 의미일까? 어떤 물체를 회전시키거나 그 모양을 바꿀 수 있다는 것은 그것이 더 작은 부분, 즉 서로에 대해 상대적으로 움직일 수 있는 부품으로 이뤄져 있다는 것의 확실한 징표이다.

분자, 원자, 그리고 원자핵은 회전시킬 수 있다. 하지만 이렇게 미시적인 공의 경우 양자 역학이 핵심적인 역할을 수행한다. 다른 모든 진동하는 계와 마찬가지로 이 물체 역시 에너지와 각운동량은 불연속적으로만 늘어난다. 원자핵을 돌릴 경우 그 에너지는 매끄럽게 증가하지 않는다. 오히려 계단을 올라가는 것과 더 비슷하다. 에너지와 각운동량에 대한 그래프는 일련의 분리된 점들로 이뤄지게 된다.[4]

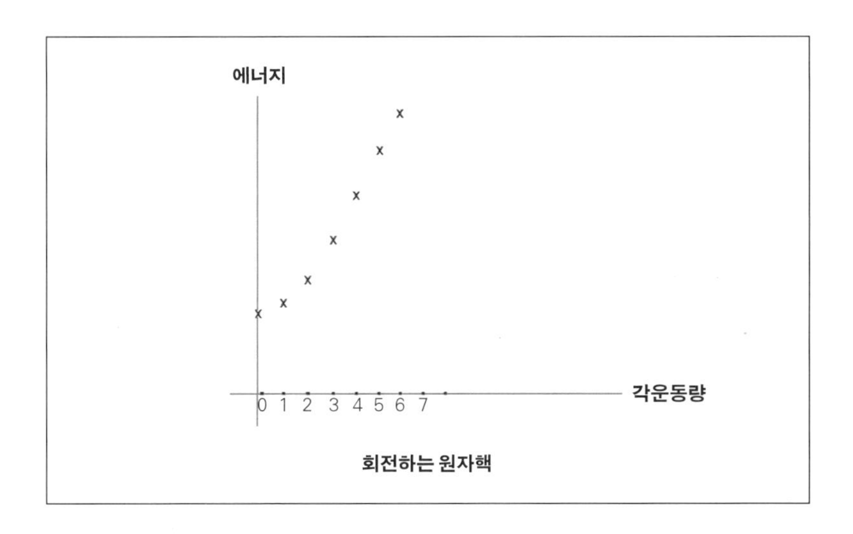

회전하는 원자핵

4. 이탈리아의 수리 물리학자 툴리오 레게(Tullio Regge, 1931년~)는 처음으로 그런 그래프를 연구했다. 이 일련의 점들은 레게 궤적이라고 한다.

불연속적이라는 사실을 제외하면 이 그래프는 농구공의 그래프와 아주 많이 닮아 있다. 그래프가 갑자기 끝난다는 사실도 그렇다. 원자핵은 농구공과 마찬가지로 찢겨지지 않고 버틸 수 있는 원심력에 한계가 있다.

전자는 어떨까? 전자를 돌릴 수 있을까? 수년간에 걸친 온갖 노력에도 불구하고 그 어느 누구도 전자에 부가적인 각운동량을 부여하는 데에 결코 성공하지 못했다. 전자는 나중에 다시 이야기하기로 하고, 우선 양성자, 중성자, 중간자, 글루볼 같은 강입자를 생각해 보자.

양성자와 중성자는 무척 닮았다. 이 입자들의 질량은 거의 정확하게 같으며, 이 둘을 원자핵으로 묶어 주는 힘은 실질적으로 똑같다. 유일하면서도 중요한 차이점은 양성자가 작지만 양전하를 띠며 중성자는 그 이름이 뜻하듯이 전기적으로 중성이라는 점이다. 중성자는 어떻게든 전하를 훌훌 털어 버린 양성자와 거의 같다. 이런 유사성 때문에 물리학자들은 이 둘을 언어적으로 하나의 개체, 즉 핵자로 묶어 부른다. 양성자는 양전하를 띤 핵자이고 중성자는 전기적으로 중성인 핵자이다.

핵자가 비록 전자보다 거의 2,000배나 더 무겁지만, 핵물리학의 초창기에는 핵자 또한 기본 입자라고 믿었다. 하지만 핵자는 전자의 단순함과는 전혀 거리가 멀었다. 핵물리학이 발전함에 따라 원자보다 10만분의 1 정도 작은 개체도 아주 작다고 간주하지 않게 되었다. 적어도 현재 우리가 알고 있는 한, 전자는 공간의 점으로 남아 있지만, 핵자는 풍성하고 복잡한 내부 구조를 가진 것으로 밝혀졌다. 핵자는 전자와는 훨씬 덜 비슷하고 원자핵, 원자, 그리고 분자와 훨씬 더 비슷한 것으로 판명되었다. 양성자와 중성자는 그것보다 작은 물체들의 합성물이다. 우리는 이 입자들을 회전시킬 수도, 진동시킬 수도, 그리고 그 모양을 바꿀 수도 있기 때문에 그렇다는 것을 알고 있다.

농구공이나 원자핵의 경우와 똑같이 우리는 수평축이 각운동량이고 수직축이 에너지인 그래프를 그려서 핵자의 회전을 나타낼 수 있다. 40여 년 전에 이 작업을 처음으로 수행했을 때, 결과적으로 드러난 그 패턴이 너무나 단순해서 사람들을 놀라게 했다. 일련의 점들은 거의 정확하게 **직선**을 그리는 것으로 드러났다. 훨씬 더 놀라운 것은 그래프가 겉보기에는 끝없이 계속된다는 것이었다.

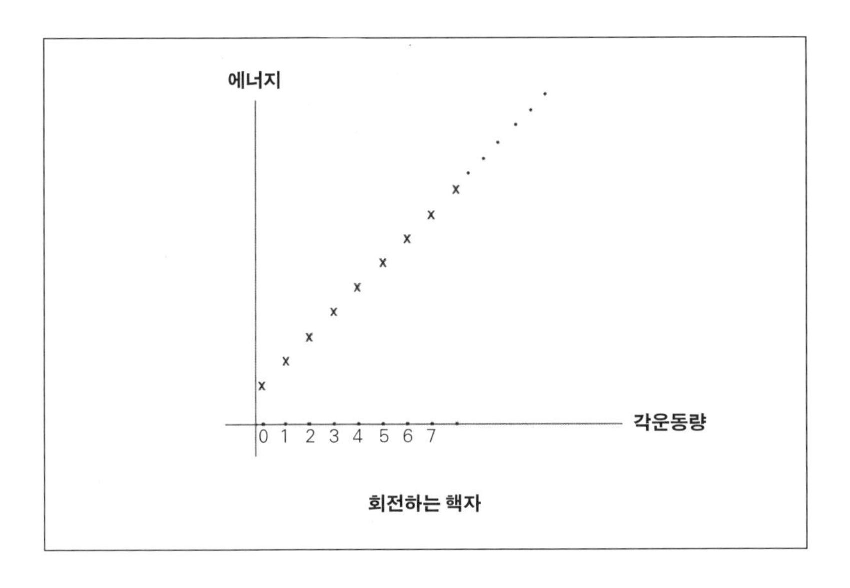

회전하는 핵자

이 그래프에는 핵자의 내부 구조에 대한 실마리가 숨겨져 있다. 숨겨진 메시지를 읽을 줄 아는 사람들이라면 두 가지 특징에 주목할 것이다. 핵자를 어떤 축 주변으로 회전시킬 수 있다는 사실 자체가, 그것이 점입자가 아님을 알려 준다. 핵자는 서로에 대해 상대적으로 운동할 수 있는 부분들로 이뤄져 있는 것이다. 하지만 더 많은 사실들이 있다. 그래프가 갑자기 끝나지 않고 일련의 점들이 무한히 계속되는 것처럼 보인다는 것은, 핵자가 아주 빨리 돌아도 찢겨지지 않음을 의미한다. 핵자의 부품들을 붙잡고 있는 것이 무엇이든 간에 그것은 핵자들을 원자핵 속에 붙들어 두는 힘보다 훨씬 더 강하다.

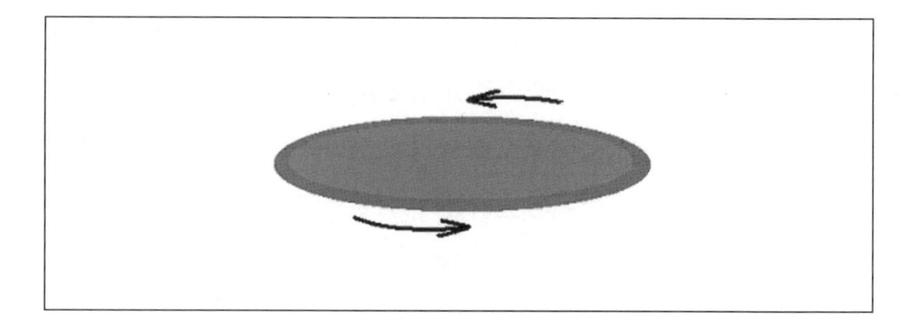

핵자가 회전하면 늘어난다는 것은 놀랍지 않다. 그렇다고 해서 회전하는 피자 반죽 같지는 않다. 피자 반죽은 2차원 원반 모양을 형성한다.

핵자 그래프에서 점들의 양상은 직선이다. 이것은 핵자가 평평한 원반이 아니라 길고 가늘며 탄성적인 끈처럼 늘어난다는 것을 뜻한다.

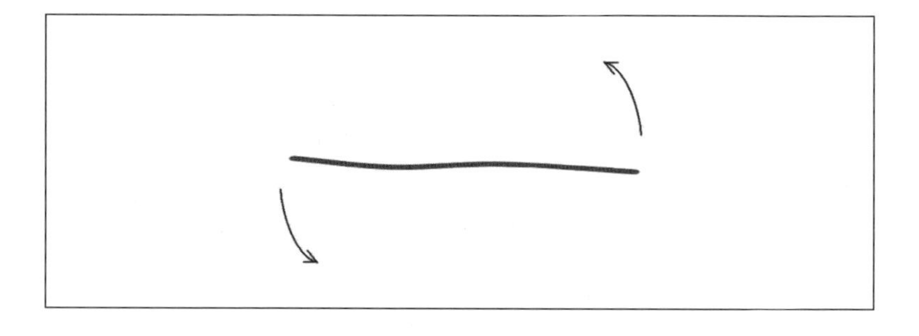

반세기에 걸쳐 핵자에 대한 실험을 수행한 결과, 핵자는 에너지를 더해 들뜬 상태가 되면 늘어나고 회전하고 진동하는, 탄성적인 끈이라는 사실이 분명해졌다. 사실 모든 강입자는 회전하면 바깥쪽으로 길게 늘어나 끈 같은 물체가 된다. 분명히 강입자들은 모두 끈적끈적해 한번 달라붙으면 잘 떨어지지 않는 풍선껌 같은 물질로 이뤄져 있다. 리처드 파인만은 그런 성질을 가진 핵자의 부품들을 지칭하기 위해 **쪽입자**라는 용어를 사용했다. 하지만 지금은 겔만이 만든 **쿼크**와 **글루온**이 정착되었다. 글루온은 길게 끈을 형성해서 쿼크들이 떨어져 날아가지 못하게 하는 끈적끈적한 물질을 일컫는다.

중간자는 가장 단순한 강입자이다. 여러 종류의 중간자가 발견되었는데, 이 입자들은 모두 똑같은 구조를 가지고 있다. 즉 하나의 쿼크와 하나의 반쿼크가 끈적한 끈으로 연결되어 있다.

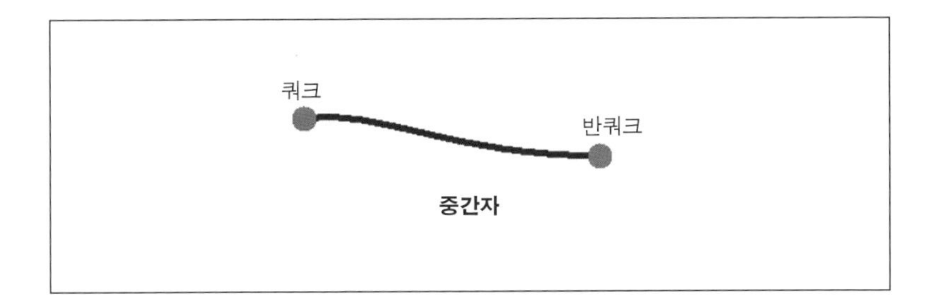

중간자는 스프링처럼 진동할 수 있다. 치어리더의 봉처럼 어떤 축 주위로 빙글빙글 돌 수도 있고 다양한 방식으로 구부러지거나 펴지면서 퍼덕거릴 수 있다. 중간자는 **열린 끈**의 예이다. 이것은 끈이 끝을 가지고 있다는 의미이다. 이런 면에서 중간자는 고무 밴드와는 다르다. 고무 밴드는 **닫힌 끈**이라고 한다.

핵자는 3개의 쿼크를 가지고 있다. 각각의 쿼크는 끈에 붙들려 있고 세 가닥의 끈은 남아메리카 카우보이들이 쓰는 올가미 볼라(bola)처럼 한가운데서 묶여 있다. 핵자도 빙글빙글 돌거나 진동할 수 있다.

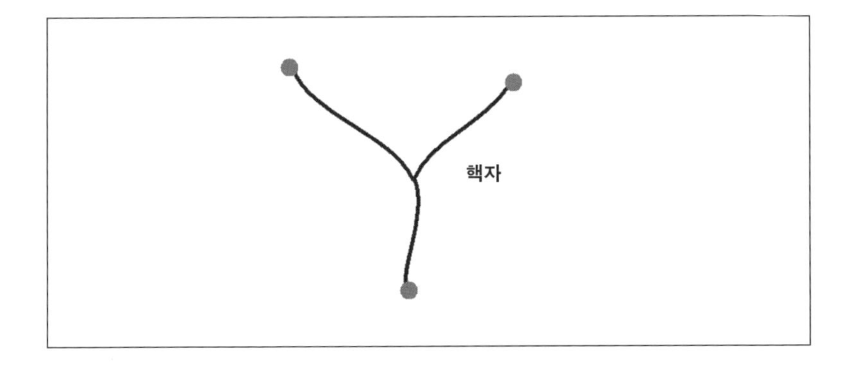

강입자가 고속으로 회전하거나 진동하면 그 끈의 에너지가 높아져 끈이 늘어나게 되고, 그 결과 질량이 증가하게 된다.[5]

또 다른 종류의 강입자도 존재한다. 오직 끈으로만 이뤄진 '쿼크 없는' 입자족으로, 그 자체로 닫힌 고리를 형성한다. 강입자 물리학자들은 이 강입자들을 **글루볼**이라고 부른다. 하지만 끈 이론가들에게는 그저 **닫힌 끈**일 뿐이다.

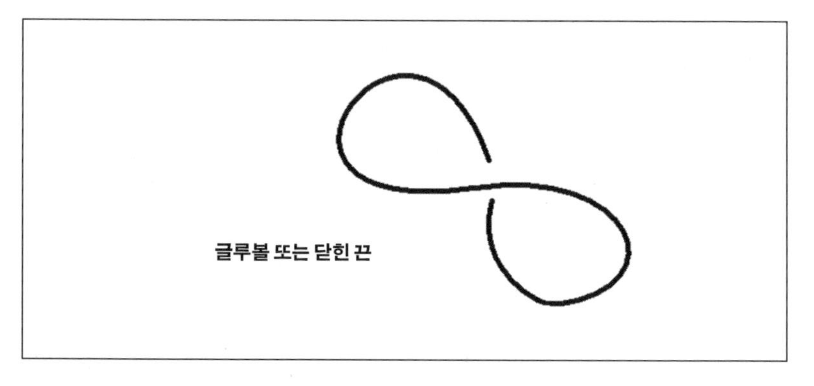

쿼크는 더 작은 입자들로 이뤄진 것처럼 보이지는 않는다. 쿼크는 전자처럼 너무 작아서 그 크기를 감지할 수 없다. 하지만 쿼크들을 서로 묶는 끈들은 분명히 다른 물질로 만들어져 있으며, 그 물질은 쿼크가 아니다. 그렇게 엉겨 붙어 끈을 형성하는 끈적끈적한 입자를 글루온이라고 한다.

어떤 의미에서 글루온은 아주 작은 끈 조각들이다. 극도로 작지만, 그럼에도 불구하고 글루온은 하나는 양이고 하나는 음인 2개의 '끝'을

5. 처음에 입자 물리학자들은 강입자들이 회전하거나 진동하는 핵자와 중간자의 여러 상태들이라는 점을 깨닫지 못했다. 강입자들은 완전히 새로운 별개의 입자들이라고 생각했다. 1960년대에 출판된 기본 입자표를 보면 목록이 무척 길어서 모든 그리스 문자와 라틴 문자를 다 쓰고도 모자랄 지경이다. 하지만 이내 강입자의 '들뜬 상태'가 친숙해졌고 그것이 강입자의 실체로 인식되었다. 즉 강입자란 회전하고 진동하는 중간자와 핵자에 다름 아니다.

가지고 있다. 그래서 글루온은 아주 작은 막대 자석과 거의 비슷하다.[6]

글루온

쿼크와 글루온에 대한 수학 이론을 양자 색역학(QCD)이라고 한다. 이름만 들으면 마치 기본 입자보다는 컬러 사진술과 더 많은 관계가 있는 것 같다. 이 용어의 의미는 금방 명확해질 것이다.

양자 색역학의 수학적 규칙에 따르면 글루온은 홀로 존재할 수 없다. 그 수학적 규칙은 글루온을 다른 글루온이나 쿼크에 붙이려면 글루온이 양과 음의 끝을 가질 것을 요구한다. 모든 양의 끝은 다른 글루온의 음의 끝이나 쿼크에 붙어야만 한다. 모든 음의 끝은 다른 글루온의 양의 끝이나 반쿼크에 붙어야만 한다. 마지막으로 3개의 양 또는 3개의 음의 끝은 함께 묶일 수 있다. 이런 규칙들을 가지고 다음 쪽의 위에 있는 그림처럼 핵자와 중간자, 그리고 글루볼을 쉽게 조립할 수 있다.

이제 중간자 속의 쿼크에 뭔가가 아주 세게 충돌했다고 해 보자. 어떤 일이 일어날까? 쿼크는 곧 반쿼크에서 급속도로 멀어진다. 만약 쿼크가 원자 안의 전자와 비슷하다면 떨어져 나와 속박에서 벗어나겠지만, 그런 상황은 결코 일어나지 않는다. 쿼크가 자신의 짝과 떨어지면 글루온들 사이에 틈이 생긴다. 이것은 마치 고무줄을 지나치게 늘이면 그 분자들 사이에 틈이 생기는 것과 같다. 하지만 글루온은 뚝 하고 끊어지는 대신 스스로를 복제해서 더 많은 글루온을 만들어 그 틈을 메운다. 이

6. 자석의 두 끝은 대개 북극과 남극으로 불린다. 나는 글루온이 나침반 바늘처럼 정렬한다는 느낌을 주고 싶지는 않다. 그래서 글루온의 두 극을 양과 음으로 부를 것이다.

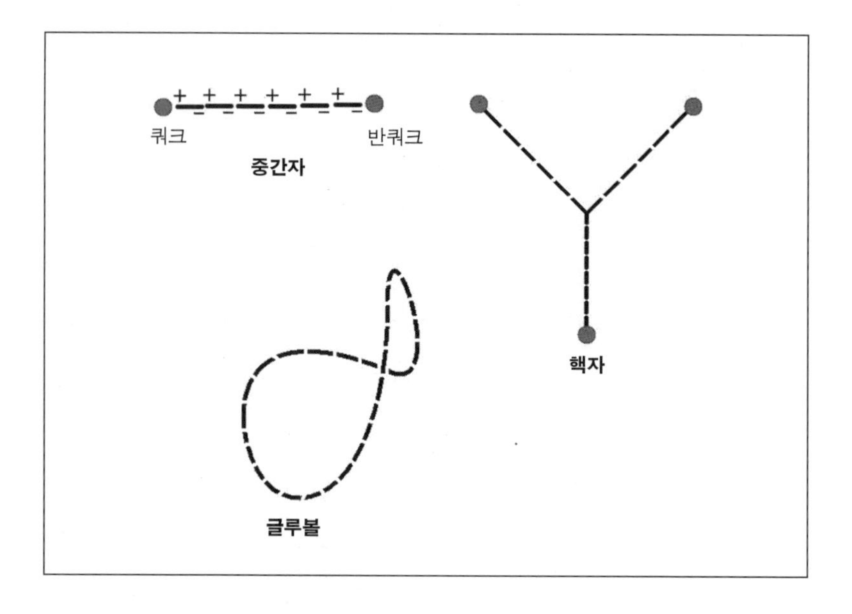

런 식으로 쿼크와 반쿼크 사이에는 하나의 끈이 만들어지며, 이 때문에 쿼크는 글루온의 속박에서 탈출할 수가 없다. 다음 그림은 중간자 속의 반쿼크로부터 탈출하려는 고속의 쿼크를 시간대별로 보여 준 것이다.

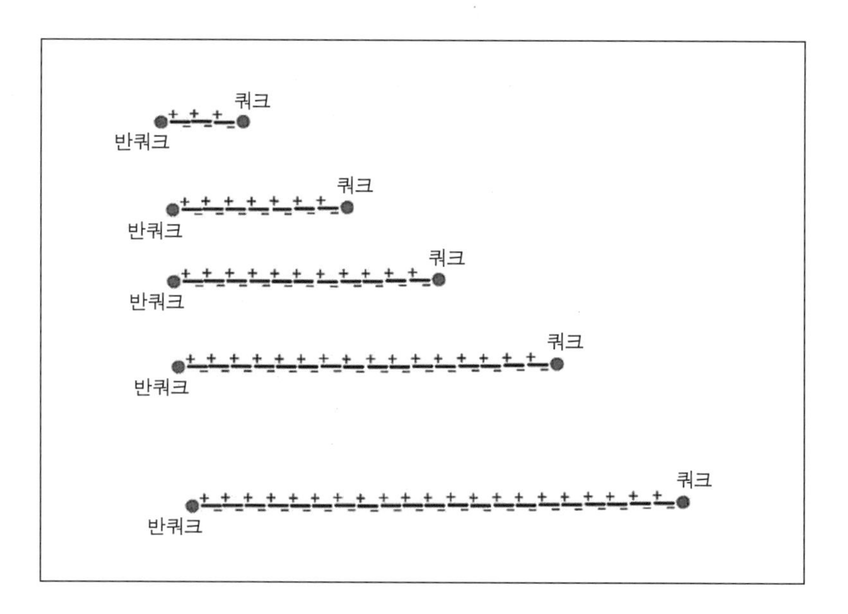

결국에는 쿼크가 에너지를 다 써 버려서 멈추고 마침내 반쿼크를 향해 되돌아온다. 핵자에서 고속으로 떨어지려고 하는 쿼크에서도 똑같은 일이 벌어질 것이다.

이런 핵자, 중간자, 글루온의 끈 이론은 터무니없는 억측이 아니다. 이 이론은 최근 몇 년 동안 매우 훌륭하게 검증되어 왔고 이제는 강입자에 대한 표준 이론의 일부로 여겨지고 있다. 혼란스러운 것은 우리가 끈 이론을 양자 색역학의 결과물로 받아들여야 할 것인가 하는 문제이다. 다시 말해 끈을 그것보다 더 근본적인 글루온의 긴 사슬로 생각해야 할까, 아니면 정반대로 글루온이란 단지 끈의 짧은 조각에 불과하다고 봐야 할까? 아마도 둘 다 옳을 것이다.

쿼크는 전자만큼이나 작고 전자만큼이나 기본적인 입자인 것 같다. 쿼크를 돌리거나 찌그러뜨리거나 변형시킬 수는 없다. 쿼크를 이루는 부품은 없는 것처럼 보인다. 그럼에도 불구하고 쿼크에는 복잡성이 있다. 이것은 모순처럼 보인다. 실제로 전하와 질량이 서로 다른 여러 종류의 쿼크가 존재한다. 무엇 때문에 이런 구별이 생겼는지는 불가사의하다. 이런 차이의 밑바닥에 흐르는 내적 메커니즘은 너무나 작아서 탐지할 수가 없다. 그래서 우리는 잠정적으로 쿼크를 기본 입자라고 부르며, 식물학자들처럼 다른 이름들을 붙여 줬다.

제2차 세계 대전 이전, 물리학이 주로 유럽을 중심으로 돌아갈 때에는 물리학자들은 입자들에 이름을 붙일 때 그리스 문자를 썼다. 광자(photon), 전자(electron), 중간자(meson), 중입자(baryon), 경입자(lepton, 렙톤), 그리고 심지어 강입자(hadron)도 그리스 어에서 따왔다. 하지만 이후 건방지고 무례하며 때로는 바보스러운 미국인들이 그 일을 이어받으면서 입자의 이름들이 경박해졌다. 쿼크(quark)는 제임스 조이스(James Joyce, 1882~1941년)의 『피네건의 경야(*Finnegan's Wake*)』에서 따온 단어로 아무런 의미도 없다. 하지만 사태는 그렇게 고상한 문학의 경지에서 언덕 아래로 굴러 떨어졌다. 서로 다른 형태의 쿼크들을 구분할 때 **맛**(flavor)이라는 단어를 쓰는데, 이것은 부적절함의 극치이다. 초콜릿, 스트로베리, 바닐라, 피스타치오, 체리, 민트, 초콜릿, 칩 쿼크라고 부를 수도 있었지만, 다행히 그러지는 않았다. 쿼크의 6개 맛은 업(up, 위), 다운(down, 아래), 스트레인지(strange, 야릇), 참(charm, 맵시), 보텀(bottom, 바닥), 그리고 톱(top, 꼭대기)이다. 한때는 보텀과 톱이 너무 외설스럽다고 여겨져서 잠시 동안 트루스(truth, 진실)과 뷰티(beauty, 미)가 되기도 했다.

내가 맛에 대해서 당신에게 이야기하는 것은 단지 우리가 물질의 구성 요소에 대해 얼마나 아는 것이 적은지, 그리고 우리가 **기본 입자**라고 지정하는 것이 얼마나 임의적일 수 있는지를 보여 주기 위해서이다. 하지만 양자 색역학이 제대로 기능하기 위해서는 중요한 구분점이 하나 더 필요하다. 업, 다운, 스트레인지, 참, 보텀, 톱 쿼크들은 각각 세 가지 **색깔**을 띤다. 그 셋은 빨강, 파랑, 초록이다. 이것이 양자 색역학이라는 이름에서 '색(Chromo)'의 기원이다.

여기서 잠깐! 쿼크는 너무나 작아서 보통 의미에서 빛을 반사하지 못한다. 따라서 색을 띤 쿼크라는 말은 초콜릿, 스트로베리, 바닐라 쿼크라는 말보다 아주 조금 덜 어이없을 뿐이다. 하지만 사람들은 사물에 이름을 필요로 한다. 쿼크를 빨강, 초록, 파랑이라고 부르는 것은 자유주의자를 파랑, 보수주의자를 빨강이라고 부르는 것만큼이나 웃기는 일이다. 하지만 비록 우리가 쿼크 색깔의 기원을 쿼크 맛의 기원보다 훨씬 더 잘 이해하는 것은 아니라고 할지라도, 색깔은 양자 색역학에서 훨씬 더 중요한 역할을 수행한다.

양자 색역학에 따르면 글루온은 맛을 가지지 않는다. 하지만 글루온은 쿼크보다 훨씬 더 색채가 화려하다. 각각의 글루온은 양극과 음극을

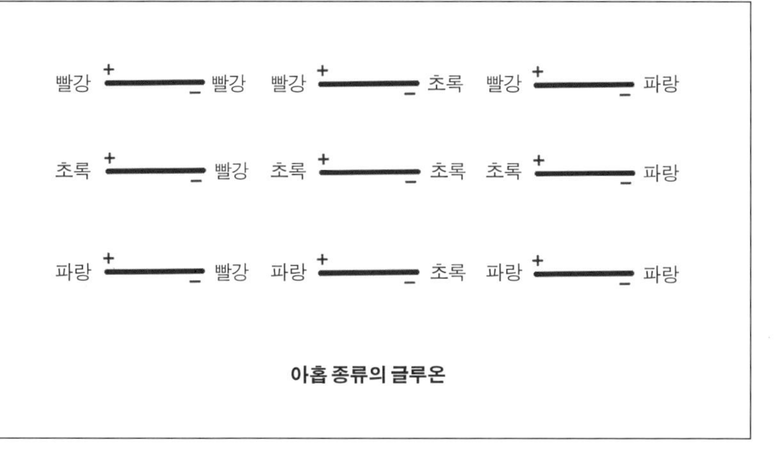

아홉 종류의 글루온

가지고 있으며 각 극은 빨강, 초록, 또는 파랑의 색깔을 가지고 있다. 약간 과도하게 단순화해서 말하자면 글루온에는 아홉 종류가 있다. 하지만 이것은 본질적으로 옳은 말이다.[7]

왜 둘이나 넷 또는 다른 어떤 수도 아닌 세 가지 색깔이 존재하는 것일까? 이것은 물감의 삼원색과는 아무런 상관이 없다. 앞에서 말했듯이 이 색깔이라는 것은 임의적인 꼬리표라서 당신과 내가 보는 색깔과는 아무 상관이 없다. 사실 왜 세 가지인지도 확실히 알지 못한다. 이것은 우리가 기본 입자들을 완전히 이해하기 위해서는 아직도 한참 멀었음을 보여 주는 미스터리들 가운데 하나이다. 하지만 우리는 쿼크들이 핵자와 중간자로 결합하는 방식으로부터 쿼크에는 오직 세 가지 색깔만이 존재한다는 것을 알게 되었다.

한 가지 고백할 것이 있다. 내가 비록 40년 이상이나 입자 물리학자였지만 사실 입자 물리학을 그다지 좋아하지 않는다. 입자 물리학은 모든

7. 이 대목을 읽는 전문가들은 서로 다른 글루온은 여덟 가지뿐이라고 지적할 것이다. 한 가지의 양자 역학적 조합, 즉 같은 확률로 빨강-빨강, 파랑-파랑, 초록-초록이 되는 글루온은 중복이다.

것이 너무나 뒤죽박죽이다. 맛이 6개, 색깔이 3개, 임의의 숫자 상수가 수십 개……. 이런 것들은 간결함이나 우아함과는 아주 거리가 먼 족속이다. 그런데도 왜 계속하고 있냐고? 그 이유(그리고 그것은 나만의 이유가 아니라고 나는 확신한다.)는 바로 그 뒤죽박죽이 틀림없이 우리에게 자연에 대해서 뭔가를 이야기해 주고 있기 때문이다. 무한히 작은 점 입자가 그렇게 많은 성질과 그렇게 많은 구조를 가질 수 있다고 믿기는 어렵다. 아직 발견되지 않은 어떤 수준에는 기본 입자라고 하는 이 물체들의 기초가 되는 메커니즘들이 숨겨져 있음에 틀림없다. 그 숨겨진 메커니즘, 그리고 그것이 자연의 기본 원리에 대해 가지는 의미를 알고자 하는 호기심에 떠밀려 나는 그 끔찍한 입자 물리학의 늪에서 이제껏 허우적거려 왔고, 앞으로도 그럴 것이다.

쿼크는 일반 대중에게도 아주 잘 알려져 있는 입자이다. 하지만 어떤 입자가 숨겨진 메커니즘에 대한 최상의 힌트를 간직하고 있는지를 추측해 보라고 한다면, 나는 글루온에 돈을 걸 것이다. 양과 음 한 쌍의 끝을 가진 그 끈적끈적한 글루온은 도대체 우리에게 무엇을 이야기하려고 하는 것일까?

4장에서 나는 양자장 이론에는 입자들의 목록 이외의 것이 있다고 설명했다. 2개의 다른 요소는 전파 인자와 정점이다. 여기서 전파 인자는 입자가 시공간의 한 점에서 다른 점으로 운동하는 것을 보여 주는 세계선이다. 우선 전파 인자를 살펴보자. 글루온은 2개의 극을 가지고 있고 각각의 극은 색깔이라는 꼬리표를 가지고 있으므로 물리학자들은 종종 글루온의 세계선을 두 줄의 선으로 그린다. 글루온의 종류를 표시하려면 각각의 선 옆에 색깔을 적어 넣으면 된다.[8]

---

8. 몇몇 내 동료들은 소위 이 이중선 전파 인자를 단지 수학적 구조를 이해하기 위한 기교에 지나지

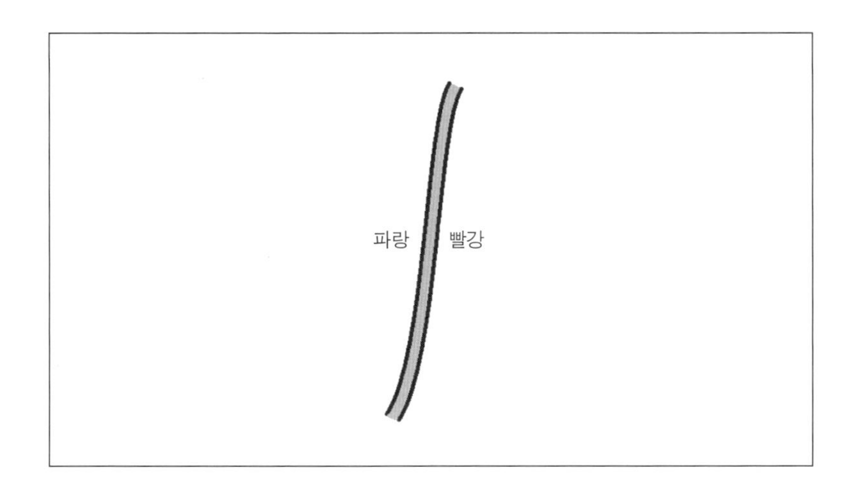

양자장 이론의 마지막 구성 요소는 일련의 정점이다. 우리에게 가장 중요한 것은 하나의 글루온이 2개로 갈라지는 것을 기술하는 정점이다.[9] 그 패턴은 꽤나 단순하다. 양쪽 끝을 가진 글루온이 갈라질 때, 새로운 2개의 끝이 반드시 나타나야 한다. 양자 색역학의 수학적 규칙에 따르면 그 새로 생긴 끝은 양쪽 모두 똑같은 색깔을 가져야 한다. 다음 쪽 그림에 두 가지 예가 있다. 아래쪽에서 위쪽으로 읽어 나가면, 왼쪽 그림은 파랑-빨강 글루온이 파랑-파랑 글루온과 파랑-빨강 글루온으로 갈라지는 것을 보여 준다. 오른쪽 그림은 파랑-빨강 글루온이 파랑-초록과 초록-빨강 글루온으로 갈라지는 것을 보여 준다. 정점 도형을 뒤집으면 2개의 글루온이 하나의 글루온으로 합쳐지는 과정을 볼 수 있다.

않는다고 생각한다. 그러나 나와 다른 사람들은 이것이 현재로서는 너무나 작아서 감지할 수 없는 어떤 미시적 구조에 대한 심오한 힌트라고 생각한다.

9. 글루온이 한 쌍의 글루온으로 갈라질 수 있다는 것을 우리가 어떻게 아느냐고 의문을 가질지도 모르겠다. 그 답은 양자 색역학의 수학에 깊이 묻혀 있다. 양자장 이론의 수학적 규칙에 따르면 글루온은 오직 2개로 갈라지거나 한 쌍의 쿼크를 방출하거나 둘 중에 하나만 할 수 있다. 사실 글루온은 둘 다 할 수 있다.

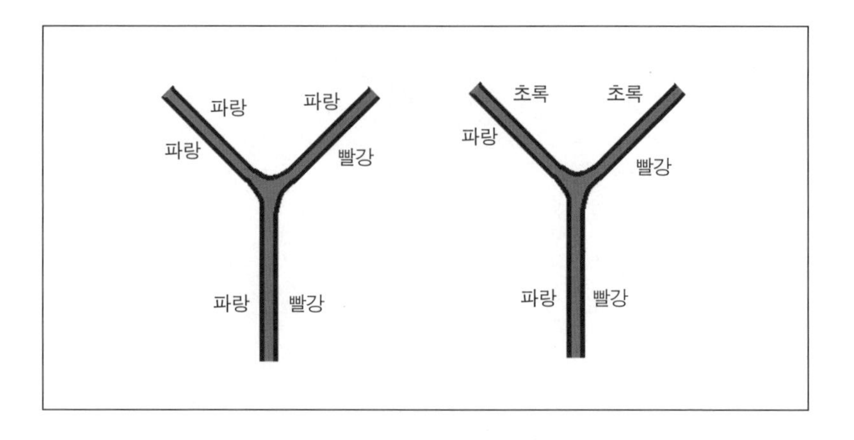

명확하지도 않고 완전히 이해하는 데에 다소 시간이 걸릴지도 모르지만, 글루온은 서로 들러붙어서 긴 사슬을 만드는 기질이 강하다. 양의 끝은 음의 끝과, 빨강은 빨강과, 파랑은 파랑과, 그리고 초록은 초록과. 이런 사슬은 쿼크를 묶는 끈이며 이 때문에 강입자들은 끈과 같은 성질들을 가지게 된다.

기본 끈

탄성적인 끈이라는 아이디어는 양자 중력을 연구할 때 다시 모습을 드러낸다. 하지만 여기서는 모든 것이 10^{20} 정도 더 작고 더 빠르다. 이렇듯 조그맣고 날렵하며 끔찍하리만치 강력한 에너지의 가닥을 **기본 끈(fundamental string)**이라고 부른다.[10]

나중에 혼란이 없도록 다시 이야기해 두자. 끈 이론은 현대 물리학

10. **기본 끈**이 기본 입자에 대한 최종 설명인가, 아니면 더 작은 것을 향해 행진하는 환원주의자들이 도달한 또 다른 단계일 뿐인가 하는 것은 논쟁거리이다. 용어의 기원이 어떻든 **기본 끈**이라는 말은 이제 편의상 통용되고 있다.

에서 아주 뚜렷하게 구분되는 두 가지 방식으로 적용되고 있다. 강입자에 적용되는 경우, 보통의 인간 기준에서는 미세해 보이지만 현대 물리학의 관점에서는 아주 거대한 규모에서 적용된다. 핵자, 중간자, 글루볼이라는 세 가지 형태의 강입자가 끈 이론의 수학으로 기술할 수 있는 끈 같은 물체라는 것은 현대 물리학계에서 널리 받아들여지는 사실이다. 강입자 끈 이론을 실증하는 실험들은 거의 반세기 전부터 수행되어 왔다. 강입자를 묶는 끈, 그리고 글루온으로 만들어진 끈은 **양자 색역학 끈** **(QCD 끈)**이라고 한다.

기본 끈은 중력 및 플랑크 규모의 물리학과 연관되어 있다. 바로 이 끈이 그 모든 흥분과 논란과 블로그 폭언과 최근의 논쟁적인 책 들을 만들어 냈다. 기본 끈은 양성자보다 훨씬 더 작은데, 마치 양성자가 뉴저지주보다 훨씬 더 작은 것과도 같다. 기본 끈 중에서 가장 중요한 것은 중력자이다.

중력은 많은 면에서 전기력과 아주 비슷하다. 전기적으로 대전된 입자들 사이의 힘에 대한 법칙은 쿨롱의 법칙이라고 불린다. 중력에 대한 법칙은 뉴턴의 법칙이라고 불린다. 전기력과 중력은 모두 **역제곱의 법칙**이다. 이 말은 힘의 세기가 거리의 제곱에 비례해서 감소한다는 뜻이다. 입자들 사이의 거리를 2배로 늘리면 힘을 4분의 1로 줄이는 효과를 가진다. 거리를 3배로 늘리면 힘은 9분의 1로 감소한다. 거리를 4배로 늘리면 힘은 16분의 1로 줄어든다. 이런 식으로 힘이 줄어든다. 두 입자들 사이의 쿨롱 힘은 입자들의 전하량을 곱한 것에 비례한다. 뉴턴의 중력은 두 질량을 곱한 것에 비례한다. 이런 점들은 비슷하지만 차이점도 있다. 전기력은 밀어낼 수도 있고(같은 전하들 사이에서) 끌어당길 수도 있지만(다른 전하들 사이에서) 중력은 항상 끌어당긴다.

한 가지 중요한 유사점은 두 힘 모두 파동을 만들어 낸다는 점이다.

대전된 두 입자가 멀리 떨어져 있는데 그중 하나가 갑자기 움직이면, 예를 들어 다른 전하로부터 멀어지면, 그 두 입자 사이의 힘에 어떤 일이 벌어질지 생각해 보자. 첫 번째 입자가 움직이면 두 번째 입자에 작용하는 힘이 즉각적으로 변할 것이라고 생각할지도 모르겠다. 하지만 이런 그림에는 뭔가 잘못된 것이 있다. 만약 멀리 떨어져 있는 전하에 작용하는 힘이 아무런 지연 없이 정말로 급작스럽게 곧바로 변한다면 우리는 이 효과를 이용해서 공간의 멀리 떨어진 지역에 순간적으로 신호를 보낼 수 있을 것이다. 하지만 순간적으로 전달되는 신호는 자연의 가장 심오한 원리들 가운데 하나를 위배한다. 특수 상대성 이론에 따르면 어떤 신호도 광속보다 더 빨리 전달될 수 없다. 즉 빛이 이동하는 데에 걸리는 시간보다 더 짧은 시간 안에 메시지를 보낼 수 없다.

사실 서로 떨어져 있는 입자들에 작용하는 힘은 근처에 있던 입자가 갑자기 움직인다고 해서 즉각적으로 변하지 않는다. 대신 어떤 요동이 움직인 입자로부터 (광속으로) 퍼져 나간다. 그 요동이 멀리 떨어진 입자에 도달해야만 입자들 사이에 작용하는 힘이 변한다. 그렇게 퍼져 나가는 요동은 진동하는 파동과 닮았다. 마침내 그 파동이 도달하면 두 번째 입자를 흔들어, 연못 속의 물결 위로 까딱까딱 흔들리는 낚시 찌처럼 움직이게 한다.

중력에서도 상황은 비슷하다. 거대한 손이 태양을 흔든다고 생각해 보자. 태양과 지구 사이를 빛이 이동하는 데에 걸리는 시간인 8분 동안에는 태양의 운동을 지구에서 느끼지 못할 것이다. 그 '메시지'는 역시나 빛의 속도로, 시공간 **굴곡의 일렁임**, 즉 **중력파**의 형태로 퍼져 나간다. 질량과 중력파의 관계는 전하와 전자기파의 관계와 같다.

이제 몇몇 양자 이론을 더해 보자. 우리가 알고 있듯이, 진동하는 전자기파의 에너지는 광자라고 불리는 쪼갤 수 없는 양자의 형태로 나타난다. 플랑크와 아인슈타인에게는 진동하는 에너지가 불연속적인 단위로 나타난다고 믿기에 충분한 근거들이 있었다. 우리가 크게 실수하는 것이 아니라면, 그것과 똑같은 논증을 중력파에도 적용할 수 있을 것이다. 중력장의 양자는 중력자라고 부른다.

여기서 중력자의 존재는 광자와는 달리 실험적으로 검증되지 않은 추측일 뿐이라는 점을 이야기해 둬야겠다. 그렇기는 해도 대다수의 물리학자들은 중력자의 존재가 매우 견고한 논리에 기초를 두고 있다고 여긴다. 이 문제를 생각해 본 물리학자들은 이 논리에 설득력이 있다고 본다.

광자와 중력자의 유사점 때문에 흥미로운 질문들이 떠오른다. 전자기 복사는 (양자장 이론에서) 대전된 입자, 예를 들어 전자가 광자를 방출하는 정점 도형으로 설명된다.

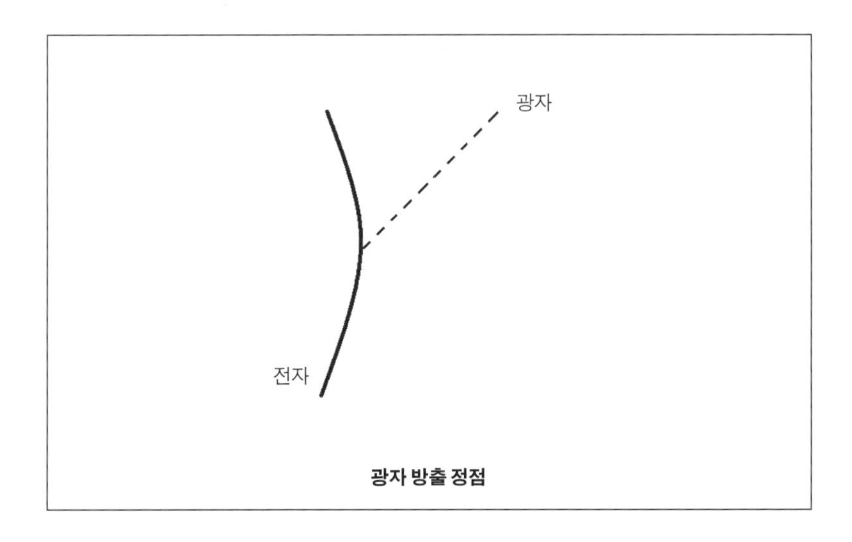

광자 방출 정점

자연스럽게 입자가 중력자를 방출할 때 중력파가 생성된다고 예상할 수 있다. 중력은 모든 것을 끌어당기므로, 모든 입자는 중력자를 방출할 수 있어야만 한다.

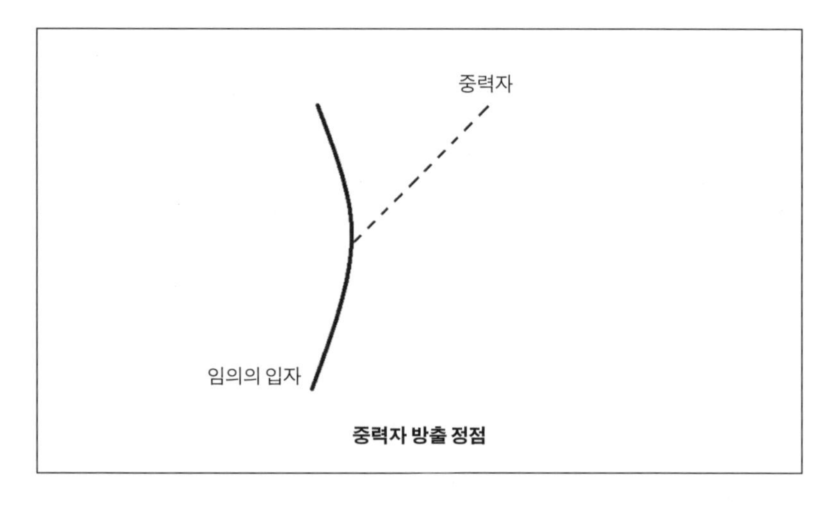

심지어 중력자도 중력자를 방출할 수 있다.

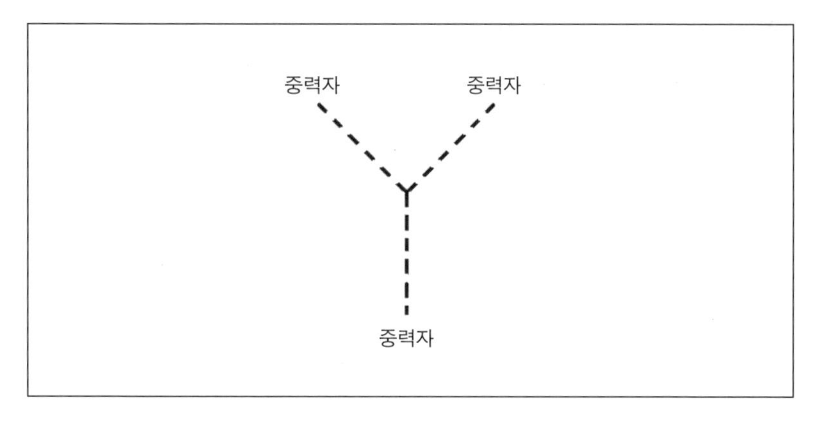

안타깝게도 파인만 도형에 중력자를 포함시키면 수학이 무너져 버린다. 이론 물리학자들은 거의 반세기 동안 양자장 이론으로 중력자를 유의미하게 설명하려고 온갖 노력을 해 왔지만, 단 한 번도 성공하지 못했다. 거듭된 실패로 인해 대부분의 이론 물리학자들은 언젠가부터 그것이 헛짓이었다고 믿게 되었다.

양자장 이론의 문제

1994년 케임브리지 여행에서 가장 눈부셨던 순간은 오랜 친구 로저 펜로즈 경과 함께한 점심 식사였다. 로저 펜로즈는 그때 막 서훈을 받고 로저 경이 되었고 앤과 나는 그에게 축하 인사를 하기 위해 옥스퍼드를 방문했다.

로저와 나, 그리고 아내들은 처웰 강 강둑의 멋진 옥외 식당에 앉아 너벅선들이 지나가는 것을 지켜봤다. 너벅선 타기(punting)라는 스포츠에 익숙하지 않은 사람들을 위해서 설명하자면, 이것은 긴 삿대를 이용해 배를 모는, 고상한 뱃놀이의 한 형태이다. 이 목가적인 뱃놀이를 보면 나는 항상 르누아르의 「뱃놀이 점심(Luncheon of the Boating Party)」이 생각난다. 하지만 위험도 따른다. 노래 부르는 한 무리의 대학생들을 태운 배가 지나갈 때, 어여쁜 여학생이 조작하던 삿대가 진흙 바닥에 박혀 버렸다. 그녀는 삿대를 내버려 두고 가기 싫었던지 배가 미끄러져 흘러가는데도 필사적으로 삿대에 매달렸다. 점심을 들던 우리에게 그녀가 볼거리를 제공한 셈이었다.

그때 우리는 후식으로 나온 초콜릿 무스 하나를 나눠 먹느라 온통 정신이 팔려 있었다. 부인들이 각자 몫을 챙긴 뒤 로저와 나는 궁지에 빠진 그 뱃사공을 보고 껄껄 웃으며(그 뱃사공도 깔깔대고 웃었다.) 검고 맛있는 초콜릿의 남겨진 부분을 공략했다. 나는 흥미롭게도 로저와 내가 번갈아 가며 초콜릿에 포크질을 할 때 남은 조각의 절반씩을 잘라 간다는 점을 알아챘다. 로저도 이것을 알아차렸고, 이윽고 누가 마지막 조각을 쪼갤 것인지를 놓고 경쟁이 붙었다.

로저는 그리스 인들이 물질을 무한히 쪼갤 수 있을지, 또 모든 물질에는 쪼개지지 않는 가장 작은 조각(그리스 인들은 원자라고 불렀다.)이 있을지 궁금해했다고 이야기했다. "초콜릿 원자가 있다고 생각하십니까?" 하고 내가 물었다. 로저는 초콜릿이 주기율표의 원소들 가운데 하나인지 기억나지 않는다고 답했다. 어쨌든 우리는 마침내 가장 작은 초콜릿 원자처럼 보이는 데까지 초콜릿 무스를 쪼갰다. 내 기억이 맞다면 로저가 그것을 가져갔다. 너벅선 사고도 다음 배가 지나갈 때쯤 해피엔딩으로 무사히 끝났다.

양자장 이론의 문제는 그것이 공간(그리고 시공간)이 무한히 쪼갤 수 있는 초콜릿 무스와 같다는 생각에 기초해 있다는 것이다. 초콜릿 무스를 아무리 미세하게 베어 내더라도 당신은 항상 그것을 더 잘게 나눌 수 있다. 수학의 모든 위대한 수수께끼는 무한과 관련이 있다. 수는 끝없이 영원히 계속될까, 아니면 어디선가 끝나게 될까? 수가 무한하다면 그 이유는 무엇이고, 수가 어디선가 끝난다면 거기서 끝나는 이유는 무엇인가? 공간을 무한히 쪼갤 수 있을까? 그렇지 않다면 대체 어디서 멈추게 될까? 나는 무한이 수학자들에게 광기를 일으키는 가장 주된 원인이 아닐까 생각하고는 한다.

아무튼 무한히 나눌 수 있는 공간을 수학자들은 **연속체**(contium)라고 부른다. 연속체의 문제는 가장 짧은 간격 사이에서도 끔찍하게 많은 일들이 일어날 수 있다는 점이다. 사실 연속체에는 가장 짧은 간격이라는 것도 없다. 당신은 임의의 어떤 것보다 더 작고 더 작은 세포를 향한 무한한 퇴행 속에서 빠져나올 수 없다. 그리고 그 모든 단계에서 사건들이 벌어질 수도 있다. 다시 말해 연속체는 공간의 아주 작은 부피 속에, 그것이 아무리 작다고 할지라도, 무한히 많은 수의 정보 조각들을 간직할 수 있다.

무한소 문제는 양자 역학에서 특히 골치가 아프다. 양자 역학의 세계에서는 양자 떨림 반응을 보일 수 있는 것이면 무엇이든 온몸을 신경질적으로 떨어댄다. 말 그대로 "금지되지 않은 모든 것은 일어날 수밖에 없다." 전기장과 자기장 같은 장들은 절대 영도의 아무것도 없이 텅 빈 공간에서조차 요동친다. 이런 요동은 수십억 광년에 이르는 가장 큰 파장에서부터 수학적인 점처럼 작은 것에 이르기까지 모든 크기에 걸쳐, 모든 규모에서 일어난다. 이런 양자 떨림은 아무리 작은 부피를 가진 공간 속에라도 무한히 많은 정보를 저장할 수 있다. 이것은 곧바로 수학적 재앙을 일으킨다.

아무리 작은 공간에라도 정보 조각들을 무한정 많이 집어넣을 수 있다는 것은 파인만 도형의 하부 도형들을 무제한적으로 만들 때에 문제가 된다. 시공간의 한 점에서 다른 점으로 이동하는 전자를 기술하는 전파 인자를 가지고 이 아이디어를 간단하게 설명해 보자. 우선 가장 간단한 전파 인자 하나를 생각해 보자. 이 전파 인자는 하나의 전자로 시작하고 끝난다.

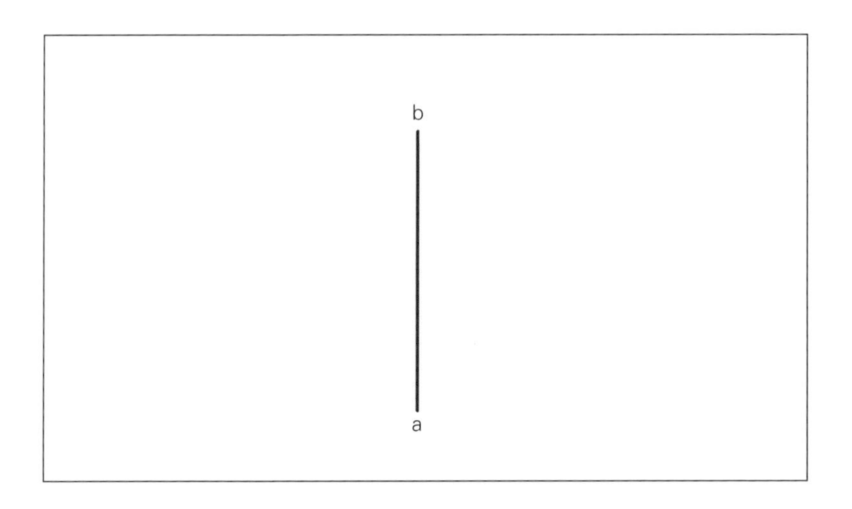

전자가 a에서 b로 가는 데에는 다른 방법도 있다. 예를 들면 광자를 방출했다 흡수했다 하면서 길을 따라갈 수도 있다.

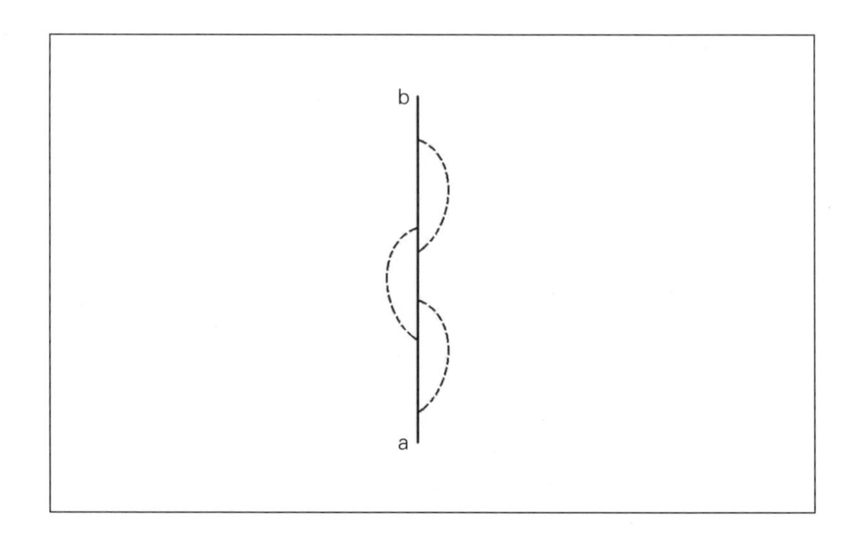

분명히 이런 가능성들에는 끝이 없다. 파인만의 규칙에 따르면 이 모든 가능성을 더해야만 실제 확률을 얻을 수 있다. 모든 도형은 더 많은 구조로 꾸밀 수 있다. 각각의 전파 인자와 정점은 도형 속의 도형 속의 도형을 수반하는, 더 복잡한 도형으로 대체될 수 있다. 이것은 도형 속의 도형들이 너무 작아서 알아볼 수 없을 때까지 계속된다. 하지만 초강

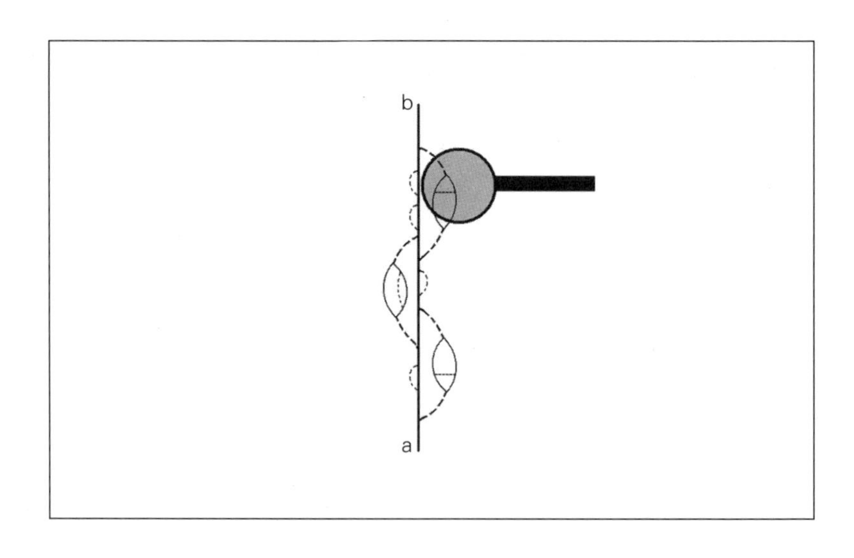

력 확대경의 도움을 받으면 훨씬 더 미세한 구조도 더할 수 있다. 그것도 끝없이.

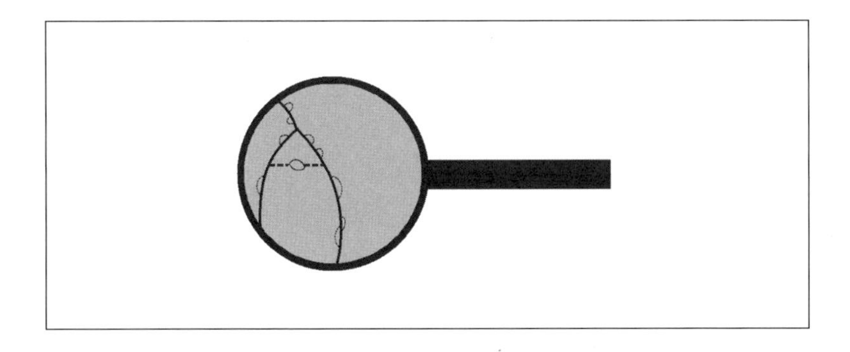

파인만 도형에 더 작은 하부 구조를 끝없이 더할 수 있다는 이 무한한 가능성은 양자장 이론의 시공간 연속체가 야기하는 골치아픈 결과들 가운데 하나이다. 초콜릿 무스를 아무리 작게 쪼개도 항상 초콜릿 무스인 것처럼 말이다.

이것을 계속 반복하면 양자장 이론이 수학적으로 위험한 물건이라는 사실에 그리 놀라지 않게 된다. 무한히 많은 무한소의 공간 단위 속에서 일어나는 모든 요동을 다 끌어 모아 하나의 통일성 있는 우주를 만든다는 것은 쉽지 않다. 사실 대부분의 양자 역학에서는 계산이 헝클어져 무의미한 결과만 내놓는다. 심지어 입자 물리학의 표준 모형조차도 최종적으로 분석해 보면 수학적으로 일관되지 못할지도 모른다.

하지만 그 어떤 것도 중력에 대한 양자장 이론을 구축하려고 할 때의 어려움에 비할 바가 못 된다. 중력은 기하임을 기억하자. 일반 상대성 이론을 양자 역학과 결합하려고 하면, 적어도 양자장 이론의 규칙에 입각했을 때, 시공간 자체의 모양이 일정하게 고정되어 있지 않음을 알게 된다. 공간의 아주 작은 영역을 확대해서 볼 수 있다면 공간이 격렬하게 흔들리며 공간 자체를 뒤틀어서 매우 작게 덩어리지고 매듭진 굴곡을 만든다는 것을 알 수 있다. 게다가 더 깊숙이 들여다볼수록 그 요동은 더욱더 격렬해질 것이다.

중력자를 수반하는 가상의 파인만 도형은 이런 심술을 반영한다. 도형이 작아지면 작아질수록 더욱더 통제하기 힘들어진다. 중력에 대한 양자장 이론을 말이 되는 것으로 만들고자 했던 그 모든 시도들은 똑같은 결론에 봉착했다. 통상적인 양자장 이론의 방법을 중력에 적용하는 것은 수학적으로 큰 실수를 범하는 것이다.

물리학자들에게는 무한히 쪼갤 수 있는 공간에서 생기는 재앙을 벗어나는 방법이 있다. 공간이 초콜릿 무스 같은 진정한 연속체가 아닌 것처럼 다루는 것이다. 만약 우리가 계속 공간을 쪼개다 보면, 더 이상 나눌 수 없는 분할 불가능의 뭉텅이를 발견하게 될 것이라고 가정한다. 다르게 말하자면 하부 구조가 너무 작아져 어느 수준에 이르면 더 이상 파인만 도형을 그릴 수 없게 된다는 것이다. 사물의 작은 쪽 한계를 정하는 것을 **차단**(cutoff, '끊어버림'이라고도 한다.—옮긴이)이라고 한다. 기본적으로 차단이란, 공간을 더 이상 나눌 수 없는 복셀들로 나누되 하나의 복셀에 1비트 이상 넣지 않도록 하는 것에 지나지 않는다.

차단은 겉보기에 문제 회피처럼 보인다. 우선 변명부터 해야겠다. 물리학자들은 오랫동안 플랑크 길이가 공간의 궁극적인 최소 단위라고 여겨 왔다. 그리고 파인만 도형은, 심지어 중력자를 수반하는 경우에도, 플랑크 길이보다 더 작은 구조를 더하지 않는 한 온전히 이치에 맞는다고 주장해 왔다. 물리학자들은 보편적으로 시공간의 구조가 이럴 것이라고 기대해 왔다. 즉 시공간은 플랑크 규모까지 내려가면 더 이상 쪼갤 수 없는, 복셀 구조를 가지고 있으리라는 것이다.

하지만 이것은 홀로그래피 원리를 발견하기 전까지의 이야기였다. 18장에서 살펴봤듯이 연속적인 공간을 유한한 플랑크 크기의 복셀들의 배열로 바꾼다는 것은 잘못된 생각이다. 공간이 복셀로 이뤄져 있다고 하면 어떤 영역에서 일어날 수 있는 변화의 양을 지나치게 과대 평가하게 된다. 그래서 프톨레마이오스는 자신의 도서관이 소장할 수 있는 정보량에 대해 잘못된 결론에 이른 것이고, 이론 물리학자들은 공간의 한 영역이 저장할 수 있는 정보의 양에 대해 잘못된 결론에 이른 것이다.

끈 이론은 처음부터 무한히 작은 파인만 도형의 수수께끼를 풀 것이라는 평가를 받았다. 끈 이론은 무한히 작은 입자라는 생각을 버렸기 때문이다. 하지만 홀로그래피 원리가 등장하고 나서야 끈 이론이 차단, 즉 양자장 이론의 복셀화 버전과 얼마나 근본적으로 다른지 평가받게 되었다. 주목할 만한 사실은 끈 이론은 본질적으로 픽셀로 이뤄진 우주를 기술하는 홀로그래피 이론이라는 점이다.

현대의 끈 이론은 예전의 끈 이론과 마찬가지로 열린 끈과 닫힌 끈을 모두 가지고 있다. 전부는 아니지만 대부분의 끈 이론 버전에서 광자는 중간자와 비슷한(훨씬 더 작다는 점은 제외하고) 열린 끈이다. 끈 이론의 모든 버전에서 중력자는 닫힌 끈으로서 작은 글루볼과 매우 비슷하다. 이런 두 형태의 끈(기본 끈과 양자 색역학 끈)이 어떤 의미에서 똑같은 물체라면 어떻게 될까? 크기가 워낙 다르기 때문에 같은 물체일 리 없다고 생각할 것이다. 그러나 끈 이론가들은 크기에서의 큰 차이가 오해를 부른 것일 뿐이라고 의심하기 시작했다. 23장에서 우리는 이 둘을 통합한 끈 이론이 있음을 알게 될 것이지만, 당분간은 끈 이론의 이 두 버전을 별개로 생각할 것이다.

끈은 두께보다 길이가 훨씬 더 길면서 구부리기 쉬운 물체이다. 구두끈과 낚싯줄은 끈이다. 물리학에서도 **끈**이라는 단어는 탄성이 있음을 뜻한다. 번지 점프용 밧줄이나 고무줄처럼 끈은 늘일 수도 있고 구부릴 수도 있다. 양자 색역학 끈은 강해서 중간자의 끝에 꽤 큰 트럭을 매달 수 있을 정도이지만, 기본 끈은 훨씬 더 강하다. 사실 기본 끈은 극도로 얇음에도 불구하고 믿기지 않을 정도로 강해서 보통 물질로 만들어진 그 어떤 것보다 훨씬 더 세다. 기본 끈에 매달아 놓을 수 있는 트럭의 수는 약 10^{40}대이다. 기본 끈의 장력이 이토록 엄청나게 세기 때문에 이것을 탐지 가능한 길이까지 늘이는 것은 극도로 어렵다. 따라서 기본 끈의 전형적인 크기는 플랑크 길이만큼이나 작은 것 같다.

양자 역학은 우리가 일상 생활에서 마주치는 끈, 즉 번지 점프용 밧줄, 고무줄, 늘여 놓은 껌 뭉치에서는 중요한 역할을 하나도 하지 않는다. 하지만 양자 색역학 끈과 기본 끈은 매우 양자 역학적이다. 이것은 무엇보다 이 끈들에 에너지를 더할 때 쪼갤 수 없는 단위로, 오직 불연속적으로만 더할 수 있음을 뜻한다. 하나의 에너지 값에서 다른 에너지 값으로 옮겨 가려면 에너지 준위라는 계단에서 '양자 도약'을 해야만 한다.

에너지 계단의 바닥은 **바닥 상태**라고 부른다. 여기에 에너지를 한 단위 보태면 첫 번째 **들뜬 상태**가 된다. 에너지 계단을 한 칸 더 올라가면 두 번째 들뜬 상태가 되며, 이런 식으로 계속 에너지 계단을 올라간다. 전자와 광자 같은 보통의 기본 입자들은 계단의 바닥에 있다. 바닥 상태에 있는 입자들이 어떻게든 진동을 한다면 그것은 오직 양자적인 영점 운동을 통해서이다. 하지만 만약 끈 이론이 옳다면, 에너지를 높여(질량을 늘려) 바닥 상태의 입자를 회전시키거나 진동시킬 수 있다.

기타 줄은 픽으로 튕기면 들뜬 상태가 된다. 하지만 쉽게 생각할 수 있듯이 기타 픽은 너무 커서 전자를 튕길 수 없다. 가장 간단한 방법은 전자를 다른 입자로 두들기는 것이다. 사실 우리는 한 입자를 '픽'으로 이용해 다른 입자를 튕긴다. 만약 그 충돌이 충분히 격렬하면 그 충돌로 인해 양쪽 끈이 모두 들뜬 상태에서 진동하게 된다. 그다음 질문은 뻔하다. "왜 실험 물리학자들은 전자나 광자를 가속기 연구실에서 들뜬 상태로 만들어 입자가 진동하는 기본 끈인지 아닌지를 알아보지 않는가?" 문제는 그 계단의 크기이다. 그것은 너무나 크다. 강입자를 돌리거나 진동시키는 데에 필요한 에너지는 현대 입자 물리학의 기준에서 봤을 때 적절한 크기이지만, 기본 끈을 들뜨게 하는 데 필요한 에너지는 터무니없이 높다. 전자에 한 단위의 에너지를 더하면 전자의 질량은 거의 플랑크 질량까지 증가할 것이다. 설상가상으로 그 에너지는 믿기지 않을 정도로 작은 공간에 집중되어야만 한다. 대충 말하더라도 10억×10억 개의 양성자를 양성자 지름의 10억×10억분의 1의 공간 속에 우겨넣어야 한다. 지금까지 건설된 어떤 가속기도 그렇게 할 수 없다. 아니 그 근처에 가 본 적조차 없다. 그렇게 해 본 적도 결코 없거니와, 아마 앞으로도 결코 그러지 못할 것이다.[11]

높은 상태로 들뜬 끈은 평균적으로 바닥 상태의 끈보다 더 크다. 추가된 에너지가 끈을 채찍처럼 흔들어 더 길게 늘이기 때문이다. 만약 충분히 큰 에너지를 끈에 퍼부을 수 있다면, 그 끈은 퍼져 나가서, 격렬하게 요동치며 뒤엉킨 털실 뭉치만큼이나 커질 수 있다. 여기에는 한계도 없다. 에너지가 훨씬 더 높다면 끈은 어떤 크기로도 들뜰 수 있다.

엄청나게 들뜬 끈을 실험실에서 생성할 수는 없다. 그러나 자연에서 생성되는 방법이 하나 있다. 21장에서 설명하겠지만, 블랙홀은 엄청나게 거대하게 뒤엉켜 있는 '괴물 끈'이다. (은하의 한가운데 있는 거대한 것들도 그렇다.)

11. 이 때문에 몇몇 물리학자들은 끈 이론이 실험적으로 검증 불가능한 이론으로 남아 있으리라고 주장한다. 이런 주장에 일리가 없는 것은 아니지만, 잘못은 이론 물리학자보다는 실험 물리학자들에게 있다. 이 게으른 양반들은 우주 공간으로 나가서 은하만 한 가속기를 건설해야 한다. 아, 그리고 그 가속기를 1초라도 가동하는 데 필요한 연료인 수조 배럴의 기름도 모아야 한다.

가장 단순한 끈은 기본 입자이다.

이것들을 흔들고 에너지를 더한다.

훨씬 더 많은 에너지를 더한다.

끈의 양자 역학에는 이것 말고도 중요하고도 환상적인 결과들이 또 있다. 이것은 아주 미묘하고 굉장히 전문적이어서 이 지면에서 모두 설명할 수는 없다. 공간은 우리가 보통 지각하듯이 3차원이다. 3차원을 기술하는 데에는 여러 가지 용어가 쓰인다. 예를 들어 경도, 위도, 고도가 있다. 또는 길이, 폭, 높이도 있다. 수학자들과 물리학자들은 종종 x, y, z 라는 이름이 붙은 3개의 축을 사용해서 차원을 기술한다.

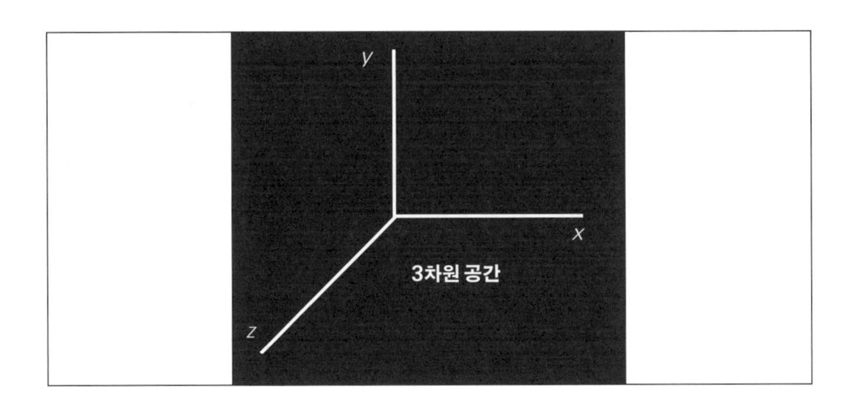

하지만 기본 끈은 겨우 3차원에서만 돌아다니는 것에 만족하지 않는다. 이 말은 공간 차원을 더 많이 더하지 않는다면 끈 이론의 미묘한 수학이 헝클어진다는 뜻이다. 끈 이론가들은 이미 여러 해 전에 **공간에 여분의 6차원**을 더하지 않으면 자신들의 방정식에서 수학적 일관성이 무너진다는 것을 발견했다. 나는 항상 만약 어떤 사물을 충분히 잘 이해하고 있다면 그것을 전문 용어가 아닌 말들로 설명할 수 있어야 한다고 생각한다. 하지만 끈 이론이 6개의 **여분 차원**(extra dimension, '덧차원'이라고도 한다.—옮긴이)을 필요로 한다는 점은 35년이나 지났음에도 불구하고 쉽게 설명할 길이 없다. 나는 고작 이렇게 말할 수 있지 않을까 싶다. "그렇게 하면 ……이라는 것을 보일 수 있다."

9차원[12]은 고사하고 4차원이나 5차원을 시각화할 수 있는 사람을 만난다면 나는 무척 놀랄 것이다. 나는 당신보다 그것을 더 잘할 수 없다. 하지만 나는 보통의 *x*, *y*, *z*에 6개의 영문자 *r*, *s*, *t*, *u*, *v*, *w*를 보태고 대수학과 미적분을 이용해서 이 기호들을 이리저리 굴려 볼 수는 있다. 9개

12. 끈 이론은 10차원이라는 이야기를 종종 들었을 것이다. 추가적인 1차원은 시간이다. 다시 말해 끈 이론은 (9+1)차원이다.

의 방향으로 움직일 수 있으면, 끈 이론이 수학적으로 일관적이라는 것을 '보일 수 있다.'

이제 이런 질문을 던질지도 모르겠다. 끈 이론은 9차원을 요구하는데 공간은 3차원만 가진 것으로 관측된다면, 이것은 끈 이론이 틀렸음을 보여 주는 명백한 증거가 아닐까? 하지만 그렇게 간단한 문제가 아니다. 아인슈타인, 볼프강 에른스트 파울리(Wolfgang Ernst Pauli, 1900~1958년), 펠릭스 크리스티안 클라인(Felix Christian Klein, 1849~1925년), 스티븐 와인버그, 머리 겔만, 그리고 스티븐 호킹(이들 중 누구도 끈 이론가가 아니다.) 같은 아주 유명한 물리학자들도 공간이 3개 이상의 차원을 가진다는 생각을 진지하게 고려해 왔다. 이들이 집단 환각에 빠진 것이 아니라면, 여분 차원의 존재를 숨기는 어떤 방법이 있어야만 한다. 여분 차원을 숨기는 것을 전문 용어로 **조밀화**(compactification, '컴팩트화'라고도 한다.—옮긴이)라고 한다. 끈 이론가들은 공간의 여분 차원 6개를 조밀화한다. 즉 조밀화를 통해 여분 차원을 축소한다. 조밀화의 기본 아이디어는 여분 차원을 아주 작은 매듭 속에 숨길 수 있다는 것이다. 우리 같은 생물은 너무나 커서 그 속에서 움직일 수 없을 뿐만 아니라, 심지어 그것을 알아챌 수도 없다.

하나 또는 그 이상의 공간 차원이 아주 작은 기하 구조 속에 말려 있을지도 모르며, 따라서 너무나 작아 감지할 수 없다는 생각은 현대 고에너지 물리학의 공통된 주제이다. "방정식을 가진 SF다."라고 어느 재치 있는 사람이 말했듯이, 몇몇 사람들은 여분 차원이 너무나 공상적인 아이디어라고 생각한다. 하지만 그것은 무지에 기초한 오해이다. 현대의 기본 입자 이론들은 입자들에 복잡한 성질을 부여하는 그 숨겨진 메커니즘을 찾기 위해서 어떤 형태로든 여분 차원을 이용한다.

끈 이론가들이 여분 차원이라는 개념을 고안한 것은 아니었지만 이들은 여분 차원을 특별히 창의적인 방식으로 사용했다. 끈 이론에는 6개의 여분 차원이 필요하지만, 공간에 단지 하나의 새로운 차원을 더하는 것만으로도 그 아이디어를 일반적으로 이해할 수 있다. 여분 차원의 개념을 가장 단순한 맥락에서 탐구해 보자. 다음 그림처럼 공간 차원 오직 하나만 있는 '라인랜드(lineland)'가 있다고 해 보자. 여기에 조밀화된 여분 차원을 하나 더해 이 아이디어를 자세하게 설명해 보고자 한다. 라인랜드에서는 점 하나의 위치를 정하는 데에 오직 하나의 좌표만 필요하다. 1차원 사람들은 그것을 X라고 부른다.

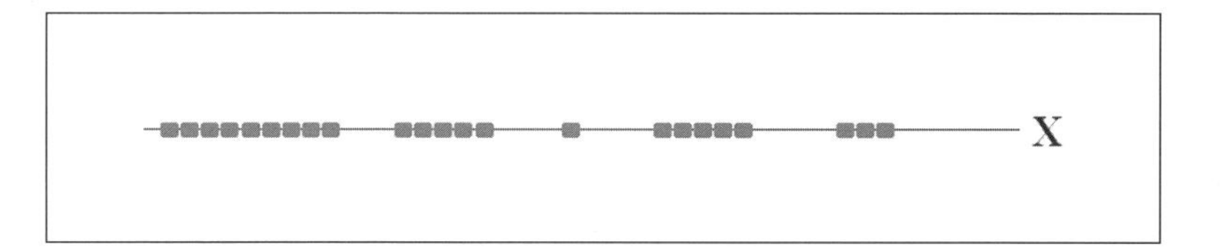

라인랜드를 재미있게 하기 위해서는 어떤 물체들을 보탤 필요가 있다. 그래서 그 직선을 따라 움직이는 입자들을 만들어 보자.

그 입자들을, 서로 들러붙어서 1차원적인 원자나 분자를 형성하는 아주 작은 구슬이나 살아 있는 생명체로 생각할 수 있다. (1차원만 있는 세계에서 생명이 존재할 수 있을까 의심스럽지만, 그 점은 일단 접어 두자.) 직선과 구슬은 모두 무한히 얇아서 이들이 다른 차원으로 삐져나오지 않는다고 생각하자. 더 좋은 것은 직선과 구슬에는 다른 차원이 없다고 생각하는 것이다.[13]

똑똑한 사람이라면 라인랜드의 여러 가지 변형을 고안해 볼 수도 있을 것이다. 구슬들이 모두 엇비슷할 수도 있겠지만, 좀 더 재미있는 세계에서는 구슬이 여러 종류 있을 수도 있다. 그 종류를 구분하기 위해 색깔로 꼬리표를 붙일 수도 있을 것이다. 빨강, 파랑, 초록 등으로 말이다.

---

13. 내가 15장에서 설명했던 CGHS 모형은 라인랜드이다. 그런데 그 라인랜드 사람들이 사는 공간의 끝에는 무거운 블랙홀(이것은 의심의 여지없이 위험한 물건이다.)이 있다.

여기서 무한한 가능성을 상상해 볼 수 있다. 빨간 구슬은 파란 구슬을 당기지만 초록 구슬을 밀어낸다. 검은 구슬은 아주 무겁지만 하얀 구슬은 질량이 없어서 라인랜드 속을 광속으로 움직인다. 심지어 그 구슬들이 양자 역학을 따라 움직이도록 설정할 수도 있기 때문에, 어떤 구슬의 색깔이 불확실할 수도 있다.

1차원만 있는 세계에서의 삶은 갑갑하다. 오직 직선을 따라서 움직이는 자유도만 있기 때문에 라인랜드의 사람들은 옴짝달싹하지 못하고 서로 부딪힌다. 의사 소통은 할 수 있을까? 쉽게 할 수 있다. 그들은 서로 구슬을 던져 메시지를 전달할 수 있다. 하지만 이들의 사회 생활은 무척 따분하다. 한 개인이 아는 사람이라고는, 오른쪽에 한 명 왼쪽에 한 명, 겨우 둘뿐이다. 사회 집단을 이루려면 적어도 2차원이 필요하다.

하지만 보이는 것이 전부가 아니다. 고성능 현미경으로 들여다보고 자신들의 세계가 실제로는 2차원이라는 것을 발견하고는 라인랜드의 사람들은 깜짝 놀랐다. 그들이 본 것은 두께가 0인 이상적인 수학적 직선이 아니라 원기둥의 표면이었다. 보통의 환경에서는 원기둥의 둘레가 너무나 작아서 라인랜드 사람들이 감지할 수 없지만, 현미경으로 들여다보면 훨씬 더 작은 물체들, 라인랜드의 원자들보다도 더 작은 물체들도 발견할 수 있다. 이 물체들은 너무나 작아서 **2개**의 방향으로 움직일 수 있다.

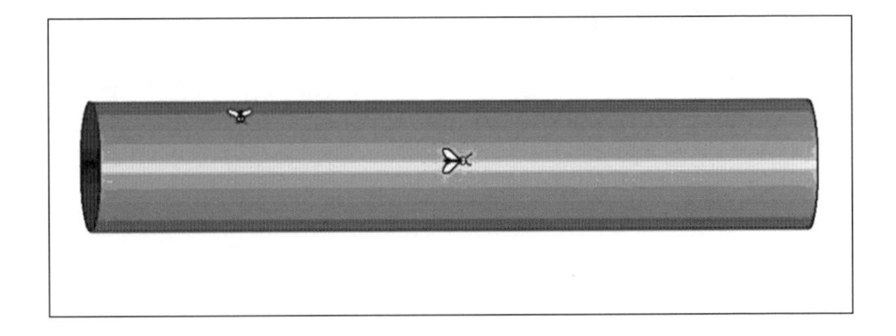

라인랜드의 이 난쟁이들은 거인국 형제들과 마찬가지로 원기둥의 길이 방향을 따라 움직일 수 있지만, 충분히 작아서 원기둥의 둘레 방향을 따라서도 움직일 수 있다. 난쟁이들은 심지어 양쪽 방향으로 동시에 움직일 수도 있어서, 원기둥 둘레를 나선을 그리며 움직이기도 한다. 오호쾌재(嗚呼快哉)라, 이들은 충돌하지 않고 서로를 지나칠 수 있다. 난쟁이들은 자신들이 2차원 공간에 살고 있다고 당당하게 주장할 수 있다. 하지만 한 가지 특색이 있다. 이들이 여분 차원을 따라 직선으로 움직이면 곧 똑같은 장소로 되돌아온다.

라인랜드의 사람들에게는 새로운 방향에 대한 이름이 필요했다. 그래서 그 방향을 Y라고 불렀다. 하지만 X 방향과는 달리 Y 방향을 따라서는 그다지 멀리 못가서 출발점으로 되돌아온다. 라인랜드의 수학자들은 Y 방향이 **조밀화되었다**고 말한다.

앞쪽에서 본 원기둥은 원래의 1차원 세계에 부가적으로 하나의 조밀화된 방향을 더하면 얻을 수 있다. 이미 3차원인 세계에 6개의 여분 차원을 더하는 것은 인간의 뇌가 가진 시각화 능력을 한참이나 벗어나는 일이다. 물리학자와 수학자가 다른 사람들과 구분되는 것은, 그들이 어떤 수의 차원이라도 시각화할 수 있는 돌연변이이기 때문이 아니라, 그들이 여분 차원을 '보기' 위해 사고 방식을 재배선하는 힘겨운 수학적 재훈련 과정을 겪었기 때문이다.

여분 차원이 하나 는다고 해서 그렇게 많이 변하는 것은 아니다. 조밀화된 방향을 따라 움직이는 것은 아무 생각 없이 원 주변을 빙빙 도는 것과도 같다. 하지만 여분 차원을 2개만 더해도 변화 가능성은 무한정 커진다. 여분 차원이 2개 있으면 구면이나 도넛 모양 토러스(torus, 도넛 같은 원환체의 표면)를 만들 수도 있고, 구멍이 두세 개 뚫린 도넛을 만들 수도 있고, 클라인 병이라고 불리는 기묘한 공간을 만들 수도 있다.

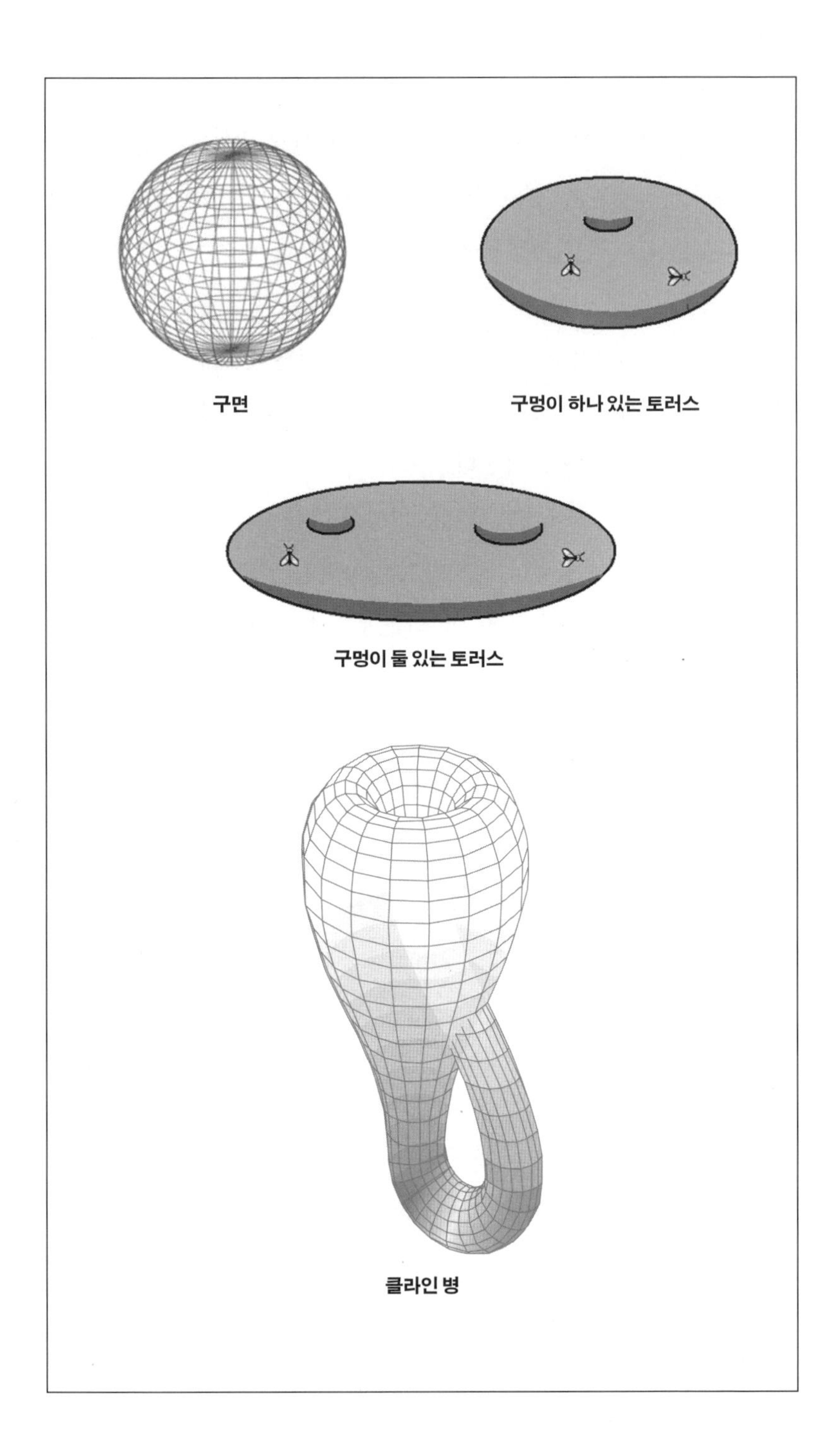
구면
구멍이 하나 있는 토러스
구멍이 둘 있는 토러스
클라인 병

2개의 여분 차원을 그리는 것은 우리가 방금 했듯이 그다지 어렵지 않다. 하지만 여분 차원은 그 수가 늘어날수록 시각화하기가 점점 더 어려워진다. 끈 이론이 요구하는 6개의 여분 차원에 이르면, 이것을 수학 없이 시각화할 가망성은 없어진다. 끈 이론가들이 6개의 여분 차원을 조밀화하기 위해 사용하는 특별한 기하학적 공간은 **칼라비-야우 다양체** **(Calabi-Yau manifold)**라고 부른다. 여기에는 수백만 개가 있는데 그중에 같은 것은 하나도 없다. 칼라비-야우 다양체는 수백 개의 6차원적 도넛 구멍이 상상하기 힘든 꽈배기 비스킷처럼 꼬여 있어 극도로 복잡하다. 그럼에도 불구하고 수학자들은 묻기 도형을 다루는 것처럼 이 다양체를 더 낮은 차원의 도형으로 얇게 저며 기술할 수 있다. 다음 그림은 전형적인 칼라비-야우 다양체의 2차원 단편이다.

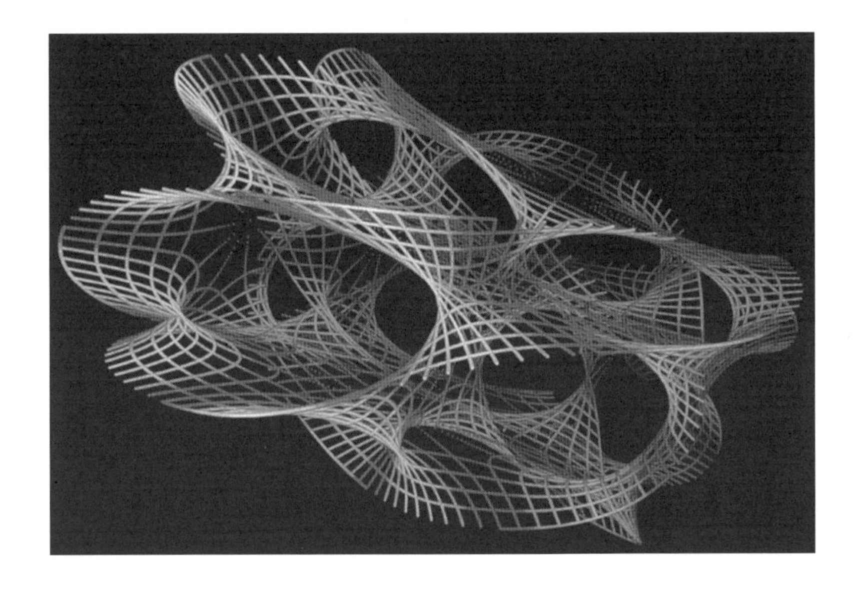

모든 점에 6차원 칼라비-야우 다양체가 더해졌을 때 보통의 통상적인 공간이 어떻게 보일지에 대해 잠깐 설명해 보자. 우선 인간 같은 큰 물체가 여기저기 돌아다닐 수 있는 평범한 차원을 들여다보자. (나는 이것

을 2차원으로 그렸지만 당신은 상상 속에서 세 번째 차원을 더할 수 있어야 한다.)

3차원 공간의 모든 점마다 6개의 또 다른 조밀화된 차원들이 있다고 하면 아주 작은 물체들은 그 속을 움직일 수 있다. 나는 부득이하게 칼라비-야우 다양체를 서로 떨어뜨려 놓았지만 당신은 통상 공간의 모든 점마다 칼라비-야우 다양체가 있다고 상상해야 한다.

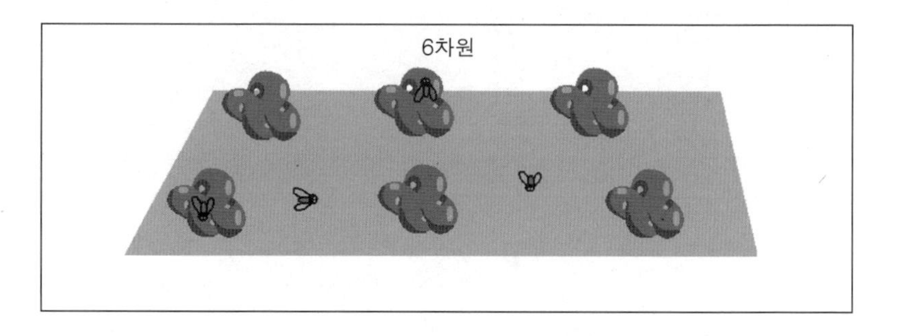

이제 끈으로 돌아가 보자. 보통의 번지 점프용 밧줄은 여러 방향으로 늘일 수 있다. 예를 들어 동서 축을 따라, 또는 남북 축을 따라, 또는 위아래 축을 따라 늘일 수 있다. 또 번지 점프용 밧줄은 수평선에서 북북서 방향으로 10도만큼 기울어지는 것처럼 다양한 각도로도 늘어날 수 있다. 하지만 만약 여분 차원이 있다면 그 가능성은 배가된다. 특히 끈은 조밀화된 방향 둘레로 늘어날 수 있다. 닫힌 끈은 보통의 공간 방향을 따라서는 전혀 늘어나지 않은 채로 칼라비-야우 다양체 주변을 한 번 또는 여러 번 휘어감을 수 있다.

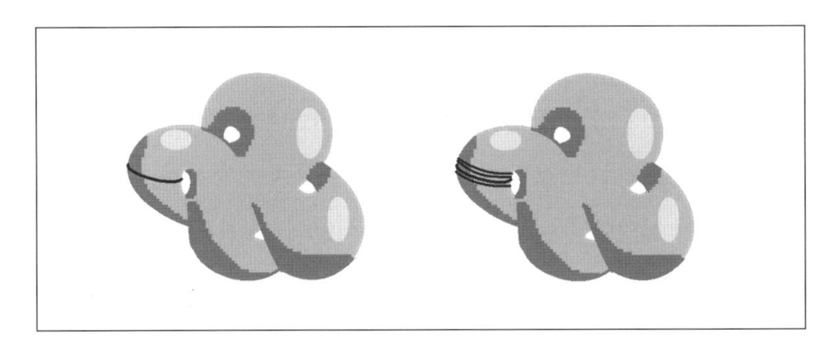

이것을 훨씬 더 복잡하게 만들어 보자. 끈은 조밀화된 공간 주변을 둘러싸면서 동시에 뱀처럼 꿈틀거릴 수도 있다.

끈을 조밀화된 방향 주변으로 잡아늘이고 구불구불하게 하는 데에는 에너지가 필요하다. 그래서 이런 끈이 기술하는 입자는 보통의 입자보다 더 무거울 것이다.

힘은 어디서 오나?

우리 우주는 공간, 시간, 그리고 입자만의 세계가 아니라, 힘의 세계이기도 하다. 대전된 입자들 사이에서 작용하는 전기력은 종잇조각과 먼지를 움직일 수 있다. (정전기를 생각해 보라.) 하지만 더 중요하게는 이것과 똑같은 힘이 원자 속 전자를 원자핵 주변 궤도에 붙들어 둔다. 지구와 태양 사이에 작용하는 중력은 지구를 공전 궤도에 붙들어 둔다.

모든 힘은 궁극적으로는 개별 입자들 사이에서 작용하는 미시적인 힘에서 유래한다. 입자들 사이의 이런 힘은 어디에서 오는 것일까? 뉴턴에게는 질량들 사이의 보편적인 중력이란 단지 자연의 사실, 즉 기술할 수는 있지만 설명할 수는 없는 사실일 뿐이었다. 그러나 19세기와 20세기에 마이클 패러데이(Michael Faraday, 1791~1867년), 제임스 클러크 맥스웰, 알베르트 아인슈타인, 그리고 리처드 파인만 같은 물리학자들이 나와 탁월한 통찰력으로 보다 기본적이고 근본적인 개념들로 힘을 설명했다.

패러데이와 맥스웰에 따르면 전하들은 서로를 직접 밀거나 끌어당기지 않는다. 전하들 사이의 공간에는 매개물이 있어서 힘을 전달한다. 2개의 멀리 떨어진 공 사이에 늘어져 있는 슬링키(Slinky, 장난감 스프링의 일종)를 생각해 보자.

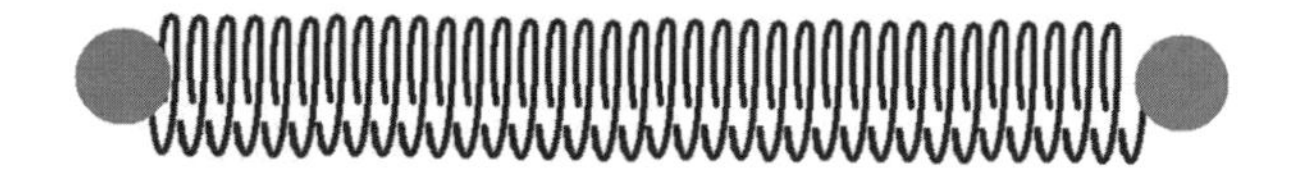

각각의 공은 오직 슬링키와 연결된 부분에만 힘을 미친다. 그러면 슬링키의 각 부분은 그 이웃에 힘을 미친다. 그 힘은 슬링키를 타고 전달되어 마침내 끝에 붙어 있는 개체를 잡아당긴다. 마치 2개의 공이 서로를 잡아당기는 것처럼 보이지만, 이것은 매개물로서의 슬링키가 만들어 낸 환상이다.

전기적으로 대전된 입자의 경우에는 그 중간 매개물이 전하들 사이의 공간을 채우고 있는 전자기장이다. 이런 장들은 보이지는 않지만 아주 실제적이다. 장은 공간의 매끈하고 보이지 않는 요동으로서 전하들 사이에서 힘을 전달한다.

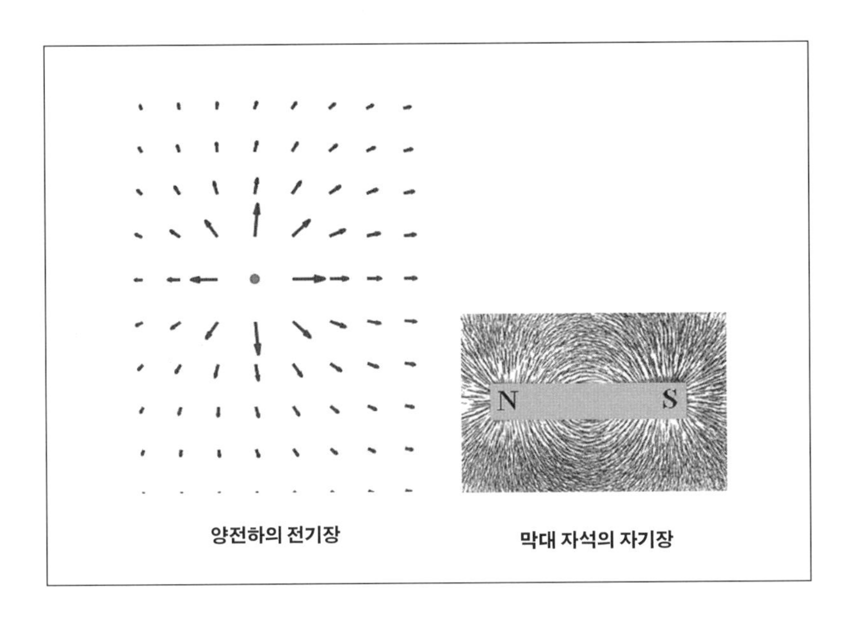

양전하의 전기장 막대 자석의 자기장

아인슈타인은 그의 중력 이론을 훨씬 더 깊이 고찰했다. 질량은 자기 주변의 시공간 기하를 휘며, 그렇게 함으로써 다른 질량들의 궤적을 뒤튼다. 장을 기하 구조의 뒤틀림으로 생각할 수도 있다.

누군가는 여기까지가 장에 대한 이야기의 끝이라고 생각할지도 모른다. 적어도 리처드 파인만이 힘에 대한 양자 이론을 들고 나올 때까지는 그랬다. 힘에 대한 양자 이론은 겉보기에 장에 대한 패러데이-맥스웰-아인슈타인의 이론과 완전히 달라 보인다. 그의 이론은 전기적으로 대전된 입자가 광자를 방출하고(던지고) 흡수할(받을) 수 있다는 생각에서 출발한다. 이 아이디어에 대해서는 논란이 없었다. 전자가 엑스선관 속에서 장애물 때문에 갑자기 멈추면 엑스선이 방출된다는 것은 오래전부터 알려져 있었다. 광자를 흡수하는 그 반대 과정은 이미 아인슈타인이 광양자라는 개념을 처음으로 소개했던 논문에 실려 있었다.

파인만은 대전된 입자를 광자 저글링 곡예사로 묘사했다. 즉 전하를 둘러싼 공간 속에서 수많은 광자를 끊임없이 방출하고 흡수하는 식으로 던졌다 받는다는 것이다. 가만히 정지해 있는 전자는 완벽한 곡예사여서 광자를 결코 놓치는 일이 없다. 하지만 열차 속의 인간 곡예사처럼 갑자기 가속을 하면 사태는 엉망이 된다. 전하는 그 위치에서 멀리 끌려나가 광자를 흡수할 수 없는 위치에 놓일 수도 있다. 그렇게 놓친 광자가 도망쳐 나와 약간의 복사, 즉 빛이 된다.

다시 열차로 돌아가자. 곡예사의 짝이 기차에 올라타서 둘이 어느 정도 짜여진 단체 곡예를 연습하기로 결정했다. 대부분의 경우에는 각 곡예사가 자신이 던진 공을 받지만, 둘이 충분히 가까워지면 이따금씩 다른 사람이 던진 공을 받을 수도 있다. 2개의 전하가 가까워질 때 똑같은 일이 벌어진다. 전하를 둘러싼 광자의 구름들이 뒤섞여, 어떤 전하는 다른 전하가 방출하는 광자를 흡수할 수도 있다. 이 과정을 **광자 교환(photon exchange)**이라고 부른다.

광자 교환의 결과로 두 전하 사이에 힘을 작용한다. 그 힘이 인력(끌어당김)인가 또는 척력(밀어냄)인가 하는 난감한 질문에는 오직 양자 역학의 오묘함만이 대답할 수 있다. 여기서는 파인만이 양자 역학적 계산을 통해 패러데이와 맥스웰의 예견과 똑같은 결과를 얻었다고 말하는 것만으로도 충분할 것이다. 즉 같은 전하는 밀어내고 반대 전하는 끌어당긴다.

전자의 저글링 솜씨를 인간 곡예사와 비교해 보면 흥미롭다. 사람은 던지고 받기를 아마도 1초에 몇 번 정도는 할 수 있을 것이다. 하지만 전자는 1초에 약 10^{19}개의 광자를 방출하고 흡수할 수 있다.

파인만의 이론에 따르면 전하뿐만 아니라 모든 물질이 저글링을 한다. 모든 형태의 물질이 중력장의 양자인 중력자를 방출하고 흡수한다. 지구와 태양은 중력자 구름에 둘러싸여 있으며 중력자는 서로 뒤섞여 교환된다. 그 결과 중력이 지구를 그 궤도에 붙들어 둔다.

그렇다면 전자 하나는 얼마나 자주 중력자를 방출할까? 그 답은 놀랍다. 전자는 그다지 자주 방출하지 않는다. 평균적으로 봤을 때 전자가 중력자 하나를 방출하는 데에는 우주의 전체 나이보다 더 많은 시간이 걸린다. 파인만 이론에 따르면 그것 때문에 기본 입자들 사이의 중력이 전기력과 비교했을 때 아주 약하다.

그렇다면 어떤 이론이 옳을까? 패러데이-맥스웰-아인슈타인의 장 이론일까 아니면 파인만의 입자 저글링 이론일까? 둘 다 진실이라고 하기에는 그 둘이 너무 다른 것처럼 들린다.

하지만 둘 다 옳다. 그 핵심은 내가 4장에서 설명했던 파동과 입자 사이의 양자 상보성이다. 파동은 장의 개념이다. 광파는 전자기장이 급속하게 굽이치는 것에 다름 아니다. 하지만 빛은 입자, 즉 광자이기도 하다. 그래서 힘에 대한 파인만의 입자적인 기술과 맥스웰의 장 이론적인 기술은 양자 역학적 상보성의 또 다른 예가 된다. 저글링하는 입자들의 구름이 만들어 내는 양자장은 **응축체(condensate)**라고 부른다.

끈 이론가들의 재미없는 농담

끈 이론가들 사이에서 유행하고 있는 최신의 농담 하나를 소개할까 한다.

2개의 끈이 술집에 들어가서는 맥주 두 잔을 시켰다. 바텐더가 둘 중 하나에게 말했다. "어이, 한동안 못 봤네. 요즘 어때?" 그러고는 다른 끈에게 돌아서서 이렇게 말했다. "처음 보는데, 안 그래요? 친구분처럼 그쪽도 닫힌 끈인가요?" 그러자 두 번째 끈이 대답했다. "아뇨, 저는 닳아 빠진 매듭이라오."

글쎄, 끈 이론가들에게서 뭘 기대하겠는가?

농담은 여기서 끝나지만 이야기는 계속된다. 그 바텐더는 약간 얼빠진 듯했다. 아마도 바 뒤에서 몰래 너무 많이 마셨기 때문이거나, 두 고객이 양자 떨림을 해대서 바텐더를 어지럽게 했기 때문일 것이다. 그러나 아니었다. 그것은 정상적인 떨림 반응보다 더했다. 그 끈들은 아주 이상하게 움직이는 것처럼 보였다. 마치 어떤 숨겨진 힘이 끈을 세게 당겨서 서로 묶는 것 같았다. 하나의 끈이 갑자기 움직일 때마다 다른 끈이 순식간에 바 의자에서 당겨졌고 그 반대도 마찬가지였다. 하지만 그 둘을 연결하는 것은 아무것도 없어 보였다.

바텐더는 끈들의 기묘한 행동에 매료되어 끈들 사이의 공간을 자세히 들여다보며 단서를 찾았다. 처음에는 그가 볼 수 있는 것이라고는 희미하게 가물거리며 어지럽게 기하 공간이 뒤틀리는 것이었다. 하지만 약 1분 동안 뚫어져라 쳐다보니 두 고객의 몸에서 작은 끈 조각들이 끊임없이 떨어져 나와 그들 사이에서 응축체를 형성했다. 두 끈을 이리저리 밀고 당기는 것은 그 응축체였다.

끈은 정말로 다른 끈을 방출하고 흡수한다. 닫힌 끈의 경우를 예로 들어 보자. 양자 이론적 끈은 단지 영점 운동에 따라 신경질적으로 벌벌 떠는 것 이외에도 2개의 끈으로 분리될 수 있다. 나는 이 과정을 21장에서 설명할 것인데, 여기서는 간단한 그림으로 그 아이디어를 소개하고자 한다.

여기 닫힌 끈 그림이 있다.

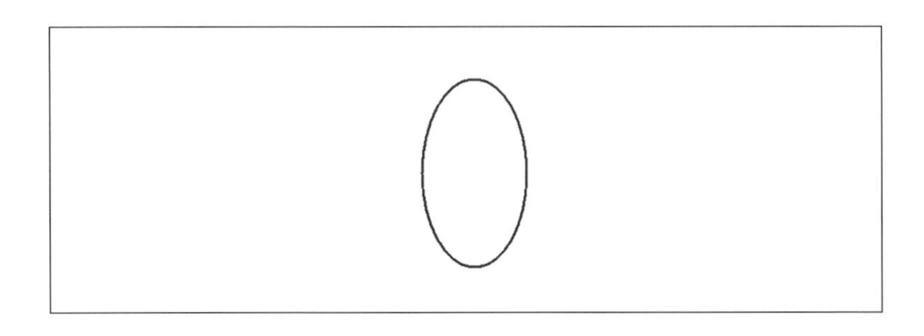

이 끈은 일종의 죄임 운동을 하면서 흔들려 마침내 귀처럼 생긴 부속물이 생겨난다.

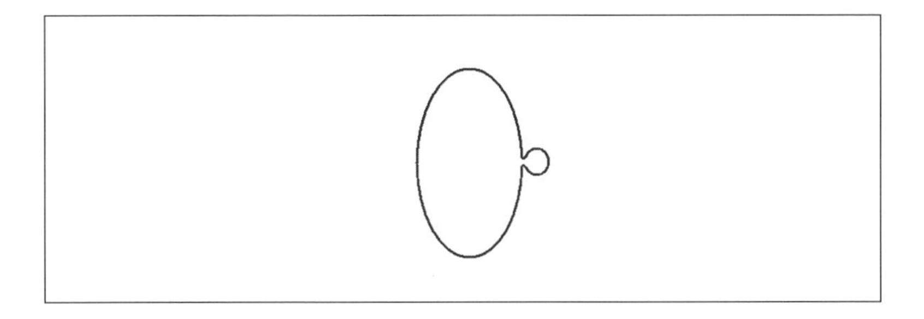

끈은 이제 자신의 작은 조각을 방출하면서 분리된다.

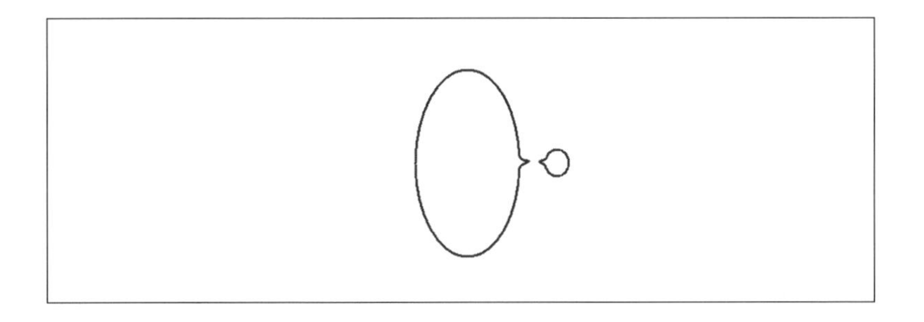

이 반대 과정도 가능하다. 작은 끈이 또 다른 더 큰 끈을 만나면 반대 과정을 통해 흡수될 수 있다.

바텐더가 봤던 것은 자기 고객들을 양자 구름처럼 둘러싸고 있는 작은 끈들의 응축체였다. 하지만 조금 떨어져서 바라보면 그 흐릿한 응축체들이 그의 눈을 혼란시키는 것처럼 보인다. 정확하게 시공간의 굴곡과 만곡이 그러는 것처럼 말이다.

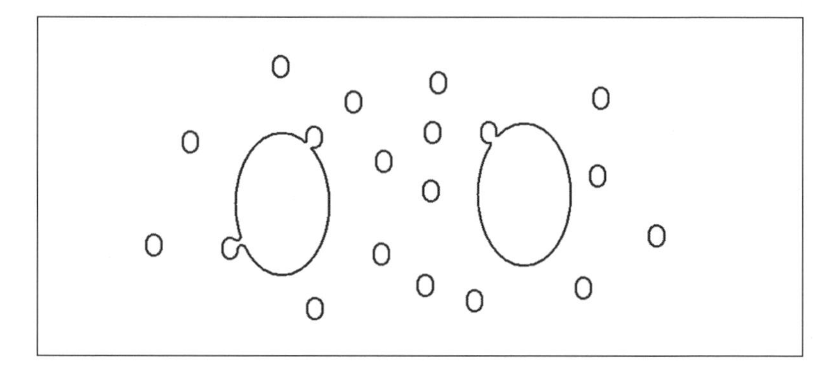

작은 닫힌 끈의 고리는 중력자로서, 더 큰 끈들 주변에 무리지어 다니며 응축체를 형성해 중력장의 효과를 아주 비슷하게 흉내 낸다. 중력자는 구조적으로 핵물리학의 글루볼과 비슷하지만 크기는 10^{19}분의 1이다. 어떤 이들은 이 모든 것이 핵물리학에 무슨 의미가 있을까 하고 의아해할 것이다.

다른 분야의 물리학자들 중에는 끈 이론가들의 흥분을 짜증스럽다고 느끼는 이들도 있다. 끈 이론가들은 "아름답고, 우아하며, 일관되고, 강력한 끈 이론의 수학이 중력에 대한 놀랍고도, 믿기지 않으면서, 환상적인 사실에 이르게 되므로, 그것은 옳을 수밖에 없다."라고 주장한다. 하지만 회의적인 외부인에게는 최고의 찬사가 아무리 많아 봐야, 설령 그것이 정당하다고 할지라도, 설득력 있는 논증으로 여겨지지 않는다. 만약 끈 이론이 자연의 올바른 이론이라면, 그것을 검증하는 길은 최고의 찬사가 아니라 분명한 실험적 예측과 경험적 검증일 것이다. 이들의 말은 분명 옳다. 하지만 끈 이론가들도 옳다. 진짜 문제는 양성자의 10억×10억분의 1인 물체에 대한 실험이 극도로 어렵다는 것이다. 따라서 끈 이론이 결국에는 실험 데이터로 검증되든 되지 않든, 한동안 끈 이론은 양자 중력에 대한 다양한 아이디어를 검증할 수 있는 하나의 수학적 실험실로 기능할 것이다.

끈 이론에서는 중력이 출현하기 때문에 우리는 충분히 무거운 끈들을 모아 놓으면 블랙홀이 만들어질 것이라고 가정할 수 있다. 그래서 끈 이론은 호킹의 역설을 조사할 수 있는 틀이 된다. 만약 호킹이 옳아서 블랙홀에서 필연적으로 정보 손실이 일어난다면, 끈 이론의 수학은 이것을 검증할 수 있을 것이다. 만약 호킹이 틀렸다면, 끈 이론은 정보가 블랙홀에서 빠져나오는 것이 어떻게 가능한지 우리에게 보여 줄 것이다.

헤라르뒤스 토프트와 내가 (내 기억이 맞다면) 스탠퍼드에서 두 번, 위트레흐트에서 한 번 서로를 방문했던 1990년대 초에는, 토프트는 대체로 끈 이론을 믿지 않았다. 비록 그가 끈 이론과 양자장 이론 사이의 관계를 설명하는 중대한 논문들 중 하나를 쓰기는 했지만 말이다. 그가 끈 이론을 좋아하지 않았던 이유가 무엇인지는 잘 모르지만, 부분적으로는 1985년 이후 미국 이론 물리학계가 끈 이론가들의 압도적인 주도하에 동질화되었다는 사실과 관계가 있을 것이라고 추측하고 있다. 영원한 비판자인 토프트는 나처럼 다양성이 중요하다고 믿는다. 과학에서는 어떤 질문에 여러 방식으로 다가갈수록, 그리고 여러 사고 방식을 통해 탐구할수록, 문제 해결의 기회가 더 많아진다.

그러나 토프트의 회의주의는, 너무나 협소한 분파가 물리학을 장악한 것을 고깝게 여기는 데에서 나온 것이 아니었다. 그는 끈 이론도 쓸모가 있다고 생각하기는 하지만, 끈 이론이 '최종 이론'이라는 주장에는 반발하고 있는 것이다.

끈 이론은 우연히 발견되어 조금씩 조금씩 발전해 왔다. 우리는 단 한순간이라도 끈 이론을 정의해 줄 포괄적인 원리들의 집합이나 기본적인 방정식조차 결코 가져 본 적이 없다. 심지어 오늘날에도 끈 이론은 수학적 사실들의 묶음일 뿐이다. 그것이 비록 놀라울 정도로 일관되게 엮여 있지만, 뉴턴의 중력 이론이나 일반 상대성 이론이나 양자 역학이 가지고 있는 핵심 원리라고 할 만한 것은 단 하나도 가지고 있지 않다. 그 대신 서로 들어맞는 퍼즐 조각들의 네트워크가 있을 뿐이다. 마치 아주 복잡한 조각 그림 맞추기와 같아서 우리는 단지 전체 그림을 어렴풋하게나마 감지할 수 있을 뿐이다. 이 장을 시작할 때 인용한 토프트의 말을 기억해 보자. "내가 당신에게 의자를 하나 주면서, 의자 다리는 아직 없고 밑과 등받이와 팔걸이는 아마도 곧 배달될 것이라고 설명한다고 생각해 보자. 내가 당신에게 준 것이 무엇이든 간에 그것을 과연 의자라고 부를 수 있을까?"

끈 이론이 아직은 충분하게 발전된 이론이 아니라는 것은 사실이다. 하지만 지금 이 순간에는 우리를 양자 중력의 궁극적인 원리로 안내할 단연 최상의 수학적 안내자이다. 그리고 끈 이론은 블랙홀 전쟁에서, 특히 토프트 자신의 믿음을 증명하는 데에 가장 유용하고 강력한 무기였음을 첨언하고 싶다.

다음 3개의 장에서 우리는 끈 이론이 어떻게 블랙홀 상보성, 블랙홀 엔트로피의 기원, 그리고 홀로그래피 원리를 설명하고 증명하는 데에 도움이 되는지 알게 될 것이다.

20장
앨리스가 본 마지막 프로펠러

대부분의 물리학자들, 특히 일반 상대성 이론을 전공하는 물리학자들에게 블랙홀 상보성은 진실이라기에는 너무나 황당무계한 소리처럼 들릴 것이다. 그것은 그들이 양자적인 모호함을 불편해하기 때문이 아니다. 플랑크 규모에서의 모호함은 전적으로 받아들일 만하다. 그러나 블랙홀 상보성은 뭔가 훨씬 더 급진적인 것을 제안하고 있다. 관측자의 운동 상태에 따라 하나의 원자가 아주 작은 미시적 물체로 남아 있을 수도 있고, 거대한 블랙홀의 지평선 전체에 퍼져 있을 수도 있다. 이 모호함은 그 정도가 너무 커서 곧이곧대로 받아들이기가 어렵다. 나조차도 이상하게 느낄 정도이니까 말이다.

1993년 샌타바버라 학회가 끝난 뒤 몇 주 동안 내가 블랙홀 상보성에 대해 생각하고 있을 때, 그 독특한 행동에서 예전에 봤던 뭔가가 연상되기 시작했다. 24년 전 끈 이론이 아직 걸음마 단계일 때, 기본 입자들을 표현하는 데 썼던 매우 작은 끈 같은 물체(나는 이것을 '고무 밴드'라고 불렀다.)의 성질이 나를 괴롭혔다.

끈 이론에 따르면 세상 모든 것은 에너지를 가진 1차원의 탄성이 있는 끈으로 만들어져 있다. 이 끈은 늘일 수도 있고, 현악기처럼 뜯을 수도 있고, 또 빙글빙글 돌릴 수도 있다. 먼저 플랑크 길이보다 더 크지 않은 초소형 고무 밴드로 이뤄진 입자가 있다고 생각해 보자. 고무 밴드를 현악기처럼 뜯으면 고무 밴드는 가볍게 흔들리며 진동하기 시작한다. 만약 고무 조각들 사이에 마찰이 없으면 그 가벼운 흔들림과 진동은 영원히 계속될 것이다.

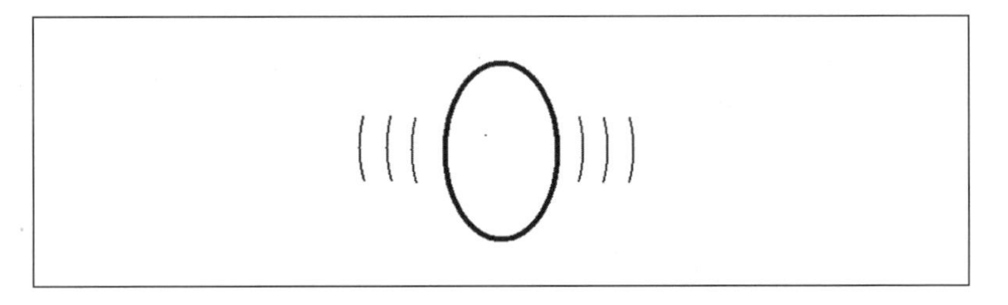

끈에 에너지를 더하면 그 끈은 훨씬 더 격렬하게 진동하며, 때로는 사납게 요동치는 거대한 털실 뭉치와 닮은 상태에 이르게 된다. 이런 진동은 **열적 떨림**인데 끈에 실제 에너지를 보탠다.

하지만 양자 떨림을 잊지 말자. 계의 모든 에너지를 제거해 그 계를 바닥 상태에 처박아 둬도, 떨림은 결코 완전히 사라지지 않는다. 기본 입자의 이 복잡한 운동은 미묘하지만 비유의 힘을 빌려서 이것을 설명할 수 있다. 하지만 우선 나는 당신에게 개 호루라기와 비행기 프로펠러에 대해서 이야기하고자 한다.

무슨 이유에서인지 개들은 인간이 감지할 수 없는 높은 주파수의 소리를 들을 수 있다. 아마도 개의 고막이 더 가벼워서 더 높은 진동수로 진동할 수 있기 때문일 것이다. 따라서 만약 이웃에 폐를 끼치지 않고 개를 부를 필요가 있을 때에는 개 호루라기를 사용하면 된다. 개 호루라기는 아주 높은 진동수의 소리를 만들기 때문에 인간의 청각 기관은 반응하지 않는다.

이제 앨리스가 블랙홀로 뛰어들며, 밥에게 돌봐 달라고 남긴 렉스에게 신호를 보내기 위해 개 호루라기를 분다고 생각해 보자.[1] 처음에 밥은 아무 소리도 못 듣는다. 진동수가 너무 높아 그의 귀로는 들을 수 없다. 하지만 지평선 가까이에서 나오는 신호에 무슨 일이 벌어지는지 떠올려 보라. 밥이 보기에 앨리스와 그녀의 모든 행동은 점차 느려지는 것처럼 보인다. 그녀의 호루라기에서 나오는 높은 진동수의 소리도 마찬가지이다. 처음에는 그 소리가 밥이 들을 수 있는 범위 밖에 있다고 하더라도 앨리스가 지평선에 다가감에 따라 밥은 그 호루라기 소리를 들을 수 있게 된다. 앨리스의 개 호루라기가 고주파 대역 전체에 걸쳐 소리를 낼 수 있어서 렉스의 가청 범위 밖의 소리도 낼 수 있다고 가정해 보자. 밥은 무슨 소리를 듣게 될까? 처음에는 아무 소리도 듣지 못한다. 하지만

---

1. 엄밀하게 말하자면 소리는 빈 공간에서 전파될 수 없다. 당신은 배수구의 비유로 돌아가든지 앨리스의 호루라기를 자외선 회중 전등으로 바꾸면 된다.

밥은 곧 호루라기에서 나오는 가장 낮은 진동수를 들을 수 있다. 시간이 지남에 따라 그다음으로 높은 음도 들을 수 있다. 머지않아 밥은 앨리스의 호루라기가 만들어 내는 교향악을 모두 들을 수 있다. 내가 비행기 프로펠러에 대해 이야기하는 동안 이 이야기를 가슴에 새겨 두기 바란다.

비행기 프로펠러가 천천히 느려지며 멈추는 것을 한번쯤은 본 적이 있을 것이다. 처음에는 프로펠러의 날개가 보이지 않아서 당신이 볼 수 있는 것이라고는 가운데 축밖에 없다.

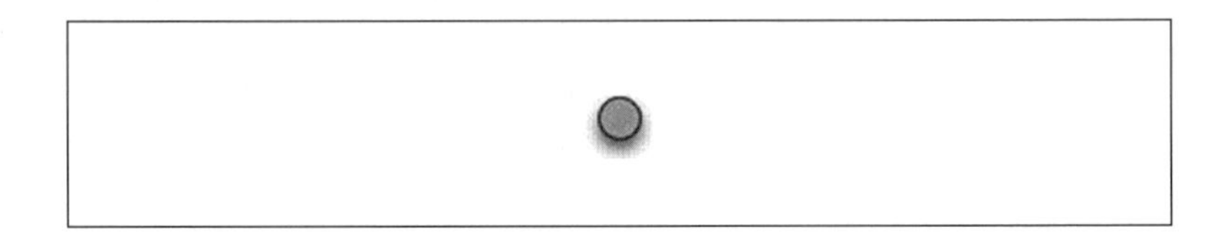

하지만 프로펠러가 속도를 늦춰 그 진동수가 초당 약 30회 아래로 떨어지면 프로펠러 날개가 보이기 시작하고 처음 가운데 축보다 큰 물체로 보인다.

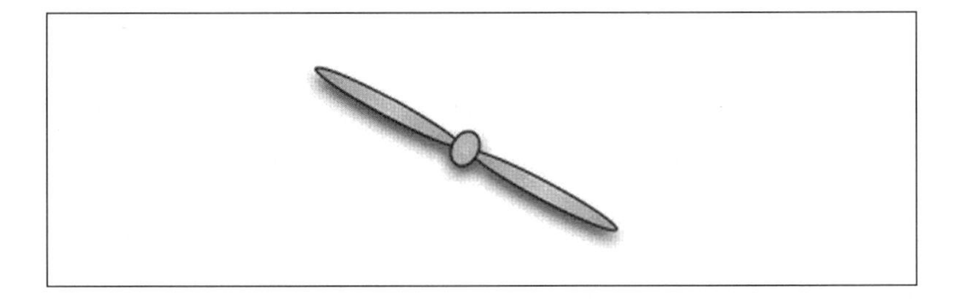

이제 비행기가 새로운 종류의 '복합' 프로펠러를 가지고 있다고 생각해 보자. 이것을 '앨리스의 프로펠러'라고 부르자. 각각의 프로펠러 날개 끝에는 또 다른 축이 있고 추가적으로 '2단계' 날개들이 붙어 있다. 2단계 날개들은 주날개보다 훨씬 더 빨리 돈다. 가령 10배 더 빨리 돈다고 치자.

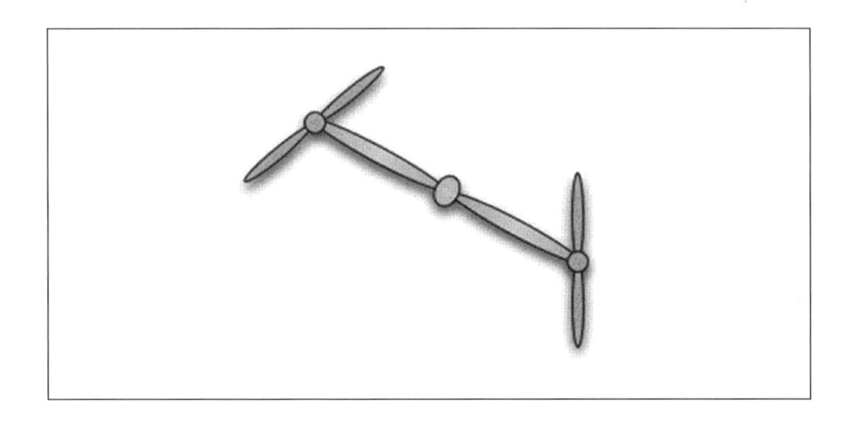

1단계 날개가 눈에 들어오기 시작할 때에도 2단계 날개들은 여전히 보이지 않는다. 프로펠러가 속도를 훨씬 더 많이 늦춰야 2단계 날개도 눈에 들어온다. 여기서 또다시 그 구조가 더 커진 것처럼 보인다. 2단계 날개의 끝에는 3단계 날개가 붙어 있다. 그 날개는 2단계 날개보다 10배 더 빨리 돈다. 속도를 늦추는 데에 훨씬 더 많은 시간이 걸리겠지만, 시간이 지나면 이 복합 프로펠러는 더 넓은 영역에 걸쳐 있는 것처럼 보일 것이다.

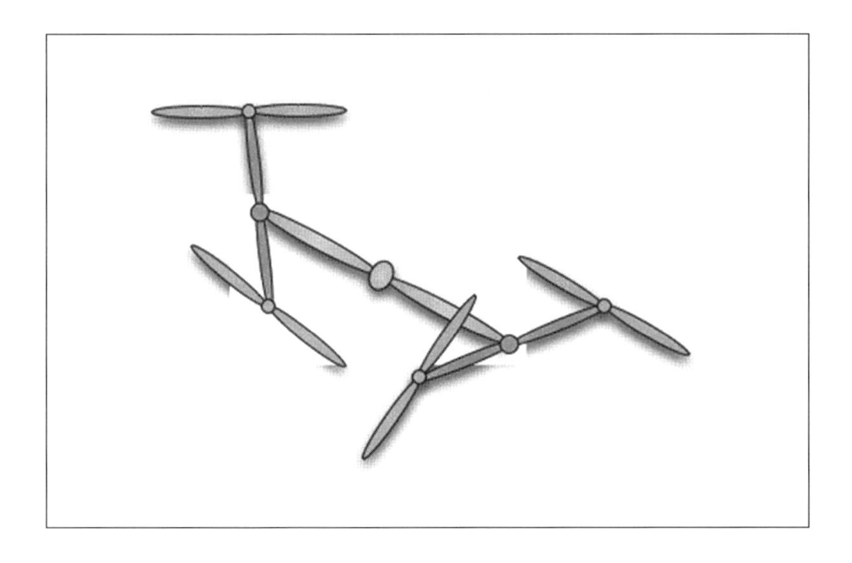

앨리스의 비행기는 3단계에서 멈추지 않는다. 그 프로펠러는 끝없이 계속되고, 속도를 늦춤에 따라 수많은 프로펠러로 구성된 복합 프로펠러의 점점 더 많은 부분을 볼 수 있게 된다. 프로펠러는 점점 더 크게 자라나서 마침내 거대해진다. 하지만 프로펠러가 완전히 멈추지 않는 한, 당신이 볼 수 있는 수준은 제한되어 있다.

다음 단계는, 당신은 짐작했을지도 모르겠지만, 앨리스가 자신의 비행기를 몰고 블랙홀로 똑바로 날아가는 것이다. 밥은 어떤 광경을 보게 될까? 지금까지 이야기한 모든 것들로부터, 특히 블랙홀과 타임머신에 대한 이야기로부터 당신은 아마 혼자서도 생각해 낼 수 있을 것이다. 시간이 흐름에 따라 프로펠러는 느려지는 것처럼 보일 것이다. 먼저 첫 번째 날개가 보이고, 그다음으로 더 많은 날개가 싹이 돋듯 단계적으로 생겨나면서 점점 더 많은 부품들이 눈에 들어올 것이며, 결국에는 프로펠러가 지평선 전체를 덮을 만큼 커질 것이다.

이것은 밥이 보게 될 광경이다. 하지만 프로펠러 옆에서 움직이는 앨리스는 무엇을 보게 될까? 유별난 것은 하나도 없다. 만약 그녀가 개 호루라기를 불고 있다면 그녀는 그 소리를 들을 수 없을 것이다. 앨리스가 프로펠러를 보면 프로펠러는 여전히 너무 빨리 돌아 그녀의 눈이나 카메라가 감지할 수 없을 것이다. 앨리스는 당신과 내가 고속의 프로펠러를 바라볼 때 보는 것, 즉 축 이외에는 아무것도 보지 못할 것이다.

이런 그림이 뭔가 잘못되었다고 생각할지도 모르겠다. 앨리스가 빠르게 회전하는 프로펠러를 볼 수 없을지는 모르지만, 프로펠러를 감지할 수 없다고 말하는 것은 지나친 것 같다. 어쨌든 프로펠러는 앨리스를 갈기갈기 찢어 버릴 수도 있으니까 말이다. 사실 그것은 실제 프로펠러에 대해서는 맞는 말이지만, 내가 기술하고 있는 운동은 좀 더 미묘하다. 4장과 9장에서 내가 자연에는 두 종류의 떨림이 있다고 설명한 것을 기억해 보자. 열적 떨림은 위험하다. 이것은 당신의 말초 신경에 에너지를 전달해 고통을 주거나 스테이크를 익힐 수도 있다. 열적 떨림은 온도가 충분히 높으면 분자들과 원자들을 서로 찢어 놓을 수도 있다. 하지만 스테이크를 차갑고 텅 빈 우주 공간에 아무리 오랫동안 둬도 전자기장의 양자 떨림은 스테이크를 조금도 익히지 못할 것이다.

1970년대 베켄스타인, 호킹, 그리고 특히 빌 운루 같은 블랙홀 이론가들은 블랙홀 근처에서는 열적 떨림과 양자 떨림이 이상한 방식으로 뒤섞인다는 것을 증명했다. 지평선을 통과해 떨어지고 있는 누군가에게는 순전히 양자 요동처럼 보이는 떨림이, 블랙홀 바깥에 남아 떠돌고 있는 모든 것에게는 극도로 위험한 열적 떨림이 된다. 이것은 마치 앨리스에게는 보이지 않는 양자 떨림이, 밥의 좌표계에서는 열적 떨림이 되는 것과 같다. 앨리스가 감지하지 못하는 안전한 양자 떨림은, 밥이 지평선 바로 위를 떠돌아 다닌다면, 밥의 목숨을 위협할 것이다.

당신은 어쩌면 이 설명과 블랙홀 상보성의 연관성을 파악했을지도 모르겠다. 사실 이것은 내가 15장에서 블랙홀로 떨어지는 원자에 관해 설명했던 것과 놀라울 정도로 비슷하다. 5개 장 앞의 이야기이니까, 여기서 얼른 기억을 가다듬어 보자.

앨리스가 지평선을 향해 떨어지는 동안 그녀의 눈은 그녀 옆에서 떨어지고 있는 원자에 맞춰져 있다고 생각해 보자. 그 원자는 지평선을 지나갈 때조차 완전히 평범해 보인다. 원자 속의 전자는 원자핵 주변을 평상시의 주기로 공전하며, 다른 여느 원자(이 책 한 쪽의 약 10억분의 1)보다 더 커 보이지도 않는다.

한편 밥에게는 원자가 지평선에 다가갈수록 속도가 느려지는 것처럼 보이며, 동시에 열적 떨림이 원자를 흩어 끝없이 넓게 퍼뜨리는 것처럼 보인다. 이 원자는 마치 앨리스 비행기의 초소형 버전 같다.

원자가 프로펠러를 무한히 가지고 있다는 뜻이냐고? 놀랍게도 내가 뜻하는 바는 이것과 정확하게 똑같다. 기본 입자는 보통 아주 작은 물체로 여겨진다. 앨리스의 복합 프로펠러의 중심축은 작지만, 모든 단계의 구조를 포함한 복합 프로펠러 구조물 전체는 굉장히 거대하며 심지어 무한히 크다. 그렇다면 기본 입자가 작다고 말하는 것은 틀린 주장일 수도 있지 않을까? 이 문제에 대해 실험은 뭐라고 할까?

입자를 실험적으로 관측한다는 것이 무엇 뜻일까? 일단 실험을 움직이는 물체를 촬영하는 것과 비슷한 어떤 과정으로 생각하는 것이 유용하다. 빠른 움직임을 잡아내는 능력은 카메라가 영상을 기록하기 위해 얼마나 빨리 작동할 수 있는가에 달려 있다. 셔터 속도는 '시간 해상도'의 중요한 척도이다. 셔터 속도가 앨리스의 복합 프로펠러를 촬영하는 데에서 핵심적인 역할을 하리라는 점은 명백하다. 느린 카메라는 단지 중심축만 잡아낼 것이다. 더 빠른 카메라는 보다 높은 진동수의 부가적인 구조도 잡아낼 것이다. 하지만 우연히 블랙홀로 떨어지는 비행기라도 찍지 않는 한, 셔터 속도가 가장 빠른 카메라라고 해도 포착할 수 있는 복합 프로펠러의 구조에는 한계가 있을 것이다.

입자 물리학 실험에서 셔터 속도는 충돌하는 입자의 에너지와 관계가 있다. 에너지가 더 높을수록 셔터 속도가 더 빠르다. 불행하게도 셔터 속도는 입자를 아주 높은 에너지로 가속시키는 인간의 능력에 한계가 있는 탓에 심한 제약을 받는다. 할 수만 있다면 플랑크 시간보다 더 짧은 시간 간격 동안 벌어지는 운동을 분석하는 것이 이상적이다. 그러려면 입자를 플랑크 질량 이상의 에너지까지 가속시켜야만 한다. 원리적으로야 쉽지만 실제로는 불가능하다.

여기서 이야기를 잠깐 멈추고 현대 물리학이 직면한 범상치 않은 어려움을 생각해 보는 것이 좋겠다. 가장 작은 물체와 가장 빠른 운동을 관측하기 위해 물리학자들은 20세기 내내 더 큰 가속기를 만드는 일에 매달려 왔다. 최초의 가속기는 탁자 위에 올려놓을 수 있을 정도로 단순한 장비였고, 원자의 구조를 탐색할 수 있었다. 원자핵 탐색에는 좀 더 큰, 대략 건물만한 기계가 필요했다. 쿼크는 가속기의 길이가 수킬로미터까지 커지고 나서야 비로소 발견되었다. 오늘날 가장 큰 가속기는 스위스 제네바에 있는 LHC(Large Hadron Collider, 대형 강입자 충돌기)로서, 그 둘레가 거의 30킬로미터에 이른다. 하지만 이것도 플랑크 질량까지 입자를 가속시키기에는 너무나 작다. 플랑크 규모의 진동수로 일어나는 운동을 분석하기 위해서는 가속기가 얼마나 더 커져야 할까? 가장 작게 만든다고 치더라도 그 답은 절망적이다. 한 입자를 플랑크 질량까지 가속시키려면 가속기가 적어도 우리 은하만큼은 커야 한다.

쉽게 말해, 현대 기술로 플랑크 규모의 운동을 관측한다는 것은, 셔터가 약 1000만 년 동안 열려 있는 카메라로 비행기의 회전하는 프로펠러를 촬영하는 것에 견줄 수 있다. 우리가 볼 수 있는 것이라고는 중심축밖에 없기 때문에 기본 입자들은 당연하게도 아주 작게 보인다.

입자들이 바깥쪽에 고주파로 진동하는 구조를 가지고 있는지를 실험을 통해 알 수 없다면, 우리는 최상의 이론에 기댈 수밖에 없다. 20세기 후반에 기본 입자 연구에서 강력한 역할을 해 온 수학적 틀은 양자장 이론이었다. 양자장 이론은 흥미로운 연구 주제로서, 입자들이 너무나 작아 공간의 점으로 여길 수 있다는 가정에서 출발한다. 하지만 이런 그림은 곧 무너져 내린다. 입자들은 엄청난 속도로 나타났다 사라지는 입자들에 둘러싸여 있다. 이처럼 새롭게 나타났다 사라지는 입자들도 훨씬 더 빠르게 나타났다 사라지는 입자들로 둘러싸여 있다. 셔터 속도로 점점 올려 촬영하면, 끊임없이 생멸하는, 무수히 많은 입자들에 둘러싸여 있는 입자의 내부 구조가 점점 더 많이 드러날 것이다. 느린 카메라로 찍은 분자의 상은 선명하지 않을 것이다. 만약 셔터 속도가 충분히 빨라서 원자의 운동을 잡아낼 수 있을 정도라면 분자가 원자들의 집합체라는 사실을 알 수 있게 된다. 원자 단위까지 이런 이야기를 계속 반복할 수 있다. 원자핵 주변을 뿌옇게 둘러싸고 있는 대전된 구름을 전자로 분해해 보려면 셔터 속도가 훨씬 더 빨라야 한다. 원자핵은 양성자와 중성자로 분해되고, 이 입자들은 쿼크로 분해되며, 그렇게 계속 나아간다.

하지만 이렇게 셔터 속도를 점차 높여 사진을 찍는다고 해서 우리가 찾고 있는, 점점 더 많은 공간을 채우면서 팽창하는 구조를 볼 수는 없을 것이다. 대신 셔터 속도를 보다 빠르게 함으로써 더 작은 입자들이 마트료시카(겹겹이 끼워진 러시아 인형)처럼 겹겹이 쌓인 계층을 형성하는 것을 볼 수 있을 것이다. 이것은 입자들이 지평선 근처에서 어떻게 행동하는지를 설명해 주지 않는다.

끈 이론 쪽이 훨씬 더 전망이 밝다. 끈 이론이 말하는 바는 너무나 반직관적이어서 물리학자들은 여러 해 동안 그것으로 할 수 있는 일이 뭔지 몰랐다. 끈 이론은 기본 입자를 아주 작은 끈의 고리로 기술하는데 이것은 복합 프로펠러와 꼭 닮았다. 느린 셔터 속도에서 시작해 보자. 기본 입자는 거의 점처럼 보인다. 이것을 프로펠러의 중심축이라고 생각해도 좋다. 이제 셔터 속도를 높여 플랑크 시간보다 좀 더 긴 시간 동안 열어 두자. 그 영상은 입자가 끈이라는 것을 보여 주기 시작한다.

셔터 속도를 훨씬 더 빠르게 해 보자. 당신은 끈의 모든 부분들이 요

동치고 진동하는 것을 볼 수 있다. 이 새로운 사진에서 끈이 뒤엉킨 것이 더 퍼져 나간 것처럼 보인다. 하지만 여기서 끝나는 것이 아니다. 이 과정은 그 자체로 되풀이된다. 끈의 작은 고리와 굴곡이 모두 그 자체로 더 심하게 요동치는 고리와 굴곡으로 이뤄져 있음을 알게 된다.

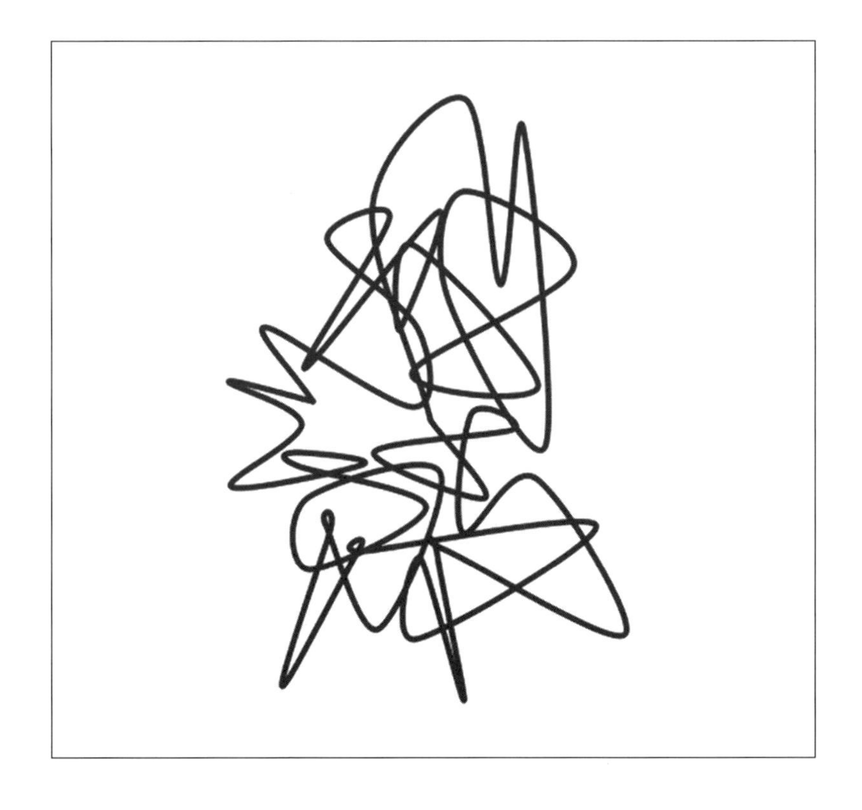

밥이 끈 같은 입자가 지평선을 향해 떨어지는 것을 지켜볼 때, 그는 무엇을 보게 될까? 처음에는 진동 운동이 너무나 빨라서 세부 사항을 보지 못한다. 그래서 밥이 보는 것이라고는 아주 작은 축처럼 생긴 중심뿐이다. 하지만 곧 지평선 근처의 시간이 가진 독특한 성질이 제 목소리를 내기 시작하며, 끈의 운동은 속도가 느려지는 것처럼 보인다. 밥은 앨리스의 복합 프로펠러를 봤을 때와 똑같은 방식으로 점점 더 많은 진동 구조를 보게 된다. 시간이 흐르면서 훨씬 더 빠른 진동도 눈에 들어오게 되고, 결국 그 끈은 블랙홀 지평선 전체를 덮을 정도로 커지게 된다.

그런데 우리가 그 입자와 함께 나란히 떨어지면 어떻게 될까? 그때는 시간이 정상적으로 흘러간다. 진동수가 높은 요동은 진동수가 높은 채로 남아 있어서 우리의 느린 카메라의 촬영 범위를 한참 벗어나 있다. 지평선 근처에 있다고 해 봤자 별 소득도 없다. 앨리스의 프로펠러 비행기와 마찬가지로 우리는 단지 아주 작은 중심축만 볼 수 있을 뿐이다.

끈 이론과 양자장 이론은 셔터 속도가 증가함에 따라 사물이 변하는 것처럼 보인다는 성질을 공유하고 있다. 하지만 양자장 이론에서는 그 물체가 커지지 않는다. 대신 물체가 러시아 인형처럼 훨씬 더 작은 물체로 분해되는 것처럼 보인다. 그러나 그 구성 요소가 플랑크 길이만큼 작아지면 완전히 새로운 패턴이 발현된다. 앨리스 비행기의 패턴 말이다.

러셀 호반(Russell Hoban, 1925년~)의 우화 「쥐와 그 아이(The Mouse and His Child)」에는 양자장 이론의 작동 방식을 설명하는 데 적당한 재미있는 비유가 있다. (호반이 그것을 의도하고 이 이야기를 만든 것은 아니다.) 아버지와 아들인 장난감 기계 쥐들은 악몽 같은 모험을 하던 어느 날, 아주 멋진 본조(Bonzo, 미국의 유명 개먹이 회사. — 옮긴이) 개먹이 통조림을 발견한다. 통조림의 상표에는 본조 개먹이 통조림을 물고 있는 개가 그려져 있고, 또 그 상표 속 통조림의 상표에도 본조 개먹이 통조림을 물고 있는 개가 있고,

또 그 상표 속에도……. 쥐 부자는 더욱더 깊이 들여다보며 "눈으로 볼 수 있는 마지막 개"를 보려고 애를 쓰지만, 그들이 그 개를 봤는지는 결코 알 수 없다.

물체 안의 물체 안의 물체, 양자장 이론이 이야기하는 바는 이것이다. 그러나 본조 개먹이 통조림의 상표와는 달리 그 물체는 움직이며, 물체가 더 작을수록 더 빨리 움직인다. 그래서 이것들을 보려면 더 강력한 현미경과 가장 빠른 카메라가 모두 필요하다. 그러나 여기서 한 가지 사실에 주목해야 한다. 그렇게 점점 더 많은 구조가 밝혀지더라도 분자나 본조 개먹이 통조림 어느 것도 크기가 더 커지는 것처럼 보이지 않는다.

끈 이론은 이것과 달리 앨리스의 비행기와 더 비슷하게 작동한다. 물체가 느려지면 점점 더 많은 끈 같은 '프로펠러'가 눈에 들어온다. 이것들이 차지하는 공간의 양은 증가하며, 따라서 전체적인 복합 구조가 커진다. 물론 앨리스의 비행기는 하나의 비유이다. 하지만 그 비행기는 끈 이론의 많은 수학적 성질들을 담고 있다. 끈은 다른 것과 마찬가지로 양자 떨림을 하지만, 특별한 방식으로 그렇게 한다. 앨리스의 비행기, 또는 앨리스의 개 호루라기 교향악처럼 끈은 여러 가지 진동수에서 진동한다. 대부분의 진동은 강력한 입자 가속기가 만들 수 있는 아주 빠른 셔터 속도로도 잡아낼 수 없을 정도로 빠르다.

1993년 나는 이런 것들을 깨닫기 시작하면서 호킹의 맹점 또한 깨닫게 되었다. 양자장 이론을 배운 대부분의 물리학자들에게 양자 떨림과 무제한적으로 커지는 구조를 가진 입자라는 생각은 극도로 낯설었다. 역설적이게도 이런 가능성을 가장 먼저 암시한 사람 중 하나가 세상에서 가장 위대한 양자장 이론가이며 나의 전우인 토프트였다. 비록 그는 이런 생각을 끈 이론의 언어가 아니라 자신만의 방식으로 표현했지만, 그의 연구 또한 '시간 해상도'를 증가시켜 사물을 조사하면 사물이 커진다는 것을 함축하고 있었다. 그것과 반대로 호킹의 묘기 보따리 속에는 앨리스의 비행기가 아니라 본조 개먹이 통조림의 상표가 들어 있었다. 호킹에게는 점 입자의 양자장 이론이 미시적인 물리학의 고갱이였던 것이다.

21장
블랙홀을 세다

어느 날 아침 내가 아침을 먹으러 아래층으로 내려갔을 때 아내 앤이 내가 티셔츠를 앞뒤로 뒤집어 입었다고 말했다. 직물로 된 V자 모양 옷깃 부분이 등 쪽에 가 있었다. 그날 내가 조깅을 하고 돌아왔을 때 아내가 웃으며 말했다. "이제는 안팎이 뒤집어졌어요." 그 말에 나는 생각에 잠겼다. 티셔츠를 입는 데에는 몇 가지 방법이 있을까? 앤이 조롱하는 듯한 말투로 대꾸했다. "당신 같은 물리학자들은 언제나 그런 시시한 생각만 하는군요." 나는 내 똑똑함을 자랑하기 위해 재빨리 티셔츠를 입는 데에는 스물네 가지 방법이 있다고 말했다. 우리는 티셔츠의 구멍 4개 가운데 어느 곳에라도 머리를 집어넣을 수 있다. 그렇게 되면 몸통이 들어갈 구멍은 3개 남는다. 목이 들어갈 구멍과 몸통이 들어갈 구멍을 정하고 나면 왼팔이 들어갈 수 있는 구멍은 2개가 남는다. 일단 왼팔이 어디로 들어갈지를 정하면 오른팔에게는 단 한 가지 선택지만이 남는다. 이로부터 열두 가지의 선택 방법이 나온다. 그런데 셔츠를 안팎으로 뒤집어 입을 수 있으므로 열두 가지 방법이 더 생긴다. 그래서 나는 자랑스럽게 그 문제를 풀었다고 큰 소리쳤다. 티셔츠를 입는 데에는 스물네 가지 방법이 있다. 하지만 앤에게는 그다지 인상적이지 않았던 모양이다. 앤은 "아니, 스물다섯가지에요. 한 가지를 빠뜨렸어요."라고 대꾸했다. 나는 당황하며 물었다. "뭘 빠뜨렸지?" 아내는 차가운 눈빛으로 이렇게 말했다. "둘둘 말아 처박아 넣는 거요." 당신도 무슨 뜻인지 알아챘을 것이다.[1]

물리학자들은 뭔가를, 특히 가능한 경우의 수를 아주 잘 센다. (그리고 수학자들은 훨씬 더 잘 센다.) 경우의 수를 세는 것은 엔트로피를 이해하는 핵심이다. 하지만 블랙홀의 경우, 우리는 정확하게 무엇을 세는 것일까? 블랙홀에서 셀 수 있는 경우의 수는 티셔츠를 입는 방법의 수는 확실히 아니다.

블랙홀의 경우의 수를 세는 것이 왜 그렇게 중요할까? 호킹이 블랙홀의 엔트로피가 플랑크 단위로 잰 지평선의 넓이와 같다는 것을 계산했을 때 이미 그 답이 나온 셈이다. 하지만 블랙홀 엔트로피와 관련해서 엄청난 혼란이 존재한다. 이제 그 이유를 당신에게 알려 주려고 한다.

호킹은 엔트로피가 숨겨진 정보(세부 사항을 알면 셀 수 있는 정보)라는 아이디어 전체가 블랙홀에 관해서는 분명히 틀렸다고 주장했다. 이런 말을 한 것은 호킹만이 아니었다. 거의 모든 블랙홀 전문가들이 똑같은 결론에 이르렀다. 블랙홀 엔트로피는 뭔가 다른 것으로서 양자 상태의 수

1. 이 대목을 쓴 뒤로 앤은 티셔츠를 입는 방법을 적어도 10개는 더 찾아냈다.

를 세는 것과 전혀 상관이 없다는 것이다.

호킹과 상대성 이론 전문가들은 왜 이처럼 극단적인 관점을 가지게 되었을까? 문제는 블랙홀 안으로 더 많은 정보를 계속해서 던져 넣을 수 있으며(서커스에서 차에 광대를 무제한 태울 수 있는 것처럼) 어떤 정보도 다시 밖으로 새어 나오지 않게 할 수 있다는 호킹의 그럴싸한 주장 때문이었다. 만약 엔트로피가 '블랙홀에 숨길 수 있는 정보 조각의 총량'이라는 통상적인 의미를 가진다면 숨길 수 있는 정보량에는 한계가 있어야만 한다. 하지만 만약 블랙홀에서 무한히 많은 정보 조각이 사라질 수 있다고 하면, 숨겨진 가능성의 수를 모두 센다고 해서 블랙홀 엔트로피를 계산할 수는 없게 된다. 그리고 그것은 물리학에서 가장 오래되고 가장 신뢰할 만한 분과인 열역학을 혁명적으로 바꿔야 함을 의미한다. 그래서 블랙홀이 엔트로피가 정말로 블랙홀 가질 수 있는 상태의 수를 세는 것인지, 아닌지를 아는 것이 급박한 문제가 되어 버렸다.

이 장에서 나는 끈 이론가들이 어떻게 이 셈법에 매달렸는지, 그리고 그 과정에서 어떻게 베켄스타인-호킹 엔트로피에 확고한 양자 역학적 근거를 부여하게 되었는지 이야기하고자 한다. 그 양자 역학적 근거는 정보 손실을 용납하지 않는다. 이것은 하나의 주요한 성취였으며, 긴 여정을 거쳐 블랙홀이 무한히 많은 양의 정보를 삼킬 수 있다는 호킹의 주장을 밑바닥에서부터 무너뜨렸다.

그 전에 헤라르뒤스 토프트가 처음 제안했던 생각 하나를 설명하고자 한다.

토프트의 추론

기본 입자들은 모두 다 다르다. 그런데 기본 입자들이 왜 서로 다른지는 물리학자들이 아직 완전히 이해하지 못했다고 말하는 것이 온당할 것이다. 하지만 그 기본 입자들 중에는 실험을 통해 발견된 것도 있고, 이론적인 관점에서 그 존재가 예측된 것도 있다. 우리는 기본 입자가 왜 이렇게 많은지 같은 심오한 문제의 답을 모른다고 해도, 이 입자들 전체를 경험주의적인 관점에서 조감할 수 있다. 기본 입자들을 나타내는 한 가지 방법은 다음 그림처럼 하나의 축 위에 입자들을 그려 넣어 일종의 기본 입자 스펙트럼을 만드는 것이다. 수평축은 질량을 나타내는데, 왼쪽 끝은 가장 가벼운 입자에 해당하고, 오른쪽으로 갈수록 무거운 입자이다. 수직선은 특정한 입자들을 표시한다.

질량이 좀 더 적은 쪽(왼쪽)에는 우리에게 익숙한 입자들이 몰려 있다. 이 입자들의 존재는 확실하다. 그중 둘은 질량이 없어서 광속으로 운동한다. 광자와 중력자이다. 그리고 다양한 형태의 중성미자, 전자, 몇몇 쿼크들, 뮤 렙톤, 또 다른 종류의 쿼크들, W 보손, Z 보손, 힉스 보손, 그리고 타우 렙톤이 있다. 각 입자의 이름과 입자 각각의 세부 사항은 중요하지 않다.

질량이 어느 정도 커지면, 우리는 그 무거운 입자들에 대해 존재하지 않을까 하는 추론 정도만 할 수 있다. 하지만 많은 물리학자들(나를 포함해서)은 그 입자들이 존재할 것이라고 생각한다.[2] 이 가설적인 입자들을

2. LHC라는 유럽 가속기가 몇 년 안에 이 답을 가르쳐 줄 것이다.

초짝(superpartner, **초대칭짝**)이라고 한다. 왜 이렇게 불리는지는 중요하지 않다. 초짝들 다음에는 커다란 간극이 있는데 물음표로 표시해 두었다. 이 간극에 입자가 있을지 없을지조차 우리는 알지 못한다. 단지 이 영역에 입자들이 있다고 가정할 만한 이유가 전혀 없을 뿐이다. 게다가 지금 건설되고 있거나 계획되고 있는 어떤 가속기도 이처럼 큰 질량을 가진 입자를 만들 만큼 충분히 강력하지 못할 것이다. 그래서 이 간극은 미지의 땅이다.

그다음 초짝들의 질량을 훌쩍 넘어서는 질량을 가진 **대통일 입자**(Grand Unification particle)들이 있다. 이 입자들 또한 추측 속의 입자들이지만, 이 입자들이 존재한다고 믿는 데에는 아주 훌륭한 이유들이 있다. 내 견해로는 초짝들에 대한 것들보다 훨씬 더 좋은 이유들이다. 하지만 이 입자들을 발견한다고 해도 기껏해야 간접 발견일 것이다.

내 그림에서 가장 논란이 있는 입자는 **끈 들뜸**(string excitation)이다. 끈 이론에 따르면 이 입자들은 들뜬 상태에 있는 보통 입자들이다. 이 입자들은 아주 무겁고 회전하고 진동하고 있다. 그리고 맨 끝에 **플랑크 질량**이 있다. 1990년대 초반 이전 대부분의 물리학자들은 플랑크 질량이 기본 입자 스펙트럼의 끝일 것이라고 기대했다. 하지만 토프트는 다르게 생각했다. 그는 더 큰 질량을 가진 물체가 분명히 존재할 것이라고 주장했다. 플랑크 질량은 전자나 쿼크의 질량에 비해서는 엄청나게 크지만, 현실 세계의 먼지 조각의 질량 정도에 불과하다. 볼링공, 증기 기관차 등 더 무거운 물체가 존재한다는 것은 분명하다. 다만 같은 질량을 가진 물체들에 비해 그 크기가 가장 작은 특별한 물체이다.

평범한 벽돌 하나를 예로 들어 보자. 그 질량은 대략 1킬로그램이다. '벽돌처럼 군센'이라는 표현을 우리는 흔히 쓴다. 하지만 벽돌은 단단해 보여도 그 속은 거의 텅텅 비어 있다. 따라서 벽돌에 충분한 압력을 가하면 훨씬 더 작은 크기로 찌그러뜨릴 수 있다. 만약 압력이 충분히 높으면 벽돌은 핀머리나, 심지어 바이러스만하게 찌그러뜨릴 수 있다. 그러나 여전히 그 속은 텅텅 비어 있다.

하지만 한계가 있다. 현대의 기술적 한계 때문에 생기는 실제적인 한계를 말하는 것이 아니다. 나는 자연 법칙과 물리학적 기본 원리에 대해 이야기하고 있다. 1킬로그램의 물체가 차지할 수 있는 가장 작은 영역의 지름은 얼마일까? 플랑크 크기일 것이라는 추측이 선뜻 떠오르지만, 그것은 정답이 아니다. 물체는 질량이 1킬로그램인 블랙홀의 크기까지 찌그러뜨릴 수 있다.[3] 이것이 주어진 질량에 대해 가장 작게 응축한 물체이다.

1킬로그램 블랙홀의 크기는 도대체 얼마일까? 그 답은 아마 당신이 생각하는 것보다 훨씬 더 작을 것이다. 그런 블랙홀의 슈바르츠실트 반지름(지평선의 반지름)은 약 1억 플랑크 길이이다. 이 반지름이 크다고 느낄지 모르겠다. 사실 이 길이는 양성자 반지름의 1조분의 1에 불과하다. 이것은 기본 입자만큼이나 작은 것처럼 보인다. 그렇다면 왜 그것을 기본 입자로 세지 않는가?

토프트가 한 일이 바로 그것이다. 아니, 적어도 토프트는 블랙홀이 기본 입자와 근본적으로 다르지 않다고 주장했다. 그러고 나서 토프트는 다음과 같은 대담한 아이디어를 제시했다.

기본 입자 스펙트럼은 플랑크 질량에서 멈추지 않는다. 그 스펙트럼은 블랙홀의

3. 여기에는 기술적으로 미묘한 점이 있다. 벽돌 같은 물체를 찌그러뜨리면 그 에너지가 증가하며, $E=mc^2$에 따라 질량 또한 증가한다. 하지만 우리는 그것을 다양한 방법으로 상쇄할 수 있다. 우리가 알고자 하는 것은 1킬로그램의 물체 중에 가장 작은 것은 무엇이냐는 것이다.

형태로 무한히 큰 질량까지 계속된다.

토프트는 또한 블랙홀이 임의의 질량을 가질 수 없으며 보통의 입자와 마찬가지로 오직 어떤 불연속적인 질량만 가질 수 있다고 주장했다. 그러나 이렇게 플랑크 질량 위로 허용된 값들은 너무나 조밀하게 모여 있기 때문에 실질적으로는 연속적인 것처럼 보인다.[4]

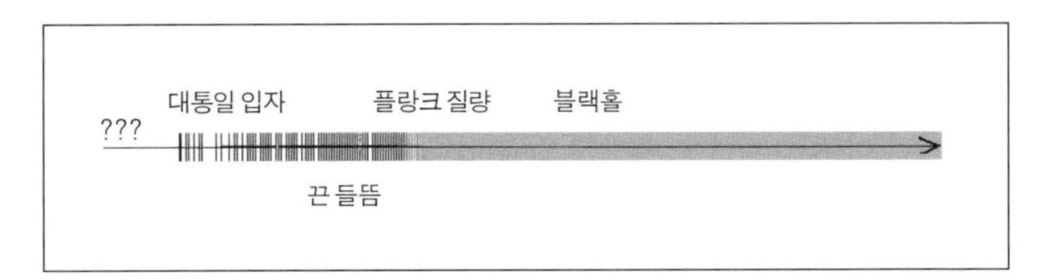

보통의 입자(또는 끈 들뜸)에서 블랙홀로의 이동은 내가 그림에 그렸듯이 그렇게 뚜렷하게 구분되지 않는다. 끈 들뜸의 스펙트럼이 플랑크 질량 근처 어딘가에서 뚜렷한 구분 없이 블랙홀 스펙트럼처럼 연속적인 것으로 바뀐다는 것이 좀 더 그럴듯하다. 토프트가 추론한 것이 바로 이것이었다. 그리고 앞으로 보게 되겠지만, 이 추론을 믿는 데에는 그럴 만한 아주 훌륭한 근거가 있다.

---

4. 왜 그렇게 조밀할까? 엔트로피 때문이다. 질량이 증가함에 따라 지평선도 증가한다. 그래서 블랙홀의 엔트로피도 늘어난다. 하지만 **엔트로피**는 숨겨진 정보를 뜻한다. 우리가 블랙홀이 1킬로그램이라고 말할 때, 그것은 사실 **근삿값**이다. 좀 더 정확하게 말하자면 그 질량은 어떤 오차 범위 안에서 1킬로그램이다. 만약 그 오차 범위 안에서 블랙홀의 질량이 여러 값을 가질 수 있다면, 우리는 많은 정보를 기술하지 않고 생략한 셈이 된다. 그렇게 잃어버린 정보가 블랙홀 엔트로피이다. 토프트는 블랙홀 엔트로피가 질량과 함께 증가한다는 것을 알고서 블랙홀의 질량이 가진 스펙트럼이 아주 조밀해야만 한다고 추론했다.

끈 뭉치와 블랙홀

앨리스의 프로펠러 비행기는 구경꾼들의 눈에 블랙홀 지평선으로 들어가는 정보가 어떤 모습을 보일지를 가르쳐 주는 하나의 은유이다. 앨리스는 조종석에 있기 때문에 지평선을 지날 때 이상한 점을 느낄 수 없다. 하지만 블랙홀 바깥에서 보면 비행기의 프로펠러가 점점 더 많아져 지평선 전체로 점점 퍼져 나가는 것처럼 보인다. 앨리스의 비행기는 또한 끈 이론이 어떻게 작동하는가에 대한 비유이다. 끈이 지평선을 향해 떨어지면 바깥에 있는 관측자는 점점 더 많은 끈 조각들이 실체화되어 지평선을 채우는 것을 관측하게 된다.

블랙홀이 엔트로피를 가진다는 말은 따뜻한 물이 담긴 욕조의 분자들과 비슷하게, 블랙홀이 숨겨진 미시적 하부 구조를 가지고 있음을 암시한다. 하지만 엔트로피가 존재한다는 사실만으로는 '지평선 원자'의 수를 대략적으로 셀 수는 있지만, 그 본성을 이해하는 단서로 쓸 수는 없다.

앨리스의 세계에서는 그 지평선 원자가 프로펠러였다. 프로펠러에 기초한 양자 중력 이론이 실제로 존재할지도 모르지만, 나는 적어도 지금으로서는 끈 이론의 주장이 더 훌륭하다고 생각한다.

끈이 엔트로피를 가진다는 생각은 끈 이론의 초창기까지 거슬러 올라간다. 세부 사항은 수학적인데, 대체적인 아이디어는 쉽게 이해할 수 있다. 어떤 에너지를 가진 기본 입자에 해당하는 가장 단순한 끈부터 시작해 보자. 명확하게 하기 위해 그 입자를 광자라고 하자. 광자의 존재(또는 부재)는 1비트의 정보이다.

그러면 이제 광자가 정말로 아주 작은 끈이라 생각하고 광자에 뭔가를 해 보자. 흔들거나 다른 끈으로 충돌시키거나 그냥 뜨거운 프라이팬에 집어넣는다.[5] 광자는 작은 고무줄처럼 진동하고 회전하다 스스로 늘어나기 시작할 것이다. 충분한 에너지가 더해지면 광자는 뒤죽박죽으로 뒤엉킨 거대한 털뭉치를 닮아 가기 시작할 것이다. 고양이가 가지고 노는 털실공처럼 말이다. 이것은 양자 떨림이 아니라 **열적 떨림**이다.

뒤엉킨 털실공은 곧 너무 복잡해져서 자세하게 기술하기가 어려워진다. 하지만 우리는 여전히 어떤 대략적인 정보를 얻을 수 있을지도 모른다. 털실의 총길이가 90미터일 것이다, 그렇게 뒤엉켜서 만들어진 공의 지름은 약 2미터일 것이다 하는 식으로 말이다. 세부 사항은 제쳐 놓더라도 이런 식의 기술은 쓸모가 있다. 명시되지 않은 세부 사항은 숨겨진 정보로서 그렇게 끈으로 이뤄진 공에 엔트로피를 부여한다.

에너지와 엔트로피, 그리고 들뜬 기본 입자를 만드는 뒤엉킨 끈의 공은 열을 가지고 있다. 이것 또한 끈 이론의 초창기에 알려진 사실이다. 이처럼 뒤엉키고 들뜬 끈은 여러 가지 면에서 블랙홀과 아주 비슷하다. 1993년까지 나는 블랙홀이 무작위적으로 뒤엉킨 거대한 끈의 공에 지나지 않을지도 모른다는 생각을 진지하게 하고 있었다. 그 아이디어는 흥미로워 보였지만 세세한 것들은 죄다 틀렸다.

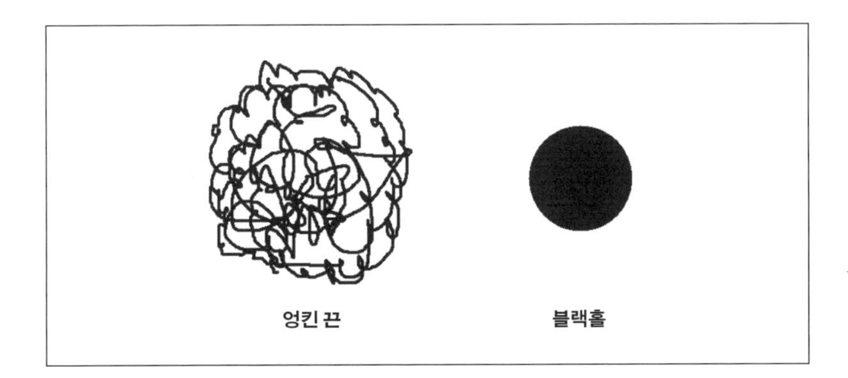

5. 그리고 온도를 10^{33}켈빈까지 올린다.

예를 들어 끈의 질량(또는 에너지)은 그 길이에 비례한다. 만약 1미터 털실의 질량이 1그램이라면, 100미터 털실의 질량은 100그램이고, 1,000미터 털실의 질량은 1,000그램이다.

그런데 끈의 엔트로피도 그 길이에 비례한다. 구부러지고 뒤틀린 끈을 따라 움직인다고 생각해 보자. 각각의 구부러짐과 꼬임은 몇 비트의 정보이다. 이 끈을 단순화해 꼬인 끈의 코가 격자의 직선과 교점을 따라 꼬여 있다고 해 보자. 그러면 코의 각 부분은 수평이거나 수직이다.

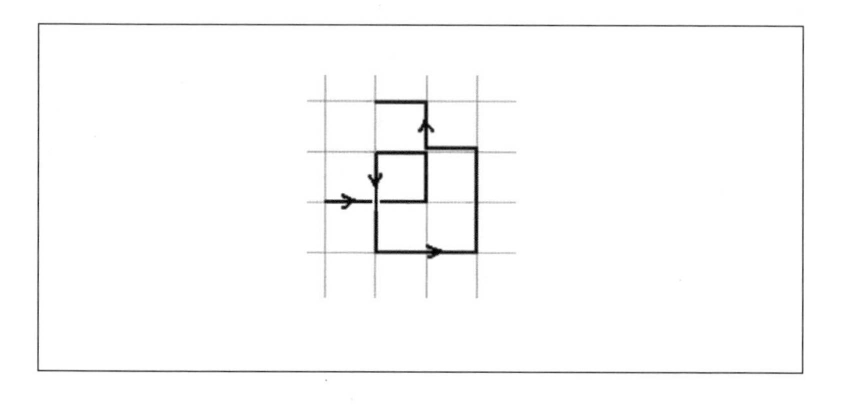

하나의 코부터 시작해 보자. 이 코에서는 위, 아래, 왼쪽, 또는 오른쪽으로 끈을 뽑을 수 있다. 즉 네 가지 가능성을 가진 셈이다. 이것은 2비트의 정보에 상당한다. 이제 코를 하나 더해 보자. 이 코에서는 같은 방향으로 계속 가거나, 직각으로 돌거나(왼쪽 또는 오른쪽으로), 유턴을 할 수도 있다. 이것은 2비트가 더 더해진 것이다. 새로운 코를 하나 추가할 때마다 정보가 2비트씩 증가한다. 이것은 숨겨진 정보가 끈의 전체 길이에 비례한다는 것을 뜻한다.

만약 뒤엉킨 끈의 질량과 엔트로피 모두 그 길이에 비례한다면, 별로 복잡한 수학을 동원하지 않더라도 엔트로피가 질량에 비례한다는 것을 보일 수 있다.

엔트로피~질량(~는 비례한다는 수학 기호이다.)

우리는 통상적인 블랙홀의 엔트로피 또한 그 질량과 함께 증가한다는 것을 알고 있다. 하지만 엔트로피~질량이라는 독특한 관계는 블랙홀에서는 정확한 관계가 **아닌** 것으로 드러났다. 왜 그런지 보기 위해서는 그저 비례 관계의 사슬을 따라가 보면 된다. 엔트로피는 지평선의 넓이에 비례한다. 넓이는 슈바르츠실트 반지름의 제곱에 비례한다. 슈바르츠실트 반지름은 질량에 비례한다. 이 모든 것을 종합하면 블랙홀의 엔트로피가 그 질량에 비례하는 것이 아니라 **질량의 제곱**에 비례한다는 것을 알 수 있다.

엔트로피~질량^2

만약 끈 이론이 옳다면, 모든 것은 끈으로 만들어져 있다. 모든 것이란 정말로 **모든 것**을 뜻하기 때문에 블랙홀도 포함된다. 이것은 1993년 여름, 나를 실망과 좌절에 빠트렸다.

사실 나는 어리석은 짓을 계속하고 있었다. 나는 명백한 뭔가를 빼먹고 있었다. 하지만 한 달 동안 뉴저지 주를 방문했던 9월이 되어서야 그 생각이 떠올랐다. 중요한 이론 물리학 연구소가 있는 러트거스 대학교와 프린스턴 대학교가 모두 뉴저지 주에 있는데 둘은 약 30킬로미터 떨어져 있다. 나는 각각의 연구소에서 강연을 하기로 예정되어 있었다. 두 강연 모두 제목이 "끈 이론이 어떻게 블랙홀 엔트로피를 설명할 수 있는가?"였다. 애초에 내가 그 강연 일정을 잡았을 때, 나는 난관에 빠져 있었지만, 강연 전까지는 어떻게든 뭣이 잘못되었는지를 알아낼 수 있으리라 기대하고 있었다.

나는 종종 똑같이 반복되는 악몽을 꾼다. 물리학자 중에는 나만 그러는 것일까? 나는 45년여 전에 물리학을 시작한 이래 다양한 형태의 악몽을 꾸었다. 꿈속에서 나는 어떤 새로운 연구에 관한 중요한 강연을 하기로 되어 있었는데, 강연 일정이 가까워짐에 따라 내가 아무것도 할 말이 없음을 깨닫게 된다. 노트도 없고, 때로는 그 주제를 기억조차 못한다. 압박감과 정신적인 공황 상태가 찾아든다. 이따금 청중 앞에서 속옷만 입고 서 있는 나를 발견하기도 한다. 훨씬 더 나쁠 때에는 속옷도 안 입었다.

이번에는 악몽을 꾸지 않았다. 두 강연 중 첫 번째는 러트거스에서 할 예정이었다. 시간이 다가올수록 나는 틀리지 않은 이야기를 해야만 한다는 압박감을 더 강하게 느꼈지만, 계속해서 틀린 것으로 드러났다. 그리고 3일쯤 남았을 때, 나는 내가 얼마나 멍청한지 깨달았다. 중력을 빼먹은 것이다.

중력은 물체들을 서로 끌어당겨 응집시키는 작용을 한다. 지구 같은 거대한 돌덩이를 예로 들어 보자. 중력이 없다면 이 돌덩이는 다른 돌덩이들처럼 서로 들러붙어 모여 있을 뿐이다. 하지만 중력은 강력한 효과를 발휘해 지구의 부분들끼리 서로 끌어당기게 하고 핵을 찌그러뜨려 더 작은 크기로 응축한다. 중력의 인력은 또 다른 효과를 발휘하는데, 지구의 질량을 변화시킨다. 중력에서 생긴 음의 위치 에너지는 지구 질량을 약간 감소시킨다. 실제 질량은 부분들의 합보다 약간 더 작다.

여기서 잠깐 멈추고 다소 직관적이지 않은 사실을 먼저 설명해 보자. 산꼭대기까지 끝없이 바위를 밀어 올리고는 그 바위가 다시 굴러 내려가는 것을 그저 바라만 봐야 하는 가련한 시시포스를 잠시 떠올려 보자. 시시포스의 경우 에너지 변환 과정은 다음과 같다.

화학 에너지 → 위치 에너지 → 운동 에너지 → 열에너지

화학 에너지(시시포스가 먹은 꿀)는 잠시 잊고 산꼭대기에 있는 바위의 위치 에너지부터 시작해 보자. 나이아가라 폭포 위에 있는 물도 위치 에너지를 가지고 있으며 바위나 물 모두 더 낮은 고도로 떨어짐에 따라 위치 에너지가 줄어든다. 결국 위치 에너지는 열로 바뀌지만, 그 열은 공간 속으로 복사된다. 전체적인 결과는 바위와 물이 고도를 상실하면 위치 에너지를 잃어버린다는 것이다.

지구를 구성하는 물질이 (중력에 의해) 지구 중심부 쪽으로 응축될 때에도 정확하게 똑같은 일이 일어난다. 즉 위치 에너지를 잃어버린다. 그렇게 잃어버린 위치 에너지는 열로 바뀌는데 결국에는 공간 속으로 복사되어 나간다. 그 결과 지구는 전체적으로 에너지 손실을 겪게 되고 따라서 전체적으로 질량을 잃어버린다.

그래서 나는 일단 중력의 효과가 적절하게 포함되면, 길게 뒤엉킨 끈의 질량 또한 그 길이에 비례하는 것이 아니라 중력으로 인해 줄어들 것이라고 생각하기 시작했다. 내가 생각한 사고 실험은 이렇다. 중력의 세기를 점차 늘이거나 줄일 수 있는 돌림판이 있다고 가정해 보자. 이 돌림판을 한쪽으로 돌려 중력을 감소시키면 지구는 약간 팽창하면서 좀 더 무거워질 것이다. 돌림판을 반대편으로 돌려 중력을 증가시키면 지구는 찌그러지고 약간 더 가벼워질 것이다. 좀 더 돌리면 중력이 훨씬 더 강해질 것이다. 결국은 중력이 너무 세져서 지구가 붕괴해 블랙홀이 될 것이다. 가장 중요한 것은 블랙홀의 질량이 원래의 지구 질량보다 상당히 **작을** 것이라는 점이다.

내가 생각하고 있는 거대한 끈의 공도 똑같은 일을 겪을 것이다. 내가 끈 뭉치와 블랙홀 사이의 관계에 대해 생각하고 있을 때, 나는 중력 돌림

판을 켜는 것을 잊고 있었다. 그래서 어느 날 저녁, 나는 아무것도 할 일이 없어 무료한 참에(그곳이 뉴저지 중부였음을 기억하라.) 중력 돌림판을 켜는 상상을 했다. 나는 상상 속에서 끈 뭉치가 자신을 서로 잡아당겨 단단한 공으로 오그라드는 것을 볼 수 있었다. 그리고 새로 생긴 끈의 공은 처음 끈 뭉치보다 훨씬 더 가벼웠다. 이것은 정말 중요한 깨달음이었다.

중요한 것이 하나 더 있다. 만약 끈으로 이뤄진 공의 크기와 질량이 변한다면 그 엔트로피 또한 변하지 않을까? 다행스럽게도 엔트로피는 우리가 돌림판을 천천히 돌리면 변하지 않는 물리량이다. 이것은 엔트로피에 대한 가장 기초적인 사실이다. 만약 당신이 어떤 계를 천천히 변화시키면 에너지는 변할 수도 있지만(대개 변한다.) 엔트로피는 정확하게 그 값 그대로 유지된다. 고전 역학과 양자 역학 모두의 기초가 되는 이 사실을 **단열 정리(adiabatic theorem)**라고 한다.

지구를 커다랗게 뒤엉킨 끈으로 바꿔서 사고 실험을 다시 해 보자. 중력 돌림판을 0에 맞춰 놓고 시작한다.

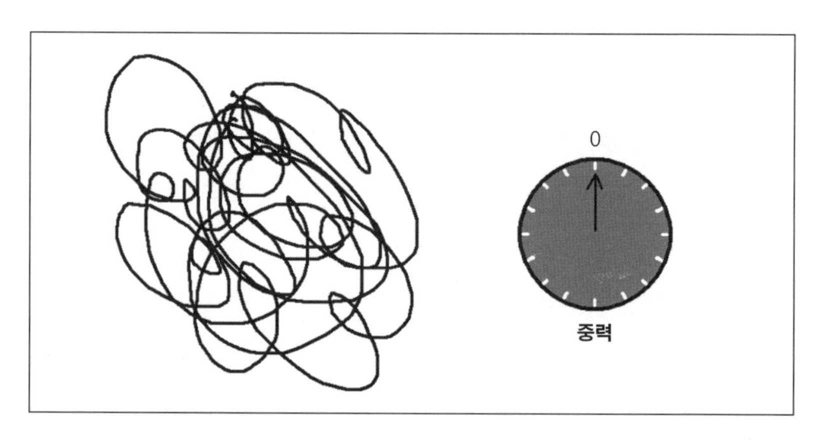

중력이 없으면 끈은 블랙홀과 닮은 점이 없다. 하지만 엔트로피와 질량을 가지고 있다. 이제 천천히 돌림판을 돌린다. 끈의 부분들은 서로 끌어당기기 시작하며 응축되기 시작한다.

끈이 아주 조밀해져서 마침내 블랙홀을 형성할 때까지 돌림판을 계속 돌린다.

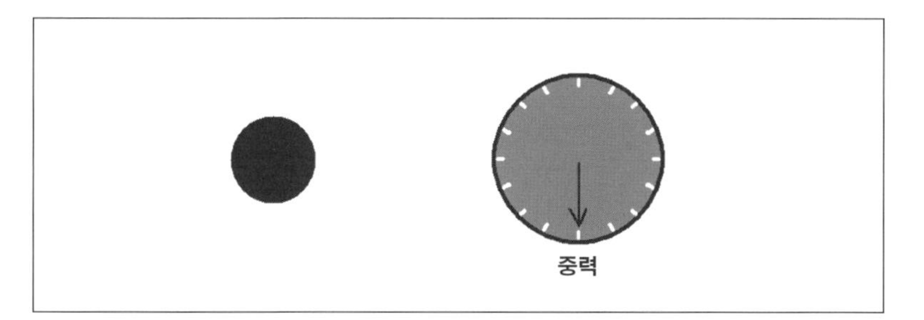

질량과 크기는 줄어들었지만, 엔트로피는 변하지 않고 그대로이다. 이것이 중요한 점이다. 만약 돌림판을 0으로 다시 돌리면 어떻게 될까? 블랙홀은 부풀어 오르기 시작하고 결국에는 커다란 끈의 공으로 되돌아간다. 만약 우리가 돌림판을 앞뒤로 천천히 돌리면 이 물체는 크고 느슨하게 뒤엉킨 끈의 공과 단단하게 압축된 블랙홀 사이를 왔다 갔다 한다. 하지만 돌림판을 천천히 움직이는 한 엔트로피는 변하지 않는다.

아하! 하고 깨달은 순간, 나는 블랙홀을 끈의 공이라고 보는 생각에 관련된 문제는, 엔트로피를 생각하는 방식이 틀렸기 때문에 생긴 것이 아님을 알게 되었다. 문제는 질량을 수정해서 중력의 효과를 설명했어야 했다는 것이다. 종이 한 장에 계산해 보니 모든 것이 맞아떨어졌다. 끈의 공이 오그라들어 블랙홀로 변함에 따라 그 질량은 아주 적절한 방식으로 변했다. 결국에는 엔트로피와 질량 사이에서 엔트로피~질량^{2}이라는 올바른 관계를 얻었다.

하지만 그 계산은 절망스럽게도 불완전했다. 작은 물결(~) 기호는 '비례한다.'는 뜻이지 '같다.'는 뜻이 아니다. 엔트로피가 정확하게 질량의 제곱과 같을까? 아니면 그 2배와 같을까?

내가 도달한 블랙홀 지평선에 대한 그림은 뒤엉킨 끈이 중력으로 인해 지평선 위로 넓게 퍼진 것이었다. 하지만 1972년 웨스트 엔드 카페에서 파인만과 내가 생각했던 것과 똑같은 양자 떨림 때문에 끈의 일부분은 약간 삐져나온다. 이 돌출부가 바로 불가사의한 지평선 원자들이다. 간단히 말해서 블랙홀 바깥에 있는 누군가는 한쪽 끝이 지평선에 찰싹 달라붙은 끈의 조각들을 감지하게 된다. 끈 이론의 언어로 말하자면, 지평선 원자들은 일종의 막에 붙어 있는 열린 끈(끝이 있는 끈)이다. 사실 이런 끈 조각들은 지평선에서 분리될 수 있는데, 이것으로써 블랙홀이 어떻게 복사하고 증발하는지를 설명할 수 있다.

이렇게 되면 존 휠러는 틀린 것 같다. 블랙홀은 **털로 뒤덮여 있다.** 악몽은 끝났고 나는 강연을 하러 갔다.

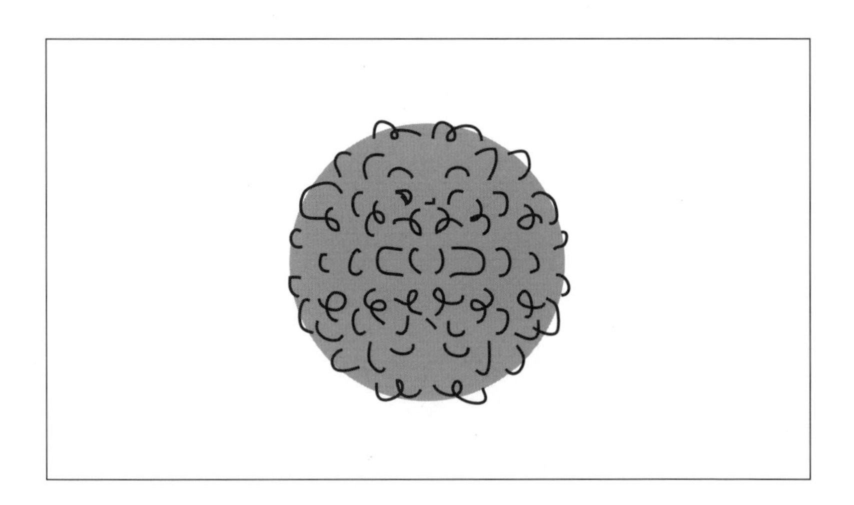

끈이 교차할 때

기본 끈은 서로를 뚫고 지나갈 수 있다. 다음 그림이 그 한 가지 예를 보여 준다. 가까이 있던 끈이 당신에게서 멀어지고 멀리 있던 끈이 당신에게로 다가온다고 해 보자. 이 끈들은 어느 지점에선가 교차할 것이고, 만약 이 끈이 보통의 번지 점프용 밧줄이라면 그 끈들은 서로 꼬일 것이다.

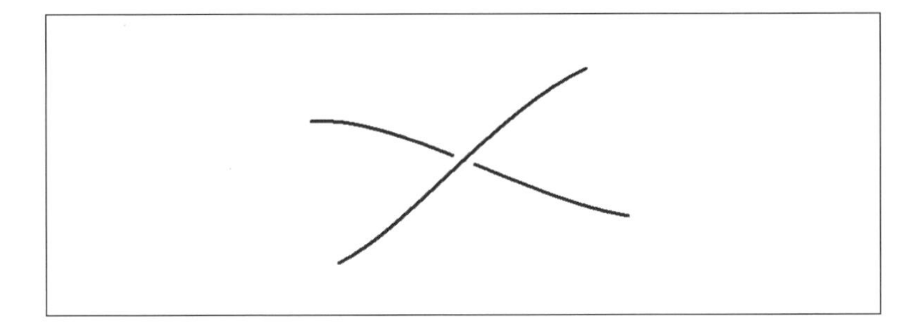

하지만 끈 이론의 수학 규칙에 따르면 끈들은 서로 뚫고 지나가 다음 그림과 같이 끝날 수 있다.

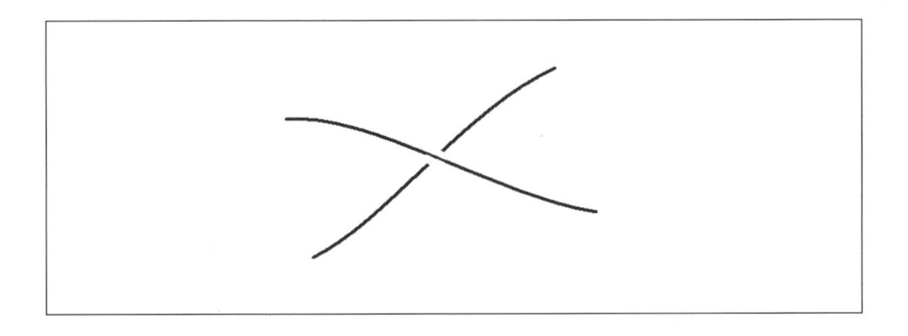

실제 번지 점프용 밧줄로 이렇게 하려면 둘 중의 하나를 끊고 서로 지나간 뒤 다시 이어야만 한다.

그런데 끈이 맞닿을 때는 뭔가 다른 일이 일어날 수 있다. 끈들이 서로 지나가지 않고, 스스로를 재구축해 다음과 같이 나아갈 수 있다.

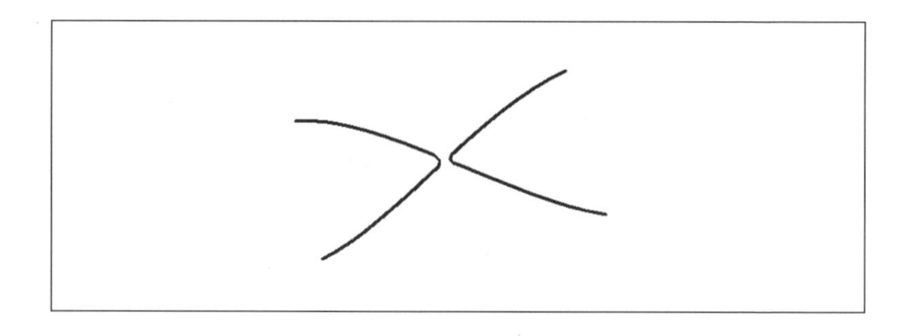

번지 점프용 밧줄로 이렇게 하려면, 두 줄 모두를 자른 다음 새로운 방식으로 다시 이어야만 한다.

끈들이 교차할 때 둘 사이에 어떤 일이 벌어지는 것일까? 그 답은 때로는 이렇고, 또 때로는 저렇다는 것이다. 기본 끈은 양자 역학적인 물체이다. 양자 역학에서는 어떤 것도 확실하지 않다. 즉 모든 일이 가능하다. 그러나 그 일이 일어날 확률은 정해져 있다. 예를 들어 끈들은 90퍼센트 확률로 서로를 뚫고 지나갈 수도 있다. 나머지 10퍼센트의 확률로 끈들은 스스로를 재구성한다. 끈들이 재구성하는 확률은 **끈 결합 상수**(**string coupling constant**)라고 한다.

이런 지식을 가지고 블랙홀 지평선으로부터 삐져나온 짧은 끈 조각에 초점을 맞춰 보자. 끈의 짧은 부분이 꼬여 자기 자신과 막 교차하려 하고 있다.

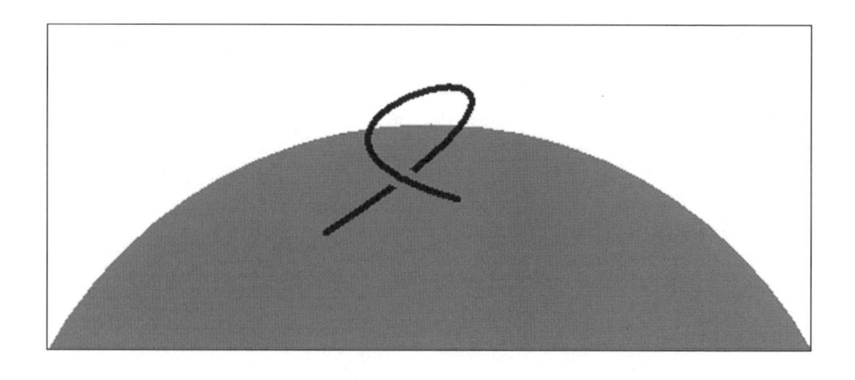

90퍼센트 확률로 이 끈 조각은 자신을 곧바로 뚫고 지나가서 아무 일도 생기지 않는다.

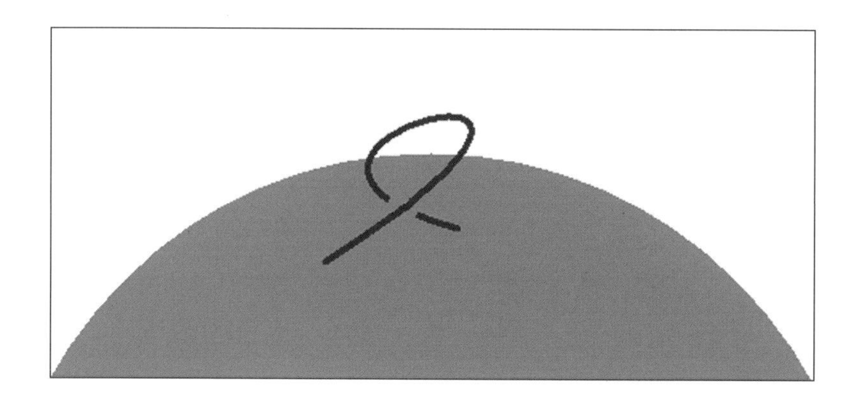

하지만 10퍼센트의 확률로 끈은 재구성하며, 그렇게 되면 뭔가 새로운 일이 일어난다. 작은 고리가 원래 끈에서 끊어져 나가 자유를 얻는 것이다.

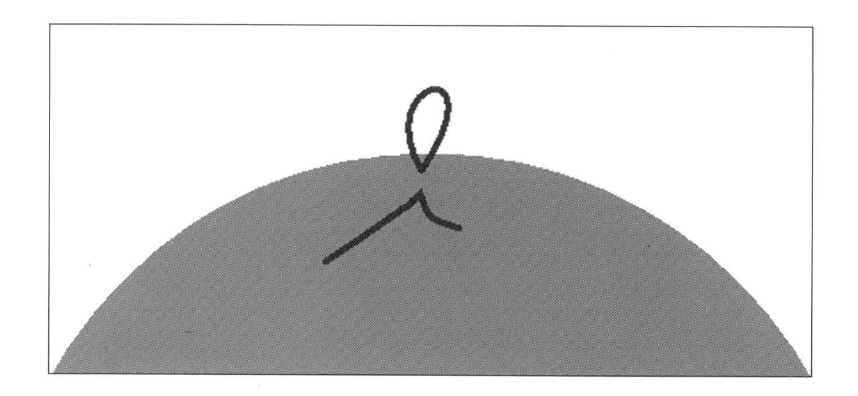

이 작은 닫힌 끈 조각은 하나의 입자이다. 광자일 수도 있고, 중력자일 수도 있고 다른 기본 입자일 수도 있다. 이것은 블랙홀의 바깥쪽에 있기 때문에 탈출할 기회를 잡은 셈이 된다. 이렇게 입자가 탈출하게 되면 블랙홀은 약간의 에너지를 잃는다. 끈 이론은 이런 식으로 호킹 복사를 설명할 수 있다.

뉴저지에서 부는 새로운 바람

뉴저지 물리학자들은 아주 강인한 정신을 가진 사람들이다. 프린스턴 고등 연구원의 지적인 지도자 에드워드 위튼은 위대한 물리학자일 뿐만 아니라 세계를 선도하는 수학자들 가운데 한 사람이다. 그의 잡담과 유머가 재미있는가 하는 데에는 의견이 갈리겠지만(나는 위튼이 무표정하게 내뱉는 농담과 폭넓은 호기심이 아주 유쾌하다는 것을 알고 있지만 말이다.), 지적인 엄격함이 그의 강점이라는 데에는 누구나 동의할 것이다. 내가 말하는 지적인 엄격함이란 불필요한 수학적 엄밀함을 말하는 것이 아니라, 그것보다는 아주 명확하고 조심스러우며 심원한 사색에 바탕을 둔 그의 논증을 말한다. 위튼과 함께 물리학을 이야기하는 일은 때로는 아주 고될 수도 있지만, 언제나 남는 것이 있다.

러트거스에서는 지적인 담소도 유별나게 질이 높다. 러트거스에는 여섯 명의 아주 뛰어난 물리학자들이 있는데, 그들은 모두 끈 이론가들의 특별한 존경을 받았을 뿐만 아니라, 다른 물리학 분야의 학자들로부터도 폭넓은 존경을 받았다. 그들 모두 내 친구들이지만 그중 세 명은 특히 가깝다. 나는 톰 뱅크스, 스티브 셍커(Steve Shenker, 1953년~), 그리고 네이선 '내티' 사이버그(Nathan 'Nati' Seiberg, 1956년~)를 그들이 아주 젊을 때부터 알고 지냈다. 그들과 함께 어울리는 일은 무척이나 즐거웠다. 여섯 명의 러트거스 물리학자들 모두 지적으로 굉장했다. 러트거스와 프린스턴의 연구소 모두 미숙한 주장들로는 견딜 수 없는 곳으로 명성이 자자했다.

그런데 나는 나의 논증이 미숙하다는 것을 아주 잘 알았다. 블랙홀 상보성, 앨리스의 프로펠러 비행기, 그리고 블랙홀로 그 모습을 바꿨다 원래로 돌아오는 끈, 그리고 몇 가지 대략적인 추산만 있을 뿐이었다. 나는 이 아이디어들을 하나로 엮을 수 있을 것 같았다. 하지만 이런 생각들을 엄밀한 수학으로 바꿀 수단이 1993년에는 없었다. 그럼에도 불구하고 내가 옹호했던 생각들은 뉴저지의 거친 물리학자들의 공감을 얻었다. 특히 위튼은, 블랙홀 지평선이 끈의 조각들로 이뤄져 있다는 제안을 즉각적으로 받아들였다. 그는 심지어 끈이 어떻게 블랙홀 증발과 비슷한 방식으로 증발하는지를 규명하기도 했다. 셍커, 사이버그, 뱅크스, 그리고 다른 동료인 마이클 더글러스 모두 그 아이디어를 좀 더 엄밀하게 만드는 데에 아주 유용한 제안들을 해 줬다.

그리고 뉴저지의 그 친구들 사이에 내가 잘 모르는 끈 이론가 한 명이 방문 연구원으로 와 있었다. 하버드의 젊은 교수 쿰룬 바파(Cumrun Vafa, 1960년~)는 프린스턴에서 물리학을 공부하기 위해 이란에서 미국으로 왔다. 1993년 무렵 그는 세계에서 가장 독창적이며 수학적으로 빈틈이 없는 이론 물리학자들 가운데 한 명으로 평가받고 있었다. 그는 주로 끈 이론을 연구했지만 블랙홀에 대해서도 많은 것을 알고 있었다. 그리고 우연히도 내가 블랙홀의 엔트로피가 어떻게 지평선의 끈과 같은 성질에서 유래할 수 있는지를 설명할 때 청중 속에 있었다. 그 후 우리 사이에서 오간 대화가 블랙홀 전쟁의 운명을 바꿨다.

극한 블랙홀

내가 강연을 할 당시에 물리학자들은 전자가 블랙홀에 떨어지면 그 블랙홀은 전기적으로 대전될 것으로 이해하고 있었다. 그 전하는 재빨리 지평선 전체로 퍼져 지평선을 약간 밀어내는 반발력을 만들어 낼 것이라고 추정했다.

하지만 전자가 하나만 떨어질 이유는 없지 않은가. 당신은 지평선을 원하는 만큼 전기적으로 대전시킬 수 있다. 지평선을 더 많이 대전시킬 수록 지평선은 특이점에서 바깥쪽으로 더 많이 움직인다.

쿰룬 바파는 중력과 전기적 반발력 사이에 완벽하게 균형을 이루는 아주 특별한 종류의 대전된 블랙홀이 있음을 지적했다. 그런 블랙홀은 **극한 블랙홀(extremal black hole)**이라고 한다. 바파에 따르면 극한 블랙홀은 내 아이디어를 검증하기 위한 완벽한 실험실이 될 터였다. 그는 극한 블랙홀이 좀 더 정확한 계산을 위한 열쇠가 되어, 무기력한 비례 기호(~)를 확고한 등호 기호(=)로 대체할 것이라고 주장했다.

전기적으로 대전된 블랙홀이라는 생각을 좀 더 살펴보자. 전기적으로 대전된 공은 대개 안정적이지 않다. 전자들이 서로를 밀어내기 때문에(같은 전하는 밀어내고 반대 전하는 잡아당긴다는 법칙을 기억하라.) 전하의 구름은 형성되자마자 전기적 반발력으로 인해 대개는 즉각적으로 찢겨진다. 하지만 만약 대전된 공이 충분히 무거우면 중력은 전기적 반발력을 상쇄할 수 있다. 우주 만물은 서로 중력으로 잡아당기고 있기 때문에 중력과 전기적 반발력이 서로 경합할 것이다. 중력은 전하들을 서로 끌어당기고 전기력은 전하를 밀쳐서 떼어 내려 한다. 대전된 블랙홀은 일종의 줄다리기인 셈이다.

만약 대전된 공이 아주 무거운 반면, 적은 양의 전하만 가지고 있다면 중력이 그 줄다리기에서 이겨 그 공은 곧바로 수축될 것이다. 반대로 공의 질량은 작은데 아주 큰 전하를 가지고 있다면, 전기적 반발력이 줄다리기에서 이겨 공이 팽창할 것이다. 그래서 전하와 질량이 정확하게 똑같은 평형점이 존재한다. 이 평형점에서는 전기적 반발력과 중력이 만드는 인력이 서로 균형을 이뤄 이 줄다리기는 비긴다. 정확하게 이것이 극한 블랙홀이다.

이제 2개의 돌림판이 있다고 생각해 보자. 하나는 중력을 조정하기 위한 것이고 다른 하나는 전기력을 조정하기 위한 것이다. 처음에는 두 돌림판 모두 켜져 있다. 중력과 전기력이 완벽한 균형을 이루면 우리는 극한 블랙홀을 얻게 된다. 만약 우리가 전기력을 낮추지 않고 중력을 낮춘다면 전기력이 줄다리기에서 이기기 시작할 것이다. 그러나 만약 우리가 둘 다 딱 적당한 정도로 낮춘다면 그 균형은 유지될 것이다. 각각의 힘이 약해지겠지만 어느 쪽도 우세하지 않을 것이다.

마침내 만약 우리가 두 돌림판을 계속해서 0까지 돌리면 중력과 전기력은 사라질 것이다. 남는 것은 무엇일까? 각 부분들 사이에 힘이 전혀 작용하지 않는 끈이 남을 것이다. 전체 과정을 통틀어 엔트로피는 변하지 않았다. 하지만 핵심은 질량 또한 변하지 않았다는 것이다. 전기력과 중력은 상쇄되어 '일을 하지 않는다.' 이것은 에너지가 정확하게 처음 시작했을 때와 똑같다는 말을 전문 용어로 바꾼 것에 다름 아니다.

바파는 만약 우리가 끈 이론에서 극한 블랙홀을 어떻게 만드는지 알 수 있다면, 중력과 전기력 돌림판을 켜고 끄고 하면서 엄청난 정밀도로 블랙홀에 대한 연구를 할 수 있을 것이라고 주장했다. 그는 그렇게 되면 끈 이론을 이용해 내가 그때까지 계산할 수 없었던 정확한 비례식의 계수를 계산할 수 있을 것이라고 말했다. 은유를 좀 섞어서 말하자면, 정확한 계수를 계산한다는 것은 끈 이론가들에게는 성배였으며 나의 아이디어를 완전히 성숙시키는 방법이기도 했다. 하지만 끈 이론이 제공하는 요소들을 가지고 적절한 종류의 대전된 블랙홀을 어떻게 짜 맞출 것인지는 아무도 모른다.

끈 이론은 아주 복잡한 조립식 장난감 세트와 비슷해서 아주 많은 부품들을 일관된 방식으로 잘 짜 맞춰야 한다. 이런 수학적인 '바퀴와 기어'에 대해서는 나중에 좀 더 자세히 살펴볼 생각이다. 하지만 1993년에는 극한 블랙홀을 연구하는 데 필요했던 몇몇 중요한 부품들이 아직 발견되지 않았다.

인도 출신의 물리학자 아쇼케 센(Ashoke Sen, 1956년~)은 처음으로 극한 블랙홀을 구축해 블랙홀 엔트로피에 대한 끈 이론을 검증하려고 했다. 그는 1994년 거기에 매우 가까이 다가갔지만, 결론을 낼 만큼 아주 가깝게 다가가지는 못했다. 센은 이론 물리학자들 사이에서 대단한 존경을 받는 사람이다. 그는 생각이 깊을 뿐만 아니라 마법사와도 같은 기교를 지닌 것으로도 평판이 자자하다. 그의 성격은 소심하고 체격은 가냘프지만, 꽤나 묵직하고 쾌활한 벵골 어 억양으로 진행되는 센의 강연은 언제나 명쾌하다. 그는 교육학적으로 완벽한 기술을 구사하며 온갖 새로운 개념들을 칠판 위에 적는다. 아이디어들은 어쩔 수 없다는 듯 계속해서 펼쳐지고 모든 것이 수정처럼 투명해진다. 그의 과학 논문도 똑같이 완벽하게 명쾌하다.

나는 센이 블랙홀에 대해 연구하고 있었는지 몰랐다. 그런데 내가 케임브리지를 여행하고 미국으로 돌아온 직후 누군가가, 아마도 아만다 피트였다고 생각되는데, 내게 그의 논문을 읽어 보라고 건네줬다. 그 논문은 길고 전문적이었는데, 마지막 몇 문단에서 아쇼케 센은 새로운 종류의 극한 블랙홀 엔트로피를 계산하기 위해 끈 이론의 아이디어들, 즉 내가 러트거스에서 설명했던 아이디어들을 이용했다.

센의 블랙홀은 우리가 1993년에 알고 있던 부품들, 즉 기본 끈과 조밀화된 6개의 공간 여분 차원으로 이뤄져 있었다. 센이 다음 단계로 한 일은 단순했지만 교묘했다. 그것은 나의 이전 아이디어들을 확장시킨 것이었다. 그가 혁신적이었던 것은 아주 들떴을 뿐만 아니라 조밀화된 여분 차원의 방향으로 여러 번 감긴 끈에서 시작했다는 것이다. 라인랜드를 뚱뚱하게 만든 원기둥 세계를 감고 있는 끈은 플라스틱 파이프를 감고 있는 고무줄처럼 보인다.

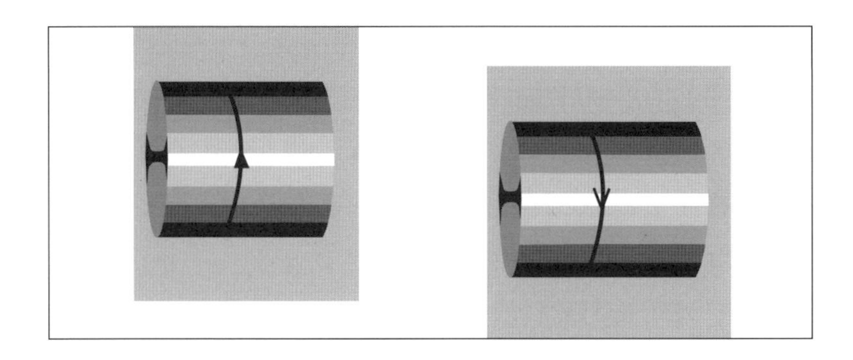

이런 끈은 보통 입자들보다 더 무겁다. 원기둥에 끈을 감는 데 에너지가 들기 때문이다. 전형적인 끈 이론에서 감긴 끈의 질량은 플랑크 질량의 몇 퍼센트 정도이다.

이제 센은 하나의 끈을 골라 원기둥을 두 번 감았다.

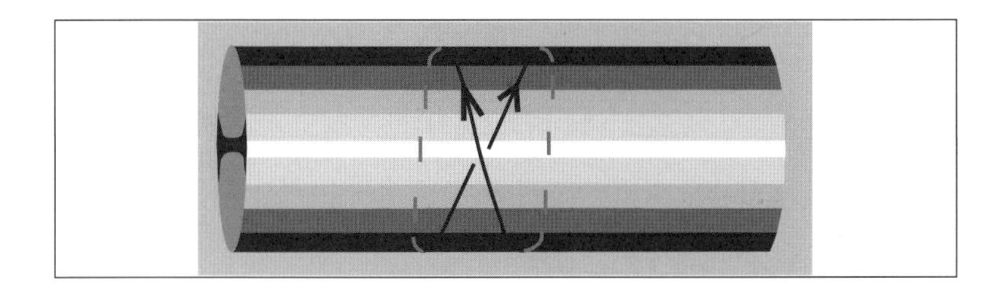

끈 이론가들은 이 끈이 **감음수**(winding number) 2를 가진다고 말한다. 이 끈은 한 번 감긴 끈보다도 훨씬 더 무겁다. 그런데 공간의 조밀화된 방향으로 끈을 한두 번이 아니라 수십억 번 감는다면 어떻게 될까?

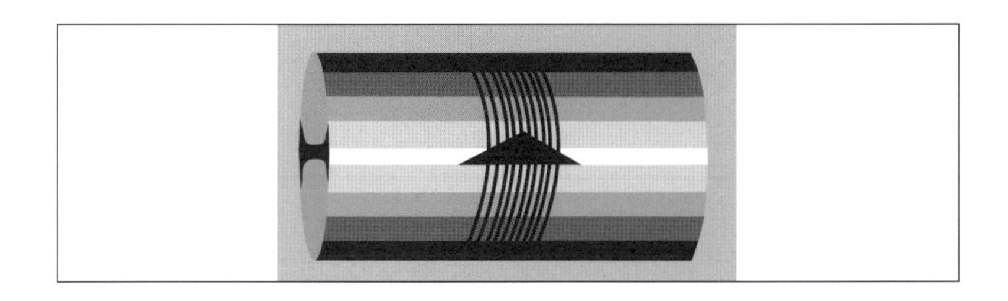

공간의 조밀화된 방향으로 끈을 얼마나 많이 감을 수 있는가에는 제한이 없다. 끈은 마침내 별이나 심지어 은하만큼 무거워질 수도 있다. 하지만 보통의 공간(통상적인 3차원 공간의 조밀화되지 않은 차원)에서 이 끈이 차지하는 공간은 작다. 그렇게 작은 공간에 그 모든 질량이 속박되어 있다면, 장담하건대 블랙홀이 될 수밖에 없다.

센은 한 가지 묘수를 더 생각해 냈다. 1993년 무렵 끈 이론에 남아 있던 한 요소, 즉 끈을 타고 전달되는, 끈 자체가 가진 굴곡의 움직임이 그것이다. 그 1년 전에 내가 논증했던 것과 마찬가지로, 그 굴곡의 세부 사항 속에 정보가 숨겨져 있다. 탄성을 가진 끈은 가만히 있지 않는다. 끈의 굴곡은 파동처럼 끈을 타고 움직이는데, 일부는 시계 방향으로, 또 다른 일부는 반시계 방향으로 움직일 수 있다. 2개의 굴곡이 같은 방향으로 움직이면 결코 충돌하는 일 없이 끈을 따라 서로 쫓아다닌다. 그러나 만약 2개의 굴곡이 반대 방향으로 움직인다면 이것들은 충돌할 것이고 복잡하게 얽혀 뒤죽박죽으로 엉킨다. 그래서 센은 결코 충돌하지 않고 줄지어서 시계 방향으로 움직이는 파동 속에 숨겨진 정보를 모두 담기로 했다.

그 모든 부품들을 짜 맞추고 여러 가지 돌림판을 돌려서 센은 끈을 블랙홀로 바꿀 수 있었다. 하지만 보통의 블랙홀은 아니었다. 원기둥의 조밀화된 방향을 따라 끈을 감아서 만든 블랙홀은 아주 특별한 극한 블랙홀이었다.

극한 블랙홀은 전기적으로 대전되어 있다. 그렇다면 전하는 어디서 온 것일까? 그 답은 여러 해 전부터 알려져 있었다. 끈을 조밀화된 방향으로 감으면 전하가 생긴다. 끈을 한 번 감을 때마다 한 단위의 전하가 생긴다. 만약 끈을 어느 한쪽으로 감으면 그것은 양으로 대전된다. 만약 다른 쪽으로 감으면 음으로 대전된다. 거대하고도 여러 번 감긴 센의 끈은 전하들이 중력을 통해 서로 붙들려 있는 공으로 볼 수도 있다. 다시 말해 대전된 블랙홀이다.

넓이는 기하학적 개념이며 공간과 시간의 기하학은 아인슈타인의 일반 상대성 이론의 지배를 받는다. 블랙홀 지평선의 넓이를 아는 유일한 길은 중력에 대한 아인슈타인 방정식을 푸는 것밖에 없다. 방정식에 관한 한 도사였던 센은 자신이 만든 특별한 종류의 블랙홀에 대한 방정식을 쉽게(그에게는 쉬웠다.) 풀어서 지평선의 넓이를 계산했다.

그런데 재앙이 닥쳤다! 방정식을 풀어 지평선의 넓이를 계산해 보니 그 결과 0이 나온 것이다! 즉 지평선이 적당히 큰 껍질이 되지 않고 공간 속 점으로 줄어들어 버린 것이다. 꾸불꾸불한 끈에 저장되어 있어야 할 엔트로피가 모두 다 공간의 아주 작은 점 하나에 집중되어 버린 것 같았다. 이것은 블랙홀 이론에도 문제일 뿐만 아니라, 공간의 한 영역이 가진 엔트로피의 최댓값은 플랑크 단위로 쟀을 때의 넓이라는 홀로그래피 원리와도 정면으로 충돌한다. 뭔가 잘못된 것이다.

센은 무엇이 문제인지 정확하게 알았다. 아인슈타인의 방정식은 **고전적**이다. 이것은 아인슈타인 방정식이 양자 떨림의 효과를 무시하고 있음을 뜻한다. 양자 떨림이 없다면 수소 원자의 전자는 원자핵의 속박에서 탈출할 것이며, 원자는 양성자보다 더 크지 않을 것이다. 하지만 불확정성 원리가 야기하는 양자 영점 운동 때문에 원자는 원자핵보다 10만 배는 더 커진다. 센은 이것과 똑같은 일이 지평선에서도 일어난다는 것을 깨달았다. 고전 물리학은 지평선이 점으로 오그라들 것이라고 예측하지만, 양자 떨림은 지평선을 내가 **늘어난 지평선**이라고 불렀던 것으로 부풀릴 것이다.

센은 필요한 수정을 가했다. 재빨리 '봉투 뒷면'에 대략적인 계산을 해 본 결과, 엔트로피와 늘어난 지평선의 넓이가 정말로 서로 비례한다는 사실이 드러났다. 이것은 지평선 엔트로피에 대한 끈 이론의 또 다른 승리였다. 하지만 이전의 승리와 마찬가지로 그 승리는 불완전했다. 엄밀한 결과는 여전히 오리무중이었고, 양자 떨림이 정확하게 지평선을 얼마나 많이 늘리는지도 불확실했다. 센은 예전처럼 기지가 번득였지만, 그의 연구는 여전히 무기력한 비례 비호(~)로 끝났다. 센이 최선으로 말할 수 있었던 것은 블랙홀의 엔트로피가 지평선의 넓이에 **비례한다**는 것이었다. 근접은 했지만 아직 충분하지는 못했다. 문제를 '끝장낼' 계산을 아직은 더 해야만 했다.

이렇게 거의 다 된 계산도 스티븐 호킹의 생각을 바꾸지는 못했다. 나의 논증보다 더 나을 것이 없었던 셈이다. 그럼에도 불구하고 이 전쟁은 끝나 가고 있었다. 바파의 제안을 실행에 옮겨 고전적인 커다란 지평선을 가진 극한 블랙홀을 만들려면 뭔가 새로운 부품들이 필요했다. 다행스럽게도 그 부품들이 샌타바버라에서 막 발견되었다.

폴친스키의 D-막

D-막(D-brane)은 조 폴친스키의 업적을 기려서 **P-막**으로 불려야 마땅하다. 하지만 폴친스키가 그의 막을 발견했을 때에는 P-막이라는 용어가 이미 과학계에서 전혀 관계없는 대상에 사용되고 있었다. 그래서 폴친스키는 자신이 발견한 막을 D-막이라고 불렀다. 이것은 19세기 독일의 수학자 페터 구스타프 레예우네 디리클레(Peter Gustav Lejeune Dirichlet, 1805~1859년)의 이름을 딴 것이었다. 디리클레는 D-막과 직접적으로는 아무런 상관이 없다. 다만 파동에 대한 그의 수학 연구가 약간 연관이 있다.

막(brane)이라는 단어는 끈 이론 맥락이 아니라면 사전에 등장하지도 않는다. 이 단어는 통용되고 있는 일상 용어인 막(membrane)에서 왔는데(brane은 membrane의 앞 세 글자를 떼어 내서 만든 단어이다. — 옮긴이), 이것은 구부리고 늘릴 수 있는 2차원의 표면이다. 폴친스키가 1995년 D-막의 성질을 발견한 것은 최근의 물리학 역사에서 가장 중요한 사건 가운데 하나이다. 이 발견은 머지않아 블랙홀 물리학에서 핵물리학에 이르기까지 모든 분야에서 심오한 반향을 불러일으켰다.

가장 단순한 막은 0-막(막의 앞에 붙은 숫자는 그 막의 차원을 나타내는 숫자이다. — 옮긴이)이라고 불리는 0차원의 물체이다. 입자나 공간의 점은 0차원이다. 점 위에서는 움직일 곳이 없다. 그래서 입자와 0-막은 동의어이다. 한 단계 올라가면 우리는 1-막에 이르는데, 이것은 1차원이다. 기본 끈은 1-막의 특별한 경우이다. 막(물질의 2차원 판)은 2-막이다. 그렇다면 3-막은 무엇일까? 그런 물체가 있기나 할까? 공간의 한 영역을 채우고 있는 정육면체 고무 덩어리를 생각해 보자. 이것은 **공간을 채우는 3-막**이라고 부를 수 있다.

이제 더 사용할 수 있는 방향은 없는 것일까? 분명히 4-막을 3차원 공간에 끼어 넣을 수는 없다. 하지만 만약 공간이, 예를 들어 6개의 조밀화된 공간을 가지고 있다면 어떨까? 이런 경우 4-막에서의 방향들 중 하나가 그 조밀화된 방향들 속으로 확장될 수도 있다. 사실 차원이 모두 9개 있다면, 공간은 9-막까지(9-막을 포함해서)는 어떤 종류의 막도 담아낼 수 있다.

D-막은 보통 막이 아니다. 아무 막이나 D-막이라는 이름을 가질 수 없다. 왜냐하면 이 물체는 아주 특별한 성질을 가지고 있기 때문이다. 즉 기본 끈이 그 위에서 끝날 수 있다. D0-막의 경우를 예로 들어 보자. 여기서 D는 이것이 D-막임을 뜻하며, 0은 이것이 0차원임을 뜻한다. 따라서 D0-막은 기본 끈이 그 위에서 끝날 수 있는 입자이다.

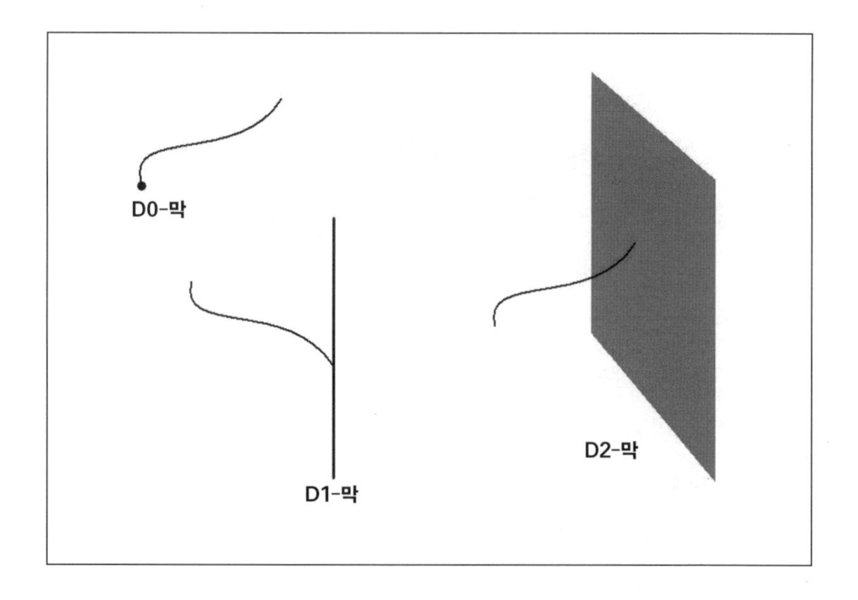

D1-막은 종종 D-끈으로 불린다. 이것은 D1-막이 1차원이므로 그 자체가 일종의 끈(기본 끈과 혼동해서는 안 된다.)이기 때문이다.[6] D-끈은 전형적으로 기본 끈보다 훨씬 더 무겁다. D2-막은 고무판과 비슷한 막이지만, 역시 기본 끈이 그 위에서 끝날 수 있는 성질을 가지고 있다.

D-막은 폴친스키가 단지 그럴 수 있었기 때문에 일시적이고 임의적으로 끈 이론에 추가한 것일까? 그가 처음에는 실험적인 시도로 그랬을 수도 있을 것이라고 생각한다. 이론 물리학자들은 종종 단지 가지고 놀기 위해, 그리고 그 개념들이 우리를 어디까지 끌고 가는지를 알기 위해 새로운 개념들을 고안하고는 한다. 폴친스키가 처음으로 내게 D-막이

6. 끈 이론에 두 종류의 끈이 있다는 사실이 이상하고 다소 임의적으로 보일지도 모른다. 그러나 이것은 전혀 임의적이지 않다. 기본 끈과 D 끈을 연결하는, 이중성(duality, '쌍대성'이라고도 한다. — 옮긴이)이라는 강력한 수학적 대칭성이 있기 때문이다. 이 이중성은 전하와 홀극자(1931년 폴 디랙이 처음 가정.)를 연결하는 이중성과 아주 흡사하다. 이중성은 순수 수학의 여러 주제들에 심오한 영향을 미쳤다.

라는 아이디어를 보여 줬던 1994년으로 되돌아가 보면, 그때는 분명 정확하게 그런 부류의 아이디어였다. "보세요. 끈 이론에 뭔가 새로운 물건을 보탤 수 있어요. 재미있지 않아요? 그 성질들을 탐구해 보죠."

하지만 1995년 언제인가 폴친스키는 D-막이 끈 이론에 있는 엄청나게 큰 수학적 틈을 메운다는 것을 깨달았다. 사실 D-막은 한창 성장하고 있던 끈 이론의 논리와 수학의 그물망을 완성하는 데 필수적인 존재였다. 그리고 D-막은 더 좋은 극한 블랙홀을 만드는 데 필요한, 발견되지 않은 비밀 부품이었다.

끈 이론이 날린 결정타

1996년에는 쿰룬 바파가 앤디 스트로민저와 함께 달려들었다. 그들은 끈과 D-막을 결합해 크면서도 모호하지 않은 고전적인 지평선을 가진 극한 블랙홀을 구축할 수 있었다. 그 극한 블랙홀은 워낙 커 고전적 물체처럼 보였기 때문에 양자 떨림은 지평선에 단지 무시할 만한 효과만 줬다. 이제는 모호함이 남아 있을 여지가 없어졌다. 끈 이론은 호킹의 공식이 암시했던 숨겨진 정보의 정확한 양을 무기력한 비례 기호 없이 2나 π 같은 구체적인 계수를 통해 내놓아야 할 상황이 되었다.

이것은 옛날에 학교에서 배웠던 기본적인 블랙홀이 아니었다. 스트로민저와 바파가 끈과 D-막으로 만들어 낸 그 물건은, 이것저것 대충 결합한 엉성한 발명품처럼 보였지만, 그것은 그들이 찾고 있던 커다랗고 고전적인 지평선과 가장 단순한 구조를 가진 것이었다. 여분 차원, 기본 끈, D-막 같은 끈 이론의 온갖 수학적 기교가 동원되었다. 우선 그들은 D5-막을 여러 개 두고 거기에 조밀화된 공간의 여분 차원 6개 중 5개를 담았다. 게다가 그들은 여러 개의 D1-막을 D5-막에 끼워 넣고 조밀화된 방향 중 한 방향의 주변으로 감았다. 그러고는 양끝이 D-막에 들러붙은 끈들을 더했다. 다시 한번 말하지만 이 열린 끈 조각들은 엔트로피를 간직한 지평선 원자들이 된다. (내용을 약간 놓치더라도 걱정하지 마라. 우리는 기존의 신경망이 쉽게 이해할 수 없는 영역으로 들어가고 있다.)

스트로민저와 바파는 이전에 사용했던 것과 똑같은 수순을 밟아 갔다. 먼저 그들은 돌림판을 0으로 돌려 중력과 다른 힘들을 없앴다. 혼란을 일으키는 이런 힘들이 없으면 열린 끈의 요동에 얼마나 많은 엔트로피가 저장되는지 정확하게 계산할 수 있다. 전문적인 계산은 이전에 수행했던 어느 것보다 더 복잡하고 난해했다. 하지만 절묘한 수학적 솜씨를 발휘해 그들은 성공했다.

그다음 단계는 이런 종류의 극한 블랙홀에 대한 아인슈타인의 장 방정식을 푸는 것이었다. 이번에는 넓이를 계산하기 위해 불확실한 늘리기 과정이 필요하지 않았다. 스트로민저와 바파는 스스로 대단히 만족스럽게도(나도 만족스러웠다.) 지평선 넓이와 엔트로피가 단순하게 비례하지는 않는다는 것을 발견했다. 막에 들러붙은 끈의 흔들림 속에 숨겨진 정보는 호킹 공식과 정확하게 일치했다. 그들이 성공한 것이다.

과학의 역사에서는 아무런 연관 없이 연구를 하던 사람들이 똑같은 아이디어에 거의 동시에 다다르는 일이 종종 일어나고는 한다. 스트로민저와 바파가 연구를 하고 있던 시기에 가장 뛰어난 신세대 물리학자 중 한 명인 후안 마르틴 말다세나(Juan Martin Maldacena, 1968년~)가 프린스턴에서 학생으로 연구를 하고 있었다. 그의 논문 지도 교수는 커티스 캘런(CGHS의 C)이었다. 말다세나와 캘런도 D1-막, 열린 끈, D5-막을 두드려 맞추고 있었다. 스트로민저와 바파의 결과가 나온 지 몇 주 후 캘런과 말다세나는 자신들의 논문을 발표했다. 이들의 방법은 다소 달랐지만 그 결론은 스트로민저와 바파가 주장했던 바를 완전히 검증했다.

사실 캘런과 말다세나는 이전의 연구에서 좀 더 나아가 극한 블랙홀이 아닌 블랙홀을 다룰 수도 있었다. 극한 블랙홀은 물리학에서 기묘한 물체이다. 이것은 엔트로피를 가지고 있지만 열이나 온도가 없다. 대부분의 양자 역학적인 계는 일단 모든 에너지를 다 빼 버리면 모든 것이 그 자리에 단단하게 고정된다. 예를 들어 얼음 조각에서 모든 열을 제거하면 결함이라고는 단 하나도 없는 완전 결정이 나올 것이다. 이 배열을 바꾸려면 물 분자를 어떤 식으로 배열하더라도 에너지가 들 것이므로 약간의 열을 더해야 한다. 얼음에서 이 모든 열을 빼내면 남아도는 에너지도, 온도도, 그리고 엔트로피도 없어진다.

하지만 예외는 있게 마련이다. 어떤 특별한 계는 정확하게 똑같은 최솟값 에너지를 가진 상태를 여러 개 가질 수 있다. 다시 말해 모든 에너지를 빼낸 뒤에도 계를 재배열해서 정보를 숨기는 것이 가능하며, 그렇게 재배열을 해도 에너지가 더 들지 않는다. 물리학자들은 이런 계를 **겹친 바닥 상태**(degenerate ground state, '축퇴된 바닥 상태'라고도 한다. —옮긴이)를 가진 계라고 한다. 겹친 바닥 상태를 가진 계는 절대 영도에서도 엔트로피를 가진다. 즉 정보를 숨길 수 있다. 극한 블랙홀은 이처럼 유별난 계의 좋은 예이다. 평범한 슈바르츠실트 블랙홀과는 달리 극한 블랙홀의 온도는 절대 영도이다. 이것은 극한 블랙홀이 증발하지 않는다는 것을 뜻한다.

센의 예로 돌아가 보자. 이 경우 끈의 굴곡은 모두 똑같은 방향으로 움직인다. 그래서 이것들은 서로 부딪히지 않는다. 하지만 정반대 방향으로 움직이는 굴곡을 더한다고 생각해 보자. 예상할 수 있겠지만 이 굴곡과 원래 굴곡이 부딪혀 약간 뒤죽박죽 상태가 만들어진다. 사실 이 굴곡은 끈을 데워서 그 온도를 높인다. 평범한 블랙홀과는 달리 극한 블랙홀에 거의 가까운 이것들은 완전히 증발하지 않는다. 이것들은 남아도는 에너지를 방출해서 극한 상태로 되돌아간다.

캘런과 말다세나는 끈 이론을 이용해서 극한 블랙홀에 거의 가까운 블랙홀이 증발하는 속도를 계산할 수 있었다. 끈 이론이 증발 과정을 설명하는 방식은 환상적이다. 반대 방향으로 움직이는 2개의 굴곡이 충돌하면,

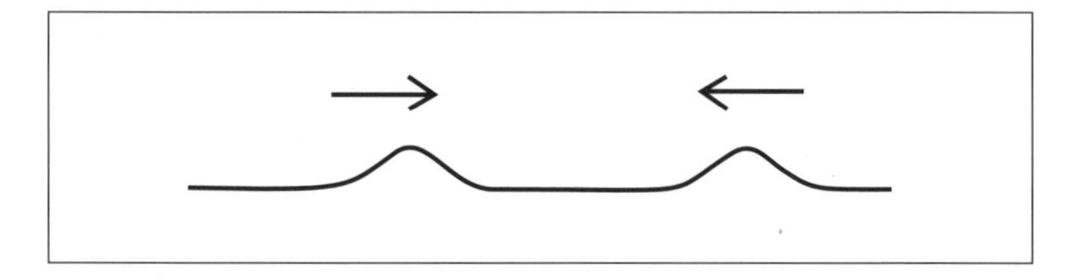

이것들은 하나의 더 큰 굴곡을 만드는데, 다음 그림처럼 보인다.

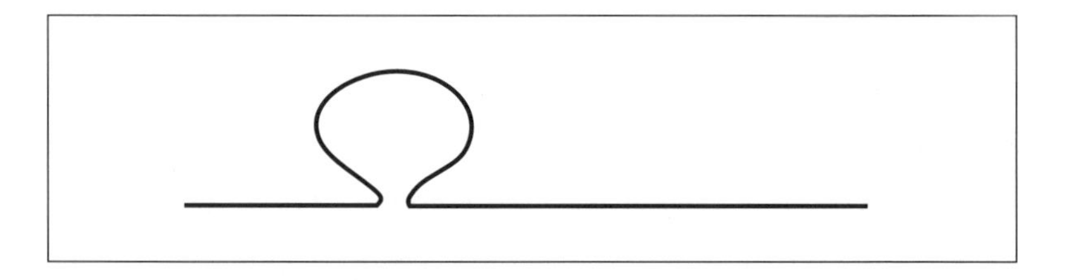

일단 더 큰 굴곡이 만들어지면 이것이 떨어져 나가는 것을 막을 길이 없다. 이것은 1972년 파인만과 내가 이야기했던 바와 크게 다르지 않은 방식이다.

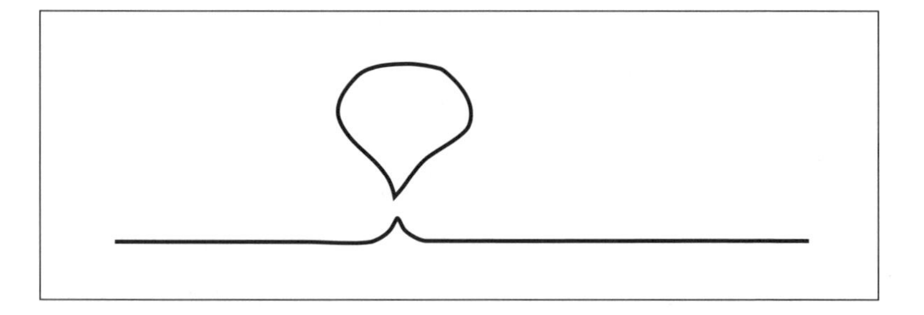

하지만 캘런과 말다세나는 말한 것보다 더 많은 일을 했다. 이들은 증

발 속도를 얻기 위해 아주 세밀한 계산을 수행했다. 놀라운 일은 그들의 결과가 20년 전에 제시된 호킹의 방법과 정확하게 일치했다는 점이다. 한 가지 중요한 차이점은 있었다. 말다세나와 캘런은 오직 통상적인 양자 역학의 방법만 사용했다. 앞 장들에서 논의했듯이 비록 양자 역학에 확률적인 요소가 있다고 하더라도, 정보 손실은 허락하지 않는다. 따라서 증발 과정에서 정보가 손실될 가능성은 없다.

여러 사람들이 비슷한 아이디어를 연구하는 일이 또다시 일어났다. 뭄바이의 타타 연구소(Tata Institute, 아쇼케 센이 있는 연구소이다.)에 있는 두 쌍의 인도 물리학자들이 아주 독립적으로 비슷한 결과를 계산해 냈다. 수미트 다스(Sumit Das)와 사미르 마투르(Samir Mathur), 그리고 고탐 만달(Gautam Mandal)과 스펜타 와디아(Spenta Wodia)가 그들이다.

이 이런 연구들은 모두 비범한 성과들이며, 그들이 유명한 것도 당연하다. 블랙홀 엔트로피가 끈의 굴곡에 저장된 정보로 설명될 수 있다는 사실은 호킹을 포함해서 많은 상대성 이론 전문가들의 생각과 강력하게 대립된다. 호킹은 블랙홀을, 정보를 다시 꺼낼 수 있는 정보의 저장고가 아니라, **정보를 집어삼키는 괴물**로 봤다. 스트로민저와 바파의 성공적인 계산은 하나의 수학적 결과가 연구의 무게 중심을 어떻게 바꿀 수 있는지를 잘 보여 주는 좋은 사례이다. 정보 손실이 끝장나기 시작한 것이다.

이 극적인 순간을 다른 사람들이 모를 리 없었다. 내 샌타바버라 친구들을 포함해서 많은 사람들이 갑자기 자기 배를 버리고 뛰쳐나와 우리 편에 섰다. 그래도 나는 블랙홀 전쟁이 곧 끝나리라는 생각에 의구심을 품고 있었다. 그러나 이 전쟁에서 중립적이었던 조 폴친스키와 게리 호로위츠가 우리 편이 되었을 때 그 의구심을 떨쳐 버릴 수 있었다.[7] 내

7. 폴친스키와 호로위츠는 끈 이론에서 생기는 여러 종류의 블랙홀(극한적인 것과 다른 것들 모두)의

마음속에서 그것은 분수령이 되는 사건이었다.

끈 이론은 자연에 대한 올바른 이론일 수도 있고 아닐 수도 있다. 하지만 끈 이론은 호킹의 주장이 옳을 수는 없음을 보였다. 이제 모든 게 다 끝났지만, 놀랍게도 호킹과 일반 상대성 이론 학계의 많은 사람들은 여전히 꿈쩍도 하지 않았다. 그들은 여전히 호킹의 옛 주장에 눈이 멀어 있었다.

엔트로피를 계산하기 위해 내가 사용했던 것과 똑같은 방법을 사용해 논문을 한 편 썼다. 그리고 모든 경우, 그 답은 베켄스타인-호킹의 넓이 공식과 일치했다.

22장

남아메리카의 승리

대부분의 사람들은 뛰어난 물리학자들을 생각할 때 남아메리카는 빼먹기 쉽다. 심지어 남아메리카 인들조차 얼마나 많은 빼어난 이론 물리학자들이 아르헨티나, 브라질, 칠레에서 배출되었는지 알면 놀란다. 이론 물리학에 주요한 영향을 미친 몇 사람만 꼽아 봐도 다니엘 아마티(Daniele Amati), 알베르토 시르린(Alberto Sirlin), 미겔 비라소로(Miguel Virasoro), 헥터 루빈스타인(Hector Rubinstein), 에두아르도 프라드킨(Eduardo Fradkin), 클라우디오 테이텔보임 등이 있다.

테이텔보임은 최근에 이름을 클라우디오 분스터(Claudio Bunster)로 바꿨는데, 내가 지금까지 알고 있던 물리학자들과는 전혀 다른 개성을 가진 인물이다. 그의 가문은 칠레의 사회주의 대통령 살바도르 아옌데와 민중

시인이자 노벨상 수상자인 파블로 네루다(Pablo Neruda, 1904~1973년)와 아주 친했다. 클라우디오의 형제인 세사르 분스터(César Bunster)는 1986년 9월 7일 전(前) 파시스트 독재자인 아우구스토 피노체트 장군 암살 계획을 주도했던 인물이다.

클라우디오는 키가 크고 가무잡잡한 사내로, 튼튼하고 강건한 몸에 매서운 눈매를 지녔다. 그는 가볍게 말을 더듬었지만 나름의 매력과 카리스마를 가지고 있어서 위대한 정치 지도자가 될 수도 있었을 것이다. 사실 그는 칠레의 정치적 암흑기에 과학이 죽지 않고 살아 있도록 애쓴 작은 과학자 집단의 반파시즘 지도자였다. 당시에 그의 목숨이 위험에 처해 있었을 것이라는 데에는 의심의 여지가 없다.

클라우디오는 정말 유능한 사람이지만, 엽기적인 면도 있다. 비록 클라우디오가 칠레 군사 정권을 적대시하기는 했지만, 클라우디오는 군대식 장식품을 좋아했다. 칠레로 돌아가기 전 텍사스에 살 때 그는 칼이나 총 같은 무기 전시회에 자주 갔고 요즘에도 종종 전투복을 입는다. 내가 그를 만나러 칠레에 처음 갔을 때 그는 병정놀이를 하며 나를 무척이나 겁나게 했다.

때는 1989년, 피노체트 독재 정권이 여전히 강력한 권력을 휘두르고 있었다. 아내와 나, 그리고 친구인 윌리 피슐러가 산티아고 공항에 도착해 비행기에서 내리자, 군복을 입은 중무장한 사내들이 우리를 기나긴 입국 심사 줄로 퉁명스럽게 몰아 넣었다. 입국 심사소의 직원도 군인이었는데 모두 커다란 자동 화기로 무장하고 있었다. 입국 심사소를 통과하는 것도 쉽지 않아 보였다. 기나긴 줄은 거의 줄어들지 않았고 우리는 지쳐 갔다.

그때 나는 선글라스를 끼고 군복(또는 군복으로 간주되는 옷)을 입은 키 큰 사내가 봉쇄선을 뚫고 우리를 향해 곧바로 다가오는 것을 봤다. 그는 클라우디오였다. 클라우디오는 마치 장군처럼 군인들에게 명령을 내리고 있었다.

그는 우리에게 다가오자 내 팔을 움켜잡고는 도도하게 우리를 호위하며 경비병들을 지나치면서 위엄 넘치는 태도로 그들에게 손짓해 비켜서게 했다. 그는 우리 짐을 들고는 공항 밖에 불법으로 주차해 놓은 그의 카키색 지프까지 우리를 재빨리 안내했다. 그러고는 속도를 높여 공항을 빠져나와, 때로는 두 바퀴로 질주하며 산티아고 시내로 내달렸다. 일단의 병사들을 마주칠 때마다 클라우디오는 경례를 하고는 했다. "클라우디오," 하고 내가 속삭였다. "젠장, 도대체 뭘 하고 있는 거야? 우리를 모두 죽일 참인가?" 하지만 아무도 우리 차를 세우지 않았다.

내가 칠레에 마지막으로 갔던 것은[1] 피노체트 정권이 민주 정부로 교체된 지 한참 지났을 때였는데, 클라우디오는 실제로 군대, 특히 공군과 연줄이 있었다. 그것은 클라우디오가 그의 작은 연구소에서 블랙홀에 대한 학회를 열었을 때의 일이었다. 그는 공군에 자신의 영향력을 발휘해서 호킹과 나와 학회 참가자 중 몇몇을 칠레 남극 기지까지 비행기로 데리고 갔다. 우리는 아주 즐거웠다. 그런데 정말 놀라운 일은 참모 총장을 포함해서 공군 장성들이 우리를 어떻게 접대했는가였다. 장성 한 명은 차를 따랐고 다른 장성은 오르 되브르(프랑스 전채 요리 — 옮긴이)를 차려냈다. 클라우디오는 확실히 칠레에서 상당한 영향력이 있는 사람이었다.

클라우디오는 1989년 칠레의 안데스 산맥으로 가는 관광 버스 안에서 처음으로 내게 어떤 **반(反)드 지터 블랙홀(anti de Sitter black hole)**에 대

---

1. 이 책이 마지막 편집 단계에 막 들어갔을 때, 나는 칠레를 다시 방문했다. 이번에는 클라우디오 분스터의 예순 번째 생일을 축하하기 위해서였다. 이 책 뒷부분에 있는 호킹과 나의 사진은 그 파티에서 찍은 것이다.

해 이야기했다. 오늘날 이것은 바나도스, 테이텔보임, 자넬리의 이름을 따서 **BTZ 블랙홀**로 불린다. 막스 바나도스(Max Bañados)와 호르헤 자넬리(Jorge Zanelli)는 클라우디오의 내밀한 친구들이었다. 이들 셋의 발견은 블랙홀 전쟁에 오래도록 영향을 끼쳤다.

블랙홀을 상자 속에 넣기

블랙홀을 연구하는 물리학자들은 블랙홀을 상자에 넣어 밀봉한 다음 소중한 보석처럼 안전하게 지키기를 영원히 꿈꾼다. 무엇으로부터의 안전이냐고? 증발로부터. 블랙홀을 상자 안에 밀봉하는 것은 물 주전자 위에 뚜껑을 덮는 것과 똑같다. 이런 상자에서 입자들은 공중 속으로 증발되지 않고 상자의 벽들(또는 주전자의 뚜껑)에 튕겨 블랙홀(또는 주전자) 속으로 곧바로 다시 떨어질 것이다.

어느 누구도 결코 블랙홀을 상자 안에 실제로 넣으려고 하지는 않을 것이다. 하지만 사고 실험은 재미있다. 안정되고 변하지 않는 블랙홀은 증발하는 블랙홀보다 훨씬 더 단순할 것이다. 하지만 문제가 하나 있다. 실제 상자로는 결코 블랙홀을 보관할 수가 없다. 다른 모든 것과 마찬가지로 실제 상자에서 무작위적인 양자 떨림 반응이 일어나고 조만간 돌발적인 사건이 일어날 것이다. 이 상자는 블랙홀과 접촉하게 될 것이다. 그리고 아뿔사, 블랙홀 속으로 곧바로 빨려 들어갈 것이다.

여기서 반드 지터(anti de Sitter, ADS) 공간이 등장한다. 무엇보다 반드 지터 공간은 그 이름에도 불구하고, 그 차원들 가운데에 시간을 포함하는 진정한 시공간 연속체이다. 빌렘 드 지터(Willem de Sitter, 1872~1934년)는 네덜란드 출신의 물리학자이고 수학자이며 천문학자로서, 자신의 이름이 붙은 아인슈타인 방정식의 4차원 해를 발견했다. 드 지터 공간은 수학적으로는 기하 급수적으로 팽창하는 우주로서 우리 우주가 팽창하는 것[2]과 아주 똑같은 방식으로 성장한다. 드 지터 공간은 오랫동안 하나의 호기심거리 이상으로는 여겨지지 않았다. 하지만 최근에는 우주론 학자들 사이에서 엄청나게 중요해졌다. 드 지터 공간은 양의 곡률을 가진 시공간 연속체이다. 이 말은 이 공간 위의 삼각형 내각의 합이 180도보다 큰 어떤 값을 가진다는 것을 뜻한다. 하지만 이 모든 것은 핵심을 비껴가고 있다. 이 논의에서 우리가 흥미를 느끼는 것은 드 지터 공간이 아니라 **반드 지터 공간**이다.

반드 지터 공간은 드 지터의 반물질 쌍둥이가 발견한 것이 아니다. '반-(anti-)'은 이 공간의 곡률이 음이라는 것을 암시하며, 이것은 삼각형 내각의 합이 180도보다 작다는 것을 뜻한다. 반드 지터 공간에서 가장 흥미로운 점은 이것이 구형 상자의 내부 공간이 가지는 성질을 많이 가지고 있다는 것이다. 이 상자는 블랙홀이 집어삼킬 수가 없다. 이것은 반드 지터 공간의 구형 내벽이 거기에 다가오는 모든 물체를 아주 강력하게 밀어내기 때문이다. 이 반발력에는 그 어떤 것도 저항할 수 없을 정도이다. 그리고 여기에는 블랙홀의 지평선도 포함된다. 그 반발력은 너무나 강력해서 벽면과 블랙홀이 접촉할 가능성은 없다.

보통의 시공간은 모두 다해서 4차원을 가지고 있다. 공간의 세 차원과 시간의 한 차원이 그것이다. 물리학자들은 종종 이것을 4차원이라고 부르지만 이것은 공간과 시간의 명백한 차이를 모호하게 만든다. 정확한 표현은 시공간을 (3+1)차원이라고 말하는 것이다.

---

2. 최근에 천문학자들과 우주론 학자들은 우리 우주가 약 100억 년마다 크기가 2배씩 늘어나는 가속도로 팽창하고 있음을 발견했다. 이런 기하 급수적인 팽창은 우주 상수, 또는 대중 매체가 '암흑 에너지(dark energy)'라고 부르는 것 때문에 일어나는 것으로 생각되고 있다.

앞에서 다룬 플랫랜드와 라인랜드 또한 시공간 연속체이다. 플랫랜드는 2차원 공간의 세계이다. 하지만 거기 사는 사람들 또한 시간을 느낀다. 그들은 자기 세계를 (2+1)차원이라고 부를 수 있을 것이다. 라인랜드 사람들은 오직 하나의 축을 따라서만 움직일 수 있지만, 또한 시간의 흐름을 느끼기 때문에 (1+1)차원의 시공간에 살고 있다. (2+1)차원과 (1+1)차원의 놀라운 점은 우리가 이 차원들을 쉽게 그릴 수 있어서 직관적으로 이해하기 쉽다는 것이다.

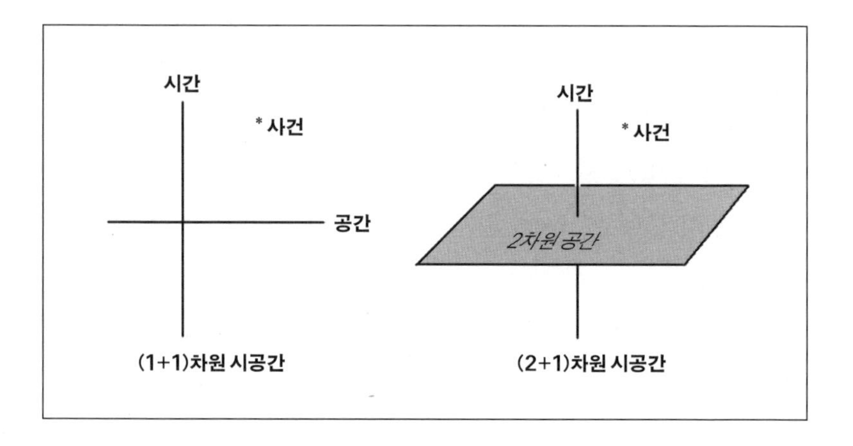

물론 수리 물리학자들은 공간 차원의 수를 마음껏 바꿔 온갖 기묘한 세계를 고안할 수 있을 것이다. 비록 우리 뇌가 그 공간을 그려 볼 수 없더라도 말이다. 누군가는 시간 차원의 수를 바꾸는 것도 가능하지 않을까 하고 궁금해할지도 모르겠다. 완전히 추상적인 수학에서는 가능하다. 하지만 물리학자의 관점에서는 그렇게 하는 것에 큰 의미가 없다. 시간 차원은 하나인 것이 적절해 보인다.

반드 지터 공간 또한 다양한 차원을 가질 수 있다. 공간 방향으로는 차원의 수가 어떤 숫자라도 가질 수 있지만, 시간 방향은 하나밖에 가질 수 없다. 바나도스, 테이텔보임, 그리고 자넬리가 연구했던 반드 지터 공간은 (2+1)차원이었다. 그래서 그림으로 설명하기가 쉬웠다.

다차원 물리학

3차원 공간(시공간이 아니라)은 우리의 인식 체계에 직접 배선된 것 같은 것들 중 하나다. 누구도 추상 수학이라는 목발을 짚지 않고서 4차원을 시각화할 수 없다. 1차원이나 2차원 공간이 그림으로 그리기가 더 쉽다고 생각할지 모르겠는데, 어떤 의미에서는 그렇다. 하지만 잠깐만 생각해 보면 선과 면을 시각화할 때, 우리는 언제나 자신이 3차원 공간에 묻힌 선과 면을 그린다는 것을 깨닫게 된다. 이것은 우리의 뇌가 진화한 방식 때문임이 거의 확실하며, 3차원의 특별한 수학적 성질과는 아무런 상관이 없다.[3]

기본 입자들에 관한 이론인 양자장 이론은 더 적은 차원을 가진 세계에서도 3차원 공간에서만큼이나 의미를 가진다. 우리가 아는 한, 기본 입자들은 2차원 공간(플랫랜드) 또는 심지어 1차원 공간(라인랜드)에서도 완벽하게 존재 가능하다. 사실 양자장 이론의 방정식들은 차원의 수가 더 적을 때 더 단순해지며, 양자장 이론에 관해 우리가 알고 있는 많은 것들은 처음에는 그런 모형 세계에 대한 연구를 통해 발견되었다. 따라서 바나도스, 테이텔보임, 그리고 자넬리가 공간 차원의 수가 겨우 2인

---

3. 물리적 세계가 1차원이나 2차원이었을 수 있었을까? (나는 시공간이 아니라 공간에 대해 이야기하고 있다.) 확실히는 모르겠다. 이런 문제를 결정할지도 모르는 모든 원리들을 우리는 알지 못한다. 하지만 수학적인 관점에서 보자면 양자 역학과 특수 상대성 이론은 3차원에서 그런 것과 마찬가지로 1차원 또는 2차원에서도 일관성을 가진다. 나는 이런 세계에 지적 생명체가 존재할 수 있다는 것을 이야기하고 있는 것이 아니라, 단지 어떤 종류의 물리학이 가능해 보인다는 것을 이야기하고 있는 것이다.

우주를 연구했던 것은 결코 유별난 것이 아니었다.

반드 지터 공간의 천사와 악마

반드 지터 공간을 설명하는 최선의 방법은 클라우디오가 칠레 관광 버스 안에서 설명했던 그 방식, 즉 그림을 통해서이다. 시간은 무시하고 둥그렇게 속이 빈 상자의 평범한 안쪽 공간부터 시작해 보자. 3차원에서는 둥근 상자가 구의 안쪽을 뜻한다. 2차원에서는 훨씬 더 간단해서 원의 안쪽이 된다.

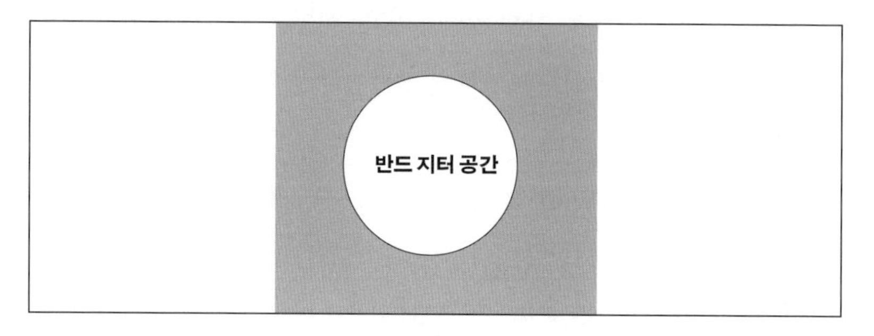

이제 시간을 더해 보자. 수직축을 따라 시간을 그리면 상자 안의 시공간 연속체는 원기둥의 안쪽을 닮았다. 다음 그림에서 반드 지터 공간은 원기둥에서 회색으로 칠하지 않은 안쪽 부분이다.

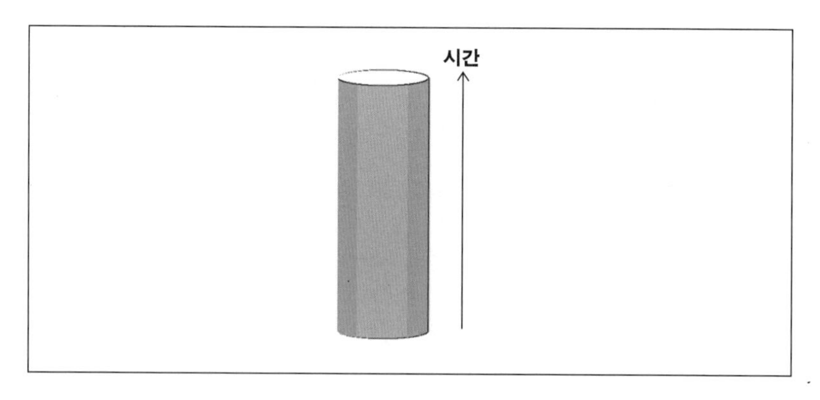

우리가 묻기 도형을 만들기 위해 블랙홀을 얇게 베어 낸 것과 똑같은 방식으로 반드 지터 공간을 저민다고 상상해 보자. (하나의 시간 차원을 가지고 있음을 기억하라.) 이것을 얇게 베어 내면 진정으로 공간이라 말할 수 있는 공간의 절단면이 드러난다.

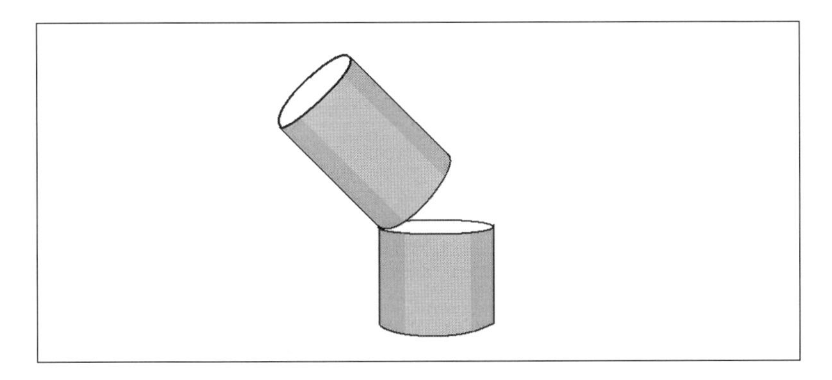

이 2차원의 얇은 조각을 좀 더 자세히 조사해 보자. 예상했겠지만, 이 조각 또한 어떤 면에서는 지구의 표면과 마찬가지로 굽어 있다. 이것은 종이 같은 평평한 평면 위에 둥근 공간의 일부를 그리기 위해서는 그 표면을 늘이고 뒤틀어야만 한다는 것을 뜻한다. 평평한 종이 위에 지구의 지도를 그릴 때 심하게 왜곡시키지 않고 그리기는 불가능하다. 메르카토르 지도에서는 북쪽과 남극 지역이 적도 근방 지역과 비교했을 때 너무나 커 보인다. 그린란드는 아프리카만큼 커 보이는데, 실제로는 아프리카가 그린란드보다 15배 정도 더 크다.

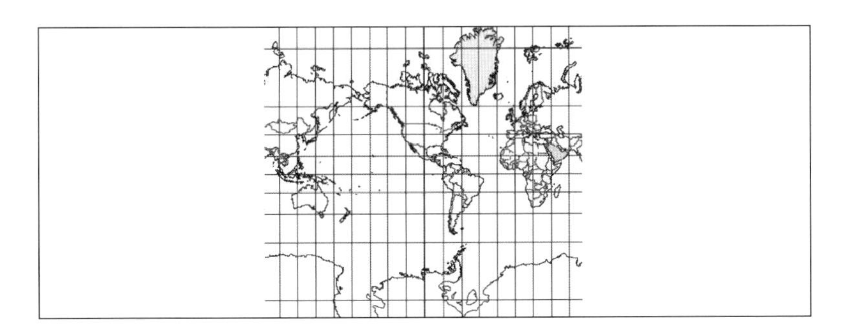

반드 지터 공간(그리고 시공간도)은 굽어 있지만, 지구 표면과는 달리 그 곡률이 음이다. 이것을 평면 위에서 뒤틀면 '반(反)메르카토르' 효과가 생긴다. 이 효과 때문에 끝 부분의 사물들은 아주 작아진다. 모리츠 코르넬리우스 에스헤르(Mauritz Cornelius Escher, 1898~1972년)의 유명한 그림인 「원의 극한 IV(Circle Limit IV)」는 음의 곡률을 가진 공간의 '지도'로서 반드 지터 공간의 2차원 조각이 정확하게 어떤 모습인지를 보여 준다.

원의 극한 IV

거짓말을 하나도 안 보태고 말하자면, 나는 「원의 극한 IV」에 최면 작용이 있다고 생각한다. (이 그림을 보면 20장에서 소개한, 「쥐와 그 아이」의 등장 인물들이 눈으로 볼 수 있는 마지막 개를 보려고 애쓰는 모습이 떠오른다.) 천사와 악마가 끝없이 반복되며 무한한 프랙털(fractal)의 가장자리로 점차 사라진다. 에스헤르는 무한히 많은 수의 천사를 그리려고 악마와 거래라도 한 것일까? 아니면 충분히 열심히 들여다보면 눈으로 볼 수 있는 마지막 천사를 볼 수 있을까?

여기서 잠깐 멈추고 천사와 악마를 모두 똑같은 크기로 볼 수 있도록 자신의 신경망을 재배선해 보자. 이것은 쉽지 않다. 그러나 메르카토르 지도에서는 그린란드가 아라비아 반도보다 약 8배 더 커 보이지만 실제로는 거의 똑같은 크기라는 점을 기억하면 도움이 될 것이다. 에스헤르는 분명히 이런 식의 정신 훈련을 통해 신경망을 재배선했을 것이다. 당신도 연습을 하면 그 요령을 터득할 수 있다.

이제 시간을 더하고 이 모든 것을 반드 지터 공간의 그림 속으로 한데 모아 보자. 여느 때와 마찬가지로 수직축이 시간이다. 각각의 수평 조각들은 특정한 순간에서의 보통 공간을 나타낸다. 반드 지터 공간을 얇게 베어 낸 살라미 소시지처럼 얇은, 무한히 많은 수의 공간 조각들이라고 생각해 보자. 무한히 많은 이 조각들을 쌓아 올리면 시공간 연속체가 형성된다.

반드 지터 공간에서는 공간이 이상하게 뒤틀려 있지만, 시간만큼 뒤틀린 것도 아니다. 일반 상대성 이론에서는 다른 위치에 자리 잡은 시계들이 종종 다른 속도로 가기도 한다는 3장의 내용을 떠올려 보자. 예를 들어 블랙홀 지평선 근처에서는 시계가 느려지기 때문에 블랙홀을 타임머신으로 이용할 수도 있다. 반드 지터 공간에서도 시계가 기묘하게 행동한다. 에스헤르 그림의 악마들이 각각 손목 시계를 차고 있다고 상상

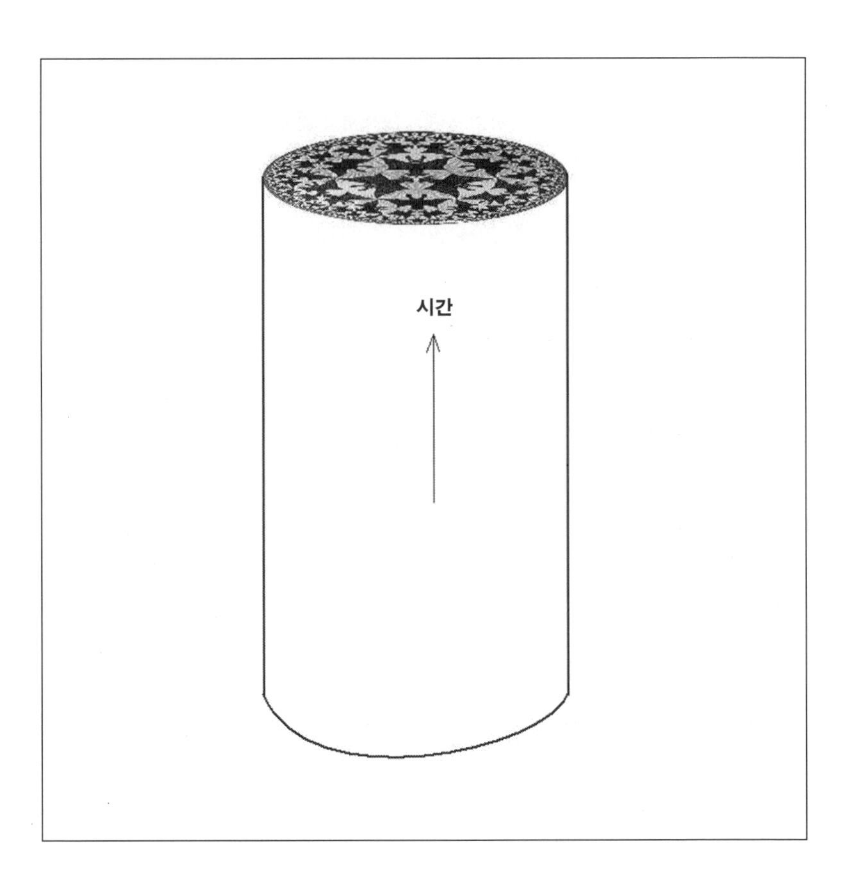

해 보자. 중심부에 있는 악마들이 약간 더 멀리 있는 이웃들을 둘러보면 뭔가 괴상한 현상이 일어나고 있음을 알아차리게 될 것이다. 먼 곳에 있는 악마들이 찬 시계가 자기가 차고 있는 시계보다 2배 정도 빨리 갈 것이다. 악마들이 신진대사를 한다고 가정하면 바깥쪽에 있는 이웃들의 신진대사가 더 빨리 작동한다. 실제로 중심에서 멀어질수록 시계들은 훨씬 더 빨리 가는 것으로 보일 것이다. 바깥쪽 층은 그 안쪽 층보다 더 빨리 움직일 것이며, 마침내 경계 근처에서는 시계가 너무 빨리 가서 중심부에 있는 악마들은 시계가 흐릿하게 빙빙 도는 것만 볼 수 있을 것이다.

반드 지터 공간의 시공간 곡률은, **설령 거기에 아무것도 없다고 하더라도**, 중력장을 생성해 물체들을 중심부 쪽으로 잡아당긴다. 이처럼 유령 같은 중력장을 확인하는 방법이 한 가지 있다. 이 공간 안에서 질량 덩어리 하나를 경계 쪽으로 움직여 보자. 그러면 중력장 때문에, 마치 용수철에 매달린 것처럼 뒤로 당겨질 것이다. 이것을 그대로 내버려 두면 그 질량 덩어리는 앞뒤로 끝없이 움직일 것이다. 가운데 쪽으로 잡아당기는 것과 경계면에서 멀리 밀어내는 것은 동전의 양면처럼 서로 다르지 않다. 그렇게 밀어내는 반발력은 너무 강해서, 블랙홀을 포함해 어떠한 물체도 경계면에 맞닿을 수 없다.

자, 이제 물건을 넣을 상자가 만들어졌다. 이 상자 안에 몇몇 입자를 넣어 보자. 우리가 입자들을 상자 안에 넣을 때마다 이 입자들은 중심부 쪽으로 끌려갈 것이다. 입자가 1개만 있다면 중심부 근처에서 영원히 진동하겠지만, 둘 또는 더 많은 입자가 있다면 이 입자들은 충돌하기도 할 것이다. 반드 지터 공간의 유령 같은 중력이 아닌, 입자들 사이의 보통 중력이 만드는 인력 때문에 이 입자들은 하나의 덩어리로 뭉칠 것이다. 입자들을 더 많이 보태면 중심부에서 압력과 온도가 증가하고 그 덩어리에는 불이 붙어 별이 탄생할 것이다. 훨씬 더 많은 질량을 더하면 결국에는 격변적인 붕괴에 이르게 될 것이다. 즉 블랙홀이 만들어질 것이다. 그것도 상자 안에 갇힌 블랙홀 말이다.

반드 지터 공간에서 블랙홀을 연구한 것은 바나도스, 테이텔보임, 그리고 자넬리가 처음은 아니었다. 그 영예는 돈 페이지와 스티븐 호킹에게 돌아가야 한다. 그러나 바나도스, 테이텔보임, 그리고 자넬리는 공간이 겨우 2차원이기 때문에 쉽게 시각화할 수 있는, 가장 단순한 예를 발견했다. 여기 BTZ 블랙홀의 가상적인 스냅 사진이 있다. 검은 영역의 가장자리가 이 블랙홀의 지평선이다.

한 가지 예외를 인정한다면, 반드 지터 블랙홀은 보통 블랙홀의 모든 성질을 다 가지고 있다. 언제나처럼 아주 골치 아픈 특이점이 지평선 뒤에 숨어 있다. 질량을 더 보태면 블랙홀의 크기는 증가할 것이며 지평선을 경계면 가까이로 밀어낼 것이다.

하지만 보통 블랙홀과는 달리 이 반드 지터 공간의 변종 블랙홀은 증

발하지 않는다. 그 지평선은 무한히 뜨거운 표면이며 계속해서 광자를 내뿜는다. 하지만 광자는 아무데도 갈 곳이 없다. 광자는 우주 공간 속으로 증발하지 않고 블랙홀 속으로 다시 떨어진다.

반드 지터 공간을 확대해 보자

「원의 극한 IV」의 경계에 있는 한 점을 잡아 다음 그림처럼 그 가장자리가 직선처럼 보일 때까지 확대한다고 상상해 보자.

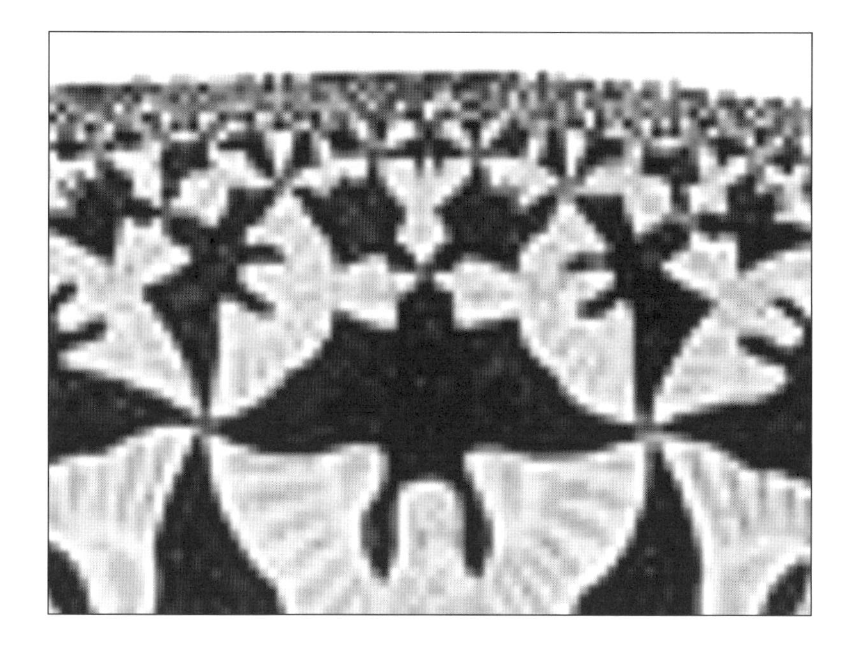

이 작업을 반복하다 보면, 마침내 가장자리가 완벽한 직선이 끝없이 이어지는 것처럼 보이는 극한에 이르게 된다. 그러나 이 극한에서도 천사와 악마는 없어지지 않는다. 나는 에스헤르도 아니고, 그의 우아한 창조물들을 재창조하려는 것도 아니지만, 악마들을 사각형으로 대체하고자 한다. 이렇게 그림을 단순화하면, 에스헤르의 원래 그림은 경계 쪽으로 갈수록 점점 더 작아지는 사각형으로 가득 찬 격자가 될 것이다. 반드 지터 공간을 벽돌로 지은 무한히 큰 벽이라고 생각해 보자. 그 벽을 따라 아래로 내려갈수록, 새로운 층마다 벽돌은 그 크기가 2배로 된다.

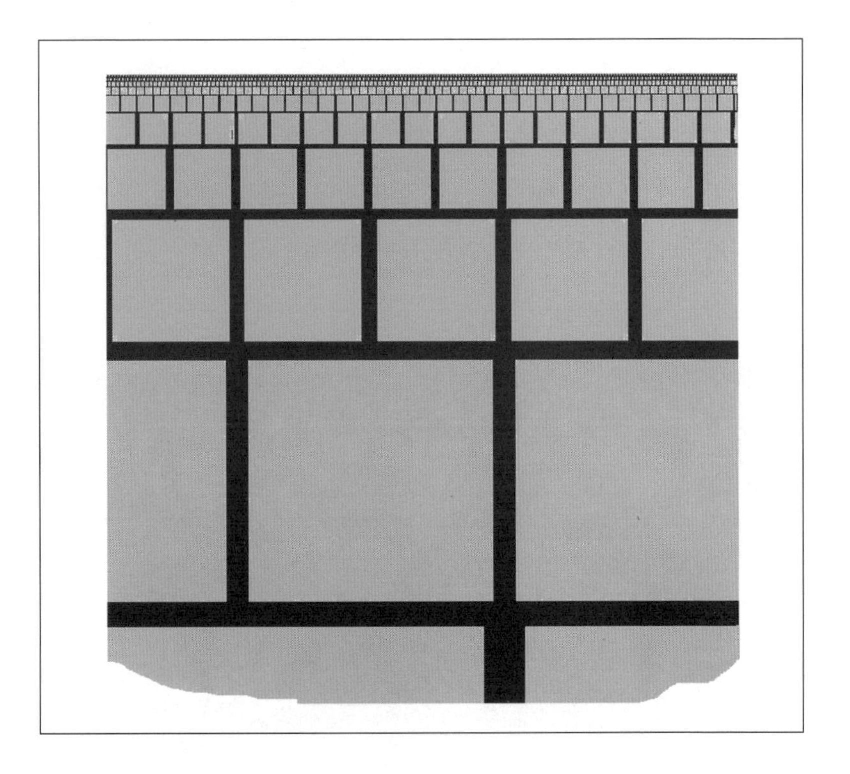

물론 반드 지터 공간에는 그림에서 볼 수 있는 선들이 없을 것이다. 이것은 지구 표면에 경선과 위선이 없는 것과 마찬가지이다. 이 선들은 공간의 곡률 때문에 물체의 크기가 어떻게 뒤틀리는지를 보여 주기 위해 그린 것에 불과하다.

에스헤르의 그림과 그것을 내가 서툴게 번안한 것은 2차원 공간이다. 그러나 실제 공간은 3차원이다. 만약에 하나의 차원(시간이 아닌 공간)을 더하면 공간이 어떻게 달라 보일까 상상하는 것은 어렵지 않다. 그냥 사각형을 3차원의 정육면체로 바꾸기만 하면 된다. 다음 그림은 3차원 '벽돌

벽'의 유한한 일부를 보여 준다. 하지만 이 벽은 수직 방향뿐만 아니라 수평 방향으로도 영원히 계속된다는 점을 기억해 두기 바란다.

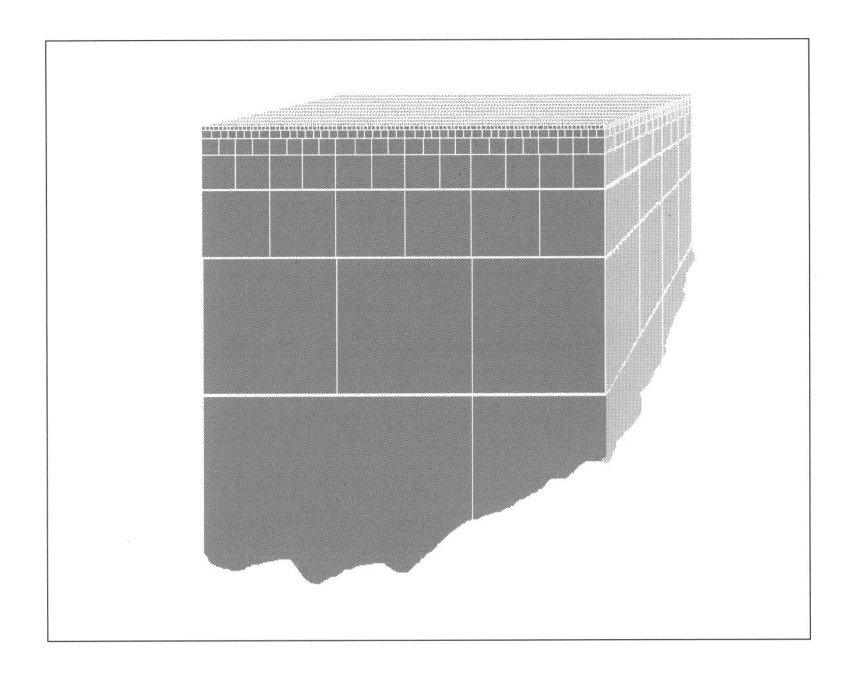

이 그림에 시간을 더하는 것은 앞에서 설명한 것과 똑같다. 각각의 사각형 또는 육면체가 시계를 차고 있다고 생각하는 것이다. 시계가 가는 속도는 그 시계가 어느 층에 있는가에 따라 달라진다. 경계 쪽으로 한 층씩 올라갈 때마다 시계는 2배씩 빨라진다. 반대로 우리가 벽 아래로 내려가면 시계는 느려진다.

수학적인 견지에서 보자면 3차원 공간에서 멈출 이유가 없다. 다양한 크기의 4차원 정육면체를 쌓으면 (4+1)차원, 또는 어떤 차원 수의 반드 지터 공간이라도 구축할 수 있다. 하지만 4차원 정육면체 하나를 그리는 것조차도 어렵다. 이것을 한번 시도해 보면 다음과 같은 그림이 나온다.

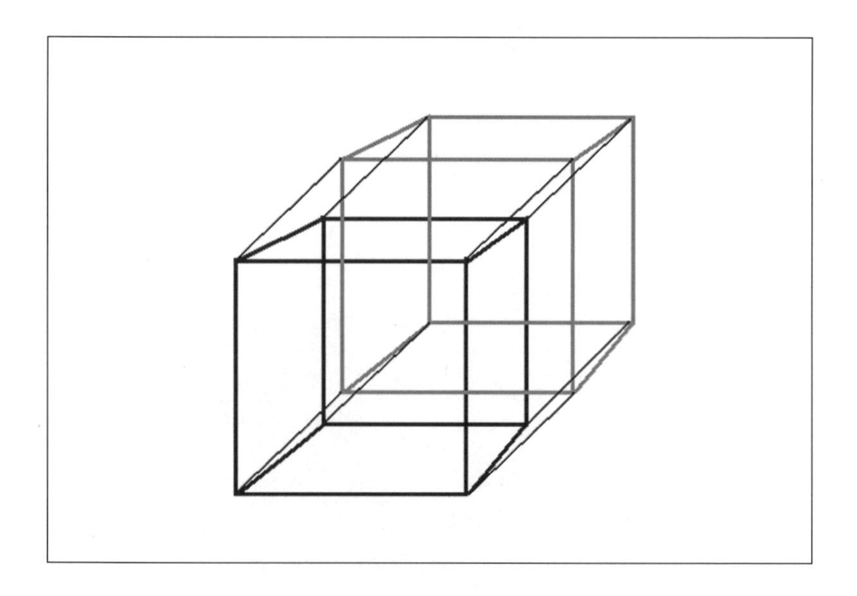

이것들을 쌓아 반드 지터 공간의 4차원 판을 그린다고 해도 도무지 이해할 수 없는 난잡한 결과만 나올 것이다.

상자 안의 세계

블랙홀이 증발하지 않도록 하는 것이 상자 안의 물리학을 연구하는 이유였다. 하지만 상자 안의 세계라는 아이디어는 그것보다 훨씬 더 흥미롭다. 이 아이디어를 가지고 홀로그래피 원리를 보다 잘 이해하고 수학적으로 엄밀하게 할 수 있기 때문이다. 나는 18장에서 홀로그래피 원리를 이렇게 설명했다. "우리가 일상적으로 경험하는 은하, 별, 행성, 집, 돌, 그리고 사람들로 가득 찬 우주 등의 3차원 세계는 하나의 홀로그램으로서 멀리 있는 2차원 표면에 부호화된 실체의 영상일 뿐이다. 홀로그래피 원리라는 물리학의 이 새로운 법칙은 공간의 어떤 영역 내부에 있는 모든 것을 그 경계면에 있는 정보 조각만으로 기술할 수 있다고 주장한다."

홀로그래피 원리를 정식화함에 있어 엄밀하지 못한 부분이 있는 것은 물체들이 경계를 통해 지나갈 수 있기 때문이다. 결국 그 경계라는 것은 실제 물질이 아니고 단지 가상의 수학적인 면일 뿐이다. "공간의 어떤 영역 내부에 있는 모든 것을 그 경계면에 있는 정보 조각만으로 기술할 수 있다."라는 문장은 물체들이 그 영역을 들락거릴 수 있을 경우에는 그 의미가 불분명해진다. 하지만 완벽한 불투과성 벽을 가진 상자 안의 세계에서는 이런 문제가 없어진다. 홀로그래피 원리를 새롭게 정식화하면 이렇게 말할 수 있을 것이다.

불투과성 벽을 가진 상자 안의 모든 것은 그 벽 위의 픽셀에 저장된 정보 조각들로 기술할 수 있다.

1989년 칠레 관광 버스 안에서 나는 왜 클라우디오가 반드 지터 공간에 그토록 열광했는지 이해할 수 없었다. 상자 속에 블랙홀을 넣는 것의 핵심을 파악하는 데에 8년이 더 걸렸다. 8년 뒤에는 또 다른 남아메리카 물리학자가 등장했다. 이번에는 아르헨티나 출신이었다.

말다세나의 놀라운 발견

후안 말다세나는 모든 면에서 클라우디오 테이텔보임과 다르다. 그만큼 키가 크지도 않고 훨씬 더 건전하다. 말다세나가 가짜 군복을 입고 위험한 산티아고 시내를 가로질러 질주한다는 것은 상상조차 할 수 없는 일이다. 하지만 그가 물리학자로서 용기가 부족한 것은 아니다. 1997년 그는 무모하리만치 비범하면서도 대담한 주장을 했다. 그 주장은 마치 내가 클라우디오와 함께 거칠게 차를 몬 것만큼이나 미친 짓이었다. 사실 말다세나는 닮은 구석이라고는 하나도 없는 2개의 수학적 세계가 실제로는 정확하게 똑같다고 주장했다. 한 세계는 4차원의 공간과 1차원의 시간, 즉 (4+1)차원인 반면, 다른 세계는 (3+1)차원으로서 우리가 경험하는 통상적인 세계와 비슷하다. 나는 내 방식대로 이 이야기를 단순화시켜 보고자 한다. 각 경우의 차원의 수를 하나씩 줄여서 시각적으로 더 쉽게 보여 줄 것이다. 이렇게 하면, (2+1)차원의 평평한 세계가 어떤 의미에서는 (3+1)차원의 반드 지터 공간과 동등하다고 말할 수 있게 된다.

어떻게 그런 일이 가능할 수 있을까? 공간에서 가장 분명한 것은 그 차원의 수이다. 공간의 차원을 인식하지 못하면 극도로 위험한 지각의 혼란을 초래할 것이다. 확실히 2차원을 3차원이라고 오해하는 것은, 적어도 온전하고 침착한 정신 상태에서는 불가능하다. 아니, 그렇다고 생각할 것이다.

말다세나의 발견에 이르는 길은, 극한 블랙홀, D-막, 그리고 행렬 이론(Matrix Theory)[4]이라고 불리는 이상한 것들의 주변을 맴돌며 구불구불 휘돌아, 마침내 홀로그래피 원리를 비상한 방법으로 확증하며 끝이 나는 그런 여정이었다.

출발점은 폴친스키의 D-막이었다. D-막은 물질적인 물체이며, 그 차원에 따라 공간 속의 점, 선, 또는 입체가 될 수 있는 물체임을 떠올리자. D-막을 다른 여느 물체들과 구분해 주는 주된 성질은 기본 끈이 그 위에

4. 이 문맥에서 행렬 이론은 S-행렬과 아무 상관이 없다. 이것은 말다세나가 발견한 것의 선조뻘이자 가까운 친지뻘 되는 이론으로서 신비로운 차원의 성장과 연관이 있다. 행렬 이론은 홀로그래피 원리를 긍정하는 수학적 대응 관계를 보여 주는 최초의 예이다. 행렬 이론은 1996년 톰 뱅크스, 윌리 피슐러, 스티브 셍커, 그리고 내가 발견했다.

서 끝날 수 있다는 것이다. 일단 설명을 명확하게 하기 위해서 D2-막에 집중해 보자.[5] 마법 양탄자처럼 3차원 공간 속을 떠다니는 평평한 2차원 판을 생각해 보자. 열린 끈은 그 양 끝을 D-막에 붙일 수 있다. 열린 끈들은 D-막을 따라 미끄러질 수 있지만 3차원 속으로 자유롭게 뛰쳐나올 수는 없다. 끈 조각들은, 비유적으로 말해서, 마찰이 없는 얼음 위를 지치는 스케이터이다. 하지만 발을 뗄 수는 없다. 멀리서 보면 각각의 끈 조각들은 2차원 세계 위를 움직이는 입자처럼 보인다. 하나 이상의 끈이 있으면 이 끈들은 충돌하고 흩어지고 심지어 합쳐져 더 복잡한 물체가 될 수도 있다.

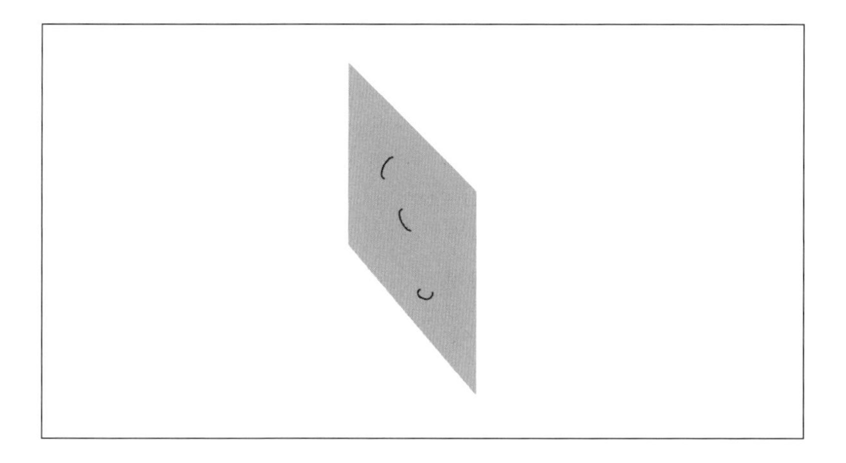

D-막은 개별적으로 존재할 수 있지만, 잘 들러붙기도 한다. D-막들을 조심스럽게 모아 놓으면 다음 그림처럼 차곡차곡 쌓여 여러 층의 복합적인 막을 형성한다.

5. 말다세나는 원래 연구에서 4차원 공간과 관련된 예에 집중했다. 이것은 (4+1)차원 반드 지터 공간이라고 부를 수 있을 것이다. 보통의 3차원 대신 4차원 공간을 다룬 이유는 기술적인 것이며 이 장의 나머지 부분에서는 그다지 중요하지 않다. 하지만 「에필로그」 부분과는 관련이 있다.

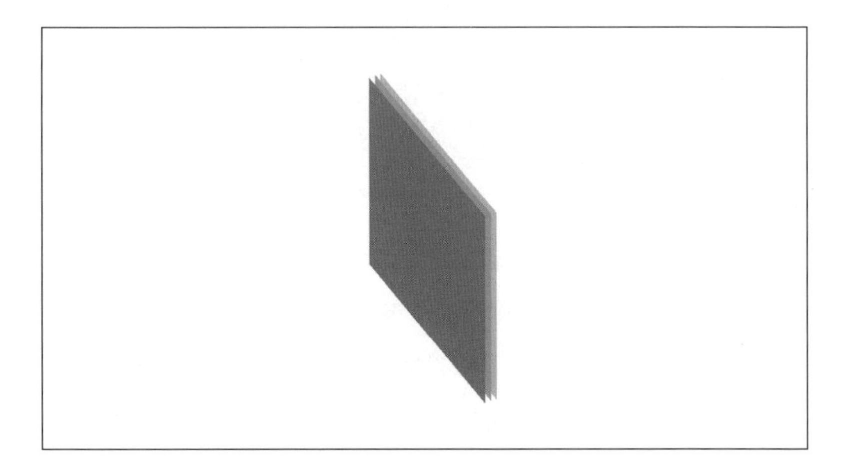

나는 D-막들이 약간 떨어진 것처럼 그렸지만, 이 막들이 서로 붙으면 그 간격은 없어진다. 서로 달라붙은 D-막의 집합을 **D-막 더미**(D-brane stack)라고 한다.

D-막 더미 위를 움직이는 열린 끈들은 하나의 D-막 위에서 움직이는 끈보다 훨씬 더 풍부한 성질과 다양성을 가지고 있다. 끈의 두 끝은 마치 한쪽 발을 다른 쪽 발과 약간 다른 평면 위에 올려놓고 스케이트를 타는 것처럼 그 더미의 다른 막에 붙을 수 있다. 서로 다른 막들을 구분할 수 있도록 막에 이름을 붙여 줄 수 있다. 예를 들어 앞의 그림의 더미에서 각 막들을 빨강, 초록, 파랑이라고 부를 수 있다.

D-막 더미 위에서 스케이트를 타는 끈들은 언제나 그 끝이 D-막에 붙어 있어야만 한다. 하지만 이제는 여러 가지 가능성이 생겼다. 예를 들어 어떤 끈은 양 끝을 모두 빨간 막에 붙일 수 있다. 이렇게 되면 빨강-빨강 끈이 된다. 비슷한 식으로 파랑-파랑 끈과 초록-초록 끈도 있을 것이다. 하지만 끈의 두 끝이 다른 막에 붙는 것도 가능할 것이다. 그래서 빨강-초록 끈, 빨강-파랑 끈 등이 있을 수 있다. 사실 이런 D-막 더미 위에서 움직이는 끈에게는 서로 구분되는 아홉 가지 가능성이 있다.

여러 개의 끈이 막에 붙으면 재미있는 일이 벌어진다.

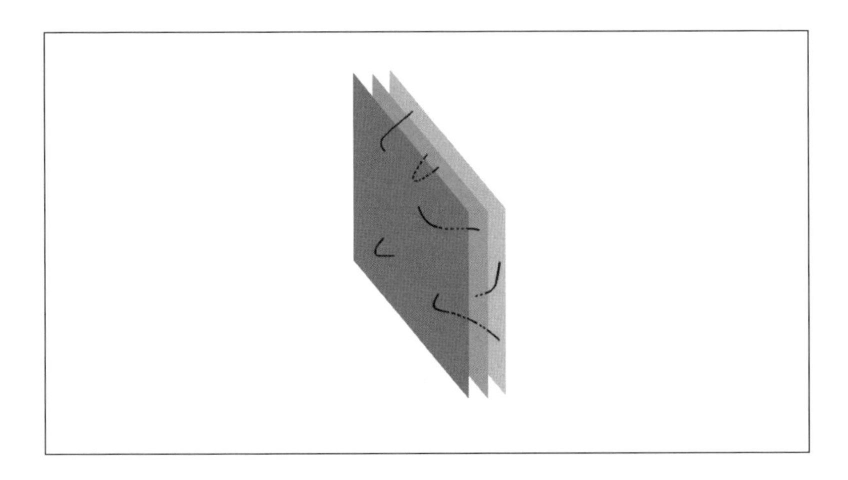

D2-막 더미 위의 끈들은, 비록 2차원 공간만 가진 세계 속에 있기는 하지만, 보통 입자들과 많이 비슷해 보인다. 이 끈들은 상호 작용하고, 충돌했다가 흩어지며, 옆에 있는 끈들에게 힘을 가한다. 또한 하나의 끈이 2개의 끈으로 끊어질 수도 있다. 다음 그림은 하나의 막 위에서 끈 하나가 분리되어 2개의 끈이 되는 것을 보여 준다. 시간의 흐름은 위에서 아래로 진행된다.

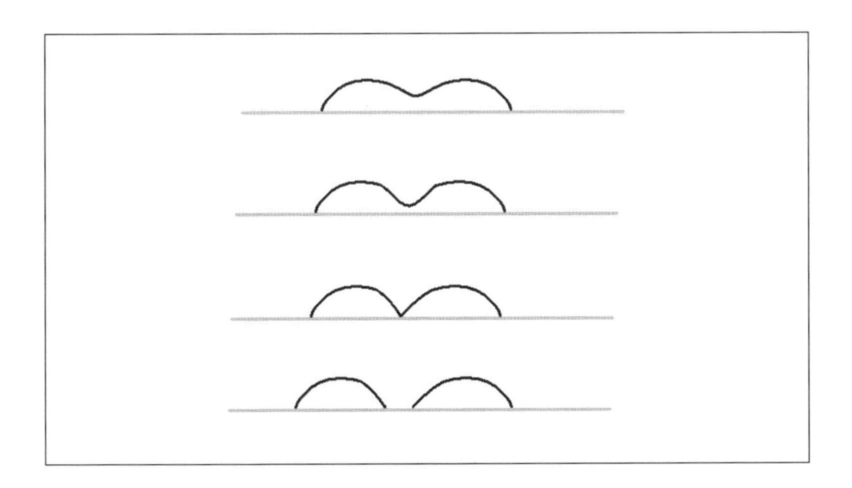

이 그림은 끈의 양 끝이 아닌 어떤 지점이 막과 접촉해 끈이 둘로 갈라지는 것을 나타낸 것이다. 이 경우 끈의 끝은 절대로 막에서 떨어지지 않는다. 이 그림은 또한 아래서 위로 읽을 수도 있다. 그렇게 되면 한 쌍의 끈이 합쳐져서 하나의 끈을 만든다.

다음 그림은 3개의 D-막 더미 위에 있는 끈들의 운동을 나타낸 것이다. 이 그림들은 빨강-초록 끈이 초록-파랑 끈과 충돌하는 모습을 보여 준다. 두 끈은 합쳐져서 하나의 빨강-파랑 끈이 된다.

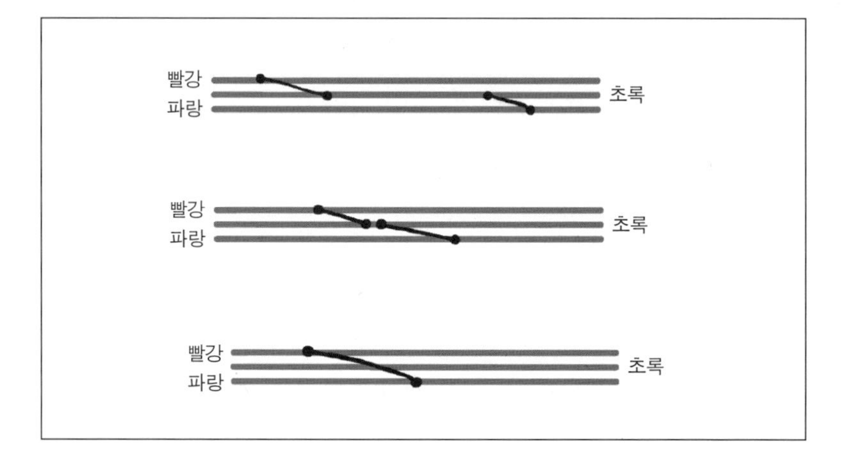

빨강-빨강 끈은 초록-초록 끈과 합쳐질 수 없다. 왜냐하면 이들의 끝이 결코 마주치지 않을 것이기 때문이다.

이 모든 것을 이전에 본 것 같은 느낌이 들지 않는가? 19장을 읽었다면 그럴 것이다. D-막에 들러붙어 있는 끈을 지배하는 규칙은 양자 색역학에서 글루온을 지배하는 규칙과 정확하게 똑같다. 19장에서 나는 글루온이 양 끝에 색깔 꼬리표가 붙은 작은 막대 자석과도 같다고 설명했다. 비슷한 점은 여기서 끝나지 않는다. 두 끈이 결합해서 하나의 끈을 만드는 장면을 보여 주는 앞의 그림은 양자 색역학의 글루온 정점 도형과 아주 닮았다.

'D-막의 물리학'과 보통 기본 입자 세계 사이의 이런 유사성은 흥미롭다. 다음 장에서 살펴보겠지만, 이것은 엄청나게 유용한 것으로 드러났다. 물리학자들은 똑같은 계를 기술하는 2개의 다른 방법을 찾게 되면 그 2개의 기술이 **서로에 대해 이중적**이라고 한다. 빛을 파동 또는 입자로 이중적으로 기술하는 것이 한 예이다. 물리학에는 **이중성**의 예가 많다. 말다세나가 D-막 위의 끈에 대한 두 가지 기술이 서로에 대해 이중적이라는 것을 발견했다는 사실에는 특별히 놀랍거나 새로운 것은 없다. 정말로 새롭고 이전에는 거의 들어 보지 못했던 것[6]은 **공간 차원의 수가 다른** 세계들 사이에 이중성이 있음을 발견했다는 점이다.

나는 앞에서 이 세계 중 하나를 암시적으로 소개한 적이 있다. 양자 색역학의 (2+1)차원의 플랫랜드 버전이 그것이다. 이것은 평평한 양성자, 중간자, 그리고 글루볼을 기술하지만, 실제 양자 색역학과 마찬가지로 중력 같은 것은 담고 있지 않다. 이중성의 다른 반쪽(정확하게 똑같은 것을 기술하는 또 다른 방법)은 **3차원** 공간의 세계를 기술한다. 하지만 여느 3차원 공간이 아니라 반드 지터 공간이다. 말다세나는 플랫랜드의 양자 색역학이 (3+1)차원의 반드 지터 우주에 대해 이중적이라고 주장했다. 게다가 이 3차원 세계에서는 물질과 에너지가 실제 세계에서와 똑같이 중력을 만든다. 다시 말해 양자 색역학을 포함하지만 중력은 포함하지 않는 (2+1)차원의 세계가 **중력을 가지고 있는** (3+1)차원의 우주와 동등하다는 것이다.

어떻게 이런 일이 벌어졌을까? 2차원만 가진 세계가 어떻게 3차원의 세계와 정확하게 똑같을 수 있을까? 여분의 1차원은 어디서 온 것일까?

---

6. 거의 들어 보지 못한 것이라고 했지만, 전례가 아주 없었던 것은 아니다. 그 이전에 발견된 행렬 이론이 한 예이다.

그 열쇠는 반드 지터 공간의 뒤틀림이다. 이 뒤틀림 때문에 경계 근처의 물체는 그 공간의 중심부에 있는 똑같은 물체에 비해 작아 보인다. 뒤틀림은 가상의 악마에게도 영향을 미치지만 실제 물체가 그 공간을 가로지를 때에도 영향을 미친다. 예를 들어 1미터짜리 A라는 문자의 그림자를 만들어 경계에다 투사하면 그 영상은 이 문자가 경계에 다가가고 물러남에 따라 줄어들거나 커진다.

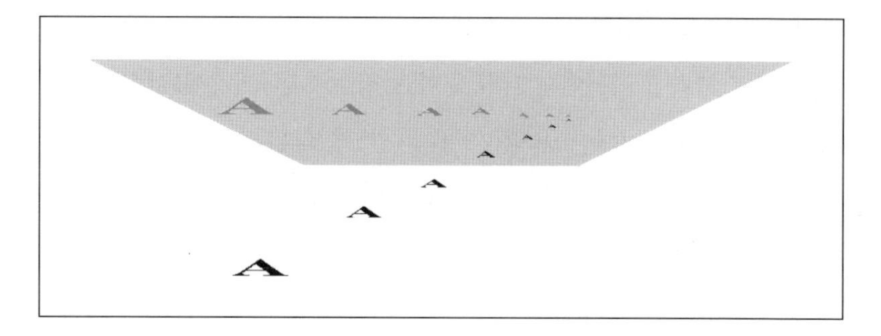

3차원의 내부에서 보자면, 이것은 메르카토르 지도 위의 그린란드가 커다란 것과 마찬가지로 실제성이 없는 환상에 지나지 않는다. 하지만 이것과 이중성 관계에 있는 기술(플랫랜드의 이론)에서는 그 면에 수직인 제3의 차원으로의 거리라는 개념 자체가 없다. 대신 그것은 크기라는 개념으로 대체된다. 이것은 아주 놀라운 수학적 연관성이다. 이중성의 반쪽인 플랫랜드에서 커지고 줄어드는 것이 이중성의 다른 반쪽에서는 제3의 방향을 따라 앞뒤로 움직이는 것과 정확하게 똑같다.

이 이야기 역시 들은 적이 있을 것이다. 이것과 같은 이야기가 18장에서 나왔다. 18장에서 우리는 세계가 일종의 홀로그램임을 발견했다. 말다세나가 발견한, 서로에 대해 이중적 관계에 있는 두 가지 기술은 홀로그래피 원리를 실제로 작동시킨 것이었다. 반드 지터 공간의 내부에서 일어나는 모든 일은 “하나의 홀로그램으로서 멀리 떨어져 있는 2차원 면에 있는 실체의 영상이다.” 중력을 가진 3차원 세계는 그 공간의 경계면에 있는 2차원 양자 홀로그램과 동등하다.

말다세나가 자신의 발견과 홀로그래피 원리를 관련지었는지는 알 수 없지만, 에드워드 위튼이 곧 그렇게 했다. 말다세나의 논문이 나온 지 겨우 두 달 지났을 때 위튼은 자신의 논문을 인터넷에 올렸다. 그 제목은 「반드 지터 공간과 홀로그래피(Anti De Sitter Space and Holography)」였다.

위튼의 논문에서 내 시선을 특히 잡아끈 것은 블랙홀에 대한 부분이었다. 반드 지터 공간이 평평한 벽돌벽 판이 아니라 내가 처음 소개했던 것처럼 수프가 담긴 통조림처럼 생겼다고 해 보자. 통조림을 수평으로 얇게 자른 단면은 공간이며 통조림의 수직축은 시간이다. 통조림 바깥쪽의 상표는 경계면이고, 그 내부는 시공간 연속체 자체이다.

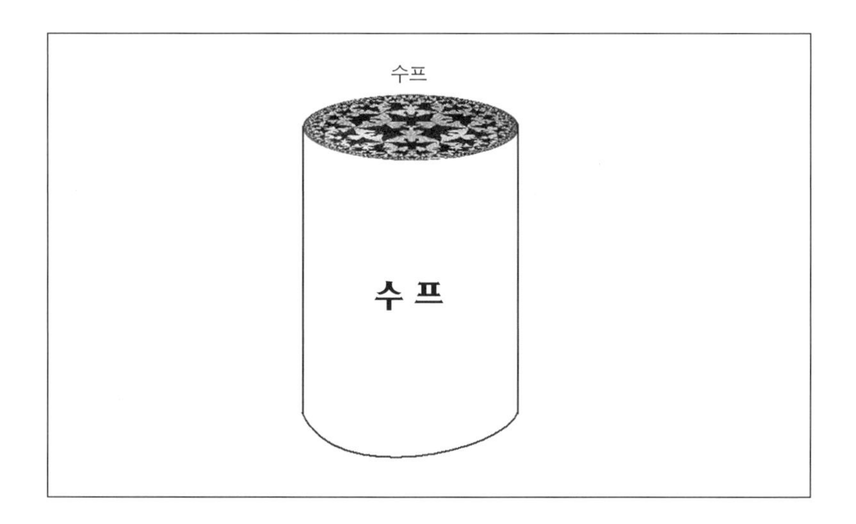

순수한 반드 지터 공간은 빈 통조림과도 같다. 하지만 통조림을 '수프', 즉 물질과 에너지로 채우면 더 흥미로운 존재가 된다. 위튼은 충분한 질량과 에너지를 통조림에 넣으면 블랙홀이 만들어질 수 있다고 설명했다. 이렇게 되면 한 가지 의문이 생긴다. 말다세나에 따르면 통조림의 내부에 대한 기술과는 완전히 다른 기술(이중적 기술)가 있어야만 한다. 이

두 번째 기술은 상표 위를 움직이는, 글루온과 비슷한 입자들을 2차원 양자장 이론으로 기술한 것이 될 것이다. 수프 속의 블랙홀은 경계 홀로그램에 있는 뭔가와 같을 것이다. 그렇다면 그 뭔가는 뭘까? 위튼은 경계 이론에서 수프 속의 블랙홀은 통상적인 기본 입자의 뜨거운 흐름, 즉 기본적으로는 글루온과 동등하다고 주장했다.

위튼의 논문을 읽은 순간, 나는 블랙홀 전쟁이 끝났음을 깨달았다. 양자장 이론은 양자 역학의 특별한 경우이며, 양자 역학에서 정보는 결코 파괴될 수 없다. 말다세나와 위튼이 그밖에 무엇을 했든 간에 그들은 정보가 블랙홀 지평선 너머에서 결코 손실되지 않을 것이라는 점을 한 조각 의심의 여지도 남기지 않고 증명했다. 끈 이론가들은 이것을 즉각적으로 이해할 수 있을 것이다. 상대성 이론 전문가들은 더 오래 끌고 갈 테지만 이 전쟁은 끝났다.

블랙홀 전쟁은 1998년 초에 종결되었어야 했지만, 스티븐 호킹은 전쟁이 끝난 줄도 모르고 몇 년 동안 정글 속에서 헤매는 불행한 병사처럼 굴었다. 이 시점에서 그는 비극적인 인물이 되어 버렸다. 호킹은 65세이고 더 이상 지적 능력의 정점에 있지도 않으며, 의사 소통할 능력도 거의 없어서 그 요지를 파악하지 못했다. 이것은 그의 지적 한계 때문이 아니라고 나는 확신한다. 1998년 이후 상당 기간 호킹과 교류를 해 온 바로는, 그의 정신은 여전히 극히 명석하다. 하지만 그의 신체 능력은 너무나 악화되어 그의 지적 능력을 머릿속에 완전히 갇혀 버렸다. 호킹은 방정식을 쓸 수도 없고 다른 사람들과 공동 연구하는 데에도 엄청난 장애가 있기 때문에, 물리학자들이 새롭고 익숙하지 않은 연구 성과를 이해하기 위해 하는 평범한 일들을 더 이상 하지 못했다. 그래서 호킹은 한동안 교전을 멈추지 않았다.

위튼의 논문이 출간되고 오래 지나지 않아 샌타바버라에서 또 다른 학회가 하나 열렸다. 이번에는 홀로그래피 원리와 말다세나의 발견을 기념하기 위한 자리였다. 제프리 하비(CGHS의 H)가 만찬 뒤 연사로 나섰다. 그는 연설을 하는 대신 승리의 찬가를 불렀다. 우리 모두는 그것에 맞춰 노래를 부르고 춤을 췄다. 그 노래는 「마카레나(Macarena)」[7]의 곡조에 맞춰 가사를 바꾼 「말다세나」였다.

당신은 막(brane)으로 시작하죠.
그 막은 BPS[8]랍니다.

그 막에 가까이 다가갑니다.
그러면 그 공간은 ADS(반드 지터 공간)이지요.

그것이 무엇을 의미하는지 누가 알까요.
고백하건데 저는 몰라요.

에~ 말다세나!

N이 아주 큰
초양-밀스 이론

구면 위의 중력

---

7. 「마카레나」는 1990년대 중반 인기를 끌었던 라틴 춤곡이다.

8. BPS는 D-막의 기술적인 성질이다. BPS는 이 성질을 발견한 세 명의 이름, 외젠 보고몰니(Eugène Bogomol'nyi), 마노이 프라사드(Manoi Prasad), 그리고 찰스 소머필드(Charles Sommerfield)를 나타낸다.

끝이 없는 선속

그들이 같다고 누가 말하나요.

홀로그래피라고 그는 주장하네요.

에~ 말다세나!

블랙홀은

큰 미스터리였죠.

이제 우리는 D-막을 이용해요.

D 엔트로피를 계산하죠.

그리고 D-막이 뜨거울 때

D 자유 에너지

에~ 말다세나!

M 이론은 완성되었어요.

후안의 명성은 높아만 가네요.

블랙홀을 우리는 마스터했고

QCD(양자 색역학)을 계산할 수 있어요.

글루볼 스펙트럼이 너무 나빠서

아직 논란이 좀 있기는 하지만요.

에~ 말다세나![9]

9. 노랫말 ⓒ 제프리 하비.

23장

돌아온 핵물리학

회의주의자들은 엔트로피, 온도, 호킹 복사에서 블랙홀 상보성과 홀로그래피 원리에 이르기까지 블랙홀의 양자 역학적 성질에 대해 내가 이야기한 모든 것들은 순전히 이론일 뿐, 그것을 검증할 실험 데이터는 눈꼽만큼도 없다고 지적할 것이다. 불행히도 아주 오랫동안 그들이 옳았다.

그렇기는 하지만, 전혀 기대하지 않았던 어떤 연관성이 최근에 그 모습을 드러냈다. 그것은 블랙홀, 양자 중력, 홀로그래피 원리와 실험 핵물리학 사이의 연관성으로서, 이런 이론들이 과학적 검증 너머에 있다는 주장이 거짓임을 단번에 밝혀낼지도 모른다. 겉으로 보기에는 핵물리학으로 홀로그래피 원리와 블랙홀 상보성 같은 아이디어를 검증하는 일은 아주 가망이 없어 보인다. 핵물리학은 보통 물리학의 최첨단 분야로 여겨지지 않는 오래된 분야이다. 나를 포함한 대부분의 물리학자들은, 핵물리학이 자연의 기본 원리에 대해 뭔가 새로운 것을 가르쳐 주기는 힘들 것이라고 생각해 왔다. 현대 물리학의 관점에서 보자면 원자핵은 말랑말랑한 마시멜로와도 같다. 또는 대부분이 빈 공간으로 차 있는 커다란 짜부라진 공과도 같다.[1] 이것이 플랑크 규모에서의 물리학에 대해 우리에게 무엇을 가르쳐 줄 가능성이라도 있단 말인가? 놀랍게도 아주 많은 것을 가르쳐 줄 것 같다.

끈 이론가들은 항상 원자핵에 관심을 가져 왔다. 끈 이론의 역사는 모두 양성자, 중성자, 중간자, 글루볼 같은 강입자에 관한 것이었다. 원자핵과 마찬가지로 이 입자들은 쿼크와 글루온으로 만들어진, 커다랗고 말랑말랑한 복합물이다. 그런데 플랑크 규모보다 10억×10억×100배나 더 큰 규모에서 자연은 똑같은 일을 반복한다. 강입자 물리학의 수학은 끈 이론의 수학과 거의 똑같은 것으로 판명되었다. 이 두 규모가 너무나 다르다는 것을 염두에 두면 이 사실은 대단히 놀랍다. 핵자는 기본 끈보다 크기에서는 10^{20}배나 더 크며 10^{20}분의 1로 더 느리게 진동한다. 어떻게 이런 이론들이 똑같을 수가, 아니 약간이라도 비슷할 수가 있단 말인가? 그럼에도 불구하고 이제 곧 이 두 이론이 똑같다는 점이 명확해질 것이다. 그리고 만약 보통의 아원자 입자들이 정말로 기본 끈과 비슷하다면, 핵물리학 연구실에서 왜 끈 이론의 아이디어를 검증하지 못한단 말인가? 사실 이것은 거의 40년 동안이나 물리학자들이 계속 해 온 일이다.

강입자와 끈 사이의 연관성은 현대 입자 물리학의 기둥들 가운데 하

1. 플랑크 단위로 핵자의 질량 밀도를 계산해 보면 흥미롭다. 양성자의 반지름은 약 10^{20}이며 질량은 약 10^{-19}이다. 이렇게 되면 단위 부피당 질량은 약 10^{-79}이다.

나이다. 하지만 최근까지도 블랙홀 물리학과 핵물리학의 유사성을 검증하는 것은 불가능했다. 이제 그 상황이 바뀌고 있다.

미국 맨해튼에서 약 110킬로미터 떨어진 곳에 위치한 브룩헤이븐 국립 연구소의 핵물리학자들은 무거운 원자핵들을 서로 강력하게 충돌시킨 후 어떤 일이 벌어지는지 조사하고 있다. 브룩헤이븐의 상대론적 중이온 충돌기(Relativistic Heavy Ion Collider, RHIC)는 금의 원자핵을 거의 광속으로 가속시킨다. 이것은 충분히 빠른 속도여서 원자핵이 충돌할 때 태양의 표면보다 1억 배나 더 뜨거운 엄청난 에너지를 가진 비산물들이 생긴다. 브룩헤이븐의 물리학자들이 핵무기나 다른 원자력 기술에 관심이 있는 것은 아니다. 이들의 동기는 새로운 형태의 물질에 대한 순수한 호기심이다. 이렇게 뜨거운 핵물질이 어떻게 행동할까? 이것은 기체일까? 액체일까? 이것은 서로 붙들려 있을까 아니면 분리된 입자들로 즉시 증발해 버릴까? 극도로 높은 에너지의 입자들이 거기서 휭 하니 분출되어 나올까?

앞에서 이야기했듯이 핵물리학과 양자 중력은 그 규모가 엄청나게 다르다. 그렇다면 이 둘이 어떻게 연관될 수 있을까? 내가 아는 최상의 비유는, 차 안에서 영화 보던 시절에 본 오래된 공포 영화에서 찾을 수 있다. 그 영화는 내가 여지껏 본 영화 가운데 최악의 것이었다. 그 영화의 주인공은 괴물 파리였다. 나는 그 영화를 어떻게 만들었는지 모르지만, 보통의 집파리를 촬영한 후 화면 가득 확대했을 것이라고 상상했다. 그 영상은 상당히 느리게 움직였는데, 그것 때문에 그 파리는 거대하고 섬뜩한 새 같은 흉측한 느낌이 들었다. 보고 있는 사이에 기분이 나빠졌다. 그러나 더 중요한 점은 이것이 중력자와 글루볼 사이의 연관성을 설명하는 데 쓸 수 있는 좋은 비유라는 것이다. 둘 다 닫힌 끈들이지만, 중력자는 글루볼보다 훨씬 더 작고 훨씬 더 빠르다. 약 10^{20}배는 더 그렇다.

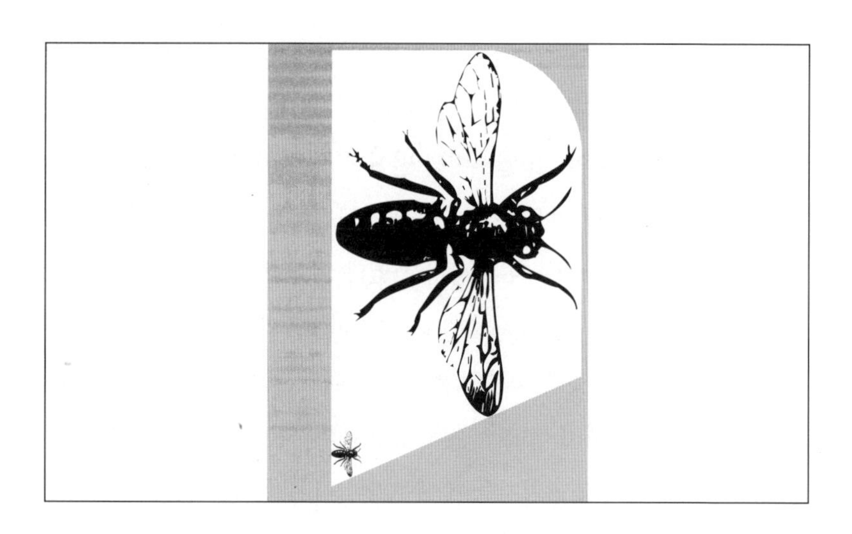

강입자는 기본 끈을 확대하고 속도를 늦춘 영상과 아주 많이 닮았는데, 파리처럼 수백 배만 확대한 것이 아니라 10^{20}배나 확대한 것이다.

그렇다면 우리가 플랑크 크기의 입자를 굉장한 에너지로 충돌시켜 블랙홀을 만들 수 없다고 해도, 그 입자를 확대한 글루볼, 중간자, 또는 핵자를 충돌시켜 블랙홀의 확대판을 만들 수 있을지도 모른다. 그런데 잠깐! 여기에도 막대한 양의 에너지가 필요하지 않을까? 아니, 그렇지 않다. 왜 그런지를 이해하기 위해서 16장에서 말했던, 크기와 질량 사이의 반직관적인 21세기적 연관성을 떠올릴 필요가 있다. 즉 **작은 것은 무겁고, 큰 것은 가볍다.** 핵물리학이 끈 이론보다 엄청나게 큰 규모에서 일어나는 일을 다룬다는 사실은, 그것에 대응하는 현상을 일으키는 데 훨씬 더 큰 부피 속에서 훨씬 더 적은 에너지만 모으면 된다는 점을 의미한다. 숫자들을 넣고 계산해 보면 보통 원자핵들이 RHIC에서 충돌할 때, 느리게 움직이는 블랙홀의 확대판과 아주 비슷한 뭔가가 형성되어야만 할 것이다.

RHIC에서 블랙홀이 생성된다는 것이 어떤 의미인지 이해하기 위해서는 홀로그래피 원리와 후안 말다세나의 발견으로 돌아가야만 한다. 말다세나는 그 누구도 예견하지 못한 방식으로 2개의 서로 다른 수학적 이론이 완전히 똑같다는 것을 발견했다. 끈 이론 전문 용어로 말하자면 '서로에 대해 이중적'이다. 한 이론은 중력자와 블랙홀을 수반하는 끈 이론이다. 비록 (4+1)차원의 반드 지터 공간에서이기는 하지만 말이다. (22장에서 나는 독자들의 이해를 돕기 위해 내 마음대로 공간의 차원을 줄였다. 이 장에서 나는 그렇게 빼먹은 차원을 되돌릴 것이다.).

4개의 공간 차원은 핵물리학에는 너무 많다. 하지만 홀로그래피 원리를 기억하라. 반드 지터 공간에서 벌어지는 모든 것은 한 차원 적은 공간을 가진 수학적 이론으로 완벽하게 기술할 수 있다. 말다세나가 4차원 공간에서 시작했기 때문에, 그것의 이중적 짝인 홀로그래피 이론은 겨우 3차원만 가진다. 일상적인 공간 차원의 수와 똑같다. 이런 홀로그래피적 기술이 일반 물리학을 기술하기 위해 우리가 이용하는 여느 이론과 비슷할 수 있을까?

그 답은 그렇다는 것으로 판명되었다. 이중적 홀로그래피 이론은 수학적으로 쿼크, 글루온, 강입자, 원자핵에 대한 이론인 양자 색역학과 아주 비슷하다.

반드 지터 공간에서의 양자 중력 ↔ 양자 색역학

말다세나의 연구에 관한 내 주된 관심사는, 그것이 어떻게 홀로그래피 원리를 입증해서 양자 중력이 작동하는 방식에 빛을 비출 것인가였다. 그러나 말다세나와 위튼은 또 다른 가능성에 주목했다. 그들은 홀로그래피 원리가 쌍방향 길임을 깨달았다. 이것은 정말 훌륭하다는 말을 꼭 해야겠다. 홀로그래피 원리를 거꾸로 해독하는 것이 안 될 이유가 없지 않은가? 즉 중력(이 경우 (4+1)차원의 반드 지터 공간 속의 중력이다.)에 대해 우리가 아는 것을 이용해서 보통의 양자장 이론을 설명하는 것이다. 이것은 나도 전혀 예측하지 못한 반전으로서, 내가 결코 생각하지 못한 홀로그래피 원리의 보너스였다.

이것을 완수하기 위해서는 약간의 연구가 필요했다. 양자 색역학은 말다세나의 이론과 아주 같지는 않다. 하지만 반드 지터 공간을 조금 손보면 큰 차이점은 간단하게 메울 수 있다. 경계와 아주 가까운 지점(눈으로 볼 수 있는 마지막 악마의 크기가 0으로 줄어드는 곳)에서 바라봤을 때의 반드 지터 공간을 생각해 보자. 나는 이 경계를 **UV-막**이라고 부르고자 한다.[2] UV는 자외선(ultraviolet, 아주 짧은 파장의 빛에 대해 우리가 사용한 것과 똑같은 용어)을 뜻한다. (최근 몇 년 동안 작은 규모에서 일어나는 현상을 가리키는 데 '자외(UV)'라는 용어를 사용하게 되었다. 지금 이 단어가 쓰이는 맥락은 에스헤르의 그림에서 경계 가까이에 있는 천사와 악마가 무한히 작은 크기로 줄어든다는 사실을 뜻한다.) UV-막에서의 막(brane)이라는 단어는 정말로 잘못된 이름이지만, 이 이름이 고착되었기 때문에 계속 사용할 작정이다. UV-막은 경계 근처의 면이다.

UV-막을 떠나 안쪽으로, 즉 네모난 악마가 팽창하며 시간이 무한정 느려지는 중심부 쪽으로 이동한다고 해 보자. UV-막 근처의 작고 빠른 물체들은 우리가 반드 지터 공간 속으로 더 깊이 움직임에 따라 커지고 느려진다. 하지만 반드 지터 공간은 양자 색역학을 기술하기에 아주 적절한 공간은 아니다. 그 차이가 크지는 않지만 수정된 공간은 그 자신의 이름을 가질 자격이 있다. 이것을 **Q-공간**이라고 부르자. 반드 지터 공간과 마찬가지로 Q-공간에도 물체가 줄어들고 속도가 빨라지는 UV-막

2. 내가 여기 몇 문단에 걸쳐 기술한 것의 많은 부분은 리사 랜들의 뛰어난 저서 『숨겨진 우주』에서 아주 명료하게 설명되어 있다.

이 있다. 하지만 반드 지터 공간과는 달리 **IR-막**이라고 하는 또 다른 경계가 있다. (IR은 적외선을 뜻하는데, 아주 긴 파장의 빛에 쓰이는 용어이다.) IR-막은 또 다른 경계로서 천사와 악마가 최대한의 크기에 이르게 되는 일종의 불투과성 장벽이다. 만약 UV-막이 바닥 없는 틈으로 가득한 천장이라면 Q-공간은 천장과 바닥이 있는 보통의 방이다. 시간 방향을 무시하고 오직 2개의 공간 방향만 그리면 반드 지터 공간과 Q-공간은 다음 그림처럼 보인다.

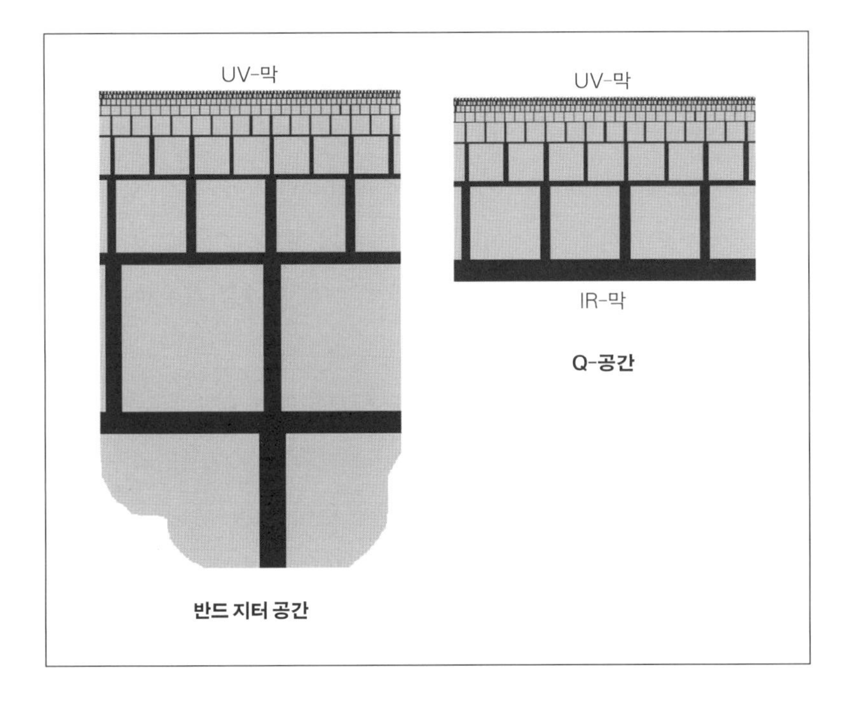

끈 같은 입자 하나를 Q-공간에 놓는다고 생각해 보자. 우선 이것을 UV-막 근처에 위치시킨다. 주변을 둘러싼 천사와 악마처럼, 이 입자는 아주 작게(아마도 플랑크 크기일 것이다.), 그리고 아주 빠르게 진동하는 것처럼 보일 것이다. 그런데 이 입자를 IR-막 쪽으로 움직이면 이 입자는 커지는 것처럼 보일 것이다. 마치 멀어지는 스크린 위에 투사되는 영상처럼 말이다. 이제 끈을 진동시켜 보자. 끈의 진동은 일종의 시계처럼 기능한다. 그리고 모든 시계와 마찬가지로 UV-막 근처에 있을 때에는 빨리 가고 IR-막 쪽으로 이동함에 따라 느려진다. IR 쪽 끝에 있는 끈은 UV 쪽 끝에 있던 쪼그마한 끈이 어마어마하게 부풀어 오른 확대판처럼 보일 뿐만 아니라, 훨씬 더 느리게 진동할 것이다. 이 차이는 실제 파리와 그 영화 이미지 사이의 차이, 또는 기본 끈과 그 원자핵 대응물 사이의 차이와 무척 비슷해 보인다.

끈 이론의 플랑크 크기 초소형 입자가 UV-막 근처에 '살고 있고' 그것이 팽창한 확대판(강입자)이 IR-막 근처에 살고 있다면, 정확히 이들은 서로로부터 얼마나 멀리 떨어져 있을까? 어떤 의미에서는 그다지 멀지 않다. 플랑크 크기의 물체에서 강입자까지 가려면 약 66개의 네모진 악마를 거쳐 내려가야만 할 것이다. 각 단계마다 물체의 크기는 2배씩 커질 것이다. 크기가 66번 2배씩 커지는 것은 10^{20}배만큼 팽창하는 것과 똑같다.

기본 끈의 이론과 핵물리학 사이의 유사성을 보는 데에는 두 가지 관점이 있다. 좀 더 보수적인 관점은 이것이 원자와 태양계 사이의 유사성처럼 우연적이라는 것이다. 이런 유사성은 원자 물리학의 초창기에는 유용했다. 닐스 보어는 자신의 원자 모형에서 뉴턴이 태양계에 사용했던 것과 똑같은 수학을 사용했다. 하지만 보어도, 그리고 다른 어떤 사람도 태양계가 원자의 확대판이라고는 실제로 생각하지 않았다. 이 관점에 따르면 양자 중력과 핵물리학 사이의 연관성 또한 수학적 유비일 뿐이다. 하지만 유용한 유비여서 중력에 대한 수학을 이용해서 핵물리학의 어떤 특징들을 설명할 수 있다.

좀 더 흥미진진한 관점은 원자핵의 끈이 기본 끈과 정말로 똑같은 물체라는 것이다. 그 상을 늘리고 속도를 늦추는 뒤틀린 렌즈를 통해서 바라본다는 것을 제외하고는 말이다. 이 관점에 따르면 입자(또는 끈)가 UV-막 근처에 위치해 있으면, 작고 에너지가 넘치며 빠르게 진동하는 것처럼 보인다. 이 입자는 기본 끈처럼 보인다. 그리고 기본 끈처럼 행동한다. 그래서 그것은 기본 끈이어야만 한다. 예를 들어 UV-막에 있는 닫힌 끈은 중력자일 것이다. 그런데 똑같은 끈이 IR-막으로 움직이면 속도가 느려지고 크기가 커진다. 모든 면에서 이것은 글루볼처럼 보이며 글루볼처럼 행동한다. 이런 관점에서 보자면, 중력자와 글루볼은, 막으로 만들어진 샌드위치에서 자리 잡고 있는 위치 말고는 완전히 똑같은 물체이다.

한 쌍의 중력자(UV-막 근처의 끈)가 서로 충돌하려고 한다고 해 보자.

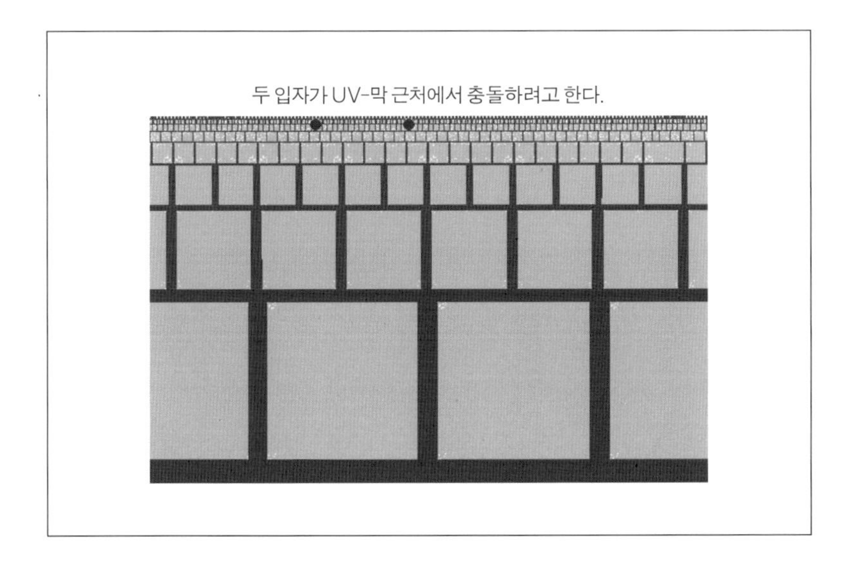

만약 중력자들이 충분한 에너지를 가지고 있다면, 이 입자들이 UV-막 근처에서 만날 때 보통의 작은 블랙홀이 형성될 것이다. 즉 에너지 방울 하나가 UV-막에 들러붙게 된다. 이것을 천장에 매달린 액체 방울이라고 생각할 수도 있다. 그 지평선을 구성하는 정보 조각들은 플랑크 크기이다.

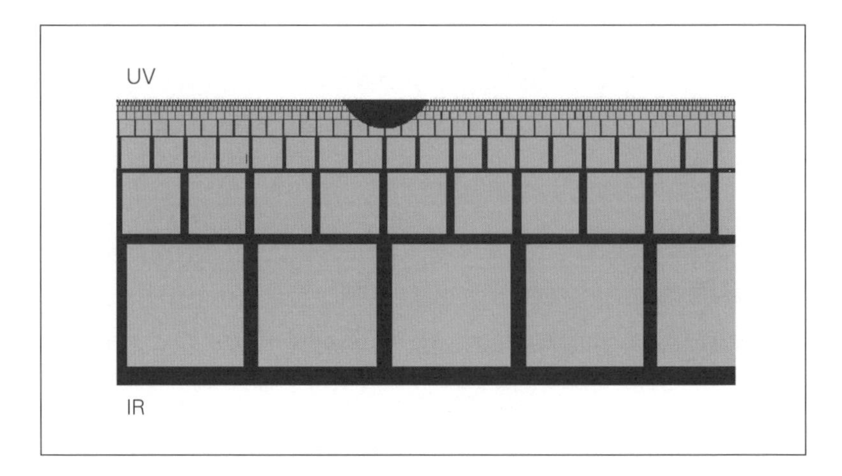

물론 우리는 이런 실험을 할 수는 없을 것이다.

그런데 이제 중력자를 IR-막 근처에 있는 2개의 원자핵으로 바꿔서 이들을 서로 세차게 충돌시켜 보자.

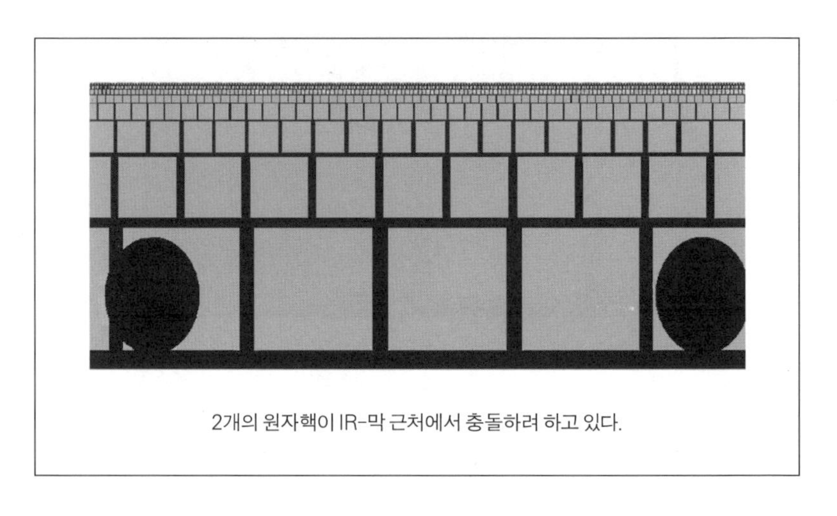

2개의 원자핵이 IR-막 근처에서 충돌하려 하고 있다.

이중성이 제 힘을 한껏 발휘하는 곳이 바로 여기이다. 한편으로는 우리는 이것을 4차원 판에서 생각할 수 있다. 여기서는 2개의 물체가 충돌해서 블랙홀을 형성한다. 이번에는 이 블랙홀이 IR-막 근처에 있을 것이다. 마치 바닥에 하나의 커다란 물웅덩이가 생긴 것처럼 말이다. 얼마나 많은 에너지가 필요할까? UV-막 근처에서 블랙홀이 형성될 때보다는 훨씬 덜 든다. 사실 이 에너지는 RHIC의 출력 범위 안에서 쉽게 얻을 수 있다.

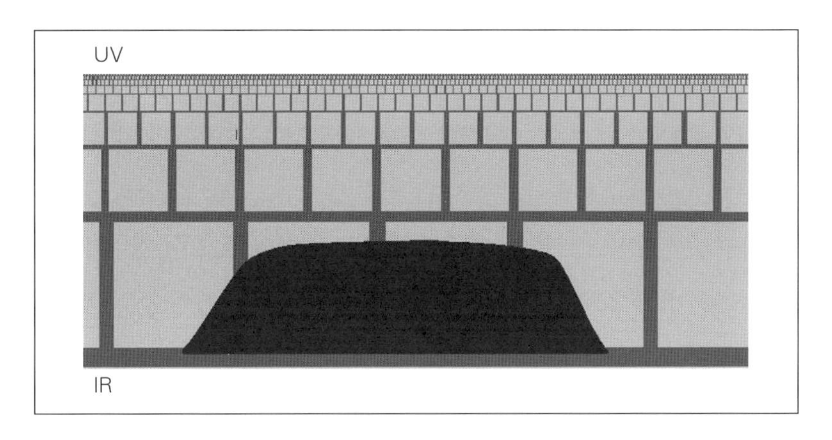

우리는 이것을 또한 3차원적 관점에서도 조망할 수 있다. 이 경우 강입자, 즉 원자핵이 충돌해서 쿼크와 글루온이라는 물방울이 튀어 오른다.

사람들이 블랙홀 물리학과 양자 색역학의 잠재적 연관성을 깨닫기 전, 양자 색역학의 전문가들은 충돌 에너지가 아무런 저항도 받지 않고 재빨리 비산하는 입자들의 기체로 다시 나타나리라고 기대했다. 그러나 그들이 발견한 것은 전혀 다른 것이었다. 그 에너지는 서로 달라붙어 한 덩어리의 유체 같은 것을 형성했다. 이것을 **뜨거운 쿼크 수프(hot quark soup)**라고 하자. 뜨거운 쿼크 수프는 단순한 유체가 아니다. 이 유체는 특이한 성질을 가지고 있는데, 그것이 블랙홀의 지평선과 놀라울 정도로 똑같다.

모든 유체는 점성이 있다. 점성은 일종의 마찰력으로 유체의 층들이 다른 층들을 타고 미끄러질 때 그 층들 사이에 작용한다. 점성이란 꿀처럼 아주 끈적한 유체와 물처럼 그것보다 훨씬 덜 끈적이는 유체를 구분할 수 있게 해 주는 물성이다. 점성이 정성적인 개념만은 아니다. 사실 모든 유체에는 **전단 점성**(shear visocity)[3]이라고 불리는, 엄밀한 수치적 척도가 있다.

이론가들은 처음에는 표준적인 근사법을 적용해 뜨거운 쿼크 수프는 아주 높은 점성을 가질 것이라고 결론지었다. 그래서 이것이 놀라울 정도로 작은 점성을 가진 것으로 판명되었을 때 모두 놀랐다.[4] 우연히 끈 이론에 대해 약간 알고 있었던 몇몇 핵물리학자들을 제외하고는 말이다.

점성을 정량적으로 측정한 바에 따르면 뜨거운 쿼크 수프는 과학계에 알려진 유체 가운데 점성이 가장 낮아서 물보다도 훨씬 덜 끈적거린다. 심지어 초유체인 액체 헬륨(이전에는 낮은 점성의 챔피언이었다.)도 그것보다 상당히 많이 끈적거리는 편이다.

자연에 뜨거운 쿼크 수프의 낮은 점성과 견줄 만한 것이 있을까? 있기는 있다. 하지만 평범한 유체는 아니다. 블랙홀 지평선은 교란이 생기면 유체처럼 행동한다. 예를 들어, 만약 작은 블랙홀이 더 큰 블랙홀 속으로 떨어지면 지평선이 순간적으로 부풀어 오른다. 이것은 마치 꿀 한 방울을 꿀단지에 떨어뜨렸을 때 꿀 표면이 살짝 솟아오르는 것과 비슷하다. 지평선에 그렇게 질량 한 방울이 떨어지면 끈적한 유체가 그런 것처럼 그 덩어리는 퍼져 나간다. 오래전에 블랙홀 물리학자들은 지평선의 점성을 계산했다. 그리고 이것을 유체 역학의 언어로 번역해 보니 초유체 헬륨 따위는 우습게 이겨 버렸다. 끈 이론가들이 블랙홀과 원자핵

---

3. 전단이라는 말은 어떤 층이 다른 층으로부터 미끌어진다는 것을 의미한다.

4. 엄밀하게 말해서 그것은 엔트로피로 나눈 점성으로 아주 작다.

충돌 사이의 연관성을 눈치 채기 시작했을 때,[5] 그들은 무엇보다 뜨거운 쿼크 수프가 블랙홀의 지평선과 매우 비슷하다는 점을 깨달았다.

그 유체 방울은 결국에는 무엇이 될까? 블랙홀과 마찬가지로 이것은 핵자, 중간자, 광자, 전자, 그리고 중성미자를 포함해서 다양한 입자들로 증발한다. 점성과 증발, 이것은 지평선과 뜨거운 쿼크 수프가 공유하는 여러 성질들 가운데 두 가지이다.

현재 물리학자들은 핵 유체(nuclear fluid)의 다른 성질들이 블랙홀 물리학과의 연관성을 가지고 있는지 알아내기 위해 집중적으로 연구하고 있다. 만약 이런 연구 경향이 지속된다면, 이것은 우리에게 호킹과 베켄스타인의 이론뿐만 아니라 블랙홀 상보성과 홀로그래피 원리를 검증할 수 있는 매우 기회를 부여할 수도 있을 것이다. 잘하면 크기가 팽창하고 진동 속도가 느려지며 플랑크 길이가 양성자보다 훨씬 더 작지 않은 상태에서 양자 중력의 세계를 연구할 수 있게 될 것이다.

평화란 전쟁들 사이의 짧은 간주에 지나지 않는다는 말이 있다. 하지만 과학에서는, 토머스 쿤이 옳게 말했듯이, 그 반대가 진실이다. 즉 대부분의 **정상 과학**은 대격변들 사이의 길고 평화로우며 단조로운 기간에 생겨난다. 블랙홀 전쟁의 결과, 물리 법칙들이 격렬하게 재구축되었다. 하지만 지금은 이것들이 일상적인 물리학 활동에도 깊이 침투하고 있다. 홀로그래피 원리는 이전의 혁명적인 아이디어들과 마찬가지로 급진적인 패러다임 이동에서 핵물리학의 일상적인 작업 도구로 놀라울 정도로 빠르게 진화하고 있다.

---

5. 패블 코브턴(Pavel Kovtun), 댐 선(Dam T. Son), 안드레이 스타리네츠(Andrie O. Starinets)라는 시애틀에 있는 워싱턴 주립 대학교의 이론 물리학자 세 명이 뜨거운 쿼크 수프의 점성에 대해 홀로그래피 원리가 가지는 의미를 처음으로 이해했다.

24장

물리학이란 '원래' 그런 것이다

우리는 아주 평균적인 별의 작은 행성에 살고 있는 고등 원숭이 종에 지나지 않는다. 하지만 우리는 우주를 이해할 수 있다. 그 때문에 우리는 아주 특별한 존재이다.

— 스티븐 호킹

상대성 이론에 맞춰 신경망을 재배선하는 것도 충분히 어렵지만, 양자 역학에 맞추는 것은 훨씬 더 어려웠다. 예측 가능성, 또는 결정론은 사라져야만 했고 잘 맞지 않는 고전적인 논리 규칙은 양자 논리로 대체되어야만 했다. 불확정성과 상보성은 추상적이며 무한한 차원을 가진 힐베르트 공간과 대수학적인 교환 관계, 그리고 다른 기묘한 정신적 발명품들을 통해 표현되었다.

20세기에 이뤄진 모든 신경망 재배선들을 통틀어 봤을 때, 적어도 1990년대 중반까지는 시공간의 실재성과 사건의 객관성은 거의 의문의 여지가 없었다. 양자 중력은 시공간의 큰 규모에서의 성질들에 관한 한 어떤 역할도 하지 못하리라고 가정하는 것이 보편적이었다. 스티븐 호킹은 자신의 정보 역설로 부지불식간에, 그리고 다소 뜻하지 않게 그런 마음틀에서 우리를 강제로 끄집어 낸 장본인이 되었다.

10여 년에 걸쳐 진화한, 물리계에 대한 새로운 관점은 새로운 종류의 상대성 이론과 새로운 종류의 양자적 상보성과 관계가 있다. (두 사건의) 객관적 동시성이라는 개념은 1905년에 무너졌다. 그러나 사건이라는 개념 그 자체는 반석처럼 굳건하게 남았다. 만약 태양에서 핵반응이 일어난다면, 모든 관측자는 그 반응이 태양 안에서 발생했다는 데에 동의할 것이다. 어느 누구도 그 반응이 지상에서 일어난 것으로 관측하지는 않을 것이다. 그러나 블랙홀의 강력한 중력 속에서는 뭔가 새로운 일, 사건의 객관성을 침식하는 새로운 일이 벌어진다. 낙하하는 관측자가 거대한 블랙홀의 심연에 있는 것으로 판단하는 사건들을, 다른 관측자는 지평선 바깥쪽에서 호킹 복사하는 광자들 속에 서로 뒤섞여 있는 것으로 감지한다. 하나의 사건은 지평선 너머에 있으면서, **그리고** 지평선 이편에 있을 수 없다. 관측자가 어떤 실험을 하는가에 따라 똑같은 사건이 지평선 너머에 있거나, **또는** 지평선 이편에 있다. 그러나 이 상보성이 끔찍하리만치 이상하기는 해도, 기묘하기 이를 데 없는 홀로그래피 원리에 비하면 아무것도 아니다. 입체적인 3차원 세계는 일종의 환상이며, 실제 세계의 삼라만상은 공간의 경계면에서 일어나는 일들의 그림자이다.

동시성(특수 상대성 이론을 통해서 무너졌다.)이나 결정론(양자 역학을 통해서 무너졌다.) 같은 개념들의 파탄에 관심을 가지는 것은 몇몇 물리학자들뿐이다. 대부분의 사람들은 이상하고 기묘한 일 정도로밖에 여기지 않는다. 하지만 실제로는 그 반대가 진실이다. 보기 괴로울 정도로 느려터진 인간의 움직임과 10^{28}개에 이르는 인체의 원자들의 육중한 질량이야말로 자연에서 예외적인 존재이다. 인체라는 소우주 안에는 대략 10^{80}개의 기본 입자가 존재한다. 이 입자들 대부분은 광속에 가까운 속도로 움직이며, 아주 불확실하다. 이 기본 입자들이 어디에 있는지가 불확실하지 않다면 이들이 얼마나 빨리 움직이느냐는 불확실하다.

우리가 지구 위에서 경험하는 중력이 약한 것도 예외적이다. 우주는 격렬하게 팽창하는 상태에서 태어났다. 공간의 모든 점은 양성자 하나보다 더 작은 지평선 안에 들어 있었다. 우주의 가장 대표적인 구성원인 은하들은 끊임없이 별과 행성을 집어삼키는 대형 블랙홀 주변에 만들어졌다. 우주에 있는 100억 비트의 정보 중 99억 9999만 9999비트는 블랙홀 지평선과 관련되어 있다. 확실히 공간, 시간, 그리고 정보에 관한 우리의 어설픈 생각들은 자연의 대부분을 이해하는 데에는 전적으로 부적절한 것 같다.

양자 중력에 맞춰 신경망을 완벽하게 재배선하는 일은 아직 한참 멀었다. 나는 우리가 객관적인 시공간이라는 낡은 패러다임을 대체할 적절한 틀을 가지고 있다고는 생각하지 않는다. 하지만 끈 이론의 강력한 수학이 도움을 줄 것이다. 덕분에 우리는 끈 이론이 아니었다면 철학적으로만 논쟁할 수 있는 생각들을 검증할 수 있는 엄밀한 틀을 가지게 되었다. 그러나 끈 이론은 아직 불완전하며 아직 진행 중인 연구이다. 우리는 끈 이론을 정의하는 법칙도 알지 못하고, 이것이 가장 심오한 수준에서 실제를 다루는 이론인지, 아니면 탐구의 여정에 있는 임시 이론 중 하나인지 알지 못한다. 블랙홀 전쟁은 우리에게 기대하지 않았지만 아주 중요한 교훈을 가르쳐 줬다. 우리가 상대성 이론과 양자 역학을 통해 우리 정신을 재배선했음에도 불구하고, 실재와 우리 머릿속 모형 사이의 거리를 그리 많이 좁히지 못했다는 것 말이다.

우주론적 지평선

블랙홀 전쟁은 끝났다. (이렇게 주장하면 여전히 교전을 하고 있는 어떤 사람들은 마음이 상할 것이다.) 그러나 전쟁이 끝나자마자 위대한 파괴자인 대자연은 우리에게 또 다른 난제를 안겼다. 말다세나의 발견이 있었던 무렵, 물리학자들은 (우주론 학자들 덕분에) 우리가 0이 아닌 **우주 상수(cosmic constant)**를 가진 세계에 살고 있다는 확신을 가지기 시작했다. 우주 상수는 경악스러울 정도로 작은 자연의 상수이다.[1] 다른 여느 물리 상수보다 단연코 훨씬 더 작지만, 우주의 미래를 결정하는 가장 중요한 요소이다.

암흑 에너지라고도 불리는 우주 상수는 거의 한 세기 동안이나 물리학계의 가시였다. 1917년 아인슈타인은 통상적인 중력이 만드는 인력과는 반대로 행동하는, 우주 만물이 자신이 아닌 다른 모든 것을 밀어내는 일종의 반중력을 생각해 냈다. 이것은 결코 쓸데없는 생각이 아니었다. 반중력은 일반 상대성 이론의 수학에 확고한 기반을 두고 있었다. 그 방정식에는 아인슈타인이 '우주항'이라고 불렀던 부가적인 항이 들어갈 여지가 있었다. 새로운 힘의 세기는 그리스 문자 람다(Λ)로 표시된 자연의 새로운 상수, 이른바 우주 상수에 비례했다. 만약 Λ가 양수이면 우

---

1. 우주 상수(Λ)의 값은 플랑크 단위로 약 10^{-123}이다. 우주 상수가 존재할지도 모른다는 의혹은 1980년대 중반 천문 데이터를 자세하게 들여다본 몇몇 우주론 학자들 사이에서 제기되기 시작되었다. 하지만 이런 의혹은 10년 이상 물리학계에서 실제로 큰 주목을 받지 못했다. 우주 상수의 값이 믿기지 않을 정도로 작기 때문에 거의 모든 물리학자들의 눈을 가려 우주 상수가 존재하지 않는다고 믿도록 만들었다.

주항은 거리에 따라 증가하는 척력을 만들어 낸다. 만약 음수이면 이 새로운 힘은 인력이다. 만약 Λ가 0이면, 새로운 힘 따위는 없고 우리는 무시하면 된다.

애초에 아인슈타인은 Λ가 양수일 것이라고 생각했지만, 곧 그 모든 생각들을 혐오하기 시작했다. 그가 우주 상수를 자신의 최악의 실수라고 불렀던 일화는 유명하다. 아인슈타인은 남은 생애 동안에는 그의 모든 방정식에서 Λ를 0으로 두었다. 대부분의 물리학자들은 왜 Λ가 방정식에서 없어야 하는지를 이해하지도 못하면서 아인슈타인의 뜻을 따랐다. 하지만 지난 10년을 거치면서 우주 상수가 작지만 양수라는 것이 설득력을 얻게 되었다.

우주 상수 및 이것이 만들어 낸 모든 수수께끼와 역설은 내 책 『우주의 풍경』의 주제이기도 하다. 나는 여기서 그 책의 가장 중요한 결론만 이야기하고자 한다. 즉 그 척력이 천문학적인 거리에서 작용하면 공간이 **기하 급수적으로** 팽창한다. 우주가 팽창하는 것은 새로울 것이 없지만, 만약 우주 상수가 없다면 그 팽창 속도가 점차적으로 느려질 것이다. 심지어 팽창을 뒤집어 수축되기 시작해 결국에는 우주가 붕괴해 버릴 수도 있다. 그러나 우주 상수가 존재해 우주의 대규모 수축은 일어나지 않는다. 우주는 150억 년마다 그 크기가 2배가 되는 것처럼 보인다. 그리고 모든 사항을 검토해 보면 우주는 무한히 팽창할 것 같다.

팽창하는 우주, 또는 팽창하는 풍선에서는 두 점 사이의 거리가 더 멀어질수록 두 점은 서로 더 빨리 멀어진다. 거리와 속도 사이의 관계를 나타내는 것이 허블의 법칙이다. 이 법칙에 따르면 임의의 두 점이 서로 후퇴하는 속도는 그 점들 사이의 거리에 비례한다. 어떤 관측자라도, 그가 어디에 있든, 주변을 둘러보면 멀리 있는 은하가 그 거리에 비례하는 속도로 멀어지는 것을 보게 된다.

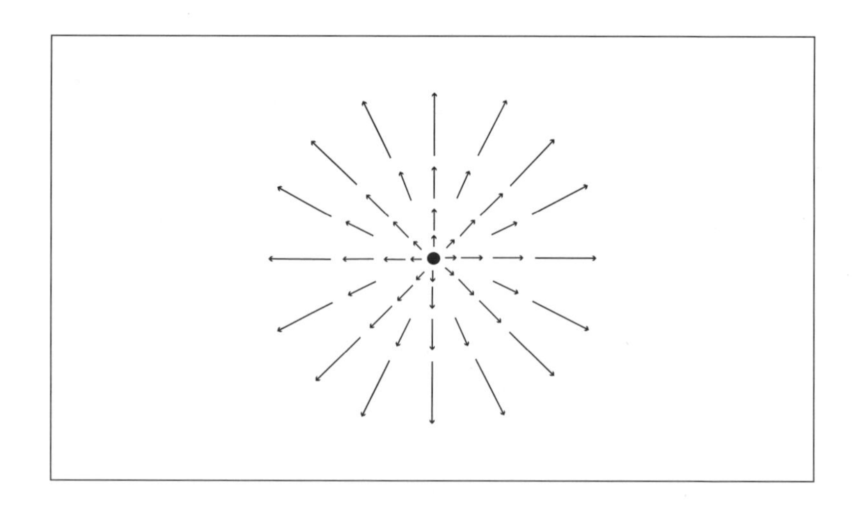

만약 그렇게 팽창하는 우주에서 충분히 먼 곳을 바라보면, 당신에게서 광속으로 멀어지는 은하가 있는 지점을 발견하게 될 것이다. 기하 급수적으로 팽창하는 우주의 가장 놀라운 성질 가운데 하나는 그 지점까지의 거리가 결코 변하지 않는다는 것이다. 우리 우주에서는 약 150억 광년 되는 거리에서 물체들이 광속으로 멀어지는 것처럼 보인다. 그러나 훨씬 더 중요한 것은, 그것은 항상 영원히 그런 식일 것이라는 점이다.

이것과 아주 비슷한 것을 우리는 본 적이 있다. 즉 2장에서 봤던 올챙이 호수가 그것이다. 만약 앨리스가 물의 흐름을 따라서 간다면, 어느 지점에서인가 귀환 불능점을 지나게 되고, 밥에게서 음속으로 멀어질 것이다. 이와 비슷한 일이 보다 웅대한 규모에서도 벌어지고 있다. 우리가 볼 수 있는 모든 방향에서 은하는 그 귀환 불능점을 넘어가고 있다. 그리고 그 점 너머에서는 빛보다 빠른 속도로 우리로부터 멀어지고 있다. 우리는 사물이 광속으로 멀어지는 구면인 **우주론적 지평선**(cosmic horizon)으로 둘러싸여 있으며 그 지평선 너머에서는 어떤 신호도 우리에게 이를 수 없다. 별이 귀환 불능점을 지나가면 그것은 영원히 가 버린 것이다.

바깥으로 멀리, 약 150억 광년 떨어진 지점에서 우리의 우주론적 지평선은 은하, 별, 그리고 심지어 생명체들도 집어삼키고 있다. 마치 우리 모두가 앞뒤가 뒤집힌 블랙홀 속에 사는 것처럼 말이다.

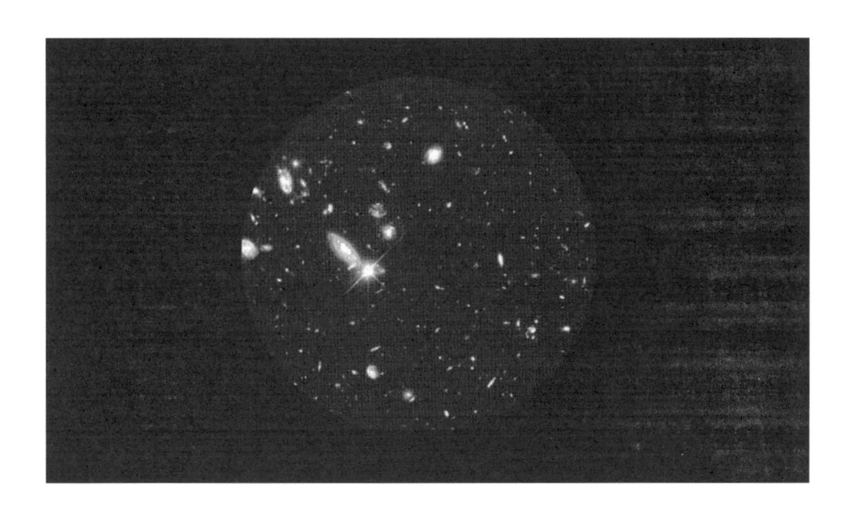

오래전에 우리의 지평선을 통과해 우리가 감지할 수 있는 것들과는 완전히 차단되어 버린, 우리 세계와 똑같은 그런 세계가 정말로 있을까? 설상가상으로 대부분의 우주가 우리의 지식이 영원히 도달할 수 없는 바깥에 있는 것은 아닐까? 이 때문에 극도로 심란해 하는 물리학자들도 있다. 만약 뭔가를 관측할 수 없다면 그것은 과학의 영역이 아니라고 말하는 철학도 있다. 어떤 가설을 반증하거나 검증할 길이 전혀 없다면 그것은 점성술이나 심령술과 함께 형이상학적 추측에 속한다고 보는 것이다. 이런 기준에서 보자면 우주의 대부분이 과학적 실체가 아니게 된다. 그것은 단지 우리의 상상력이 만든 허구일 뿐이다.

그러나 대부분의 우주가 무의미하다고 깨끗이 잊어버리기는 어렵다. 지평선 너머에서 은하가 뿌옇게 사라지거나 종말을 맞는다는 증거는 없다. 천문 관측에 따르면 은하는 우리의 눈이나 망원경이 볼 수 있는 한 끝없이 펼쳐져 있다. 이 상황에서 우리가 무엇을 할 수 있을까?

한때 '관측 가능하지 않은' 것들은 비과학적이라고 해서 잊어버렸던 적도 있었다. 사람의 감정이 대표적인 예이다. 과거 심리학의 한 분파였던 행동주의는, 감정과 의식의 내적 상태는 관측 가능하지 않으며, 따라서 과학 논의 속으로 불러들여서는 결코 안 된다는 원리에 기초해 있었다. 행동주의 심리학에서는 오직 몸의 움직임, 얼굴 표정, 체온, 혈압 같은 피실험자의 관측 가능한 행동만이 정당한 연구 대상이었다. 행동주의는 20세기 중반에 엄청난 영향력을 미쳤다. 하지만 오늘날 대부분의 사람들은 이것을 하나의 극단적인 관점으로 여긴다. 아마도 우리는 지평선 너머에 있는 세계를, 모든 사람이 다른 사람들이 들여다볼 수 없는 내면 세계를 가지고 있음을 받아들인 것과 똑같은 방식으로 받아들여야만 할 것이다.

그러나 더 좋은 답이 있을지도 모른다. 우주론적 지평선의 성질은 블랙홀의 지평선과 아주 비슷해 보인다. 가속하는(기하 급수적으로 팽창하는) 우주에 대한 수학은 물체가 우주론적 지평선에 다가갈수록 느려지는 것처럼 보일 것이라고 가르쳐 준다. 만약 긴 밧줄 끝에 온도계를 매달아 우주론적 지평선 근처에 보낼 수 있다면 우리는 그 온도가 증가해서 결국에는 블랙홀 지평선에서처럼 무한대의 온도에 다가가는 것을 보게 될 것이다. 그렇다면 우주론적 지평선 근처의 행성에 있는 사람들이 모두 통구이가 되어 버렸을까? 그 답은 그들이 블랙홀 근처에 있을 때와 크게 다르지 않다는 것이다. 그렇게 팽창과 함께 움직이는 관측자에게는 우주론적 지평선을 지난다는 것은 사건이 아니다. 그것은 수학적인 귀환 불능점일 뿐이다. 하지만 어떤 수학적인 분석을 보충해서 우리 자신이 관측을 하게 되면, 그들이 믿기지 않는 온도의 영역으로 다가가고 있는 것으로 관측될 것이다.

그들의 정보 조각에는 무슨 일이 일어날까? 블랙홀이 흑체 복사를 한다는 것을 증명하기 위해 호킹이 사용했던 것과 똑같은 논리에 따르면 우주론적 지평선 또한 복사를 한다. 이 경우 복사는 바깥쪽을 향하지 않고 안쪽을 향한다. 열을 방출하는 벽을 가진 방처럼 말이다. 우리 관점에서 보자면 물체가 지평선을 향해 이동하면, 그 물체는 뜨거워지게 되고, 광자를 복사해 그 광자의 형태로 되돌아오는 것처럼 보일 것이다. 그렇다면 우주론적 상보성 원리 같은 것도 있을 수 있지 않을까?

우주론적 지평선 안쪽에 있는 관측자에게 지평선이란, 모든 정보 조각들을 흡수하고 뒤섞어서 다시 되돌려주는 원자들로 구성된 뜨거운 층이다. 자유롭게 움직이며 우주론적 지평선을 관통해 지나가는 관측자에게는 아무런 일도 일어나지 않는다.

그러나 아직 우리가 우주론적 지평선에 대해 아는 것은 거의 없다. 그 지평선 너머에 있는 물체의 의미(그 물체들이 실재하는지, 그리고 우리가 우주를 기술하는 데에 그 물체들이 무슨 역할을 하는지)는 우주론의 가장 심오한 질문이 될 것이다.

떨어지는 돌과 궤도 운동하는 행성은 중력이 정말로 도대체 무엇이냐는 질문에 대해 어슴푸레한 힌트만 줄 뿐이다. 블랙홀에서야말로 중력이 본래의 모습을 드러낸다. 블랙홀은 단순히 밀도가 높은 별이 아니다. 그것보다 블랙홀은 궁극적인 정보의 저수지로서, 정보 조각들은 포탄을 2차원 평면에 빽빽하게 모아 놓은 것처럼 단단하게 뭉쳐 있다. 다만 그 규모는 실제 포탄의 10^{34}분의 1보다 작다. 그것이 양자 중력의 모든 것이다. 빽빽하게 꾸려진 정보와 엔트로피.

호킹은 자신의 질문에 잘못된 답을 준 것일지도 모른다. 하지만 그 질문 자체는 최근 물리학의 역사에서 가장 심오한 질문 가운데 하나였다. 그의 신경망이 지나치게 고전적으로 배선된 탓에, 시공간을 그 위에 물리학을 그릴 수 있는, 유연하지만 원래 존재하는 캔버스로 보고, 양자 역학의 정보 보존 법칙과 중력을 융화시키는 것의 심오한 의미를 깨닫지 못했다. 하지만 그 질문 자체는 물리학에서 새로운 혁명의 길을 열었다. 그런 일을 할 수 있는 물리학자는 많지 않다.

호킹의 유산은 아주 클 수밖에 없다. 호킹 이전의 사람들은 중력과 양자 이론 사이의 불일치가 언젠가는 해결되어야 한다고 생각만 했지만, 베켄스타인과 호킹은 최초로 외딴 나라로 들어가서 황금을 가져왔다. 나는 그들이 이 모든 일을 시작했다고 미래의 과학사가들이 말하기를 바란다. 허먼 멜빌의 말은 이들에게 어울릴 것이다.

> 어디선가 실패해 본 적이 없는 사람은 절대로 위대해질 수 없다.
>
> — 허먼 멜빌

호두 껍질 속의 물리학

혼돈과 혼미가 지배한다. 원인과 결과가 무너진다. 확실성은 증발해 버린다. 모든 낡은 규칙들이 작동하지 않는다. 이것이 지배적인 패러다임이 무너질 때 생기는 일들이다.

그러나 그다음에 새로운 패턴이 생겨난다. 처음에는 의미가 없지만, 이것은 하나의 패턴이다. 무엇을 해야 할까? 그 패턴을 받아들여 분류하고 정량화하고 새로운 수학으로, 아니 필요하다면 심지어 새로운 논리 법칙으로 정리하라. 낡은 신경망을 새것으로 재배선하고, 그것에 익숙해져라. 익숙해지면 얕보게 되지만, 적어도 받아들이게 된다.

우리는 여전히 아주 잘못된 그림을 머릿속에 가지고 있는 혼란스러운 초보자이며, 진실은 저 너머에 있는 것 같다. 그것도 아주 많이 그런 것 같다. 지도 제작사의 오래된 용어인 미지의 땅(*terra incognita*)이라는 말이 마음속에 와닿는다. 더 많은 것이 발견될수록 우리가 아는 것은 더 줄어드는 것만 같다. 물리학이란 '원래' 그런 것이다.

에필로그

2002년 스티븐 호킹은 환갑을 맞았다. 누구도, 특히 호킹의 의사들은 그가 환갑을 맞을 수 있으리라고 생각하지 않았다. 이것은 일대 사건으로서 정말로 성대한 생일 파티로 크게 축하할 만한 일이었다. 그래서 나는 다시 한번 케임브리지로 갔다. 이번에는 물리학자, 언론인, 록 스타, 음악가, 마릴린 먼로를 흉내 낸 사람, 캉캉 무희 등 수백 명의 사람들뿐만 아니라 엄청나게 많은 음식과 포도주와 술이 함께했다. 그것은 대중매체를 위한 거대한 이벤트였다. 그 이벤트와 함께 진지한 물리학 학회도 진행되었다. 호킹의 과학적 삶에 함께했던 누구라도(호킹 자신을 포함해서) 연설을 했다. 여기 내 연설을 간단하게 발췌했다.

우리 모두가 알듯이 호킹은 이 우주에서 단연코 가장 고집 세고 화를 돋우는 사람입니다. 저 자신이 그와 맺었던 과학적인 관계는 제 생각에 적대적이었다고 부를 수 있을 텐데요. 우리는 블랙홀, 정보, 그리고 그런 모든 부류의 것들과 관련된 심오한 이슈들에 대해서 밑바닥부터 의견을 달리 했습니다. 이따금 호킹 때문에 저는 좌절감에 빠져 제 머리를 쥐어 뜯기도 했죠. 그 결과를 여러분은 똑똑히 보실 수 있을 겁니다. 우리가 20여 년 전 논쟁을 시작했을 때에는 제 머리에도 머리카락이 많았다고 여러분에게 분명히 말할 수 있습니다.

이 시점에서 나는 호킹이 강당 뒤편에서 장난기 어린 미소를 짓고 있는 모습을 볼 수 있었다. 나는 계속해서 말했다.

제가 알고 있는 모든 물리학자들 중에서 호킹이 저와 제 생각에 가장 강력한 영향을 미쳤다고 말할 수 있습니다. 1983년 이래 제가 생각했던 거의 모든 것들은 이런 식으로든 저런 식으로든 블랙홀로 떨어지는 정보의 운명에 대한 호킹의 심오하면서도 통찰력 있는 질문에 대한 답변과 관련되어 있었습니다. 저는 그의 대답이 틀렸다고 확고하게 믿은 반면, 그 질문 때문에 그리고 그가 그 답이 설득력이 있다고 주장했기 때문에 우리는 물리학의 기초에 대해서 다시 생각하게 되었습니다. 그 결과 완전히 새로운 패러다임이 지금 형태를 잡아 가고 있습니다. 저는 여기서 호킹의 기념비적인 공헌과 특히 그의 어마어마한 고집을 축하하게 되어 대단히 영광스럽습니다.

나의 그 모든 말은 진심이었다.

나는 다른 3개의 연설만 기억난다. 그중 2개는 로저 펜로즈의 것이었다. 펜로즈가 왜 연설을 두 번 했는지는 기억나지 않지만 아무튼 그는 두 번 했다. 첫 번째 연설에서 그는 정보가 블랙홀이 증발할 때 상실되어야만 한다고 논증했다. 그 논증은 26년 전 호킹이 했던 원래의 논증이었으며, 펜로즈는 그와 호킹 모두 계속해서 그것을 믿는다고 단언했다. 나는 놀랐다. 왜냐하면 나의(그리고 최근의 발전을 따라온 사람들의) 입장에서는 행렬 이론, 말다세나의 발견, 그리고 스트로민저와 바파의 엔트로피 계산으로 그 질문은 의문의 여지없이 해결되었기 때문이다.

그런데 펜로즈는 자신의 두 번째 강연에서 홀로그래피 원리와 말다세나의 연구는 일련의 그릇된 개념에 기초해 있다고 단언했다. 간단히 말해서 그의 논지는 "더 많은 차원의 물리학이 어떻게 더 적은 차원의 이론으로 기술될 수 있단 말인가?"였다. 나는 펜로즈가 그것에 대해 충분히 진지하게 생각해 보지 않았다고 생각한다. 펜로즈와 나는 40년 지기이다. 그래서 나는 그가 언제나 표준 지식에 맞서는 반항아임을 알고 있다. 그가 반대편에 있다고 해서 놀라지 말았어야 했다.

내 기억에서 지워지지 않는 다른 강의는 호킹의 강의, 그중에서도 그가 말한 것이 아니라 그가 말하지 않은 것이었다. 그는 우주론, 호킹 복사, 훌륭한 만화 같은 자기 경력에서 두드러진 최고의 순간들을 간략하게 회상했다. 하지만 정보 손실에 대해서는 한마디도 하지 않았다. 그가 흔들리기 시작하고 있어서였을까? 나는 그렇다고 생각한다.

그리고 2004년 한 기자 회견에서 호킹은 자신의 생각을 바꿨다고 선언했다. 호킹은 자신의 최신 연구를 통해 자신의 모순을 최종적으로 해결했다고 말했다. 결국 정보는 블랙홀에서 새어 나와 궁극적으로는 증발물 속에서 나타나는 것 같다고 했다. 어쨌든 스티븐 호킹에 따르면 그 작동 원리는 지금껏 내내 간과되어 왔지만, 그가 마침내 그것을 확인했고, 자신의 새로운 결론을 다가오는 더블린 학회에서 보고할 예정이라고 했다. 언론은 경계 태세에 들어갔고 모두 숨죽이며 그 학회를 기다렸다.

신문들은 또한 호킹이 존 프레스킬(그는 샌타바버라에서 천재적인 사고 실험으로 나를 난처하게 만든 인물이다.)과의 내기에서 져 내깃돈을 지불할 것이라고 보도했다. 1997년 존은 정보가 블랙홀에서 **정말로** 빠져나간다며 호킹과 내기를 걸었다. 그 내기에 걸린 것은 야구 백과 사전이었다.

나는 아주 최근에 돈 페이지가 1980년에 호킹과 비슷한 내기를 했음을 알았다. 나는 샌타바버라에서 돈의 이야기를 들을 때 의심했듯이, 그는 호킹의 주장에 대해 줄곧 회의적이었다. 내가 이 단락을 쓰기 이틀 전인 2007년 4월 23일, 호킹은 공식적으로 패배를 인정했다. 돈은 친절하게도 내게 영화 1파운드와 미화 1달러가 걸린 내기 계약서의 사본을, 호킹이 게재를 허락한다는 사인과 함께 보내 줬다. 맨아래에 있는 검은 얼룩이 호킹의 손도장이다.

더블린 학회에서 호킹의 강연은 어땠을까? 나는 모른다. 나는 거기 없었다. 하지만 호킹은 학회가 끝나고 몇 달이 지난 후에 쓴 논문에서 세부 사항을 밝혔다. 양이 많지는 않았다. 역설의 역사를 간략하게 논하고, 말다세나의 논증을 길게 해설했으며, 마지막으로 어떻게 모두가 옳았는지를 뒤틀어서 설명했다.

그러나 모두가 옳지는 않았다.

지난 몇 년에 걸쳐 우리는 과학 논쟁을 가장한 대단히 격렬한 몇몇 논쟁들을 지켜봐 왔다. 그러나 그것은 실제로는 정치적인 말싸움이었다. 여기에는 지적 설계에 대한 논쟁, 지구 온난화가 정말로 일어나고 있는가에 대한 논쟁, 그리고 만약 그렇다면 그것이 인간에 의한 것인가에 대한 논쟁, 값비싼 미사일 방어 체계의 가치에 대한 논쟁, 그리고 심지어 끈 이론에 대한 논쟁들이 포함된다. 그러나 다행히도 모든 과학적 토론이 논쟁적인 것은 아니다. 때때로 본질적인 문제들에 대한 실제 의견의 차이가 드러나서 새로운 통찰, 또는 패러다임 이동으로까지 이어지기

How Predictable Is Quantum Gravity?

Don Page bets Stephen Hawking one pound Sterling that strong quantum cosmic censorship holds, namely, that a pure initial state composed entirely of regular field configurations on complete, asymptotically flat hypersurfaces will have a unique S-matrix evolution under the laws of physics to a pure final state composed entirely of regular field configurations on complete, asymptotically flat hypersurfaces.

Stephen Hawking bets Don Page $1.00 that in quantum gravity the evolution of such a pure initial state can be given in general only by a $-matrix to a mixed final state and not always by an S-matrix to a pure final state.

"I concede in light of the wearness of the $"
Stephen Hawking, 23 April 2007

Don N. Page

양자 중력은 얼마나 예측 가능한가?

돈 페이지는 스티븐 호킹에게 강력한 양자적 우주 검열이 성립한다는, 즉 완전하고 점근적으로 평평한 초월 공간 위에서 전적으로 정규 장만으로 이뤄진 순수 초기 상태가 물리 법칙에 따라, 완전하고 점근적으로 평평한 초월 공간 위에서 전적으로 정규 장만으로 이뤄진 순수 최종상태로 진화하는 유일한 S-행렬을 가질 것이라는 데에 영국 화폐 1파운드를 건다.

스티븐 호킹은 돈 페이지에게 양자 중력에서는 그런 순수 초기 상태가 일반적으로 오직 $-행렬에 의해서만 혼합 최종 상태로 진화할 수 있으며, S-행렬에 의해서 순수 최종 상태로의 진화가 항상 가능한 것은 아니라는 데에 1달러를 건다.

돈 페이지, 스티븐 호킹

"나는 달러의 약세를 고려하여 패배를 인정한다." 스티븐 호킹, 2007년 4월 23일.

도 한다. 블랙홀 전쟁은 결코 논쟁적이지 않았던 토론의 한 예이다. 이것은 격돌하는 과학 원리들에 대한 진정한 의견 차이를 노정했다. 블랙홀에서 정보가 손실되는가 하는 문제는 비록 처음에는 확실히 견해의 문제였지만, 과학적 견해는 이제 합쳐져 새로운 패러다임으로 크게 발전했다. 하지만 원래의 전쟁이 끝났다고 하더라도, 나는 우리가 그 전쟁이 준 교훈들을 모두 다 배웠을까 하는 의혹을 가지고 있다. 끈 이론에서 가장 문제가 되는 것은 그 이론을 어떻게 실제 우주에 적용할 것인가이다. 홀로그래피 원리는 반드 지터 공간에 대한 말다세나의 이론으로 눈부실 정도로 멋지게 검증되었지만, 실제 우주의 기하는 반드 지터 공간이 아니다. 우리는 팽창하는 우주에 살고 있다. 우리 우주는 드 지터 공간을 더 많이 닮았으며, 우주론적 지평선과 거품이 이는 호주머니 우주를 가지고 있다. 지금으로서는 끈 이론, 홀로그래피 원리, 또는 블랙홀 지평선에 대한 다른 교훈들을 어떻게 우주론적 지평선에 적용할지 아무도 모른다. 하지만 그 연관성은 아주 심오한 것 같다. 나만의 생각으로는 우주에 대한 많은 수수께끼들이 이런 연관성에 뿌리를 두고 있는 것 같다. 언젠가 나는 이 모든 것이 궁극적으로 어떻게 전개될지를 설명하는 다른 책을 쓰고 싶다. 하지만 그 일이 아주 이른 시일 안에 이뤄질 것이라고는 생각하지 않는다.

왼쪽부터 클라우디오 테이텔보임, 헤라르뒤스 토프트, 필자, 존 휠러, 프랑수아 엥글레르 (Françios Englert, 1932년~). 1994년 칠레 발파라이소에서 찍은 사진.

스티븐 호킹과 필자. 2008년 칠레 발디비아.

감사의 말

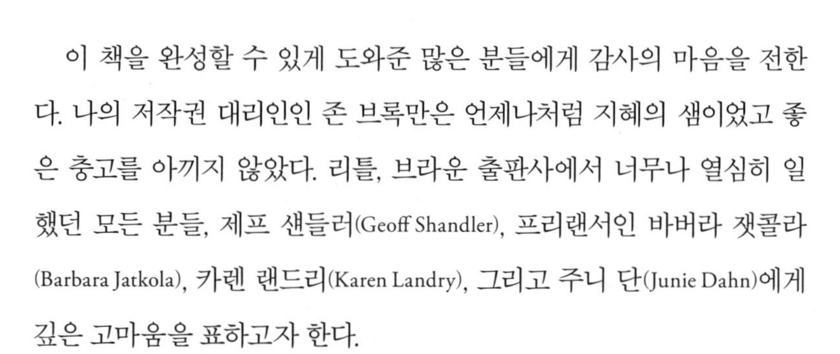

이 책을 완성할 수 있게 도와준 많은 분들에게 감사의 마음을 전한다. 나의 저작권 대리인인 존 브록만은 언제나처럼 지혜의 샘이었고 좋은 충고를 아끼지 않았다. 리틀, 브라운 출판사에서 너무나 열심히 일했던 모든 분들, 제프 샌들러(Geoff Shandler), 프리랜서인 바버라 잿콜라(Barbara Jatkola), 카렌 랜드리(Karen Landry), 그리고 주니 단(Junie Dahn)에게 깊은 고마움을 표하고자 한다.

나는 또한 여러 해 동안 우정을 나누고, 유별스럽고도 쾌활한 경험을 함께하며, 스티븐 호킹과 헤라르뒤스 토프트에게 많은 빚을 졌다. 그들 덕분에 이 책이 가능했다.

용어 해설

D-막 기본 끈이 끝날 수 있는 시공간의 표면.

IR 적외선. 종종 큰 거리를 나타내기 위해 쓰인다.

QCD 끈 쿼크들을 함께 묶어 강입자를 형성하는 글루온으로 만들어진 끈.

RHIC 상대론적 중이온 충돌기(Relativistic Heavy Ion Collider). 무거운 원자핵을 거의 광속으로 가속해 서로 충돌시켜 아주 뜨거운 핵물질이 튕겨 나오게 하는 가속기.

S-행렬 입자들 사이의 충돌에 대한 수학적 기술. S-행렬은 가능한 모든 입력과 모든 출력에 대한 확률 진폭의 목록이다.

UV 자외선. 종종 아주 작은 크기를 일컫기 위해 사용됨.

간섭 2개의 분리된 파원에서 나온 파동이 어떤 곳에서 서로 상쇄되거나 보강하는 파동의 현상.

감마선 가장 짧은 파장을 가진 가장 강력한 전자기파.

강입자 원자핵과 밀접한 관련이 있는 입자들. 핵자, 중간자, 글루온. 강입자는 쿼크와 글루온으로 만들어진다.

결정론 미래는 현재에 의해서 완전히 결정된다는 고전 물리학의 원리. 양자 역학이 그 기초를 허물었다.

경계 이론 공간의 어느 영역의 경계에 대한 수학 이론. 그 영역 안에 있는 모든 것을 기술한다.

고유 시간 움직이는 시계에 따라 흘러간 시간. 세계선을 따라 측정한 거리.

고전 물리학 양자 역학을 고려하지 않은 물리학. 대개 결정론적 물리학을 일컫는다.

곡률 공간 또는 시공간의 굴곡 또는 만곡.

광속 빛이 움직이는 속도로서 대략 초속 30만 킬로미터이다. 문자 *c*로 나타낸다.

광자 쪼갤 수 없는 빛의 양자.

극한 블랙홀 주어진 전하에 대해 최소 질량에 이른, 전기적으로 대전된 블랙홀.

극초단파 전파보다 다소 파장이 더 짧은 전자기파.

기본 끈 중력자를 만드는 끈. 기본 끈의 전형적인 크기는 플랑크 길이보다 크지 않을 것으로 생각된다.

기조력 중력 세계의 공간적 변화 때문에 뒤틀린 힘.

끈 이론 기본 입자들은 미시적이고 1차원적인 에너지의 끈이라는 수학 이론. 양자 중력의 후보.

뉴턴 상수 뉴턴의 중력 법칙에 있는 숫자 상수 G. 미터법 단위로 $G=6.7\times10^{-11}$이다.

닫힌 끈 고무줄과 비슷하게 끝이 없는 끈.

달러 행렬 S-행렬을 대체하고자 했던 호킹의 시도. $-행렬이라고 표기함.

동시성 똑같은 시간에 일어나는 사건들을 일컬음. 특수 상대성 이론 이래로 동시성은 더 이상 객관적인 성질로 여겨지지 않는다.

등가 원리 예를 들어 엘리베이터 안에서 중력을 가속도와 구별할 수 없다는 아인슈타인의 원리.

묻기 도형 시공간 연속체를 '얇게 썰어서' 만든, 시간의 어느 순간에 시공간을 표현한 그림.

미립자 가상적인 빛의 입자에 대한 뉴턴의 용어.

바닥 상태 가능한 최소 에너지를 가진 양자계의 상태. 종종 절대 영도에서의 상태와 동일시된다.

반드 지터 공간 구면 상자를 닮은, 균일한 음의 곡률을 가진 시공간 연속체.

벙어리 구멍 배구수 근처에서 유속이 (물속에서의) 음속을 능가하는 배수 구멍.

귀환 불능점 블랙홀 지평선에 대한 비유.

브라운 운동 물에 떠다니는 꽃가루 알갱이의 무작위적 운동. 그 원인은 열 때문에 들뜬 물 분자들의 끊임없는 충돌이다.

블랙홀 아주 무겁고 밀도가 높아 어느 것도 그 중력을 빠져나가지 못하는 천체.

블랙홀 상보성 블랙홀에 적용된 보어의 상보성 원리.

비트 정보의 기본 단위.

사건 시공간에서 한 점.

세계선 시공간에서 입자의 궤적.

슈바르츠실트 반지름 블랙홀 지평선의 반지름.

시공간 하나의 4차원 다양체로 통합된 모든 공간과 시간.

양자 색역학 쿼크와 글루온, 그리고 그것들이 어떻게 강입자를 형성하는지를 기술하는 양자장 이론. QCD.

양자 복사 불가능 원리 양자 정보를 완벽하게 복사할 수 있는 기계의 가능성을 허용하지 않는 양자 역학의 법칙.

양자 중력 양자 역학과 아인슈타인의 일반 상대성 이론을 통합하는 이론. 중력에 대한 양자 이론. 현재로서는 불완전한 이론이다.

양자장 이론 물질의 입자성과 파동성들을 통합하는 수학 이론. 입자 물리학의 기초.

어둑별 아주 무겁고 밀도가 높아 빛이 빠져나갈 수 없는 별. 지금은 블랙홀이라고 불린다.

엑스선 자외선 복사보다는 파장이 다소 더 짧지만 감마선만큼은 짧지 않은 전자기파의 일종.

엔트로피 숨겨진 정보. 종종 너무 작고 많아서 추적하기 힘든 것들에 저장된 정보의 척도.

열린 끈 2개의 끝을 가진 끈. 고무줄은 닫힌 끈이지만, 이것을 가위로 자르면 열린 끈이 된다.

열역학 제1법칙 에너지 보존의 법칙.

열역학 제2법칙 엔트로피는 항상 증가한다.

영점 운동 불확정성 원리 때문에 결코 제거할 수 없는 양자계의 나머지 운동. **양자 떨**

림이라고도 한다.

온도 1비트의 엔트로피가 더해졌을 때 계의 에너지의 증가.

이중성 똑같은 계에 대한, 겉보기에는 다른 두 가지 기술 사이의 관계.

일반 상대성 이론 굽은 시공간에 기초한 아이슈타인의 중력 이론.

자기장 자석과 전류 주변의 힘의 장.

자외선 복사 가시 광선보다 다소 더 짧은 파장의 전자기파.

자통 뭔가를 심오하게, 그 핵심적인 수준에서 직관적인 방식으로 이해하는 것.

적외선 복사 가시 광선보다 파장이 약간 더 긴 전자기파.

전기장 전기 전하를 둘러싼 힘의 장.

전자기파 진동하는 전기장 및 자기장으로 구성된 공간의 파동 같은 요동. 빛은 전자기파이다.

전파 가장 긴 파장의 전자기파.

점성 유체의 층들이 서로를 지나 움직일 때 그 층들 사이의 마찰력.

글루볼 쿼크 없이 오직 글루온으로만 구성된 강입자. 글루볼은 닫힌 끈이다.

글루온 쿼크를 묶는 끈을 형성하게끔 결합시키는 입자.

정보 사건의 한 상태를 다른 상태와 구분짓는 데이터. 비트로 측정됨.

중성자별 백색 왜성을 형성하기에는 너무 크지만 블랙홀로 붕괴할 만큼 충분히 크지 않은 별의 마지막 단계.

지평선 블랙홀의 특이점에서 어떤 것도 탈출할 수 없는 표면.

진동계 주기적인 진동을 겪는 임의의 계.

측지선 굽은 공간에서 직선에 가장 가까운 것. 점들 사이의 최단 거리.

탈출 속도 투사체가 무거운 물체의 중력에 의한 끌림에서 탈출할 수 있는 최소 속도.

터널링 입자가 고전적으로 장벽을 통과할 에너지가 충분하지 않더라도 그 장벽을 관통해 지나가는 양자 역학의 현상.

특수 상대성 이론 광속의 역설을 다루는 아인슈타인의 1905년 이론. 이 이론은 시간이 네 번째 차원임을 말한다.

특이점 기조력이 무한대가 되는 블랙홀 중심의 무한히 밀도가 높은 점.

파장 마루에서 마루까지 하나의 완전한 파장이 차지하는 거리.

플랑크 길이 자연의 세 가지 기본 상수, c, h, 그리고 G를 1과 같다고 두었을 때의 길이 단위. 종종 의미 있는 가장 작은 길이로 생각되는데, 10^{-33} 센티미터이다.

플랑크 상수 양자 현상을 지배하는 숫자. h로 표기한다.

플랑크 시간 플랑크 단위에서의 시간 단위. 10^{-42}초.

플랑크 질량 플랑크 단위에서의 질량 단위. 10^{-8}킬로그램.

백색 왜성 태양보다 그다지 많이 무겁지 않은 별의 마지막 단계.

하이젠베르크의 불확정성 원리 위치와 속도를 동시에 결정하는 능력을 한정짓는 양자 역학의 원리.

핵자 양성자나 중성자.

헤르츠 진동수의 단위.

호킹 복사 블랙홀이 방출하는 흑체 복사.

호킹 온도 멀리서 바라본 블랙홀의 온도.

홀로그램 3차원 정보의 2차원적 표현. 사진의 한 형태로, 이로부터 3차원 영상을 재구성할 수 있다.

홀로그래피 원리 모든 정보는 어떤 공간 영역의 경계면에 있다는 원리.

흑체 복사 반사하지 않는 물체가 그 자신의 열 때문에 방출하는 전자기 복사.

옮긴이의 말

위대한 과학 논쟁이 주는 즐거움

레너드 서스킨드라는 이름이 내 머릿속에 각인된 것은 대학원에 들어가서 고등과학원(Korea Institute for Advanced Study, KIAS)을 알게 되면서였다. 고등과학원은 한국과학기술원(KAIST) 부설 연구 기관으로서 순수과학만을 연구하는 전문 연구 기관이다. 언제부터인지 정확히는 모르겠지만 지금으로부터 10여 년 전인 그 당시부터 지금까지 서스킨드는 고등과학원의 석좌 교수였다. 지금도 고등과학원 홈페이지에 들어가면 교수진의 맨 처음 얼굴로 서스킨드가 소개돼 있다.

1940년 뉴욕 태생인 서스킨드는 배관공 출신의 이론 물리학자라는 독특한 이력으로도 유명하다. 현재 미국 스탠퍼드 대학교에 재직 중인 그는 지금 이론 물리학계의 최선두에서 전 세계를 이끌고 있는 지도

자급 물리학자들 가운데 한 사람이다. (그의 강의는 아이튠스(iTunes)의 '아이튠스 스탠퍼드(Stanford on iTunes)'나 유투브(Youtube)의 '스탠퍼드 대학교 채널(Stanford University's Channel)'에서 접할 수 있다.)

서스킨드의 이름은 물리학 교과서에서 쉽게 찾아볼 수 있다. 그는 기본 입자들이 어떻게 질량을 가지는지를 설명하기 위해 '테크니컬러(technicolor)' 이론을 제시하기도 했다. (이 문제에 대한 표준적인 설명은 '신의 입자'라는 별칭을 가진 힉스(Higgs) 보손을 도입하는 것이다.) 또한 그는 끈 이론의 초창기에 그 기초를 세우는 데에 큰 공헌을 했기 때문에 '끈 이론의 아버지들' 중 한 명으로 꼽힌다. 나의 세부 전공은 입자 물리학 현상론이지만 아주 초보적인 수준에서라도 끈 이론을 아는 것이 일종의 교양이라는 생각에 끈 이론 교과서들을 뒤적이면서 그의 이름을 접하기도 했다. 교과서에 이름이 오른 유명인이 한국 연구 기관의 석좌 교수라니, 왠지 모를 뿌듯함을 느끼기도 했고, 어떤 일들을 했는지 좀 더 자세히 뒤져보기도 했다.

끈 이론의 아버지인 저자를 위해서 한마디 보태자면, 흔히 끈 이론은 실험적으로 검증될 수 없기 때문에 포퍼 식의 반증 가능성이 없으므로 과학이 아니라는 비판을 많이 한다. 그러나 과학의 역사를 돌이켜보면 포퍼의 반증 가능성만으로 과학이 발전한 경우는 극히 드물다. 반증 가능성은 기본적으로 귀납적인 논리에서 과학을 바라본 입장에 불과한데, 귀납주의로 과학을 설명할 수 없다는 것은 버트런드 러셀의 유명한 칠면조 일화(1,000일 동안 모이를 잘 주던 주인을 철석같이 믿었던 칠면조가 1,001일째 요리상에 올랐다는 이야기)로도 충분히 반박할 수 있을 것이다. 나는 끈 이론 전공자는 아니지만 이런 식으로 끈 이론을 비판하는 것은 별 근거도 없을뿐더러 그다지 생산적이지도 않다고 생각한다.

서스킨드의 업적 가운데 빼놓을 수 없는 것으로 홀로그래피 이론

(1993년), M-이론(1997년), 그리고 끈 이론 풍경(2003년) 등이 있다. 홀로그래피 이론은 이 책의 본문에 자세하게 설명돼 있다. 끈 이론 풍경은 서스킨드의 첫 번째 대중 서적인 『우주의 풍경』에서 핵심적으로 다루는 내용이다. 『블랙홀 전쟁』은 그의 두 번째 대중 서적이다.

이 책은 블랙홀에서의 정보 손실에 대해 저자가 스티븐 호킹과 벌인 논쟁을 소개하고 있다. 본문에 간단하게나마 수식이 몇 개 들어가 있기는 하지만 논쟁의 핵심을 파악하는 데에 큰 어려움은 없으리라 생각한다. 사실 때로는 백 마디 말보다 한 줄의 수식이 모든 상황을 간결하고 정확하게 설명해 주기도 한다. 과학 또는 물리학은 어렵다는 선입견 때문에 아예 수식을 모른 체한다면 인류가 수 세기에 걸쳐 이룩한 지적인 성과의 참뜻을 맛볼 기회가 사라진다. 물리학에서 수식은 일종의 외국어와도 같아서 일정한 문법과 핵심 단어만 익히면 간단한 몇 마디 정도는 이해할 수 있다.

하지만 이 책의 장점은 그런 수식을 몰라도 세계적인 석학들의 논쟁 과정을 무리 없이 따라갈 수 있다는 점이다. 독자들은 이 책을 통해서 블랙홀의 성질, 열역학, 양자 역학과 일반 상대성 이론, 끈 이론 등 현대 물리학의 다양하면서도 중요한 주제들을 폭넓게 만날 수 있다. 게다가 당대 최고의 물리학자들이 펼치는 흥미진진한 두뇌 게임을 마치 추리 소설 읽듯이 쫓아가는 흥미도 만끽할 수 있다. 특히나 이 전투에 참가한 사람들은 여전히 학계를 이끌고 있는 선두 주자들이다. 당사자인 서스킨드와 토프트, 호킹은 현존하는 최고 수준의 물리학자들이며 양대 진영의 병사들(바파, 스트로민저, 하비, 캘런, 위튼, 폴친스키, 말다세나, 센 등)은 모두 지금 세계 물리학계를 이끌고 있는 지도자급 인물들이다.

사실 과학하는 즐거움은 생각하는 즐거움이다. 그 때문에 저자인 서스킨드도 본문에서 사고 실험의 중요성을 강조했다. 이 책에는 독자들의 지적 쾌감을 자극할 만한, 그리고 과학의 역사를 뒤바꾼 사고 실험들이 많이 소개돼 있다. 블랙홀 전쟁을 둘러싼 과학적 논증을 따라가다 보면 독자들도 과학자들이 느끼는 지적 희열을 체감할 수 있을 것이다.

블랙홀 속에 빠진 정보의 운명을 둘러싼 전쟁

'블랙홀 전쟁'을 둘러싼 논쟁의 내용을 한마디로 요약하자면 이렇다. 스티븐 호킹은 자신이 발견한 블랙홀의 증발(호킹 복사)로 인해 블랙홀로 들어간 정보가 사라진다고 주장했다. 이 주장에 대해 서스킨드는 정보가 사라진다는 것은 양자 역학이 제대로 작동하지 않는다는 이야기이니까(호킹 복사는 블랙홀 주변의 양자 효과 때문에 생긴다.) 결코 수용할 수 없다는 입장을 보였다.

블랙홀 전쟁은 양자 이론에 기초한 끈 이론으로 블랙홀을 완벽하게 재현하면서 종결되었다. 정보가 전혀 손실되지 않는 이론으로 블랙홀을 구축했으니 이 블랙홀이 증발하더라도 정보가 어디로 새는 일은 없다. 이 과정에서 말다세나의 추론으로 알려진 이른바 AdS/CFT 대응 관계가 중요한 역할을 한다. 본문의 22장에서 "말다세나의 놀라운 발견"으로 소개된 그의 추론은 AdS(반 드 지터 공간)에서의 끈 이론이 그것보다 한 차원 낮은, AdS의 경계면에서의 등각장 이론(Conformal Field Theory, CFT)과 동등한 관계에 있다는 추론이다. 이것은 홀로그래피 이론의 가장 대표적인 예에 속한다. 등각장 이론은 양자장 이론의 일종이다. 한마디로 말해, 중력 이론이 경계면에서의 양자장 이론과 같으니까 블랙홀이 증발해도 정보는 보존된다는 이야기이다.

「에필로그」에도 나오듯이 호킹은 2004년 더블린 학회에서 '블랙홀과 정보 역설(Black holes and the information paradox)'이라는 제목의 강연을 했고, 이듬해 미국의 학술지인《피지컬 리뷰》에 「블랙홀에서의 정보 손실(Information loss in black holes)」이라는 논문을 발표했다.[1] 이 논문은 말하자면 호킹의 공식적인 '항복 문서'라고 할 만하다. 4쪽짜리 이 논문의 초록 마지막 문장이 이렇다.

> 기본적인 양자 중력의 상호 작용 속에서 정보 혹은 양자적 결맞음은 손실되지 않는다.

그리고 도입부의 마지막 문단에는 정보 역설을 둘러싼 블랙홀 전쟁을 개괄하면서 자신이 어떻게 패배했는지를 AdS/CFT를 들어 간단하게 설명하고 있다. 그 마지막 내용은 다음과 같다.

> 등각장론은 명시적으로 가역적이므로 끈 이론은 정보를 보존해야만 한다는 논지이다. 반드 지터 공간 속의 블랙홀로 떨어지는 어떤 정보라도 다시 나와야만 한다. 하지만 정보가 블랙홀에서 어떻게 나올 수 있는지는 여전히 명확하지가 않다. 나는 여기서 이 질문을 다루려고 한다.

블랙홀에서도 정보가 보존되므로 블랙홀을 통해 다른 우주로 정보가 사라진다든지 하는 일은 일어나지 않는다. 호킹은 결론 부분에서 이 점을 명확히 그리고 재미있게 표현하고 있다.

> 한때 내가 생각했던 것처럼 아기 우주가 가지를 치듯이 뻗어 나오지 않는다. 정보는 확고하게 우리 우주에 남는다. 공상 과학 팬들을 실망시켜서 유감스

---

1. *Physical Review* D 72, 084013, 2005.

> 럽지만, 정보가 보존된다면 블랙홀을 이용해서 다른 우주로 여행할 가능성은 없다. 만약 여러분이 블랙홀로 뛰어들면 여러분의 질량, 즉 에너지는 여러분이 어떤 모습이었는지에 대한 정보를 담고 있지만 쉽게 알아볼 수는 없는 그런 상태로, 짓이겨진 형태로 우리 우주로 돌아올 것이다. 이것은 백과 사전을 태우는 것과도 같다. 연기와 재를 간직하고 있는 한, 정보는 사라지지 않는다.

그리고 호킹 논문의 마지막 문단은 서스킨드가 이 책의 「에필로그」에서 소개했던 존 프레스킬과의 내기 결과를 설명하고 있다. 학술 논문이 이런 식으로 끝맺음하는 경우도 극히 드물다.

> 1997년, 킵 손과 나는 블랙홀에서 정보가 손실될 것이라며 존 프레스킬과 내기를 했다. 내기에서 진 쪽이 이긴 쪽에게 자기가 선택한 백과 사전을 주기로 돼 있었다. 백과 사전에서 정보를 복원하기란 쉽다. 나는 존에게 야구 백과 사전을 줬는데, 그냥 잿더미를 줄 걸 그랬다.

한 가지 재미있는 사실은 10편의 문헌으로 구성된 이 논문의 참고 문헌 어디에도 서스킨드의 이름은 보이지 않는다는 것이다. 물론 논문의 참고 문헌은 그 논문에서 꼭 필요한 기술적인 근원을 밝히는 것이므로 서스킨드의 논문이 인용되지 않을 수도 있지만, 전쟁 당사자인 서스킨드의 입장에서 보자면 조금은 섭섭하지 않았을까?

틀을 깨는 토론과 논쟁

이 책을 번역하면서 나 또한 많은 것을 배우고 느낄 수 있었다. 무엇보다 중력을 양자 역학적으로 제대로 이해하는 것이 21세기 물리학에서 가장 중요한 문제 가운데 하나라는 점을 새삼 깨닫게 되었다. 서스킨드가 본문에서도 지적했듯이 비교적 오랜 세월 동안 수많은 물리학자들은 이 문제를 모른 척해 왔다.

중력을 올바르게 이해하는 것이 얼마나 중요한지는 헐리우드 영화에서도 엿볼 수 있다. 「지구가 멈추는 날(The Day the Earth Stood Still)」(2008년)에서는 외계인 역을 맡은 키아누 리브스가 어느 물리학자를 방문하는 장면이 나온다. 이때 키아누 리브스가 칠판에 적혀 있던 아인슈타인의 장 방정식을 지우고는 새로 고쳐 적는 장면이 나온다. 아인슈타인의 장 방정식은 일반 상대성 이론의 핵심 방정식이다. 나는 그 외계인(키아누 리브스)이 그 방정식을 어떻게 고쳤을까 무척이나 궁금했다. 실제로 물리학자들은 아인슈타인 방정식을 적절하게 고쳤을 때 그 효과가 어떻게 되는지를 연구하고 있다.

국내에서도 엄청난 인기를 끌었던 미국 드라마 「V」의 2010년 리메이크 판을 보면 외계인이 지구인을 자기 우주선에 초청한 뒤에 우주 여행을 하려면 중력을 완벽하게 이해해야 한다고 설명하면서 공중에 둥둥 떠다니는 사과를 보여 준다. 비행 접시 함대뿐만 아니라 키아누 리브스가 연기한 외계인도 아마 그렇게 해서 지구까지 쉽게 올 수 있었을 것이다.

이 책을 번역한 것이 계기가 되어 나도 이번 기회에 호킹과 베켄스타인, 서스킨드 등의 예전 논문들을 찾아서 읽어 보게 되었고 특히 블랙홀에 대해서 많이 공부할 수 있었다.

블랙홀은 21세기 들어서면서 더욱 주목을 받고 있다. 무엇보다 천체 관측 기술이 발달하면서 은하 중심부에 있을 것으로 예상되는 블랙홀에 대한 더 많은 정보를 얻을 수 있게 되었다. 다른 한편으로 서스킨드가 본문에서 밝혔듯이, 중이온을 고에너지로 충돌시켰을 때 관측되는 현상을 보다 높은 차원의 블랙홀 물리학으로 설명할 수 있다. 현재 미국의 상대론적 중이온 가속기인 RHIC뿐만 아니라 제네바 소재 CERN의 LHC에서도 중이온 충돌 실험을 하고 있으므로 머지않은 미래에 이 놀라운 대응 관계를 직접 눈으로 확인할 수 있을 것이다.

또한 우리가 사는 공간에 부가적인 여분 차원이 존재하면 애초에 중력의 크기가 아주 커질 수 있어서 블랙홀을 만들기가 훨씬 쉬워진다. 이 때문에 LHC 같은 입자 가속기에서 인위적으로 블랙홀을 만들 수 있으리라는 기대감이 높아지고 있다. 실제로 여분 차원이 존재하고 중력이 강력하다면 우리는 손쉽게 양자 중력의 영역을 탐색할 수 있다. 최근에 내가 쓴 몇몇 논문도 이것과 관련된 것이다.

이 책을 번역하면서 내가 감명 받은 또 다른 점은 과학 논쟁이 진행되는 방식과 거기 참가하는 과학자들의 태도이다. 누구나 말하듯이 한국에서는 어느 분야든지 생산적인 토론이 문화적으로 정착돼 있지 못하다. 안타까운 현실이지만 과학계라고 해서 예외는 아니다. 우선 한국적 풍토에서는 학생이 교수에게 질문하는 것 자체가 쉽지 않다. 한국의 교육 현실은 정답을 고르는 데에 맞춰져 있고 오답에 인색하다. 오답은 경멸의 대상, 심지어 처벌의 대상이다. 장유유서의 아름다운 전통은 아쉽게도 선생(교수)-학생 사이의 동등한 토론을 방해하는 경우가 많다.

주어진 틀 안에서 정답을 고르는 데에 능숙한 학생들은 무슨무슨 시험 점수는 높을지 모르지만 그 틀을 깨는 능력은 형편없다. 대개 틀을 깨는 답은 기존의 틀에서는 오답으로 인식되기 때문이다. 한국에서 과학을 가르칠 때에는 대체로 지금 가르치는 과학의 틀이 얼마나 아름답고 위대한지를 중점적으로 가르친다. 그리고 그 틀 안에서 정해진 규칙에 따라 얼마나 빠르고 정확하게 문제를 푸는가가 가장 중요한 교육의 목표로 자리 잡는다. 이렇게 배운 학생들은 자신이 속해 있는 틀을 깨기 어렵다.

반면에 이 책에서도 드러나듯이 세계적인 석학들은 우리가 무엇을 모르는지, 어떤 모순이 우리를 괴롭히고 있는지부터 시작한다. 기존의 틀에 얼마나 잘 들어맞는 답을 제시하는가가 중요한 것이 아니라, 인간 인식의 진전을 가로막고 있는 문제를 틀에 얽매이지 않고 어떻게 해결할 수 있는가가 더욱 중요하다. 진정한 토론과 논쟁은 여기서부터 시작될 수 있다.

과학의 역사는 한마디로 말해서 전복의 역사이다. 그것에 비하면 한국의 과학 교육은 지나치게 '체제 순응적'이다. 남이 정해 준 규칙을 따라가고 그 속에서 답을 찾는 것보다 그 틀을 깨고 자신의 규칙과 패러다임을 구축하는 것이 중요하다. 적어도 과학은 그런 식으로 발전해 왔다.

토론과 논쟁을 통한 과학 교육이 실현되지 않는 이유 중에는 한국의 이공계 학생들에게 말하기와 듣기 교육을 제대로 하지 못한 탓도 크다. 흔히 이공계 학생들에게는 수학 잘하는 것만이 최고의 미덕이다. 개인적인 경험을 돌아보건대 수학적이거나 기술적인 문제들은 어느 정도까지는 따라갈 수 있다. (물론 굉장히 복잡한 수학적인 기교가 중요하고 또 필수적인 분야도 있다.) 하지만 그것보다 훨씬 더 중요한 것은 자연의 어떤 상황을 물리적인 직관력으로 재구성하는 능력이다. 흔히 물리학자들이 "수학보다 물리학이 더 중요하다."라고 말하는 것은 이 때문이다. 말하자면 수식이 아니라 스토리로서 과학을 이해하는 능력이 필요하다. 수식이란 단지 그 스토리를 풀어내는 독특한 언어 혹은 수단일 뿐이다. 물론 최소한의 수학은 잘 알아야 하며 또 수학을 잘 하는 것은 여러모로 도움이 된다. 그러나 틀을 깨고 경계를 넘어서는 가장 강력한 무기는 언제나 물리적인 직관과 통찰이었다. 이 책에 소개된 논쟁을 차근차근 따라온 독자라면 이 말이 무슨 뜻인지 짐작할 수 있을 것이다.

신경망을 재배선하라!

서스킨드가 책 전체를 통틀어서 누누이 강조했던 '신경망 재배선'은 내게 실질적으로 큰 도움이 되기도 했다. 지난 몇 년 동안 나는 글이나 강연을 통해 일반 대중들에게 현대 물리학을 소개하는 일들을 조금씩 해 왔다. 불행히도 사람들의 한결같은 반응은 "너무 어려우니까 좀 더 쉽게 설명해 줄 수 없겠습니까?"라는 것이었다. 그때마다 나는 20세기의 시작과 함께 발견된 아원자의 세계와 그 세계를 지배하는 양자 역학이 너무나 인간의 직관과는 동떨어져 있어서 당대 최고의 과학자들과 철학자들조차 인간의 언어가 미시 세계를 묘사하는 데에 무척이나 부적절하다는 점에 당황했었음을 알려 줬다. 지금은 그로부터 한 세기 이상이 지났다. 비유컨대 『조선왕조실록』을 200자 원고지 한 장으로 요약할 수 있을까?

그러나 대다수의 사람들은 그다지 수긍하지 못했다. 세상에는 인류가 오랜 세월에 걸쳐서 이룩한 문명적인 유산이 있고 그것을 이해하는 데에는 충분히 오랜 시간이 걸릴 수도 있지만 그럴 만한 가치가 있다는 점을 공유하기가 쉽지 않았다.

이 책을 번역하고 나서부터 나는 언제나 서스킨드의 신경망 재배선을 먼저 말해 준다. 현존 최고의 물리학자조차도 현대 물리학을 이해하기 위해서는 수백만 년 진화의 결과로 형성된 지금 우리의 직관과 사고방식을 바꿔 신경망 자체를 재배선할 것을 요구하고 있다. 그만큼 현대 물리학을 단번에 이해하기란 거의 불가능하다. 일단 이 점을 받아들이고 나면 오히려 이야기가 쉬워진다. 다행히도 신경망 재배선을 예로 든 뒤로는 너무 어렵다는 항의가 상당히 줄어들었다.

서스킨드의 『블랙홀 전쟁』은 내가 두 번째로 번역한 책이다. 처음 번역한 책은 스티븐 와인버그의 『최종 이론의 꿈』이었다. 과학 고등학교를 졸업하고 코넬 대학교를 나와 노벨상까지 수상한 와인버그의 문장은 세련되고 귀족적이다. 그것에 비하면 서스킨드의 문장은 서민적이라고 할 수 있다. 그 미묘한 차이를 충분히 독자들에게 전달하지 못한 것은 순전히 나의 모자란 능력 탓임을 여기 밝혀 둔다.

내가 고등과학원의 연구원으로 있었던 2007년 서스킨드가 한 달 정도 우리나라를 방문한 적이 있었다. 늙은 나이에도 불구하고 그는 언제나 세미나나 강연에서 열정적이었고 가장 질문이 많았다. 때로는 지나치게 공격적인 모습이 낯설게도 느껴졌다. 그러나 학문과 진리를 향한 그의 열정은 내게 깊은 인상을 남겼다. 아쉬운 점이 있다면 이 시대의 위대한 석학을 석좌 교수로 모셔 놓고도 우리가 평소에 제대로 활용하지 못한다는 점이었다. 서스킨드가 블랙홀 전쟁을 치룬 장소가 미국의 아스펜이나 영국의 아이작 뉴턴 연구소, 혹은 카블리 연구소가 아니라 한국의 고등과학원이었으면 얼마나 좋았을까. 『블랙홀 전쟁』을 우리말로 옮기는 내내 그런 아쉬움이 가슴에 남았다.

2011년 여름 회기동에서

이종필

찾아보기

나

다

라

마

아

자

차

카

타

파

이종필
서울 대학교 물리학과를 졸업하고 같은 대학교 대학원에서 입자 물리학으로 석사, 박사 학위를 받았다. 한국과학기술원(KAIST) 부설 고등과학원(KIAS) 연구원, 연세 대학교 연구원, 서울과학기술대학교 연구원으로 재직했고, 현재 건국 대학교 상허 교양 대학 교수로 재직 중이다. 저서로는 『물리학 클래식』, 『대통령을 위한 과학 에세이』, 『신의 입자를 찾아서』 등이 있고, 번역서로 『물리의 정석』, 『최종 이론의 꿈』 등이 있다.

사이언스 클래식 19
블랙홀 전쟁

1판 1쇄 펴냄 2011년 8월 31일
1판 9쇄 펴냄 2022년 5월 31일

지은이 레너드 서스킨드
옮긴이 이종필
펴낸이 박상준
펴낸곳 (주)사이언스북스

출판등록 1997. 3. 24.(제16-1444호)
(06027) 서울특별시 강남구 도산대로1길 62
대표전화 515-2000, 팩시밀리 515-2007
편집부 517-4263, 팩시밀리 514-2329
www.sciencebooks.co.kr

ISBN 978-89-8371-249-3 03400

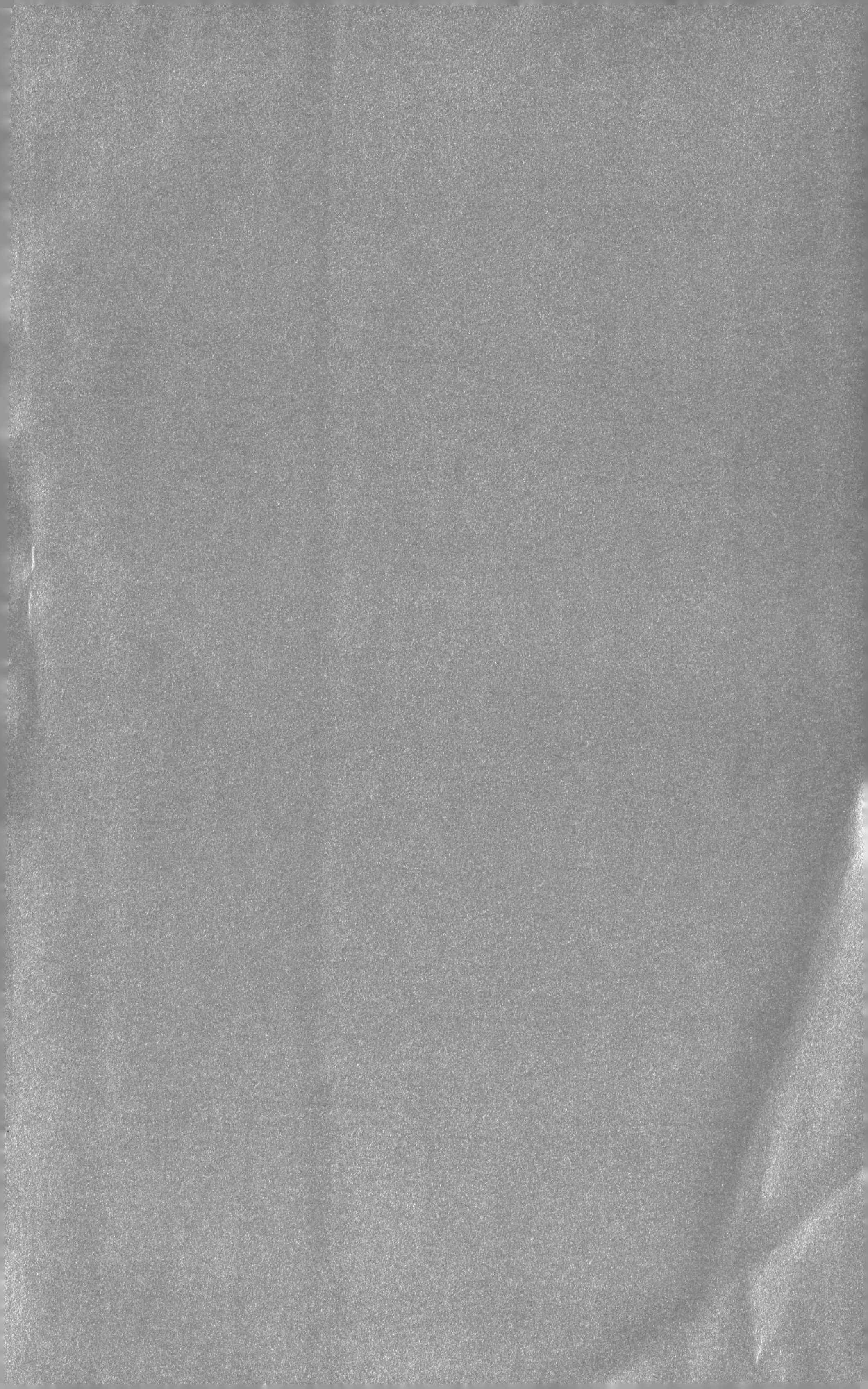